化工设计
实训指导书

王海波　高艳　段世铭　等 编著

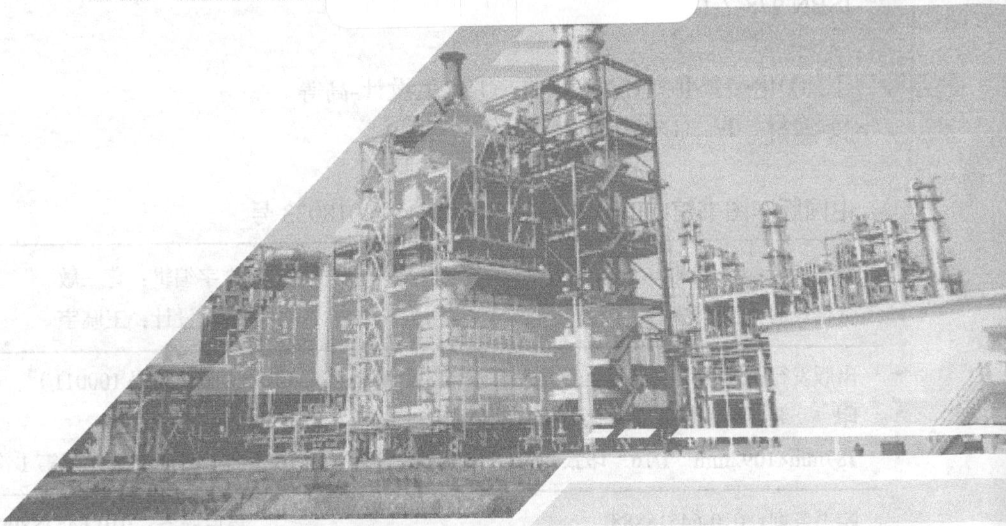

化学工业出版社
·北京·

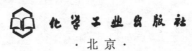

内 容 简 介

《化工设计实训指导书》结合化工设计中的工艺部分、设备部分和辅助工程等系统化知识体系，介绍了化工设计法律法规、工艺设计、设备设计（传统方法、应力分析部分）、设备制造检验、控制设计、设备管理、辅助工程等理论知识及典型案例，使本书更具实用性，非常适合作为实习和实践环节教材。

本书逻辑清楚、内容详细、实用性强，适合过程装备与控制工程、化工机械等专业高年级本科生使用，也适合刚进入化工行业的从业者和化学工程与工艺专业高年级本科生拓展知识面使用。

图书在版编目（CIP）数据

化工设计实训指导书 / 王海波等编著. —北京：化学工业出版社，2022.3

ISBN 978-7-122-40629-3

Ⅰ. ①化… Ⅱ. ①王… Ⅲ. ①化工设计-高等学校-教材 Ⅳ. ①TQ02

中国版本图书馆 CIP 数据核字（2022）第 018033 号

责任编辑：袁海燕　　文字编辑：曹　敏

责任校对：王　静　　装帧设计：王晓宇

出版发行：化学工业出版社（北京市东城区青年湖南街 13 号　邮政编码 100011）

印　　装：涿州市般润文化传播有限公司

787mm×1092mm　1/16　印张 $26^1/_2$　字数 622 千字　　2022 年 6 月北京第 1 版第 1 次印刷

购书咨询：010-64518888　　售后服务：010-64518899

网　　址：http://www.cip.com.cn

凡购买本书，如有缺损质量问题，本社销售中心负责调换。

定　　价：128.00 元

前言

化学工业（chemical industry）又称化学加工工业，泛指生产过程中化学方法占主要地位的过程工业。化学工业是从19世纪初开始形成，并发展较快的一个工业部门。该行业对人才始终保持着旺盛的需求。目前开设化工机械相关专业的高校全国有130多所，在读学生数以千计，并且每年都有很多机电专业的毕业生进入到化工设计行业，使得从事化工设计的人员基础不一，起点不同。化工设计是高等学校相关专业人才培养的一个重要环节，使高年级化工机械（过程装备与控制工程）专业学生对化工设计有一个全面和系统的直观认识和理解，对于学生进一步学习专业知识和专业实践具有重要的意义。本书正是针对这一情况，从实习实训角度，拓展了化工机械（过程装备与控制工程）专业和其他专业学生需了解和初步掌握的基本知识，一定程度上实现了对该专业学生知识系统性的完善，为更好地从事化工行业奠定基础。

《化工设计实训指导书》共分13章，内容丰富，从化工设计相关法律法规，设计相关基础文件，以及工艺设计、强度设计、常规设计、应力分析设计、典型设备控制、制造检验验收、设备工程预算、车间布置、管道设计、辅助工程及设备管理等方面讲解了整个化工系统设计的全过程，可以使化工机械相关专业的学生在本专业知识基础、知识体系上得到更系统的教育，非常符合目前化工行业的实际工程发展方向，具有非常重要的价值和意义。

本书由王海波教授组织编写团队，高艳副教授、段世铭博士、时龙博士、安世亚太的黄志新博士参与了编写工作，编者均为一线教师或经验丰富的企业高级工程师。其中，王海波教授编写1、7、8、13章和附录4，高艳副教授编写4、5、11章和附录3，段世铭博士编写9、10、12章，时龙博士编写2、3章和附录1、2，黄志新博士编写6章。

本书在编写过程中，受到了吉林化工学院陈庆教授的诸多指导，在此表示感谢！本书编写过程中参考了行业相关材料，在此向同仁们表示衷心的感谢！

由于编者团队的水平有限，加之时间仓促，书中难免出现不妥之处，敬请读者批评指正。

编著者

2021年10月

目录

第 8 章
化工设备控制

第 9 章

第1章

化工设计概论

1.1 绪言

化工设计是指根据一个化学反应或者化工过程设计出一个生产流程，并研究流程的合理性、先进性、可靠性和经济可行性，再根据工艺流程及条件选择合适的生产设备、管道及仪表等，进行合理的工厂布局设计以满足生产的要求，工艺专业与有关非工艺专业进行密切设计合作，最终使这个工厂建成投产的全过程。它把一项工程从计划变成现实，在这个过程中，涉及多个环节，例如政治、经济、工艺、技术、市场、环境、政策法规等，是一门综合性极强的技术科学。

首先，在化工建设中，化工设计发挥着极大的作用，新建和改扩建一个工厂，都离不开化工设计。其次，在科学研究中，从小试、中试再到大规模生产，都需要与设计相结合，从而进行新工艺、新技术的设计开发。因此，设计工作就是把科学技术转化为生产力的一门综合性科学。它是扩大再生产，改扩建原有企业，提高产品质量，节约能源材料，促进国民经济稳定发展的重要组成部分。

化工设计是一个极其重要的环节，对项目工程建设起着关键作用。在建设项目立项后，前期设计工作就成为建设中的关键。一个企业在建设时能否加快速度，确保施工安装质量以及节约投资，建成后能否获得最大经济效益和社会效益，设计工作都起着十分重要的作用。

建设项目的投资方向、工程规模以及区域布置等问题必须符合国家及行业的政策、法律法规、行业标准，服从国家长远规划。为了确保国家建设资金的有效使用，减少建设项目决策失误，各国对工程建设一般实行行政审批制或备案制，并建立了建设管理程序。基本建设程序是指建设项目从设想、选择、评估、决策、设计、施工到竣工验收、投入生产等一系列的过程中，各项工作必须遵循的先后次序的法则。图 1-1 为工程建设的基本环节框图。政府规定所有建设项目都必须按照基本建设程序管理规定进行，以保证建设项目的顺利进行。

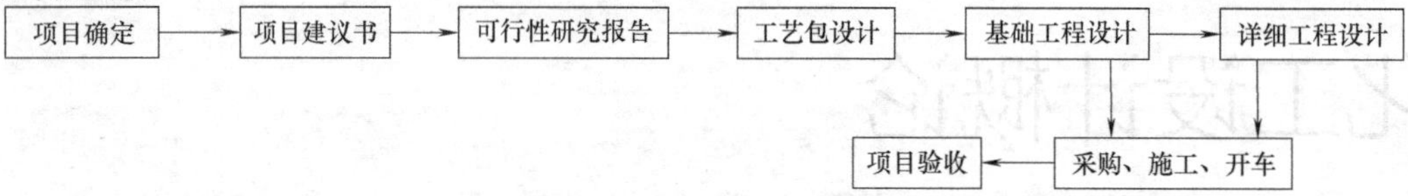

图 1-1　工程建设的基本环节

因此，国民经济的发展、效益和速度，都与化工设计工作密切相关。其状况如何，直接影响着我国现代化建设和科学技术事业的发展。

同其他行业基建设计一样，化工厂的设计一般具有三种设计类型：新建工厂设计、原有工厂的改建和扩建设计以及车间、厂房的局部修建设计。其中，新建工厂的设计涉及面最广，设计工作量最大，最具有代表性。对于新建设项目，设计类型又可分为工程设计、复用设计和因地制宜设计等。

① 工程设计是指没有现成的装置可以参照或仅根据中试或其他实验装置来设计工业生产装置。这种设计工作难度大，对设计人员的素质要求高。

② 复用设计是指利用现有的技术资料进行新装置的设计，这种设计基本没有太大的改动。

③ 因地制宜设计是在现有的技术资料基础上，根据即将建设装置的具体情况进行改进，以适应新装置的技术要求，这种设计称为因地制宜设计。

化工设计通常又分为以工厂为单位和以车间为单位的两种设计类型。工厂化工设计一般包括厂址选择、总图设计、化工工艺设计、非工艺设计、技术经济等各项设计工作。车间化工设计则分为化工工艺设计和其他非工艺设计两部分。化工工艺设计内容主要有：生产方法的选择、生产工艺流程设计、工艺计算、设备选型、车间布置设计及管道布置设计，向非工艺专业提供设计条件、设计文件以及概算的编制等设计工作。

化工设计中包括很多的专业技术，其中化工工艺设计是整个化工设计的核心，起着主导作用。其他非工艺设计是为化工工艺设计服务的，均需以化工工艺专业提出的各种设计条件为依据。非工艺设计分别由各专业设计人员负责，包括机械工程、土建工程、供排水工程、供配电工程、供热供汽工程、仪表及自动控制、分析及卫生工程等各项设计工作。一般化工建设生产涉及专业众多，工艺复杂，操作条件苛刻，工程投资大，使用原料众多，大多数原材料、中间产品和成品易燃、易爆、具有一定毒性、腐蚀性，对操作人员易造成伤害，生产过程中产生的“三废”对环境也会造成一定影响。由于化工生产的物料性质、工艺条件、技术要求的特殊性，给设计带来了种种影响，从而形成化工设计的如下特点。

（1）政策性强

化工设计是一项政策性很强的工作，整个设计过程必须遵循国家各项有关政策和法律法规，遵守化工设计的相关规范，按照规定格式和要求进行设计并完成设计工作。从我国基本国情出发，充分利用人力和物力等资源，秉承对国家、对社会负责的精神，自觉维护国家和人民群众的根本利益，为国家创造财富，确保安全生产，保护环境，保障良好的经济效益。

（2）技术性强

化工设计是一项理论密切联系实际的工作，从事化工设计不仅要有专业理论知识、扎实的基础知识、熟练的技能，还要有丰富的工程实践经验和运用先进设计手段的能力。化工设计是一种创造性劳动，不是照搬照抄，而是消化吸收，不仅要珍惜现有经验，还要不断吸收并使用国内外的先进技术。

（3）经济性强

化工生产过程十分复杂，所需原材料种类多，能耗大，基建费用高，要求设计人员有经济观念，在确定生产方法、设备选型、车间布置、管道布置时都要加强经济意识，认真进行技术经济分析，处理好技术与经济的关系，做到化工设计技术上先进、成熟，经济上合理。

（4）综合性强

化工设计是一门综合性很强的专业知识，同时又是一项政策性很强的设计工作。作为设计工作者，要想顺利完成化工设计工作，必须要有高度的责任心和使命感，了解化工设计特点和先进的生产技术，必须熟悉化工生产的特点及产品的工艺流程，掌握各种化工设备的性能及规范，不但要具有扎实的理论基础，而且要具有丰富的实践经验、熟练的专业知识技能和运用计算机等先进设计手段的能力，这样才能完成高质量的化工设计。

进入21世纪以来，工程科学技术高速发展，为满足人类物质需求提供了强有力的支撑，同时，也对工程师提出了更加严格的要求。高等工程教育肩负着培养未来工程师的重任，受到世界各国的高度重视。我国工程教育的体量已居世界第一位，近年来，国家采取了一系列强有力措施提高工程人才的培养质量。例如，我国从2006年起按国际等效标准实施了工程教育专业认证，并于2016年正式成为“华盛顿协议”成员国。在中国工程教育专业认证协会所制定的《工程教育认证标准（2015版）》中，对工程专业的本科毕业生提出了12条要求，非常全面地阐述了现代工程师应该具备的综合能力。这12条毕业要求分别是：

（1）工程知识

能够将数学、自然科学、工程基础和专业知识用于解决复杂的工程问题。

（2）问题分析

能够应用数学、自然科学和工程科学的基本原理，识别、表达，并通过文献研究分析复杂工程问题，以获得有效结论。

（3）设计/开发解决方案

能够设计针对复杂工程问题的解决方案，设计满足特定需求的系统、单元（部件）或者工艺流程，并能够在设计环节中体现创新意识，考虑社会、健康、安全、法律、文化以及环境等因素。

（4）研究

能够基于科学原理并采用科学方法对复杂工程问题进行研究，包括设计实验、分析与解释数据，并通过信息综合得到合理有效的结论。

（5）使用现代工具

能够针对复杂工程问题，开发、选择与使用恰当的技术、资源、现代工程工具和信息技术工具，包括对复杂工程问题的预测与模拟，并能够理解其局限性。

（6）工程与社会

能够基于工程相关背景知识进行合理分析，评价专业工程实践和复杂工程问题解决方案对社会、健康、安全、法律以及文化的影响，并理解应承担的责任。

（7）环境和可持续发展

能够理解和评价针对复杂工程问题的专业工程实践对环境、社会可持续发展的影响。

（8）职业规范

具有人文社会科学素养、社会责任感，能够在工程实践中理解并遵守工程职业道德和规范，履行责任。

（9）个人和团队

能够在多学科背景下的团队中承担个体、团队成员以及负责人的角色。

（10）沟通

能够就复杂工程问题与业界同行及社会公众进行有效沟通和交流，包括撰写报告和设计文稿、陈述发言、清晰表达或回应指令。并具备一定的国际视野，能够在跨文化背景下进行沟通和交流。

（11）项目管理

理解并掌握工程管理原理与经济决策方法，并能在多学科环境中应用。

（12）终身学习

具有自主学习和终身学习的意识，有不断学习和适应发展的能力。

化学工业是国民经济的支柱产业，为解决人类的衣、食、住、行，为提高人类的生存质量做出了极大的贡献，产生了可观的经济效益和社会效益。化学工业的特点决定了其必须直接对大宗原材料进行加工，因此物料处理量、能量消耗量均相当大；化学工业所处理的物料不同程度地存在非温和性，一些化工过程需要在偏离常态下操作，在安全、环境等方面具有潜在的风险。因此可以说，工业是人类与自然生态环境冲突最强的人造系统。而在工业系统中，化学工业又是冲突最强的子系统之一。现代化学工业是各种高新技术集成的复杂大系统，对数学模型、仿真和自动控制等有很高的要求。化学工业是大投入、高产出的行业，资金使用量非常大，合理经济地运行是企业盈利的基本保证。化工厂从立项、设计，到建设、运营，每一个过程均需要由化学工艺、化工设备、土建、自动控制、安全、环保、经济等诸多专业人才组成强大的团队联合完成。因此，对化学工程师而言，上述12条仅仅是本科生的“毕业要求”，一个合格的化学工程师应具备远高于此的素质与能力，甚至应具备高于其他行业工程师的综合能力。

由于化工系统的庞大与复杂，需要具有不同知识背景的人员在不同阶段从事不同的工作，才能保证化工装置的正常运行。按项目进行的阶段对化学工程师进行细分，可出现多种称谓：如在项目投产前期，有设计工程师、设备制造工程师、安装建设工程师等；在装置生产运行阶段，有工艺工程师、设备工程师、自动控制工程师和维修工程师等。设计工程师的职责，是在新建或改扩建项目实施前，在国家法律、法规、政策、标准和规范框架下，按最优化原则完成项目的工艺、设备、自动控制、总图与设备布置、土建及公用工程的设计，并进行合理的经济评价，提供规范的设计文件。通过设计，将科学研究的成果设计成装置，由装置转化为生产力。

在本书中介绍和引用了一些现行国家和行业标准及设计手册中的表述和内容，使读者养成查手册、学习标准、遵循标准的良好习惯。本书所举的例子均为工程实例，大部分已在工厂中实施。本书的编排和文字表述贴近工程实际，使读者通过阅读及课程的学习，养成工程师科学务实的精神、严谨和实事求是的工作态度、勇于创新的思维方式和敢于担当的责任感。

1.2 化工设计规范、标准简介

化学工业是生产各种物质的重要工业之一，同时也是具有危险的部门，因为整个生产过程基本上是在高温高压、易燃易爆、高毒腐蚀环境中进行的。决定一个具体的化工过程，除考虑其技术上的可行性外，还必须符合国家政治、经济政策方针：例如环境、能源、劳动保护、工业布局等因素，并使之获得最佳的经济效益和社会效益。同时，化工设计还必须遵循国家和行业的设计规范和相关的政策、法规。化工设计的工作技术难度大，精度要求高，化工设计人员要求具备全面的技能知识、丰富的实际经验：不仅要具备本专业的基础理论和知识，还要了解各专业的相关国家法律法规和标准规范。正确执行标准规范是搞好化工设计工作的关键，技术标准是主体，管理标准和工作标准是配套。

下面列举了一些常用的石油化工、化工工程设计标准和规范：

《石油化工给水排水系统设计规范》(SH/T 3015—2019)；

《化工企业总图运输设计规范》(GB 50489—2009)；

《工业企业总平面设计规范》(GB 50187—2012)；

《石油化工工艺装置布置设计规范》(SH 3011—2011)；

《石油化工给水排水管道设计规范》(SH 3034—2012)；

《石油化工金属管道布置设计规范》(SH 3012—2011)。

1.3 我国化工设计的质量保证体系及安全监察

化工厂建设的施工安装过程是按设计图纸施工的过程，设计的质量是化工项目建设质量的最直接反映。设计过程中的任何疏忽都会对工程建设质量及化工生产造成严重的损失。目前化工设计行业中实施的质量管理体系采用国际标准化组织 ISO 9000 质量体系。

ISO（International Organization for Standardization）是国际标准化组织的简称。国际标准化组织的众多委员会之一的“质量管理和质量保证技术委员会”(简称 ISO/TC 176)其重大成果是制订了 ISO 9000 系列国际标准及相关的配套标准。这套系列标准为各国开展质量保证和企业建立、健全质量体系提供了有效的指导。为了使产品与技术在国际市场的竞争中处于有利地位，我国结合自己的管理情况和国情，制订了与国际接轨、通用性强的对照标准系列，以下列举了一些设计单位常用的质量标准：

GB/T 19000—2016（ISO 9000：2015）:《质量管理体系基础和术语》;

GB/T 19001—2016（ISO 9001：2015）:《质量管理体系要求》;

GB/T 19004—2020（ISO 9004：2018）:《质量管理 组织的质量 实现持续成功指南》。

在这种体系中，设计的成品被定义为设计输出，即设计文件、图纸、说明书及其他文件等。从该定义可划分定义域，可行性研究、方案设计、初步设计、施工图设计、阶段设计或某项设备设计都可以是设计成品。以设计成品为对象，可以把工程设计成品质量形成的全过程分为设计市场调研、合同评审、设计准备、设计和设计评审、文件印制和归档、外部评审、后期服务、回访与总结这八个阶段，有关各阶段概括如下：

设计市场调研：预测或确定设计市场对设计或服务的需求；预测或确定设计市场对工程建设项目的宏观需要；针对调研结果向单位最高管理层提出制定对策的建议——调研报告；建立和实施用户信息反馈系统。

合同评审：准确地了解用户的需要，并形成文件；使单位内部有关方面均理解合同规定的“要求”，并确认“要求”的合理性以及本单位有能力满足所有的“要求”；将“要求”以书面方式传达至该项目合同的执行人员。

设计准备：合理配置设计项目的人力和其他资源；组织制订项目设计进度计划；搜集、分析、鉴定设计原始资料。

设计及评审：将合同规定的要求以及社会要求转化为设计输入；通过方案构思和表述被确定的设计方案的各种作业技术和活动，使设计输入转化为设计输出；通过自校，评审设计输出是否满足了规定的要求；根据设计评审结果，修正设计输出。

文件印制和归档：通过打字、印刷、复制、装订等作业活动，将设计输出转化为规格化的出版物；确保设计成品按规定计划完整、完好地交付给用户；按质量体系文件要求及档案管理法规，将有关设计文件编目归档。

设计单位和设计评审：选派合适的人员参加评审活动，接受评审，解释设计，解答质疑；了解评审意见，确定用户的补充要求；按照评审意见更改设计。

后期服务：某阶段设计成品对下一阶段设计的服务，如施工服务、投产、竣工、验收活动。

回访、总结：通过回访活动，搜集质量信息，为用户解决设计缺陷问题，满足用户的合理要求；通过总结，反馈信息，为质量改进提供依据。

设计工作并不是闭门造车，它必须与社会上的许多部门发生关系。设计人员与设计部门只有正确处理好各个环节，才能把设计工作做好。以下是与之相关的一些部门和单位：

（1）建设单位

建设单位是设计院为之服务的单位，设计院称之为业主。从建设单位将设计项目委托给设计院，与设计院签订了合同开始，直到一个化工厂或一套装置建成，被验证达到设计指标，在这段时间内，设计人员一直要与建设单位保持密切的联系。

（2）技术研究单位

一套生产新产品装置的设计就是技术研究单位开发的产品或技术转化成生产力的体现。技术研究单位与设计院没有合同关系，但业务上有着紧密的联系。设计院把技术研究单位称为技术方，他们必须在设计院进行设计工作之前，向设计院提交完整的基础设计资料。

（3）项目审批部门

项目审批部门有基本建设项目所属地区的发展与改革委员会、建设委员会等。设计院需协助建设单位向这些部门报批项目，为建设单位提供报批项目所需的文件及图纸。

（4）管理部门

项目所属地区包括规划、消防、压力容器监测、卫生防疫、环评、安全等部门对项目进行各方面管理。设计院的设计文件及图纸内容需由这些管理部门审查，必须符合国家有关的规定。

（5）施工单位

一般在设计工作完成之后，设计院才与施工单位发生关系。设计人员需对施工单位进行一次设计思想和设计内容的交底。施工单位的专业设置与设计院基本一致，两单位专业对口的人员互相交流，以便施工单位能更好地实现设计院的设计思想。在项目的施工阶段，设计院需派遣人员去现场进行施工配合。施工结束后，设计院与建设单位一起对施工质量进行验收及签字。

（6）工程建设监理部门

工程建设监理是针对工程项目建设而设置的，社会化、专业化的工程建设监理单位需接受业主的委托和授权，根据国家批准的工程建设项目文件、有关工程建设的法律法规和工程建设监理合同以及其他工程建设合同进行旨在实现项目投资目的的微观监督管理活动。这种监督活动主要针对项目建设的设计阶段、招标阶段、施工阶段以及竣工验收和保养阶段。

第2章

化工设计基础

2.1 化工设计的分类

化工设计是将一项化工工程从计划变成现实的一个环节，这中间涉及如下多个方面：①政治、经济、技术、资源、产品、市场、用户、环境；②“天时地利人和”以及国情、国策、标准、法规；③化学、化工、工艺、机械、电气、土建、自控、“三废”治理、安全卫生、运输、给排水、采暖通风等专业。因此，化工设计是一项综合性很强的技术工作。

化工设计并不等同于化工原理设计，因为后者是对某个单元装置的设计。本书所讲的“化工设计”是针对一个庞大的化工项目进行的设计，这个项目可能是一个化工厂或一个生产车间的生产装置的整体设计，其内容侧重于化工工艺的设计。

我国对化工设计的分类是依照基本建设项目进行的，一般分为新建工厂设计、原有工厂的改扩建设计及车间厂房的局部修建设计等。下面分别介绍按建设项目性质、项目开发过程及设计范围大小对化工设计进行的分类。

2.1.1 根据建设项目性质对化工设计进行分类

（1）新建项目设计

新建项目设计包括新产品设计和采用新工艺或新技术的产品设计。这类设计往往由开发研究单位、专利商提供基础设计、工艺包，然后由工程研究部门（国外由工程公司）根据建厂地区的实际情况进行工程设计。

（2）重复建设项目设计

由于市场需要或者设备老化，有些产品需要再建生产装置，由于新建厂的具体条件与原厂不同，即使产品的规模、规格及工艺完全相同，还是需要由工程设计部门进行设计。

（3）现有装置改扩建设计

化工厂旧的生产装置，由于其产品质量或产量不能满足客户要求；或者因技术原因，原材料和能量消耗过高而缺乏市场竞争能力；或者因环保要求的提高，为了实现清洁生产，而必须对已有装置进行改造。已有装置的改造包括去掉影响产品产量和质量的“瓶颈”，优化生产过程操作控制，提高能量的综合利用率和局部的工艺或设备改造更新等。这类设计通常由生产企业的设计部门进行设计，对于生产工艺过程复杂的大型装置可以委托工程设计部门进行设计。

2.1.2 按项目开发过程对化工设计进行分类

一个新化工项目的开发过程包含研究、工程化设计和建设三个阶段。在研究阶段，将理论研究成果，通过实验室小试、中试完成全部试验过程，并提供一套完整的设计原始数据（即设计基础数据）。在工程化设计阶段，经过概念设计、中试设计、基础设计、工艺包设计、工程设计（基础工程设计、详细工程设计），完成全部设计过程。在建设阶段，业主通过项目建议书、可行性研究、工程设计、施工建设、投产等，完成建设的全过程。

2.1.2.1 概念设计

概念设计是在应用研究进行到一定阶段后，根据开发性基础研究的成果、文献数据、现有类似的操作数据和工作经验，从工程角度出发按照未来生产规模所进行的一种假想设计。其内容包括：过程合成、分析和优化，得到最佳工艺流程，给出物料流程图；进行全系统的物料衡算、热量衡算和设备工艺计算，确定工艺操作条件及主要设备的形式和材质；进行参数的灵敏度和生产安全性分析，确定“三废”处理方案；估算装置投资与产品成本等主要技术经济指标。

概念设计的作用是：用以指导过程研究及对开发性的基础研究提出进一步的要求；暴露和提出过程研究中存在的问题，如工艺流程、主要单元操作、设备结构及材质、过程控制方案及环保安全等方面的问题，并为解决这些问题提供途径或方案；为技术经济评价提供较为可靠的依据，并得出开发的新产品或新技术是否有工业化价值的结论。若出现不利前景，则及时终止开发。

2.1.2.2 中试设计

按照现代新技术开发的观点，中试的主要目的是解决小试不能解决的问题，检验和修改小试与大型冷模试验结果所形成的综合模型，考察基础研究结果在工业规模下实现的技术、经济方面的可行性；考察工业因素对过程和设备的影响；消除不确定性，为工业装置设计提供可靠数据。即概念设计中的一些结果和设想，通过中试来验证，在中试中得到未来工程设计中所需要的数据、设计依据。中试装置设计主要为满足中试要求，所以中试装置设计内容比工程设计简单，中试可以不是全流程试验，规模也不是越大越好。中试要进行哪些试验项目，规模多大为宜，均要由概念设计来确定。由于中试装置较小，一般可不画出管道、仪表、管架等安装图纸。

2.1.2.3 基础设计

基础设计是一个完整的技术软件，是整个技术开发阶段的研究成果，它是工艺包、工程设计依据。基础设计一般在研究内容全部完成并通过鉴定后进行。

基础设计主要内容包括：①详细的工艺计算；②主要设备条件；③对仪表、电气、暖通、给排水、土建等专业的要求；④经济分析；⑤对工程设计的要求；⑥操作规程；⑦消耗定额；⑧有关的技术资料；⑨安全技术与劳动保护说明等。

基础设计的内容应包括新建装置的一切技术要点，合格的工程技术人员应能根据基础设计完成一个能顺利投产，达到一定产量和质量指标的生产装置。

我国传统上对新开发的化工项目的设计，是依据基础设计文件而展开的初步设计、施工图设计。目前国际通用做法是将基础设计进一步完善深化，做成“工艺包”商品，出售给业主或工程公司。

2.1.2.4 工艺包设计

工艺包（process package）是一个专用的技术名词，特指某个化工产品生产技术方面的全部技术文件的总和，为化工工艺技术成果的文件表达，是工艺技术对工程设计、采购、建设和生产操作要求的体现，是一个化工厂工艺的核心技术文件，是基础工程设计的主要依据。由化工工艺、工艺系统、分析化验、自控、材料（需要时）、安全卫生（需要时）、环保（需要时）等专业共同完成该化工产品的工艺包设计工作。

工艺包的来源主要是专利商、科研院所、大专院校、掌握生产技术关键的人或单位。具备下列条件之一者，都可以进行工艺包设计：该公司已经熟练掌握并成为公司专有技术；与科研单位、生产单位共同开发的新工艺、新技术、新产品，已满足工艺包设计所需的各项要求；用户专有技术并提供相近规模的工程设计文件或现有运行的生产装置可供设计参考；无专利权或专利有效期已过的成熟工艺技术。

工艺包是具有知识产权的产品，它浓缩了化工装置的主要工艺技术。科研机构将其试验成果编制成工艺包，成为一个商业化的产品走向市场，既保护了科研机构自身的知识产权，又有利于推广技术，因而是目前国际上的通行做法。

工艺包提交的内容如下。

（1）设计基础

a. 工艺装置的组成和工艺特性：说明本工艺装置由哪些工艺单元组成，与其他工程的联系及协作关系，工艺过程的主要特性，如多相聚合反应、萃取、减压精馏、干燥等工艺过程。

b. 生产规模：说明本工艺装置的设计规模，主要产品产量，中间产品产量，原料处理量（万吨/年，或 t/h）。

c. 年操作小时：说明本工艺装置年操作时数；生产方式（连续、间歇）。

d. 原料、催化剂和化学品规格：说明本工艺装置对原料、催化剂、化学品的规格要求，分析方法，来源及送入界区的方式，如连续输送、间歇输送、管道输送或桶装。

e. 公用工程规格和用量：说明本工艺装置需要的主要公用工程规格和数量。

f. 产品规格：说明本工艺装置的产品和副产品（必要时包括中间产品的详细规格和分析方法），产品、副产品送出界区的条件（温度、压力）和输送方式。

g. 原料和化学品、催化剂的消耗和单耗值。

h. 技术保证指标：说明本工艺装置的技术保证值和期望值，如反应的转化率、选择性。原料、催化剂、化学品的单耗，催化剂寿命，产品和主要副产品规格。

i. 废物（工业“三废”）的性质、排放量和建议的处理方法：说明本工艺装置的生产方案，生产工艺特点，废物的排放量及处理方法。

j. 安全卫生：说明本工艺装置危险因素分析、火灾爆炸的危险和毒性物质危险等。

（2）工艺说明

a. 工艺原理：说明本工艺的反应原理，列出主反应及主要副反应的化学方程式，并说明控制反应速率和副反应产生的主要因素。如反应温度、反应压力、原料浓度配比、空速、催化剂选择、原料中杂质对反应和催化剂的影响等。

b. 主要工艺参数：说明本工艺的主要操作参数。包括反应、精馏、萃取、传热等主要单元的主要操作参数。有反应的工艺还应列出反应初期和末期的操作参数。

c. 工艺流程：说明按不同工段的管道及仪表流程图，详细叙述工艺流程。说明原料、中间产品、副产品、产品的去向，进出界区的方式及储存方法；说明主要操作条件，如温度、压力、流量、主要物料配比等；主要控制方案；若为间歇操作，还需说明操作周期和一次（批）的加料量。技术保证值和期望值，如反应的转化率、选择性。原料、催化剂、化学品的单耗，催化剂寿命，产品和主要副产品规格。

（3）工艺流程图

工艺流程图（process flow diagram，PFD）表示生产工艺所有的主要设备（包括名称、位号），阀门、流量、温度、压力、热负荷以及控制方案。

（4）物料衡算和能量衡算

完成生产装置全过程的物料和能量衡算后，如有必要应考虑负荷的波动及各工况的变化。根据计算结果列出物流表，应包括流程中每股物料组成、状态、流量、相对密度、黏度、温度和压力等。这些物流表可由工艺流程模拟计算得到。

（5）管道及仪表流程图

工艺包的管道及仪表流程图（piping and instrument diagram，P&ID），从工艺角度来看，已全部表示了工艺过程的设备、机械、驱动设备（具体类型、规格可以在工程设计时确定）；还应表示出工艺过程正常操作、开停车、特殊操作（如再生、烧焦、切换等）等所需的全部管道的管子尺寸、管子材质、阀门类型、保温等；标示出工艺取样分析点；标示出全部的检测、指示和控制功能仪表；对工程设计有特殊要求的需要在 P&ID 上加以标识注明，如管道的坡向、两相流管道须固定、最小距离、液封高度，必要时还需要给出保证工艺要求的节点详图。

应该指出：涉及工程设计的内容，如管道等级、管道详细标注、仪表控制的详细标注、压缩机系统的公用工程管线、界区阀门设置、公用工程 P&ID 的深化，膨胀节、波纹管的设置等，工艺包 P&ID 的相应内容是初步的，有时可以没有，需待工程设计深化。

（6）工艺设备表

列出主要工艺设备名称、数量和规格。

（7）主要工艺设备的工艺规格书

按设备类别分类编制工艺规格书，即数据表，如反应器、塔、换热器、储槽、压缩机、泵、工业炉等。应列出工艺设计和操作参数，材质要求。静设备应附设备草图，动设备应提出传动机械要求，其深度应满足进行基础工程设计的要求。

（8）自动控制和仪表

a. 初步的仪表一览表：PLC（programmable logic controller，可编程逻辑控制器）开关量输入、输出点，DCS（distributed control system，分散控制系统）开关量输入、输出点。

b. 初步仪表回路规格。

c. 工艺控制和联锁系统包括报警系统和联锁系统的参数。

d. 仪表系统说明。

（9）管道设计

a. 初步的管道一览表：列出工艺装置主要工艺管道的介质名称、代号，工艺操作条件，管道走向，管路尺寸，管道等级，保温等。

b. 初步的管道材料等级：列出工艺装置主要工艺和公用工程管道、阀门、管件材料的选用等级表。

c. 初步的设备布置图：该设备的布置图为工艺专利技术拥有者根据其工程经验和工艺技术要求提出的建议性设备布置，在工程设计时可根据具体总图布置、装置情况作适当调整，但其中工艺技术要求内容必须满足。

d. 管道安装设计建议。

e. 特殊管件。

（10）电气设计

包括电气设计概况、单线图、危险区域划分图和初步的电动机表等。

（11）泄放阀和安全阀

a. 排放原因（不包括火灾）。

b. 排放量工艺数据表（不包括阀的计算）。

（12）分析手册

a. 对原料、化学品和最终产品的分析方法。

b. 为控制装置操作的分析要求、采样点、分析方法、分析频率和控制指标。

c. 实验室分析仪器的规格。

（13）工艺操作手册

a. 操作指南。

b. 操作步骤。

c. 卫生安全环保措施（HSE）。

d. 特殊要求的检修要领。

从工艺包的内容来看，它基本达到了工艺初步设计的深度，各个工程公司、设计院基本都是从接手工艺包开始，做项目工程的设计。

2.1.2.5 工程设计

工程设计的主要任务是工程设计人员将基础设计、工艺包设计的方案进一步具体化，完成进行工程建设和生产所需要的全部资料。工程设计的最终成品是施工安装说明书，它是施工、安装部门进行施工和安装的依据。工程设计主要任务是建设前期撰写项目建议书、可行性研究报告，设计期的工程设计。

工程设计不同阶段的性质不同，其工作范围、内容和设计深度也不尽相同。通常情况下，一般按照以下三个阶段来进行：一是工艺设计，二是基础工程设计，三是详细工程设计。

（1）工艺设计

工艺设计是根据化工生产的要求，制定化工生产装置建设过程所需的工艺技术资料，供装置的基本建设、开工生产使用。工艺设计的主要内容有：生产方法选择，工艺流程设计，工艺计算，设备选型，车间布置设计，化工管路设计，向非工艺专业提供设计条件、设计文件以及概（预）算的编制等项设计工作。工艺设计是化工设计的基础，贯穿在基础设计、工艺包设计、工程设计各个设计阶段。由于化工装置设计在不同的设计阶段其设计工作深度不同，因此化工工艺专业在不同设计阶段的设计工作内容也略有不同。但不同阶段的设计工作内容是相互衔接的，并随着设计工作的进行不断深化。

（2）基础工程设计

基础工程设计的性质和功能定位是在工艺包的基础上进行工程化的一个工程设计阶段，要为提高工程质量、控制工程投资、确保建设进度提供条件，所有的技术原则和技术方案均应确定。

（3）详细工程设计

详细工程设计，有的资料简称“详细设计”。详细工程设计阶段是工程设计人员在基础工程设计的前提下，将工程设计进一步完善直到完成能满足工程施工、安装、开车所必需的全部设计文件。

2.1.3 根据设计范围对化工设计进行分类

根据项目所设计范围的大小，化工设计通常又分为以工厂为单位和以车间为单位的两种设计。车间设计是化工厂设计的核心内容，将各个车间或界区设计内容进行系统规划则完成一个化工厂的总体设计。车间设计不涉及厂址选择、总图布置、公用工程等设计，主要涉及化工工艺设计内容。

2.2 化工厂初步设计阶段的工作程序

① 初步设计准备。根据上级主管部门批准的可行性研究报告及任务书，设计单位就可进行设计准备，由工艺专业作开工报告，其他专业作设计准备。

② 讨论设计方案，选定工艺路线，进行工艺方案技术经济论证，确定工艺流程方案。

③ 工艺向有关专业提出设计条件和要求，进行协调，确定相关方案。

④ 完成各专业的具体设计工作。工艺专业应从方案设计开始，陆续完成物料衡算、能量衡算及主要设备选型计算、工艺设备布置设计，最后完善流程设计，绘制管道及仪表流程图和设备一览表，编写设计说明书。

⑤ 组织好中间审核及最后校核，及时发现和纠正差错，确保设计质量，解决各专业间的协调或漏项及投资控制等问题。

⑥ 在各专业完成各自的设计文件和图纸，并进行最后审核之后，由各专业进行有关图纸的会签，以解决各专业间发生的漏失、重复、冲突等问题，确保设计质量。

⑦ 编制初步设计总概算，论证设计的经济合理性。

⑧ 审定设计文件，并报上级主管部门组织审批，审批核准的初步设计文件，作为施工图设计阶段开展工作的依据。

2.3 车间设计工作程序及内容

化工车间（装置）设计是化工厂设计的最基本的内容，也是初学者必须首先掌握的。车间化工设计又分为化工工艺设计和非工艺设计两部分，化工工艺设计决定整个设计的概貌，是化工设计的核心，起着组织与协调各个非工艺专业互相配合的主导作用，其他非工艺设计是为化工工艺设计服务的，它们的设计均需以化工工艺专业提出的各种设计条件为依据。非工艺设计分别由各专业设计人员负责，包括建筑、结构、设备、电气、仪表及自动控制、暖通、给排水、环保等专业的各项设计工作。本节重点介绍化工车间（装置）工艺设计内容和程序。

下面按工作程序介绍车间工艺设计的内容。

（1）设计准备工作

① 熟悉设计任务书：全面深入地正确领会设计任务书提出的要求，分析设计有关条件，这都是设计的依据，必须熟记、贯彻实施。

② 了解化工工艺设计包括哪些内容，其方法步骤如何。

③ 查阅文献资料：按照设计要求，主要查阅原材料、产品、中间产品等的物化性质、价格、质量标准、市场情况、生产的工艺路线、工艺流程和重点设备有关的文献资料，并摘录笔记。此外，还应对资料数据加工处理，对文献资料数据的适用范围和精确程度应有足够的估计。

④ 收集第一手资料：深入生产与试验现场调查研究，尽可能广泛地收集齐全可靠的原始数据并进行整理，这对做好整个设计来说是一项很重要的基础工作。

（2）选择生产方法

大多数化工产品有多种生产方法，所以设计人员在接受设计任务之后，首先要确定一个合适的、先进的生产方法。这就需要设计人员充分研究和领会设计任务书的精神实质，因地制宜，对当地、当时的物质条件、资源状况、其他类似工业的生产水平全面调查研究，掌握第一手资料，广泛而详细地查阅中外资料，清楚地掌握国内外类似工厂的生产及操作管理状况，把现有的生产方法进行全面的分析、对比，从中挑选出工艺先进、技术成熟、经济合理、安全可靠、“三废”得到治理并符合国情或当地条件的生产方法及其工艺路线，做出合理的决定。若某个产品的生产只有一种固定的生产方法，则别无选择。

（3）工艺流程设计

生产方法确定之后，就要根据各自的生产原理，以每个车间或界区的主要任务或反应为核心，以主要物料的流向为线索，以图解的形式表示出整个生产过程的全貌。在这一过程中应把原料、中间产品及最终产品需要经过哪些工艺过程及设备，这些设备之间的相互关系与衔接，以及它们的相对位差，物料的输送方法，过程中间加入的物料或取出的中间产品等加以说明，并对流程做出详细的叙述。

（4）工艺计算及设备选型

工艺计算是工艺设计的中心环节。它主要包括物料衡算、能量衡算和设备工艺计算与选型三部分内容；并在此基础上，绘制物料流程图、主要设备总图和必要部件图。

物料平衡指单位时间内进入系统的全部物料质量必定等于离开该系统的全部物料质量再加上损失掉的与积累起来的物料质量。对物料平衡进行计算称为物料衡算。据此即可求出物料的质量、体积和组成等数据，最后可汇总成原料消耗综合表。

根据能量守恒定律，利用能量传递和转化的规则，用以确定能量比例和能量转变的定量关系的过程称为能量衡算。根据能量计算的结果，可以确定输入或输出的热量、加热剂或冷却剂的消耗量。同时结合设备工艺计算，可以算出传热面积，最后可以得出能量消耗综合表。

设备工艺计算与选型主要是确定一定生产能力的设备的主要工艺尺寸；或者相反，根据一定的设备规格确定其生产能力。设备工艺计算与选择的最后结果是得出设备示意图和设备一览表。

（5）车间布置设计

车间或界区布置设计主要解决厂房及场地的配置，确定整个工艺流程中的全部设备在平面和空间的具体位置，相应地确定厂房或框架的结构形式。一个完整的车间设计，应包括生产各工段或岗位、工艺设备、动力机器间、机修间、变电配电间、仓库与堆置场、化验室等的设计。车间布置的设计就要对上述工段和房间做出整体布置和厂房轮廓设计。当整体布置和厂房轮廓设计大体就绪后，即可进行设备的排列与布置工作。车间或界区布置设计是在完成工艺计算并绘制出管道及仪表流程图之后进行的，最后绘制车间平面布置图和剖视图。

（6）化工管道设计

化工管道设计是根据输送介质物化参数、操作条件，选择管道材质、管壁厚度，选择流速计算管径，确定管道连接方式及管架形式、高度、跨度等。完成管道布置图的设计，确定工艺流程图中全部管线、阀件、管架、管件的位置，满足工艺要求，便于操作、检查和安装维修，且整齐美观。

（7）提供非工艺设计条件

工艺设计完成后，其他非工艺设计项目包括：总图、外管、设备、运输、自控、建筑、结构、暖通、给排水、电气、动力、经济等，均要着手进行设计。而设计的依据，即是由工艺设计人员提供设计条件。为了正确贯彻执行确定的设计方案，保证设计质量，工艺专业设计人员在各项工艺设计的基础上，应认真负责地编制各专业的设计条件，并确保其正确性和完整性，这样才能使非工艺设计能更好更合理地为生产工艺服务。

（8）概（预）算书的编制

概算书是在初步设计阶段的工程投资的大概计算结果，是工程项目总投资的依据，它是根据初步设计的内容，概算出每项工程项目建设费用的文件。有时为了加快设计进度，也可以根据同类型厂的全部建厂投资和本厂设计中改造部分的增减情况而编制出概算书。预算书是在施工图设计阶段编制的，它是根据施工设计内容，计算每项工程项目建设费用的文件。通常预算书要比概算书内容详细而且比较精确。预算书一般可作为设备安装阶段各种物料的发放、领取标准，也是检查现场物料的使用情况和有无浪费的依据。

（9）编写设计说明书

设计说明书是设计人员在完成本车间工艺设计之后，为了阐明本车间设计时所采用的先进技术、工艺流程、设备、操作方法、控制指标及设计者需要说明的一些问题而编制的。车间工艺设计的最终成品是设计说明书、附图（工艺流程图、布置图、设备图等）和附表（设备一览表、材料汇总表等）。各设计阶段应分别进行编写和绘制。

设计说明书是供审查、批复、下一段设计及施工单位进行设计施工、生产单位进行生产的依据，要求对说明书、附图、附表进行认真的校核。对文字说明部分，要求做到内容正确、严谨、完整易懂；对设计图纸要求做到准确无误，符合设计规范，满足生产、操作、施工、维修的要求，整洁美观。

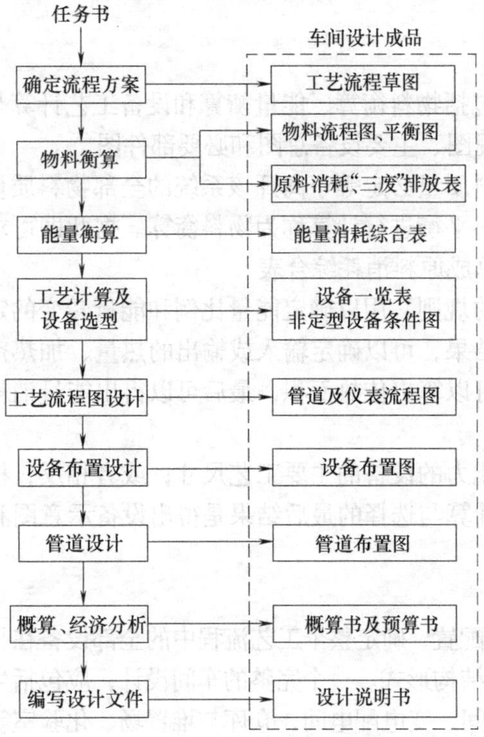

图 2-1　车间工艺设计主要内容和步骤

以上仅是车间工艺设计的大体内容，叙述的顺序就是一般的设计工作程序，实际设计过程中，这些工作内容往往是交错进行的。车间工艺设计的主要内容和步骤如图 2-1 所示（图中右边框代表设计的成品）。

2.4 国际通用设计程序及内容

国际通用设计体制是 21 世纪科学技术和经济发展的产物，已成为当今世界范围内通用的国际工程公司模式。按国际通用设计体制，有利于工程公司的工程建设项目总承包，对项目实施“三大控制”（进度控制、质量控制和费用控制），也是工程公司参与国际合作和国际竞争进入国际市场的必备条件。国际上通常把全部设计过程划分为工艺包设计和工程设计两大设计阶段。工艺包设计属于基础设计阶段，主要由专利商承担，工程设计由工程公司承担。工程公司是以工程为基础，以工程建设为主业，具备工程项目设计、采购、施工和施工管理、开车服务、项目管理的能力，通过组织项目的实施，创造价值并获取合理利润的企业。在国际上新建项目一般由工程公司总包完成，在我国新建项目的建设分段由不同公司完成，而且我国设计院大多数提供单一的工程设计。国际通用设计程序的阶段划分及主导专业在各设计阶段应完成的主要设计文件见表 2-1。

表 2-1　国际通用设计程序的阶段划分

项目	专利商	工程公司		
阶段名称	工艺包（process package）或基础设计（basic design）	工艺设计（process design）	基础工程设计（basic engineering design）或分析和平面设计（analytical and planning engineering design）	详细工程设计（detailed engineering design）或最终设计（final design）
主导专业	工艺	工艺	系统/管道	系统/管道
主要文件	1. 工艺流程图（PFD） 2. 工艺控制图（PCD） 3. 工艺说明书 4. 物料平衡及热量平衡计算 5. 设备表 6. 工艺数据表 7. 概略布置图 8. 原料、催化剂、化学品、公用物料的规格、消耗量及消耗定额 9. 产品的规格及产量 10. 分析化验要求 11. 安全分析 12. “三废”排放及建议的处理措施 13. 建议的设备布置图 14. 操作指南	1. 工艺流程图（PFD） 2. 工艺控制图（PCD） 3. 工艺说明书 4. 物料平衡表 5. 设备表 6. 工艺数据表 7. 安全备忘录 8. 概略布置图 9. 主要专业设计条件	1. 管道仪表流程图(P&ID) 2. 设备布置图（分区） 3. 管道平面图（分区） 以下由其他专业完成 1. 设备计算及分析草图 2. 设计规格说明书 3. 材料选择 4. 请购文件 5. 地下管网图 6. 电气单线图 7. 各有关专业设计条件	1. 管道仪表流程图（P&ID） 2. 设备安装平/剖面图 3. 详细配管图 以下由其他专业完成 1. 基础图 2. 结构图、建筑图 3. 仪表设计图 4. 电气设计图 5. 设备制造图 6. 其他专业全部施工所需图纸文件 7. 各专业施工安装说明
用途	提供给工程公司作为工程设计的依据，并是技术保证的基础	把专利商文件转化为工程公司设计文件，发表给有关专业开展工程设计，并提供用户审查	为开展详细工程设计提供全部资料，为设备、材料采购提出请购文件	提供施工所需的全部详细图纸和文件，作为施工及材料补充订货的依据

工程设计又划分为：工艺设计、基础工程设计和详细工程设计三个阶段。

2.4.1　工艺设计阶段

工艺设计是工程设计的第一个阶段。其主要内容是把专利商提供的工艺包或本公司开发的专利技术按合同的要求进行工程化，并转换成工程公司的设计文件，发表给有关专业，作为开展工程设计的依据，并提交用户审查。工艺设计程序见图 2-2。

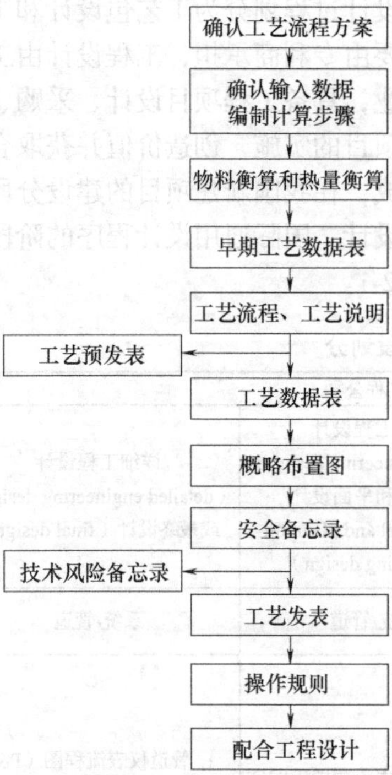

图 2-2　工程设计中工艺设计的程序

此阶段通常从项目中标、合同生效时开始，与项目经理筹划项目初始阶段的工作同时进行。工艺设计文件是编制、批准控制概/预算的依据和基础资料。

工艺设计的主要依据包括专利商提供的工艺包、研究部门的中试或小试工艺技术成果、项目设计依据文件以及项目合同及其附件。

工艺设计的主要内容有：

① 工艺流程图（PFD）；

② 物料平衡图表；

③ 工艺说明书；

④ 工艺数据表；

⑤ 设备表；

⑥ 概略布置图；

⑦ 安全备忘录；

⑧ 技术风险备忘录；

⑨ 操作规则。

工艺设计的主导专业是工艺专业，主要参加专业包括仪表、设备、分析、系统和材料等专业。

2.4.2　基础工程设计阶段

基础工程设计的性质和功能定位是：在工艺包的基础上进行工程化的一个工程设计阶段。基础工程设计阶段是工程设计人员将专利商提供的工艺包或基础设计转化成工程设计的一个重要环节。基础设计和基础工程设计是有区别的，前者是专利商提供的技术成果和专有技术能够转化成工程设计的依据和充分及必要条件，后者是工程公司（或设计院）在专利商的基础设计的基础上进一步完善并把它转化成为工程设计的技术资料的过程。

基础工程设计的主要内容如下：

① 编制管道及仪表流程图（P&ID）A 版~2 版；

② 编制设备布置图成品版；

③ 编制管道平面设计图；

④ 编制设备和主要材料请购单；

⑤ 编制仪表数据和主要仪表请购单；

⑥ 编制电气单线图和主要电器请购单；

⑦ 编制全厂总平面布置图及界区条件图；

⑧ 编制防爆区域划分图；

⑨ 编制地下管网布置图；

⑩ 编制各专业其他设计文件。

基础工程设计是工程设计的一个关键性的工作阶段，此阶段与工艺设计阶段紧密衔接，从工艺发表、举行设计开工会议开始，直至开展详细工程设计用的管道及仪表流程图

2 版、管道平面设计图（也称管道平面研究图）和装置布置图的发表为其结束的标志。在国外有的工程公司基础工程设计还可细分为分析设计和平面设计两个工作阶段。

分析设计是基础工程设计的第一个工作阶段，主要是为平面设计阶段的工作提供设计条件。这个阶段的主要工作是应用工艺发表和设计开工会议提供的设计条件和数据，开发和编制管道及仪表流程图（P&ID）、工艺控制图（PCD）和装置布置图，编写设计规格说明书和设备请购单，并开展设备订货及大口径合金钢管道早期定货等工作。此阶段完成的主要设计文件需送请用户审查认可。

平面设计是基础工程设计的第二个工作阶段，主要为详细工程设计提供设计依据。这个阶段的主要工作有：进行管道研究、开展管道应力分析和编制管道平面设计图；审查确认设备供货厂商图纸；进行散装材料初步统计和首批材料订货；完成供详细工程设计用的管道及仪表流程图和装置布置图 2 版；各专业相应完成布置图等工作。此阶段以管道平面设计图的发表为其结束的标志，由此进入详细工程设计阶段。

基础工程设计为详细工程设计提供全部资料，同时为设备和主要材料的采购提出请购文件，并作为编制首次核定估算的依据。基础工程设计的主导专业是系统和管道专业，主要参加专业有仪表、电气、设备等专业。

2.4.3 详细工程设计阶段

详细工程设计即是施工图设计，是工程设计人员在基础工程设计的前提下，开始工程采购，并逐步根据制造厂商返回的采购文件的深化，将工程设计进一步完善，直到能满足工程施工、安装、开车所必需的全部设计文件完成，即标志整个工程设计阶段结束。

详细工程设计以基础工程设计的全部设计文件、项目依据文件和合同文件为依据。

详细工程设计的主要内容包括如下：

① 编制管道仪表流程图 3 版和施工版；

② 编制管道平面布置图；

③ 编制管道空视图；

④ 编制土建结构图；

⑤ 编制土建基础图；

⑥ 编制仪表设计图；

⑦ 编制电气设计图；

⑧ 编制设备制造图；

⑨ 编制其他各专业施工所需的图纸和文件。

详细工程设计的主要参加专业包括管道、土建、电气仪表、公用工程等。详细工程设计为最终材料采购、施工和试车提供详细图纸和文件，并作为编制二次核定估算的依据。

2.4.4 工程设计步骤

按设计工作的程序，工程设计阶段一般应按以下步骤进行：

（1）工程设计准备

根据上级主管部门对初步设计的批准文件进行工程设计准备。工程设计阶段的开工报告也可参照初步设计开工报告编制，但应根据具体情况进行适当删减或补充，主要有以下几方面：

① 在初步设计阶段已明确的内容可从简；

② 补充初步设计的审批及修改情况；

③ 设计条件的进一步落实，如提供有关地形测量图、地质勘察报告，落实施工单位和主要设备订货合同等。

（2）签订资料流程

按照评估内容结果进行立项，对使用到的设备以及材料的技术资料和采购价格、生产厂商、运输等资料进行收集，之后签订资料。

（3）设计文件编制

各专业分别进行本专业的设计工作，设计过程中各专业应向相应专业提交条件。

（4）成品校审、会签

① 按照校审制度校核设计成品；

② 各专业设计成品的会签。

2.4.5 相应文件要达到的目标

① 工艺包作为技术载体，解决技术来源和工艺技术的可靠性问题；

② 基础工程设计解决专业技术方案和工程化问题；

③ 详细工程设计是按照确认的基础工程设计完成项目建设实施的图纸和文件。

2.5 我国石油化工装置设计程序及内容

对于新建石油化工项目的建设，我国石油化工行业将设计阶段划分为：项目建议书（预可行性研究），可行性研究报告，总体设计，基础工程设计，详细工程设计，竣工图。总体设计之前还有工艺包设计。各个设计阶段的工作内容及要求，已编制了行业标准，其标准号如下：

工艺包：中国石油化工集团公司发布的《石油化工装置工艺设计包（成套技术工艺包）内容规定》（SHSG 052—2003）。

可行性研究报告：中国石油天然气集团公司发布的《中国石油炼油化工建设项目可行性研究报告编制规定》2011 年 4 月。

总体设计：中国石油化工集团公司发布的《石油化工大型项目总体设计深度规定》（SHSG 050—2008）。

基础工程设计：中国石油化工集团公司发布的《石油化工装置基础工程设计内容规定》（SHSG 033—2008）。

详细工程设计：中国石油化工集团公司发布的《石油化工装置详细工程设计内容规定》（SHSG 053—2011）。

（1）总体设计

总体设计亦称总体规划。对大型石油化工建设项目，还应进行总体规划设计或总体设计，以平衡协调每个单项工程生产运行的内在关系，解决一个项目内若干装置建设的总体部署和重大原则问题，优化化工厂总平面布置，优化辅助生产设施，优化系统工程的设计方案，控制工程规模，确定工程设计标准、设计原则和技术条件，为开展初步设计和详细设计创造条件，实现对建设项目总定员、总占地、总投资的控制目标。

根据《石油化工大型项目总体设计深度规定》（SHSG 050—2008），总体设计必须完成下列工作内容：

① 一定：定设计主项和分工；

② 二平衡：全厂物料平衡，全厂能量平衡；

③ 三统一：统一设计指导思想，统一技术标准，统一设计基础（如气象条件、公用工程参数、原材料和辅料规格等）；

④ 四协调：协调设计内容、深度和工程有关的规定，协调环境保护、劳动安全卫生和消防设计方案，协调公用工程设计规模，协调生活设施；

⑤ 五确定：确定总工艺流程图，确定总平面布置图，确定总定员，确定总进度，确定总投资。

（2）基础工程设计

基础工程设计是在批准的可行性研究报告的基础上进行的，根据设计任务书的要求，依据专利商的工艺软件包做出在技术上可行、经济上合理的最符合要求的设计方案。基础工程设计阶段应编写初步设计说明书：各章应以文字（说明书）表格和图纸表达项目各专业的设计原则、设计标准、设计方案和重大技术问题，以及投资概算和经济分析。内容要按生产装置、辅助装置、公用工程、通信及交通运输、办公及生活福利设施、投资概算、经济分析等予以编制，也可依业主要求按中国石油化工集团公司发布的《石油化工装置基础工程设计内容规定》（SHSG 033—2008）标准执行。

（3）详细工程设计

详细工程设计也称施工图设计，根据批准的初步设计文件、基础工程设计文件及主要设备情况进行施工图设计计算，绘制施工图纸并编制有关的施工说明，据此指导施工。详细工程设计内容及深度按中国石油化工集团公司发布的《石油化工装置详细工程设计内容规定》（SHSG 053—2011）标准执行。

2.6 化工设计的流程

一般的化工设计的流程是以基础设计为依据提出项目建议书，经上级主管部门认可后写出可行性研究报告，经上级批准后，编写设计任务书，进行扩大初步设计，后者经上级主管部门认可后进行施工图设计。

（1）项目建议书

① 项目建设目的和意义，即项目提出的背景和依据，投资的必要性及经济意义。

② 产品需求初步预测。

③ 产品方案和拟建规模。

④ 工艺技术方案（原料路线、生产方法和技术来源）。

⑤ 资源、主要原材料、燃料和动力的供应。

⑥ 建厂条件和厂址初步方案。

⑦ 环境保护。

⑧ 工厂组织和劳动定员估算。

⑨ 项目实施规划。

⑩ 投资估算和资金筹措设想。

⑪ 经济效益和社会效益的初步估算。

（2）可行性研究

可行性研究是对拟建项目进行全面分析及多方面比较，对其是否应该建设及如何建设做出论证和评价，为上级机关投资决策和编制审批设计任务书提供可靠的依据。根据原化工部对“可行性研究报告”的有关规定，可行性研究报告的内容如下：

① 总论。包括项目名称、进行可行性研究的单位、技术负责人、可行性研究的依据、可行性研究的主要内容和论据、评价的结论性意见、存在问题和建议等，并附上主要技术经济指标表。

② 需求预测。包括国内外需求情况预测和产品的价格分析。

③ 产品的生产方案及生产规模。

④ 工艺技术方案包括工艺技术方案的选择、物料平衡和消耗定额、主要设备的选择、工艺和设备拟采用标准化的情况等内容。

⑤ 原材料、燃料及水、电、气的来源与供应。

⑥ 建厂条件和厂址选择布局方案。

⑦ 公用工程和辅助设施方案。

⑧ 环境保护及安全卫生。

⑨ 工厂组织、劳动定员和人员培训。

⑩ 项目实施规划。

⑪ 投资估算和资金筹措。

⑫ 经济效益评价及社会效益评价。

⑬ 综合评价和研究报告的结论等内容。

（3）编制设计任务书

可行性研究报告给上级主管部门，被上级主管部门认可后，便可编写设计任务书作为设计项目的依据。设计任务书的内容主要包括以下几个方面：

① 项目设计的目的和依据。

② 生产规模、产品方案、生产方法或工艺原则。

③ 矿产资源、水文地质、原材料、燃料、动力、供水、运输等协作条件。

④ 资源综合利用、环境保护、“三废”治理的要求。

⑤ 厂址与占地面积和城市规划的关系。

⑥ 防空、防震等的要求。

⑦ 建设工期与进度计划。

⑧ 投资控制数。

⑨ 劳动定员及组织管理制度。

⑩ 经济效益、资金来源、投资回收年限。

（4）扩大初步设计

扩大初步设计简称为扩初设计，是对初步设计进行细化的设计过程。扩初设计针对初步设计过程中暴露出来的技术问题，对设计方案进行修改完善，使之更加明确和具体，可实施性更强，为后续的施工图设计打下坚实基础。扩大初步设计应编制说明书，绘制相应的图纸，并组织专家对设计文件进行论证和评审。

（5）施工图设计

施工图设计即根据已批准的扩大初步设计，结合建厂地区条件，在满足安全、进度及控制投资等前提下开展施工图设计，其成品是详细的施工图纸和必要的文字说明及工程预算书。施工图设计的任务是根据扩大初步设计审批意见，解决扩大初步设计阶段待定的各种问题，并以它作为施工单位编制施工组织设计、编制施工预算和进行施工的依据。在扩大初步设计的基础上，完善工艺流程设计和车间布置设计，进而完成管路布置设计、设备和管路的保温及防腐设计。当施工图设计的内容与扩大初步设计有较大的变动时，应另行编制修正概算，上报原审批单位核准。施工图设计不能随便改变扩大初步设计。在施工图设计的编制过程中，应根据扩大初步设计审批意见加强与基建施工单位的联系，正确贯彻和掌握上级部门的审批精神与原则。

（6）设计代表工作

在扩大初步设计与施工图设计两个阶段，有大量的各专业人员参加，到设计文件编制完毕，工作转入了基本建设和试车阶段的时候，就只需少量的各专业设计代表参加了。各专业设计代表的任务就是参加基本建设的现场施工和安装（必要时修正设计），建成化工装置后要参加试车运转工作，使装置达到设计所规定的各项指标要求。

当设计工作全面结束，且试车成功后，应做工程总结，积累经验，以利于设计质量的不断提高。

2.7 设计文件的组成

设计文件是设计企业的产品。建设工程的质量首先取决于设计文件的质量。工程设计文件主要包括：初步设计文件、施工图设计文件。工艺专业人员在扩大初步设计阶段和施工图设计阶段应编制说明书和说明书的附图、附表等设计文件。其中车间工艺设计文件是最基本的和最常见的，因此，本课程着重介绍车间工艺专业设计文件的内容和格式。

2.7.1 初步设计文件

初步设计是根据已批准的可行性研究报告，确定全厂性的设计原则、设计标准、设计方案和重大技术问题：如总工艺流程、生产方法、工厂组成、总图布置、水电汽的供应方式和用量、关键设备和仪表选型、全厂储运方案、消防、职业安全卫生、环境保护和综合利用以及车间或单项工程的工艺流程和专业设计方案等，编制出初步设计文件与概算。

初步设计文件是确定建设项目的投资额、征用土地、组织主要设备及材料采购的依据；是进行施工准备、生产准备以及编制施工图设计的依据；是编制施工组织设计、签订建设总承包合同、银行贷款以及实行投资包干和控制建设工程拨款的依据等。

2.7.2 施工图设计文件

依据已批准的初步设计和建设单位提供的工程地质、水文地质的勘察报告，厂区地形图，主要设备的订货资料、图纸及安装说明等，就可以进行施工图设计，编制施工图设计文件。

其中，工艺专业方面的主要内容包括工艺图纸目录、工艺流程图、设备布置图、设备一览表、非定型设备制造图、设备安装图、管道布置图、管架管件图、设备管口方位图、设备和管路保温及防腐设计等；非工艺专业方面的主要内容包括土建施工图，供水、供电、排水、自控仪表线路安装图等。

2.8 设计文件的说明

当建设项目完成可行性研究并通过论证和审批后，即完成了规划与论证阶段，可进入设计阶段。对于大型建设项目、大量采用新技术新工艺的项目以及工艺和装置复杂的项目，为了保证设计质量，应完成初步设计、扩大初步设计和施工图设计三个设计程序。对于技术比较成熟的中小型项目，可将前两个程序合并，只进行扩大初步设计和施工图设计。一些技术成熟、工艺简单的小型新建项目或车间改扩建项目，可直接进行施工图设计。设计工作由业主单位委托有资质的设计单位执行。

大型化工建设项目是一个复杂的系统工程，设计工作需要由浅入深、由易及难、反复论证、多方协商才能圆满完成。初步设计是在批准的可行性研究报告的基础上，根据设计任务书的要求进行设计。设计结果供进一步论证，并作为下一步设计的基础和依据，不用于施工。初步设计执行标准 HG/T 20688《化工工厂初步设计文件内容深度规定》，应包括如下 26 章：

①总论
②技术经济
③总图运输
④化工工艺与系统
⑤布置与配管
⑥空压站、氮氧站
⑦厂区外管
⑧分析化验

⑨设备
⑩自动控制及仪表
⑪供配电
⑫电信
⑬土建
⑭给排水
⑮供热系统
⑯采暖通风及空调调节
⑰维修
⑱液体原料、产品运输
⑲固体燃料、产品储运
⑳全厂设备、材料仓库
㉑消防专篇
㉒环境保护专篇
㉓劳动安全卫生专篇
㉔节能
㉕行政管理设施及居住区
㉖概算

2.9 设计图样的说明

（1）施工图设计文件目录

编制各主项施工图设计文件时，应编写主项图纸总目录、非定型设备图纸目录和工艺图纸目录。

（2）工艺施工图设计文件

① 工艺设计说明。工艺设计说明可根据需要按下列各项内容编写。

a. 工艺修改说明，说明对初步设计的修改变动。

b. 设备安装说明，主要及大型设备吊装；建筑预留孔；安装前设备可放位置。

c. 设备的防腐、脱脂、除污的要求，设备外壁的防锈、涂色要求，以及试压试漏和清洗要求等。

d. 设备安装需进一步落实的问题。

e. 管路安装说明。

f. 管路的防腐、脱脂、除污的要求，及管路的试压、试漏和清洗的要求等。

g. 管路安装需统一说明的问题。

h. 施工时应注意的安全问题和应采取的安全措施。

i. 设备和管路安装所采用的标准和其他说明事项。

② 带控制点工艺流程图（施工流程图）。带控制点工艺流程图应表示出全部工艺设备和物料管路、阀件等，进出设备的辅助管线和工艺及自动仪表的图例、符号。

③ 辅助管路系统图。辅助管路系统图应表示出系统的全部管路。一般在带控制点工艺流程图左上方绘制，如辅助管路系统复杂时可单独绘制。

④ 首页图。当某一个设计项目（装置）范围较大（如除主要生产厂房或构筑物外，附有生活室、控制室、分析室，或有较多的室外其他生产和辅助生产部分），设备布置和管路安装图需分别绘制首页图。

⑤ 设备布置图。设备布置图包括平面图与剖面图，其内容应表示出全部工艺设备的安装位置和安装标高，以及建筑物、构筑物、操作台等。

⑥ 设备一览表。根据设备订货分类的要求，分别做出非定型设备表、定型设备表等。

⑦ 管路布置图。管路布置图包括管路布置平面图和剖面图，其内容应表示出全部管路、管件和阀件及其在空间的位置，简单的设备轮廓线及建、构筑物外形。

⑧ 配管设计模型。做模型设计时，可用配管设计模型代替管路布置图。

⑨ 管段图。管段图表示一段管道在空间的位置，也叫做空视图或单线图。

⑩ 管架和非标准管件图。

⑪ 管段表。当绘制管段图时，可不单独编制管段表，其相应内容可填入管段图的附表中去。

⑫ 管架表。

⑬ 综合材料表应按以下三类材料进行编制。

⑭ 管口方位图。管口方位图应表示出全部管口、吊耳、支脚及地脚螺栓的方位，并标注管口编号、管口和管径名称。对塔还要表示出地脚螺栓、吊柱、直爬梯和降液管位置。

⑮ 换热器条件图。

2.10 化工设计图样的基本画法

化工设备类型繁杂，种类众多，分类方式也很多。从设计工作角度考虑可以分为标准设备和非标准设备，例如压缩机、泵、风机、锅炉等均为标准设备；而塔器（如精馏塔、吸收塔、再生塔、反应塔等）和废热锅炉、大部分槽罐、一些换热器等都是非标准设备。对标准设备，工艺计算完成后，根据工作条件(介质温度、压力、处理物料的相态和量等)，从标准系列里选用合适的设备（称作选型）即可。对于非标准设备，工艺计算完成后要根据工作条件和有关条例、规范进行设备的结构设计。结构设计包括两部分，一部分是工艺设计，另一部分是满足工艺要求的选材和材料的强度设计。材质的选取根据设备的工作条件(包括工作介质、工作温度、工作压力）和材料手册就可以进行。中、高压设备的设计一般交设备专业人员完成；常压和低压设备按照一些规范可以选取合理的构件和满足强度的材质厚度。常压和低压设备的结构设计，作为化学工程与工艺专业的学生应该经过学习和训练予以掌握。化工设备设计的最终成果用化工设备图来表示，以便加工制作。

一套完整的化工设备图包括总装配图、设备装配图、部件图、零件图、管口方位图、表格图及预焊接件图。作为施工设计文件的还有工程图、通用图和标准图等。

常用的化工设备图根据其主次关系、具体表示部位等常作如下分类：

① 总装配图。表示一台复杂设备或表示相关联的一组设备的主要结构、技术特性、主要装配连接关系和尺寸的图样。

② 装配图。表示一台设备的结构形状、技术特性、各部件之间连接装配关系及必要的尺寸，设备的制造、试验、验收等要求，用以进行设备的制造、安装、检验。

③ 部件图。表示设备中可拆或不可拆部件的结构形状、尺寸大小、技术要求和技术特性等技术资料的图样，用以制造和装配部件。

④ 零件图。表示化工设备零件的结构形状、尺寸大小、加工、热处理、检验等技术资料的图样，用以制造和检验零件。

⑤ 管口方位图。管口方位图是化工工程图中特有的一种图纸，是表示化工设备管口方向位置，管口与支座、地脚螺栓的相对位置的简图。

⑥ 表格图。对于那些结构形状相同、尺寸大小不同的化工设备、部件、零件（主要是零部件），用综合列表的方式表达各自的尺寸大小的图样。

⑦ 标准图。经国家有关主管部门批准的标准化或系列化设备、部件或零件的图样。

⑧ 通用图。经过生产实践、结构成熟、能重复使用的系列化设备、部件和零件的图纸。

其中后两图不需绘制而直接采用，设计者只需在设计图或文件中注明所采用的图的标准、型号。

2.10.1 化工设备图的基本内容

一份完整的化工设备图，不管其结构简单或复杂，均包括以下基本内容：

① 一组视图。表示设备的结构形状，零部件间的装配和连接关系。

② 必要的尺寸。用以表示设备的总体大小、装配和安装尺寸等数据。

③ 零部件编号及明细表。对组成设备的全部零部件编号，并在明细栏中填写每一个编号零部件的名称、图号或标准号、规格型号、材料、数量及重量等内容。

④ 管口符号、管口表。设备所有管口注以符号，在相应的管口表中，注明管口的公称直径、密封面标准和形式、用途等。

⑤ 技术特性表。列出设备工艺特性，如操作压力、温度、物料名称、设备体积或换热面积等特性参数（对换热设备分管程、壳程填写）。

⑥ 技术要求。说明设备制造、检查、验收、安装、表面涂饰、运输等方面的条例、规范标准和要求。

⑦ 标题栏。填写设备名称、规格、比例、总重量、图号以及设计单位、设计制图等有关人员签字等项内容。

⑧ 其他。如图纸目录、附注、修改表、选用表等。

2.10.2 化工设备图的视图特点

尽管化工设备种类繁多，结构差异较大，但仍有以下一些共同特点：

① 化工设备的壳体大多由筒体、封头两部分组成。而筒体一般由钢板卷焊的圆柱体最多。封头有椭圆形、圆锥形、球形等。这些筒体和封头都是回转体。

② 广泛采用标准化、通用化、系列化的零件，如人孔、液面计、法兰、筒体、封头等。

③ 零部件不可拆卸的连接方式广泛采用焊接方式。

④ 在设备壳体上往往有较多的管口。

⑤ 标注的尺寸大小相差悬殊。

由于以上特点，使得化工设备图视图具有共同的表达特征。

2.10.3 化工设备视图的表达特点

① 基本视图的配置。对回转体设备，由正视图和俯视图两个基本视图表达设备主体。当俯视图没有按正投影关系画在正视图下方时，应在俯视图下方标注“俯视图”。正视图常采用剖视。当需要在设备前部表示壳体外的部件（如视镜）时，可以在全剖视图上，取局部保留不剖。

② 多次旋转画法。为了在主视图上清楚地表示设备壳体外圆周分布的管口、支座、人（手）孔等，分别按机械制图中画旋转视图的方法，采用多次旋转画法，在主视图上画出它们的全部投影。它们在设备周向位置以管口方位图（或俯视图）为准。

③ 局部结构的表达。为了清楚地表达由于选定的绘图比例而无法在主视图上表达清楚的局部结构，常采用局部放大图。这种局部放大图常称为节点图。放大图与所表示节点部位，用同一个标识符标注，并注明局部放大图的比例。

④ 夸大的表示方法。如果采用绘图比例，设备的壁厚及挡板、垫片的厚度等一般无法画出，必须采用夸大的方法，即不按比例，适当夸大地用双线画出它们的厚度。如图 2-3 设备的壁厚就是夸大的未按照比例所画出的。

⑤ 管口方位的表达方法。如果管口方位由单独的管口方位图表示时，则设备图上注明“管口方位见管口方位图，图号××-××”字样。此时设备图的俯视图中的管口方位，不代表其真实方位，故不要标注管口角度尺寸；若无管口方位图，则应在俯视图上表示出管口方位，并表示相应的角度。

⑥ 断开表示方法。对于许多形状和内部结构相同的或按一定规律变化的、高度比较大的塔器类设备，可以用断开画法表示。这样可以使图形缩短，便于选用较大的比例绘出，合理利用图面并简化了绘图。

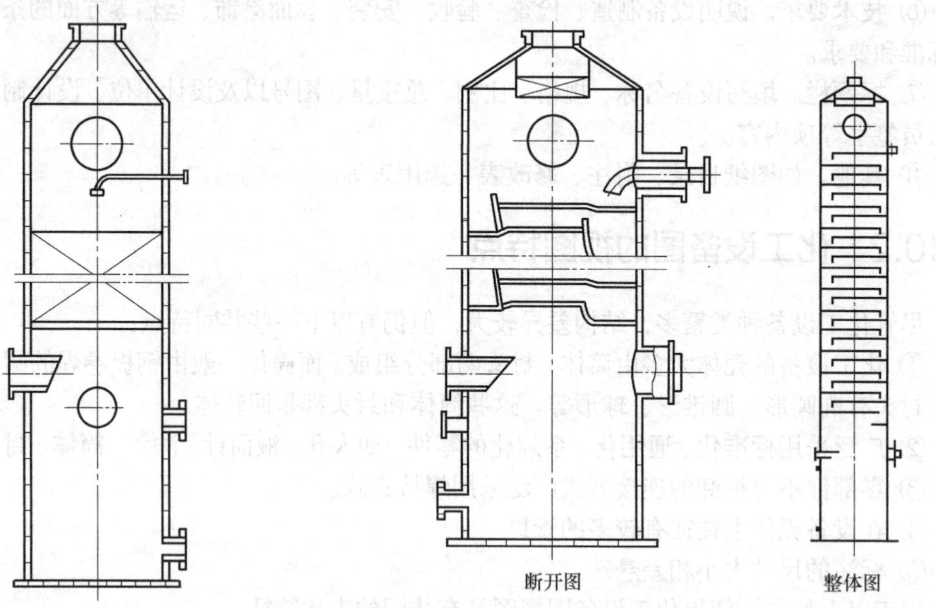

(a) (b)

图 2-3 塔的断开画法

如图 2-3（a）为填料塔设备，用断开画法，缩短了结构完全相同的填料层。图 2-3（b）为将成规则排列的塔盘中一部分省去，采用断开画法。但需注意，后一种情况必须附有整体图，以表示塔盘的总数和有关尺寸。断开画法应该用细双点划线来表示断开部分，断开以后图面高度小了，但尺寸标注不变。

2.10.4 化工设备图简化画法

化工设备图，可以采用机械制图的国家标准规定画法和简化画法，根据化工设备的特点以及设备、生产的需要，采用以下简化画法：

① 有标准图、复用图及外购的零部件的简化画法。有标准图、复用图及外购的零部件，如减速机、电动机、填料箱、搅拌桨叶、人（手）孔等，在装配图上画出其外部特征即可。如图 2-4 表示在装配图中几种部件的简化画法。

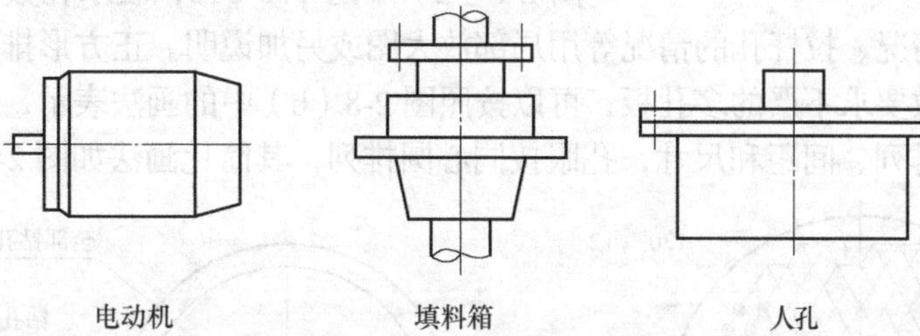

图 2-4 装配图中几种部件的简化画法

② 设备结构采用单线画法的简化画法。设备上某些结构，在已有零件图或用剖视或局部放大图等方法表达清楚时，装配图上允许用单线画法。如容器、槽、罐的简单壳体，带法兰的接管，筛板塔、泡罩塔的塔盘，管壳式换热器的折流板、挡板、拉杆等。

③ 管法兰的简化画法。装配图中的容器法兰和管法兰，不论连接面的形状如何，均可用如图 2-5 的简化画法。其焊接形式及密封面形式，在明细栏及管口表中表示。特殊形式的管法兰，需用局部剖视表示。如图 2-6 所示，带薄层衬里的管法兰的表视图，其中薄衬里层不画剖面线。

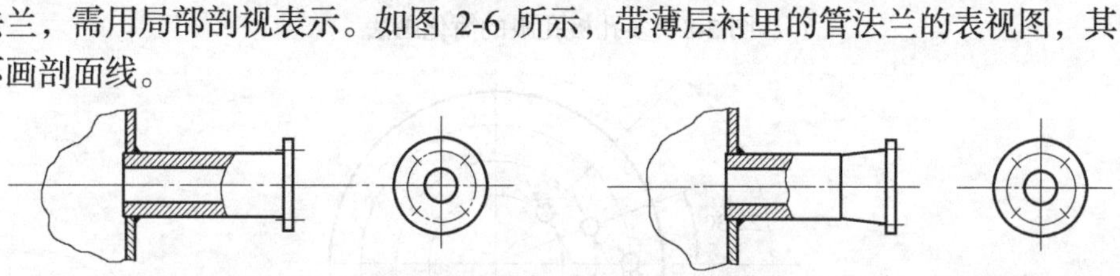

图 2-5 装配图中管法兰的简化画法

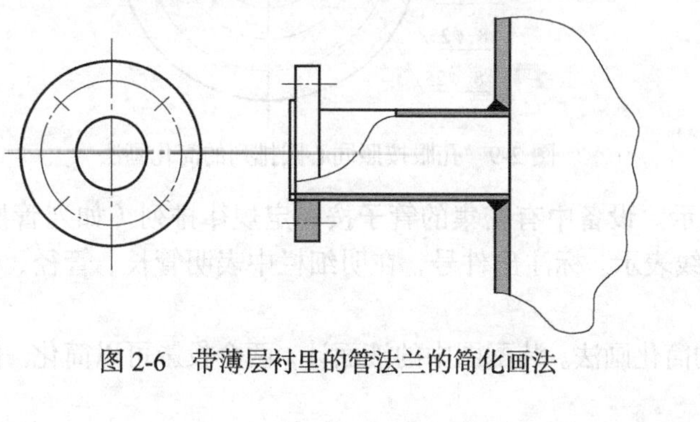

图 2-6 带薄层衬里的管法兰的简化画法

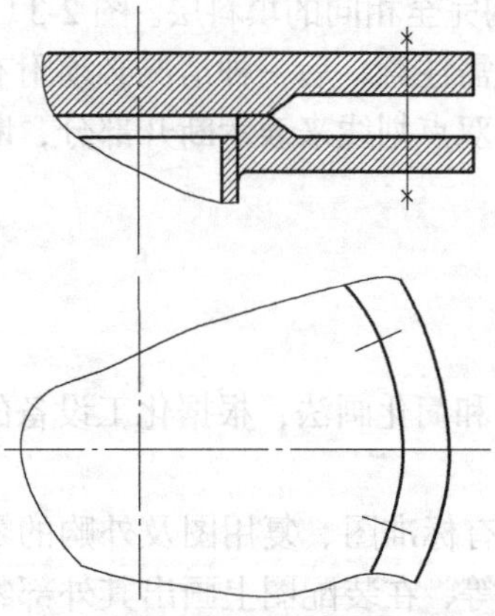

图 2-7 装配图中螺栓连接的简化画法

④ 重复结构的简化画法。

a. 螺栓孔和螺栓连接的表示螺栓孔的投影可以省略，螺栓孔用中心线和轴线表示。图 2-5 和图 2-6 所示，装配图中的螺栓连接，可以简化为如图 2-7，其中的“×”“+”用实线画出。图样中同样规格的螺栓孔或螺栓连接，在数量较多且均匀分布时，可以只画出几个符号，并表示出跨中或对中的分布方位。

b. 多孔板孔眼的表示。换热器的管板、折流板及塔板上的孔眼按正三角形排列，可以简化成图 2-8（a）所示。用细实线画出孔眼圆心的连线及孔眼范围线（也可以画出几个孔眼），注上孔间距、孔数、孔径，如图 2-8（a）中的 170-ϕ12，表示孔数和孔径。孔的倒角、板上的开槽情况、拉杆孔的情况等用局部放大图或另加说明。正方形排列的孔表示方法与上相同。对孔数要求不严的多孔板，可以按照图 2-8（b）中的画法表示，但是要用局部放大画法表示孔的排列、间距和尺寸，孔眼按同心圆排列，其简化画法如图 2-9 所示。

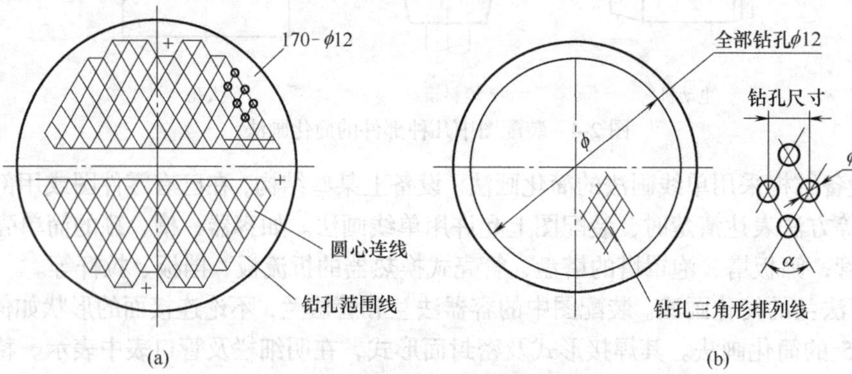

图 2-8 多孔板孔眼的简化画法

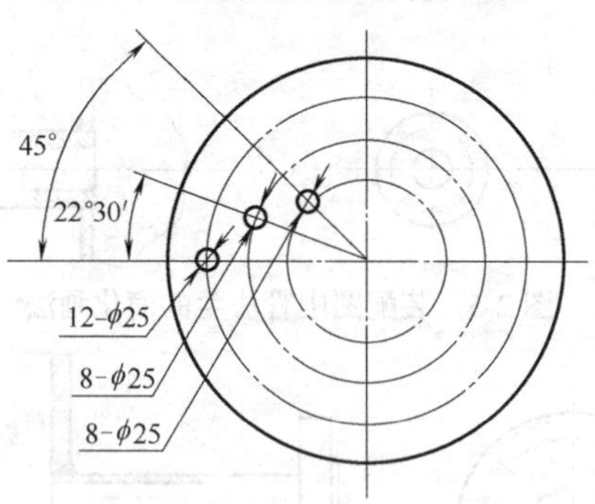

图 2-9 孔眼按照同心圆排列的简化画法

c. 管束的表示。设备中有密集的管子按一定规律排列（如列管换热器中的换热管），管子可以用中心线表示。标注出件号，在明细栏中表明管长、管径、根数、材质、单重、总重。

⑤ 液面计的简化画法。装配图中的液面计，两个投影可以简化。俯视图上要正确表示

液面计的安装方位。

⑥ 镀涂层、衬里剖面的画法。

a. 薄镀涂层。喷镀耐腐蚀金属材料或塑料、涂漆、搪瓷等薄涂层的表达如图 2-10 所示。仅需在需镀涂层表面绘制与其平行、间距约 1~2mm 的粗点画线，并标注镀涂层内容。该镀涂层图样中不编件号，详细要求可写入技术要求。

b. 薄衬里。衬金属薄板、衬橡胶板、衬聚氯乙烯薄膜等的表达如图 2-11 所示。无论衬里是一层或多层，在所需衬板表面绘制与其平行的间距约 1~2mm 细实线即可。当衬里多层且材料相同时，可只编一个件号，并在标题栏的备注栏内注明厚度和层数。当衬里是多层但材料不同时，应分别编号，并在标题栏的备注栏内注明衬里的材料、厚度和层数。必要时用局部放大图表示其层次结构。

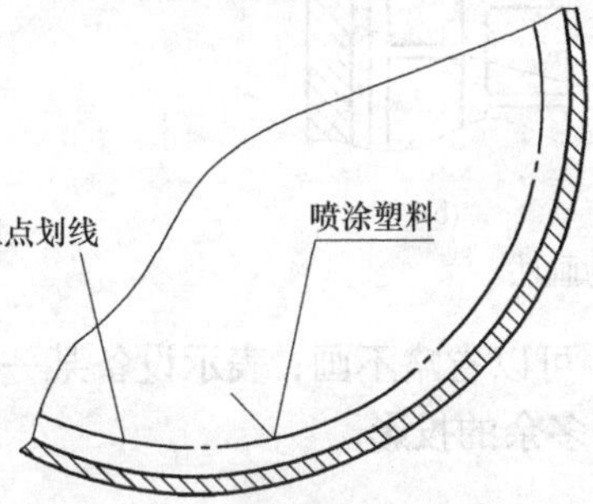

图 2-10　薄镀涂层的画法

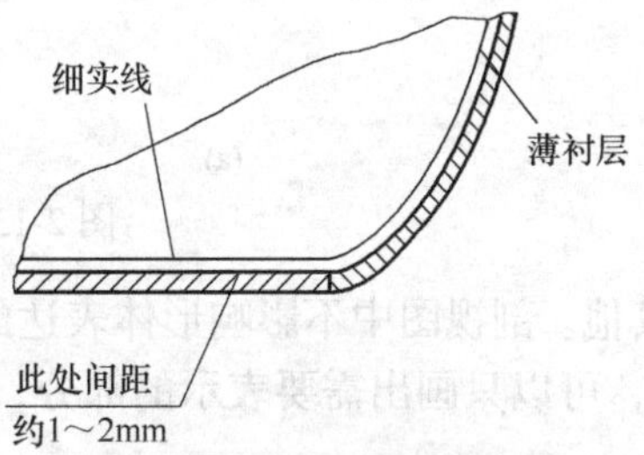

图 2-11　薄衬里的画法

c. 厚涂层。各种胶泥、混凝土等的厚涂层的表达如图 2-12 所示。在所需涂层表面绘制与其平行、间距为涂层厚度的粗实线，其间填画涂层材料的剖面符号。该涂层应编件号，在明细栏中注明材料和涂层厚度。必要时用局部放大图详细表达细部结构和尺寸，如增强结合力所需的铁丝、挂钉等。

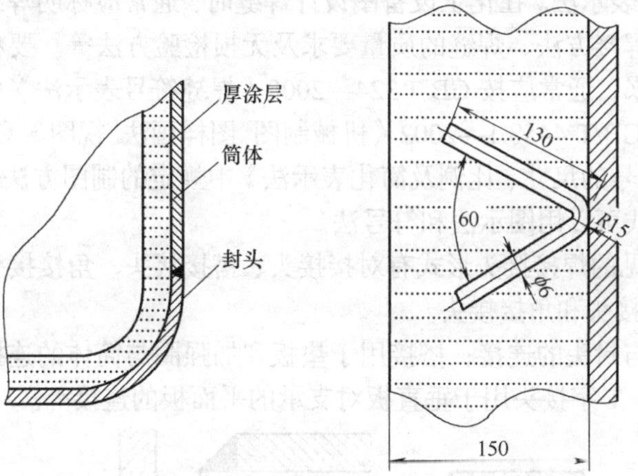

图 2-12　厚涂层的画法

d. 厚衬里。 衬耐火砖、耐酸板、塑料板和辉绿岩板之类的厚衬里的表达如图 2-13 所示。在所需衬板表面绘制与其平行、间距约为涂层厚度的粗实线，其间填画涂层材料的剖面符号。一般需用局部放大图详细表示其结构尺寸，如图 2-13（b）所示。放大图中一般灰缝以一条粗实线表示，特殊要求的灰缝用双粗实线表示，规格不同的砖、板应分别编号。

衬里用几层不同材料组成时，用不同剖面符号表示，并用图例说明各剖面的材料。

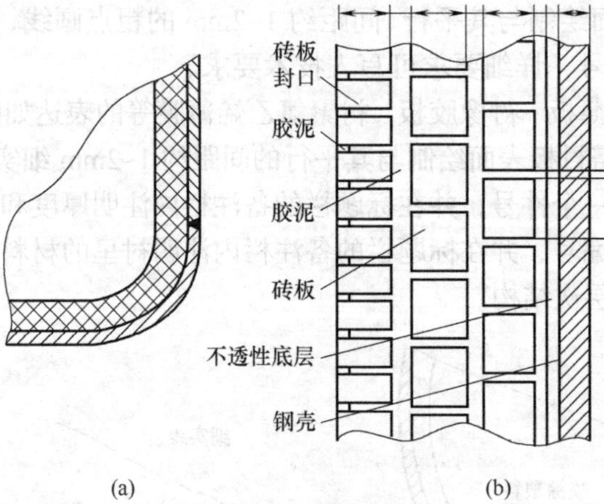

图 2-13　厚衬里的画法

⑦ 其他。剖视图中不影响形体表达的轮廓线，可以省略不画；表示设备某一部分结构的剖视图，可以只画出需要表示的部分，省略一些多余的投影。

2.10.5　化工设备图中焊缝的表示

化工设备焊接广泛用于金属构件、零件、部件的连接。焊接有电弧焊、接触焊、氩弧焊、电渣焊、钎焊等焊接方法，其中以电弧焊应用最为广泛。根据操作方法，电弧焊可以有手工焊、自动及半自动焊。

① 焊缝符号及表示法。在化工设备图设计焊缝时，通常应标明焊缝坡口的型式及组装焊接要求、采用的焊接方法、焊缝的质量要求及无损检验方法等。要将这些要求在图样中完整明确地表达出来，通常应按 GB/T 324—2008《焊缝符号表示法》中规定的焊缝符号表示焊缝，也可按照 GB/T 4458.1—2002《机械制图　图样画法　视图》和 GB/T 12212—2012《技术制图　焊缝符号的尺寸、比例及简化表示法》中规定的制图方法表示焊缝。按照上述标准，焊缝接头形式可以用图示法和符号法。

a. 图示法。常见的焊接接头形式有对接接头、搭接接头、角接接头和 T 字接头等，如图 2-14 所示为搭接接头和角接接头。

对接用于筒体与封头的连接；搭接用于垫板和加强圈与筒体的连接；角接应用于法兰与管或筒体的连接；T 字接头用于垂直板对支承的平面板的连接等。

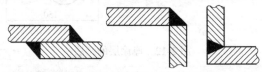

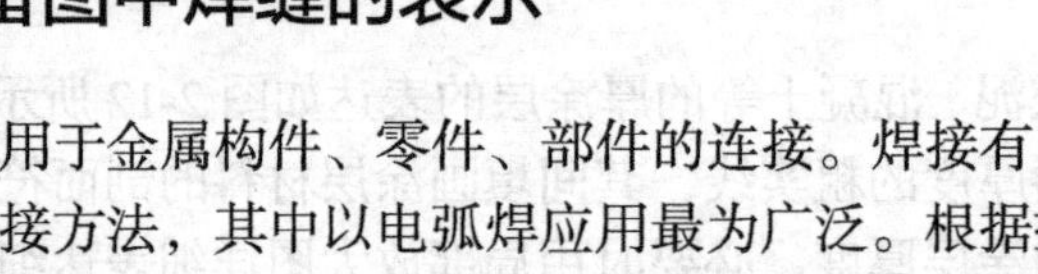

图 2-14　焊接接头的两种基本形式

ⅰ. 视图、剖视图或断面图。在视图、剖视图或断面图中画焊接图时，焊缝可见面用细波纹线表示（允许徒手绘制）、不可见面用粗实线表示，焊缝的断面应涂黑表示。当焊接件上的焊缝比较简单时，可以简化掉细波纹线，可见焊缝用粗实线表示，不可见焊缝用虚线表示，如图 2-15（a）所示。当焊缝比较小时，允许不画出断面形状，而是在焊缝处标注焊缝代号加以说明，如图 2-15（b）所示。

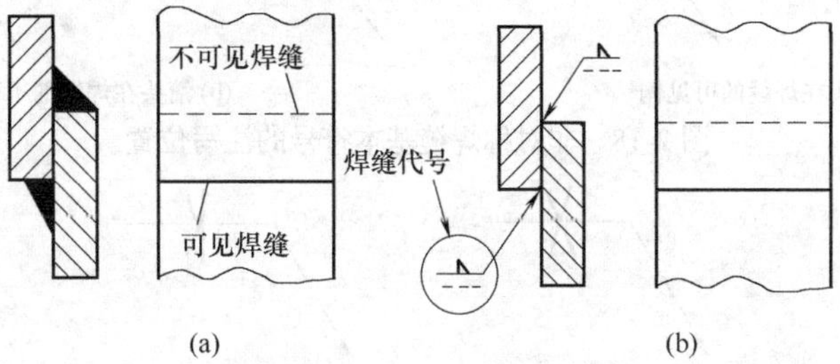

图 2-15　焊缝的简化画法

ⅱ. 局部放大图。需详细表示焊缝的结构形状和尺寸时，要绘制局部放大图，如图 2-16 所示。

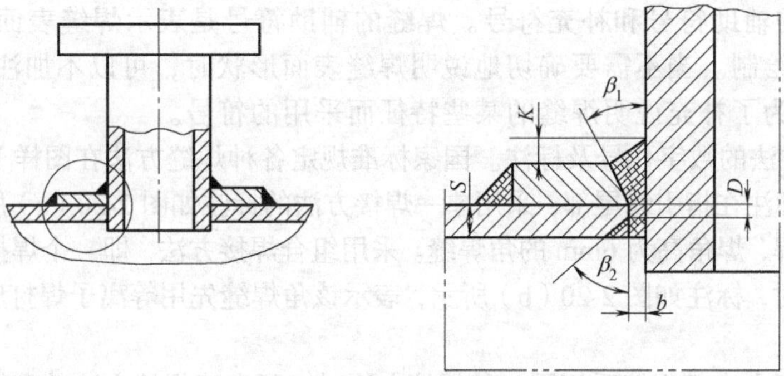

图 2-16　焊缝的局部放大图

b. 符号法。焊缝符号一般由指引线和基本符号组成。必要时，可以加上辅助符号、补充符号、焊接方法的数字代号和焊缝的尺寸符号。

ⅰ. 焊缝的指引线。焊缝的指引线由箭头线和两条基准线构成。箭头线用细实线绘制；两条基准线，一条为实线，另一条为虚线，基准线应与主标题栏平行；实基准线的一端与箭头线相接，如图 2-17（a）所示。必要时，实基准线的另一端画出尾部，以注明其他附加内容，如图 2-17（b）所示。

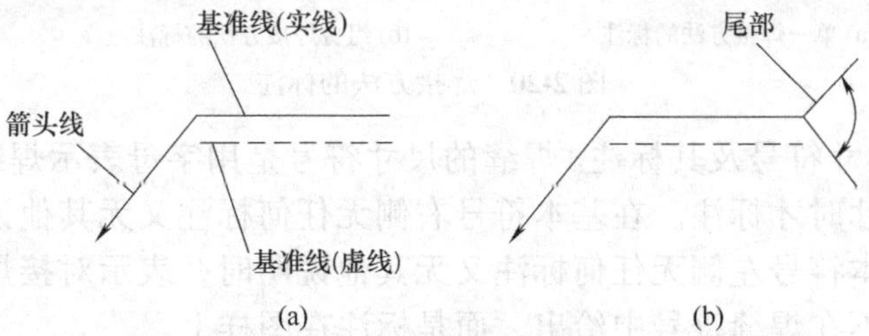

图 2-17　焊缝的指引线画法

标注非对称焊缝时，虚线可以加在实基准线的上方或下方，其意义相同。如果箭头指在焊缝的可见侧，则将基本符号标在基准线的实线侧如图 2-18（a）所示；如果箭头指在焊缝的不可见侧，则将基本符号标在基准线的虚线侧，如图 2-18（b）所示。标注对称焊缝及双面焊缝时，可不加虚线，在实基准线的上、下方同时标注基本符号，如图 2-19 所示。

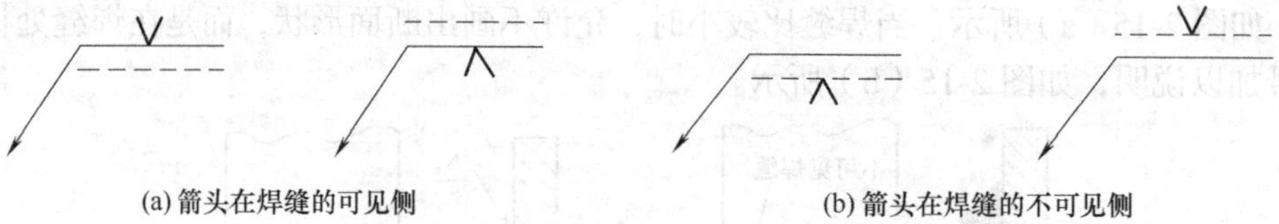

(a) 箭头在焊缝的可见侧　　(b) 箭头在焊缝的不可见侧

图 2-18　非对称焊缝基本符号的注写位置

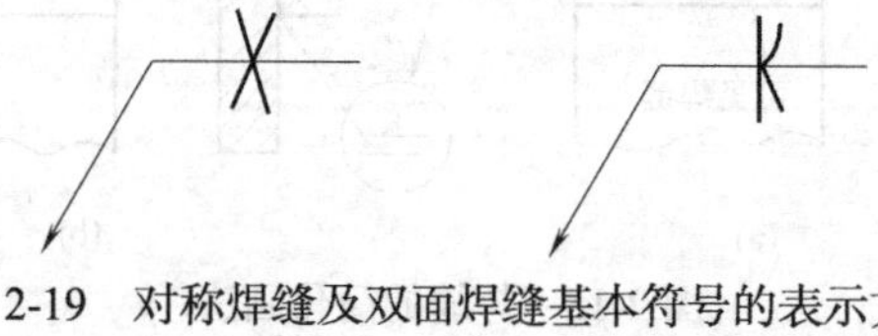

图 2-19　对称焊缝及双面焊缝基本符号的表示方法

ⅱ. 焊缝的基本符号。焊缝的基本符号是表示焊缝横断面形状的符号。其画法及应用具体见 GB/T 324—2008。

ⅲ. 焊缝的辅助符号和补充符号。焊缝的辅助符号是表示焊缝表面形状特征的符号，用粗实线绘制。当不需要确切地说明焊缝表面形状时，可以不加注此符号。焊缝的补充符号是为了补充说明焊缝的某些特征而采用的符号。

ⅳ. 焊接方法的数字代号及标注。国家标准规定各种焊缝方法在图样上均用数字代号表示，并将其标注在指引线尾部，采用单一焊接方法的标注如图 2-20（a）所示，表示该焊缝为手工电弧焊，焊角高为 6mm 的角焊缝。采用组合焊接方法，即一个焊接接头采用两种焊接方法完成时，标注如图 2-20（b）所示，表示该角焊缝先用等离子焊打底，再用埋弧焊盖面。

当一张图纸上全部焊缝采用同一种焊接方法时，可省略焊接方法数字符号，但必须在技术条件或技术文件上注明“全部焊缝均采用××焊”。当大部分焊接方法相同时，可在技术条件或技术文件上注明“除已注明焊缝的焊接方法外，其余均采用××焊”等字样。

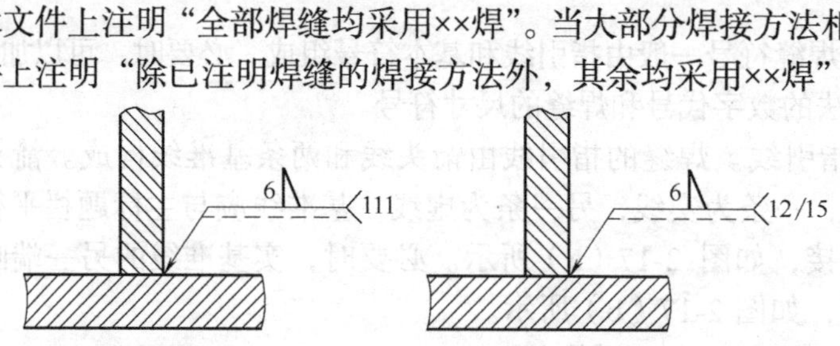

(a) 单一焊接方法的标注　　(b) 组合焊接方法的标注

图 2-20　焊接方法的标注

ⅴ. 焊缝的尺寸符号及其标注。焊缝的尺寸符号是用字母表示焊缝的尺寸要求，当需要注明焊缝尺寸时才标注。在基本符号右侧无任何标注又无其他说明时，表示焊缝是连续的。在基本符号左侧无任何标注又无其他说明时，表示对接焊缝要完全焊透。焊缝位置的尺寸不在焊缝符号中给出，而是标注在图样上。

② 化工设备焊缝的表示方法。化工设备中焊缝的表示方法按其重要的程度一般有两种，即第一类压力容器及其他常、低压设备，第二、第三类压力容器及其他中、高压设备。

a. 第一类压力容器及其他常、低压设备。对于这类设备，一般可直接在视图中按焊缝规定画法绘制，图中可不标注，但需在技术要求中，对焊接接头的设计标准、焊接方法及焊条型号、焊缝检验要求等做出说明。焊接接头的设计标准按《钢制化工容器结构设计规范》(HG/T 20583—2020)设计。

b. 第二、第三类压力容器及其他中、高压设备。对于第二、第三类压力容器及其他中、高压设备上重要的或非标准形式的焊缝，需用局部放大的剖视图（又称节点放大图）表达筒体与封头、补强圈与筒体或封头、厚壁筒补强、筒体与管板、筒体与裙座等焊缝的结构形状和尺寸。视图上的焊缝仍按规定画法绘制。

对于其他焊接要求，如设计标准、焊接方法、焊条型号、施焊条件、焊缝的检验要求及方法等，可以采用文字说明的方法在技术要求中加以说明。

2.10.6 化工设备图的绘制步骤及有关要求

化工设备图的绘制有两种目的：一是对已有设备的仿制或对现有设备进行革新改造，其方法是对已有设备进行测绘，再用化工制图方法绘图；二是新设备的设计和绘制，其方法是依据化工工艺人员提供的“设备设计条件单”进行设计和绘图。

第3章

工艺设计

3.1 物料衡算与能量衡算

一般来说，物料衡算和能量衡算是在工艺路线确定之后，开始工艺流程的设计并绘制出工艺流程草图后进行的。这项工作的开展就意味着设计工作由定性阶段转入到定量阶段。因此，在进行计算之前，必须熟悉有关化工过程的基本原理、生产方法和工艺流程等，之后用示意图的形式将整个化工过程的主要设备及全部进出物料表示出来，并选定所需的基本操作条件，再逐一进行计算。

物料衡算和能量衡算是进行化工工艺设计以及技术经济评价的基本依据。通过对生产过程中整个或局部过程进行物料衡算和能量衡算，可计算出产品产量、原材料的消耗量、“三废”排放量及组成、能源消耗量等各项技术经济指标，从而判定所选择的工艺路线、生产方法及工艺流程在经济上是否合理、技术上是否先进，为下阶段设计提供相应的数据。此外，对化工过程进行深入研究时，需要用数学形式定量而准确地表达理论和实验的结果，也就是说对所研究的系统建立数学模型。因此，物料衡算和能量衡算式为推导数学模型的基本方程。由此可见，物料衡算和能量衡算对化工过程开发、设计及操作的改进都具有重要意义。

物料衡算是确定物料比例和物料转变定量关系的过程，是化工工艺计算中最基本、最重要的内容之一。在化学工程中，设计或改造工艺流程和设备，了解和控制生产操作过程，核算生产过程的经济效益，确定主副产品的产率、原材料消耗定额、生产过程的损耗量，便于技术人员对现有的工艺过程进行分析，选择最有效的工艺路线，确定设备容量、数量及主要尺寸，对设备进行最佳设计以及确定最佳操作条件等都要进行物料衡算。因此可以说，一切化学工程的开发与放大都是以物料衡算为基础的。

3.1.1 物料衡算

在化工过程中，物料平衡是指在单位时间内进入系统的全部物料的总质量要等于离开该系统的全部物料的质量再加上损失掉的与积累起来的物料的总质量。这种对物料进行平衡计算就称为物料衡算。物料平衡的理论依据是质量守恒定律，即在一个孤立体系中不论物质发生任何变化（不包括核反应），它的质量始终保持不变。

一般来说，物料衡算有两种基本情况：一是对现有生产设备或过程利用实测的数据，计算出另一些不能直接测定的物料量，俗称生产能力查定，用此计算结果，对生产情况进行分析，做出判断，提出改进措施；二是设计一种全新的设备或过程，由物料衡算求出进出各设备的物料量、组成等，然后结合能量衡算，最终确定设备的工艺尺寸及工艺流程。

物料衡算按操作方式则可分为间歇操作、连续操作以及半连续操作等三种物料衡算；也可将其分为稳定状态操作和不稳定状态操作两类衡算。如果按衡算范围划分，可分为单元操作过程（或单个设备）和全流程的两类物料衡算。化工设计进行的物料衡算一般是先做单元操作过程（或单个设备）的物料衡算，然后将各个过程汇总得到整个流程的物料衡算，最后完成物料流程图。

物料衡算是研究某一个系统内进、出物料的质量及组成的变化。所谓系统是指物料衡算的范围，这个可以根据实际需要进行人为认定。这个系统可以是一个设备或几个设备，也可以是一个单元操作过程或整个化工过程。进行物料衡算时，必须首先确定衡算的范围。

按照质量守恒定律，对某个系统内物料流动及变化情况使用数学表达式描述物料平衡关系称为物料平衡方程。其基本表达式为：

$$\Sigma F_0 = \Sigma D + \Sigma A + \Sigma B \tag{3-1}$$

式中 F_0——输入体系的物料质量；

D——离开体系的物料质量；

A——体系内积累的物料质量；

B——过程损失的物料质量（如跑、冒、滴、漏）。

式（3-1）为物料平衡的普遍式，可以对系统的总物料进行衡算，也可以对系统内的任一组分或任一元素进行衡算，如果系统内发生化学反应，则对任一组分或任一元素作衡算时，必须把反应消耗或生成的质量也考虑在内。所以式（3-1）成为：

$$FX_{if} \pm X_i = DX_{id} + AX_{ia} + BX_{ib} \tag{3-2}$$

式中 X_i——反应过程生成或消耗的 i 组分的量，反应生成 i 组分时则取“+”号，反应消耗 i 组分时则取“—”号；

X_{if}、X_{id}、X_{ia}、X_{ib}——i 组分在 F、D、A、B 中的分率。

如果体系内不积累物料，即连续稳定的操作过程，这样“积累的物料质量”A 等于零，所以式（3-1）成为：

$$\Sigma F_0 = \Sigma D + \Sigma B \tag{3-3}$$

如果体系内没有化学反应，对任何一个组分或任一种元素作衡算时，式（3-2）中 X_i=0，则

$$FX_{if}=DX_{id}+AX_{ia}+BX_{ib} \tag{3-4}$$

列物料平衡式时应特别注意下列事项：

① 物料平衡是指质量平衡，而不是体积平衡。若体系内有化学反应，则衡算式中各项以 mol/h 为单位时，必须考虑反应式中的化学计量系数，因为反应前后的各元素原子数守恒。

② 对于无化学反应体系能列出独立物料平衡式的最多数目等于输入和输出的物流里的组分数。例如，当给定两种组分的输入输出的物料时，可以写出两个组分的物料平衡式和一个总质量平衡式，这三个平衡式中只有两个是独立的，而另一个是派生出来的。

③ 写平衡方程时，要尽量使方程中所包含的未知数最少。

例如，在苯-甲苯混合器中，以 3kmol/min 苯和 1 kmol/min 甲苯的速率混合。在这个体系中有两个与过程有关的未知数即 X（苯在总组分中的分率）和 Q（总组分的物质的量），因此需要列出两个方程才能计算。根据上述体系可以写出三个物料平衡式：

总物料平衡 $3+1=Q$（kmol/min）

苯的平衡 $Q\cdot X=3$（kmol/min）

甲苯的平衡 $Q\cdot(1-X)=1$（kmol/min）

在这三个方程中只要有两个就可解出上述的两个未知数。

总物料平衡式中只含一个未知数 Q，而组分平衡式中却含有 Q 和 X 两个未知数，因此只要用一个总物料平衡式和一个组分平衡式，就可方便地求解；如果用苯和甲苯两个组分的平衡式，则需要用同时包含两个未知数的方程求解，虽然最终答案相同，但求解过程却十分复杂。

化工工艺流程多种多样，物料衡算的具体内容和计算方法也有多种形式，有的计算过程十分简单，有的则十分复杂。为了有层次地、循序渐进地解决问题，在进行物料衡算时，必须要遵循一定的设计规范，按一定的步骤和顺序进行，才能不走或少走弯路，且能避免错误，做到规范、迅速、准确，不延误设计工期。通常进行的物料衡算按下述步骤进行。

（1）画出工艺流程示意图

进行物料衡算时，第一步要绘制工艺流程示意图。在绘制流程示意图时，要重点考虑物料的基本特性，对设备的外形、尺寸、比例等并不严格要求。对那些物料在其中既没有化学变化（或相变化）也没有损耗的过程（或设备）因不需要计算，因此可以省略不画；但是与物料衡算有关的内容必须无一遗漏，所有物料管线不论主辅均须画出。图中表达的主要内容为：物料的流动及变化情况，注明物料的名称、数量、组成及流向；注明与计算有关的工艺条件，如相态、配比等都要标明在图上。不但已知的数据要在图上标明，那些待求的未知数也应当以恰当的符号（符号使用要符合规范）表示并标在图上，以便分析，不易出现差错。

（2）列出化学反应方程式

为了便于分析过程的特点，为计算做好准备，必须列出每个过程的主、副化学反应方程式及物理变化的依据，明确化学反应和变化前后的物料组成及各个组分之间的定量关系。

需要注意的是，当副反应很多时，对那些次要的且所占比重也很小的副反应可以略

去，或将同类型的一些副反应合并，以其中之一为代表，以简化计算，但这样处理所引起的误差必须在允许误差范围之内；而对于那些产生有害物质或明显影响产品质量的副反应，其量虽小，也不能随便省略，因为这是进行某些分离与精制设备设计和“三废”治理设计的重要依据。

（3）确定计算任务

根据工艺流程示意图及化学反应方程式，分析出物料经过每一阶段（或每一设备）在数量、组成及物流走向所发生的变化，并根据数据资料，进一步明确已知项和待求的未知项；对于未知项，判断哪些是可以查到的、哪些是必须通过计算求出的，从而弄清计算任务，并针对过程的特点，选择适当的数学公式，力求计算方法简便，以节省计算时间。

（4）收集数据资料

明确了计算内容之后，需要收集的数据和资料也就明确了。一般需要收集的数据和资料如下：

a. 生产规模和生产时间（即年生产时数）。生产规模一般在设计任务书中就已知晓，如年产多少吨的某产品，进行物料计算时可直接按规定的数字计算。如果是中间车间，应根据消耗定额确定生产规模，同时考虑物料在车间的回流情况。

生产时间也就是指年工作时数，应根据全厂检修、车间检修、生产过程和设备特性来确定每年有效的生产时数。一般生产过程无特殊现象（如易堵、易波动等）、设备能正常运转（没有发生严重的腐蚀现象）或者已在流程上设有必要的备用设备（运转的泵、风机等都有备用设备）、且全厂的公用工程系统又能保障供应的装置，年工作时数一般采用8000~8400h。

全厂（车间）检修时间比较多的生产装置，年工作时数可采用8000h。目前，大型化工生产装置一般都采用8000h。

对于生产不好控制、容易出现不合格产品、或因堵漏常常停产检修的生产装置或者试验性车间，生产时数一般采用7200h、甚至更少。

应该指出，不仅各个车间或装置之间的年工作时数有差异，就是在同一车间内的各个工序之间也会出现不同的年工作时数。

b. 有关的定额、收率、转化率。消耗定额指的是生产每吨合格产品所需要的原料、辅助原料及试剂等的消耗量。消耗定额低说明原料利用得充分，反之、消耗定额高势必增加产品成本、加重“三废”治理的负担。所以说，消耗定额是反映生产技术水平的一项重要经济指标，同时也是进行物料衡算的主要数据之一。

收集这类数据必须注意其可靠性和准确性，要认真了解其单位和基准，以免使用时产生错误。

c. 原料、辅助材料、产品、中间产品的规格。进行物料衡算必须要有原材料及产品等组成和规格，该数据要向有关生产厂家咨询或查阅有关产品的质量标准。

d. 与过程计算有关的物理化学常数。计算中用到很多物理化学常数，如密度、蒸气压、相平衡常数等。需要注意的是，在收集有关的数据资料时，应注意其准确性、可靠性和适用范围，这样，在一开始计算时就把有关的数据资料准备好，既可以提高工作效率，又可以减少差错发生率。

（5）选择计算基准

在物料衡算过程中，衡算基准选择恰当，可以使计算简便，避免误差。

在一般的化工工艺计算中，根据过程特点，选择的基准大致如下。

a. 时间基准。对于连续生产，以一段时间间隔如 1s、1h、1d 的投料量或生产的产品量为计算基准，这种基准可直接联系到生产规模和设备设计计算。对间歇生产，一般以一釜或一批料的生产周期，作为计算基准。如年产 20000t 96%的浓硝酸，年操作时数为 7200h，则每小时的产量为 2.78t，即可以 2.78t/h 的硝酸产量为计算基准。

b. 质量基准。当系统介质为固体或液体时，一般以质量为计算基准。如以煤、石油、矿石为原料的化工生产过程，一般采用一定量的原料，例如 1kg、1000kg 的原料等作为计算基准。

c. 体积基准。对气体物料进行计算时，一般选体积作为计算基准。一般用标准体积，即把操作条件下的体积换算为标准状态下的体积，这样不仅与温度、压力变化没有关系，而且可以直接换算为物质的量。

选定计算基准，通常可以从年产量出发，由此算出原料年需要量以及中间产品和“三废”的年产量。如果中间步骤较多、或者年产量数值较大时，计算起来很不方便，从前往后计算比较简单，不过这样计算出来的产量往往与产品的实际产量不一致。为了使计算简便，可以先按 100kg（或 100kmol，或 10 标准体积，或其他方便的数量）进行计算。算出产量后，和实际产量相比较，求出相差的倍数，以此倍数作为系数，分别乘以原来假设的量，即可得实际需要的原料量、中间产物和“三废”生成量。

经验表明，选用恰当的基准可使计算过程简化，一般有化学变化的过程宜用质量作基准，而没有化学变化的过程常采用质量或物质的量作基准。还应指明的是，计算过程中，必须把各个量的单位统一为同一单位制，并且在计算过程中保持前后一致，可避免出现差错。

在化工工艺计算中，除了要掌握计算方法和计算技巧外，正确并灵活地运用计算单位也是十分必要的。计算单位应用的原则非常简单，即“属于不同量纲的单位，不能进行加、减、乘、除等数学运算；相同量纲而不同单位要运算时，必须将其转换成相同的单位，才能进行加、减、乘、除的运算”。

（6）建立物料平衡方程计算

在上述工作的基础上，利用化学反应的关联关系、化学工程的有关理论（物料衡算方程）等，列出数学关系式，关系式的数目应等于未知项的数目。当条件不充分导致关系式数目不够时，常采用试差法求解，这时可以编制合理的计算程序，使用计算机进行简捷、快速的计算。

（7）整理并校核计算结果

在工艺计算过程中，每一步都要认真计算并认真校核，以便及时发现差错，避免差错延续，造成大量计算工作返工。当计算全部完成后，对计算结果进行认真整理，并列成表格即物料衡算表。表中的计量单位可采用 kg/h，也可以用 kmol/h 或 m^3/h 等，要视具体情况而定。

通过物料衡算表可以直接检查计算是否准确，分析结果组成是否合理，并易于发现设计上（生产上）存在的问题，从而判断其合理性，提出改进方案。物料衡算表可使其他校审人员一目了然，大大提高工作效率。

（8）绘制物料流程图、填写正式物料衡算表

根据物料衡算结果正式绘制物料流程图，并填写正式的物料衡算表。物料流程图（表）是物料衡算结果的一种简单而清楚的表示方法，它最大的优点是查阅方便，并能清楚地表示出物料在流程中的位置、变化结果和相互比例关系。物料流程图（表）一般作为设计成果编入正式设计文件。

至此，物料衡算工作基本完成，但需要强调的是，在物料衡算工作完成之后，应充分应用计算结果对全流程和其中的每一生产步骤及每一设备，从技术经济的角度进行分析评价，看其生产能力、效率是否符合预期的要求，物料损耗是否合理，并分析工艺条件确定得是否合适等。借助物料衡算结果，还可以发现流程设计中存在的问题，从而使工艺流程设计更趋完善。

3.1.2 能量衡算

化工生产过程的实质是原料在严格控制的操作条件下（如流量、浓度、温度、压力等）经历各种化学变化和物理变化，最终成为产品的过程。物料从一个体系进入另一个体系，在发生质量传递的同时也伴随着能量的消耗、释放和转化。物料质量变化的数量关系可从物料衡算中求得，能量的变化数量关系则可从能量衡算（根据能量守恒定律，利用能量传递和转化的规则，用以确定能量比例和能量转变的定量关系的过程称为能量衡算）中求得。

在化工生产中，有些过程需消耗巨大的能量，如反应、蒸发、干燥、蒸馏等；而另一些过程则可释放大量能量，如燃烧、放热化学反应过程等。为了使生产保持在适宜的工艺条件下进行，必须明确物料带入或带出体系的能量，控制能量的供给速率和放热速率，为此，需要对各生产体系进行能量衡算。能量衡算和物料衡算一样，对于生产工艺条件的确定、设备的设计是不可缺少的一种化工基本计算。

对于新设计的生产车间，能量衡算的主要目的是确定设备的热负荷。根据设备的热负荷的大小、所处理物料的性质及工艺要求，再选择传热面的型式，计算传热面积，确定设备的主要工艺尺寸，确定传热所需要的加热剂或冷却剂的用量及伴有热效应的温升情况。

对于已投产的生产车间，进行能量衡算是为了更加合理地利用能量，以最大限度降低单位产品的能耗。化工生产的能量消耗很大，能量消耗费用是化工产品的主要成本之一。衡量化工产品的能量消耗水平的指标是能耗，即制造单位质量（或单位体积）产品的能量消耗费用。能耗大小不仅与生产的工艺路线有关，也与生产管理的水平有关，所以能耗也是衡量化工生产技术水平的主要指标之一。而能量衡算可为提高能量的利用率，降低能耗提供依据。

在化工设计、化工生产中，通过能量衡算可以解决以下问题。

① 确定物料输送机械（泵、压缩机等）和其他操作机械（搅拌、过滤、粉碎等）所需要的功率，以便于确定机械设备的大小、尺寸及型号；

② 确定各单元操作过程（蒸发、蒸馏、冷凝、冷却等）所需要的热量或冷量，及其传递速率；计算换热设备的工艺尺寸；确定加热剂或冷却剂的消耗量，为其他专业如供汽、供冷、供水专业提供设计条件；

③ 化学反应常伴有热效应，导致体系的温度上升或下降，为此需确定为保持一定反应温度移出或加入的热传递速率，为反应器的设计及选型提供依据；

④ 为充分利用余热、提高能量利用率、降低能耗提供重要依据，使过程的总能耗降低到最低程度；

⑤ 最终确定能量总需求及其费用，并用来确定这个过程在经济上的可行性。

（1）能量平衡方程

根据能量守恒定律，任何均相体系在一定时间（Δt）内的能量平衡关系，可用文字表述如下：

终能量（$t+\Delta t$）$-$初能量（t）=进入能量（Δt）$-$离开能量（Δt）+产生能量（Δt）

显然，上式左边两项为体系在 Δt 内积累的能量。体系在 Δt 内产生的能量是指体系内因核分裂或辐射所释放的能量，化工生产中一般不涉及核反应，故该项为零。由于化学反应所引起的体系能量变化为物质内能的变化所致，故不作为体系产生的能量考虑，所以上式可简化为：

体系积累能量=进入体系能量−离开体系能量

若以 U_1、K_1、Z_1 分别表示体系初态的内能、动能和位能，以 U_2、K_2、Z_2 分别表示体系终态的内能、动能和位能，以 Q 表示体系从环境吸收的热量，以 W 表示环境对体系所做的功，则该体系从初态到终态，单位质量的总能量平衡关系为：

$$(U_2+K_2+Z_2)-(U_1+K_1+Z_1)=Q-W \tag{3-5}$$

$$\Delta U+\Delta K+\Delta Z=Q-W \tag{3-6}$$

设 $E_2=U_2+K_2+Z_2$；$E_1=U_1+K_1+Z_1$

则 $\Delta E=Q-W$

这是热力学第一定律的数学表达式，它指出：体系的能量总变化（ΔE）等于体系所吸收的热减去环境对体系所做的功。此式称为普遍能量平衡方程，它适用于任何均相体系，但应指出的是热和功只在能量传递过程中出现，不是状态函数。

由于化工过程能量的流动比较复杂，往往几种不同形式的能量同时在一个体系中出现。在作能量衡算之前，必须对体系作分析，以弄清可能存在的能量形式。分析的基本程序如下：

① 确定研究的范围，即确定体系与环境；

② 找出体系中存在的能量形式；

③ 按照能量守恒与转化原理，建立能量平衡方程。

（2）热量衡算

热量衡算是能量衡算的一种，在能量衡算中占主要地位。进行热量衡算有两种情况：一种是对单元设备做热量衡算，当各个单元设备之间没有热量交换时，只需对个别设备做计算；另一种是整个过程的热量衡算，当各个工序或单元操作之间有热量交换时，必须对整个过程进行热量衡算。

① 热量衡算方程。热量衡算的理论依据是热力学第一定律。以能量守恒表达的方程式：

$$\Sigma Q_{入}=\Sigma Q_{出}+\Sigma Q_{损} \tag{3-7}$$

即　　输入=输出+损失

式中　$\Sigma Q_{入}$——输入设备热量的总和，kJ；

$\Sigma Q_{出}$——输出设备热量的总和，kJ；

$\Sigma Q_{损}$——损失热量的总和，kJ。

对于单元设备的热量衡算，热平衡方程可写成如下形式：

$$Q_1+Q_2+Q_3=Q_4+Q_5+Q_6 \tag{3-8}$$

式中 Q_1——各股物料带入设备的热量，kJ；

Q_2——由加热剂或冷却剂传递给设备和物料的热量，kJ；

Q_3——过程的各种热效应，如反应热、溶解热等，kJ；

Q_4——各股物料带出设备的热量，kJ；

Q_5——消耗在加热设备上的热量，kJ；

Q_6——设备向外界环境散失的热量，kJ。

将式（3-8）按式（3-7）整理得：

$$\Sigma Q_{入}=Q_1+Q_2+Q_3$$

$$\Sigma Q_{出}=Q_4+Q_5$$

$$\Sigma Q_{损}=Q_6$$

在此，需要说明的是：式（3-7）中除了 Q_1、Q_4 是正值以外，其他各项都有正、负两种情形；如传热介质有加热剂和冷却剂，热效应有吸热和放热，消耗在设备上的有热量和冷量，设备向环境散失有热量损失和冷量损失。因此要根据具体情况进行具体分析，判断清楚再进行计算。计算时对于一些量小、比重小的热量可以略去不计，以简化计算，如式中的 Q_5 一般可忽略。

② 热量衡算的一般步骤。热量衡算是在物料衡算的基础上进行的，通过热量衡算，可以算出设备的有效热负荷，再由热负荷确定加热剂或冷却剂的用量、设备的传热面积等。一般计算步骤如下。

a. 绘制以单位时间为基准的物料流程图，确定热量平衡范围。

b. 在物料流程图上标明已知温度、压力、相态等已知条件。

c. 选定计算基准温度。由于手册、文献上查到的热力学数据大多数是 273K 或 298K 的数据，故选此温度为基准温度，计算比较方便，计算时相态的确定也是很重要的。

d. 根据物料的变化和流向，列出热量衡算式，然后用数学方法求解未知值。

e. 整理并校核计算结果，列出热量平衡表。

③ 进行热量衡算需要注意的几点。

a.热量衡算时要先根据物料的变化和走向，认真分析热量间的关系，然后根据热量守恒定律列出热量关系式。由于传热介质有加热剂和冷却剂、热效应有吸热和放热、有热量损失和冷量损失，因此，关系式中的热量数值有正、负之分，计算时应认真分析。

b. 要弄清楚过程中出现的热量形式，以便搜集有关的物性数据，如热效应有反应热、溶解热、结晶热等。通常，显热采用比热容计算，而潜热采用汽化热计算，但都可以采用焓值计算，一般焓值计算法相对简单一些。

c. 计算结果是否正确适用，关键在于数据的正确性和可靠性，因此必须认真查找、分析、筛选，必要时可进行实际测定。

d. 间歇操作设备，其传热量 Q 随时间而变化，因此要用不均衡系数将设备的热负荷由 kJ/台换算为 kJ/h。不均衡系数一般根据经验选取，其换算公式为：

$$Q\text{（kJ/h）}=\text{（}Q_2\times\text{不均衡系数）/（h/台）} \quad (3\text{-}9)$$

计算公式中的热负荷为全过程中热负荷最大阶段的热负荷。

e. 根据热量衡算可以算出传热设备的传热面积，如果传热设备选用定型设备，该设备传热面积要稍大于工艺计算得出的传热面积。

④ 系统热量平衡计算。系统热量平衡是对一个换热系统、一个车间或全厂（或联合企业）的热量平衡。其依据的基本原理仍然是能量守恒定律，即进入系统的热量等于出系统的热量和损失热量之和。

系统热量平衡的作用：①通过对整个系统能量平衡的计算求出能量的综合利用率。由此来检验流程设计时提出的能量回收方案是否合理，按工艺流程图检查重要的能量损失是否都考虑了回收利用，有无不必要的交叉换热，核对原设计的能量回收装置是否符合工艺过程的要求。②通过各设备加热（冷却）利用量计算，把各设备的水、电、汽（气）、燃料的用量进行汇总，求出每吨产品的动力消耗定额，即每小时、每昼夜的最大用量以及年消耗量等。

动力消耗包括自来水（一次水）、循环水（二次水）、冷冻盐水、蒸汽、电、氮气、压缩空气等的消耗。动力消耗量根据设备计算的能量平衡部分及操作时间求出。消耗量的日平均值是以一年中平均每日消耗量计，小时平均值则以日平均值为准。每昼夜与每小时最大消耗量是以其平均值乘上消耗系数求取，消耗系数须根据实际情况确定。动力规格指蒸汽的压力、冷冻盐水的进出口温度等。系统热量平衡计算的步骤与上述的热量衡算计算步骤基本相同。

3.2 化工设备选用概述

化工设备的工艺设计与选型是在物料衡算和热量衡算的基础上进行的，其目的是确定工艺设备的类型、规格、主要尺寸和台数，为车间设备布置设计和非工艺专业的设计提供设计依据。

化工设备从总体上分为两类：一类称为定型设备或标准设备，是成批成系列生产的设备，可以买到现成的设备，如泵、压缩机、制冷机、离心机等；另一类称为非标设备，是化工过程中需要专门设计的特殊设备，如塔器、大型储罐、料仓等。

定型设备工艺设计的任务是根据工艺要求，计算并选定某种型号，以便订货，或者可以向设备厂家提供具体参数，由厂家来推荐选型。非标设备工艺设计的任务是根据工艺要求，通过工艺计算提出形式、材质、尺寸和其他一些要求，并绘制简单的设备样图，由化工设备专业人员进行详细的机械设计，再由有关工厂制造。

（1）合理性

即设备在满足工艺要求的前提下，要与生产规模、工艺操作条件、工艺控制水平相适应，所选择的设备要确保产品质量达标并能降低劳动强度，提高劳动生产率，改善劳动环境等，绝不允许把不成熟或未经生产考验的设备用于设计。

（2）先进性

在可靠的基础上还要考虑设备的先进性，便于生产的连续化和自动化，使转化率、收率、效率达到尽可能高的水平，运行平稳，操作简单且易于加工维修等。

（3）安全性

设备的选型和工艺设计要求安全可靠、操作稳定、无事故隐患，对厂房的建筑、结构等无特殊要求，工人在操作时、工作环境安全良好。

（4）经济性

设备的选择力求做到技术上先进，经济上合理。尽量采用国产设备，节省设备投资，同时设备要易于加工制造和维修，没有特殊要求等。

总之，化工设备工艺设计和选用要综合考虑，仔细研究，认真设计。

3.3 化工设备选型和工艺计算

化工设备的选型和工艺设计是化工工程设计的主体，是工艺流程概念的正确体现，是整个化工生产赖以实现的主体工程。化工生产系统实际上是由不同用途、不同类型、结构各异的化工设备按工艺要求组合而成的工业装置。由于化工过程的多样性，设备类型也非常多，所以，实现同一工艺要求，不但可以选用不同的单元操作方式，也可以选用不同类型的设备。

化工设备从总体上分为两类，一类称定型设备或标准设备，这些是由一些加工厂成批成系列生产的设备，通俗地说，就是可以买到的现成的设备，如泵、反应釜、换热器、大型贮罐等；另一类称非定型设备或非标准设备，是指规格和材质都不定型的、需要专门设计的特殊设备，如小的贮槽、塔器等。

定型设备或标准设备都有产品说明书，有各种规格牌号，有不同的生产厂家，设计任务是根据工艺要求，确定设备型号及规格或标准图号。

非定型设备是化工生产中大量存在的设备，它甚至是化工生产的一种特色，需要根据工艺条件，设计并专门加工制成设备。随着国家化工标准的推进，本来属于非定型设备的一些化工装置，也逐步走向系列化、定型化。有的虽未全部统一，但可能有一些标准的图纸和形式，如换热器、塔和塔节、各种旋风分离器、贮槽、计量罐等的标准图纸和形式。随着化学工业的发展，设备的标准化程度将越来越大。所以在设计非定型设备时，应尽量采用已经标准化的图纸。

总之，设备工艺设计和选用的原则是一个统一、综合的原则，不能只知其一、不知其二。要全面贯彻先进、适用、高效、安全、可靠、经济的原则，审慎地研究，认真地设计。

化工设备的工艺设计是化工工程设计中一项责任重大、技术要求高、需要丰富理论知识和实际生产经验的设计工作。其主要工作内容如下。

（1）结合工艺流程设计确定化工单元操作所用设备的类型。例如，工艺流程中液固物料的分离是采用过滤机还是离心机；液体混合物的各组分分离是用萃取方法还是蒸馏方法；实现气固相催化反应，是选择固定床反应器还是流化床反应器等。

（2）根据工艺操作条件（温度、压力、介质的性质等）和对设备的工艺要求确定设备的材质。这项工作有时是与设备设计人员共同完成的。

（3）通过工艺流程设计、物料衡算、能量衡算、设备的工艺计算确定设备的工艺设计参数。不同类型设备的主要工艺设计参数如下。

① 换热器：热负荷，换热面积，冷、热载体的种类，冷、热流体的流量、温度和压力。

② 泵：流量，扬程，轴功率，允许吸上高度。

③ 风机：风量和风压。

④ 吸收塔：气体的流量、组成、压力和温度，吸收剂种类、流量、温度和压力，塔径、塔体的材质、塔板的材质、塔板的类型和板数（对板式塔），填料种类、规格、填料总高度、每段填料的高度和段数（对填料塔）。

⑤ 蒸馏塔：进料物料、塔顶产品、塔釜产品的流量、组成和温度，塔的操作压力、塔径、塔体的材质、塔板的材质、塔板类型和板数（对板式塔），填料种类、规格、填料总高度、每段填料高度和段数（对填料塔），加料口位置，塔顶冷凝器的热负荷及冷却介质的种类、流量、温度和压力，再沸器的热负荷及加热介质的种类、流量、温度、压力和灵敏板位置。

⑥ 反应器：反应器的类型，进、出口物料的流量、组成、温度和压力，催化剂的种类、规格、数量和性能参数，反应器内换热装置的形式、热负荷及热载体的种类、数量、压力和温度，反应器的主要尺寸，换热式固定床催化反应器的温度、浓度沿床层的轴向（对大直径床还包括径向）分布，冷激式多段绝热固定床反应器的冷激气用量、组成和温度。

（4）确定标准设备或定型设备的型号（牌号）、规格和台数。标准设备中，泵、风机、电动机、压缩机、减速机、起重运输机械等是多种行业广泛采用的设备，这种类型设备有众多的生产厂家，型号也很多，可选择的范围很大。另外一些是化工行业常用的标准设备，它们有冷冻机、除尘设备、过滤机、离心机和搅拌器等。标准设备可以从国家机电产品目录或样本中查到，其中所列的设备规格、型号、基本性能参数和生产厂家等多项内容供设计人员在选择设备时参照。

（5）对已有标准图纸的设备，确定标准图的图号和型号。随着中国化工设备标准化的推进，有些本来属于非定型设备的化工装置，也有了一些标准的图纸，有些还有了定点生产厂家。这些设备包括换热器系列、容器系列、搪玻璃设备系列，以及圆泡罩、浮阀塔塔盘系列等，已经有了国家标准。还有一些虽未列入国家标准，但已有标准施工图和相应的生产厂家， 例如国家医药管理局上海医药设计院（现中国石化集团上海工程有限公司）设计的发酵罐系列和立式薄壁常压容器系列。对已有标准图纸的设备，设计人员只需根据工艺需要确定标准图图号和型号，不必自己设计。

随着化学工业的发展，设备的标准化程度将越来越高，所以在设计非定型设备时应尽量采用已经标准化的图纸，以减少非定型设备施工图的设计工作量。

（6）对非标设备来说，应向化工设备专业设计人员提供设计条件和设备草图，明确设备的类型、材质、基本设计参数等。提出对设备的维修、安装要求，支撑要求及其他要求（如防爆口、人孔、手孔、卸料口、液位计接口等）。

（7）编制工艺设备一览表。在初步设计阶段，根据设备工艺设计的结果编制工艺设备一览表，可按非定型设备和定型工艺设备两类编制。初步设计阶段的工艺设备一览表作为设计说明书的组成部分提供给有关部门进行设计审查。

施工图设计阶段的工艺设备一览表是施工图设计阶段的主要设计成品之一。在施工图设计阶段，由于非标设备的施工图纸已经完成，工艺设备一览表必须填写得十分准确和足够详尽，以便订货加工。

（8）在工艺设备的施工图纸完成后，要同化工设备的专业设计人员进行图纸会签。

材料选用的一般原则如下：

（1）满足工艺及设备要求

这是选材最基本的依据，根据工艺条件和操作的温度、压力、介质、环境等条件，在机械强度、耐腐蚀和耐溶剂等性能上优先考虑，选用具有足够强度、塑性和韧性、能耐受介质腐蚀的材料。

（2）材质可靠，使用安全

设备是化工反应的载体，是生产的关键场所，也是最应当注意安全和运行可靠的地方。因此，选用材料要做到安全第一、万无一失。当然，化工设备有国家规定的设计使用年限，在选材料时，还应考虑保证使用寿命。

（3）易于加工，性能不受加工影响

化工设备总是由材料加工而成的，有些材料在加工过程中可能导致一些性能降低，有些材料加工困难等，都不是首选材料或主要选材对象，因为材料性能在加工中的变化是不可控制的，而不易加工的材料势必影响造价。

（4）材料立足于当地市场，立足于国内，立足于资源

化工设备使用材料用量一般不大，在尽量采用先进材料的同时，应立足于当地和国内市场。我国有相当丰富的资源，如有十分丰富的、占世界绝对储藏量的稀土，有一些特殊的金属如钨、锑的资源，也有一些金属可能储量不丰富。我们选材时在保证质量的前提下，尽量采用我国资源丰富的材料，不仅可以节省投资，也可以促进我国相关工业的开发和发展。

（5）综合经济指标核算

材料选择之后，要制造成设备，其费用不仅是材料费用一项，还包括运输费、加工费、维护费，以及将来备品、备件、设备维修的费用等，综合地从经济上衡量和测算，应立足于选用价廉物美的材料。

3.3.1 泵的设计与选型

3.3.1.1 泵的类型和特点

泵的类型很多，分类也不尽统一。按泵作用于液体的原理可将泵分为叶片式和容积式两大类。叶片式泵是由泵内的叶片在旋转时产生的离心力将液体吸入和压出。容积式泵是由泵的活塞或转子在往复或旋转运动中产生挤压作用将液体吸入和压出。叶片式泵又因泵内叶片结构形式不同分为离心泵［屏蔽泵、管道泵、自吸泵、无堵塞泵，

见图 3-1（a）]、轴流泵和旋涡泵。容积式泵分为往复泵（活塞泵、柱塞泵、隔膜泵、计量泵）和转子泵（齿轮泵、螺杆泵、滑片泵、罗茨泵、蠕动泵、液环泵）。

泵也常按其用途来命名，如水泵、油泵、泥浆泵、砂泵、耐腐蚀泵、冷凝液泵等。也有以泵的结构特点命名的，如悬臂水泵、齿轮油泵、螺杆泵、液下泵［见图 3-1（b）]、立式泵、卧式泵等。

(a) 离心泵

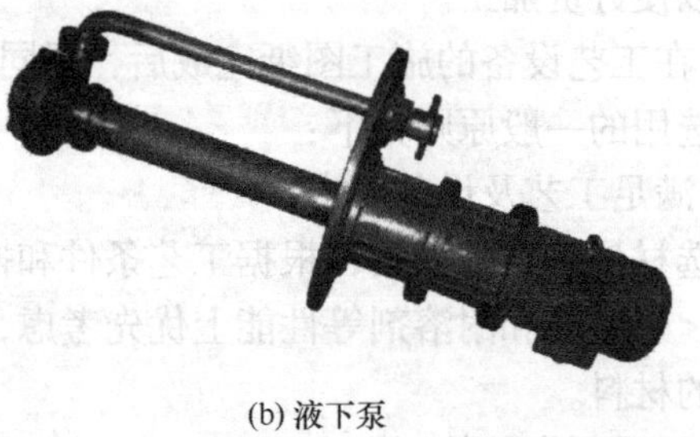

(b) 液下泵

图 3-1　离心泵和液下泵的外形图

① 泵的技术指标。泵的技术指标包括型号、扬程、流量、必需汽蚀余量、功率和效率等。

a. 型号。目前，我国对于泵的命名尚未有统一的规定，但在国内大多数的泵产品已逐渐采用英文字母来代表泵的名称，如泵型号：IS80-65-160。IS 表示泵的型号代号（单级单吸清水离心泵），吸入口直径为 80mm，排出口直径为 65mm，叶轮名义直径为 160mm。不同类型泵的型号均可从泵的产品样本中查到。

b. 扬程。它是单位质量的液体通过泵获得的有效能量，单位为 m。由于泵可以输送多种液体，各种液体的密度和黏度不同，为了使扬程有一个统一的衡量标准，泵的生产厂家在泵的技术指标中所指明的一般都是清水扬程，即介质为清水，密度为 $1000kg/m^3$，黏度为 1mPa·s，无固体杂质时的值。此外少数专用泵如硫酸泵、熔盐泵等，扬程单位注明为 m（酸柱）或 m（熔盐柱）。

c. 流量。泵在单位时间内抽吸或排送液体的体积称为流量，其单位以 m^3/h 或 L/s 表示。叶片式泵如离心泵，流量与扬程有关，这种关系是离心泵的一个重要特性，称为离心泵的特性曲线。泵的操作流量指泵的扬程流量特性曲线与管网系统所需的扬程、流量曲线相交处的流量值。容积式泵流量与扬程无关，几乎为常数。

d. 必需汽蚀余量。为使泵在工作时不产生汽蚀现象，泵进口处必须具有超过输送温度下液体的汽化压力的能量，使泵在工作时不产生汽蚀现象所必须具有的富余能量称为必需汽蚀余量或简称汽蚀余量，单位为 m。

e. 功率与效率。有效功率指单位时间内泵对液体所做的功；轴功率指原动机传给泵的功率；效率指泵的有效功率与轴功率之比。泵样本中所给出的功率与效率都为清水试验所得。

离心泵适用于流量大、扬程低的液体输送，液体的运动黏度小于 $65\times10^3m^2/s$，液体中气体体积分数低于 5%、固体颗粒含量在 3%以下。

② 化工生产常用泵。清水泵：过流部件为铸铁，输送温度不高于 80℃的清水或物理化学性质类似于清水的液体，适用于工业与城市排水及农田灌溉等。最普通的清水泵是单级单吸式，如果要求高压头，可采用多级离心泵；如要求的流量很大，可采用双吸式离心泵。

油泵：用于输送石油产品的泵称为油泵。由于油品易燃易爆，因此油泵应具有良好的密封性能，热油泵在轴承和轴封处设置冷却装置、运转时可通冷水冷却。

耐腐蚀泵：当输送酸、碱和浓氨水等腐蚀性液体时，与腐蚀性液体接触的泵部件必须用耐腐蚀材料制造。如 FS 型氟合金塑料耐腐蚀离心泵适用于 80~180℃条件下，长期输送任意浓度的各种酸、碱、盐、有机溶剂及其他多种化学介质，严禁输送快速结晶及含硬质颗粒的介质。该泵的过流部分采用氟合金塑料，经高温烧结模压加工而成。

液下泵：其泵体沉浸在储罐液体中，叶轮装于转轴末端，使滚动轴承远离液体，上部构件不受输送介质腐蚀，由于泵体沉浸在液体中，只要液面高于泵体，即可无需灌泵而启动。输送时，泄漏液通过中心管上的泄漏孔回流到储罐内，是输送不易结晶、温度不高于100℃的各种腐蚀介质的理想设备。其缺点是效率不高。根据输送介质的不同，泵的过流部分材质有铸铁、不锈钢合金、玻璃钢、增强聚丙烯、氟塑料等可供选择。

屏蔽泵：是一种无泄漏泵，它的叶轮和电机连为一个整体并密封在同一泵壳内，不需要轴封，所以称为无密封泵。在化工生产中常输送易燃、易爆、剧毒及具有放射性的液体，其缺点也是效率较低。

隔膜泵：借弹性薄膜将活柱与被输送的液体隔开，当输送腐蚀性液体或悬浮液时，可不使活柱和缸体受到损伤。隔膜采用耐腐蚀橡皮或弹性金属薄片制成，当活柱做往复运动时，迫使隔膜交替地向两边弯曲，将液体吸入和排出。

计量泵：在化工生产中，计量泵能够输送流量恒定的液体或按比例输送几种液体。计量泵的基本构造与往复泵相同，但设有一套可以准确而方便地调节活塞行程的机构。

齿轮泵：这是一种正位移泵，泵壳中有一对相互啮合的齿轮，将泵内空间分成互不相通的吸入腔和排出腔。齿轮旋转时，封闭在齿穴和泵壳间的液体被强行压出。齿轮泵的体积流量较小，但可产生较高的压头。化工厂中大多用来输送各种油类，还可以输送黏稠液体甚至膏糊状物料；但不宜输送腐蚀性的、含硬质颗粒的液体，不宜输送含有固体颗粒的悬浮液，以及高度挥发性、低闪点的液体。常见的有 2CY、KCB 齿轮油泵。

螺杆泵：属于内啮合的密闭式泵，为转子式容积泵。按螺杆的数目，可分为单螺杆、双螺杆、三螺杆、五螺杆泵。单螺杆泵是靠螺杆在具有内螺纹泵壳中偏心转动，将液体沿轴向推进，最后由排出口排出；多螺杆泵则依靠螺杆间相互啮合的容积变化来输送液体。螺杆泵输送扬程高，效率较齿轮泵高，运转时无噪声、无振动、体积流量均匀，特别适用于高黏度液体的输送，例如 G 型单螺杆泵广泛应用于原油、污油、矿浆、泥浆等的输送。

旋涡泵：是一种叶片式泵（也称涡流泵），由星形叶轮和有环形流道的泵壳组成，依靠离心力作用输送液体，但与离心泵的工作原理不同。适用于功率小、扬程高（5~250m）、体积流量小（0.1~11L/s）、夹带气体的体积分数大于 0.05 的场合。

轴流泵：利用高速旋转螺旋桨将液体推进而达到输送目的。适用于大体积流量，低扬程的生产。

3.3.1.2 选泵的原则

① 基本泵型和泵的材料。一般选择化工泵，都是先决定型式再确定尺寸。选择泵的基本形式这一工作，甚至要提早到工艺流程设计阶段，在设计工艺流程时，对选用的泵的形

式应大体确定。进入初步设计阶段时，综合已经汇总和衡算出的工艺参数，确定泵的基本形式。

确定和选择使用的泵的基本形式，要从被输送物料的基本性质出发，如物料的温度、黏度、挥发性、毒性、化学腐蚀性、溶解性和物料是否均一等。此外，还应考虑到生产的工艺过程、动力和环境等条件，如是否长期连续运转、扬程和流量的基本范围和波动、动力来源、厂房层次高低等因素。

均一的液体几乎可选用任何泵型；悬浮液则宜选用泥浆泵、隔膜泵；夹带或溶解气体时应选用容积式泵；黏度大的液体、胶体或膏糊料可用往复泵，最好选用齿轮泵、螺杆泵；输送易燃易爆液体可用蒸汽往复泵；被输送液体与工作液体（如水）互溶而生产工艺又不允许其混合时则不能选用喷射泵；流量大且扬程高的宜选往复泵；流量大且扬程不高时应选用离心泵；输送具有腐蚀性的介质，选用耐腐蚀的泵体材料或衬里的耐腐蚀泵；输送昂贵液体、剧毒或具有放射性的液体选用完全不泄漏、无轴封的屏蔽泵。此外，有些地方必须使用液下泵，有些场合要用计量泵等。

有电源时选用电动泵，无电源但有蒸汽供应时可选用蒸汽往复泵，卧式往复泵占地稍大，立式泵占地较小。车间要求防爆时，应选用蒸汽驱动的泵或具有防爆性能的泵。另外，喷射泵需要水汽作动力，有时还采用手摇泵等。

输送介质的温度对泵的材质有不同的要求，一般在低温下（-40~-20℃）宜选用铸钢和低温材料的泵，在高温下（200~400℃）宜选用高温铸钢材料，通常温度在-20~200℃范围内一般铸铁材料即可通用。

耐腐蚀泵的材料很多，如石墨、玻璃、搪瓷、陶瓷、玻璃钢（环氧或酚醛树脂作基材）、不锈钢、高硅铁、青铜、铅、钛、聚氯乙烯、聚四氟乙烯等。聚乙烯、合成橡胶等常作泵的内衬。随着工业技术的进步，各类化工耐腐蚀泵还会陆续出现。

实际上，我们在选择泵的形式时，往往不大可能各方面都满足要求，一般是抓住主要矛盾，以满足工艺要求为主要目标。例如输送盐酸，防腐是主要矛盾；输送氢氰酸、二甲酚之类的，毒性是主要矛盾。选泵形式时有没有电源动力、流量扬程等都要服从上述主要矛盾。此外，在选泵型时，应立足于国内，优先选用国内产品，还要考虑资源和货源、备品充足、利于维修、价格合理等因素，这也是我们在选型时要注意的事项。

② 扬程和流量。在泵的选用设计中，可以通过计算算出工程上所要求的流量和扬程，这是选泵的具体型号、规格、尺寸的依据，但计算出来的数据是理论值。通常还要考虑在流量上工艺配套问题、此设备和彼设备间生产能力的平衡、工艺上原料的变换，以及产品更换等影响因素，考虑发展和适应不同要求等因素，总工艺方案一般均要求装置有一定的富余能力。在选泵时，应按设计要求达到的能力确定泵的流量，并使之与其他设备能力协调平衡。另一方面，泵流量的确定也应考虑适应不同原料或不同产品要求等因素，所以在确定泵的流量时，应该综合考虑下列两点：

a. 装置的富余能力及装置内各设备能力的协调平衡；

b. 工艺过程影响流量变化的范围。

工艺设计给出泵的流量一般包括正常、最小、最大三种流量，最大流量已考虑了上述多种因素，因此选泵时通常可直接采用最大流量。

泵的扬程还应当考虑到工艺设备和管道的复杂性，压力降的计算可靠程度与实际工作中的差距，需要留有余地，所以，常常选用计算数据的1.05~1.1倍，如有工厂的实际生产数据，应尽可能采用。在工艺操作中，有时会有一些特殊情况，如结垢、积炭，造成系统中压力降波动较大。在设计计算时，不仅要使选定的扬程满足过程在正常条件下的需要，还要顾及可能出现的特殊情况，使泵在某些特殊情况下也能运转。当然，还有其他一些因素制约，不能只知其一，不知其二。

③ 有效汽蚀余量和安装高度。当安装高度提高时，将导致泵内压力降低，泵内压力最低点通常位于叶轮叶片进口稍后一点的附近。当此处压力降至被输送液体此时温度下的饱和蒸气压时，将发生沸腾，所生成的蒸汽泡在随液体从入口向外周增大而急剧冷凝。会使液体以很大的速度从周围冲向气泡中心，产生频率很高、瞬时压力很大的冲击，这种现象称为汽蚀现象。

为避免汽蚀现象，就必须使泵的入口端（研究表明，最低压力产生在泵的入口附近）的压头高于物料输送状态下的饱和蒸气压，高出的值称为“需要汽蚀余量”或“净正吸入压头”（NPSH），NPSH一般又分为泵必需的NPSH（有时写成NPSHR）和正常操作时装置和设备（系统）的有效NPSH，有效汽蚀余量（有效NPSH，有时写成NPSHA）通常最大可选用泵的“需要汽蚀余量”的1.3~1.4倍，称为安全系数。

④ 泵的台数和备用率。一般情况下只设一台泵，在特殊情况下也可采用两台泵同时操作，但不论如何安排，输送物料的本单元中，不宜多于三台泵（至多两台操作，一台备用）。两台泵并联操作时，由于泵的性能差异，有时变得不易操作和控制，所以，只有万不得已，方采用两台泵并联。下列情况可考虑采用两台泵：

a. 大型泵，需要一台操作并备用一台时，可选用两台较小的泵操作，而备用一台，可使备用泵变小，最终节省费用；

b. 某些大型泵，可采用流量为其70%的两台小泵并联操作，可以不设备用泵；

c. 某些特大型泵，启动电流很大，为防止对电力系统造成影响，可考虑改用两台较小的泵，以免电流波动过大；

d. 流量扬程很大而一台泵不能满足要求。

泵的备用情况，往往根据工艺要求，是否长期运转、泵在运转中的可靠性、备用泵的价格、工艺物料的特性、泵的维修难易程度和一般维修周期、操作岗位等诸多因素综合考虑，很难规定一个通行的原则。

一般来说，输送泥浆或含有固体颗粒及其他杂质的泵、一些关键工序上的小型泵，应有备用泵。对于一些重要工序如炉前进料、计量、塔的输料泵，塔的回流泵、高温操作条件及其他苛刻条件下使用的泵，某些要求较高的产品出料泵，应设有备用泵，备用率一般取100%。而其他连续操作的泵，可考虑备用率50%左右；对于大型的连续化流程，可适当提高泵的备用率。而对于间歇操作，泵的维修比较容易，所以一般不考虑备用泵。

3.3.1.3 选泵的工作方法和基本程序

① 列出选泵的岗位和介质的基础数据。

a. 介质名称和特性，如介质的密度、黏度、重度、毒性、腐蚀性、沸点、蒸气压、溶液浓度等；

b. 介质的特殊性能，如价格昂贵程度，是否含固体颗粒、固体颗粒的粒度、颗粒的性能、固体含量等，是否含有气体、气体的体积含量等数据；

c. 操作条件，如温度、压力、正常流量、最小和最大流量等；

d. 泵的工作位置情况，如泵的工作环境温度、湿度、海拔高度、管道的大小及长度、进口液面至泵的中心线距离、排液口至设备液面距离等。

② 确定选泵的流量和扬程。

a. 流量的确定和计算。工艺条件中如已有系统可能出现的最大流量，选泵时以最大流量为基础。如果数据是正常流量，则应根据工艺情况可能出现的波动、开车和停车的需要等，在正常流量的基础上乘以一个安全系数，一般这个系数可取为 1.1~1.2，特殊情况下还可以再加大。

流量通常都必须换算成体积流量，因为泵生产厂家的产品样本中的数据是体积流量。

b. 扬程的确定和计算。首先计算出所需要的扬程，即用来克服两端容器的位能差，两端容器上静压力差，两端全系统的管道、管件和装置的阻力损失，以及两端（进口和出口）的速度差引起的动能差。泵的扬程用伯努利方程计算，将泵和进出口设备作一个系统研究，以物料进口和出口容器的液面为基准，根据下式就可很方便地算出泵的扬程。

$$H=(Z_2-Z_1)+\frac{p_2-p_1}{\gamma}+(\Sigma h_2+\Sigma h_1)+\frac{c_2^2-c_1^2}{2g}$$

式中 Z_1——吸入侧最低液面至泵轴线垂直高度。如果泵安装在吸入液面的下方（称为灌注），则 Z_1 为负值；

Z_2——排出侧最高液面至泵轴线垂直高度；

p_2，p_1——排出侧和吸入侧容器内液面压力；

γ——$\gamma=\rho g$，表示液体的重度；

Σh_1，Σh_2——排出侧和吸入侧系统阻力损失；

c_1，c_2——进出口液面液体流速。

对于一般输送液体，$\frac{c_2^2-c_1^2}{2g}$ 值很小，常忽略或纳入 Σh 损失中计算。计算出的 H 不能作为选泵的依据，一般要放大 5%~10%，即

$$H_{选用}=(1.05\text{~}1.1)H$$

③ 选择泵的类型，确定具体型号。依据上述两项得出的选泵数据、工作条件和工艺特点，依照选泵的原则，选择泵的类型、材质和具体型号，由一般到具体、由总类到个体型号一步一步地进行，最终选出一种具体型号的泵，其基本步骤如下。

a. 确定泵的类型。化工泵的类型很多，常见的离心泵、往复泵、转子泵、涡旋泵、混流泵等都有一定的性能范围，有大致适用的流量和扬程使用区域，结合前述的选泵原则，考虑物料的物理化学性质，先确定选用泵的类型。

b. 选泵的系列和过流部件的材料及密封。选定了泵的类型之后，属于这种类型的泵还有很多系列，还要根据介质的性质（物理性质和化学性质）和操作条件（温度、压力）确

定选用哪一系列泵。如已选择泵的类型为离心泵，则应根据设计条件进一步确定选用哪一子系列泵，是选用水泵，还是其他子系列泵，如油泵、耐腐蚀泵、特殊性能的泵或泥浆泵等子系列。另外要考虑是选择耐高温还是耐低温的泵，是选择单级泵还是多级泵，是选择单吸式还是双吸式，是卧式还是立式等。

泵的过流部件的材料和轴的密封，要综合材料耐蚀和运转性能、密封条件等因素，合理地选用，以保证泵的稳定运转和延长使用寿命：（a）浓硫酸一般选用碳钢材料或衬氟泵；（b）盐酸选用塑料泵或衬氟、衬胶泵；（c）硝酸选用不锈钢材料的泵；（d）碱选用不锈钢或碳钢的泵。

c. 选择泵的具体型号。根据通行的泵的产品样本和说明书，根据前述计算和确定的泵的最大流量和选用时确定的扬程（计算扬程放大 5%~10%），选择泵的具体型号。

在选用具体型号时，要注意熟悉各类型泵用的各种符号表示的意义，一般在泵的产品样本和说明书中有交代。

④ 换算泵的性能。对于输送水或类似于水的泵，将工艺上正常的工作状况对照泵的样本或产品目录上该类泵的性能表或性能曲线，看正常工作点是否落在该泵的高效区，如校核后发现性能不符，就应当重新选择泵的具体型号。

输送高黏度液体，应将泵的输水性能指标换算成输送黏液的性能指标，并与之对照校核。相关的计算公式在“化学工程手册”上可查到。

根据输送物料的特性，泵的性能曲线（H-Q 性能曲线）有可选择性，如一般输送到高位槽的泵，希望流量变化大时而扬程变化很小，即选用曲线比较平坦的泵，不希望曲线出现驼峰形等。

⑤ 确定泵的安装高度。根据泵的样本上规定的允许吸上真空高度或允许汽蚀余量，核对泵的安装高度，使泵在给定条件下不发生汽蚀。

⑥ 确定泵的台数和备用率。其选用原则，如前所述。

⑦ 校核泵的轴功率。泵样本上给定的功率和效率都是用水试验得出来的，当输送介质不是清水时，应考虑物料的重度和黏度等对泵的流量、扬程性能的影响。利用化学工程有关公式，计算校正后的 Q、H 和 η，求出泵的轴功率。

⑧ 确定冷却水或加热蒸汽的耗用量。根据所选泵型号和工艺操作情况，在泵的特性说明书或有关泵的表格中找到冷却水或蒸汽的耗用量。

⑨ 选用电动机（略）。

⑩ 填写选泵规格表。将所选泵类加以汇总，列成泵的设备总表，作为泵订货的依据。

3.3.1.4 工业装置对泵的要求

① 必须满足流量、扬程、压力、温度、汽蚀余量等工艺参数要求。

② 必须满足介质特性的要求。

a. 对输送易燃、易爆、有毒或贵重介质的泵，要求轴封可靠或采用无泄漏泵，如屏蔽泵、磁力驱动泵、隔膜泵等。

b. 对于输送腐蚀性介质的泵，要求过流部件采用耐腐蚀材料。

c. 对于输送含固体颗粒介质的泵，要求过流部件采用耐磨材料，必要时轴封应采用清洁液体冲洗。

③ 必须满足现场的安装要求。

a. 对安装在有腐蚀性气体存在场合的泵，要求采取防大气腐蚀的措施。

b. 对安装在室外环境温度低于-20℃以下的泵，要求考虑泵的冷脆现象，采用耐低温材料。

c. 对安装在爆炸区域的泵，应根据爆炸区域等级，采用防爆电机。

d. 对于要求每年一次大检修的工厂，泵的连续运转周期一般不应小于8000h。

3.3.1.5 选泵的经验

输送清水一般选铸铁或碳钢卧式离心泵，密封填料选填料密封；向锅炉供水选多级离心泵；输送浓硫酸为防止泄漏伤人一般选浓硫酸专用液下泵或衬氟磁力泵；输送稀硫酸可选衬氟、机械密封卧式离心泵或磁力泵；一般酸性液体选不锈钢、衬氟、衬胶或塑料卧式离心泵，密封一般选用机械密封；碱液等腐蚀性不大的流体选用不锈钢或碳钢泵；流体中含有一定固体颗粒的物料一般选用耐磨的液下泵；输送油要选用油泵，黏度大的油要选用齿轮油泵；输送黏度大、含固量高的物料一般选螺杆泵；向压滤机加压浆状物料标配为螺杆泵。

泵的流量、扬程、汽蚀余量及使用条件要满足生产要求，需要连续运转不能停车的工序、要设计备用泵。

3.3.1.6 泵选型案例

案例1：年产2万吨一氯甲烷生产装置中原料盐酸通过预热器向精馏塔的上料泵选型

类型选择：本案例中原料盐酸不易燃易爆，黏度不大，所以设备类型首选卧式离心泵。

材质选择：盐酸对大多数金属有腐蚀性，应选非金属泵。非金属泵主要有各种塑料泵、衬氟泵。由于塑料泵材质强度不高，与其连接的塑料管道安全性比金属低。本案例中，一氯甲烷生产过程为连续生产，从泵的长周期稳定运行及运行安全性上考虑，选衬氟泵。为防止盐酸由轴泄漏，选用陶瓷机械密封。

泵的流量计算：年产2万吨一氯甲烷生产装置中，盐酸进精馏塔为连续进入，根据物料衡算盐酸（30%）进料量为19.5t/h，考虑20%的富余量，泵的流量应为23.5m^3/h。

泵的扬程估算：浓盐酸的精馏塔设计压力为0.16MPa，由精馏塔出来的氯化氢气经冷凝脱水后，进入反应器鼓泡与甲醇气反应，反应器的压力约为0.06MPa，据此选择泵扬程在25m以上，可满足工艺需要。泵扬程的精确选择待配管图完成后，计算出管道阻力，才能准确确定适宜的泵扬程。

通过以上分析初步选择泵的型号为：IHF65-40200。该泵的性能是：流量25m^3/h，扬程32m，转速2900r/min，功率4.0kW。因盐酸相对密度接近于水，泵所配电机功率也可满足要求。

案例2：年产2万吨一氯甲烷生产装置中原料甲醇向汽化器进料泵选型

类型选择：由于甲醇沸点低、易挥发，甲醇蒸气易燃易爆，危险性较大，所以首选无泄漏的泵是比较理想的，如屏蔽泵、磁力泵等。

材质选择：考虑甲醇对大多数金属或非金属没有腐蚀性，但从安全方面考虑选择金属泵更佳，另外考虑长时间运行甲醇对普通碳钢泵有锈蚀作用，为在工艺上保证反应产物的质量，本案例选择输送甲醇用304材质的不锈钢泵更理想。

泵的流量计算：年产2万吨一氯甲烷生产装置中，甲醇进汽化器为连续进入。根据物料衡算甲醇（99%）进料量为1.8t/h，富余量按20%计，泵的流量应在2.2t/h、约2.8m^3/h。

泵的扬程估算：由汽化器出来的甲醇气直接进入反应器参加反应，反应器的反应压力约0.1MPa。据此选择泵扬程在25m，可满足工艺需要。扬程的精确选择待配管图完成后，计算出管道阻力，才能准确确定适宜的泵扬程。

通过以上分析初步选择泵的型号为：32CQ-15，该泵的性能是：流量4.8m^3/h，扬程25m，功率1.1kW。注意甲醇为甲类火灾危险品，电机应选防爆电机。

3.3.2 气体输送及压缩设备的设计与选型

3.3.2.1 气体输送及压缩设备分类

气体输送、压缩设备按出口压力和用途可分为以下五类。

① 通风机。简称为风机，压力在0.115MPa以下，压缩比为1~1.15。通风机又可分为轴流风机和离心风机。通风机使用较普遍，主要用于通风、产品干燥等过程。

② 鼓风机。压力为0.115~0.4MPa，压缩比小于4。鼓风机又可分为罗茨（旋转）鼓风机和离心鼓风机。一般用于生产中要求相当压力的原料气的压缩、液体物料的压送、固体物料的气流输送等。

③ 压缩机。压力在0.4MPa以上，压缩比大于4。压缩机又可分为离心式、螺杆式和往复式压缩机，主要用于工艺气体、气动仪表用气、压料过滤及吹扫管道等方面。

④ 制冷机。压力及压缩比与压缩机相同，可分为活塞式、离心式、螺杆式、溴化锂吸收式及氨吸收式等几种，主要用于为低温生产系统提供冷量。

⑤ 真空泵。用于减压，出口极限压力接近0MPa，其压缩比由真空度决定。

3.3.2.2 气体输送及压缩设备选择步骤

下面分别介绍这几类气体输送、压缩设备的性能及选择步骤。

① 通风机。工业上常用的通风机有轴流式和离心式两类。轴流式通风机排送量大，但所产生的风压甚小，一般只用来通风换气，而不用来输送气体。化工生产中，轴流式通风机在空冷器和冷却水塔的通风方面的应用很广泛。

离心式通风机的结构与离心泵相似，包括蜗壳叶轮、电机和底座三部分。离心式通风机根据所产生的压头大小可分为：

a. 低压离心通风机，其风压小于或等于1kPa；

b. 中压离心通风机，其风压为1~3kPa；

c. 高压离心通风机，其风压为3~15kPa。

离心式通风机的主要参数和离心泵差不多，主要包括风量、风压、功率和效率。通风机在出厂前，必须通过试验测定其特性曲线，试验介质为101.3kPa、20℃的空气（密度ρ=1.2kg/m^3）。因此选用通风机时，如所输送的气体密度与试验介质相差较大时，应将实际所需风压换算成试验状况下的风压进行计算。

离心通风机的选择步骤如下。

a. 了解整个工程工况：装置的用途、管道布置、装机位置、被输送气体性质（如清洁空气、烟气、含尘空气或易燃易爆气体）等。

b. 根据伯努利方程，计算输送系统所需的实际风压，考虑计算中的误差及漏风等因素而加上一个富余值，并换算成试验条件下的风压 ΔP_0。

c. 根据所输送气体的性质与风压范围，确定风机类型。若输送的是清洁空气，或与空气性质相近的气体，可选用一般类型的离心通风机，常用的有 4-72 型、8-18 型和 9-27 型。

d. 把实际风量 Q（以风机进口状态计）乘以安全系数，即加上一个富余值，并换算成试验条件下的风量 Q_0，若实际风量 Q 大于试验条件下的风量 Q_0，常以 Q 代替 Q_0，把差值作为富余量。

e. 按试验条件下的风量 Q_0 和风压 ΔP_0，从风机的产品样本或产品目录中的特性曲线或性能表中选择合适的机型。

f. 根据风机安装位置，确定风机旋转方向和出风口的角度。

g. 若所输送气体的密度大于 1.2kg/m^3 时，则须核算轴功率。

② 鼓风机。化工厂中常用的鼓风机有旋转式和离心式两种，罗茨鼓风机是旋转式鼓风机中应用最广的一种。罗茨鼓风机与齿轮泵极为相似，如图 3-2 所示。因转子端部与机壳、转子与转子之间缝隙很小，当转子作旋转运动时，可将机壳与转子之间的气体强行排出，两转子的旋转方向相反，可将气体从一侧吸入，从另一侧排出。罗茨鼓风机的风量与风机转速成正比，而与出口压强无关。

图 3-2　罗茨鼓风机外形图

罗茨鼓风机的风量为 2~500m^3/min，出口压强不超过 81kPa（表压），出口压强太高，则泄漏量增加，效率降低。罗茨鼓风机工作时，温度不能超过 85℃,否则易因转子受热膨胀而发生卡住现象。罗茨鼓风机的出口应安装稳压气柜与安全阀，流量用旁路调节，出口阀不可完全关闭。

离心鼓风机与离心通风机的工作原理相同，由于单级通风机不可能产生很高的风压［一般不超过 50kPa（表压）］，故压头较高的离心鼓风机都是多级的，与多级离心泵类似。多级离心鼓风机的出口压强一般不超过 0.3MPa(表压），因压缩比不大，不需要冷却装置，各级叶轮尺寸基本相等。

离心鼓风机的选用方法与离心通风机相同。

③ 压缩机。按工作原理，压缩机可分为两类，一类是容积式压缩机，另一类是速度式压缩机。按结构形式还可将压缩机分为活塞式压缩机和离心式压缩机。

在容积式压缩机中，气体压强的提高是由于压缩机中气体体积被缩小，使单位体积内空气分子的密度增加而形成的。在速度式压缩机中，空气的压强是由空气分子的速度转化而来，即先使空气分子得到一个很高的速度，然后在固定元件中使一部分动能进一步转化为气体的压力能。用作压缩空气的压缩机，在中小流量时使用最广泛的是活塞式空气压缩机，在大流量时则采用离心式空气压缩机，选型时要对压缩机进行工艺计算。

下面介绍几种常用的压缩机。

a. 活塞式空气压缩机。

ⅰ.中小型活塞式空气压缩机根据其结构形式，一般常用的分类有：L 形、V 形、W 形，卧式、立式、对称平衡式等；水冷式、空冷式；单级、两级或多级。

ⅱ. 型号及技术指标。压缩机的主要技术性能指标有排气量、排气压力、进出口气体温度、冷却水用量、功率等。

型号以活塞式空气压缩机 4M12-45/210 型为例。型号的含义为 4 列，M 型，活塞力 12×10^4N，额定排气量为 $45m^3/min$，额定排气压力为 210×10^5Pa（表压）。

压缩机的排气量是指单位时间内压缩机最后一级排出的空气换算到第一级进气条件时的气体容积值，排气量常用的单位为 m^3/min。压缩机的理论排气量为压缩机在单位时间内的活塞行程容积。由于压缩机的进气条件不同，使压缩机实际供气量发生变化，工艺设计者常需要计算出压缩机在指定操作状况下，即标准状况下（进气压强为 0.1MPa，温度为 0℃)的干基空气（扣除空气中水分的含量）的供气能力。

空气压缩机的轴功率（不包括因冷却所需的水泵或风扇的功率），一般可由产品样本或说明书中直接查得，并按制造厂配用的原动机选取。

油润滑空气压缩机的排气温度一般规定不超过 160℃，移动式空气压缩机不超过 180℃,无油润滑空气压缩机排气温度一般限定在 180℃以下。压缩机的排气温度取决于进气温度、压缩比及压缩过程指数。

b. 离心式空气压缩机。离心式压缩机工作时，主轴带动叶轮旋转，空气自轴向进入，并以很高的速度被离心力甩出叶轮，进入流通面积逐渐扩大的扩压器中，使气体的速度降低而压力提高，接着又被第二级吸入，通过第二级进一步提高压力，依此类推，一直达到额定压力。

c. 螺杆式空气压缩机。螺杆式压缩机是依靠两个螺旋形转子相互啮合而进行气体压缩的。在气缸中平行放置两个高速回转、按一定传动比相互啮合的螺旋形转子，形成进气、压缩和排气的过程装置。

螺杆式压缩机与往复式压缩机一样，同属于容积型压缩机，就其运动形式而言，压缩机的转子与离心式压缩机一样作高速运动，所以螺杆式压缩机兼有活塞式压缩机与离心式压缩机的特点。

ⅰ. 螺杆式压缩机没有往复运动部件，不存在不平衡惯性力，所以螺杆式压缩机的设备基础要求低；

ⅱ. 螺杆式压缩机具有强制输气的特点，即排气几乎不受排气压力的影响；

ⅲ. 螺杆式压缩机在较宽的工作范围内仍能保持较高的效率，没有离心式压缩机在小排气量时喘振和大排气量时的扼流现象。

螺杆式压缩机适用于中低压及中小排气量，如干式螺杆压缩机，排气量范围为 $3\sim500m^3/min$，排气压强<1.0MPa；喷油螺杆压缩机，排气量范围为 $5\sim100m^3/min$，排气压强<1.7MPa。

一般来说，压缩机是装置中功率较大、电耗较高、投资较多的设备。工艺设计者可根据操作工况所需的压力、流量和运转状态（间歇或连续）选择所需的压缩机类型。

a. 压缩机的选用原则。

ⅰ. 选择压缩机时，通常根据要求的排气量、进排气温度、压力及流体的性质等重要参数来决定。

ⅱ. 各种压缩机常用气量、压力范围：活塞式空气压缩机单机容量通常小于或等于 $100m^3/min$，排压 0.1~32MPa；螺杆式空气压缩机单机容量通常为 $50\sim250m^3/min$，排压为 0.1~2.0MPa；离心式空气压缩机单机容量通常大于 $100m^3/min$，排压为 0.1~0.6MPa。

ⅲ. 确定空压机时，重要因素之一是考虑空气的含湿量。确定空压机的吸气温度时，应考虑四季中最高、最低和正常温度条件，以便计算标准状态下的干空气量。

选用离心式压缩机时，须考虑如下因素（其他类型压缩机也可参考）：吸气量（或排气量）和吸气状态，这取决于用户要求及现场的气象条件。排气状态、压力、温度，由用户要求决定。冷却水水温、水压、水质的要求；压缩机的详细结构、轴封及填料由制造厂提供详细资料；驱动机，由制造厂提供规格明细表；控制系统，制造厂提供超压、超速、压力过低、轴承温度过高等停车和报警系统图；压缩机和驱动机轴承的压力润滑系统，包括油泵、油槽、油冷却器等规格；附件，主要有仪表、备用品、专用工具等。

b. 离心式压缩机的型号选择。

ⅰ. 利用图表选型。国内外生产厂家为便于用户选型，把标准系列产品绘制出选型用曲线图，根据图进行型号的选择和功率计算。

ⅱ. 估算法选型。估算法应计算的数据有气体常数、绝热指数、压缩系数、进口气体的实际流量、总压缩比、压缩总温升、总能量头、级数、转速、轴功率、段数。

选择离心式压缩机应以进口流量和能量头的关系为依据，以上估算的性能参数在生产厂家定型产品的范围内，即可直接订购。

c. 活塞式压缩机的型号选择。

ⅰ. 一般原则。压缩机的选型可分为压缩机的技术参数选择与结构参数选择：前者包括技术参数对所在化工工艺流程的适用性和技术参数本身的先进性，从而决定压缩机在流程中的适用性；后者包括压缩机的结构形式、使用性能以及变工况适应性等方面的比较选择，从而将影响压缩机所在流程的经济性。因此，压缩机选择原则应该是适用、经济、安全可靠、利于维修。

ⓐ 工艺方面的要求。介质要求，可否泄漏，能否被润滑油污染，排气温度有无限制，排气量，压缩机进出口压强。

ⓑ 气体物性要求与安全。压缩的气体是否易燃或易爆、有无腐蚀性；压缩过程如有液化，应注意凝液的分离和排除；排气温度限制，压缩的介质在较高的温度下会分解，此时应对排气温度加以限制；泄漏量限制，对有毒气体应限制其泄漏量。

ⅱ. 选型基本数据。

ⓐ 气体性质和吸气状态，如吸气温度、吸气压强、相对湿度；

ⓑ 生产规模或流程需要的总供气量；

ⓒ 流程需要的排气压力；

ⓓ 排气温度。

ⅲ. 化工特殊介质使用压缩机的选择。对氧气、氢气、氯气、氨气、二氧化碳、一氧化碳、乙炔等气体的压缩，对压缩机的要求可参阅有关专著。

④ 真空泵。真空泵是用来维持工艺系统要求的真空状态。真空泵的主要技术指标如下。

a. 真空度。真空度一般有以下几种表示方法。以绝对压力 p 表示，单位为 kPa；以真空度 p_V 表示，单位为 kPa，则有：

$$p_V=101.325-p$$

b. 抽气速率（S）指在单位时间内，真空泵吸入的气体体积，即吸入压强和温度下的体积流量，单位是 m^3/h、m^3/min。真空泵的抽气速率与吸入压力有关，吸入压力愈高，抽气速率愈大。

c. 极限真空指真空泵抽气时能达到的稳定最低压强值。极限真空也称最大真空度。

d. 抽气时间（t）指以抽气速率 S 从初始压力抽到终了压力所耗费的时间（min）。

化工中常用的真空泵有如下几种类型。

a. 往复式真空泵。往复式真空泵的构造和原理与往复式压缩机基本相同，但真空泵的压缩比较高。例如，95%的真空度时，压缩比约为 20，所抽吸气体的压强很小，故真空泵的余隙容积必须更小，排出和吸入阀门必须更加轻巧、灵活。

往复式真空泵所排送的气体不应含有液体，如气体中含有大量蒸汽，必须把可凝性气体设法除掉（一般采用冷凝）之后再进入泵内，即它属于干式真空泵。

b. 水环真空泵简称水环泵，其工作时，由于叶轮旋转产生的离心力的作用，将泵内水甩至壳壁形成水环，此水环具有密封作用，使叶片间的空隙形成许多大小不同的密封室，叶轮的旋转使密封室由小变大形成真空，将气体从吸入口吸入，然后密封室由大变小，气体由压出口排出。水环真空泵最高真空度可达 85%。为维持泵内液封，水环泵运转时要不断地充水。

c. 液环真空泵简称液环泵，又称纳氏泵，外壳呈椭圆形，其内装有叶轮，当叶轮旋转时，液体在离心力作用下被甩向四周，沿壁形成椭圆形液环。和水环泵一样，工作腔也是由一些大小不同的密封室组成的，液环泵的工作腔有两个，由泵壳的椭圆形状形成。由于叶轮的旋转运动，每个工作腔内的密封室逐渐由小变大，从吸入口吸进气体，然后由大变小，将气体强行排出。此外所输送的气体不与泵壳直接接触，所以，只要叶轮采用耐腐蚀材料制造，液环泵也可用于腐蚀性气体的抽吸。

d. 旋片真空泵是旋转式真空泵，当带有两个旋片的偏心转子旋转时，旋片在弹簧及离心力的作用下，紧贴泵体内壁滑动，吸气工作室扩大，被抽气体通过吸气口进入吸气工作室，当旋片转至垂直位置时，吸气完毕，此时吸入的气体被隔离，转子继续旋转，被隔离的气体被压缩后压强升高，当压强超过排气阀的压强时，气体从泵排气口排出。因此，转子每旋转一周，有两次吸气、排气过程。

旋片泵的主要部分浸没于真空油中，为的是密封各部件的间隙，充填有害的余隙和得到润滑。旋片真空泵适用于抽除干燥或含有少量可凝性蒸汽的气体，不宜于抽除含尘和对润滑油起化学作用的气体。

e. 喷射真空泵是利用高速流体射流时压强能向动能转换而造成真空，将气体吸入泵内，并在混合室通过碰撞、混合以提高吸入气体的机械能，气体和工作流体一并排出泵外。喷射泵的工作流体可以是水蒸气也可以是水，前者称为蒸汽喷射泵，后者称为水喷射泵。

单级蒸汽喷射泵仅能达到 90%的真空度，为获得更高的真空度可采用多级蒸汽喷射泵。喷射真空泵的优点是工作压强范围广，抽气量大，结构简单，适应性强（可抽吸含有灰尘、腐蚀性、易燃、易爆的气体等），其缺点是工作效率很低。

3.3.2.3 压缩机选型案例

案例 1：年产 2 万吨一氯甲烷生产装置中一氯甲烷成品压缩机的选型。

根据物料衡算，压缩机要处理的一氯甲烷气量为：2500kg/99.9%=2502.5kg/h=49.6kmol/h=1110.0m^3/h=18.5m^3/min。

一氯甲烷液化装入钢瓶需要的压强为 0.8MPa。

通过以上分析初步选择压缩机型号为：LW-20/10，该压缩机的性能是：排气量 20m^3/min，排气压强 1.0MPa，主机转速 400r/mim，功率 160kW，适用介质为氯甲烷。因压缩机需要经常维修保养，所以工艺上要选 2 台，即一开一备。

案例 2：年产 1 万吨轻质碳酸钙生产装置中窑气输送压缩机的选型。

轻质碳酸钙生产中，用于窑气输送的压缩机主要有两类：一类是往复压缩机；另一类是旋转式压缩机。这两种压缩机在碳酸钙厂均有选用，往复压缩机的优点是排气压强高，缺点是电耗高、维修保养频繁，适合与细高碳化塔配套，制备的产品微观粒度小，产品质量优。罗茨鼓风机优点是省电、可长期稳定运行、维修量很少，缺点是压头低、一般在 5000mm 水柱（1mm 水柱=9.80665Pa）以下，适合与短粗碳化塔配套，制备的产品微观粒度大。

在本案例中，为确保生产出高质量的碳酸钙产品，拟选用往复压缩机用于窑气的输送。根据年产 1 万吨轻质碳酸钙生产中的物料衡算，产生的窑气量为 1366.6m^3/h，即 22m^3/min。压缩机的排气压强主要根据碳化塔进气阻力进行估算，关于塔的工艺计算参照有关技术资料完成，在估算基础上再考虑一定的富余量，根据碳酸钙生产厂家实测，需要压缩机的排气压强在 0.25MPa 左右。

通过以上分析初步选择压缩机型号为：3LB-15/3，该压缩机的性能是：排气量 15m^3/min，排气压强 0.3MPa，功率 75kW。因压缩机需要经常维修保养，所以工艺上要选 3 台，即开二备一。

3.3.3 换热器的设计与选型

化工生产中传热过程十分普遍，传热设备在化工厂占有极为重要的地位。物料的加热、冷却、蒸发、冷凝、蒸馏等都需要通过换热器进行热交换，换热器是应用最广泛的设备之一，大部分换热器已经标准化、系列化。下面重点介绍标准换热器的选用方法，关于非标准换热器的设计，请查阅有关换热器设计的专业书籍。

3.3.3.1 换热器的分类

① 按工艺功能分类。

a. 冷却器是冷却工艺物流的设备。一般冷却剂多采用水，若冷却温度低时，可采用氨或者氟利昂为冷却剂。

b. 加热器是加热工艺物流的设备。一般多采用水蒸气作为加热介质，当温度要求高时可采用导热油、熔盐等作为加热介质。

c. 再沸器用于蒸馏塔底蒸发物料的设备。其中热虹吸式再沸器是被蒸发的物料依靠液头压差自然循环蒸发。动力循环式再沸器，被蒸发物料是用泵进行循环蒸发。

d. 冷凝器是用于蒸馏塔顶物料的冷凝或者反应器的冷凝循环回流的设备。冷凝器可用于多组分的冷凝，当最终冷凝温度高于混合组分的泡点时，仍有一部分组分未冷凝，以达到再一次分离的目的。另外为含有惰性气体的多组分的冷凝，排出的气体含有惰性气体和未冷凝组分。全凝器，多组分冷凝器的最终冷凝温度等于或低于混合组分的泡点，所有组分全部冷凝。

e. 蒸发器专门用于蒸发溶液中的水分或者溶剂的设备。

f. 过热器对饱和蒸汽再加热升温的设备。

g. 废热锅炉是从工艺的高温物流或者废气中回收其热量而发生蒸汽的设备，换热器为两种不同温度的工艺物流相互进行显热交换的设备。

② 按传热方式和结构分类。根据热量传递方法不同，换热器可以分为间壁式、直接接触式和蓄热式。

间壁式换热器是化工生产中采用最多的一种，温度不同的两种流体隔着液体流过的器壁（管壁）传热，两种液体互不接触，这种传热办法最适合于化工生产。因此，这种类型换热器使用十分广泛，形式多样，适用于化工生产的几乎各种条件和场合。

直接接触式换热器，两种（冷和热）流体进入换热器后，直接接触传递热量，传热效率高，但使用受到限制，只适用于允许这两种流体混合的场合，如喷射冷凝器等。

蓄热式换热器，是一个充满蓄热体的空间（蓄热室），温度不同的两种流体先后交替地通过蓄热室，实现间接传热。

由于化工生产中绝大多数使用的是间壁式传热，因此以此类换热器为选用设计的主要对象。间壁式换热器根据间壁的形状，又可分为管壁传热的管壳式换热器，和板壁传热的板式换热器、或称为紧凑式换热器。

管壳式换热器是使用得较早的换热器，通常将小直径管用管板组成管束，流体在管内流动，管束外再加一个外壳，另一种流体在管间流动，这样组成一个管壳式换热器。其结构简单、制造方便，选用和适用的材料很广泛，处理能力大，清洗方便，适应性强，可以在高温高压下使用，生产制造和操作都有较成熟的经验，形式也有所更新改进，这种换热器使用一直十分普遍。根据管束和外壳的形状不同，又可以分为固定管板、浮头管束、U形管束、填料函管束以及套管（杯）式、蛇管式等。

板式或称紧凑式换热器的传热间壁是由平板冲压成的各种沟槽、波纹状、伞状以及卷成螺旋状的壁板。这是一种新出现的换热器，其传热面积大、效率高、金属耗用量节省但不能在较高压力下操作。在许多使用场合，板式换热器正在逐步取代原有的管壳式换热器。

由于换热设备应用广泛，所以，国家现在已将多种换热器，包括管壳式和板式换热器采用标准的图纸、系列化生产。各型号标准图纸亦可到有关设计院购买，化工机械厂有的已有系列标准的各式换热器供应，为化工选型设计提供很多方便。已经形成标准系列的换热器有：列管式固定管板换热器，立式热虹吸式再沸器，浮头式换热器和冷凝器系列，U形管式换热器系列，薄管板列管式换热器系列，不可拆式螺旋板换热器系列，BR0.1 型波纹板式换热器，FP-G 型复波伞板换热器和几种石墨换热器系列。随着换热器产品的开发和发展，新的标准系列会不断形成。

3.3.3.2 换热器设计的一般原则

① 基本要求。选用的换热器首先要满足工艺及操作条件要求。在工艺条件下长期运转，安全可靠，不泄漏，维修清洗方便，满足工艺要求的传热面积，尽量有较高的传热效率，流体阻力尽量小，并且满足工艺布置的安装尺寸等。

② 介质流程。介质走管程还是走壳程，应根据介质的性质及工艺要求，进行综合选择。以下是常用的介质流程安排。

a. 腐蚀性介质宜走管程，可以降低对外壳材质的要求；

b. 毒性介质走管程，泄漏的概率小；

c. 易结垢的介质走管程，便于清洗和清扫；

d. 压力较高的介质走管程，以减小对壳体的机械强度要求；

e. 温度高的介质走管程，可以改变材质，满足介质要求。

此外，由于流体在壳程内容易形成湍流（$Re \geqslant 100$ 即可，而在管内流动 $Re \geqslant 10000$ 才是湍流）因而主张黏度较大、流量小的介质选在壳程，可提高传热系数。从压降考虑，也是雷诺数小的走壳程有利。

③ 终端温差。换热器的终端温差通常由工艺过程的需要而定，但在确定温差时，应考虑到对换热器的经济性和传热效率的影响。在工艺过程设计时，应使换热器在较佳范围内操作，一般认为理想终端温差如下。

a. 热端的温差，应在20℃以上；

b. 用水或其他冷却介质冷却时，冷端温差可以小一些，但不要低于5℃；

c. 当用冷却剂冷凝工艺流体时，冷却剂的进口温度应当高于工艺流体中最高凝点组分的凝点5℃以上；

d. 空冷器的最小温差应大于20℃；冷凝含有惰性气体的流体时，冷却剂出口温度至少比冷凝组分的露点低5℃。

④ 流速。流速提高，流体湍流程度增加，可以提高传热效率，有利于冲刷污垢和沉积，但流速过大，磨损严重，甚至造成设备振动，影响操作和使用寿命，能量消耗亦将增加。因此，主张有一个恰当的流速。根据经验，一般主张流体流速范围如下。

流体在直管内常见流速：

冷却水（淡水）0.7~3.5m/s；

冷却用海水0.7~2.5m/s；

低黏度油类0.8~1.8m/s。

⑤ 压强降。压强降一般考虑随操作压强不同而有一个大致的范围。压强降的影响因素较多，但通常希望换热器的压强降在下述参考范围之内或附近。

操作压强 p；压强降 Δp。

当 p 处于0~0.1MPa时：$\Delta p=p/10$；

当 p 处于1.0~3.0MPa时：Δp=0.035~0.18MPa。

⑥ 传热系数。传热面两侧的对流传热系数 α_1、α_2 如相差很大时，α 值较小的一侧将成为控制传热效果的主要因素，设计换热器时，应尽量增大 α 较小这一侧的对流传热系数，最好能使两侧的 α 值大体相等。计算传热面积时，常以 α 小的一侧为准。

增加 α 值的方法有：

a. 缩小通道截面积，以增大流速；

b. 增设挡板或促进产生湍流的插入物；

c. 管壁上加翅片，提高湍流程度也增大了传热面积。

糙化传热表面，用沟槽或多孔表面，对于冷凝、沸腾等有相变化的传热过程来说，可获得大的传热膜系数。

⑦ 污垢热阻系数。换热器使用中会在壁面产生污垢，这是常见的事，在设计换热器时应予认真考虑。由于目前对污垢造成的热阻尚无可靠的公式，不能进行定量计算，在设计时要慎重考虑流速和壁温的影响。选用过大的安全系数，有时会适得其反，传热面积的安全系数过大，将会出现流速下降，自然的“去垢”作用减弱，污垢反会增加。有时在设计时，考虑到有污垢的最不利条件，但新开工时却无污垢，造成过热情况，有时更有利于真的结垢，所以不可不慎。应在设计时，从工艺上降低污垢热阻系数，如改进水质，消除死区，增加流速，防止局部过热等。

⑧ 标准设计和换热器的标准系列。尽量选用标准设计和换热器的标准系列。有时可以将标准系列的换热器少数部件作适当变动，避免使用特殊的机械规格。这样可以提高工程的工作效率，缩短施工周期，降低工程投资，对投产后维修、更换都有利。

3.3.3.3 管壳式换热器的设计及选用程序

① 汇总设计数据、分析设计任务。根据工艺衡算和工艺物料的要求、特性，掌握物料流量、温度、压力和介质的化学性质、物性参数等（可以从有关设计手册中查），还要掌握物料衡算和热量衡算得出的有关设备的负荷、流程中的位置、与流程中其他设备的关系等数据。根据换热设备的负荷和它在流程中的作用，明确设计任务。

② 设计换热流程。换热器的位置，在工艺流程设计中已得到确定，在具体设计换热流程时，应将换热的工艺流程仔细探讨，以利于充分利用热量、充分利用热源。

a. 要设计换热流程时，应考虑到换热和发生蒸汽的关系，有时应采用余热锅炉，充分利用流程中的热量。

b. 换热中把冷却和预热相结合，有的物料要预热，有的物料要冷却，将二者巧妙结合，可以节省热量。

c. 安排换热顺序，有些换热场所，可以采用二次换热，即不是将物料一次换热（冷却）而是先将热介质降低到一定的温度，再一次与另一介质换热，以充分利用热量。

d. 合理使用冷介质，化工厂常使用的冷介质一般是水、冷冻盐水和要求预热的冷物料，一般应尽量减少冷冻盐水的使用场合，或减少冷冻盐水的换热负荷。

e. 合理安排管程和壳程的介质，以利于传热、减少压力损失、节约材料、安全运行、方便维修为原则。具体情况具体分析，力求达到最佳选择。

③ 选择换热器的材质。根据介质的腐蚀性能和其他有关性能，按照操作压力、温度、材料规格和制造价格，综合选择。除了碳钢（低合金钢）材料外，常见的有不锈钢，低温用钢（低于-20℃），有色金属如铜、铅。非金属作换热器具有很强的耐腐蚀性能，常见的耐腐蚀换热器材料有玻璃、搪瓷、聚四氟乙烯、陶瓷和石墨，其中应用最多的是石墨换热

器，国家已有多种系列，近年来聚四氟乙烯换热器也得到重视。此外，一些稀有金属如钛、钽、锆等也被人们重视，虽然价格昂贵，但其性能特殊，如钽能耐除氢氟酸和发烟硫酸以外的一切酸和碱。钛的资源丰富、强度好，质轻，对海水、含氯水、湿氯气、金属氯化物等都有很高的耐蚀性能，是不锈钢无法比拟的，虽然价格高，但用材少，造价也未必昂贵。

④ 选择换热器类型。根据热负荷和选用的换热器材料，选定某一种类型。

⑤ 确定换热器中介质的流向。根据热载体的性质、换热任务和换热器的结构，决定采用并流、逆流、错流、折流等。

⑥ 确定和计算平均温差Δt_m。确定终端温差，根据化学工程有关公式，算出平均温差。

⑦ 计算热负荷Q、流体传热系数α。可用粗略估计的方法，估算管内和管间流体的对流传热系数α_1、α_2。

⑧ 估计污垢热阻系数R，并初算出总传热系数K。这在有关书中已详细叙述，现在有各种工艺算图、将公式和经验汇集在一起，可以方便地求取K。

在许多设计工作中，K常常取一些经验值，作为粗算或试算的依据，许多手册书籍中都罗列出各种条件下的K的经验值，经验值所列的数据范围较宽，作为试算，并与K值的计算公式结果参照比较。

⑨ 算出总传热面积A。总传热面积A表示K的基准传热面积，但实际选用的面积通常比计算结果要适当放大。

⑩ 调整温度差，再次计算传热面积。在工艺的允许范围内，调整介质的进出口温度，或者考虑到生产的特殊情况，重新计算Δt_m，并重新计算A值。

⑪ 选用系列换热器的某一个型号。根据两次或三次改变温度算出的传热面积A，并考虑有10%~25%的安全系数裕度，确定换热器的选用传热面积A。根据国家标准系列换热器型号，选择符合工艺要求和车间布置（立或卧式，长度）的换热器，并确定设备的台件数。

⑫ 验算换热器的压力降。一般利用工艺算图或由摩擦系数通过公式计算，如果核算的压力降不在工艺允许范围之内，应重选设备。

⑬ 试算。如果不是选用系列换热器，则在计算出总传热面积时，按下列顺序反复试算。

a. 根据上述程序计算传热面积A。或者简化计算，取一个K的经验值，计算出热负荷Q和平均温差Δt_m之后，算出一个试算的传热面积A'。

b. 确定换热器基本尺寸和管长、管数。根据上一步试算出的传热面积A'，确定换热管的规格和每根管的管长（有通用标准和手册可查），算出管数。

根据需要的管子数目，确定排列方法，从而可以确定实际的管数，按照实际管数可以计算出有效传热面积和管程、壳程的流体流速。

c. 计算设备的管程、壳程流体的对流传热系数。

d. 确定污垢热阻系数，根据经验选取。

e. 计算该设备的传热系数。

f. 求实际所需传热面积。用计算出的K和热负荷Q、平均温差Δt_m计算传热面积$A_{计}$，并且在工艺设计允许范围内改变温度重新计算Δt_m和$A_{计}$。

g. 核对传热面积。将初步确定的换热器的实际传热面积与$A_{计}$相比，实际传热面积比计算值大10%~25%方为可靠，如若不然，则要重新确定换热器尺寸、管数，直到计算结果满意为止。

h. 确定换热器各部尺寸、验算压力降。如果压力降不符合工艺允许范围，亦应重新确定，反复选择计算，直到完全合适时为止。

i. 画出换热器设备草图。工艺设计人员画出换热器设备草图，再由设备机械设计工程师完成换热器的详细部件设计。

在设计换热器时，应当尽量选用标准换热器形式。根据《热交换器》(GB/T 151—2014)规定，标准换热器形式为：固定管板式、浮头式、U形管式和填料函式。

标准换热器型号的表示方法：

$$\times\times\times \mathrm{DN}—\frac{P_t}{P_s}—A—\frac{\mathrm{LN}}{d}—\frac{N_t}{N_s}\ \mathrm{I}\ (或\ \mathrm{II})$$

式中　×××——由三个字母组成，第一个字母代表前端管箱形式，第二个字母代表壳体形式，第三个字母代表后端结构形式；

DN——公称直径（对于釜式重沸器用分数表示，分子为管箱内直径，分母为圆筒内直径），mm；

$\frac{P_t}{P_s}$——管/壳程设计压力（压力相等时，只写 P_t），MPa；

A——公称换热面积，m^2；

$\frac{\mathrm{LN}}{d}$——LN为公称长度，m；d为换热管外径，mm；

$\frac{N_t}{N_s}$——管/壳程数，单壳程时只写 N_t；

Ⅰ（或Ⅱ）——Ⅰ级换热器（或Ⅱ级换热器）。

示例：

a. 固定管板式换热器。

封头管箱，公称直径700mm，设计管程压力2.5MPa，壳程压力1.6MPa，公称换热面积200m^2，较高级冷轧换热管外径25mm，管长9m，4管程，单壳程的固定管板式换热器。其型号为：

$$\mathrm{BEM700}—\frac{2.5}{1.6}—200—\frac{9}{25}—4\ \mathrm{I}$$

b. 釜式再沸器。

平盖管箱，管箱内直径600mm，圆筒内直径1200mm，管程设计压力2.5MPa，壳程设计压力1.0MPa，公称换热面积90m^2，普通级冷拔换热管外径25mm，管长6m，2管程的釜式再沸器。其型号为：

$$\mathrm{AKT}\frac{600}{1200}—\frac{2.5}{1.0}—90—\frac{9}{25}—2\ \mathrm{II}$$

c. 浮头式换热器。

平盖管箱，公称直径500mm，管程和壳程设计压力1.6MPa，公称换热面积为54m^2，较高级冷拔换热管外径25mm，管长6m，4管程，单壳程的浮头式换热器。其型号为：

$$\mathrm{AES500}—1.6—54—\frac{6}{25}—4\ \mathrm{I}$$

3.3.3.4 换热器选型案例

案例：年产 2 万吨一氯甲烷生产装置中盐酸精馏塔再沸器的选型

① 工艺任务。用水蒸气使塔底稀酸再沸。

② 设计操作条件。压力 0.16MPa。

③ 进料。出塔底的盐酸流量 37804.4kg/h，其中氯化氢质量分数 21%，温度 120.27℃，考虑了压力对泡点的影响，压力 0.16MPa。

水蒸气流量 V_S、温度 T_S、压力 P_S。

④ 出料。氯化氢水蒸气流量 3024.3kg/h，其中氯化氢质量分数 24.58%，温度 120.40℃，压力 0.16MPa。

氯化氢溶液流量 34780.0kg/h，其中氯化氢质量分数 20.69%，温度 120.40℃，压力 0.16MPa。

⑤ 再沸器热负荷。再沸器的热负荷：

$$Q_1=1567773.44\text{kcal/h}=6.5\times10^6\text{kJ/h}$$

考虑到计算误差及再沸器实际操作时的热量损失，取 15%的热负荷裕度，则设计热负荷为：

$$Q_2=1.15\times1567773.44=1802939.45\ (\text{kcal/h})=7.5\times10^6\ (\text{kJ/h})$$

⑥ 选型。根据工艺条件，建议选用立式热虹吸型再沸器。

⑦ 加热蒸汽用量。本设计选择 145℃、0.42MPa（绝对压力）的饱和水蒸气作为加热介质以保证再沸器的操作温差基本上处于临界温度差附近，即 T_S=145℃，P_S=0.4MPa。

饱和水蒸气用量：V_S=3545.78kg/h

⑧ 传热面积。据“石墨制化工设备设计”介绍，21%盐酸再沸器的传热系数范围是 4180~12540kJ/（m^2·h·℃）。考虑到本设计采用立式热虹吸型再沸器，汽化率不高。为了稳妥，再沸器总传热系数取 4180 kJ/（m^2·h·℃）。再沸器的传热面积为：

$$A_1=73.1\text{m}^2$$

考虑 20%的传热面积裕度，再沸器的设计传热面积为：

$$A_2=73.1\times1.2=87.7\ (\text{m}^2)$$

选用再沸器型号：GH80-100，有效管长 5m，公称换热面积 100m^2 的列管式石墨换热器。

3.3.4 贮罐容器的设计与选型

贮罐主要用于贮存化工生产中的原料、中间体或产品等，贮罐是化工生产中最常见的设备。

3.3.4.1 贮罐类型与系列

（1）贮罐类型

贮罐容器的设计要根据所贮存物料的性质、使用目的、运输条件、现场安装条件、安全可靠程度和经济性等原则选用其材质和大体形式。

贮罐根据形状来划分，有方形贮罐、圆筒形贮罐、球形贮罐和特殊形贮罐（如椭圆形、半椭圆形）。每种形式又按封头形式不同分为若干种，常见的封头有平板、锥形、球形、碟形、椭圆形等，有些容器如气柜、浮顶式贮罐，其顶部（封头）是可以升降浮动的。

贮罐按制造的材质分为钢、有色金属和非金属材质。常见的有普通碳钢、低合金钢、不锈钢、搪瓷、陶瓷、铝合金、聚氯乙烯、聚乙烯和环氧玻璃钢、酚醛玻璃钢等。

贮罐按用途又可以分为贮存容器，和计量、回流、中间周转、缓冲、混合等工艺容器。

（2）贮罐系列

我国已有许多化工贮罐实现了系列化和标准化，可根据工艺要求，选用已经标准的产品。图 3-3 为化工行业常用的贮罐。

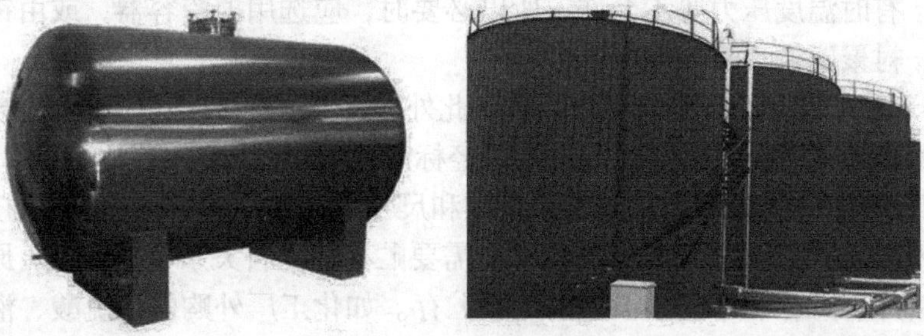

图 3-3　化工常用贮罐

① 立式贮罐。

a. 平底平盖系列；

b. 平底锥顶系列；

c. 90°无折边锥形底平盖系列；

d. 立式球形封头系列；

e. 90°折边锥形底、椭圆形盖系列；

f. 立式椭圆形封头系列。

以上系列适用于常压，贮存非易燃易爆、非剧毒的化工液体。技术参数为容积（m^3），公称直径（mm）×筒体高度（mm）。

② 卧式贮罐。

a. 卧式无折边球形封头系列，用于 $P \leqslant 0.07$MPa，贮存非易燃易爆、非剧毒的化工液体。

b. 卧式有折边椭圆形封头系列，用于 P=0.25~4.0MPa，贮存化工液体。

③ 立式圆筒形固定顶贮罐系列。适用于贮存石油、石油产品及化工产品。用于设计压力-0.5~2kPa，设计温度-19~150℃，公称容积 100~30000m^3，公称直径 5200~44000mm。

④ 立式圆筒形内浮顶贮罐系列。适用于贮存易挥发的石油、石油产品及化工产品。用于设计压力为常压，设计温度-19~80℃，公称容积 100~30000m^3，公称直径 4500~44000mm。

⑤ 球罐系列。适用于贮存石油化工气体、石油产品、化工原料、公用气体等。占地面积小，贮存容积大。设计压力 4MPa 以下，公称容积 50~10000m^3。结构类型有橘瓣型和混合型及三带至七带球罐。

⑥ 钢制低压湿式气柜系列。适用于石油化工气体的贮存、缓冲、稳压、混合等。设计压力4000Pa以下，公称容积50~10000m³。按导轨形式分为螺旋气柜、外导架直升式气柜、无外导架直升式气柜。按活动塔节数分为单塔节气柜、多塔节气柜。

3.3.4.2 贮罐设计的一般程序

① 汇集工艺设计数据。经过物料和热量衡算，确定贮罐中将贮存物料的温度、压力，最大使用压力，最高使用温度，最低使用温度，介质进出量。介质的腐蚀性、毒性、蒸气压，贮罐的工艺方案等。

② 选择容器材料。从工艺要求来决定材料的适用与否，对于化工设计来说介质的腐蚀性是一个十分重要的参数。通常许多非金属贮罐，一般只作单纯的储存容器在使用，而作为工艺容器，有时温度压力等不允许。所以必要时，应选用搪瓷容器，或由钢制压力容器衬胶、衬瓷、衬聚四氟乙烯等加以解决。

③ 容器形式的选用。详细原则如前述。此外，我国已有许多化工贮罐实现了系列化和标准化，在贮罐形式选用时，应尽量选择已经标准化的产品。

④ 容积计算。容积计算是贮罐工艺设计和尺寸设计的核心，它随容器的用途而异。

a. 原料和成品贮罐。这类贮罐的体积与需要贮存的物料关系十分明显。原料的贮存分全厂性的原料库房贮存和车间工段性的原料贮存。如化工厂外购的浓硫酸、液碱，每次运进的量较大，有专门的仓库贮存，储罐总容量是考虑两次运进量再加10%~20%的裕度。当然还要根据运输条件和消耗情况，一般主张至少有一个月的耗用量贮存。车间的贮罐一般考虑至少半个月的用量贮存，因为车间的成本核算常常是逐月进行的，一般贮量不主张超过一个月。

成品贮罐一般是指液体和固体贮罐。固体成品贮罐使用较少，常常都及时包装，只有中间性贮罐。液体产品贮罐一般设计至少能存储一周的产品产量，有时根据物料的出路，如厂内使用，视下工段（车间）的耗量，可以贮存一个月以上或下一工段使用两个月的贮量。如果是厂的终端产量，储罐作为待包装贮罐，存量可以适当小一些，最多可以考虑半个月的产量，因为终端产品应及时包装进入成品库房，或成品大贮罐、安排放在罐区。液体贮罐装载系数通常可达80%，这样可以计量出原料产品的最大贮存量。

气柜常常作为中间贮存气体使用，一般可以设计得稍大些，可以贮存两天或略多时间的产量。因为气柜不宜多日持久贮存，当下一工段停止使用时、这一产气工序应考虑停车。

b. 中间贮罐，当物料、产品、中间产品的主要贮罐距工艺设施较远，作为原料或中间体间歇或中断供应时调节之用。有些中间贮罐是待测试检验，以确定去向的贮罐，如多组分精馏过程中确定产品合格与否的中间性贮罐；有些贮罐是工艺流程中切换使用，或以备翻罐挪转用的中间罐等。

这一类贮罐有时称“昼夜罐”，即一昼夜的产量或发生量的贮存罐。具体情况亦不能一概而论，有时贮存不只一天甚至达一周的贮量。

c. 计量罐、回流罐。计量罐的容积一般考虑少到10min、15min，多到2h或4h产量的储存。计量罐装载系数一般为60%~70%，因为计量罐的刻度一般在罐的直筒部分，使用度常为满量程的80%~85%。

回流罐一般考虑 5 至 10min 左右的液体保有量，作冷凝器液封之用。

d. 缓冲罐、汽化罐等。缓冲罐的目的是使气体有一定数量的积累，使之压力比较稳定，从而保证工艺流程中流量操作的稳定。因此往往体积较大，常常是下游使用设备 5 至 10min 的用量，有时可以超过 15min 的用量，以备在紧急时，有充裕的时间处理故障，调节流程或关停机器。

某些物料在恒定温度下，以汽液平衡的状态出现在贮罐中，而在工艺过程中使用其蒸气，则这类罐称为汽化罐（可加热，也可不加热），其物料汽化空间常常是贮罐总容积的一半。汽化空间的容量大小常常根据物料汽化速度来估计，一般要求汽化空间足够下游设备 3min 以上的使用量，至少在 2min 左右，一般汽化都能实现。

e. 混合、拼料罐。化工产品有一些是要随间歇生产而略有波动变化的，如某些物料的固含量、黏度、pH 值、色度或分子量等可能在某个范围内波动。为使产物质量划一，或减少出厂检验的批号差别，在包装前将若干批产品加以拼混，俗称“混批”，混批罐的大小，根据工艺条件而定。考虑若干批的产量，装载系数约 70%（用气体鼓泡或搅拌混合）。

f. 包装罐等。包装罐一般可视同于中间贮罐，原则上是昼夜罐，对于需要及时包装的贮罐、定期清洗的贮罐，容积可考虑偏小。

总之，贮罐的容积要根据物料的工艺条件，工艺要求和贮存条件等决定其有效容积。有效容积占贮罐的总体积数为装载系数，不同场合下，装载系数不一样，一般在 60%~80% 左右，某些场合（如汽化空间）可低至 50%或更少，有时可以高至 85%，固体包装罐或在固体贮罐中装有充压、吹扫等装置的，其装载系数应偏低。如此，可以确定出容器的设计体积。

⑤ 确定贮罐基本尺寸。根据前几项的设计原则，我们已经选择了贮罐材料，确定了基本形式（即卧式、立式、封头形式等），并计算了设计容积。现在则应根据物料重度，卧式或立式的基本要求，安装场地的大小，确定贮罐的大体直径。贮罐直径的大小，要根据国家规定的设备的零部件即筒体与封头的规范，确定一个尺寸，据此计算贮罐的长度，核实长径比，如长径比太大（即偏长）、太小（即偏圆），应重新调整，直到贮罐大小与其他设备般配，整体美观实用，并与工作场所的尺寸相适应。

⑥ 选择标准型号。关于各类容器国家有通用设计图系列，根据计算初步确定的直径、长度和容积，在有关手册中查出与之符合或基本相符的规格。有的手册中还注明通用设计图的供货供图单位，可以向有关单位购买复印标准图，这样既省时间，又可以充分保证设计质量。即使从标准系列中找不到符合的规格，亦可根据相近的结构规格在尺寸上重新设计。

⑦ 开口和支座。容器的管口和方位，如果选用标准图系列则其管口及方位都是固定的。工艺设计人员在选择标准图纸之后，要设计并核对设备的管口，考虑管口的用途及其大小尺寸、管口的方位和相对位置的高低，通常在设备上考虑进料、出料、温度、压力（真空）、放空、液面计、排液、放净、人孔、手孔、吊装等，并留有一定数目的备用孔，当然不主张贮罐上开口太多。如标准图纸的开孔及管口方位不符合工艺要求而又必须重新设计时，可以利用标准系列型号在订货时加以说明并附有管口方位图。

容器的支承方式和支承座的方位在标准图系列上也是固定的，如位置和形式有变更要求，则在利用标准图订货时加以说明，并附有草图。

⑧ 绘制设备草图（条件图），标注尺寸，提出设计条件和订货要求。贮罐容器的工艺

设计成果是选用标准图系列的有关复印图纸，作为订货的要求，应在标准图的基础上，提出管口方位、支座等的局部修改和要求，并附有图纸。

如标准图不能满足工艺要求，应重新设计，由工艺设计人员绘制设备草图。所谓草图，并不是潦草绘制的意思，而应该绘制设备容器的外形轮廓，标注一切有关尺寸，包括容器接管口的规格，并填写“设计条件表”，再由设备专业的工程师设计可供加工用的、正式的非标准设备蓝图。

3.3.4.3 贮罐选型案例

案例 1：年产 2 万吨一氯甲烷生产装置中原料盐酸（30%）贮罐的选型。

盐酸对大多数金属有腐蚀性，选用非金属罐比较适用。根据年产 2 万吨一氯甲烷生产装置的物料衡算数据，原料盐酸（30%）消耗量为 19.5t/h，每天需要 468t。折合体积为：468/1.1083=422.2（m^3）。盐酸所需贮罐体积庞大且为常压，从罐的材质强度上考虑，选用塑料不如选用玻璃钢更安全，外形上选用占地少的平底锥顶立式贮罐非常合适。考虑到盐酸可来自当地，供应有保证，贮量按 2d 用量计算，本案例需选用 10 台 100m^3 的平底锥顶立式玻璃钢贮罐作为盐酸原料罐。

案例 2：年产 2 万吨一氯甲烷生产装置中原料甲醇贮罐的选型。

根据年产 2 万吨一氯甲烷生产装置的物料衡算数据，原料甲醇（99%）消耗量约为 1.8t/h，每天需要 43.2t，折合体积为：43.2/0.7918=54.6（m^3）。因甲醇对大多数金属没有腐蚀性，选用价廉的碳钢罐比较合适。本案例的甲醇贮罐选用占地少的平底锥顶立式贮罐非常适宜。考虑甲醇来自当地，供应有保证，贮量按 2d 用量计算，本案例需选用 3 台 50m^3 的平底锥顶立式碳钢贮罐作为甲醇原料罐。

3.3.5 塔设备的设计与选型

塔器是气液、液液间进行传热、传质分离的主要设备，在化工、制药和轻工业中，应用十分广泛，塔器甚至成为化工装置的一种标志。在气体吸收、液体精馏（蒸馏）、萃取、吸附、增湿、离子交换等过程都离不开塔器，对于某些工艺来说，塔器甚至就是关键设备。

3.3.5.1 塔的分类

随着时代的发展，出现了各种各样形式的塔，而且还不断有新的塔型出现。虽然塔型众多，但根据塔内部结构，通常将塔大体分为板式塔和填料塔两大类。

① 板式塔。板式塔是在塔内装有多层塔板（盘），传热传质过程基本上是在每层塔板上进行，塔板的形状、塔板结构或塔板上气液两相的表现，就成了命名这些塔的依据，如筛板塔、栅板塔、舌形板塔、斜孔板塔、波纹板塔、泡罩塔、浮阀塔、喷射板塔、穿流板塔、浮动喷射板塔等。下面简单介绍一下几种常用的板式塔性能。浮阀塔一般生产能力大，弹性大，分离效率高，雾沫夹带少，液面梯度较小，结构较简单。目前很多专家正力图对此改进提高，不断有新的浮阀类型出现。

泡罩塔是工业上使用最早的一种板式塔，气液接触有充分的保证，操作弹性大，但其分离效率不高，金属耗量大且加工较复杂，应用逐渐减少。

筛板塔是一种有降液管、板形结构最简单的板式塔，孔径一般为4~8mm，制造方便，处理量较大，清洗、更换、维修均较容易，但操作范围较小，适用于清洁的物料，以免堵塞。

波纹穿流板塔是一种新型板式塔，气液两相在板上穿流通过，没有降液管，加工简便，生产能力大，雾沫夹带小，压降小，除污容易且不易堵塞，在除尘、洗涤等方面应用更为广泛。

② 填料塔。填料塔是一个圆筒塔体，塔内装载一层或多层填料，气相由下而上、液相由上而下接触，传热和传质主要在填料表面上进行，因此，填料的选择是填料塔的关键。

填料的种类很多，许多研究者还在不断地试图改进填料，填料塔的命名也以填料名称为依据，如金属鲍尔环填料塔、波网填料塔。常用的填料有拉西环、鲍尔环、矩鞍形填料、阶梯形填料、波纹填料、波网（丝网）填料、螺旋环填料、十字环填料等。

有些特殊操作型的塔，如乳化塔、湍球塔等，因为塔内实际上是一些填料，所以一般也属于填料塔范围。

填料塔制造方便，结构简单，便于采用耐腐蚀材料，特别适用于塔径较小的情况，使用金属材料省，一次投料较少，塔高相对较低。20世纪70年代之前，有人主张使用板式塔，逐渐淘汰填料塔，后来，新型填料不断涌现，操作方法也有所改进，填料塔仍然取得很好的经济效益，在精馏和吸收过程中，仍占有不可取代的地位，特别是小型塔和介质具有腐蚀性等情况，其优势更为明显。

3.3.5.2 塔型选择基本原则

在设计中选择塔型，必须综合考虑各种因素，并遵循以下基本原则。

① 要满足工艺要求，分离效率高。工艺上要分离的液体有很多特殊要求，如沸点低、形成共沸物、挥发度接近、有腐蚀性、有污垢物等。所以塔型要慎加选择。

② 生产能力要大，有足够的操作弹性。随着化工装置大型化，塔的生产能力要求尽量地大，而根据化工生产的经验，工艺流程中“瓶颈”工段往往是精馏，很多精馏塔设计中考虑诸如造价、结构或压降、分离效率等因素较多，而常常未将塔的操作弹性放在重要位置，从而造成投产后塔设备不大适应工艺条件和生产能力的较大波动。

③ 运转可靠性高，操作、维修方便，少出故障，就是说，不希望塔过于“娇气”。

④ 结构简单，加工方便，造价较低。经验证明，结构烦琐复杂的塔未必是理想的塔器，现在许多高效塔都趋于简化。

⑤ 塔压降小。对于较高的塔来说，压降小的意义更为明显。

通常选择塔型未必能满足所有的原则，应抓住主要矛盾，最大限度满足工艺要求。

3.3.6 反应器的设计与选型

化学反应器是将反应物通过化学反应转化为产物的装置，是化工生产及相关工业生产关键设备。由于化学反应种类繁多、机理各异，因此，为了适应不同反应的需要，化学反应器的类型和结构也必然差异很大。反应器的性能优良与否，不仅直接影响化学反应本身，而且影响原料的预处理和产物的分离，因而，反应器设计过程中需要考虑的工艺和工程因素应该是多方面的。

反应器设计的主要任务首先是选择反应器的形式和操作方法，然后根据反应和物料的特点，计算所需的加料速度、操作条件（温度、压力、组成等）及反应器体积，并以此确定反应器主要构件的尺寸，同时还应考虑经济的合理性和环境保护等方面的要求。

3.3.6.1 反应器分类与选型

由于化学反应过程复杂，从早期到近年来都有许多经典或新型的反应器用于反应过程，有的反应器是定型化的，有的尚未定型化。有的反应器随着反应条件、体系和介质的不同而千差万别，尽管它们也许属于同一类型。因而化学反应器的类型很多，分类的方式也很多，尚没有一个妥善的分类方法把各类反应器包罗得那么全面。下面是几种常用的反应器的分类。

反应器的分类主要按反应器的形状来划分。目前大多数反应器在工程设计上已经成熟，有不少反应器已经定型化、系列化和标准化，供设计选用。

反应器的设计研究是涉及化学反应热力学、动力学、化工传递、工程控制、机械工程和经济研究等多学科综合应用的技术科学。学科还很年轻，新型反应器还可能出现，因此工艺设计人员在反应器的选型和设计上，既有困难又有希望和机遇，既觉得无章可循又有起码的原则，既要依靠经验和实践又可采用数学方法和电子计算机，使之充分体现其科学性。现将常见的几种反应器略述如下。

① 釜式反应器（反应釜）。这种反应器通用性很大，造价不高，用途最广。它可以连续操作，也可以间歇操作，连续操作时，还可以多个釜串联反应，停留时间可以有效地控制。国家已有 K 型和 F 型两类反应釜列成标准。K 型是有上盖的釜，形状上偏于“矮胖型”（长径比较小）。F 型没有上盖，形状则偏于“瘦长型”（长径比较大）。材质有碳钢、不锈钢、搪玻璃等几种。高压反应器、真空反应器、常减压反应器、低压常压反应器都已系列化生产，供货充足，选型方便。有些化工机械厂家接受修改图纸进行加工，化工设计人员可以提出个别的特殊要求，在系列反应釜的基础上，加以改进。

系列反应釜的传热面积和搅拌形式基本上都是既定的，在选型设计时，如不能选用系列化产品应当提出设备设计条件，依修改条件进行加工。

釜式反应器比较灵活通用，在间歇操作时只要设计好搅拌装置，一样可以使釜温均一，浓度均匀，反应时间可以长、可以短，可以常压、加压、减压操作，适用范围较大，而且反应结束后，出料容易，釜的清洗方便，其机械设计亦十分成熟。

釜式反应器可用于串联操作，使物料从一端流入，另一端出料，形成连续流动。多釜串联时，可以认为形成活塞流，反应物浓度和反应速度恒定，反应还可以分段进行控制。

② 管式反应器。近年来此种反应器在化工生产中使用越来越多，而且越来越趋向大型化和连续化。它的特点是传热面积大，传热系数较高，反应可以连续化，流体流动快，物料停留时间短，经过一定的控制手段，可以使管式反应器有一定的温度梯度和浓度梯度。根据不同的化学反应，可以有直径和长度千差万别的形式。此外，由于管式反应器直径较小（相对于反应釜）因而能耐高温、高压。由于管式反应器结构简单，产品稳定，它的应用范围越来越广。

管式反应器可以用于连续生产，也可以用于间歇操作，反应物不返混，管长和管径是反应器的主要指标，反应时间是管长的函数，管径决定于物料的流量，反应物浓度在管长轴线上呈梯度分布，但不随时间变化，不像单釜间歇操作时那样。

③ 固定床反应器。此种反应器主要应用于气固相反应，其结构简单，操作稳定，便于控制，易于实现连续化生产。床型可以是多种多样，易于大型化，可以根据流体流动的特点，设计和规划床的内部结构和内构件排布，是近代化学工业使用得较早又较普遍的反应器。它可以设计有较大的传热面积，可以有较高的气体流速，传热和传质系数可以较高。加热的方式比较灵活，可以有较高的反应温度。

但是，固定床反应器床层的温度分布不容易均匀，由于固相粒子不动，床层导热性不太好，因此对于放热量较大的反应，应在设计时增大传热面积，及时移走反应热，但相应地减小了有效空间，这是这类床型的缺点，尽管后起的流化床在传热上有很多优点远优于固定床，但由于固定床结构简单，操作方便，停留时间较长且易于控制，加上化工工程的习惯，因此固定床仍不能完全被流化床所取代。

④ 流化床反应器。流化床的特点是细的或粗的粒子在床内不是静止不动，而是在高速流体的作用下，床内固体粒子被扰动悬浮起来、剧烈运动，固体粒子的运动形态，接近于可以流动的流体，故称流化床，由于物料在床内如沸腾的液体（被很多气泡悬浮），因此又称沸腾床。使固体流态化的介质，当然也可以是液体，所以流化床越来越被化工工程师重视，适用于气固和液固相反应。

流化床反应器的最大优点是传热面积大，传热系数高，传热效果好。流态化较好的流化床，其床内各点温度相差不会超过5℃，可以防止局部过热。流化床的进料、出料、排废渣都可以用气流流化的方式进行，易于实现连续化，亦易于实现自动化生产和控制。其生产能力较大，在气气相反应物（固相催化）、气固相反应物、气液相反应物（固相催化）、液液相反应物（固相催化）以及液固相反应物体系中越来越普遍地应用。

由于流化床体系内物料返混严重，粒子磨损严重，通常要有粒子回收和集尘的装置，另外存在床型和构件比较复杂、操作技术要求高以及造价较高等问题，在选用时要充分考虑。

介于流化床和固定床之间的还有搅拌床（气固反应）、移动床、喷动床、转炉、回转窑炉（离心力场反应器）等。还有许多新型的和改进的反应器形式，在这里不再一一列举，请查阅有关书籍。

化工生产的复杂和多样使反应器的选择问题常常困扰着工艺设计人员，通常是根据经验选用反应器，而要对反应器设计进行改进或突破，选用或设计一种新的反应器，有时并不那么容易，必须通过大量的小试和中试，甚至要在半工业化规模上进行较长时期的考察、性能测试、操作比较等，才能有所突破。

反应器的选择经验一般是：液液相反应或气液反应一般选用反应釜，尽量选用标准系列的反应器，搅拌形式根据工艺操作需要进行选型设计，以达到充分接触；某些液固相反应或气液固相反应也常常选用反应釜；许多工艺条件并不苛刻的反应，绝大多数是选用反应釜，万不得已，也有不采用系列标准的，则要另行设计。反应釜的使用，有时超出了“反应”过程这个概念，如在化工生产中，某些溶解、水解、浓缩、结晶、萃取、洗涤、混合混料过程，也选用系列标准反应釜，主要是因为它带搅拌，可以加热和冷却，而且是系列化生产的不需要设计，可以直接购买。对于气相反应，也可以选用加压的反应釜或管式反应器。对于生产规模不是很大的情况，有时就用釜式反应器，对于气相反应规模较大、而反应的热效应（吸热或放热）又很大的情况，常采用管式反应器。对于气固相反应经常采用的是固定床、带有搅拌装置的塔床、回转床和流化床，根据反应的动力学和热效应，一般在物料放热比较大、或停留时间短不怕返混的情况下，主张使用流化床。许多原先生产中使用固定床的可以使用流化床，不过要调整一下工艺参数。流化床生产能力大，易于进料出料，易于自动控制，在设计选型时，能够用流化床的应尽量采用先进技术，不要保守，但要经过论证和生产（中试）检验。图 3-4 为化工行业常见的反应釜。

图 3-4　常见反应釜

3.3.6.2　反应器的设计要点

设计反应器时，首先应对反应作全面的较深刻的了解，比如反应的动力学方程或反应的动力学因素、温度、浓度、停留时间、粒度、纯度和压力等因素对反应的影响，催化剂的寿命、失活周期和催化剂失活的原因，催化剂的耐磨性以及回收再生的方案，原料中杂质的影响，副反应产生的条件，副反应的种类，反应特点、反应或产物有无爆炸危险、爆炸极限如何，反应物和产物的物性，反应热效应，反应器传热面积和对反应温度的分布要求，多相反应时各相的分散特征，气固相反应时粒子的回收，以及开停车的装置、操作控制方法等，尽可能掌握和熟悉反应的特性，方便我们考虑问题时能够瞻前顾后，不至于顾此失彼。在反应器设计时，除了通常说的要符合"合理、先进、安全、经济"的原则，在落实到具体问题时，要考虑下列设计要点。

① 保证物料转化率和反应时间。这是反应器工艺设计的关键条件，物料反应的转化率有动力学因素，也有控制因素，一般在工艺物料衡算时，已研究确定。设计者常常根据反应特点、生产实践和中试及工厂数据，确定一个转化率的经验值，而反应的充分和必要时间也是由研究和经验所确定的。物料的转化率和必要的反应时间，可以在设计人员选择反应器形式时，作为重要依据，选型以后依据这些数据计算反应器的有效容积和确定长径比例及其他基本尺寸，决定设备的台件数。

② 满足物料和反应的热传递要求。化学反应往往都有热效应，有些反应要及时移出反应热，有些反应要保证加热的量，因此在设计反应器时，一个重要的问题是要保证有足够的传热面积，并有一套能适应所设计传热方式的有关装置，此外，在设计反应器时还要有

温度测定控制的一套系统。

③ 设计适当的搅拌器或类似作用的机构。物料在反应器内接触，应当满足工艺规定的要求，使物料在湍流的状态下，有利于传热、传质过程的实现。对于釜式反应器来说，往往依靠搅拌器来实现物料流动和接触的要求，对于管式反应器来说，往往有外加动力调节物料的流量和流速。搅拌器的型式很多，在设计反应釜时，当作为一个重要的环节来对待。

④ 注意材质选用和机械加工要求。反应釜的材质选用通常都是根据工艺介质的反应和化学性能要求，如反应物料和产物有腐蚀性，或在反应产物中防止铁离子渗入，或要求无锈、十分洁净，或要考虑反应器在清洗时可能接触到腐蚀性介质等。此外，选择材质与反应器的反应温度有关联，与反应粒子的摩擦程度、磨损消耗等因素有关。不锈钢，耐热锅炉钢，低合金钢和一些特种钢是常用的制造反应器的材料。为了防腐和洁净，可选用搪玻璃衬里等材料，有时为了适应反应的金属催化剂，可以选用含这种物质（金属、过渡金属）的材料作反应器，可以一举两得。例如 F_{22}（氟利昂 22）[CH（Cl）F_2] 裂解以 Ni 作催化剂，可以设计一种镍管裂解反应器。材料的选择与反应器加热方法有一定关系，如有些材料不适用于烟道气加热，有些材料不适合于电感应加热，某些材料不宜经受冷热冲击等，都要仔细认真地加以考虑。

3.3.6.3 釜式反应器的结构和设计

① 釜式反应器结构。典型釜式反应器结构主要由以下部件组成：

a. 釜体及封头提供足够的反应体积以保证反应物达到规定转化率所需的时间，并且要有足够的强度、刚度和稳定性及耐腐蚀能力以保证运行可靠。

b. 换热装置有效地输入或移出热量，以保证反应过程在适宜的温度下进行。

c. 搅拌器使各种反应物、催化剂等均匀混合，充分接触，强化釜内传热与传质。

d. 轴密封装置用来防止釜体与搅拌轴之间的泄漏。

e. 工艺接管为满足工艺要求，设备上开有各种加料口、出料口、视镜、人孔及测温孔等，其大小和安装位置均由工艺条件定。

② 釜式反应器的选型设计步骤。

a. 确定反应釜操作方式。根据工艺流程的特点，确定反应釜是连续操作还是间歇操作。

b. 汇总设计基础数据。工艺计算依据，如生产能力、反应时间、温度、装料系数、物料膨胀比例、投料比、转化率、投料变化情况以及物料和反应产物的物性数据等。

c. 计算反应釜体积。

ⅰ. 对于连续反应釜来说，根据工艺设计规定的生产能力，确定全年的工作时数，就能很方便地算出每小时反应釜需要处理（或生产）的物料量（V_h），如果已经确定了设备的台数，根据物料的平均停留时间（τ）就可以算出每台釜处理物料的体积，其计算公式如下。

$$V_p = \frac{V_h \tau}{m_p}$$

式中 V_p——每台釜的物料体积；

V_h——每小时要求处理的物料体积；

τ——平均反应停留时间；

m_p——实际生产反应中操作的台数。

在选用反应釜时，一般把选用的台数与实际操作的台数之间，用一个设备备用系数“n”关联：

$$m = m_p n$$

式中 m——设计选用反应釜台数；

n——设备备用系数，通常为 1.05~1.3，实际操作的釜数越多，备用系数可以偏小，反之，则应偏大。

由物料体积 V_p，计算釜的体积 V_a，要由装载系数φ加以关联：

$$V_a = \frac{V_p}{\varphi}$$

式中，φ为物料装载系数（装料系数），在液相反应时，通常取φ=0.75~0.8，对于有气相参与的反应或易起泡的反应，φ=0.4~0.5，此值亦不能视为教条，应视具体情况而定。

ⅱ. 间歇反应。间歇反应釜的投料量根据物料衡算得到，从工艺设计要求的年产量决定日投料量（V_0），再从每釜反应所用的时间（包括辅助时间等）τ 算出 24h 内釜反应的周期数（α），公式如下：

$$\alpha = \frac{24}{\tau}$$

每釜处理的物料体积 V_p

$$V_p = \frac{V_0}{\alpha m_p}$$

式中 α——每昼夜反应釜周期数；

V_0——日夜（24h）投料体积。

每釜实际体积 V_a

$$V_a = \frac{V_p}{\varphi}$$

式中，φ为装料系数，对于间歇釜的装料系数，可以比连续釜再适当放宽一些，取上限或略大。

d. 确定反应釜体积和台数。根据上述计算的反应釜实际体积和反应釜台（件）数 m（$m=m_p n$）都只是理论计算值，还应根据理论数值加以圆整化。

对于选用系列产品的反应釜来说，要根据系列规定的反应釜体积系列（如 500L、1000L、1500L 等）加以圆整选用，连同设备台数 m，一并确定。例如计算出：$V_a=1.25m^3$，$m=3.45$，则可以选用 $1.5m^3$（1500L）反应釜 3 台，或 1000L 反应釜 5 台，2000L 反应釜 3 台，5000L 反应釜 1 台等。反应釜的选用还要根据工艺条件和反应热效应、搅拌性能等，综合确定。一般说，反应釜体积越小，相对传热面积越大，搅拌效果越好，但停留时间未必符合要求，物料返混严重等，主要的有待于传热核算。

如作为非标设备设计反应釜，则还要决定长径比以后再核算，但可以初步确定一个尺寸，即将直径确定到一个国家规定的容器系列尺寸中。

e. 反应釜直径和筒体高度、封头确定。设反应釜直径为 D，筒高为 H，则长径比γ为：

$$\gamma=\frac{H}{D}$$

对于反应釜设计来说，不但要确定釜的容积还要确定釜的长径比γ，一般取γ=1~3，根据工艺条件和工艺经验，不同反应有各自特点的长径比。

γ 接近于 1，釜形属于矮胖形，通常的系列 K 型反应釜取这个值，这种反应釜单位体积内消耗的钢材最少，液体比表面大，适用于间歇反应。

γ 增大，釜向瘦长型趋近。当γ=3 时，就是常见的半塔式反应釜（生物化学工程中常采用此类）。此类釜单位体积（釜容）内传热面积增大，γ 越大，传热比面积越大，可以减少返混，对于有气体参加的反应较为有利，停留时间较长，但加工困难，材料耗费较高，此外，搅拌支承也有一定的难度。

总之，γ 根据工艺条件和经验大体选定之后，先将釜的直径 D 确定下来（圆整结果），再确定封头形式，查阅有关机械手册，并查出封头体积（下封头）$V_{封头}$。

封头 V 如果不合适，可重新假定直径（圆整）再试算直到满意为止。

f. 传热面积计算和校核。反应釜最常见的冷却（加热）形式是夹套，它制造简单、不影响釜内物流的流型，但传热面积小，传热系数也不大。釜的长径比直接影响传热面积，如果计算传热面积足够（不能以夹套全部面积计算，只能以投料高度计算），就认为前面所确定的长径比合适或所选用的系列设备合适，否则就要调整尺寸。

传热面积计算公式和方法同一般传热体系，不再赘述。

如计算传热面积不够，则应在釜内设置盘管、列管、回形管以增大传热面积，但这样釜内构件的增加，将影响物流。易粘壁、结垢或有结晶沉淀产生的反应通常不主张设置内冷却（或传热）器冷却的办法。

总之，传热面积的校核是进一步确定反应釜形式和尺寸的步骤，经过核算之后，才能最终确定釜型和容积直径及其他基本尺寸。

g. 搅拌器设计。釜用搅拌器的形式有桨式、涡轮式、推进式框式、锚式、螺杆式及螺带式等。选择时，首先根据搅拌器形式与釜内物料容积及黏度的关系进行大致的选择，也可以查有关标准系列手册确定。搅拌器的材质可根据物料的腐蚀性、黏度及转速等确定。

确定搅拌器尺寸及转速 n；计算搅拌器轴功率；计算搅拌器实际消耗功率；计算搅拌器的电机功率；计算搅拌轴直径。

h. 管口和开孔设计，确定其他设施。夹套开孔和釜底釜盖开孔，根据工艺要求有进出料口、有关仪器仪表接口、手孔、人孔、备用口等，注意操作方位。

i. 轴密封装置。防止反应釜的跑、冒、滴、漏，特别是防止有毒、易燃介质的泄漏，选择合理的密封装置非常重要。密封装置主要有如下两种：（a）填料密封。优点是结构简单，填料拆装方便，造价低，但使用寿命短，密封可靠性差。（b）机械密封。优点是密封可靠，使用寿命长，适用范围广，功率消耗少，但其造价高，安装精度要求高。

j. 画出反应器工艺设计草图（条件图），或选出型号（略）。

3.3.7 液固分离设备的选型

液固分离是重要的化工单元操作，液固分离的方法主要有：①浮选，在悬浮液中鼓入空气将疏水性的固体颗粒（加入浮选剂，疏水性）黏附在气泡上而与液体分离的方法；②重力沉降，借助于重力的作用使固液混合物分离的过程；③离心沉降，在离心力作用下使用机械沉降的分离过程；④过滤，利用过滤介质将固液进行分离的过程。其中以离心沉降和过滤的方法在工业上应用较多，因此对固液分离设备的选用，应以此为重点。

3.3.7.1 离心机

离心机的分类

离心机有数十种，各有其特点，除液固分离外，部分离心机也可用于液液分离，所以首先确定分离应用的场合，然后根据物性及对产品的要求决定选用离心机的形式。

液液系统的分离可用沉降式离心机，分离条件是两液相之间的密度差。因液体中常含有乳浊层，故宜用能够产生高离心力的管式高速离心机或碟式分离机。

常用的离心机有过滤式、沉降式、高速分离、台式、生物冷冻和旁滤式六种类型，前三类又以出料方式、结构特点等因素分成多种形式，因此离心机的型号也相当繁杂。

① 过滤式离心机。按过滤式离心机的卸料过程或方式分为：间歇卸料、连续卸料和活塞推料。

图 3-5 三足式手动刮刀下卸料离心机

a. 间歇卸料式过滤离心机主要有三足式离心机、上悬式离心机和卧式刮刀卸料离心机等机型。三足式离心机具有结构简单、运行平稳、操作方便、过滤时间可随意掌握、滤渣能充分洗涤、固体颗粒不易破坏等优点，广泛应用于化工、轻工、制药、食品、纺织等工业部门的间歇操作，分离含固相颗粒≥0.01mm 的悬浮液，如粒状、结晶状或纤维状物料的分离。图 3-5 为典型的三足式手动刮刀下卸料离心机。

主要型号：SS 型为上部出料，SX 型为下部出料，SG 型为三足刮刀下卸料离心机卸料方式为刮刀下部出料，SCZ 型为抽吸自动出料，ST、SD 型为提袋式，SXZ、SGZ 型为自动出料。

型号标志示例如下：

SX 800 N（注：这里 N 为附加代号）

其中，SX 制造厂机型代号；数字 800 表示转鼓内径；附加代号为 N（不锈钢）、G（碳钢）、XJ（衬橡胶）、NB（防爆）、H（防振机座）、I（钛）、NC（双速）、A（改型序号）。

上悬式离心机是一种按过滤循环规律间歇操作的离心机，主要型号有 XZ 型（重力卸料）、XJ 型（刮刀卸料）、XR 型（专供碳酸钙分离）等。上悬式离心机适用于分离固相为中等颗粒（0.1~1mm）和细颗粒（0.01~0.1mm）的悬浮液，如砂糖、葡萄糖、盐类以及聚氯乙烯树脂等。

卧式刮刀卸料离心机主要型号有WG型（垂直刮刀）、K型（旋转刮刀）、WHG型（虹吸式）、GKF型（密闭防爆型）、GKD型（生产淀粉专用）等。这类离心机转鼓壁无孔，不需要过滤介质。转鼓直径为300~1200mm，分离因数最大达1800，最大处理量可达$18m^3/h$悬浮液。一般用于处理固体颗粒尺寸为5~40μm、固液相密度差大于$0.05g/cm^3$和固体密度小于10%的悬浮液。我国刮刀卸料离心机标准规定：转鼓直径450~2000mm，工作容积15~1100L，转鼓转速350~3350r/min，分离因数140~2830。

b. 活塞推料式过滤离心机具有自动连续操作，分离因数较高，单机处理量大，结构紧凑，铣制板网阻力小，转鼓不易积料等特点。推料次数可根据不同的物料进行调节，推料活塞级数越多，对悬浮液的适应性越大，分离效果越好。它适用于固相颗粒≥0.25mm、固含量≥30%的结晶状或纤维状物料的悬浮液，大量应用在碳酸氢铵、硫酸铵、尿素等化肥及制盐等工业部门。

主要型号有WH型（卧式单级）、WH2型（卧式双级）、HR型（双级柱形转鼓）、P型（双级转口型）等。单级卧式活塞推料离心机转鼓长度152~760mm，转鼓直径152~1400mm，分离因数300~1000。

c. 连续卸料式过滤离心机有锥篮离心机、螺旋卸料过滤离心机两种。锥篮离心机无论是立式还是卧式，都是依靠离心力卸料的。立式用于分离固相颗粒≥0.25mm、易过滤结晶的悬浮液，如制糖、制盐及碳酸氢铵生产；卧式用于分离固相颗粒在0.1~3mm范围内易过滤但不允许破碎的、浓度在50%~60%的悬浮液，如硫酸铵、碳酸氢铵等。主要型号有IL型（立式卸料）和WI型（卧式卸料）。

螺旋卸料过滤离心机主要型号有LLC型立式、LWL型卧式，其生产能力大，固相脱水程度高，能耗低及重量轻，密闭性能良好，适用于含固体颗粒为0.01~0.06mm的悬浮液。固体密度应大于液相密度，且为不易堵塞滤网的结晶状或短纤维状物料等。适用于芒硝、硫酸钠、硫酸铜、羧甲基纤维素等结晶状的固液分离。

② 沉降式离心机。按结构形式有卧式螺旋沉降（WL型、LW型、LWF型、LWB型）和带过滤段的卧式螺旋沉降（TCL型、TC型）两种。

沉降式离心机可连续操作，也可处理液液固三相混合物。螺旋沉降离心机的最大分离因数可达6000，分离性能较好，对进料浓度变化不敏感，操作温度为-100~300℃，操作压力一般为常压、密闭型可从真空至1.0MPa，适于处理$0.4\sim60m^3/h$、固体颗粒2~5μm、固液相密度差大于$0.5g/cm^3$、固相体积分数为1%~50%的悬浮液。

③ 高速分离机。高速分离机利用转鼓高速旋转产生强大离心力使被处理的混合液和悬浮液分别达到澄清、分离、浓缩的目的。高速分离机广泛用于食品、制药、化工、纺织、机械等工业部门的液液、液固、液液固分离。如用于油水分离，金霉素、青霉素分离，啤酒、果汁、乳品、油类的澄清，酵母和胶乳的浓缩等。

高速分离机按结构分有碟式、室式和管式三种。碟式分离机是通过多层碟片把液体分成细薄层强化分离效果，其转鼓内为多层碟片，分离因数可达3000~10000，最大处理量可达$300m^3/h$，适于处理固相颗粒直径为0.1~100μm、固相体积分数小于25%的悬浮液。

室式分离机为多层套筒，相当于把管式分离机分为多段相套，只用于澄清，且只能人工排渣。适用于处理固体颗粒大于0.1μm、固相体积分数小于5%的悬浮液，处理量为$2.5\sim10m^3/h$。

管式分离机分离因数高达15000~65000，处理量为0.1~4 m^3/h，适于处理固相颗粒直径为0.1~100μm、固相体积分数小于1%的难分离悬浮液和乳状液。

3.3.7.2 过滤机

过滤机的分类

① 压滤机。压滤机广泛用于化工、石油、染料、制药、轻工、冶金、纺织和食品等工业部门的各种悬浮液的固液分离。压滤机主要可分为两大类：板框式压滤机和箱式压滤机。

BAS、BAJ、BA、BMS、BMJ、BM、BMZ、XM、XMZ型等各类压滤机均为加压间歇操作的过滤设备，在压力下，以过滤方式通过滤布及滤渣层，分离由固体颗粒和液体所组成的各类悬浮液。各种压紧方式和不同形式的压滤机对滤渣都有可洗和不可洗之分。

a. 板框式压滤机。主要由尾板、滤框、滤板、头板、主梁和压紧装置等组成。两根主梁把尾板和压紧装置连在一起构成机架。机架上靠近压紧装置端放置头板，在头板与尾板之间依次交替排列着滤板和滤框，滤框间夹着滤布。压滤机滤板尺寸范围为100mm×100mm~2000mm×2000mm，滤板厚度为25~60mm。操作压力：一般金属材料制作的矩形板0.5~1MPa，特殊金属材料制作的矩形板7MPa，高强度聚丙烯制作的矩形板40℃、0.4MPa。板框式压滤机，具有结构简单，生产能力弹性大，能够在高压力下操作，滤饼中含液量较一般过滤机低的特点。

b. 箱式压滤机。操作压力高，适用于难过滤物料。自动箱式压滤机由压滤机主机、液压油泵机组、自动控制阀（液压和气压）、滤布振动器和自动控制柜组成。压滤机尚需有贮液槽、进料泵、卸料盘和压缩空气气源等附属装置。间歇操作液压全自动压滤机，由电器装置实现程序控制，操作顺序为：加料—过滤—干燥（吹风）—卸料—加料。需全自动操作时，只需按启动电钮，操作过程即可顺序重复进行，亦可由手动按电钮来完成各工序的操作。

② 转鼓真空过滤机。G型转鼓真空过滤机为外滤面刮刀卸料，适用于分离含0.01~1mm易过滤颗粒且不太稀薄的悬浮液，不适用于过滤胶质或黏性太大的悬浮液，其过滤面积为2~50m^2，转鼓直径为1~3.35m。选用G型转鼓真空过滤机应具备以下条件：

a. 悬浮液中固相沉降速度在4min过滤时间内所获得的滤饼厚度大于5mm；

b. 固相相对密度不太大，粒度不太粗，固相沉降速度每秒不超过12mm，即固相在搅拌器作用下不得有大量沉降；

c. 在操作真空度下转鼓中悬浮液的过滤温度不能超过其汽化温度；

d. 过滤液内允许剩有少量固相颗粒；

e. 过滤液量大，并要求连续操作的场合。

③ 盘式过滤机。目前国内有三种形式盘式过滤机，其结构差异较大。

a. PF型盘式过滤机，该机是连续真空过滤设备，用于萃取磷酸生产中料浆的过滤，使磷酸与磷石膏分离，也可用于冶金、轻工、国防等部门。

b. FT型列盘式全封闭、自动过滤机，该系列产品主要用于制药行业的药液过滤，能彻底分离除去絮状物。清渣时，设备不解体自动甩渣，无环境污染，可提高收率，降低过滤成本。

c. PN140-3.66/7型盘式过滤机，该产品无真空设备，适用于纸浆浆料浓缩及白水回收。日产70~80t（干浆），滤盘直径3.66m。

④ 带式过滤机。国内常用的带式过滤机有DI型和DY型两类。

a. DI型移动真空带式过滤机是一种新颖、高效、连续固液分离设备。其特点是可全自动连续运转，机型可以灵活组合。过滤面积为0.6~35m^2，带宽为0.46~3m。

b. DY型带式压滤机是一种高效、连续运行的加压式固液分离设备。主要特点是连续运行、无级调速，滤带自动纠偏、自动冲洗，带有自动保护装置。

c. SL型水平加压过滤机适用于压力小于0.3MPa、过滤温度低于120℃、黏度为1Pa·s、固体含量在60%以下的中性和碱性悬浮液，即树脂、清漆、果汁、饮料、石油等。间歇式操作，结构紧凑，具有全密闭过滤、污染小、效率高、澄清度好（滤液中的固体粒径可小于15μm）、消耗低、残液可全部回收、滤板能够完全清洗、性能稳定、操作可靠等优良性能。

d. QL型自动清洗过滤机适用于涂料、颜料、乳胶、丙烯酸、聚醋酸乙烯以及各种化工产品的杂质过滤。过滤过程全封闭，能自动清洗及连续过滤，生产效率高。

3.3.7.3 离心机的选型

离心机的型式有数十种，各有其特点，选型的基本原则是首先确定属液液分离还是液固分离，然后根据物性及对产品的要求决定选用离心机的型式。

① 液液系统的分离。液液系统的分离可用沉降式离心机。分离条件是两液相间必须有密度差。因液体中常含有乳浊层，故宜用能够产生高离心力的管式高速离心机或碟式分离机。

② 液固系统的分离。液固系统的分离，要根据分离液的性质、状态及对产品的要求，确定用沉降式或过滤式离心机或两者组合。

a. 以原液的性质、状态为选择基准。悬浮液中的液体和固体之间可以是密度大致相同或不同的，如果有固体的密度大于液体的密度时，可选用沉降式离心机；如果有固体颗粒小，沉降分离也困难，且固体易堵塞滤布，甚至固体会通过滤布流失而得不到澄清的滤液，所以还必须根据颗粒大小和粒度分布情况选择适当的机型。

当固体颗粒在1μm以下时，一般宜用具有大离心力的沉降式离心机，如管式高速离心机。若用过滤式离心机，则不仅得不到澄清的滤液，且固体损失也大。

固体颗粒在10μm左右时，适合用沉降式离心机。当在生产过程中滤液可以循环时，也可用过滤式离心机。但固体颗粒不宜太小，以免固体损失增大。

固体颗粒大于100μm或更大时，无论沉降式离心机或过滤式离心机都可采用。另外固体的状态不同时，选择的形式也不同。结晶物料用过滤式离心机效率高；但当滤饼是可压缩的，像纤维状或胶状，过滤效率就低，以沉降式离心机为宜。

过滤过程中，如原液的黏度及温度的变化均适用于各种离心机时，则高压力的原液适宜选用沉降式离心机。1MPa以下的原液可选用碟式分离机、螺旋卸料式离心机。

固体浓度大时，滤渣量也大。管式高速离心机、碟式分离机等不适宜处理固体浓度大的原液；自动出渣离心机既可适应黏稠物料的过滤又可自动分出滤渣。原液中常含有杂质，选择离心机时也应考虑。

b. 以产品要求为选择基准。对分离产品的要求，包括分离液的澄清度、分离固体的脱水率、洗涤程度，分离固体的破损、分级和原液的浓缩度等，是离心机选型时的重要依据。

用于固体颗粒分级，宜用沉降式离心机。通过调整沉降式离心机的转速、供料量、供料方式等方法，可使固体按所要求的粒度分级。

要求获得干燥滤渣的，宜用过滤式离心机。如固体颗粒可压缩，则用沉降式离心机更为合适。

要求洗净滤渣的，宜用过滤式离心机或转鼓式过滤机。处理结晶液并要求不破坏结晶时，不宜用螺旋型离心脱水机。

通常原液量大而固体含量少时，适宜用喷嘴卸料型碟式分离机将原液浓缩。当要求高浓缩度时，宜用自动卸料型碟式分离机。除上述选型基准外，还必须同时考虑经济性、材料以及安全装置等因素。

3.3.7.4 过滤机的选型

过滤机选型主要根据滤浆的过滤特性、滤浆的物性及生产规模等因素综合考虑。

① 滤浆的过滤特性。滤浆按滤饼的形成速度、滤饼孔隙率、滤浆中固体颗粒的沉降速度和滤浆的固相浓度分为五大类：过滤性良好的滤浆、过滤性中等的滤浆、过滤性差的滤浆、稀薄滤浆及极稀薄滤浆，这五种滤浆的过滤特性及适用机型分述如下。

a. 过滤性良好的滤浆是数秒钟之内能形成 50mm 以上厚度滤饼的滤浆。滤浆的固体颗粒沉降速度快，依靠转鼓过滤机滤浆槽里的搅拌器也不能使之保持悬浮状态。在大规模处理这类滤浆时，可采用内部给料式或顶部给料式转鼓真空过滤机。对于小规模生产，可采用间歇水平型加压过滤机。

b. 过滤性中等的滤浆是 30s 内能形成 50mm 厚滤饼的滤浆。在大规模过滤这类滤浆时，采用有格式转鼓真空过滤机最经济。如滤饼要洗涤，应用水平移动带式过滤机；不洗涤的，用垂直回转圆盘过滤机。生产规模小的，采用间歇加压过滤机，如板框压滤机等。

c. 过滤性差的滤浆在真空绝压 35kPa（相当于 500mmHg 真空度）下，5min 之内最多能形成 3mm 厚的滤饼，固相浓度为 1%~10%（体积分数）。这类滤浆由于沉降速度慢，宜用有格式转鼓真空过滤机、垂直回转圆盘真空过滤机。生产规模小时，用间歇加压过滤机，如板框压滤机等。

d. 稀薄滤浆固相浓度在 5%（体积分数）以下，虽能形成滤饼，但形成速度非常低，在 1mm/min 以下。大规模生产时，宜采用预涂层过滤机或过滤面较大的间歇加压过滤机。规模小时，可采用叶滤机。

e. 极稀薄滤浆其含固率低于 0.1%（体积分数），一般不能形成滤饼，属于澄清范畴。这类滤浆在澄清时，需根据滤液的黏度和颗粒的大小而确定选用何种过滤机。当颗粒尺寸大于 5μm 时，可采用水平盘型加压过滤机。滤液黏度低时，可用预涂层过滤机。滤液黏度低，而且颗粒尺寸又小于 5μm 时，应采用带有预涂层的间歇加压过滤机。当滤液黏度高，颗粒尺寸小于 5μm 时，可采用有预涂层的板框压滤机。

② 滤浆的物性。滤浆的物性包括黏度、蒸气压、腐蚀性、溶解度和颗粒直径等。

滤浆的黏度高时过滤阻力大，采用加压过滤有利。滤浆温度高时蒸气压高，不宜采用真空过滤机，应采用加压式过滤机。当物料具有易爆性、挥发性和有毒时，宜采用密闭性好的加压式过滤机，以确保安全。

③ 生产规模。大规模生产时应选用连续式过滤机，以节省人力并有效地利用过滤面积。小规模生产时采用间歇式过滤机为宜，价格也较便宜。

3.3.7.5 离心机选型案例

案例：年产 1 万吨轻质碳酸钙生产装置中离心机的选用

轻质碳酸钙生产过程中，碳化完成后的浆料，要分离掉其中大部分的水，然后再送去干燥。碳酸钙浆料分离设备选用主要依据浆料过滤性能，如生产颗粒细腻的纳米、微米碳酸钙，因其固液难于分离，一般选过滤面积大的带式过滤机或压滤机进行分离。普通轻质碳酸钙的生产，因碳化时生成的碳酸钙粒子粗，固液易于分离，一般选用离心机。

本案例为生产普通轻质碳酸钙产品，选用离心机是适宜的，常用的离心机为三足离心机，其优点是结构简单造价低，缺点是卸料费时费力，效率低下，适合处理小批量的物料。本案例拟选用碳酸钙行业推广的上悬离心机，其卸料省时省力。

本案例的分离工艺是，先将碳化完成后的浆料增稠，再采用上悬离心机进行固液分离，选用的离心机型号为：XR1000，其转鼓直径 1000mm，最大装料量 300kg，电机功率 15kW，滤饼水分含量 30%~38%，生产能力以成品计，可达 0.3~0.5t/h。按年产 1 万吨核算，需选用 5 台 XR1000 离心机。

3.3.8 干燥设备的设计与选型

3.3.8.1 干燥设备分类

干燥设备也是化工生产中常使用的设备，其主要作用是除去原料、产品中的水分或溶剂，以便于运输、贮存和使用。

由于工业上被干燥物料种类繁多，物性差别也很大，因此干燥设备的类型也是多种多样。干燥设备之间主要不同是：干燥装置的组成单元不同、供热方式不同、干燥器内的空气与物料的运动方式不同等。由于干燥设备结构差别很大，故至今还没有一个统一的分类，目前对干燥设备大致分类如下。

① 按操作方式分为连续式和间歇式。

② 按热量供给方式分为传导、对流、介电和红外线式。

传导供热的干燥器有箱式真空、搅拌式、带式真空、滚筒式、间歇加热回转式等。对流供热的干燥器有箱式、穿流循环、流化床、喷雾干燥、气流式、直接加热回转式、穿流循环、通气竖井式移动床等。介电供热的干燥器有微波、高频干燥器。红外线供热的干燥器有辐射器。

按湿物料进入干燥器的形状可分为片状、纤维状、结晶颗粒状、硬的糊状物、预成型糊状物、淤泥、悬浮液、溶液等。按附加特征的适应性分为危险性物料、热敏性物料和特殊形状产品等。

3.3.8.2 常用干燥器

（1）箱式（间歇式）干燥器

箱式干燥器是古老的、应用广泛的干燥器，有平行流式箱式干燥器、穿流式箱式干燥器、真空箱式干燥器、热风循环烘箱四种。

① 平行流式箱式干燥器箱内设有风扇、空气加热器、热风整流板及进出风口。料盘置于小车上，小车可方便地推进推出，盘中物料填装厚度为 20~30mm，平行流风速一般为 0.5~3m/s。蒸发强度（以水的质量计）一般为 0.12~1.5kg/（$m^3·h$）。

② 穿流式箱式干燥器与平行流式不同之处在于料盘底部为金属网（孔板）结构。导风板强制热气流均匀地穿过堆积的料层，其风速为 0.6~1.2m/s，料层高 50~70mm。对于特别疏松的物料，可填装高度达 300~800m，其干燥速度为平行流式的 3~10 倍，蒸发强度（以水的质量计）为 24kg/（$m^3·h$）。

③ 真空箱式干燥器传热方式大多用间接加热、辐射加热、红外加热或感应加热等。间接加热是将热水或蒸汽通入加热夹板，再通过传导加热物料，箱体密闭在减压状态下工作热源和物料表面之间传热系数 K=12~17W/（$m^2·K$）。

④ 热风循环烘箱是一种可拆装的箱体设备，分为 CT 型（离心风机）、CT-C 型（轴流风机）系列。它是利用蒸汽和电为热源，通过加热器加热，使大量热风在箱内进行热风循环，经过不断补充新风进入箱体，然后不断从排湿口排除湿热空气，使箱内物料的水分逐渐减少。

（2）带式干燥器

带式干燥器是物料移动型干燥器，可分为平行流和穿气流两类。目前穿气流式使用较多，其干燥速率是平行流式的 2~4 倍，主要用于片状、块状、粒状物料干燥。由于物料不受振动和冲击，故适用于不允许破碎的颗粒状或成形产品。带式干燥器按照层数分为单层带式、复合型、多层带式（多至 7 层）；按通风方向分为向下通风型、向上通风型、复合型；按排气方式分为逆流排气式、并流排气式、单独排气式。

（3）喷雾干燥器

喷雾干燥是一种使液体物料经过雾化，进入热的干燥介质后转变成粉状或颗粒状固体的工艺过程。在处理液态物料的干燥设备中，喷雾干燥有其特殊的优点。首先，其干燥速度迅速，因被雾化的液滴一般为 10~200μm，其表面积非常大，在高温气流中，瞬间即可完成 95%以上的水分蒸发量，完成全部干燥的时间仅需 5~30s；其次，在恒速干燥段，液滴的温度接近于使用的高温空气的湿球温度（例如在热空气为 180℃，约为 45℃），物料不会因为高温空气影响其产品质量，故适用于热敏性物料、生物制品和药物制品，基本上能接近真空下干燥的标准。此外，其生产过程较简单，操作控制方便，容易实现自动化，但由于使用空气量大，干燥容积也必须很大，故其传热系数较低，为 58~116W/(m^2·℃)。

根据喷嘴的形式将喷雾干燥分为压力式喷雾干燥、离心式喷雾干燥和气流式喷雾干燥，根据热空气的流向与雾化器喷雾流向的并、逆、混，喷雾干燥又可分为垂直逆流喷嘴雾化、垂直下降并流喷嘴雾化、垂直上喷并流喷嘴雾化、垂直上喷逆流喷嘴雾化、垂直下降并流离心圆盘雾化、水平并流喷嘴雾化。

（4）气流干燥器

气流干燥器主要由空气加热器、加料器、干燥管、旋风分离器、风机等设备组成。气流干燥的特点如下：

① 由于空气的高速搅动，减少了传质阻力，同时干燥时物料颗粒小、比表面积大，因此瞬间即得到干燥的粉末状产品；

② 干燥时间短，为 0.5s 至几秒，适应于热敏性物料的干燥；

③ 设备简单，占地面积小，易于建造和维修；

④ 处理能力大，热效率高，可达 60%；

⑤ 干燥过程易实现自动化和连续生产，操作成本较低；

⑥ 系统阻力大，动力循环大，气速高，设备磨损大；

⑦ 对含结合水的物料效率显著降低。

气流干燥器可根据湿物料加入方式分为直接加入型、带分散器型和带粉碎机型三种；根据气流管型分为直管型、脉冲型、倒锥型、套管型、旋风型。

气流干燥器一般运行参数如下：操作温度 500~600℃，排风温度 80~120℃，产品物料温度 60~90℃，不会造成过热，干燥时间 0.5~2s，管内气速 10~30m/s，传热系数 2320~7000W/（$m^2 \cdot K$），全系统气阻压降约 3.43kPa。

（5）流化床干燥器

① 流化床干燥器的特点。

a. 传热效果好。由于物料的干燥介质接触面积大，同时物料在床内不断地进行激烈搅拌，传热效果良好，传热系数大，可达 2320~6960W/（$m^2 \cdot K$）。

b. 温度分布均匀。由于流化床内温度分布均匀，避免了产品的任何局部过热，特别适用于某些热敏物料干燥。

c. 操作灵活。在同一设备内可以进行连续操作，也可以进行间歇操作。

d. 停留时间可调节。物料在干燥器内的停留时间，可以按需要进行调整，所以对产品含水量有波动的情况更适宜。

e. 投资少。干燥装置本身不包括机械运动部件，装置投资费用低廉，维修工作量小。

② 流化床干燥器类型。按操作条件分为连续式、间歇式；按设备结构可分为一般流化型（包括卧式、立式、多层式等）、搅拌流化型、振动流化型、脉冲流化型、媒体流化型（即惰性粒子流化床）等。

③ JZL 型振动流化床干燥（冷却）器。振动流化床是在普通流化床上实施振动而成的，JZL 型振动流化床干燥（冷却）器是目前国内最大系列产品，是由上海化工研究院化学工程及装备研究所设计开发的产品。该装置通过振动流态化，使流化比较困难的团状、块状、膏糊状及热塑性物料均可获得满意的干燥（冷却）效果。它通过调整振动参数（频率、振幅），控制停留时间。由于机械振动的加入，使得流化速度降低，因此动力消耗低，物料表面不易损伤，可用于易碎物料的干燥与冷却。

（6）SK 系列旋转闪蒸干燥器

旋转闪蒸干燥器是一种能将膏糊状、滤饼状物料直接干燥成粉粒的连续干燥设备。它能把膏糊状物料在 10~400s 内迅速干燥成粉粒产品。它占地小，投资省。干燥强度（以水的质量计）高达 400~960kg/（$m^2 \cdot h$），传热系数可达到 2300~7000W/（$m^2 \cdot K$）。

旋转闪蒸干燥器是由若干设备组合起来的一套机组，包括混合加料器、干燥室、搅拌器、加热器（或热风炉）、鼓风机、旋风分离器、布袋除尘器、引风机。

（7）立式通风移动床干燥器

在立式通风移动床干燥器中物料借自重以移动床方式下降，与上升的通过床层热风接触而进行干燥，用于大量地连续干燥、可自由流动而含水分较少的颗粒状物料，其主要干燥物料是 2mm 以上颗粒，例如玉米、麦粒、谷物、尼龙、聚酯切片、焦炭以及煤等的大量干燥。

移动床干燥器的特点是：适合大生产量连续操作，结构简单，操作容易，运转稳定，功耗小，床层压降约为98~980Pa，占地面积小，可以很方便地通过调节出料速度来控制物料的停留时间。

移动床干燥器的传热系数是平行流回转干燥器的1.5~5倍，达到175~350W/(m^2·K)；干燥时间较短为10~30min，物料破损较少；物料留存率较大，为20%~25%（平行流回转干燥器约8%~13%）；操作稳定、可靠、方便。对干品水分要求很低的塑料颗粒可以干燥至0.02%。它可以通过延长滞留时间，对高含水率（达70%~75%）的高分子凝聚剂，进行同样有效的干燥。

（8）回转干燥器

这是一种适宜于处理量大、含水分较少的颗粒状物料的干燥器。其主体为略带倾斜、并能回转的圆筒体，湿物料由一端加入，经过圆筒内部，与通过筒内的热风或加热壁面有效地接触而被干燥。

① 直接或间接加热式回转圆筒干燥器。这种回转圆筒干燥器的运转可靠，操作弹性大，适应性强，其技术指标为：直径为0.4~3.0m，最大可达5m；长度2~30m，最大可达150m以上；*L*/*D*为6~10；处理物料含水量范围3%~50%；干品含水量<0.5%；停留时间5~1120min；气流速度0.3~1.0m/s（颗粒略大的达2.2m/s）；传热系数115~350W/(m^2·K)；流向有逆流和并流；进气温度为300℃时，热效率为30%，进气温度为500℃时，热效率为50%~70%。图3-6为常见的回转圆筒干燥器。

图3-6 回转圆筒干燥器

② 穿流式回转干燥器。穿流式回转干燥器又称通风回转干燥器，按热风吹入方式分为端面吹入型和侧面吹入型两种。穿流式回转干燥器特点是其传热系数为平行流回转干燥器的1.5~5倍，达到350~1750W/(m^2·K)，干燥时间较短为10~30min，物料破损较少；物料留存率较大，为20%~25%（平行流回转干燥器约8%~13%）；操作稳定、可靠、方便。同样，也可以将干品水分要求很低的塑料颗粒干燥至0.02%。它可以通过延长滞留时间来达到，对高含水率（达70%~75%）的高分子凝聚剂，进行同样有效的干燥的目的。

（9）真空干燥器

真空干燥器有搅拌型圆筒干燥器、耙式真空干燥器和双锥回转真空干燥器三种形式。真空干燥器的辅助设备有：真空泵、冷凝器、粉尘捕集器，用热载体加热时应有热载体加热器。这些设备的形式、大小应根据装置的各种条件即容量、真空度、温度、时间、速率和有无蒸汽回收等确定。真空干燥器的特点如下：

① 适用热敏性物料的干燥，能以低温干燥对温度不稳定或热敏性的物料；

② 适用在空气中易氧化物料的干燥，尤其适用于易受空气中氧气氧化或有燃烧危险的物料，并可对所含溶剂进行回收；

③ 尤其适宜无菌、防污染的医药制品的干燥；

④ 热效率高，能以较低的温度，获得较高的干燥速率，并且能将物料干燥到很低水分，所以可用于低含水率物料的第二级干燥器。

双锥回转真空干燥器规格以容积计为 6~5000L，干燥速度快，受热均匀，比传统烘箱可提高干燥速度 3~5 倍，其内部结构简单，故清扫容易，物料充填率高，可达 30%~50%，对于干燥后容积有很大变化的物料，其充填率可达 65%。

（10）滚筒干燥器

滚筒干燥器的特点如下：

① 热效率 70%~90%；

② 干燥速率大，筒壁上湿料膜的传热与传质过程由里向外，方向一致，温度梯度较大，使料膜表面保持较高的蒸发强度（以水的质量计），一般可达 30~70kg / (m^3 · h)；

③ 干燥时间短，故适合热敏性物料；

④ 操作简便，质量稳定，节省劳动力，如果物料量很少，也可以处理。

滚筒干燥器的一般技术参数：

传热系数为 520~700W / (m^2 · K)；

干燥时间 5~60s；

筒体转速 N=4~6r/min（对稀薄液体 N=10~20r/min）；

液膜厚度 0.3~5mm；

干燥速度（以水的质量计）15~30kg / (m^2 · h)；

温差 Δt=40~50℃；

功率 P（以传热面积计）为 0.44~0.52kW/m^2；

热效率 η=70%~90%。

3.3.8.3 干燥设备的选型

干燥设备的操作性能必须适应被干燥物料的特性，满足干燥产品的质量要求，符合安全、环境和节能要求，因此，干燥器的选型要从被干燥物料的特性、产品质量要求等方面着手。

（1）与干燥操作有关的物料特性

① 物料形态。被干燥的湿物料除液体状、泥浆状外，尚有卫生瓷器、高压绝缘陶瓷、木材，粉状、片状、纤维状以及长带状等各种形态与材质的物料，物料形态是考虑干燥器类型的一大前提。

② 物料的物理性能。通常包括密度、堆积密度、含水率、粒度分布状况、熔点、软化点、黏附性、融变性等。

③ 物料的热敏性能。这是考虑干燥过程中物料温度的上限，也是确定热风（热源）温度的先决条件，物料受热后出现的变质、分解、氧化等现象，都是直接影响产品质量的大问题。

④ 物料与水分结合状态。几种形态相同的不同物料，它们的干燥特性却差异很大，这主要是由于物料内部保存的水分的性质有结合水和非结合水之分的缘故。另外同一物料，形态改变，其干燥特性也会有很大变化。从而决定物料在干燥器中的停留时间，这就对选型提出了要求。

（2）对产品品质的要求

① 产品外观形态，如染料、乳制品及化工中间体，要求产品呈空心颗粒，可以防止粉尘飞扬，改善操作环境，同时在水中可以速溶、分散性好。

② 产品终点水分的含量和干燥均匀性。

③ 产品品质及卫生规格，如用于食品的香味保存和医药产品的灭菌处理等特殊要求。

（3）使用者所处地理环境及能源状况的考虑

选型时要考虑地理环境、建设场地及环保要求，若干燥产品的排风中含有毒粉尘或恶臭等，从环保出发要考虑到后处理的可能性和必要性。能源状况，这是影响到投资规模及操作成本的首要问题，这也是选型不可忽视的问题。

（4）其他

物料特殊性，如毒性、流变性、表面易结壳硬化或收缩开裂等性能，必须按实际情况进行特殊处理。还应考虑产品的商品价值状况，被干燥物料预处理、即被干燥物料的机械预脱水的手段，以及初含水率的波动状况等。

（5）干燥机选型案例

案例：年产 1 万吨轻质碳酸钙生产装置中干燥机的选用

目前应用于轻质碳酸钙的干燥装置有火炕干燥、回转滚筒干燥、列管干燥、盘式干燥、链式干燥、空心桨叶干燥、闪蒸干燥以及组合干燥器等。现仅对几种设备作简要分析。

① 火炕干燥。火炕干燥是选用耐火砖砌筑的火炕来干燥碳酸钙产品，火炕用煤加热，湿产品在炕面上不断翻动、人工压碎。该种干燥方式具有投资小，供热简单的优点；缺点是干燥占地面积大，工人劳动强度高，工作环境差。该种干燥主要用于产量小、经济相对落后的小型企业。

② 回转干燥。湿物料在一个装有加热管、有一定倾斜度的回转圆筒中完成干燥，物料连续进入，随回转圆筒转动连续流出。该类设备在我国碳酸钙行业广泛应用。加热介质主要是煤燃烧产生的烟道气，间接加热物料，现在导热油或蒸汽加热也在大范围推广。

回转干燥机的优点是电耗低，生产能力大，连续生产，结构简单，操作方便，操作弹性大，所处理的湿物料的含水量范围为 3%~40%。由于是间接加热，故尾气处理设备也简单，因而动力消耗也较少、能耗低，机械化程度较高，产品质量也有保证；加料量在筒温恒定条件下易于控制，可实现加料自动化。

回转干燥机的缺点是消耗钢材多，占地面积大；热效率还不大高，只达 30%~50%；设备容积利用程度很低，物料填充系数仅 10%~20%；烟道气通过的火管很容易因温度过高以及腐蚀而破损，致使烟道气泄漏到被干燥物料的空间中，对物料造成不良影响。对粒子极细微、含水较多的胶状物料，不易分开的物料的干燥具有局限性。

③ 列管式干燥。列管式干燥器是回转滚筒干燥器中的一种，采用管束传热，增加传热面积，大大减小了设备尺寸，增加了单位体积的传热量，热效率高达 85%，可降低煤耗约 20%~30%，在保留回转滚筒优点的同时，克服了回转滚筒的部分缺点。但是水分控制较

难，波动幅度较大，结构较为复杂。在采用导热油加热时，维修困难，又由于导热油积炭，热阻增大，传热系数下降，其干燥速率也将不断下降。

④ 闪蒸干燥。闪蒸干燥法对需要干燥的物料的初含水率没有限制，终含水率可通过调整风量、风温、进料速度等条件来达到所要求的最终含水量。闪蒸干燥器可使物料的最低含水量降到0.01%以下。闪蒸干燥器可在数秒钟内完成干燥，物料颗粒受热均匀，含水量一致；能将滤饼直接干燥成粉状，具有一机多能，省去了以前用箱式干燥器、回转式干燥器、履带式干燥机等设备在干燥后还必须破碎、筛分的工序，也不需像喷雾干燥法那样需将物料加水打浆再干燥。这种设备还有能耗低、无粉尘污染等优点。在碳酸钙沉淀的滤饼干燥中是一种较新的、有应用前景的干燥方法。产品的分散性、细度、白度均优于回转圆筒、列管、盘式干燥器。缺点是装机容量大、电耗高，生产成本及投资高于其他类型干燥器。

⑤ 空心桨叶干燥。空心桨叶干燥机的主要结构是由W形槽和装在槽中的两根转动的空心轴组成，轴上排列着中空叶片。物料在干燥过程中，带有中空叶片的空心轴在给物料加热的同时又对物料进行搅拌，从而进行加热面的更新，是一种连续传导加热干燥机。具有设备结构紧凑，装置占地面积小，热量利用率高等优点。干燥所需热量不是靠热气体提供，减少了热气体带走的热损失，热量利用率可达80%~90%。干燥器内气体流速低，被气体夹带出的粉尘少，干燥后系统的气体粉尘回收方便，可以缩小旋风分离器尺寸，省去或缩小布袋除尘器。气体加热器、鼓风机等规模都可缩小，节省设备投资。

通过以上对各类干燥机的性能、优缺点的分析，如碳酸钙浆液分离过程采用离心设备，由于其产生的湿碳酸钙滤饼含水分低，物料松散，易粉碎，从成熟、可靠、先进、生产能力、节能等方面上综合考虑，选用回转干燥机是比较理想、可靠的。

⑥ 干燥设备的选型方案

由物料衡算知，进入干燥机物料量为4210.32kg/h，含水量约为35%，干燥之后物料的蒸发水量为1468.14kg/h，含水量为0.20%。

蒸发强度（以水的质量计）取25kg/（$m^3 \cdot h$）；

干燥炉有效容积V_0=1468.14/25=58.73（m^3）；

设干燥机内部构件等占机体容积40%，则干燥机总容积$V=\dfrac{V_0}{1-0.40}=97.88$（$m^3$）；选取回转干燥机内径为2.4m，则机体长度为：

$$L=V/(0.785\times D^2)=97.88/(0.785\times 2.4^2)=21.65\ (\text{m})$$

选用ϕ2400×22000回转干燥机，内有中心管及十根回火管。

3.3.9 其他设备和机械的选型

（1）起重机械

许多起重机械，都是间歇使用的，与流程的关系不大，化工生产中经常使用一些简单的手动或电动的起重装置，常见的有手拉葫芦和电动葫芦。在选型时，根据工艺流程安排，根据起重的最大负荷和起重高度来选型。

其他重型起重机械，大体如此选型。

（2）运输机械

① 车式运输机械。运输机械有各种手动、电动机械，形式有叉式车、手推车等。在选型时，要根据工艺要求设计的最大起重量（载重量）、起升高度、行驶速度、爬坡度、倾角、转弯半径、它的自重和价格等综合衡量选取。

② 各式输送机。化工生产中一些小颗粒粉尘状物料、滤饼、破碎料和废渣要输送，在流程中有时设计一些自动或半自动化的输送机，如提升机，运输机等。这类机械的选型，应根据物料的粒度、硬度、重量、温度、堆积密度、湿度、含有腐蚀性物料与否，输送的连续性，稳定性要求等工艺参数进行，并选择合适的材料（输送带材料，介质材料等）和恰当的型号。

（3）加料和计量设备

在干燥设备、粉碎筛分设备和一些气固相反应的设备上，都需要设计有一定工艺要求的加料和加料计量装置。常见的固相物料加料器有旋转式加料器（星形加料），螺旋给料器，摆动式给料器和电磁控制的给料器。在加料装置选型时要注意物料特性，有时还应当用样品做试验，使得加料设备做到：能定量给料，运行可靠、稳定，不破坏物料的形状和性能，结构简单，外形小，功耗低，不漏料，不漏气，计量较精确，操作方便等。事实上，很多固相物料的加料机械尚不尽如人意。

总之其他设备和机械的选型程序与步骤同设备的工艺设计一样，首先要明确设计任务，了解工艺条件，确定设计参数；其次，要选择一个适用的类型；最后要根据工艺条件进行必要的计算，选择一个具体的型号，对于非标设备就是确定具体尺寸。

第4章

结构强度设计

4.1 化工设备的结构特点及选材

压力容器是在各种环境和介质条件下工作的一种承压设备，一旦发生事故其后果是非常严重的，因此对压力容器的结构、强度、操作方便程度、经济性等方面都有一定的要求。本章对压力容器结构、受力分析、适用标准、常用附件等进行介绍。

4.1.1 压力容器结构特点

化工设备的种类繁多，按使用场合及其功能分为：容器、换热器、塔器和反应器四种设备。虽然化工设备的结构、大小、形状各不相同，但有以下共同的特点。

（1）基本形体多由回转体组成

化工设备多为典型板壳结构的壳体容器。其主体结构常采用圆柱形、椭圆形、球形、圆锥形等回转体。

（2）尺寸相差悬殊

化工设备的总体尺寸和局部尺寸相比，往往相差悬殊。特别是塔器，塔高几十米，塔径约几米，而壁厚仅为几毫米或几十毫米。

（3）设备的开孔和接管口较多

为满足化工工艺要求，在设备壳体和封头上，往往设有较多的开孔和管口（如物料进出口、仪表接口等），以备安装各种零部件和连接接管。

（4）大量采用焊接结构

绝大多数化工设备都是承压设备（内压或外压），除力学上有严格要求外，还有严格的气密性要求，焊接结构是满足这两者最理想的结构。因此，大量采用焊接是化工设备一个突出特点。

（5）广泛采用标准化、通用化、系列化的零部件

因为化工设备上的一些零部件具有通用性，所以大都由有关部门制定了标准和尺寸系列。因此在设计中可根据需要直接选用。如设备上的人孔、法兰、封头、液面计等均属标准化零部件。

（6）对材料有特殊要求

化工设备的材料除考虑强度、刚度外，还要考虑耐腐蚀、耐高温、耐高压、耐高真空、耐深冷等。因此，材料使用范围广，有特殊要求的，还要考虑使用衬里等方法，以满足各种设备的特殊要求。

（7）安全结构要求高

对处理有毒、易燃、易爆介质的化工设备，要求密封结构好，安全装置可靠。因此，除对焊缝进行严格的检查外，对各连接面的密封结构提出了较高要求。

4.1.2 压力容器选材

4.1.2.1 压力容器选材基本要求

（1）压力容器的选材应当考虑材料的力学性能、化学性能、物理性能和工艺性能；

（2）压力容器用材料的性能、质量、规格与标志，应当符合相应材料的国家标准或者行业标准的规定；

（3）压力容器材料制造单位应当在材料的明显部位作出清晰、牢固的出厂钢印标志或者采用其他可以追溯的标志，有条件的还应当采用电子信息化标签作为材料标志；

（4）压力容器材料制造单位应当向材料使用单位提供质量证明书，材料质量证明书的内容应当齐全、清晰并且印制便于追溯的二维条码，加盖有材料制造单位质量检验章；

（5）压力容器制造、改造、修理单位从非材料制造单位取得压力容器用材料时，应当取得材料制造单位提供的质量证明书原件或者加盖材料供应单位公章和经办人章的复印件；

（6）压力容器制造、改造、修理单位应当对所取得的压力容器用材料及材料质量证明书的真实性和一致性负责；

（7）非金属压力容器制造单位应当有可靠的方法确定原材料或容器成型后的材质在腐蚀性工况下使用的可靠性，必要时，应当进行试验验证。

4.1.2.2 钢的分类

钢的分类方法多种多样，其主要分类有七种，分类见表4-1。

表4-1 钢分类

按品质分类	普通钢	P≤0.045%，S≤0.050%
	优质钢	P、S均≤0.035%
	高级优质钢	P≤0.035%，S≤0.030%
按化学成分分类	碳素钢	a.低碳钢（C≤0.25%）；b.中碳钢（C≤0.25%~0.60%）；c.高碳钢（C≤0.60%）
	合金钢	a.低合金钢（合金元素总含量≤5%）；b.中合金钢（合金元素总含量>5%~10%）；c.高合金钢（合金元素总含量>10%）

续表

按成形方法分类	锻钢、铸钢、热轧钢、冷拉钢	
按金相组织分类	退火状态	a.亚共析钢（铁素体+珠光体）；b.共析钢（珠光体）；c.过共析钢（珠光体+渗碳体）；d.莱氏体钢（珠光体+渗碳体）
	正火状态	a.珠光体钢；b.贝氏体钢；c.马氏体钢；d.奥氏体钢
	无相变或部分发生相变的	
按用途分类	建筑及工程用钢	a.普通碳素结构钢；b.低合金结构钢；c.钢筋钢
	结构钢	a.机械制造用钢：(a)调质结构钢；(b)表面硬化结构钢：包括渗碳钢、渗氨钢、表面淬火用钢；(c)易切结构钢；(d)冷塑性成形用钢：包括冷冲压用钢、冷镦用钢。b.弹簧钢；c.轴承钢
	工具钢	a.碳素工具钢；b.合金工具钢；c.高速工具钢
	特殊性能钢	a.不锈耐酸钢；b.耐热钢：包括抗氧化钢、热强钢、气阀钢；c.电热合金钢；d.耐磨钢；e.低温用钢；f.电工用钢
	专业用钢	如桥梁用钢、船舶用钢、锅炉用钢、压力容器用钢、农机用钢等
按冶炼方法分类	按炉种分	a.平炉钢：（a）酸性平炉钢；（b）碱性平炉钢。 b.转炉钢：（a）酸性转炉钢；（b）碱性转炉钢。 c.电炉钢：（a）电弧炉钢；（b）电渣炉钢；（c）感应炉钢；（d）真空自耗炉钢；（e）电子束炉钢
	按脱氧程度和浇注准制分	a.沸腾钢；b.半镇静钢；c.镇静钢；d.特殊镇静钢
综合分类	普通钢	a.碳素结构钢：(a)Q195；(b)Q215(A、B)；(c)Q235(A、B、C)；(d)Q255(A、B)；(e)Q275。b.低合金结构钢；c.特定用途的普通结构钢
	优质钢（包括高级优质钢）	a.结构钢：（a）优质碳素结构钢；（b）合金结构钢；（c）弹簧钢；（d）易切钢；（e）轴承钢；（f）特定用途优质结构钢 b.工具钢：（a）碳素工具钢；（b）合金工具钢；（c）高速工具钢 c.特殊性能钢：（a）不锈耐酸钢；（b）耐热钢；（c）电热合金钢；（d）电工用钢；（e）高锰耐磨钢

4.1.2.3 压力容器用钢材标准

（1）钢板

GB 150.2—2011 规定压力容器用碳素钢和低合金钢钢板标准分别为 GB 713—2014《锅炉和压力容器用钢板》、GB 3531—2014《低温压力容器用钢板》和 GB 19189—2011《压力容器用调质高强度钢板》。

GB 150.2—2011 规定压力容器用高合金钢钢板标准为 GB/T 24511—2017《承压设备用不锈钢和耐热钢钢板和钢带》。

GB 150.2—2011 规定压力容器用复合钢板有四种：NB/T 47002.1—2019《压力容器用复合板 第 1 部分：不锈钢-钢复合板》；NB/T 47002.2—2019《压力容器用复合板 第 2 部分：镍-钢复合板》；NB/T 47002.3—2019《压力容器用复合板 第 3 部分：钛-钢复合板》；NB/T 47002.4—2019《压力容器用复合板 第 4 部分：铜-钢复合板》。

（2）钢管

GB 150.2—2011 规定压力容器用碳素钢和低合金钢钢管标准有 GB/T 8163—2018《输送流体用无缝钢管》、GB/T 5310—2017《高压锅炉用无缝钢管》、GB 9948—2013《石油裂化用无缝钢管》、GB 6479—2013《高压化肥设备用无缝钢管》。高合金钢管标准有 GB 13296—2013《锅炉、热交换器用不锈钢无缝钢管》、GB/T 21833—2020《奥氏体-铁素体型双相不锈钢无缝钢管》等。

（3）锻件

GB 150.2—2011 规定压力容器用锻件标准有 NB/T 47008—2017《承压设备用碳素钢和合金钢锻件》、NB/T 47009—2017《低温承压设备用合金钢锻件》、NB/T 47010—2017《承压设备用不锈钢和耐热钢锻件》。

4.1.2.4 压力容器用钢分类

（1）按照钢材的形状分类

按照钢材的形状分类，压力容器用钢可分为板、管、棒、丝、锻件、铸件等。

压力容器本体主要采用板材、管材和锻件，见表 4-2。

表 4-2 压力容器用钢分类

钢板	主要用途	壳体、封头、板状构件等
	加工要求	下料、卷板、冲压、焊接、热处理
	性能要求	较高的强度，良好的塑性、韧性、冷弯性能和焊接性
钢管	主要用途	接管、换热管等
	主要类型	无缝钢管、直缝钢管和螺旋焊缝钢管
	加工要求	下料、焊接、热处理
	性能要求	较高的强度，良好的塑性、韧性、焊接性能
锻件	主要用途	高压容器的平盖、端部法兰与长颈对焊法兰等
	分级	Ⅰ、Ⅱ、Ⅲ、Ⅳ四个级别。级别越高，要求检验项目越多、越严格，价格越高

（2）按化学成分分类

按化学成分分类，压力容器用钢可分为碳素钢、低合金钢和高合金钢。

4.1.2.5 碳素钢

碳素钢是压力容器用钢，为含碳量小于 2.06%的铁碳合金，它含有少量的硫、磷、硅、氧、氮等元素。其中硫易使碳钢发生热裂，也易使焊缝处发生热裂；磷可以提高钢材的强度和硬度，同时也降低钢的塑形和韧性，使低温工作的碳钢零件冲击韧度很低、脆性很大。因此硫、磷是有害杂质。硫、磷含量越小，碳钢的品质越好，依此碳钢分为两类：普通碳素结构钢和优质碳素结构钢。根据碳钢的用途又可分为制造机器设备的结构钢，制造刃具、量具等的工具钢及特殊用途钢。

普通碳素结构钢含碳量较低，杂质含量较高，是质量不高的碳钢。这种钢价廉，广泛用于要求不高的金属结构和机械零件。国家标准规定，这类钢材按保证力学性能供应，并按屈服点将其分成不同的牌号。每种牌号又按质量分为 A、B、C、D 四级。A 级、B 级为普通钢，C 级、D 级为优质钢。脱氧方式分别以 F、b、Z 表示沸腾钢、半镇静钢、镇静钢；产品用途部分中常见的 R、DR 分别表示压力容器和锅炉用钢、低温压力容器用钢。例如，Q235AF，表示该钢种屈服强度值为 235MPa，质量等级为 A 级，冶炼过程中脱氧不完全（沸腾钢）。

压力容器常用碳素结构钢有 Q235B、Q235C 钢板；10、20 钢钢管；20、35 钢锻件。

常用优质碳素结构钢有 20G（G 表示锅炉专用钢板）、20R（R 表示压力容器专用钢板）、

10G；压力容器专用钢板有Q245R、HP245、HP265、HP295。

碳素钢应用举例如下。

（1）Q235B

Q235B级钢主要用于建筑、桥梁工程上制造质量要求较高的焊接结构。其技术标准为GB 713—2014《锅炉和压力容器用钢板》，GB/T 3274—2017《碳素结构钢和低合金结构钢热轧钢板和钢带》。

（2）Q245R

Q245R是制造锅炉的常用碳素钢板。强度低、塑性和可焊性较好，价格低廉，用于常压或中、低压容器，也做垫板、支座等零部件材料。20厚壁钢管，主要用作石油地质钻探管，石油化工用的裂化管、锅炉管、轴承管，以及汽车、拖拉机、航空用高精度结构管等，20G锅炉用钢，常用于制造压力小于6MPa，壁温低于450℃的船舶锅炉、蒸汽锅炉以及其他锅炉构件；其技术标准为：GB 713—2014《锅炉和压力容器用钢板》；NB/T 47008—2017《承压设备用碳素钢和合金钢锻件》。

（3）10G

10G是GB/T 5310—2017国标钢号，为最常用锅炉钢管用钢，10G钢管主要用于制造高压和更高参数锅炉管件，低温段过热器、再热器、省煤器及水冷壁等；如小口径管做壁温≤500℃受热面管子，以及水冷壁管、省煤器管等，大口径管做壁温≤450℃蒸汽管道、集箱（省煤器、水冷壁、低温过热器和再热器联箱），介质温度≤450℃管路附件等。该钢在这一温度范围，其强度能满足过热器和蒸汽管道要求、且具有良好抗氧化性能，塑性、韧性、焊接性能等冷热加工性能均很好，应用较广。

4.1.2.6 低合金钢

低合金钢是一种低碳低合金钢，低合金结构钢由含碳量较低（含碳量小于0.20%）的碳素钢加入少量合金元素（锰、钒、镍、铬、钼等）熔合而成，合金元素的含量一般小于5%。由于合金元素的作用，改善了低合金结构钢的综合力学性能和加工性能，如可焊性、冷加工性能得到改善，低温性能和中温性能比碳素钢好，在化工设备及压力容器上应用广泛。

新国家标准中采用普通碳素结构钢的牌号表示方法，来表示低合金钢中的低合金高强度结构钢的牌号，其牌号有Q295、Q345、Q420和Q460。另外，以化学元素符号表示含有何种合金元素，合金元素后面的数字表示该元素含量的百分数，当合金元素含量小于1.5%时不标数字，平均含量为1.5%~2.5%、2.5%~3.5%……时，则相应标注2、3……。例如，16MnR表示含锰量为0.16%左右，含碳量小于1.5%的压力容器用低合金结构钢。16Mn对应于Q345，15MnNbR对应于Q370。

采用低合金钢，不仅可以减薄容器的壁厚，减轻重量，节约钢材，而且能解决大型压力容器在制造、检验、运输、安装中因壁厚太厚所带来的各种困难。

常用压力容器常用的低合金钢钢板有：Q345R、15CrMoR、16MnDR、15MnNiDR、09MnNiDR、07MnCrMoNbDR、16MnR、16Mng、15MnVR、15MnVNR、18MnMoNbR、09Mn2VDR、HP345、HP325、HP365；常用压力容器常用的低合金钢钢管有：16Mn、09MnD（D表示低温用钢）；常用压力容器常用的低合金钢锻件有：16Mn、20MnMo、16MnD、

09MnNiD、12Cr2Mo。

强度级别超过 500MPa 后铁素体和珠光体组织难以满足要求，于是发展了低碳贝氏体钢，加入 Cr、Mo、Mn、B 等元素，有利于空冷条件下得到贝氏体组织，使强度更高，塑性、焊接性能也较好，多用于高压锅炉等高压容器。

低合金耐热钢包括珠光体耐热钢和贝氏体耐热钢。珠光体耐热钢：12CrMo、15CrMo、14Cr1Mo；贝氏体耐热钢：12Cr2Mo、15CrMoR、14CrMoR、12Cr2Mo1R。

低合金结构钢应用举例如下。

（1）Q345R

屈服点为 340MPa 级的压力容器专用钢板；是我国压力容器行业使用量最大的钢板；具有良好的综合力学性能、制造工艺性能；主要用于制造中低压压力容器和多层高压容器。强度比普通碳素结构钢 Q235 高 20%~30%，耐大气腐蚀性能高 20%~38%。

（2）16MnDR、15MnNiDR、09MnNiDR

低温压力容器用钢，工作在−20℃及更低温度的压力容器专用钢板。

16MnDR：可用于−40℃的钢种；液氨储罐等设备；

15MnNiDR：提高了低温韧性；−40℃级低温球形容器；

09MnNiDR：−70℃级低温压力容器用钢；用于制造液丙烯（−47.7℃）、液硫化氢（−61℃）等设备。

（3）20MnMo、09MnNiD、2.25Cr1Mo 锻件

20MnMo：良好的热加工和焊接工艺性能；常制造使用温度为−40~470℃的重要大中型锻件，如压力容器的封头、法兰等；

09MnNiD：良好的低温韧性；常制造使用温度为−40~45℃的低温容器；

2.25Cr1Mo：较高的热强性、抗氧化性和良好的焊接性能；常制造高温（350~480℃）、高压（约 25MPa）、临氢压力容器。

（4）09Mn2VDR

用于制造−70℃的低温设备，如冷冻设备、液态气贮罐、石油化工低温设备等。常见的液丙烯（−47.7℃）、硫化碳酰（−50℃）、液硫化氢（−61℃）等设备均可用 09Mn2VDR 制造。

4.1.2.7 高合金钢

压力容器常用的低碳或超低碳高合金钢大多是耐腐蚀、耐高温钢，主要有铬钢、铬镍钢和铬镍钼钢。主要钢种有 0Cr13、0Cr18Ni9、0Cr18Ni9Ti、0Cr18Ni10Ti、00Cr19Ni10、0Cr17Mn13Mo2N。

含碳量越低，不锈耐酸钢的耐蚀性越强。为了提高耐蚀性，含碳量应小于 0.03%~0.06%，如果对耐蚀性有更高要求，则可采用含碳量小于 0.01%~0.03%的超低碳不锈钢，现在正向含碳量小于 0.01%超低碳不锈钢方向发展，以适应不断提高的耐蚀性要求。

不锈钢的牌号采用两位数字（或一位数字）表示含碳量，后加合金元素符号（或汉字），再加表示合金元素含量的数字。由于这种钢的含碳量很低，其含碳量以千分数表示。合金元素含量为 1%~1.5%时省略不标。例如，不锈钢 1Cr13，表示含碳量为 0.10%，平均含铬量为 13%。当含碳量为 0.03%~0.10%时，含碳量用“0”表示，当含碳量小于或等于 0.03%时，

用“00”表示，例如，0Cr18Ni9Ti 钢，00Cr18Ni9Ti 钢。

高合金钢应用举例如下。

（1）铬钢

0Cr13（S11306）是常用的铁素体不锈钢。主要用于制造抗水蒸气、碳酸氢铵母液以及540℃以下含硫石油等腐蚀介质设备的衬里、内部元件以及垫圈等。以此钢为复层的复合钢板，已广泛应用于与热含硫石油及其他侵蚀介质接触的设备壳体（如精馏塔、反应器等）。在化工工业中还可以代替 18-8Ti 不锈钢用于防止污染和耐蚀性不强的设备，如不含醋酸的维纶介质及制药工业部分设备。

（2）铬镍钢

0Cr18Ni9、0Cr18Ni9Ti、00Cr19Ni10 这三种钢均属于奥氏体不锈钢。

0Cr18Ni9 作为不锈钢耐热钢广泛应用于食品设备、一般化工设备、原子能工业用设备等。适用于制造深冲成型的零件如垫片以及输酸管道、容器等。也可用作焊接铬镍不锈钢和铬不锈钢的焊条芯材、非磁性部件以及低温环境下使用的部件等。

0Cr18Ni9Ti 用于制造耐酸容器和设备衬里、输送管道，如氮肥工业用的吸收塔、热交换器等。石油工业中可用作 650℃以下催化、裂化反应器，换热器等。化学工业中用作稀硝酸和硝铵设备、氨合成塔内件、尿素和维纶中部分设备。还可以用作要求耐蚀的锻件和螺栓。

（3）铬镍钼钢

0Cr17Mn13Mo2N 奥氏体-铁氏体双相不锈钢。用于制造尿素工业设备如合成塔、高压一段分离器等，其耐蚀性可超过一般常用的 0Cr18Ni10Mo2Ti。在用来制造醋酸、维纶、卡普隆及涤纶等合成纤维工业设备时亦有良好的耐蚀性能，可替代 18-8 型铬镍钼钢使用。

近年来，钢材标准不断修订，表 4-3 为锅炉和压力容器用碳素钢和低合金钢牌号新旧对照表，表 4-4 为高合金钢板的牌号新旧对照表。

表 4-3　碳素钢和低合金钢牌号新旧对照表

GB 713—2014	GB 713—1997	GB 6654—1996	GB 713—2014	GB 713—1997	GB 6654—1996
Q245R	20G	20R	13MnNiMoR	13MnNiCrMoNbG	13MnNiMoNbR
Q345R	16MnG、19MnG	16MnR	18MnMoNbR		15MnMoNbR
Q370R		15MnNbR			

表 4-4　高合金钢钢板的钢号近似对照

序号	中国 GB			美国牌号 ASME	
	统一数字代号	新牌号	旧牌号	型号	UNS 编号
1	S11306	06Cr13	0Cr13	410S	S41008
2	S11348	06Cr13Al	0Cr13Al	405	S40500
3	S11972	019Cr19Mo2NbTi	00Cr18Mo2	444	S44400
4	S30408	06Cr19Ni10	0Cr18Ni9	304	S30400
5	S30403	022Cr19Ni10	00Cr19Ni10	304L	S30403
6	S30409	07Cr19Ni10	—	304H	S30409

续表

序号	中国 GB			美国牌号 ASME	
	统一数字代号	新牌号	旧牌号	型号	UNS 编号
7	S31008	06Cr25Ni20	0Cr25Ni20	310S	S31008
8	S31608	06Cr17Ni12Mo2	0Cr17Ni12Mo2	316	S31600
9	S31603	022Cr17Ni12Mo2	00Cr17Ni14Mo2	316L	S31603
10	S31668	06Cr17Ni12Mo2Ti	0Cr18Ni12Mo2Ti	316Ti	S31635
11	S31708	06Cr19Ni13Mo3	00Cr19Ni13Mo3	317	—
12	S31703	022Cr19Ni13Mo3	00Cr19Ni13Mo3	317L	S31703
13	S32168	06Cr18Ni11Ti	0Cr18Ni10Ti	321	S32100
14	S39042	015Cr21Ni26Mo5Cu2	—	904L	N08904
15	S21953	022Cr19Ni5Mo3Si2N	00Cr18Ni5Mo3Si2	—	—
16	S22253	022Cr22Ni5Mo3N	—	S31803	—
17	S22053	022Cr23Ni5Mo3N	—	S32205	2205

4.1.2.8 复合板

制造压力容器所用的材料中，除了钢板、钢管、锻件以外，还有复合钢板。常用的压力容器复合钢板是以某种钢作为基层，以不锈钢或钌、钛、铜等金属作为复层，通过热轧或爆炸成型工艺等方法复合而成的双金属板。其基层主要是满足结构强度和刚度的要求，一般使用低碳钢或低合金钢，而复层主要是满足耐腐蚀要求。

（1）复合板应用特点

① 用复合板制造耐腐蚀压力容器，可大量节省昂贵的耐腐蚀材料，从而降低压力容器的制造成本。

② 复合板的焊接比一般钢板复杂，焊接接头往往是耐腐蚀的薄弱环节，因此壁厚较薄、直径小的压力容器最好不用复合板。

（2）压力容器用复合钢板选用要求

压力容器用复合钢板应当按照产品标准的规定选用，并且符合以下要求：

① 复合钢板复合界面的结合剪切强度，不锈钢-钢复合板不小于 210MPa，镍-钢复合板不小于 210MPa，钛-钢复合板不小于 140MPa，铜-钢复合板不小于 100MPa；

② 复合钢板基层材料的使用状态符合产品标准的规定；

③ 碳素钢和低合金钢基层材料(包括钢板和钢锻件)按照基层材料标准的规定进行冲击试验，冲击功合格指标符合基层材料标准或者订货合同的规定；

④ 基层与介质不接触，主要起承载作用，通常为碳素钢和低合金钢；复层与介质直接接触，要求与介质有良好的相容性，通常为不锈钢、钛等耐腐蚀材料，其厚度一般为基层厚度的 1/10~1/3。

（3）复合钢板许用应力的确定方法

GB 150.2—2011 中规定了钢-不锈钢、钌-钢、钛-钢和铜-钢四种复合钢板的使用要求和复合钢板许用应力的确定方法。因为复合钢板是两种不同金属板复合而成的，因此两种金属之间的界面熔合状态就成为确定复合板类别的重要依据。复合板许用应力是只考虑基层金属的许用应力（即复层金属被视为不承担强度），还是按两种金属的厚度比例组合共同构成复合板的许用应力，也取决于两种金属界面间的结合率，结合率达不到要求或者复层金属强度指标不高的，那么就不考虑复层金属的许用应力了。

2019 年新公布的 NB/T 47002.1~47002.4 的复合板标准，对新版 GB 150.2 所引用的复合板的使用规定都提供了详细的技术依据。虽然本书没有讨论复合板，但一直受到国家发改委、科技部支持的复合板有广阔发展空间，请读者密切关注。

4.1.2.9 有色金属及合金

在化工生产中，由于腐蚀、低温、高温、高压等特殊工艺条件的要求，设备的材料也经常用有色金属及其合金。常用的有铝、铜、钛、铅及其合金材料等。

（1）铝及其合金

铝密度小，导电性、导热性好，塑性好，但强度低，铝压力加工性能好，还可以焊接和切削。铝能耐硝酸、乙酸（醋酸）、碳酸氢铵及尿素的腐蚀。纯铝中高纯铝 L_{01}、L_{02} 可以用来制造浓硝酸设备；工业纯铝 L_2、L_3、L_4 等用来制造热交换器、塔、储罐、深冷设备及防止污染产品的设备。铝合金中最常用的是铝与硅、镁、锰、铜、锌等组成的合金。铝合金的强度比纯铝高得多。在化工中用得较多的是铸造铝合金和防锈铝。铸造铝合金可以制作泵、阀、离心机等。防锈铝的耐蚀性好，常用来制作与液体介质相接触的零件和深冷设备中液气吸附过滤器、分离塔等。纯铝和铝合金最高使用温度为 150℃，低温时铝和铝合金韧性不降低，适宜制造低温设备。

铝及其合金用于压力容器受压元件时，应当符合以下要求：

① 设计压力不大于 16MPa；

② 含镁量大于或者等于 3%的铝合金(如 5083、5086)，其设计温度范围为−269~65℃，其他牌号的铝和铝合金，其设计温度范围为−269~200℃。

（2）铜及其合金

铜具有很高的导热性、导电性和塑性。在低温下可保持较高的塑性和韧性，多用于深冷设备和换热器。铜在大气、水及中性盐、苛性碱中都相当稳定；在稀的中等浓度的盐酸、乙酸、氢氟酸及其他非氧化性酸中也有较高的耐蚀性；在氨基酸盐中不耐蚀。纯铜和黄铜用于压力容器受压元件时，其设计温度不高于 200℃。

铜与锌的合金称为黄铜。它的铸造性好，强度比纯铜高。化工上常用的牌号有 H80、H68 等（H 后的数字表示平均含铜量）。

铜与锡、铅、铝、锑等组合成的合金统称青铜。它具有较高的耐蚀性和耐磨性，常用来制造耐蚀和耐磨的零件。

（3）钛及其合金

纯钛密度为 4.51g/cm^3，约为钢或镍合金的一半，其强度高于铝合金及高合金钢；热导率小，是低碳钢的 1/5，铜的 1/25；无磁性，在很强的磁场中不被磁化，无毒且与人体组织及血液有很好的相容性；受到机械振动及电振动后，与钢、铜相比，其自身振动衰减时间最长；因熔点高，使得钛被列为耐高温金属；可在低温下保持良好的韧性及塑性，是低温容器的理想材料。化学性质非常活泼，在高温下容易与碳、氢、氮及氧发生反应；在空气中或含氧的介质中，钛表面生成一层致密的、附着力强的、惰性大的氧化膜，保护钛基体不被腐蚀。

在钛中添加锰、铝、铬或钒等金属元素，能获得性能优良的钛合金。合金的强度比纯钛高，耐热性能更好，钛及其合金是很有发展前途的材料，但目前价格较贵。

由于钛及其合金具有优良的耐腐蚀性、力学性能和工艺性能，被广泛地应用于国民经济的许多部门。特别是在化工设备生产中，用钛代替不锈镍基合金和其他稀有金属作为耐腐蚀材料，已成为制造化工设备的理想材料。例如，氯碱工业中用钛制造金属阳极电解槽、湿氯冷却器、脱氯塔、冷却洗涤塔，苯酚生产装置中用钛制造的中和反应釜、盘管冷却器和搅拌器轴套等。

钛及其合金用于压力容器受压元件时，应当符合以下要求：

① 钛和钛合金的设计温度不高于315℃，钛-钢复合板的设计温度不高于350℃；

② 用于制造压力容器壳体、封头的钛和钛合金在退火状态下使用。

（4）铅及其合金

铅强度低、硬度低、不耐磨、非常软，不适于单独制造化工设备，只能作为设备衬里。铅耐硫酸，特别在含有 H_2、SO_2 的大气中具有极高的耐蚀性，不耐甲酸、乙酸、硝酸和碱溶液等腐蚀。

铅与锑的合金称为硬铅，强度、硬度都比纯铅高，化工上用它制造输送硫酸的泵、阀门、管道等。

4.1.2.10 非金属材料

在化工设备生产中，由于非金属材料具有优良的耐腐蚀性而获得广泛使用。非金属材料包括除金属材料以外的所有材料，依其组成分为无机非金属材料、有机非金属材料两大类。

（1）无机非金属材料

无机非金属材料的主要化学成分是硅酸盐。主要用于化工设备生产中的有化工陶瓷、化工搪瓷、玻璃和辉绿岩铸石等。

① 化工陶瓷。化工陶瓷由黏土、瘠性原料和助熔剂用水混合后经过干燥和高温焙烧而成。其表面光亮，断面像致密的石质材料。化工陶瓷具有良好的耐蚀性，除氢氟酸和含氟介质以及热浓磷酸和碱液外，能耐几乎所有化学介质如热浓硝酸、硫酸甚至“王水”的腐蚀。化工陶瓷是化工设备生产中常用的耐蚀材料，许多设备都用它制作耐酸衬里，还可以用于制造塔器、容器、管道、泵、阀等化工生产设备和腐蚀介质输送设备。但是，由于化工陶瓷是脆性材料，其抗拉强度低，冲击韧性差，热稳定性差，在使用时应防止撞击、振动、骤冷、骤热等，以避免脆性破裂。

② 化工搪瓷。化工搪瓷是由含硅量高的瓷釉通过850℃左右的高温煅烧，使瓷釉紧密附着在金属胎表面而制成的成品。化工搪瓷设备还具有金属设备的力学性能，但搪瓷层较脆易碎裂，且不能用火焰直接加热。化工搪瓷设备具有优良的耐蚀性，除强碱外，化工搪瓷能耐各种浓度的酸、盐、有机溶剂和弱碱的腐蚀，只有氢氟酸、含氟离子的介质、高温磷酸能损坏搪瓷表层。目前，我国生产的搪瓷设备有反应釜、储罐、换热器、蒸发器、塔和阀门等。

③ 玻璃。玻璃在化工生产中主要作为耐蚀材料，且玻璃中的 SiO_2 含量越高，耐蚀性越强。除氢氟酸、热磷酸和浓碱以外，玻璃几乎能耐一切酸和有机溶剂的腐蚀。玻璃可用来制造管道或管件，也可以制造容器、反应器、泵、换热器衬里层、填料塔中的拉西环填

料等。玻璃脆，耐温度急变性差，不耐冲击和振动，在使用玻璃制品时要特别注意。

（2）有机非金属材料

在化工生产中广泛使用的有机非金属材料主要有塑料、橡胶、不透性石墨等。

① 塑料。塑料是一类以高分子合成树脂为基本原料，在一定温度下塑制成型，并在常温下保持其形状不变的高聚物。一般塑料由合成树脂为主，加入添加剂以改善产品的性能。常用的添加剂有：用于提高塑料性能的填料；用于降低材料的脆性和硬度，使其具有可塑性的增塑剂；用于延缓塑料老化的稳定剂；使树脂具有一定机械强度的固化剂；着色剂、润滑剂等其他成分。塑料按树脂受热后表现出的特点，可分为热塑性塑料、热固性塑料和玻璃钢。塑料按用途还可分为通用塑料和工程塑料，化工设备生产中的管道及化工机械零件有一些是用工程塑料制造的。

a. 硬聚氯乙烯。化工设备生产中的常用塑料有硬聚氯乙烯。它是氯乙烯的聚合物。硬聚氯乙烯有良好的耐蚀性，能耐稀硝酸、稀硫酸、盐酸、碱、盐等腐蚀，但能溶于部分有机溶剂，如在四氢呋喃和环己酮中会迅速溶解。硬聚氯乙烯具有一定的强度，加工成型方便，焊接性好。其缺点是热导率小，冲击韧性较低，耐热性较差。使用温度为-15~60℃，当温度在60~90℃时，强度显著降低。硬聚氯乙烯可用于制造各种化工设备，如塔、储槽、容器、排气烟囱、离心泵、通风机、管道、管件、阀门等。

b. 聚乙烯。它是由单体乙烯聚合而成的高聚物。有优良的电绝缘性、防水性和化学稳定性，在室温下，除硝酸外能抗各种酸、碱、盐溶液的腐蚀，在氢氟酸中也非常稳定。聚乙烯的耐热性不高，其使用温度不超过100℃。聚乙烯比硬聚氯乙烯的耐低温性好，室温下几乎不被有机溶剂溶解。聚乙烯的强度低于硬聚氯乙烯，可以制作管道、管件、阀门、泵等，也可制作设备衬里，还可涂于金属表面作为防腐涂层。

c. 聚丙烯。聚丙烯是丙烯的聚合物。它具有优良的耐腐蚀性能和耐溶剂性能，除氧化性介质外，聚丙烯能耐几乎所有的无机介质的腐蚀，甚至到100℃都非常稳定。在室温下，聚丙烯除在氯代烷、芳烃等有机介质中产生溶胀外，几乎不溶于有机溶剂。

聚丙烯的使用温度高于硬聚氯乙烯和聚乙烯，可达100℃，但聚丙烯耐低温性较差，温度低于0℃，接近-10℃时，材料变脆，抗冲击能力明显降低。聚丙烯的密度低，强度低于硬聚氯乙烯但高于聚乙烯。

聚丙烯可用于化工管道、储槽、衬里等。还可制作食品和药品的包装材料及一些机械零件。增强聚丙烯可制造化工设备。若添加石墨改性，可制聚丙烯换热器。

d. 聚四氟乙烯。聚四氟乙烯又称塑料王，具有极高的耐蚀性，能耐“王水”、氢氟酸、浓盐酸、硝酸、发烟硫酸、沸腾的氢氧化钠溶液、氯气、过氧化氢等的腐蚀作用，除某些卤化胺或芳香烃使聚四氟乙烯塑料有轻微溶胀外，其他有机溶剂对它均不起作用，但熔融的碱金属会腐蚀聚四氟乙烯。聚四氟乙烯耐高温、耐低温性能优于其他塑料，使用温度范围是-200~250℃。聚四氟乙烯的缺点是加工性能稍差，这使它的应用受到一定的限制。它可以用于填料、垫圈、密封圈、阀门、泵以及管道，还可用于设备的衬里和涂层。

e. 玻璃钢。玻璃钢是用合成树脂作黏结剂，以玻璃纤维为增强材料，按一定方法制成的塑料。其中玻璃纤维是以玻璃为原料，在高温熔融状态下拉丝制成的，以玻璃纤维布或纤维带等织物的形式使用，玻璃纤维质地较柔软。玻璃钢中常用的合成树脂有环氧树脂、酚醛树脂、呋喃树脂、聚酯树脂等。可以同时使用一种或两种树脂以得到不同性能的玻璃钢。玻璃钢的强度高，加工性好，耐蚀性好。由于使用树脂和玻璃纤维的种类不同，玻璃钢的耐蚀性有所差异。玻璃钢可制造化工设备生产中使用的容器、储槽、塔、鼓风机、槽车、搅拌器、泵、管道、阀门等多种机械设备。由于玻璃钢具有良好的性能，在化工生产中使用日益广泛。

② 橡胶。橡胶由于具有良好的耐蚀性和防渗漏性，在化工设备生产中常用于设备的衬里层或复合衬里层中的防渗层以及密封材料。橡胶分为天然橡胶和合成橡胶两大类。天然橡胶的化学稳定性较好，可耐一般非氧化强酸、有机酸、碱溶液和盐溶液的腐蚀，但在强氧化性酸和芳香族化合物中不稳定。合成橡胶在化工设备生产中常用的有氯丁橡胶、丁苯橡胶、丁腈橡胶、氯磺化聚乙烯橡胶、氟橡胶、聚异丁烯橡胶等多种。由于化学成分不同，这些橡胶的性能有所差异，使用时应根据有关资料选用。

③ 不透性石墨。石墨分天然石墨和人造石墨两种。化工设备生产中使用的是人造石墨。人造石墨可制造各类热交换器、反应设备、吸收设备、泵类设备和输送管道等。

4.2 筒体、封头及其连接

4.2.1 筒体

4.2.1.1 内压圆筒的强度计算

圆筒承受均匀内压 p 作用时，其筒壁中产生的薄膜应力由式（4-1）和式（4-2）给出。当圆筒的平均直径为 D、壁厚为 δ 时，最大应力是周向应力，即：

$$\sigma_\theta=\frac{pD}{2\delta} \tag{4-1}$$

按照第一强度理论可得：

$$\sigma_\theta=\frac{pD}{2\delta}\leqslant[\sigma]^t \tag{4-2}$$

式中，$[\sigma]^t$ 为材料在设计温度下的许用应力。

工艺设计中一般给出内直径 D_i，$D=D_\mathrm{i}+\delta$ 代入式（4-2）得：

$$\frac{p(D_\mathrm{i}+\delta)}{2\delta}\leqslant[\sigma]^t \tag{4-3}$$

实际圆筒由钢板卷制而成，焊缝区金属强度一般低于母材，所以上式中的许用应力应乘以小于 1 的系数 φ。由此可得计算厚度为：

$$\delta=\frac{pD_\mathrm{i}}{2[\sigma]^t\varphi-p} \tag{4-4}$$

式中 p——设计内压力，MPa；

D_i——圆筒内直径，mm；

δ——计算厚度，mm；

φ——纵向焊接接头系数，$\varphi \leqslant 1.0$。

式（4-4）适用于设计压力 $p \geqslant 0.4[\sigma]^t\varphi$ 的范围。当圆筒环焊接接头系数小于纵焊接接头系数的一半，圆筒的轴向强度可能成为其安全性的控制因素时，由轴向应力表达式 $pR/2\delta$，用建立式（4-4）相同的方法，可得下式：

$$\delta = \frac{pD_{\text{i}}}{4[\sigma]^t\varphi - p} \tag{4-5}$$

式（4-5）适用于设计压力 $p \leqslant 0.8[\sigma]^t\varphi$ 的范围。

式（4-4）和式（4-5）是设计式。在工程中有时已知圆筒尺寸 D_{i}、名义厚度 δ_{n}，需要计算器壁中的应力，看其是否在安全限度内，即进行强度校核。强度校核计算可由式（4-2）进行，壁厚用有效厚度 δ_{e} 代替。计算出的应力为除去厚度附加量后壳体中能承受的应力，在设计温度下，其应力应满足下列条件：

周向
$$\sigma_\theta = \frac{p(D_{\text{i}} + \delta_{\text{e}})}{2\delta_{\text{e}}} \leqslant [\sigma]^t\varphi \tag{4-6}$$

式中，φ 为圆筒环向焊接接头系数。

轴向
$$\sigma_\phi = \frac{p(D_{\text{i}} + \delta_{\text{e}})}{4\delta_{\text{e}}} \leqslant [\sigma]^t\varphi \tag{4-7}$$

式中，φ 为圆筒纵向焊接接头系数。

4.2.1.2 内压球壳的强度计算

若球壳平均直径为 D，壁厚为 δ，则球壳的应力计算式：

$$\sigma_\theta = \sigma_\phi = \frac{pD}{4\delta} \tag{4-8}$$

按照第一强度理论，考虑焊缝强度一般低于母材的影响后：

$$\frac{p(D_{\text{i}} + \delta_{\text{e}})}{4\delta_{\text{e}}} \leqslant [\sigma]^t\varphi \tag{4-9}$$

与筒体厚度计算公式推导方法相同，下列公式适用于设计压力 $p \leqslant 0.6[\sigma]^t\varphi$ 时的球壳壁厚计算和强度校核。壁厚计算式为：

$$\delta = \frac{pD_{\text{i}}}{4[\sigma]^t\varphi - p} \tag{4-10}$$

校核计算式为：

$$\sigma - \frac{p(D_{\text{i}} + \delta_{\text{e}})}{4\delta_{\text{e}}} \leqslant [\sigma]^t\varphi \tag{4-11}$$

4.2.1.3 容器公称直径

容器的筒体一般为圆柱形，主要尺寸是直径、高度（或长度）和壁厚。筒体用钢板卷焊时，公称直径在设计时必须按 GB/T 9019—2015 标准选取，如表 4-5 所示。采用无缝钢管制作筒体时，公称直径指管的外径，应选 159mm、219mm、273mm、325mm、377mm 和 426mm。

筒体内径为 1600mm，壁厚为 6mm，高为 2600mm，其标记应为：

“筒体 DN1600 δ=6 H=2600”。

表 4-5　容器公称直径（GB/T 9019—2015）　　单位：mm

300	350	400	450	500	550	600	650	700	750
800	850	900	950	1000	1100	1200	1300	1400	1500
1600	1700	1800	1900	2000	2100	2200	2300	2400	2500
2600	2700	2800	2900	3000	3100	3200	3300	3400	3500
3600	3700	3800	3900	4000	4100	4200	4300	4400	4500
4600	4700	4800	4900	5000	5100	5200	5300	5400	5500
5600	5700	5800	5900	6000					

4.2.2　封头

封头是容器不可缺少的组成部分，常见的容器封头有半球形、椭圆形、球冠形、碟形、锥形、平盖等，如图 4-1 所示。半球形封头、椭圆形封头、碟形封头、球冠形封头统称为“凸形封头”。从受力的优劣看，其顺次为球形、椭圆形、碟形、锥形、平盖；从制造角度来看，由易到难的顺序为平盖、锥形、碟形、椭圆形、球形。锥形封头的受力不佳，但它有利于容器内物料的排出，立式容器的下封头用得较多。

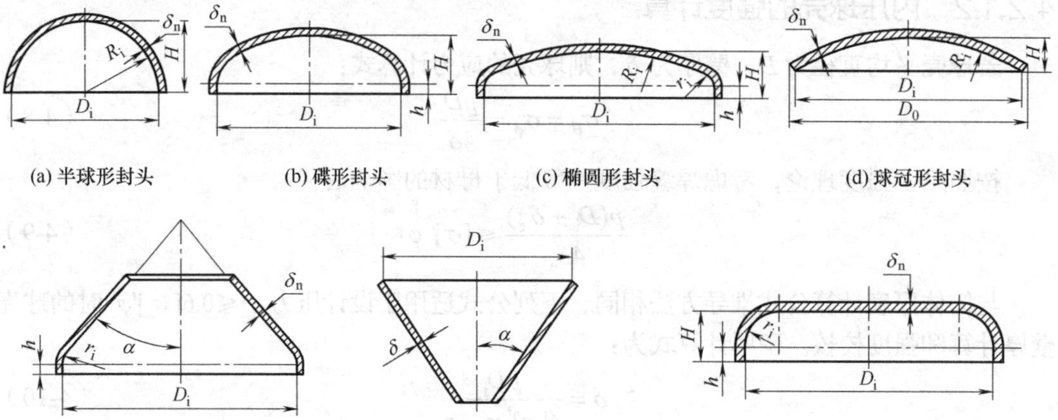

(a) 半球形封头　(b) 碟形封头　(c) 椭圆形封头　(d) 球冠形封头

(e) 无折边锥形封头　(f) 折边锥形封头　(g) 平板封头

图 4-1　容器常见封头形式

4.2.2.1　半球形封头

半球形封头的受力状况好，在直径、压力相同的情况下，半球形封头的应力仅为圆筒形壳体环向应力的一半，壁厚也只有圆筒形壳体壁厚的一半，这是一方面；另一方面，由于半球形封头的深度较大，所以整体冲压比较困难，特别是在没有大型水压机的情况下成型更加困难。所以，除了压力较高、直径较大的高压容器和特殊需要外，对中、小直径的容器很少采用半球形封头。对于大直径的半球形封头或球形容器，一般都采用分瓣冲压成型而后拼焊的办法来制造，半球形封头结构见图 4-2。

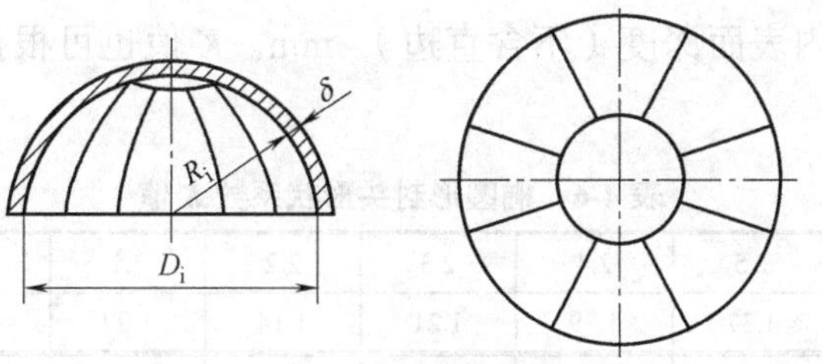

图 4-2　半球形封头

在设计温度下，半球形封头的厚度计算式与球壳相同，按下式计算：

$$\delta=\frac{p_c D_i}{4[\sigma]^t\varphi-p} \tag{4-12}$$

虽然半球形封头壁厚可较相同直径与压力的圆筒壳减薄一半，但在实际工作中，为了焊接方便以及降低边界处的边缘压力，通常将半球形封头和圆筒体的厚度取为相同。此时，封头具有较大的强度储备。

随着容器制造技术和水平的不断提高，高压容器使用半球形封头已较为普遍，用以代替早期采用的平板盖，从而可大大地降低材料消耗。

4.2.2.2　椭圆形封头

椭圆形封头由半个椭球壳和一个短圆筒（直边段）组成，如图 4-3 所示。直边段的作用是使椭球壳和短圆筒的连接边缘与封头和圆筒连接的焊接接头错开，避免边缘应力与热应力叠加，改善封头和圆筒连接处的受力状况。因为封头的椭球部分经线曲率变化连续，所以应力分布比较均匀，而且椭圆形封头的深度比半球形封头小得多，易于冲压成形，是目前中、低压容器中应用较多的封头之一。

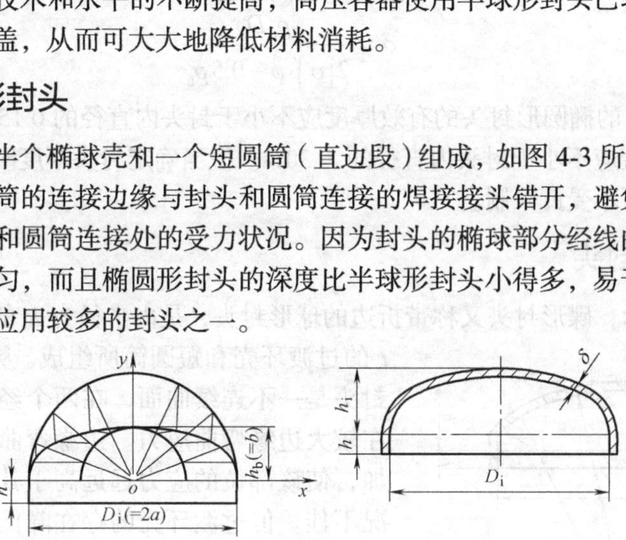

图 4-3　椭圆形封头

椭圆形封头的受力状况虽然比半球形封头差些，但比其他形式的封头要好。在制造方面，由于椭圆形封头的深度较浅，冲压成型要比半球形封头容易得多，目前被国内外广泛用于中低压容器中。

椭圆形封头的椭圆曲线可用图 4-3 和式（4-13）所示的椭圆方程式来表示：

$$\frac{x^2}{a^2}+\frac{y^2}{b^2}=1 \tag{4-13}$$

研究表明，在一定条件下，椭圆形封头形状系数 K 与椭圆形封头长轴及短轴之比 a/b 有关。当 a/b 在 1.0~2.6 范围内时，工程上采用简化式来计算 K 值，即：

$$K=\frac{1}{6}\left[2+\left(\frac{D_i}{2h_i}\right)^2\right] \tag{4-14}$$

式中，h_i 为封头内表面深度（不含直边），mm。K 值也可根据 $D_i/2h_i$ 查表取得，见表 4-6。

表 4-6　椭圆形封头形状系数 K 值

$D_i/2h_i$	2.6	2.5	2.4	2.3	2.2	2.1	2.0	1.9	1.8
K	1.46	1.37	1.29	1.21	1.14	1.07	1.00	0.93	0.87
$D_i/2h_i$	1.7	1.6	1.5	1.4	1.3	1.2	1.1	1.0	
K	0.81	0.76	0.71	0.66	0.61	0.57	0.53	0.50	

由 K 的定义可知，椭圆形封头中的最大应力是圆筒周向薄膜应力的 K 倍，而圆筒周向薄膜应力又是球壳上薄膜应力的 2 倍，所以，椭圆形封头中的最大应力就是球壳上薄膜应力的 $2K$ 倍。故椭圆形封头的厚度计算式可以用半球形封头的厚度乘以 $2K$ 得到，即

$$\delta_h=\frac{Kp_cD_i}{2[\sigma]^t\varphi-0.5p_c} \tag{4-15}$$

当椭圆形封头的 $D_i/2h_i$=2 时，称为标准椭圆形封头，此时 K=1，厚度计算式为：

$$\delta=\frac{p_cD_i}{2[\sigma]^t\phi-0.5p_c} \tag{4-16}$$

注：$D_i/2h_i\leqslant 2$ 的椭圆形封头的有效厚度应不小于封头内直径的 0.15%，$D_i/2h_i>2$ 的椭圆形封头的有效厚度应不小于封头内直径的 0.30%。但当确定封头厚度时已考虑了内压下的弹性失稳问题，可不受此限制。

4.2.2.3　碟形封头

如图 4-4 所示，碟形封头又称带折边的球形封头，是由半径为 R 的部分球面、半径为 r 的过渡环壳和短圆筒所组成。从几何形状看，碟形封头是一不连续曲面，在两个经线曲率突变处，存在较大边缘弯曲应力。边缘弯曲应力与薄膜应力叠加，使该部位的应力远远高于其他部位，故受力状况不佳。但过渡环壳的存在降低了封头深度，方便成形。

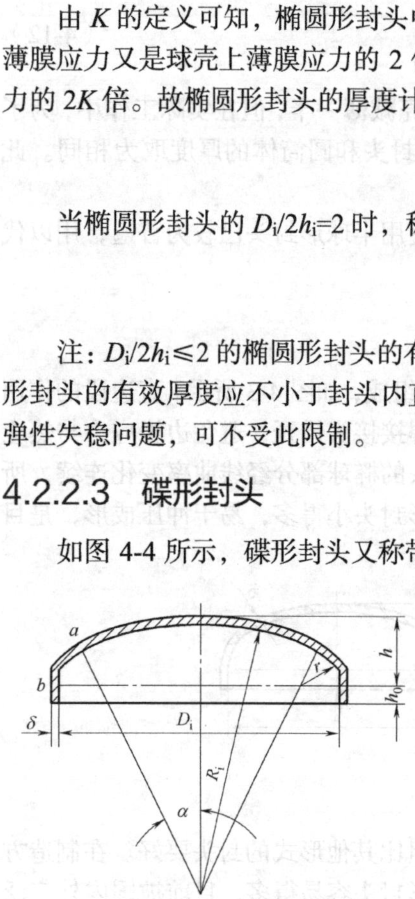

图 4-4　碟形封头

受内压的碟形封头，由于存在较大的边缘应力，在相同条件下碟形封头的厚度比椭圆形封头大。考虑碟形封头边缘应力的影响，在设计中引入形状系数 M，其厚度计算式为：

$$\delta=\frac{Mp_cD_i}{2[\sigma]^t\phi-0.5p_c} \tag{4-17}$$

式中，M 为碟形封头形状系数，$M=\frac{1}{4}\left(3+\sqrt{\frac{R_i}{r}}\right)$；$R_i$ 为碟形封头球面部分内半径，mm；r 为过渡圆弧内半径，mm。

R_i/r 越大，则封头的深度越浅，制造方便，但边缘应力也就越大。工程中规定碟形封头的球面半径 R_i 不超过封头内直径，过渡区半径 r 不小于封头内直径的 10%，且不小于 3 倍

的封头名义厚度。

GB 150—2011 中推荐采用标准碟形封头（R_i=0.9D_i，r=0.17D_i），这时球面部分的壁厚与圆筒相近，封头的深度也不大，便于制造。碟形封头中直边部分的作用与椭圆形封头相同。内压作用下的碟形封头过渡区也存在周向应力，为此 GB 150—2011 规定，标准碟形封头的有效厚度不得小于封头内直径的 0.15%，非标准碟形封头的有效厚度不得小于封头内直径的 0.3%。

碟形封头与椭圆形封头相比，在相同直径和高度的情况下，椭圆形封头的应力分布较碟形封头均匀，因此，只有当加工椭圆形封头有困难或封头直径较大、压力较低的情况下才选用碟形封头。

4.2.2.4 球冠形封头

为了进一步降低凸形封头的高度，将碟形封头的直边及过圆弧部分去掉，只留下球面部分，并把它直接焊在筒体上，这就构成了球冠形封头，如图 4-1（d）所示。这种封头也称为无折边球形封头。

球冠形封头结构简单、制造方便，常用作容器中两独立受压室的中间封头或端盖，如图 4-5 所示。但是由于无转角过渡，故存在较大的不连续应力。

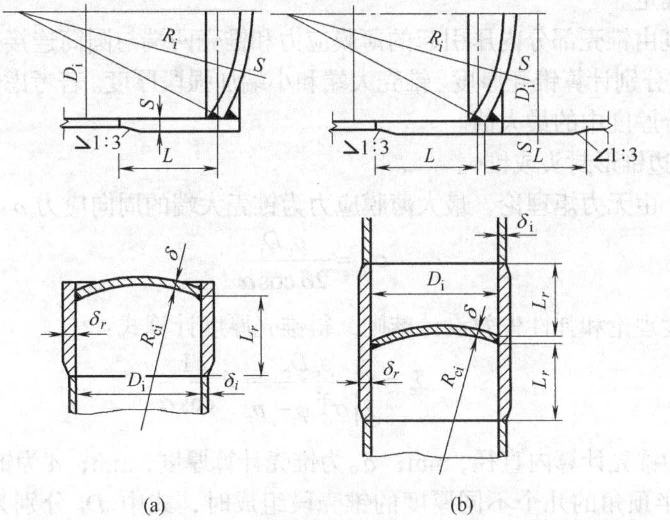

图 4-5　球冠形端封头和中间封头

4.2.2.5 锥形封头

锥形封头也称锥壳，在同等条件下，其受力状况比半球形封头、椭圆形封头和碟形封头都差。在与圆筒的连接处转折更为明显，曲率半径突变，产生较大的边缘应力。锥形封头主要用于不同直径圆筒的过渡连接和介质中含有固体颗粒或介质黏度较大时容器下部的出料口等，在中、低压容器中应用较为普遍。

如图 4-6 所示，锥壳有无折边锥壳、大端折边锥壳、折边锥壳三种形式。折边锥壳的受力状况优于无折边锥壳，但制造困难。

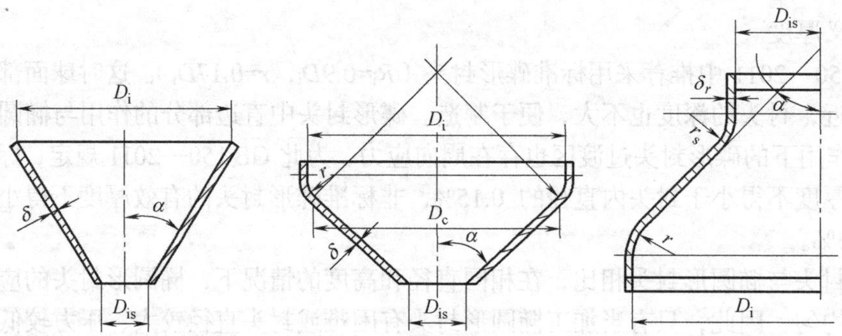

(a) 无折边锥壳　　(b) 大端折边锥壳　　(c) 折边锥壳

图 4-6　锥壳的结构形式

工程设计中根据锥壳半顶角 α 的不同，采用不同的结构形式。当半顶角 $\alpha \leqslant 30°$ 时，可采用无折边结构。当半顶角 $30°< \alpha \leqslant 45°$时，小端可无折边，大端须有折边。当 $45°< \alpha \leqslant 60°$时，大、小端均须有折边。大端折边锥壳的过渡段转角半径不小于封头大端内直径 D_i 的10%，且不小于该过渡段厚度的 3 倍，小端折边锥壳的过渡段转角半径不小于封头小端内直径 D_{is} 的 5%，且不小于该过渡段厚度的 3 倍。当半顶角 $\alpha > 60°$时，按平板封头考虑或用应力分析方法确定。

锥壳的强度由锥壳部分内压引起的薄膜应力和锥壳两端与圆筒连接处的边缘应力决定。锥壳设计时，应分别计算锥壳厚度、锥壳大端和小端加强段厚度。若考虑只有一种厚度时，则取上述各部分厚度中的最大值。

（1）无折边锥形封头或锥壳

锥壳厚度。由无力矩理论，最大薄膜应力为锥壳大端的周向应力 σ_θ，即

$$\sigma_\theta = \frac{p_c D_i}{2\delta \cos\alpha} \tag{4-18}$$

由第一强度理论和弹性失效设计准则，得锥壳厚度计算式：

$$\delta_c = \frac{p_c D_c}{2[\sigma]^t \phi - p_c} \times \frac{1}{\cos\alpha} \tag{4-19}$$

式中，D_c 为锥壳计算内直径，mm；δ_c 为锥壳计算厚度，mm；α 为锥壳半顶角，(°)。当锥壳由同一半顶角的几个不同厚度的锥壳段组成时，式中 D_c 分别为各锥壳段大端内直径。

锥壳大端厚度。锥壳大端与筒体连接处存在较大的边缘应力，设计时需要按图 4-7 来确定是否需要加强。若坐标点 $[p_c/([\sigma]^t\phi),\ \alpha]$ 位于图中曲线上方，则无需加强，厚度仍按式（4-19）计算；若坐标点 $[p_c/([\sigma]^t\phi),\ \alpha]$ 位于图中曲线下方，则需要加强，厚度按式（4-20）计算：

$$\delta_r = \frac{Q p_c D_i}{2[\sigma]^t \phi - p_c} \tag{4-20}$$

式中，D_i 为锥壳大端内直径，mm；Q 为应力增值系数，由图 4-7 查取；δ_r 为锥壳及其相邻圆筒加强段的计算厚度，mm。

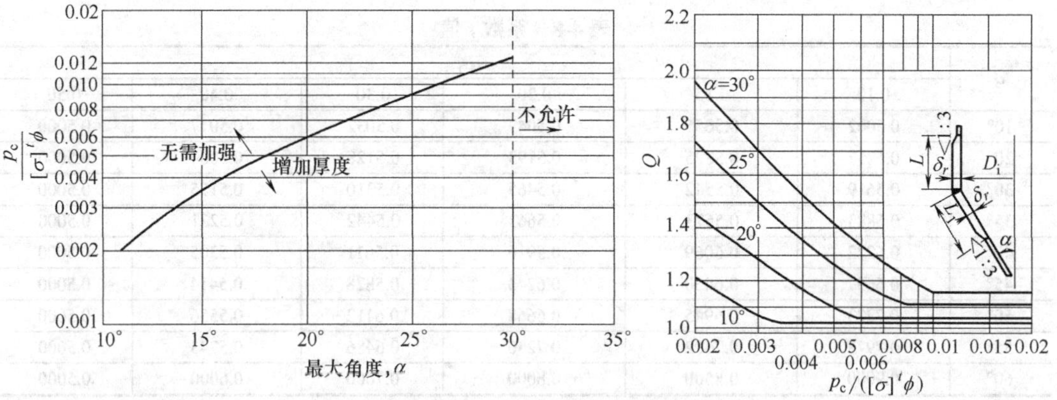

图 4-7　锥壳大端连接处的 Q 值

在任何情况下，加强段的厚度不得小于与其相连接的锥壳厚度。锥壳加强段的长度 L_1 应不小于 $2\sqrt{\dfrac{0.5D_i\delta_r}{\cos\alpha}}$；圆筒加强段的长度 L 应不小于 $2\sqrt{0.5D_i\delta_r}$ 。

锥壳小端厚度的计算方法与大端类似，详见 GB 150 钢制压力容器。

（2）折边锥形封头或锥壳

锥壳厚度仍按式（4-19）计算。

锥壳大端厚度，按式（4-21）和式（4-22）计算，取其中较大值。锥壳大端过渡段厚度为：

$$\delta = \frac{Kp_cD_i}{2[\sigma]^t\phi - 0.5p_c} \tag{4-21}$$

式中，K 为系数，由表 4-7 查得。

表 4-7　系数 K 值

α	r/D_i					
	0.10	0.15	0.20	0.30	0.40	0.50
10°	0.6644	0.6111	0.5789	0.5403	0.5168	0.5000
20°	0.6956	0.6357	0.5986	0.5522	0.5223	0.5000
30°	0.7544	0.6819	0.6357	0.5749	0.5329	0.5000
35°	0.7980	0.7161	0.6629	0.5914	0.5407	0.5000
40°	0.8547	0.7604	0.6981	0.6127	0.5506	0.5000
45°	0.9253	0.8181	0.7440	0.6402	0.5635	0.5000
50°	1.0270	0.8944	0.8045	0.6765	0.5804	0.5000
55°	1.1608	0.9980	0.8859	0.7249	0.6028	0.5000
60°	1.3500	1.1433	1.0000	0.7923	0.6337	0.5000

与过渡段相接处的锥壳厚度按下式计算：

$$\delta = \frac{fp_cD_i}{[\sigma]^t\phi - 0.5p_c} \tag{4-22}$$

式中，f 为系数，由表 4-8 查得。

表 4-8 系数 f 值

α	r/D_i					
	0.10	0.15	0.20	0.30	0.40	0.50
10°	0.5062	0.5055	0.5047	0.5032	0.5017	0.5000
20°	0.5257	0.5225	0.5193	0.5128	0.5064	0.5000
30°	0.5619	0.5542	0.5465	0.5310	0.5155	0.5000
35°	0.5883	0.5573	0.5663	0.5442	0.5221	0.5000
40°	0.6222	0.6069	0.5916	0.5611	0.5305	0.5000
45°	0.6657	0.6450	0.6243	0.5828	0.5414	0.5000
50°	0.7223	0.6945	0.6668	0.6112	0.5556	0.5000
55°	0.7973	0.7602	0.7230	0.6486	0.5743	0.5000
60°	0.9000	0.8500	0.8000	0.7000	0.6000	0.5000

锥壳小端厚度，锥壳小端分两种情况，当半顶角 $\alpha \leqslant 45°$ 时，小端若采用无折边，小端厚度按无折边锥壳小端厚度的计算方法计算；小端若采用有折边，小端过渡段厚度的计算见 GB150 钢制压力容器。

4.2.2.6 平板封头

平盖又称平板封头，如图 4-1（g）所示。平盖是各种封头中结构最简单、制造最方便的一种结构形式。常见的几何形状有圆形、椭圆形、长圆形、矩形及正方形等。平盖与其他类型的封头相比受力最差，故在同等压力作用下厚度要大得多。平板封头一般用在常压或直径较小的高压容器上。

$$\delta_p = D_c\sqrt{\frac{Kp}{[\sigma]^t \phi}} \tag{4-23}$$

$$\delta_d = \delta_p + C$$

式中，δ_p——平板封头设计厚度；K 为结构系数，可查表；D_c 为封头有效直径；ϕ 为焊接接头系数；δ_d——平板封头设计厚度；C 为封头厚度附加量，mm；$C=C_1+C_2+C_3$；C_1 钢材厚度负偏差；C_2 腐蚀裕量；C_3 厚度拉伸减薄量。

4.3 化工设备零部件设计

压力容器除主要构成部分壳体外，还有其他组成部分，如法兰、接管、支座、人（手）孔、安全装置等零部件。这些零部件的力学分析比较复杂，计算麻烦，给工程设计带来一定的困难。但是，这些构件用量较大，考虑到使用的安全可靠、设计优化以及降低制造成本，对一定设计压力和尺寸范围内的这些零部件都已制定了标准。在设计时，可根据需要，按相应标准中规定的选用方法直接选用。

4.3.1 法兰

在承压设备和管道中，由于生产工艺以及制造、运输、安装和检修的需要，压力容器的筒体与筒体、筒体与封头、管道与管道、管道与阀门之间通常采用可拆卸的密封连接结构。其中法兰连接是最典型的可拆密封连接，在中低压容器和管道中被广泛采用。

法兰连接的基本元件是法兰、垫片和螺栓螺母，依次称为被连接件、密封件和连接件，如图 4-8 所示。对于可拆连接，保证连接处的密封成为决定化工装置能否正常运行的重要条件。尤其是在操作压力及温度有波动、操作介质有腐蚀的场合，仍能保证连接有良好的密封性能。由于法兰连接具有密封可靠、强度足够和适用尺寸范围宽等优点，在压力容器和管道上都适用，所以应用最为普遍。但法兰连接制造成本较高，装配与拆卸较麻烦。

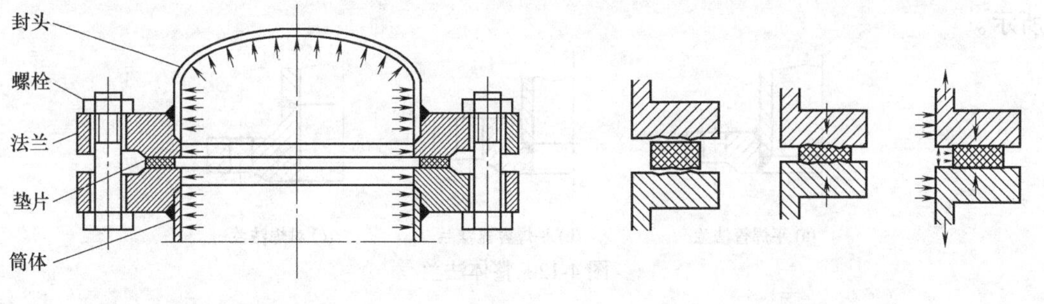

(a) 法兰连接结构 (b) 法兰垫片的变形

图 4-8 法兰连接密封结构

4.3.1.1 法兰分类

（1）法兰按照用途分为管法兰与压力容器法兰。

管法兰是指用于管道与管道或管道与管件之间连接的法兰；压力容器法兰是指用于容器筒节与筒节或筒节与封头之间连接的法兰。管法兰的类型及代号见图 4-9。

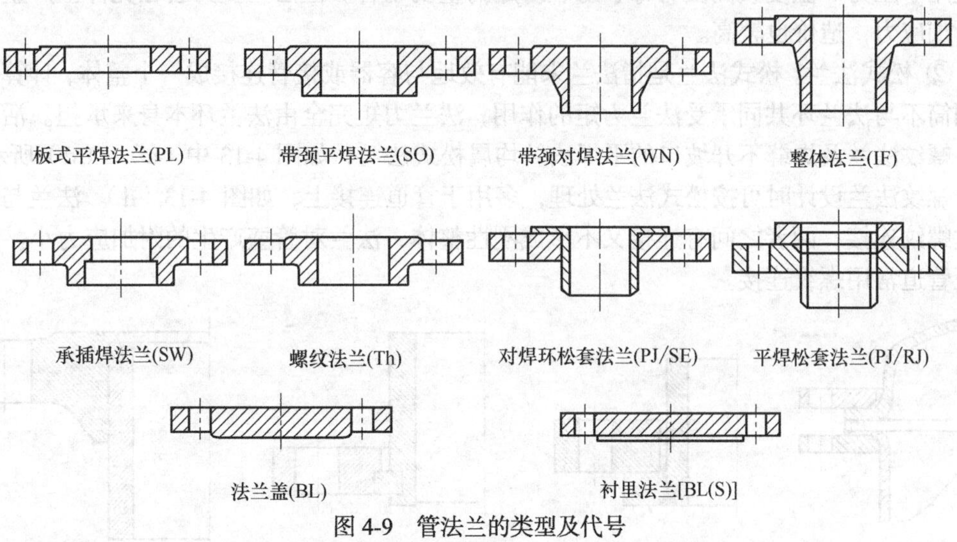

图 4-9 管法兰的类型及代号

（2）按法兰接触面的宽窄分为窄面法兰和宽面法兰两大类型。

窄面法兰（图 4-10）是指垫片接触面位于法兰螺栓孔圆周内的法兰连接，常见法兰均属此类；宽面法兰（图 4-11）是指垫片接触面分布于法兰螺栓孔中心圆内外两侧的法兰连接，其垫片宽度较大，仅用于低压的一般介质场合。

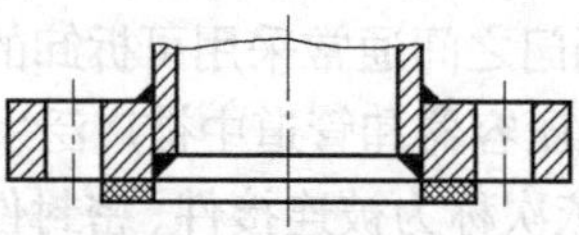
图 4-10　窄面法兰

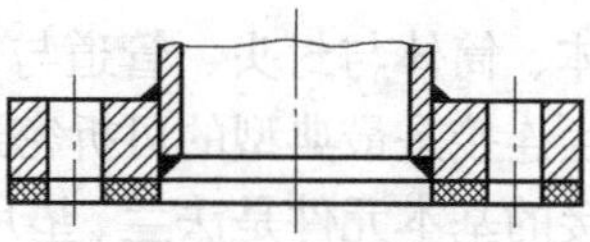
图 4-11　宽面法兰

（3）法兰按其自身结构的整体性程度分为整体法兰、松式法兰及任意式法兰。

① 整体法兰。整体法兰是指法兰环、颈部及圆筒三者有效地连接成一个整体，共同承受法兰力矩的作用，其刚性好、强度高，整体法兰分为平焊法兰和对焊法兰，如图 4-12 所示。

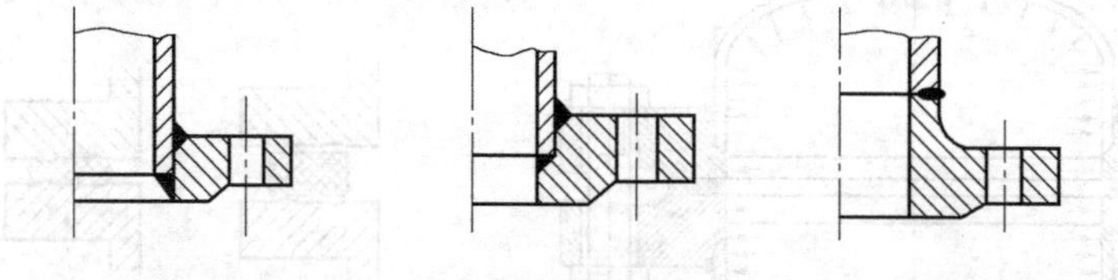
(a) 平焊管法兰　(b) 平焊容器法兰　(c) 对焊法兰

图 4-12　整体法兰

a. 平焊法兰。图 4-12（a）、（b）所示为平焊法兰。法兰盘焊接在设备筒体或管道上，结构简单、制造容易、应用广泛，但法兰整体程度比较差，刚性也较差。所以，适用于压力不太高的场合。

b. 对焊法兰。图 4-12（c）为对焊法兰，又称高颈法兰或长颈法兰。这种法兰的法兰环、锥颈和壳体有效地连成一个整体，壳体与法兰能同时受力，法兰的强度和刚度较高。此外，法兰与筒体（或管壁）的连接是对接焊缝，比平焊法兰的角焊缝强度好，故对焊法兰适用于压力、温度较高及有毒、易燃易爆的重要场合。但法兰受力会在壳体上产生较大的附加应力，造价也较高。

② 松式法兰。松式法兰是指法兰未能有效地与容器或接管连接成一个整体，计算中认为圆筒不与法兰环共同承受法兰力矩的作用，法兰力矩完全由法兰环本身来承担。活套法兰、螺纹法兰及焊缝不开坡口的平焊法兰均属松式法兰，如图 4-13 中（a）~（d）所示。

螺纹法兰设计时可按松式法兰处理，多用于管道连接上，如图 4-13（d）。法兰与管壁通过螺纹连接，两者之间有连接又不形成刚性整体，法兰对管壁产生的附加应力小。因此高压管道常用螺纹连接。

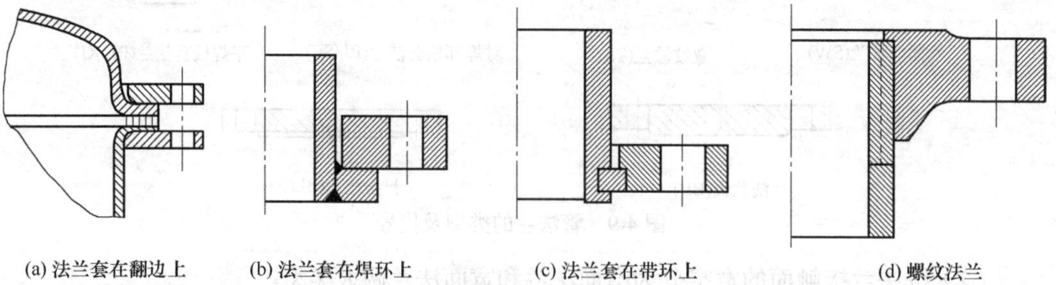
(a) 法兰套在翻边上　(b) 法兰套在焊环上　(c) 法兰套在带环上　(d) 螺纹法兰

图 4-13　松式法兰

松式法兰的特点是法兰未能有效地与容器或管道连接成一个整体，不具有整体式连接的同等强度，一般只适用于压力较低的场合。由于法兰盘可以采用与容器或管道不同的材料制造，因此这种法兰适用于有色金属、非金属材料的容器或管道上。另外，这种法兰受力后不会对筒体或管道产生附加的弯曲应力。

③ 任意式法兰。任意式法兰其整体性介于整体法兰和松式法兰之间，包括未焊透的焊接法兰等。

法兰的形状，还有方形与椭圆形，如图 4-14 所示。方形法兰有利于把管子排列紧凑。椭圆形法兰通常用于阀门和小直径的高压管上。

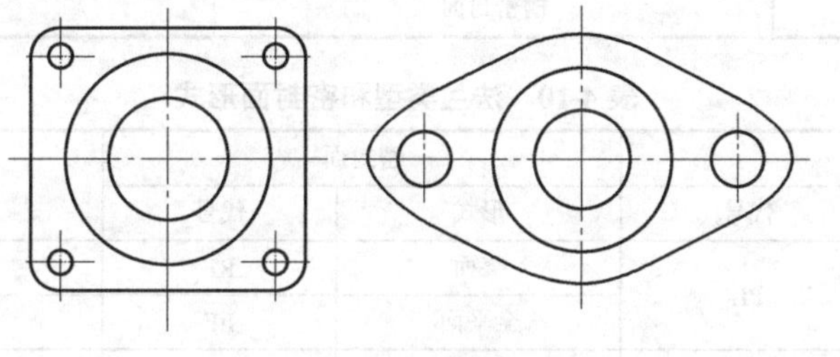

图 4-14　方形与椭圆形法兰

4.3.1.2　法兰密封面

法兰连接的密封性能与密封面形式有直接关系，所以要合理选择密封面的形状，表 4-9、表 4-10 为常见的密封面形式代号与法兰类型。法兰密封面形式的选择，主要考虑工艺条件（压力、温度、介质）、法兰的几何尺寸以及选用的垫片等因素。压力容器和管道中常用的法兰密封面形式如图 4-15 所示，主要有五种形式，即全平面、突面、环连接面、凹凸面和榫槽面。其中以突面、凹凸面和榫槽面应用较多。

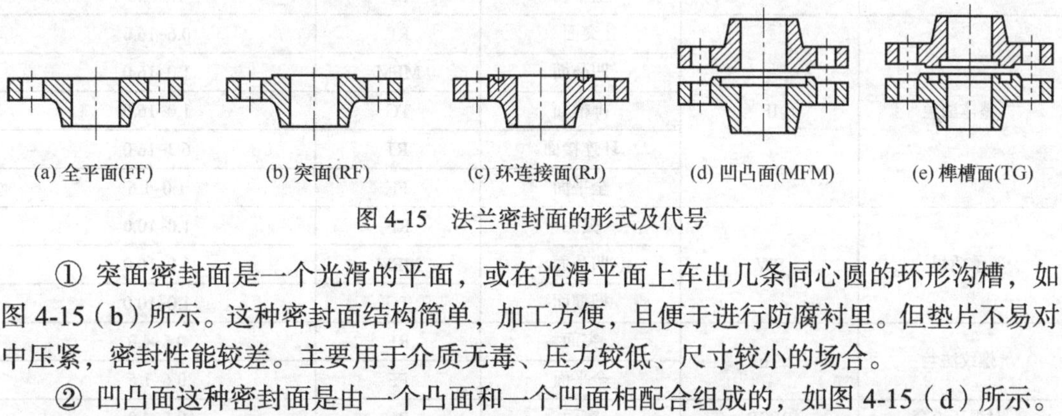

(a) 全平面(FF)　(b) 突面(RF)　(c) 环连接面(RJ)　(d) 凹凸面(MFM)　(e) 榫槽面(TG)

图 4-15　法兰密封面的形式及代号

① 突面密封面是一个光滑的平面，或在光滑平面上车出几条同心圆的环形沟槽，如图 4-15（b）所示。这种密封面结构简单，加工方便，且便于进行防腐衬里。但垫片不易对中压紧，密封性能较差。主要用于介质无毒、压力较低、尺寸较小的场合。

② 凹凸面这种密封面是由一个凸面和一个凹面相配合组成的，如图 4-15（d）所示。在凹面上放置垫片，压紧时能够防止垫片被挤出，密封效果好。但加工比较困难，一般适用于压力稍高或介质易燃、易爆和有毒的场合。

③ 榫槽面这种密封面是由榫面和槽面配对组成，如图 4-15（e）所示。垫片置于槽中，对中性好，压紧时垫片不会被挤出，密封可靠。垫片宽度较小，因而压紧垫片所需的螺栓也就相应较小，即使用于压力较高之时，螺栓尺寸也不致过大。当压力不大时，即使直径较大，也能很好地密封。榫槽型密封面的缺点是结构与制造比较复杂，更换挤在槽中的垫片比较困难。此外，榫部分容易损坏，在拆装或运输过程中应加以注意。榫槽型密封面适于易燃、易爆、有毒的介质以及较高压力的场合。

表 4-9　密封面形式代号

密封面形式		代号
突密封面（平面密封面）		RF
凹凸密封面	凹密封面	FM
	凸密封面	M
榫槽密封面	榫密封面	T
	槽密封面	G

表 4-10　法兰类型和密封面形式

法兰		密封面		公称压力/MPa
类型	代号	形式	代号	
板式平焊	PL	突面	RF	0.25~4.0
		全平面	FF	0.25~1.6
带颈平焊	SO	突面	RF	0.6~4.0
		凹凸面	MFM	1.0~4.0
		榫槽面	TG	1.0~4.0
		全平面	FF	0.6~1.6
带颈对焊	WN	突面	RF	1.0~16.0
		凹凸面	MFM	1.0~16.0
		榫槽面	TG	1.0~16.0
		环连接面	RJ	6.3~16.0
		全平面	FF	1.0~1.6
整体法兰	IF	突面	RF	0.6~16.0
		凹凸面	MFM	1.0~16.0
		榫槽面	TG	1.0~16.0
		环连接面	RJ	6.3~16.0
		全平面	FF	1.0~1.6
承插焊	SW	突面	RF	1.0~10.0
		凹凸面	MFM	1.0~10.0
		榫槽面	TG	1.0~10.0
螺纹法兰	Th	突面	RF	0.6~4.0
		全平面	FF	0.6~1.6
对焊环松套	PJ/SE	突面	RF	0.6~4.0
平焊环松套	PJ/RJ	突面	RF	0.6~1.6
		凹凸面	MFM	1.0~1.6
		榫槽面	TG	1.0~1.6
法兰盖	BL	突面	RF	0.25~16.0
		凹凸面	MFM	1.0~16.0
		榫槽面	TG	1.0~16.0
		环连接面	RJ	6.3~16.0
		全平面	FF	0.25~1.6

续表

法兰		密封面		公称压力/MPa
类型	代号	形式	代号	
衬里法兰	BL（S）	突面	RF	0.6~4.0
		凸面	M	1.0~4.0
		榫面	T	1.0~4.0

注：本表数据参考 HG/T 20592~20635—2009。

4.3.1.3 法兰垫片

（1）垫片材料

用于制作垫片的材料，要求能耐介质腐蚀，不与介质发生化学反应，不污染产品和环境，具有良好的弹性，有一定的机械强度和适当的柔软性，在工作温度和压力下不易变质（硬化、软化、老化）。表 4-11 为垫片选用表。根据不同的介质及其工作温度和压力，垫片材料可分为金属、非金属和金属-非金属组合型三类。

表 4-11 垫片选用表

介质	法兰公称压力 PN/MPa	介质温度/℃	配用压紧面形式	选用垫片	
				名称	材料
油品、油气、液化气、氢气、硫化催化剂、溶剂（丙烷、丙酮、苯、酚、糠醛、异丙醇）、浓度≤25%的尿素	≤16	≤200	平面型	耐油橡胶石棉垫片	耐油橡胶石棉板
		201~300		缠绕式垫片	08（15）钢带-石棉带
	2.5	≤200	平面型	耐油橡胶石棉垫片	耐油橡胶石棉板
	4.0	≤200	平面型（凹凸型）	缠绕式垫片	08（15）钢带-石棉带
	2.5~4.0	201~450		金属包石棉垫片	马口铁-石棉板
	15~4.0	451~600	平面型（凹凸型）	缠绕式合金垫片	0Cr13（1Cr13 或 2Cr13） 08（15）钢带-石棉带
	6.4~16	≤450	梯形槽	八角形截面垫片	08（10）
		451~600			1Cr18Ni9（1Cr18Ni9Ti）
蒸汽	1.0~1.6	≤250	平面型	石棉橡胶垫片	中压石棉橡胶板
	2.5~4.0	251~450	平面型 凹凸型	缠绕式垫片 金属包石棉垫片	08（15）钢带-石棉带、 马口铁-石棉板
	10	450	梯形槽	八角形截面垫片	08（10）
水	6.4~16	≤100			
盐水	≤1.6	≤60	平面型	橡胶垫片	橡胶板
		≤150			
气氨液氨	2.5	≤150	凹凸型（榫槽型）	石棉橡胶垫片	中压石棉橡胶板
空气、惰性气体	≤1.6	≤200	平面型		

续表

介质	法兰公称压力 PN/MPa	介质温度/°C	配用压紧面形式	选用垫片	
				名称	材料
≤98%的硫酸 ≤35%的盐酸	≤1.6	≤90	平面型	石棉橡胶垫片	中压石棉橡胶板
45%的硝酸	0.25~0.6	≤45	平面型	软塑料垫片	软聚氯乙烯、聚乙烯、聚四氟乙烯
液碱	≤1.6	≤60	平面型	石棉橡胶垫片 橡胶垫片	中压石棉橡胶板

① 金属垫片。金属垫片的材料有软铝、铜、软钢和不锈钢等，断面形状有矩形型、波纹型、齿型、椭圆型和八角型等。金属垫片常用在中高温和中高压的法兰连接中。

② 非金属垫片。常用材料有橡胶、石棉橡胶、聚四氟乙烯等，断面形状一般为矩形或O形，柔软、耐腐蚀，但使用压力较低，耐温度和压力的性能较金属垫片差，一般只用在中压、中温及其以下温度压力的法兰连接中。普通橡胶垫仅用于低压和温度低于 100℃的水、蒸汽等无腐蚀性介质。石棉橡胶主要用于温度低于 350℃的水、油、蒸汽等场合。聚四氟乙烯则用于腐蚀性介质的设备上。

③ 金属-非金属组合垫片。组合垫片增加了金属的回弹性，提高了耐蚀、耐热、密封性能，适用于较高压力和温度。常用的组合垫片有金属包垫片和缠绕垫片。金属包垫片以石棉、石棉橡胶作为芯材，外包镀锌铁皮或不锈钢薄板。缠绕垫片是由金属薄带和非金属填充物石棉、石墨等相间缠绕而成。

（2）垫片尺寸

垫片的几何尺寸主要表现在其厚度和宽度。垫片越厚，变形量就越大，所需的密封比压较小，弹性较大，适应性较强。一般内压较高的场合宜采用较厚的垫片。但是，若垫片过厚，其比压分布就可能不均匀，垫片容易压坏。中低压容器或管道适用垫片厚度通常为1~3mm。垫片的宽度也不是越宽越好。宽度越大，需要预紧力越大，从而使螺栓数量增多或直径变大。对于给定的法兰，垫片宽度根据法兰密封面尺寸而定。

4.3.1.4 法兰标准

为了增加法兰的互换性、降低成本，法兰已标准化。在实际设计工作中，应尽可能选用标准法兰，只有无法选用标准法兰时，才自行设计。

法兰标准分为容器法兰标准和管法兰标准。容器法兰只用于容器或设备的壳体间的连接，如筒节与筒节、筒节与封头的连接，管法兰只用于管道间的连接。要注意相同公称直径、公称压力的管法兰与容器法兰的连接尺寸是不同的，二者不能互相套用。实际使用时，选择法兰的主要参数是公称直径和公称压力。

（1）公称直径和公称压力

公称直径是容器及管道标准化以后的尺寸系列。对容器而言，当其筒体是由钢板卷制而成，则其公称直径是指容器的内径；当筒体直径较小时可直接采用无缝钢管制作，此时公称直径是指钢管的外径。设计时应将工艺计算初步确定的设备直径，调整为符合表 4-12 所规定的公称直径。

表 4-12　压力容器的公称直径　　单位：mm

筒体由钢板卷制而成	300	350	400	450	500	550	600	650	700	750	800	850
	900	950	1000	1100	1200	1300	1400	1500	1600	1700	1800	1900
	2000	2100	2200	2300	2400	2500	2600	2700	2800	2900	3000	3100
	3200	3300	3400	3500	3600	3700	3800	3900	4000	4200	4300	4400
	4500	4600	4700	4800	4900	5000	5100	5200	5300	5400	5500	5600
	5700	5800	5900	6000								
筒体由无缝钢管制作	159		219		273		325		377		426	

对管子或管件而言，其公称直径是指名义直径，又称为公称通径，既不是外径，也不是内径，是与其内径相接近的某个数值。公称通径相同的管子外径是相同的，但由于壁厚可有多个，显然内径也是多个。我国石油化工行业广泛使用的钢管公称通径和钢管外径配有 A、B 两个系列，详见表 4-13。A 系列为国际通用系列，俗称英制管；B 系列为国内沿用系列，俗称公制管。

表 4-13　钢管公称通径和外径　　单位：mm

公称通径 DN		10	15	20	25	32	40	50	65	80	100
钢管外径	A	17.2	21.3	26.9	33.7	42.4	48.3	60.3	76.1	88.9	114.3
	B	14	18	25	32	38	45	57	76	89	108
公称通径 DN		125	150	200	250	300	350	400	450	500	600
钢管外径	A	139.7	168.3	219.1	273	323.9	355.6	406.4	457	508	610
	B	133	1S9	219	273	325	377	426	480	530	630
公称通径 DN		700	800	900	1000	1200	1400	1600	1800	2000	
钢管外径	A	711	813	914	1016	1219	1422	1626	1829	2032	
	B	720	820	920	1020	1220	1420	1620	1820	2020	

公称压力是容器或管道的标准化压力等级，即按标准化的要求将工作压力划分为若干个压力等级。公称压力以“PN”表示。每个公称压力是表示一定材料和一定操作温度下的最大允许工作压力。我国公称压力系列如表 4-14 所示。

表 4-14　法兰公称压力 PN（1bar=10^5Pa）

压力容器法兰/MPa		0.25	0.6	1.0	1.6	2.5	4.0	6.4					
管法兰/bar	欧洲体系	2.6	6	10	16	25	40	63	100	160			
	美洲体系	20(Class150)		50(Class300)		110(Class600)		150(Class900)		260 (Class1500)		420 (Class2500)	

（2）压力容器法兰

我国的压力容器法兰标准为 NB/T 47020~47027—2012《压力容器法兰、垫片、紧固件[合订本]》是国家能源局的推荐标准，适用于公称压力 0.25~6.4MPa，工作温度 70~450℃的碳钢、低合金钢制压力容器法兰。它包括甲型平焊法兰（NB/T 47021—2012）、乙型平焊法兰（NB/T 47022—2012）及长颈对焊法兰（NB/T 47023—2012）三种结构形式以及垫片等

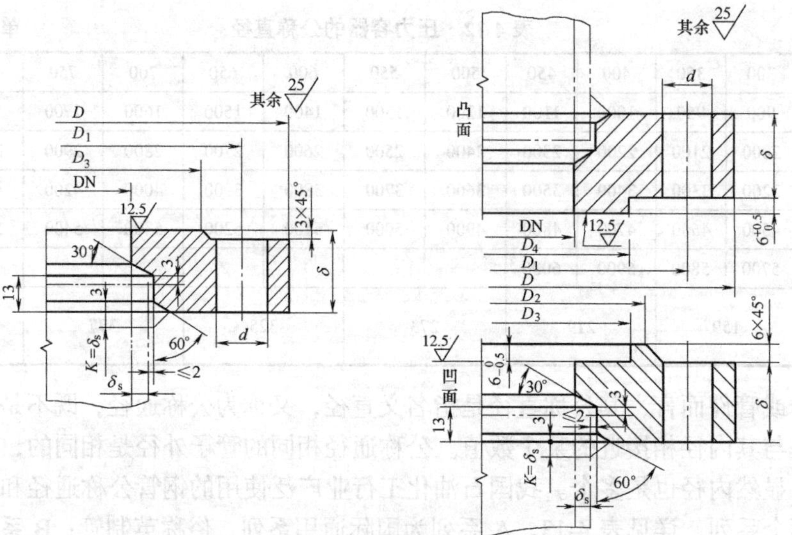

(a) 平面密封面　　(b) 凹凸密封面

图 4-16　甲型平焊法兰

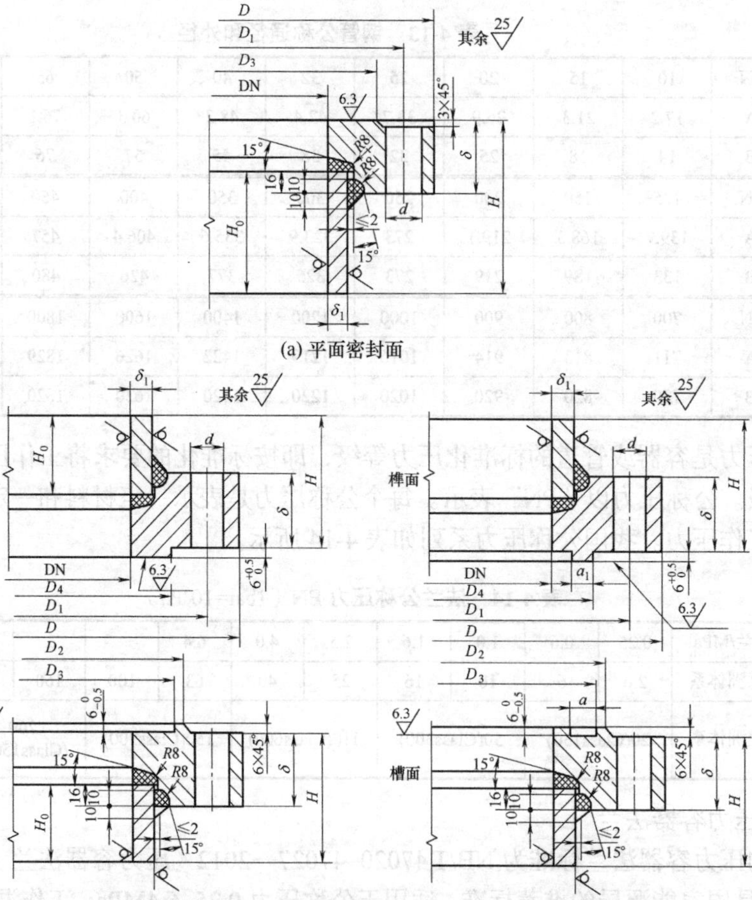

(a) 平面密封面

(b) 凹凸密封面　　(c) 榫槽密封面

图 4-17　乙型平焊法兰

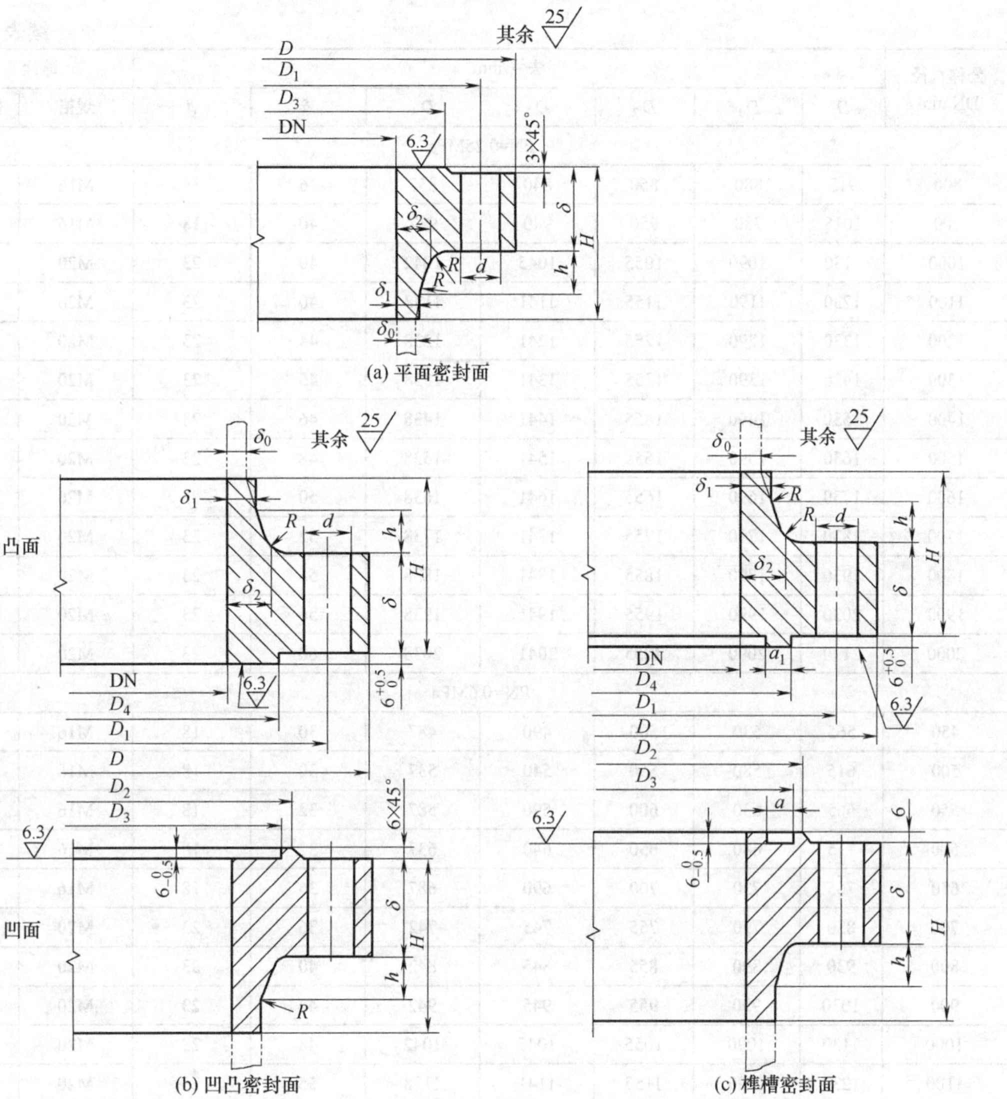

图 4-18　长颈对焊法兰

共 8 个标准。

平焊法兰有甲、乙两种形式。甲型平焊法兰的结构如图 4-16 所示，其中图（a）为平面密封面，图（b）为凹凸密封面。乙型法兰的三种密封结构如图 4-17 所示，它带有一个短筒节，因此刚性较甲型法兰为好，可用于压力较高、直径较大的场合。

长颈对焊法兰的三种密封结构如图 4-18。

以甲型平焊法兰为例介绍平面密封结构见图 4-16，系列尺寸见表 4-15。

表 4-15　甲型平焊法兰尺寸（NB/T 47021—2012）

公称直径 DN/mm	法兰/mm							螺栓	
	D	D_1	D_2	D_3	D_4	δ	d	规格	数量
PN=0.25MPa									
700	815	780	750	740	737	36	18	M16	28

续表

公称直径 DN/mm	法兰/mm							螺栓	
	D	D_1	D_2	D_3	D_4	δ	d	规格	数量
PN=0.25MPa									
800	915	880	850	840	837	36	18	M16	32
900	1015	980	950	940	937	40	18	M16	36
1000	1130	1090	1055	1045	1042	40	23	M20	32
1100	1230	1190	1155	1141	1138	40	23	M20	32
1200	1330	1290	1255	1241	1238	44	23	M20	36
1300	1430	1390	1355	1341	1338	46	23	M20	40
1400	1530	1490	1455	1441	1438	46	23	M20	40
1500	1630	1590	1555	1541	1538	48	23	M20	44
1600	1730	1690	1655	1641	1638	50	23	M20	48
1700	1830	1790	1755	1741	1738	52	23	M20	52
1800	1930	1890	1855	1841	1838	56	23	M20	52
1900	2030	1990	1955	1941	1938	56	23	M20	56
2000	2130	2090	2055	2041	2038	60	23	M20	60
PN=0.6MPa									
450	565	530	500	490	487	30	18	M16	20
500	615	580	550	540	537	30	18	M16	20
550	665	630	600	590	587	32	18	M16	24
600	715	680	650	640	637	32	18	M16	24
650	765	730	700	690	687	36	18	M16	28
700	830	790	755	745	742	36	23	M20	24
800	930	890	855	845	842	40	23	M20	24
900	1030	990	955	945	942	44	23	M20	32
1000	1130	1090	1055	1045	1042	48	23	M20	36
1100	1230	1190	1155	1141	1138	55	23	M20	44
1200	1330	1290	1255	1241	1238	60	23	M20	52
PN=1.0MPa									
300	415	380	350	340	337	26	18	M16	16
350	465	430	400	390	387	26	18	M16	16
400	515	480	450	440	437	30	18	M16	20
450	565	530	500	490	487	34	18	M16	24
500	630	590	555	545	542	34	23	M20	20
550	680	640	605	595	592	38	23	M20	24
600	730	690	655	645	642	40	23	M20	24
650	780	740	705	695	694	44	23	M20	28
700	830	790	755	745	742	46	23	M20	32
800	930	890	855	845	842	54	23	M20	40

续表

公称直径 DN/mm	法兰/mm							螺栓	
	D	D_1	D_2	D_3	D_4	δ	d	规格	数量
900	1030	990	955	945	942	60	23	M20	48
PN=1.6MPa									
300	430	390	355	345	342	30	23	M20	16
350	480	440	405	395	392	32	23	M20	16
400	530	490	455	445	442	36	23	M20	20
450	580	540	505	495	492	40	23	M20	24
500	630	590	555	545	542	44	23	M20	28
550	680	640	605	595	592	50	23	M20	36
600	730	690	655	645	642	54	23	M20	40
650	780	740	705	695	692	58	23	M20	44

该标准中法兰的公称压力等级是以 Q345R（16MnR）板材，工作温度为 20℃时的最大允许工作压力为基准制定的。在同一公称压力下，温度升高或降低，允许的工作压力相应地降低或提高；若温度不变而所选的材料不同，则允许的工作压力也不同。例如，公称压力为 0.6MPa 的标准法兰，该法兰是用 Q345R 制造的，在 200℃时它的最大允许工作压力为 0.6MPa，而在 300℃时它的最大允许工作压力为 0.51MPa；再如公称压力为 0.6MPa 的标准法兰，当使用温度 200℃不变时，如果把法兰材料改为强度低于 Q345R 的 Q235B，则此时法兰的最大允许工作压力只有 0.16MPa。总之，只要法兰的公称直径、公称压力确定了，法兰的尺寸也就确定了。至于这个法兰的最大允许工作压力是多少，那就要看法兰的工作温度和用什么材料制造的。所以选定的标准容器法兰的公称压力等级必须满足确定材料的法兰在工作温度下的最大允许工作压力不低于工作压力。

特别强调的是，当容器的筒体选用无缝钢管时，它配用的标准法兰要选用管法兰而不是容器法兰；真空系统容器法兰选用的公称压力等级一般应不小于 0.6MPa。

表 4-16 为 0.25MPa 到 4MPa 公称压力等级的压力容器标准法兰在不同温度和材料下的最大允许工作压力数值。

表 4-16 甲型、乙型平焊法兰在最大允许工作压力 单位：MPa

公称压力 PN/MPa	法兰材料		工作温度/℃				备注
			>-20~200	250	300	350	
0.25	板材	Q235B	0.16	0.15	0.14	0.13	工作温度下限 20℃
		Q235C	0.18	0.17	0.15	0.14	
		Q245R	0.19	0.17	0.15	0.14	
		Q345R	0.25	0.24	0.21	0.20	
	锻件	20	0.19	0.17	0.15	0.14	工作温度下限 0℃
		16Mn	0.26	0.24	0.22	0.21	
		20MnMo	0.27	0.27	0.26	0.25	

续表

公称压力 PN/MPa	法兰材料		工作温度/℃				备注
			>-20~200	250	300	350	
0.60	板材	Q235B	0.40	0.36	0.33	0.30	工作温度下限 20℃
		Q235C	0.44	0.40	0.37	0.33	
		Q245R	0.45	0.40	0.36	0.34	
		Q345R	0.60	0.57	0.51	0.49	
	锻件	20	0.45	0.40	0.36	0.34	工作温度下限 0℃
		16Mn	0.61	0.59	0.53	0.50	
		20MnMo	0.65	0.64	0.63	0.60	
1.00	板材	Q235B	0.66	0.61	0.55	0.50	工作温度下限 20℃
		Q235C	0.73	0.67	0.61	0.55	
		Q245R	0.74	0.67	0.60	0.56	
		Q345R	1.00	0.95	0.86	0.82	
	锻件	20	0.74	0.67	0.60	0.56	工作温度下限 0℃
		16Mn	1.02	0.98	0.88	0.83	
		20MnMo	1.09	1.07	1.05	1.00	
1.6	板材	Q235B	1.06	0.97	0.89	0.80	工作温度下限 20℃
		Q235C	1.17	1.08	0.98	0.89	
		Q245R	1.19	1.08	0.96	0.90	
		Q345R	1.60	1.53	1.37	1.31	
	锻件	20	1.19	1.08	0.96	0.9	工作温度下限 0℃
		16Mn	1.64	1.56	1.41	1.33	
		20MnMo	1.74	1.72	1.68	1.60	
2.5	板材	Q235C	1.83	1.68	1.53	1.38	工作温度下限 0℃
		Q245R	1.86	1.69	1.50	1.40	
		Q345R	2.50	2.39	2.14	2.05	
	锻件	20	1.86	1.69	1.50	1.40	
		16Mn	2.56	2.44	2.20	2.08	
		20MnMo	2.92	2.86	2.82	2.73	DN<1400
		20MnMo	2.67	2.83	2.59	2.50	DN≥1400
4.0	板材	Q245R	2.97	2.70	2.39	2.24	工作温度下限 0℃
		Q345R	4.00	3.82	3.42	3.27	
	锻件	20	2.97	2.70	2.39	2.24	
		16Mn	4.09	3.91	3.52	3.33	
		20MnMo	4.64	4.56	4.51	4.36	DN<1500
		20MnMo	4.27	4.20	4.14	4.00	DN≥1500

（3）管法兰

目前，在化工、炼油、冶金、电力、轻工、医药和化纤等领域使用最为广泛的管法兰标准为 HG/T 20592~20635—2009《钢制管法兰、垫片、紧固件》。

管法兰的形式除了平焊法兰、对焊法兰外，还有松套法兰、螺纹法兰和法兰盖等。管法兰标准的查选方法、步骤与压力容器法兰相同。

在此仅对管法兰的参数和形式（HG/T 20592—2009）作简要的介绍。

① 公称压力。在 PN 系列中，管法兰标准中公称压力单位改用 bar（$1bar=10^5Pa$），压力级别分为 PN2.5、6、10、16、25、40、63、100、160bar 九个系列。

② 公称直径。管法兰配管的公称直径见表 4-13，表中列举了常用钢管公称直径和外径，钢管外径包括 A、B 两个系列。其中，A 为国际通用系列（即英制管），B 为国内沿用系列（即公制管）。

③ 法兰类型及代号。HG/T 20592—2009 标准中管法兰类型及其代号如图 4-9 所示。法兰的类型共分为 10 种，密封面形式有 5 种，其名称和代号如图 4-19 所示。

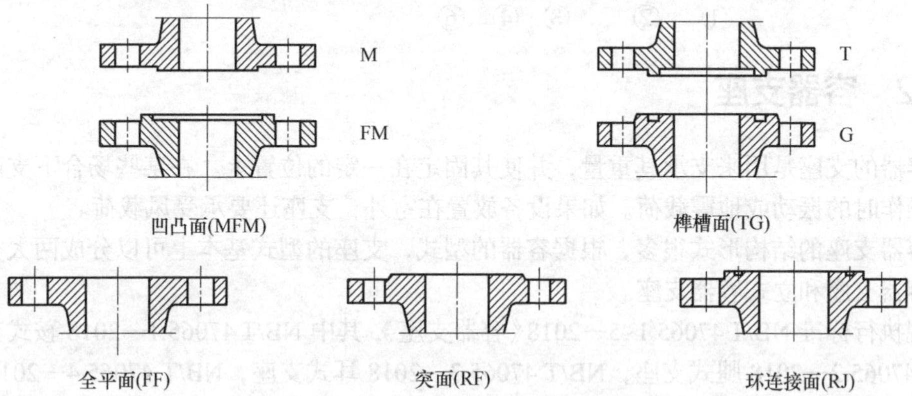

图 4-19 管法兰密封面形式及其代号

4.3.1.5 法兰连接的设计步骤

① 根据设计任务，确定法兰形式；
② 由法兰形式和设计温度，确定法兰材料；
③ 由法兰材料和设计温度，确定法兰公称压力；
④ 由法兰形式和公称压力，确定法兰各部分尺寸及螺栓直径、个数；
⑤ 由法兰形式和设计温度确定垫片种类、材料和螺栓、螺母材料，并由对应的标准中查出垫片的尺寸。

4.3.1.6 法兰命名

（1）压力容器法兰命名

压力容器法兰标记由 7 部分代号组成，具体型式为：①—②③—④/⑤—⑥⑦。其中：①为法兰名称及代号，一般法兰为“法兰”，衬环法兰为“法兰 C”；②为密封面形式代号，见表 4-10；③为公称直径，mm；④为公称压力，MPa；⑤为法兰厚度，mm；⑥为法兰总高度，mm；⑦为标准号。当法兰厚度和法兰总高度均采用标准值时，⑤和⑥标记可省略。

例如公称压力为 1.6MPa、公称直径 1000mm、带衬环的平面乙型法兰，标记为：

法兰 C—RF1000—1.60 NB/T 47022—2012
① ② ③ ④ ⑦

（2）管法兰命名

管法兰的标记方式为：HG/T 20592 法兰（或法兰盖）①②③④⑤⑥⑦。其中，①为法兰类型代号；②为法兰公称尺寸 DN 与适用钢管外径系列。整体法兰、法兰盖、衬里法兰盖、螺纹法兰适用钢管外径系列的标记可省略；适用于 A 系列（英制管）钢管外径的法兰，适用钢管外径系列的标记可省略；适用于 B 系列（公制管）钢管外径的法兰，标记为“DN ×××（B）”；③为法兰公称压力等级 PN；④为密封面形式代号，如图 4-17 所示；⑤为钢管厚度（mm）；⑥为材料牌号；⑦为其他。

例如公称尺寸为 100mm、公称压力为 PN6、配用公制管的突面板式平焊钢制管法兰，材料为 Q345R，标记为：

HG/T 20592 法兰 PL 100（B） 6 RF Q345R
① ② ③ ④ ⑥

4.3.2 容器支座

容器的支座是用来支承其重量，并使其固定在一定的位置上。在某些场合下支座还要承受操作时的振动或地震载荷。如果设备放置在室外，支座还要承受风载荷。

容器支座的结构形式很多，根据容器的型式，支座的型式基本上可以分成两大类，即卧式容器支座和立式容器支座。

现执行标准 NB/T 47065.1~5—2018《容器支座》，其中 NB/T 47065.1—2018 鞍式支座，NB/T 47065.2—2018 腿式支座，NB/T 47065.3—2018 耳式支座，NB/T 47065.4—2018 支承式支座，NB/T 47065.5—2018 刚性环支座。

4.3.2.1 卧式容器支座

卧式容器的支座有三种：鞍座、圈座和支腿。

常见的卧式容器和大型卧式储槽、热交换器等多采用鞍座，如图 4-20 所示。这是应用最广泛的一种卧式容器支座。但对大直径薄壁容器和真空操作的容器或支承数多于两个时，采用圈式支座比采用鞍式支座受力情况更好些，而支腿支承一般只适用于小直径的容器。

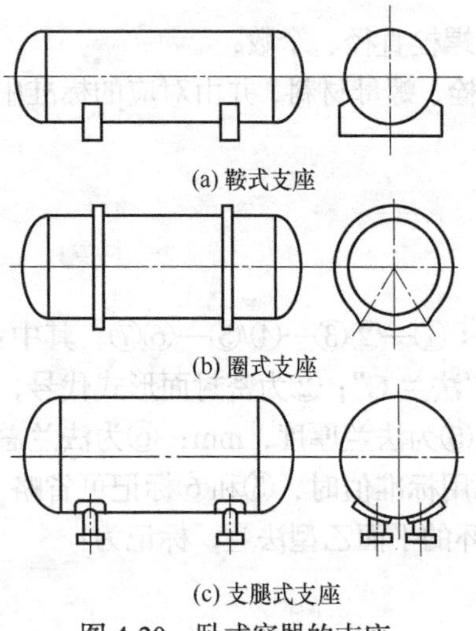
(a) 鞍式支座

(b) 圈式支座

(c) 支腿式支座

图 4-20 卧式容器的支座

设备受热会伸长，如果不允许设备有自由伸长的可能性，则在器壁中将产生热应力。如果设备在操作与安装时的温度相差很大，可能由于热应力而导致设备的破坏。因此在操作时要加热的设备总是将一个支座做成固定式的，另一个做成活动式的，使设备与支座间可以有相对的位移。

活动式支座有滑动式和滚动式两种。滑动式的如图 4-21 所示，支座与器身固定，而支座能在基础面上自由滑动。这种结构简单，较易制造，但支座与基础面之间的摩擦力很大，有时螺栓因年久而锈住，支座也就无法活动。图 4-22 所示是滚动式支座，支座本身固定在设备上，而支座与基础间装有滚子，这种支座移动时摩擦力很小，但造价较高。

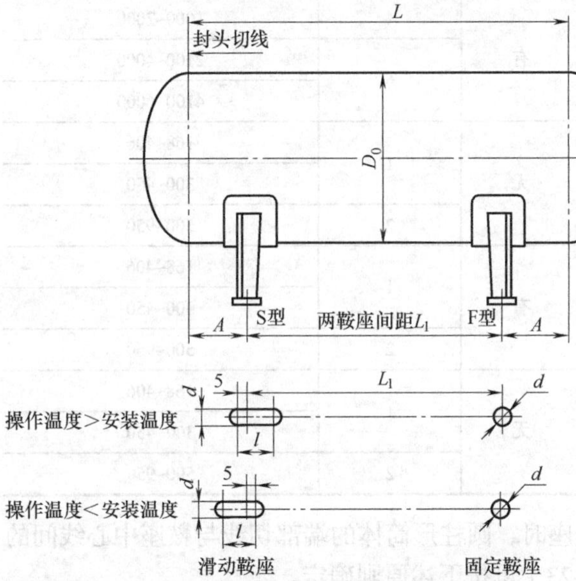

图 4-21　滑动式双鞍座支座

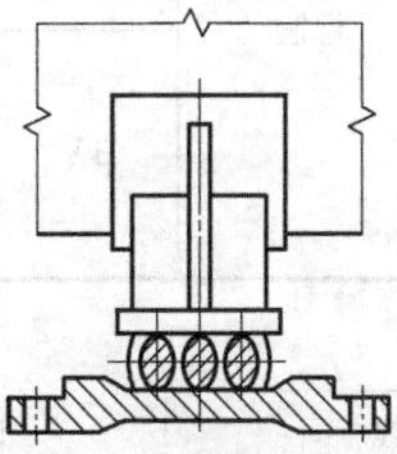

图 4-22　滚动式支座

（1）双鞍式支座的结构与标准

双鞍式支座见图 4-21，它由横向直立筋板、轴向直立筋板和底板焊接而成。在与设备筒体连接处，有带加强垫板和不带加强垫板的两种结构，图 4-21 所示为带加强板结构。加强垫板的材料应与设备壳体材料相同。鞍座的材料（加强垫板除外）一般为 Q235A.F，如需要使用其他材料，垫板材料一般应与容器圆筒材料相同。

鞍座的底板尺寸应保证基础的水泥面不被压坏。根据底板上螺栓孔形状的不同，每种形式的鞍座又分为 F 型（固定支座）和 S 型（活动支座），F 型和 S 型底板的各部尺寸，除地脚螺栓孔外，其余均相同。在一台容器上，F、S 型总是配对使用。活动支座的螺栓采用长圆形地脚螺栓和两个螺母，第一个螺母拧紧后倒退一圈，然后将第二个螺母锁紧，以使鞍座能在基础面上自由滑动。

鞍座标准分为轻型（A）和重型（B）两大类。重型鞍式支座按制作方式、包角及附带垫板情况分 BI~BV 五种型号，各种型号的鞍式支座结构特征见表 4-17。

表 4-17　鞍座形式特征

形式			包角	地板	筋板数	适用公称直径 DN/mm
轻型	焊接	A	120°	有	4	1000~2000
					6	2100~4000
重型	焊制	BⅠ	120°	有	1	168~406
						300~450
					2	500~900
					4	1000~2000
					6	2100~4000
						4100~6000

续表

形式			包角	地板	筋板数	适用公称直径 DN/mm
重型	焊制	BⅡ	150°	有	4	1000~2000
					6	2100~4000
						4100~6000
		BⅢ	120°	无	1	168~406
						300~450
					2	500~950
	弯制	BⅣ	120°	有	1	168~406
						300~450
					2	500~950
		BⅤ	120°	无	1	168~406
						300~450
					2	500~950

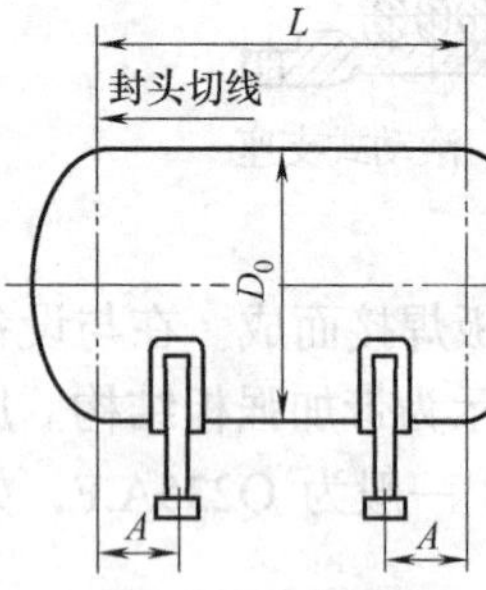

图 4-23 双鞍座

采用双鞍座时，圆柱形筒体的端部切线与鞍座中心线间的距离 A（图 4-23）可按下述原则确定。

当筒体 L/D_0 较小，或鞍座所在平面内有加强圈时，取 $A<0.2L$。

当筒体的 L/D_0 较大，且鞍座所在平面内又无加强圈时，取 $A<D_0/4$，且 A 不宜大于 $0.2L$。当需要时，A 最大不得大于 $0.25L$。

鞍式支座选用说明如下。

① 在标准系列中鞍式支座有 200mm、300mm、400mm、500mm 四种规格，但可根据要求改变。当鞍座高度增加时，其允许载荷随之降低，可参照相关规范确定。

② 根据鞍座实际承载的大小，确定选用轻型（A 型）或重型（BⅠ，BⅡ，BⅢ，BⅣ，BⅤ型）鞍座，根据容器圆筒强度确定选用 120° 包角或 150° 包角的鞍座。

③ 垫板选用：公称直径小于或等于 900mm 的容器，鞍座分为带垫板和不带垫板两种结构形式，当符合下列条件之一时，必须设置垫板。

a. 容器圆筒有效壁厚小于或等于 3mm 时。

b. 容器圆筒鞍座处的周向应力大于规定值时。

c. 容器圆筒有热处理要求时。

d. 容器圆筒与鞍座间温差大于 200℃时。

e. 当容器圆筒材料与鞍座材料不具有相同或相近化学成分和性能指标时。

④ 基础垫板：当容器基础为钢筋混凝土时，滑动鞍座底板下面必须安装基础垫板，基础垫板必须保持平整光滑。

图 4-24 和表 4-18 给出了 DN500~900mm、120° 包角重型带垫板鞍式支座结构和尺寸。

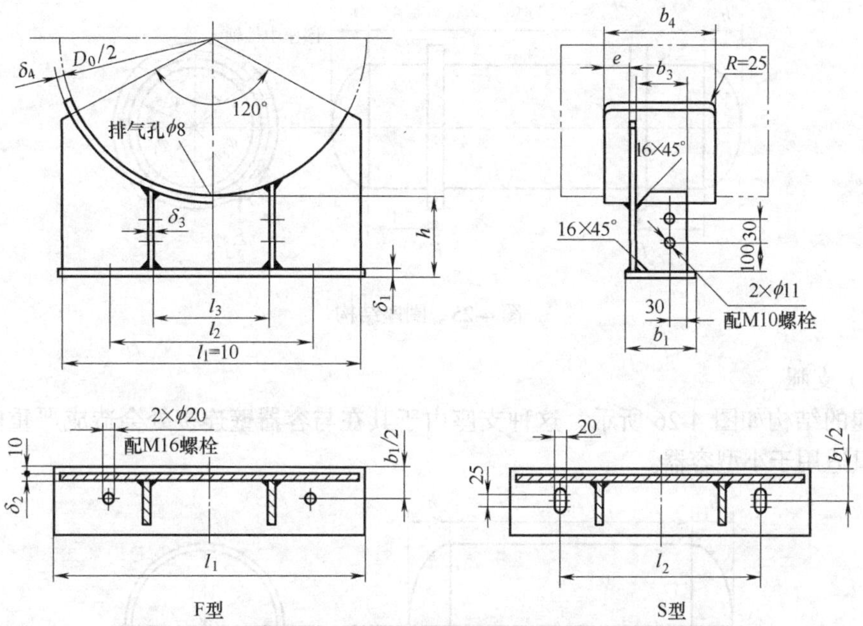

图 4-24 DN500~900mm、120°包角重型带垫板鞍式支座结构

表 4-18 DN500~900mm、120°包角重型带垫板鞍式支座尺寸

公称直径 DN (D_0)	允许载荷 Q/kN	鞍座高度 h	底板 l_1	底板 b_1	底板 δ_1	腹板 δ_2	筋板 l_3	筋板 b_3	筋板 δ_3	垫板 弧长	垫板 b_4	垫板 δ_4	垫板 e	螺栓间距 l_2	鞍座质量/kg 带垫板	鞍座质量/kg 不带垫板	增加100mm高度增加质量/kg
500	155		460				250			590				330	21	15	4
550	160		510				275			650				360	23	17	5
600	165		550			8	300		8	710	240		56	400	25	18	5
650	165	200	590	150	10		325	120		770		6		430	27	19	5
700	170		640				350			830				460	30	21	5
800	220		720			10	400		10	940	260		65	530	38	27	7
900	225		810				450			1060				590	43	30	8

鞍座标记方法：①标准号；②支座类型；③支座型号；④公称直径；⑤支座形式。

如公称直径为 1600mm 的轻型（A 型）鞍座，标记为：

NB/T 47065.1~5—2018 鞍座 A 1600-F；NB/T 47065.1~5—2018 鞍座 A 1600-S。

（①标准号 ②支座类型 ③支座型号 ④公称直径 ⑤支座形式）

（2）圈座

圈座适用的范围是：因自身重而可能造成严重挠曲的薄壁容器；支承数多于两个支承的长容器。圈座的结构如图 4-25 所示。

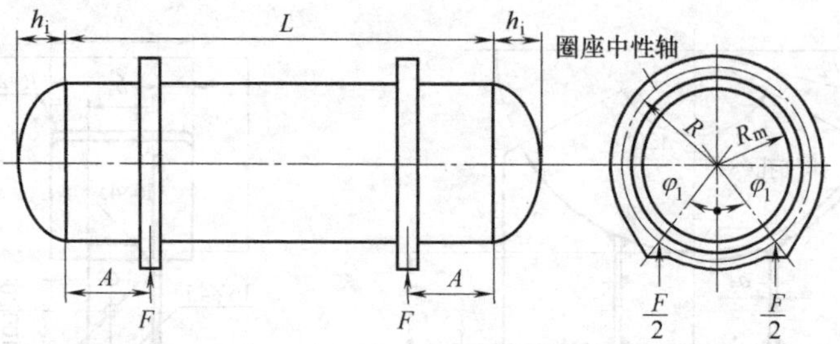

图 4-25　圈座结构

（3）支腿

支腿的结构如图 4-26 所示，这种支座由于其在与容器壁连接处会造成严重的局部应力，故只适用于小型容器。

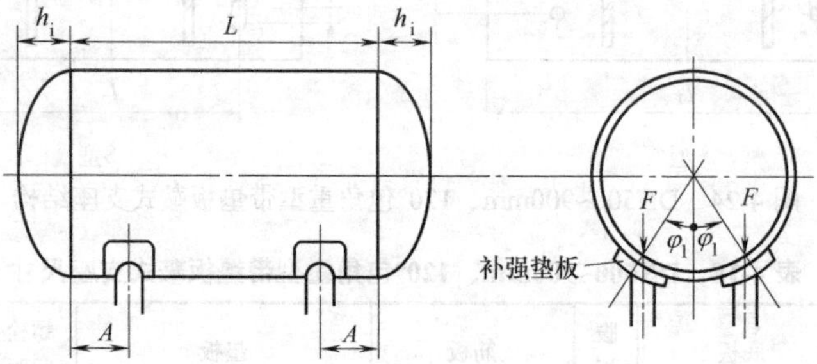

图 4-26　支腿结构

4.3.2.2　立式容器支座

立式容器支座主要有耳式支座（又称悬挂式支座）、支承式支座和裙式支座三种。小型直立容器常采用前两种支座，高大的塔设备则多采用裙式支座。

（1）耳式支座

① 耳式支座结构。耳式支座又称悬挂式支座，它由筋板和支脚板组成，广泛应用于反应釜及立式换热器等设备上，优点是简单、轻便，但对器壁会产生较大的局部应力。因此，当设备较大或器壁较薄时，应在支座与器壁间加一垫板，垫板的材料最好与筒体材料相同，如不锈钢设备用碳钢作支座时，为防止器壁与支座在焊接过程中合金元素的流失，应在支座与器壁间加一个不锈钢垫板，因此耳式支座分带垫板和不带垫板两种。耳式支座的筋板和底板材料分为 4 种，见表 4-19。

表 4-19　耳式支座的筋板和底板材料代号

材料代号	Ⅰ	Ⅱ	Ⅲ	Ⅳ
材料牌号	Q235A	16MnR	0Cr18Ni9	15CrMoR

按筋板宽度的不同，耳式支座还分为 A 型（短臂）、B 型（长臂）和 C 型（加长臂）三类，每类又有带垫板和不带垫板的两种，不带垫板的分别以 AN、BN 和 CN 表示，具体见表 4-20。

表 4-20　耳式支座结构形式和适用公称直径

形式		支座号	垫板	盖板	适用公称直径 DN/mm
短臂	A	1~5	有	无	300~2600
		6~8		有	1500~4000
长臂	B	1~5	有	无	300~2600
		6~8		有	1500~4000
加长臂	C	1~3	有	有	300~1400
		4~8			1000~4000

图 4-27 和表 4-21 给出了 A 型耳式支座的结构及系列参数与尺寸。

B 型耳式支座有较宽的安装尺寸，当设备外面有保温层或者将设备直接放在楼板上时，宜采用 B 型耳式支座。B 型耳式支座的结构及系列参数与尺寸见图 4-28 和表 4-22 所示。

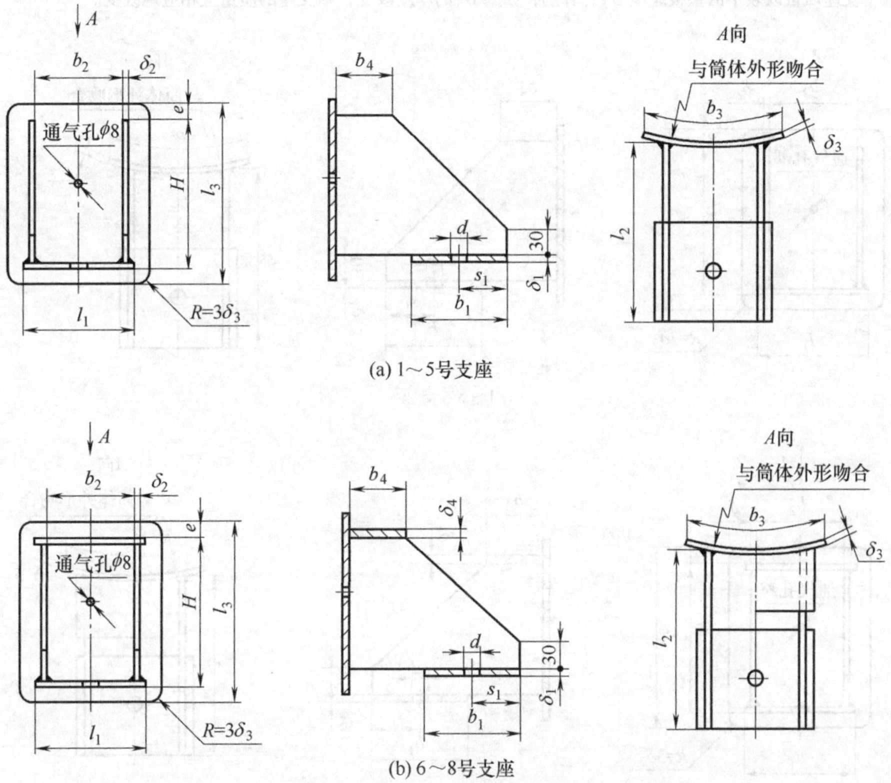

(a) 1～5号支座

(b) 6～8号支座

图 4-27　A 型耳式支座

表 4-21　A 型耳式支座系列参数与尺寸　　单位：mm

A 型支座系列参数尺寸

支座号	支座允许载荷 Q/kN Q235A (0Cr18Ni9)	支座允许载荷 Q/kN 16MnR (15CrMoR)	适用容积公称直径 DN	高度 H	底板 l_1	底板 b_1	底板 δ_1	底板 s_1	筋板 l_2	筋板 b_2	筋板 δ_2	垫板 l_3	垫板 b_3	垫板 δ_3	垫板 e	盖板 b_4	盖板 δ_4	地脚螺栓 d	地脚螺栓 规格	支座质量 /kg
1	10	14	300~600	125	100	60	6	30	80	70	4	160	125	6	20	30	—	24	M20	1.7
2	20	26	500~1000	160	125	80	8	40	100	90	5	200	160	6	24	30	—	24	M20	3

续表

支座号	支座允许载荷 Q/kN		适用容积公称直径 DN	高度 H	底板				筋板			垫板				盖板		地脚螺栓		支座质量 /kg
	Q235A (0Cr18Ni9)	16MnR (15CrMoR)			l_1	b_1	δ_1	s_1	l_2	b_2	δ_2	l_3	b_3	δ_3	e	b_4	δ_4	d	规格	
3	30	44	700~1400	200	160	105	10	50	125	110	6	250	200	8	30	30	—	30	M24	6
4	60	90	1000~2000	250	200	140	14	70	160	140	8	315	250	8	40	30	—	30	M24	11.1
5	100	120	1300~2600	320	250	180	16	90	200	180	10	400	320	10	48	30	—	30	M24	21.6
6	150	190	1500~3000	400	320	230	20	115	250	230	12	500	400	12	60	50	12	36	M30	42.7
7	200	230	1700~3400	480	375	280	22	130	300	280	14	600	480	14	70	50	14	36	M30	69.8
8	250	320	2000~4000	600	480	360	26	145	380	350	16	720	600	16	72	50	16	36	M30	123.9

A 型支座系列参数尺寸

注：表中支座质量以表中的垫板厚度 δ_3 计算的，如果 δ_3 的厚度改变，则支座的质量应相应地改变。

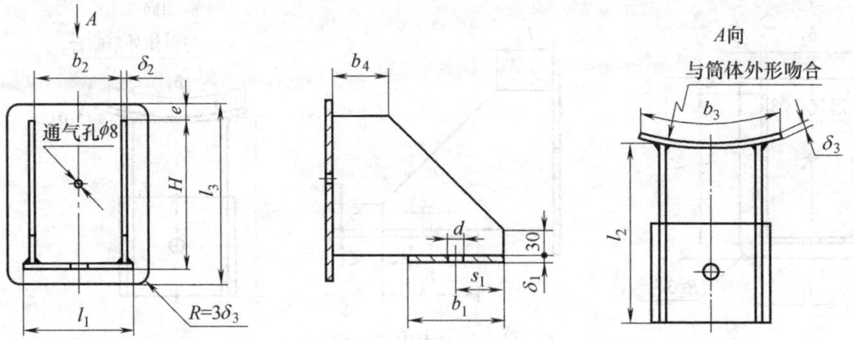

(a) 1～5号支座

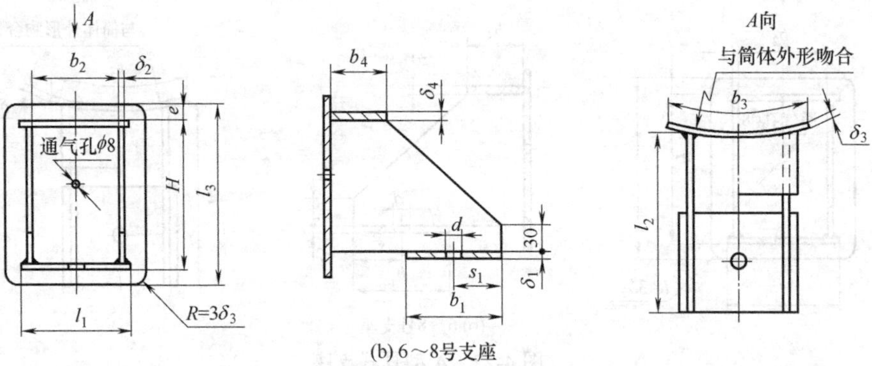

(b) 6～8号支座

图 4-28　B 型耳式支座

表 4-22　B 型耳式支座系列参数尺寸　　单位：mm

B 型支座系列参数尺寸

支座号	支座允许载荷 Q/kN		适用容积公称直径 DN	高度 H	底板				筋板			垫板				盖板		地脚螺栓		支座质量 /kg
	Q235A (0Cr18Ni9)	16MnR (15CrMoR)			l_1	b_1	δ_1	s_1	l_2	b_2	δ_2	l_3	b_3	δ_3	e	b_4	δ_4	d	规格	
1	10	14	300~600	125	100	60	6	30	160	70	5	160	125	6	20	50	—	24	M20	2.5
2	20	26	500~1000	160	125	80	8	40	180	90	6	200	160	6	24	50	—	24	M20	4.3

续表

支座号	支座允许载荷 Q/kN		适用容积公称直径 DN	高度 H	底板				筋板			垫板				盖板		地脚螺栓		支座质量/kg
B 型支座系列参数尺寸																				
	Q235A (0Cr18Ni9)	16MnR (15CrMoR)			l_1	b_1	δ_1	s_1	l_2	b_2	δ_2	l_3	b_3	δ_3	e	b_4	δ_4	d	规格	
3	30	44	700~1400	200	160	105	10	50	205	110	8	250	200	8	30	50	—	30	M24	8.3
4	60	90	1000~2000	250	200	140	14	70	290	140	10	315	250	8	40	70	—	30	M24	15.7
5	100	120	1300~2600	320	250	180	16	90	330	180	12	400	320	10	48	70	—	30	M24	28.7
6	150	190	1500~3000	400	320	230	20	115	380	230	14	500	400	12	60	100	14	36	M30	53.9
7	200	230	1700~3400	480	375	280	22	130	430	280	16	600	480	14	70	100	16	36	M30	85.2
8	250	320	2000~4000	600	480	360	26	145	510	350	18	720	600	16	72	100	18	36	M30	146

注：表中支座质量以表中的垫板厚度 δ_3 计算的，如果 δ_3 的厚度改变，则支座的质量应相应地改变。

C 型为加长臂耳式支座，C 型和 CN 型耳座系列分 C-1~C-8，并带有盖板；C-3 型以上的支座采用两个螺栓与基础相连。

A 型、B 型耳式支座的垫板厚度，一般与圆筒厚度相等，也可根据实际需要确定。

② 耳式支座的标记方法。

标准号；支座类型；支座型号；支座号；材料×××。

如 A 型，不带垫板，3 号耳式支座，支座材料为 Q235A.F，标记为：NB/T 47065.1~5—2018 耳座 AN3，材料 Q235A.F。

（2）裙式支座

裙座是高大塔设备最常使用的一种支座，有圆筒形和圆锥形（裙座体为圆锥形，半锥角不超过 15°）。圆筒形裙座结构简单、制造方便，被广泛采用，但对承载较大的塔，需要配置较多地脚螺栓和承载面积较大的基础环时，则需采用圆锥形裙座。

裙座由裙座体、引出孔、检查孔、基础环及螺栓座（筋板、盖板、垫板、地脚螺栓）等组成。

裙座体上端与下封头或下部筒体焊接，下端用填角焊接焊在基础环上。基础环的作用是将裙座体上的载荷传给基础，同时在它上面安装地脚螺栓座，以便将塔固定在基础上。因地脚螺栓是在塔安装前就固定好位置的，为安装方便，基础环上的地脚螺栓孔是敞口地（图 4-29 中的 *A-A* 视图）。螺栓座是由两块筋板、一块盖板组成，筋板在制造裙座时焊在基础和裙座体上，

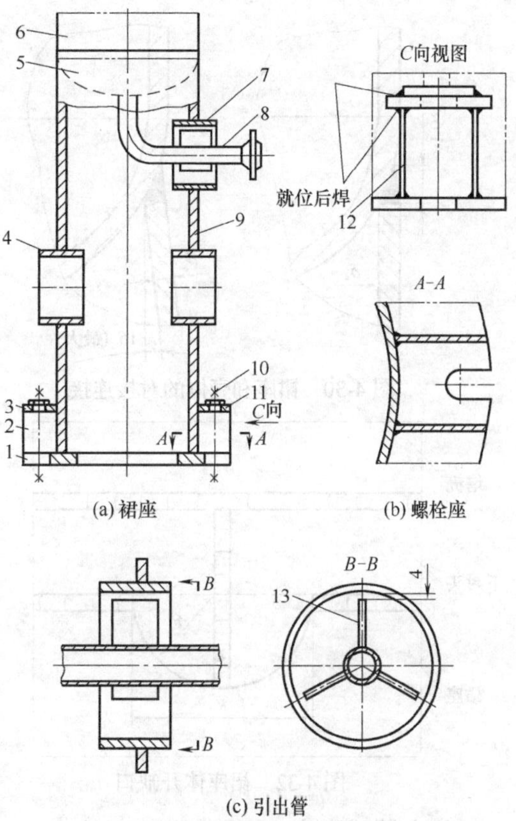

图 4-29 裙式支座的结构

1—基础环；2—地脚螺中栓座；3—盖板；4—检查孔；5—封头；6—塔体；7—引出孔；8—引出管；9—裙座体；10—地脚螺栓；11—垫板；12—筋板；13—支承板

盖板则是待塔吊装就位后，在安装现场再焊在筋板和裙座体上（图 4-29 中的 C 向视图）。

为了支撑引出管，在引出孔上接一短管，管内壁（或引出管外壁）焊上 3 个互为 120° 的支承板，考虑到引出管的热变形，在支承板与引出管外壁（或引出孔短管内壁）间留有间隙。检查孔是为塔底出液管的装卸、塔底保温层的安装、对塔底及裙座体的检查而设置的；裙座体上部的排气孔和下部的排污孔是为避免有毒气体的聚积和及时排除裙座体内的污液而设置的。

裙座体与塔壳的连接有对接接头和搭接接头两种形式。采用对接接头形式时，裙座体的外径与下封头外径相等，裙座体与下封头的连接焊缝须采用全焊透连续焊，如图 4-30 所示。这种连接结构，焊缝承受压缩载荷，封头局部受载。采用搭接接头形式时，搭接部位可在下封头直边上，也可在筒体上，裙座体内径稍大于（2mm 左右）塔体外径，其结构及要求见图 4-31。这种连接结构，焊缝受剪切载荷，所以焊缝受力不佳，一般用于直径小于 1000mm 的塔设备。

当塔体下封头有拼接焊缝时，为避免封头与裙座体焊接时出现十字焊缝，应在拼接焊缝处裙座体上端开一缺口，缺口的形式见图 4-32。

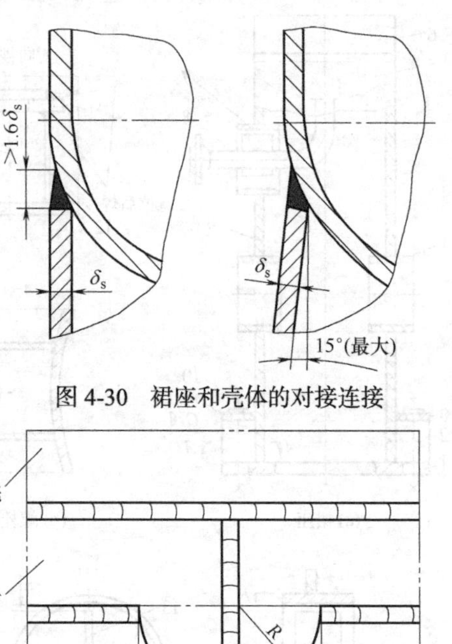

图 4-30 裙座和壳体的对接连接

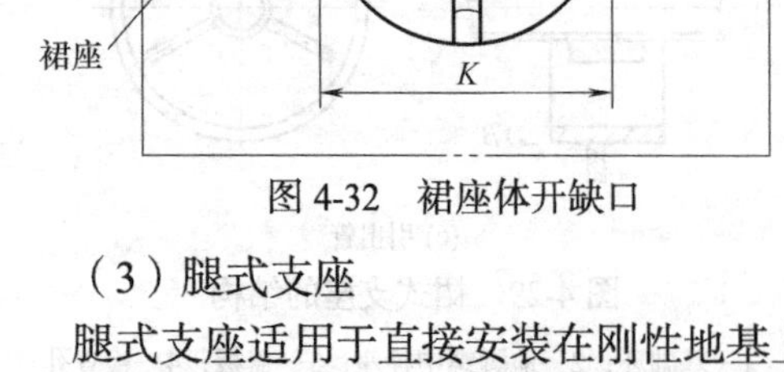

图 4-32 裙座体开缺口

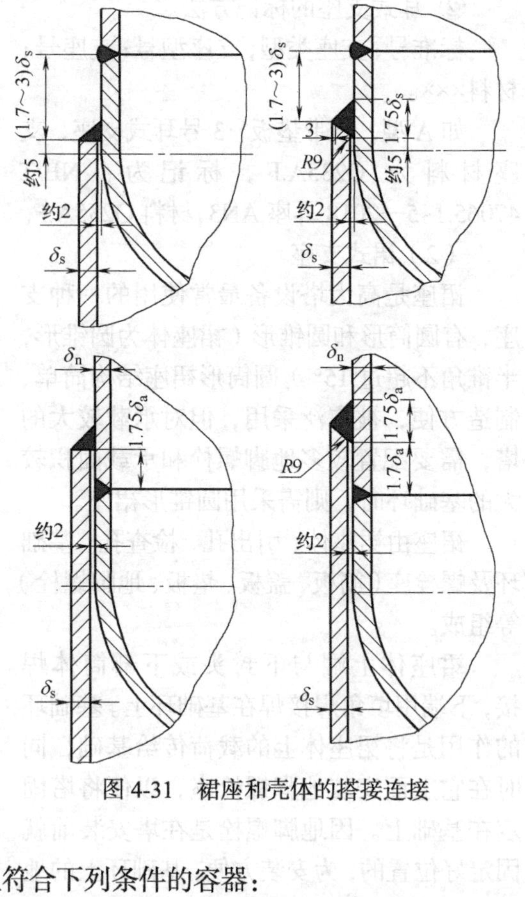

图 4-31 裙座和壳体的搭接连接

（3）腿式支座

腿式支座适用于直接安装在刚性地基上且符合下列条件的容器：

① 公称直径 DN400~1600mm；

② 圆筒切线长度 L 与公称直径 DN 之比不大于 5；

③ 容器总高度 H，对角钢支柱与钢管支柱不大于 5000mm，对 H 型钢支柱不大于

8000mm;

④ 设计温度 t=200℃;

⑤ 设计基本风压值 q_0=800Pa，地面粗糙度为 A 类；

⑥ 设计地震设防烈度为 8 度（Ⅱ类场地土），设计基本地震加速度 0.2g。不适用于通过管线直接与产生脉动载荷的机器容器刚性连接的容器。

腿式支座分为角钢支柱 A 型、AN 型（不带垫板），钢管支柱 B 型、BN 型（不带垫板）和 H 型钢支柱 C 型、CN 型（不带垫板）六种。其中，角钢支柱及 H 型钢支柱的材料应为 Q235A；钢管支柱应为 20 号钢；底板、盖板材料均应为 Q235A。如果需要，可以改用其他材料，但其性能不得低于 Q235A 或 20 钢的性能指标，且应具有良好的焊接性能。垫板材料应与容器壳体材料相同。腿式支座布置见图 4-33。

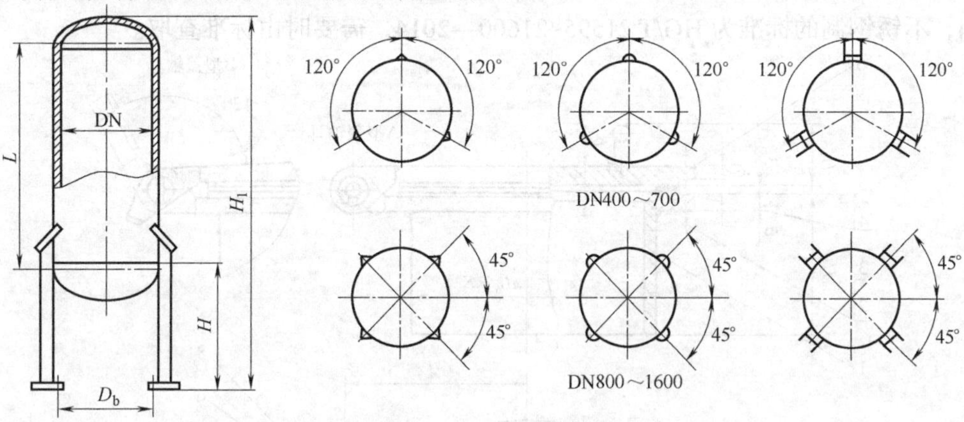

图 4-33 腿式支座布置

4.3.3 手孔、人孔和视镜

（1）手孔与人孔

为了安装、检修、防腐、清洗的需要，常在设备上开设人孔、手孔。

手孔的结构通常是在凸出接口或短接管上加一盲板而构成，如图 4-34 所示，这种结构用于常、低压及不需经常打开的场合。需要经常打开的手孔，应设置快速压紧装置。

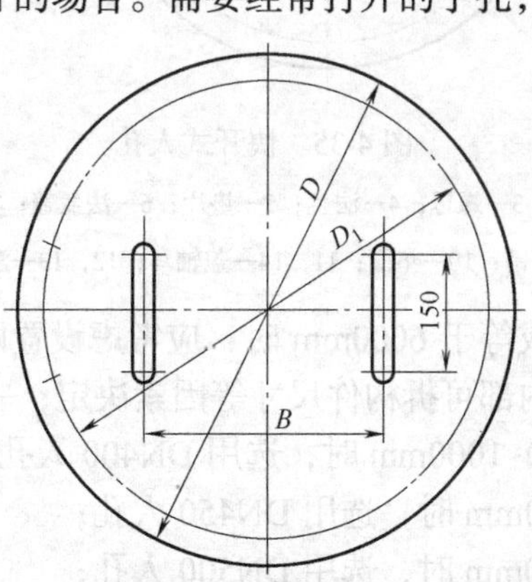

图 4-34 常压手孔

手孔的直径应使工人戴手套并握有工具的手能顺利通过，故其直径不宜小于 150mm，一般为 150~250mm。

当设备直径在 900mm 以上时，应开设人孔，以便在检修设备时人能进入容器内部，及时发现容器内表面的腐蚀、磨损或裂缝等缺陷。人孔通常有圆形和椭圆形两种，圆形人孔制造较为方便，椭圆形人孔对器壁的削弱较少，但制造较困难，在制造时应尽量使其短轴平行于容器筒身轴线。圆形人孔的直径一般为ϕ400mm，当容器压力不高时，直径可以选大一些，常用的是ϕ450mm、ϕ500mm、ϕ600mm。椭圆形人孔的最小尺寸为 400mm×300mm。容器在使用过程中，人孔需要经常打开时，可选用快开式人孔结构，如图 4-35 所示。人孔与手孔已经实行了标准化，使用时根据需要按标准选择合适的人孔、手孔尺寸，并查找相应的材质标准。碳素钢、低合金钢制的标准为 HG/T 21514~21535—2014，不锈钢制的标准为 HG/T 21595~21600—2014，需要时由标准查取。

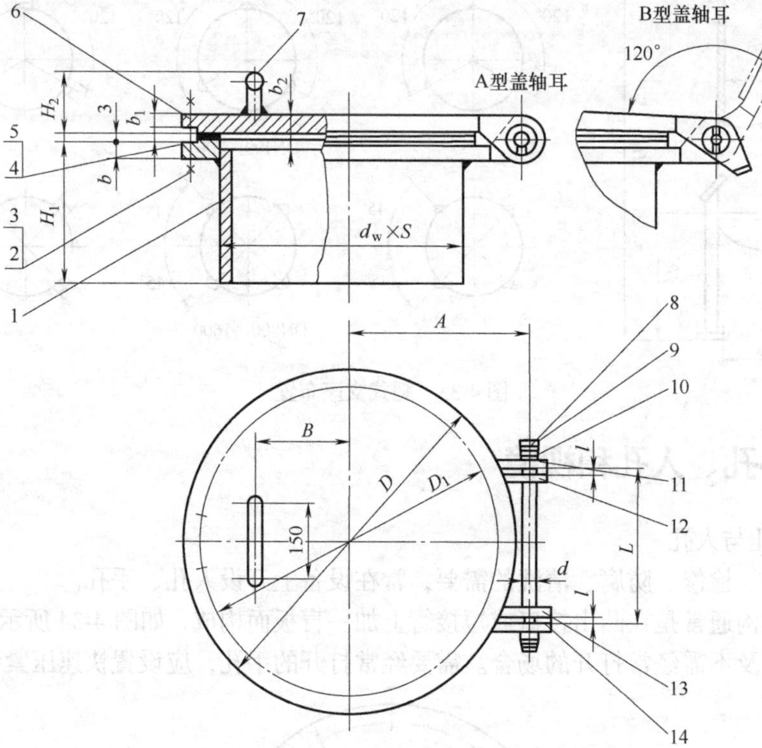

图 4-35　快开式人孔

1—筒节；2—螺栓；3—螺母；4—法兰；5—垫片；6—法兰盖；7—把手；8—轴销；9—销；10—垫圈；11，14—盖轴耳；12，13—法兰

卧式容器筒体长度大于或等于 6000mm 时，应考虑设置两个人孔，其尺寸应根据容器直径大小、压力等级、容器内部可拆构件尺寸等因素决定，一般情况下：

容器直径大于或等于 900~1000mm 时，选用 DN400 人孔；

容器直径大于 1000~1600mm 时，选用 DN450 人孔；

容器直径大于 1600~3000mm 时，选用 DN500 人孔；

容器直径大于 3000mm 时，选用 DN600 人孔。

（2）视镜

视镜除了用于观察设备内部介质工作情况外，也可用作物料液面指示镜。最常用的圆形视镜有两种结构，即不带颈视镜和带颈视镜，如图 4-36 所示。

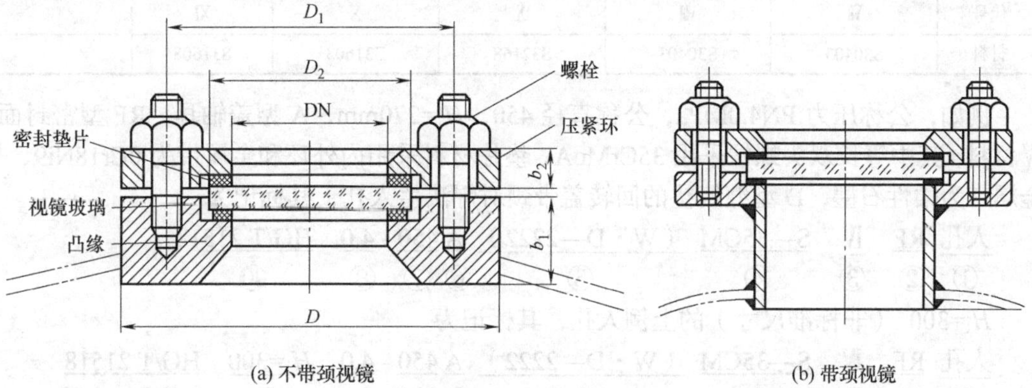

(a) 不带颈视镜　　(b) 带颈视镜

图 4-36　视镜

不带颈视镜结构简单，不易结料，视野范围大，其标准结构的使用压力可达 2.5MPa。带颈视镜用于设备直径较小或视镜需要斜装的场合，而不适于悬浮液介质。

压力容器视镜现已有标准（NB/T 47017—2011）。使用压力范围 PN=1~2.5MPa；允许介质温度为 0~200°C；公称直径范围 DN=50~150mm。视镜玻璃材质为碳化硼硅玻璃，其耐热急变温度为 180°C。标准视镜用钢材有碳钢和不锈钢两种。人孔、手孔、检查孔的设置见表 4-23。

表 4-23　人孔、手孔、检查孔的设置

容器公称直径/mm	有内部构件时	无内部构件时
300<DN<900	设置设备法兰	设置一个手孔或设置 1~2 个检查孔
900≤DN<2600	设置一个人孔	设置一个人孔
DN≥2600	设置两个人孔	设置一个人孔

（3）标准

① 人孔和手孔标准。人孔和手孔已有标准，标准号为 HG/T 21514~21535—2014。设计时可根据设备的公称压力、工作温度以及所用材料等按标准直接选用。HG/T 21514《钢制人孔和手孔的类型与技术条件》中给出了人孔和手孔的标记方法。标记共由 10 部分构成：

①②③④（⑤）⑥⑦—⑧⑨⑩

其中，①为名称，“人孔”或“手孔”；②是密封面代号，同管法兰标记方法，一个标准中仅有一种密封面者，本项不填写；③为材料类别代号，见表 4-24，每个标准中的材料数量、种类不尽相同，当仅有一种材料时，本项不填写；④紧固螺栓（柱）代号；⑤垫片（圈）代号；⑥非快开回转盖人孔和手孔盖轴耳形式代号；⑦公称直径，mm；⑧公称压力，MPa；⑨非标准高度 H_1，mm；⑩标准号。

表 4-24 人孔和手孔材料代号

代号	Ⅰ	Ⅱ	Ⅲ	Ⅳ	Ⅴ	Ⅵ
材料	Q235B	Q245R	Q345	15CrMoR	16MnDR	09MnNiDR
代号	Ⅶ	Ⅷ	Ⅸ	Ⅹ	Ⅺ	
材料	S30403	S30403	S32168	S31603	S31608	

例如，公称压力 PN4.0MPa，公称直径 450，H_1=270mm，A 型盖轴耳，RF 型密封面，Ⅳ材料，其中等长双头螺柱采用 35CrMoA，垫片材料采用内外环和金属带为 0Cr18Ni9、非金属带为柔性石墨，D 型缠绕垫的回转盖带颈对焊法兰人孔，其标记为

人孔 RF Ⅳ S—35CM （W · D—2222） A 450 - 4.0 HG/T 21518
① ② ③ ④ ⑤ ⑥ ⑦ ⑧ ⑩

H_1=300 （非标准尺寸）的上例人孔，其标记为

人孔 RF Ⅳ S—35CM （W · D—2222） A 450 - 4.0 H_1=300 HG/T 21518
① ② ③ ④ ⑤ ⑥ ⑦ ⑧ ⑨ ⑩

② 视镜标记方法

视镜 ① ② ③ ④ ⑤

其中，①视镜公称压力，MPa；②视镜公称直径，mm；③视镜材料代号（Ⅰ为碳钢或低合金钢，Ⅱ为不锈钢）；④射灯代号［SB 为非防爆型，SF1 为防爆型，SF2 为防爆型］；⑤冲洗代号（W 为带冲洗装置）。

例如，公称压力 2.5MPa，公称直径 50mm，材料为不锈钢 S30408，不带射灯、带冲洗装置的视镜可表示为：

视镜 PN2.5 DN50 Ⅱ W
① ② ③ ⑤

4.3.4 接口管及凸缘

接口管及凸缘是容器开孔的连接结构，既可用来连接设备与输送介质的管道，又可用来装置测量、控制仪表。

（1）接口管

连接温度计、压力表、液面计的接口管一般都很小，焊接设备的接口管如图 4-37 所示。接口管长度见表 4-25 铸造设备的接口管可与筒体一并铸出，如图 4-37（b）所示。螺纹接管如图 4-37（c）所示，主要用来连接温度计、压力表和液面计，根据需要可制成内螺纹或外螺纹。

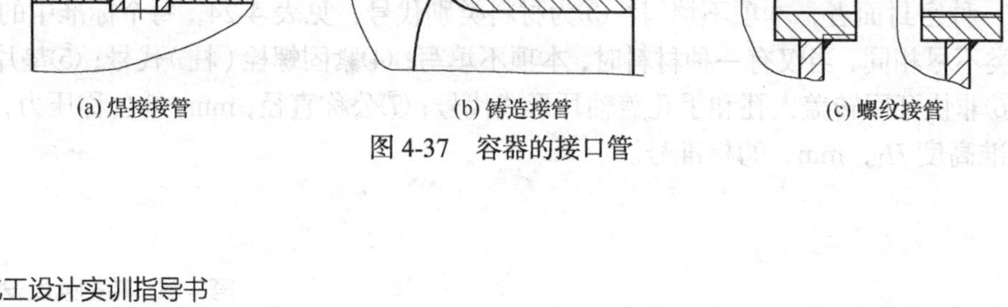

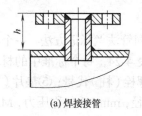

(a) 焊接接管 (b) 铸造接管 (c) 螺纹接管

图 4-37 容器的接口管

表 4-25　接管及其连接法兰的伸出长度　　　　单位：mm

保温层厚度	接管公称直径 DN	最小伸出长度 L	保温层厚度	接管公称直径 DN	最小伸出长度 L
50~75	10~100	150	126~150	10~50	200
	125~300	200		70~300	250
	350~600	250		350~600	300
76~100	10~50	150	151~175	10~150	250
	70~300	200		200~600	300
	350~600	250	176~200	10~50	250
101~125	10~150	200		70~300	300
	200~600	250		350~600	350
				600~900	500

（2）凸缘

当接口管长度必须很短时，可用凸缘（或叫凸出接口）来代替，如图 4-38 所示。凸缘本身具有补强的作用，不需另外补强。但螺栓折断在螺栓孔后，取出较为困难。

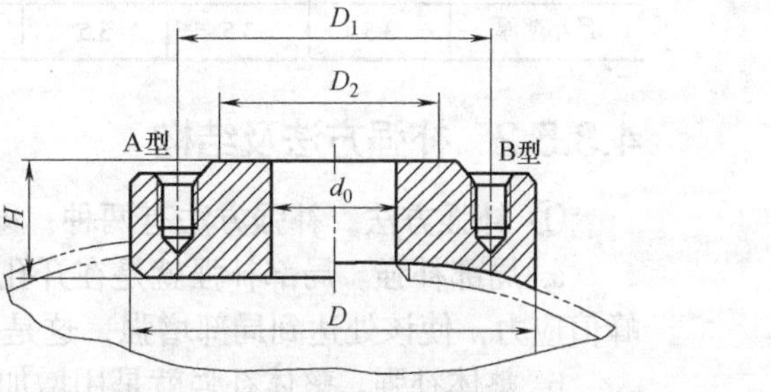

图 4-38　带平面密封面的凸缘

4.3.5　开孔补强

由于工艺操作和安装检修的需要，在压力容器上开孔是不可避免的，如工艺操作所需的物料进、出口，安装安全泄放装置、压力表、液面计、视镜的开孔，为了容器内部安装检修方便所开的人孔、手孔等。

容器开孔后，一方面由于承载面积减小使总体强度削弱，另一方面由于开孔使结构的连续性被破坏，在开孔边缘处产生较大（通常是平均应力的 3~6 倍）的附加应力，结果使开孔附近的局部区域应力达到很大的数值。这种局部应力的增大现象称为应力集中。开孔接管处较大的局部应力，加上作用于接管上的各种载荷产生的应力、温度差造成的温差应力、器材质和焊接缺陷等因素的综合作用，开孔接管处往往会成为容器的破坏源。特别是在有交变应力和腐蚀的情况下，金属出现反复塑性变形（因容器壳体与接管一般都用塑性较好的材料），导致材料硬化并产生微小的裂纹，这些微小裂纹又在交变应力和腐蚀介质反复作用下不断扩展，最终导致容器在此处出现破裂，即产生疲劳破坏。

据统计失效容器中，破坏源起始于开孔接管处的占了很大的比例，因此对容器开孔应予以足够重视。为了降低开孔边缘处的应力集中程度，必须采取适当的补强措施。

4.3.5.1　对容器开孔的限制

由前面的分析可知，在容器上开孔时孔边会产生较大的应力集中，应力集中的程度取决于开孔的大小、被开孔容器的壁厚、直径等因素。若开孔很小并有接管，这时接管也可以使强度的削弱得以补偿，但若开孔过大，特别是薄壁壳体，应力集中很严重，补强则较为困难。

所以 GB 150 对开孔的适用范围作了如下规定。

① 圆筒内径 D_i<1500mm 时，开孔最大直径 $d \leqslant D_i/2$，且 $d \leqslant 520$mm；当圆筒内径 D_i>1500mm 时，开孔最大孔径 $d \leqslant D_i/3$，且 $d \leqslant 1000$mm。

② 凸形封头或球壳上开孔时，其开孔的最大孔径 $d \leqslant D_i/2$。

③ 锥壳上开孔时，其开孔最大直径 $d \leqslant D_i/3$，D_i 为开孔中心处的锥壳内直径。

④ 在椭圆形或碟形封头的过渡区开孔时，其孔的中心线宜垂直于封头表面。

⑤ 壳体开孔满足下述全部要求时，可不另行补强。

a. 设计压力小于或等于 2.5MPa；

b. 两相邻开孔中心的间距（对曲面间距以弧长计算）应不小于两孔直径之和的 2 倍；

c. 接管外径小于或等于 89mm；

d. 不补强接管的外径及其最小壁厚应满足表 4-26 的要求。

表 4-26　不补强接管的外径及其最小壁厚　　单位：mm

接管的外径	25	32	38	45	48	57	65	76	89
最小壁厚	3.5	3.5	3.5	4.0	4.0	5.0	5.0	6.0	6.0

4.3.5.2　补强方法及结构

① 补强方法。补强方法有两种，即局部补强和整体补强。

a. 局部补强。局部补强就是在开孔处的一定范围内增加筒壁的厚度，以降低开孔处的峰值应力，使该处达到局部增强，这是一种较经济合理的补强形式。

b. 整体补强。整体补强就是用增加整个筒壁或封头壁厚的办法来降低峰值应力，使之达到工程上许可的程度。这种补强形式一般不用，只有当筒身上开设排孔或封头上开孔较多时才采用。

② 补强结构。常用的补强结构有补强圈补强、厚壁接管补强及整锻件补强，如图 4-39 所示。

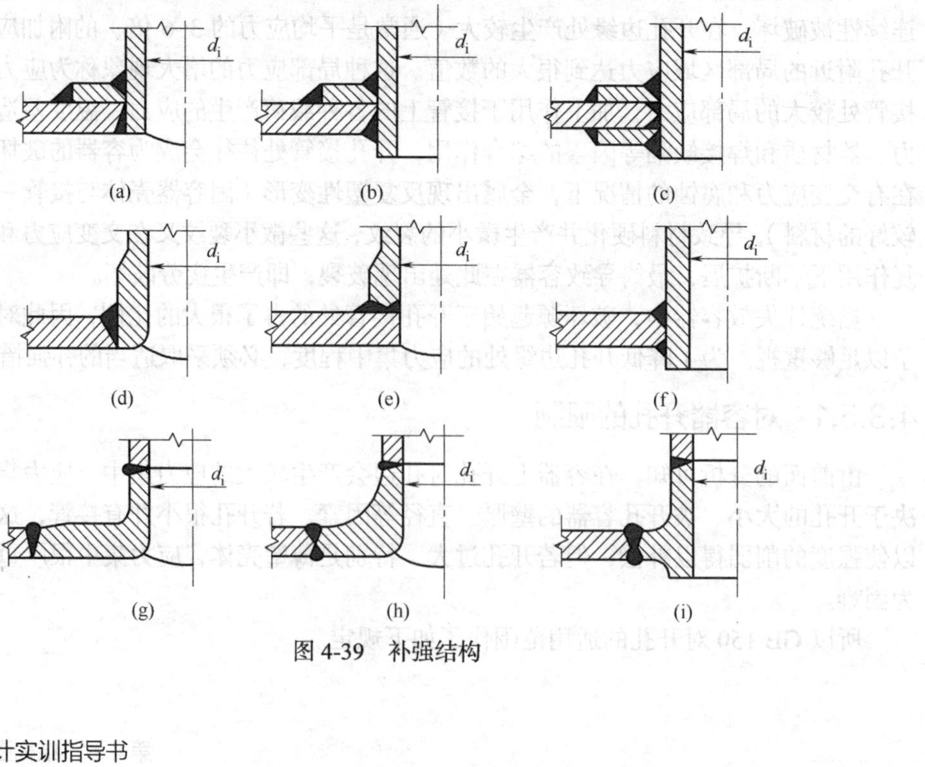

图 4-39　补强结构

a. 补强圈补强。补强圈补强又称贴板补强，如图 4-39（a）~（c）所示，即在开孔周围贴焊一个圆环板（补强圈），使局部壁厚增加，减轻应力集中，起到补强的作用。补强圈与壳体之间应很好地贴合，使其与容器同时受力，当直径较大的开孔需要较厚的补强圈时，可在壳体内、外侧分别焊上一个较薄的补强圈，如图 4-39（c）所示，实践证明这种对称布置的结构比单面布置优越，应力集中程度可降低 40%左右，但从耐蚀和制造角度考虑，补强圈经常布置在壳壁外侧。为检验焊缝的紧密性，在补强圈上开有 M10 的检查孔（图 4-40），从检查孔里通入压缩空气，并在补强圈与器壁的焊缝处涂上肥皂水，即可查出焊缝缺陷。

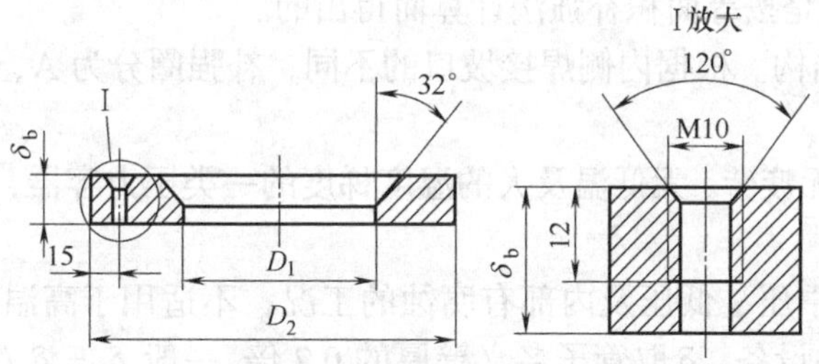

图 4-40　补强圈及其检查孔

补强圈补强结构简单、制造容易、价格低廉、使用经验成熟，在中低压容器上得到广泛使用。但与厚壁接管补强和整锻件补强相比，由于补强区域过于分散，补强效果不佳（由于补强圈是在一定区域内平均补强，故在应力集中较大的孔边显得不足，离开孔边较远处则显得多余，没有使补强金属集中在最需要补强的部位）；补强圈与壳壁之间不可避免地存在一层静止的空气，对传热不利，容易引起附加的温差应力；补强圈与壳体焊接，形成内、外两圈封闭焊缝，增大了焊件的刚性，不利于焊缝冷却时的收缩，容易在焊接接头处造成裂纹，特别是对焊接裂纹较敏感的高强度钢更为突出。

由于存在上述缺点，采用补强圈补强的压力容器必须同时满足以下条件：

ⅰ. 壳体材料的标准抗拉强度不超过 540MPa，以免出现焊接裂纹。

ⅱ. 补强圈的厚度不超过被补强壳体的名义壁厚的 1.5 倍。

ⅲ. 被补强壳体的名义壁厚不大于 38mm。

此外，在高温、高压或载荷反复波动的压力容器上，最好不要采用补强圈补强。所以补强圈结构通常只用在压力无波动、温度不高的容器上。

b. 厚壁接管补强。厚壁接管补强如图 4-39（d）~（f）所示，在开孔处焊上一段厚壁管。这种结构由于接管的加厚部分正处于应力峰值处，故能有效地降低开孔周围的应力集中程度，如果条件许可采用图 4-39（f）所示的插入式接管补强效果更佳。

厚壁接管补强结构简单，焊缝少，接头质量容易检验，补强效果较好，目前已被广泛采用，特别是对大量使用的高强度低合金钢容器，大多采用这种结构。GB 150 中也推荐在条件许可时，可代替补强圈补强。当用于重要设备时，焊缝应采用全焊透结构，在确保焊接质量的前提下，这种形式的补强效果接近于整锻件补强。

c. 整锻件补强。整锻件补强常在容器所用钢材屈服点较高（一般认为），容器受低温、高温、交变载荷的较大直径开孔情况下采用。如图 4-39（g）~（i）所示，其优点是补强金属集中在应力集中最严重的孔边；采用对焊并使接头离开应力峰值区，故抗疲劳性能好。若采用图 4-39（h）所示的结构，加大过渡圆半径，则补强效果更好。但由于整锻件补强机械加工量大，且锻件成本高，因此只用于有严格要求的重要设备上。

在工程设计中采取什么样的补强形式，不仅要从强度方面考虑，还要从工艺要求、加工制造、施工条件等方面综合考虑，只有这样才能做到合理有效地补强。

③ 标准补强圈及其选用。

a. 标准补强圈。为了使补强设计和制造更为方便，中国对常见的补强圈及补强管制定了相应的标准，补强圈标准为 JB/T 4736—2002，补强管标准为 HG/T 21630—1990。标准补强圈的直径和厚度是按等面积补强法计算而得出的。

b. 标准补强圈结构。根据内侧焊接坡口的不同，补强圈分为 A、B、C、D、E 五种结构，如图 4-41 所示。

ⅰ. A 型适用于无疲劳、无低温及大的温度梯度的一类压力容器，且要求设备内有较好的施焊条件。

ⅱ. B 型适用于中压、低压及内部有腐蚀的工况，不适用于高温、低温、大的温度梯度及承受疲劳载荷的设备。δ取管子名义壁厚的 0.7 倍，一般 $\delta_m=\delta_n/2$(为接管名义厚度；δ_n为壳体名义厚度)。

ⅲ. C 型适用于低温、介质有毒或有腐蚀性的操作工况，采用全焊透结构，要求当 $\delta_n\leqslant$

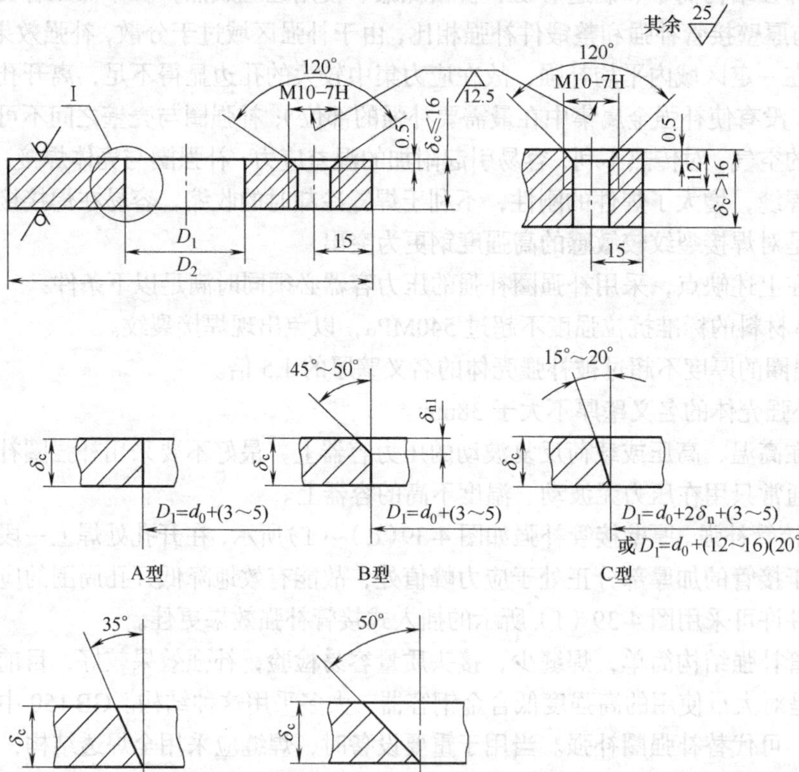

图 4-41　标准补强圈结构

16mm 时， $\delta_m \geq \delta_n/2$；当 δ_n>16mm， $\delta_m \geq$8mm。

ⅳ. D 型适用于壳体内不具备施焊条件或进入设备施焊不便的场合，采用全焊透结构，要求当 $\delta_n \leq$16mm 时， $\delta_m \geq \delta_n/2$，当 δ_n>16mm， $\delta_m \geq$8mm。

ⅴ. E 型适用于储存有毒介质或腐蚀介质的容器，采用全焊透结构，要求当 $\delta_n \leq$16mm 时， $\delta_m \geq \delta_n/2$；当 $\delta_n \leq$16mm 时， $\delta_m \geq$8mm。一般用于接管直径 $d_n \leq$150mm。

补强圈焊接后，补强圈和器壁要求很好地贴合，使其与器壁一起受力，否则起不到补强作用。为检验焊缝的紧密性，在补强圈上设置有一个 M10 的螺纹孔，如图 4-41 所示。当补强圈焊接后，可以由此通入 0.4~0.5MPa 的压缩空气，并通过在补强圈焊缝周围涂上肥皂液的方法检查焊接质量。

c. 标准补强圈的选用。若需采用补强圈补强，可采用以下程序来选择标准补强圈。

ⅰ. 确定补强圈的尺寸。

ⅱ. 由设备的工艺参数决定补强圈的结构。

ⅲ. 补强圈材料选取与被补强壳体材料相同。

4.4 焊接结构

4.4.1 焊接结构的设计原则

焊接接头是容器上比较薄弱的环节，事故多发生在焊接接头区。一般情况下，焊缝金属的强度并不低于基本金属的强度，有时甚至超过基本金属。但由于在一般情况下，焊缝金属晶粒粗大，在焊接热影响区有残余应力，以及焊缝中可能有气孔和未焊透等缺陷的存在，仍会降低接头的强度和韧性。在设计计算中引入一个小于或等于 1.00 的“焊接接头系数”来补偿因焊接可能产生的强度削弱。考虑到不同位置的焊接接头具有不同的特征和不同的受力状态，故有必要对其进行分类。

4.4.1.1 焊接接头分类

容器受压元件之间的焊接接头分为 A、B、C、D 四类，如图 4-42 所示。具体分类如下：

（1）圆筒部分（包括接管）和锥壳部分的纵向接头（多层包扎容器层板层纵向接头除外）、球形封头与圆筒连接的环向接头、各类凸形封头和平封头中的所有拼焊接头以及嵌入式的接管或凸缘与壳体对接连接的接头，均属 A 类焊接接头；

（2）壳体部分的环向接头、锥形封头小端与接管连接的接头、长颈法兰与壳体或接管连接的接头、平盖或管板与圆筒对接连接的接头以及接管间的对接环向接头，均属 B 类焊接接头，但已规定为 A 类的焊接接头除外；

（3）球冠形封头、平盖、管板与圆筒非对接连接的接头，法兰与壳体或接管连接的接头，内封头与圆筒的搭接接头以及多层包扎容器层板层纵向接头，均属 C 类焊接接头，但已规定为 A、B 类的焊接接头除外；

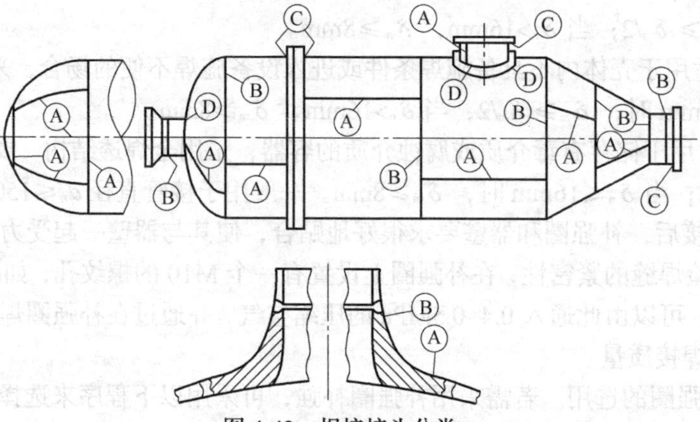

图 4-42　焊接接头分类

（4）接管（包括人孔圆筒）、凸缘、补强圈等与壳体连接的接头，均属D类焊接接头，但已规定为A、B、C类的焊接接头除外。

4.4.1.2　焊接接头系数

（1）焊接接头的影响

焊接接头是容器上比较薄弱的环节，较多事故的发生是由于焊接接头金属部分焊接影响区的破裂。一般情况下，焊接接头金属的强度和基本金属强度相等，甚至超过基本金属强度。但由于焊接接头热影响区有热应力存在，焊接接头金属晶粒粗大，以及焊接接头中心出现气孔和未焊透缺陷，仍会影响焊接接头强度，因而必须采用焊接接头强度系数，以补偿焊接时可能产生的强度削弱。焊接接头系数的大小取决于焊接接头形式、焊接工艺以及焊接接头探伤检验的严格程度等。

（2）焊接接头系数的选取

焊接接头系数的选取由接头形式和无损探伤的长度确定，如下：

① 双面焊和相当于双面焊的全焊透对接：

a. 全部无损检测，$\phi=1.0$

b. 局部无损检测，$\phi=0.85$

c. 不做无损检测，$\phi=0.7$ NB/T 47003.1—2009《钢制焊接常压容器》

② 单面焊对接，沿根部全长有紧贴的垫板：

a. 全部无损检测，$\phi=0.9$

b. 局部无损检测，$\phi=0.8$

c. 不做无损检测，$\phi=0.65$ NB/T 47003.1—2009《钢制焊接常压容器》

③ 无法进行探伤的单面焊环向对接焊缝，无垫板：$\phi=0.6$。

4.4.2　焊接材料及接头

4.4.2.1　碳钢的焊接及材料

（1）低碳钢的焊接

由于低碳钢碳含量低，锰、硅含量也低，通常情况下不会因焊接而产生严重硬化组织或淬火组织。低碳钢焊后的接头塑性和冲击韧性良好，焊接时一般不需预热、控制层间温度和后热，焊后也不必采用热处理改善组织，整个焊接过程不必采取特殊的工艺措施，焊接性能优良。低碳钢焊条电弧焊焊条的选用如表 4-27 所示，气体保护焊焊接材料的选用如表 4-28 所示，埋弧焊焊接材料的选用如表 4-29 所示。

表 4-27　低碳钢焊条电弧焊焊条的选用

钢牌号	焊条选用				施焊条件
	一般结构		焊接动载荷、复杂和厚板结构、重要受压容器以及低温下焊接		
	国标型号	牌号	国标型号	牌号	
Q235	E4313、E4303、E4301、E4320、E4311	J421、J422、J423、J424、J425	E4316、E4315、(E5016、E5015)	J426、J427 (J506、J507)	一般不预热
Q255					
Q275	E5016、E5015	J506、J507	E5016、E5015	J506、J507	厚板结构预热 150ºC 以上
08、10、15、20	E4303、E4301、E4320、E4311	J422、J423、J424、J425	E4316、E4315、(E5016、E5015)	J426、J427 (J506、J507)	一般不预热
25、30	E4316、E4315	J426、J427	E5016、E5015	J506 、J507	厚板结构预热 150ºC 以上
20G、22G	E4303、E4301	J422、J423	E4316、E4315、(E5016、E5015)	J426、J427 (J506、J507)	一般不预热
20R	E4303、E4301	J422、J423	E4316、E4315 (E5016、E5015)	J426、J427 (J506、J507)	一般不预热

注：表中括号表示可以代用。

表 4-28　低碳钢气体保护焊焊接材料的选用

钢牌号	焊接材料的选用	
	保护气体	焊丝
Q235、Q255、Q275、15、20、20G、22G、20R	CO_2	ER49-1(H08Mn2SiA)、YJ502-1、YJ502R-1、YJ507-1、PK-YJ502、PK-YJ507
	自保护	YJ502R-2、YJ507-2、PK-YZ502、PK-YZ506

注：PK 系列为北京焊条厂开发的药芯焊丝。

表 4-29　低碳钢埋弧焊焊接材料的选用

钢牌号	埋弧焊焊接材料选用		
	焊丝	焊剂	
		牌号	国际型号
Q235	H08A	HJ430、HJ431	HJ401-H08A
Q255	H08A		
Q275	H08MnA		
15、20	H08A、H08MnA	HJ430、HJ431、HJ330	HJ401-H08A HJ301-H10Mn2
25、30	H08MnA、H10Mn2		
20G	H08MnA、H08MnSi、H10Mn2		
20R	H08MnA		

（2）中碳钢的焊接

中碳钢的含碳量在 0.25%~0.60%之间，当含碳量小于 0.25%，而含锰量不高时，焊接性良好。随着碳含量的增加，焊接性逐渐变差。如果含碳量小于 0.45%而仍按焊接低碳钢常用的工艺施焊时，在热影响区可能会产生硬脆的马氏体组织，易于开裂，即形成冷裂纹。

大多数情况下，中碳钢焊接需要预热并控制层间温度，以降低焊缝和热影响区冷却速度，从而防止产生焊接缺陷。中碳钢焊条电弧焊焊条的选用如表 4-30 所示，中碳钢气体保护焊焊接材料的选用如表 4-31。

表 4-30　中碳钢焊条电弧焊焊条的选用

<table>
<tr><th rowspan="2">钢牌号</th><th rowspan="2">母材碳的质量分数/%</th><th colspan="3">选用焊条型号</th></tr>
<tr><th>要求等强度的构件</th><th>不要求强度或不要求等强度的构件</th><th>塑性好的焊条</th></tr>
<tr><td>35</td><td>0.32~0.40</td><td rowspan="2">E5016、E5015、E5516-G、E5515-G</td><td rowspan="2">E4303、E4301、E4316、E4315</td><td rowspan="6">E308L-16
E308-15
E309-16
E309-15
E310-16
E310-15</td></tr>
<tr><td>ZG270-500</td><td>0.31~0.40</td></tr>
<tr><td>45</td><td>0.42~0.50</td><td rowspan="2">E5516-G、E5515-G、E6016-D1、E6015-D1</td><td rowspan="2">E4303、E4301、E4316、E4315、E5016、E5015</td></tr>
<tr><td>ZC310-570</td><td>0.41~0.50</td></tr>
<tr><td>55</td><td>0.52~0.60</td><td rowspan="2">E6016-D1、E6015-D1</td><td rowspan="2">E4303、E4301、E4316、E4315、E5016、E5015</td></tr>
<tr><td>ZG340-640</td><td>0.51~0.60</td></tr>
</table>

表 4-31　中碳钢气体保护焊焊接材料的选用

<table>
<tr><th rowspan="2">钢牌号</th><th colspan="2">焊接材料的选用</th></tr>
<tr><th>保护气体（体积分数）</th><th>焊丝</th></tr>
<tr><td rowspan="2">35
45</td><td>CO_2</td><td>ER49-1，ER50-2，ER50-3、6、7，PK-YJ507，YJ507-1，YJ507Ni-1</td></tr>
<tr><td>CO_2 或 $Ar+CO_2$（20%）</td><td>CHS-60</td></tr>
</table>

（3）中碳调质钢的焊接

中碳调质钢的焊接性较差，由于中碳调质钢的碳含量高、合金元素多，钢的淬硬倾向大，在热影响区的淬火区会产生大量的马氏体，增大了焊接接头的冷裂倾向，导致严重脆化。热影响区被加热到超过调质处理时回火温度的区域，将出现强度、硬度低于母材的软化区。中碳调质钢的碳及合金元素含量高，熔池的结晶温度区间大，偏析严重，因而具有较大的热裂纹敏感性。中碳调质钢焊接材料的选用如表 4-32 所示。

表 4-32　中碳调质钢焊接材料的选用

<table>
<tr><th rowspan="2">钢牌号</th><th rowspan="2">状态</th><th colspan="2">焊条选用</th></tr>
<tr><th>型号</th><th>牌号</th></tr>
<tr><td>25CrMnSiA</td><td rowspan="7">退火（在退火状态下进行焊接，焊后调质）</td><td rowspan="7">E8515-G、E9015-G、E10015-G</td><td>J907、J907Cr</td></tr>
<tr><td>30CrMnSiA</td><td>J857、J857Cr</td></tr>
<tr><td>30CrMoA</td><td>J857CrNi</td></tr>
<tr><td>35CrMoVA</td><td>J107、J107Cr</td></tr>
<tr><td>30CrMnSiNi2A</td><td>HTJ-2</td></tr>
<tr><td>34CrNiMoA</td><td>HTJ-3</td></tr>
<tr><td>40Cr</td><td>J107、J107Cr、J857Cr、J907、J907Cr</td></tr>
</table>

续表

<table>
<tr><th rowspan="2">钢牌号</th><th rowspan="2">状态</th><th colspan="2">焊条选用</th></tr>
<tr><th>型号</th><th>牌号</th></tr>
<tr><td>25CrMnSiA
30CrMnSiA</td><td rowspan="6">调质后焊接</td><td rowspan="6">E1-16-25MoN-15、
E1-16-25MoN-16</td><td rowspan="5">A502、A507、HTG-1、
HTG-2、HTG-3</td></tr>
<tr><td>30CrMnSiNi2A</td></tr>
<tr><td>34CrNi3MoA</td></tr>
<tr><td>40CrNiMoA</td></tr>
<tr><td>40CrMnMo</td><td>HTG-1</td></tr>
</table>

（4）高碳钢的焊接

一般高碳钢不用于制造焊接结构件，其焊接多为补焊或堆焊。焊条的选择应视被焊工件要求而定，高要求的可选 E7015G 或 E6015，低要求的也可选 E5015 或 E5016，或选用 E309、E309Mo 等焊条。预热一般应达 250~350℃以上，施焊结束后，应立即将工件送入加热炉中，加热至 600~650℃，然后缓冷。

4.4.2.2 低合金高强度钢的焊接

低合金高强度钢含有一定量的合金元素及微合金化元素，其焊接性与碳钢有差别，主要是焊接热影响区组织与性能的变化对焊接热输入较敏感，热影响区淬硬倾向增大，对氢致裂纹敏感性较大，含有碳、氮化合物形成元素的低合金高强度钢还存在再热裂纹的危险等。低合金高强度钢焊接材料的选用如表 4-33 所示。

表 4-33 低合金高强度钢焊接材料的选用

钢牌号	焊条电弧焊		熔化极气体保护焊		
	焊条型号	焊条牌号	焊丝型号	焊丝牌号	保护气体（体积分数）
Q345	E5001 E5003 E5016-G	J503 J502 J506G	H08Mn2Si H08Mn2SiA	H08Mn2Si H08Mn2SiA	Ar+CO_2（20%）或 CO_2
Q390	E5003 E5515-G E5516-G	J502 J557 J556	H08Mn2Si H08Mn2SiA	H08Mn2Si H08Mn2SiA	Ar+CO_2（20%）或 CO_2
Q420	E5515-G E5516-G E6015-G	J557 J556 J607	H08Mn2Si H08Mn2SiA	H08Mn2Si H08Mn2SiA	Ar+CO_2（5%~20%）或 CO_2
Q500	E6015-G E7015-G	J607 J707	H08Mn2SiMoA	H08Mn2SiMoA	Ar+CO_2（5%~20%）或 CO_2
07MnCrMoVR① 07MnCrMoVDR① 07MnCrMoV-D① 07MnCrMoV-E①	CB E0615-G JIS D5816 AWS E9016-G	PP J607RH	—	—	—
HQ60①	GB E016-G、 GB E6015H	J606RH J607H	GB ER60-G、 AWS ER80-GC	HS-60Ni（H08Mn-NiMoA）、HS-60（H08Mn-2SiMoA）	Ar+CO_2（20%）或 CO_2

① 在用非标准牌号。

4.4.2.3 不锈钢的焊接

（1）奥氏体不锈钢的焊接

奥氏体不锈钢比其他不锈钢具有优良的耐蚀性、耐热性和高塑性，其焊接性比较好。但如果焊接方法和工艺参数选择不当，仍可产生晶间腐蚀、裂纹等缺陷。奥氏体不锈钢焊接材料的选用如表 4-34 所示。

表 4-34 奥氏体不锈钢焊接材料的选用

钢牌号	电焊条		氩弧焊焊丝	埋弧焊	
	原牌号	型号		焊丝	焊剂
12Cr18Ni9	A002	E308L-16	H00Cr21Ni10	H00Cr21Ni0	HJ206 HJ151
06Cr19Ni10Ti	A102	E308-16	H0Cr20Ni10Ti	H0Cr20Ni10Ti	HJ172 SJ608
1Cr18Ni9Ti①	A132	E347-16	H0Cr20Ni10Nb	H0Cr20Ni10Nb	SJ701
022Cr19Ni10	A002	E308L-16	H00Cr21Ni10	H00Cr21Ni10	SJ601
06Cr17Ni12Mo2Ti	A022	E316L-16	H00Cr19Ni12Mo2	H00Cr19Ni12Mo2	HJ206 HJ172
10Cr18Ni12Mo3Ti	A242	E317-16	H0Cr20Ni14Ma3	H0Cr20Ni14Mo3	HJ206 HJ172
022Cr17Ni13Mo2	A022	E316L-16	H00Cr19Ni12Mo2	H00Cr19Ni12Mo2	HJ260 HJ172
022Cr17Ni13Mo3	A002	E308L-16	H00Cr19Ni12Mo2	H00Cr20Ni14Mo3	HJ260 HJ172

① 用非标准牌号。

（2）铁素体不锈钢的焊接

在进行铁素体不锈钢的焊接时，有产生脆化和冷裂纹的倾向，应选择焊接热影响区窄的方法，并尽可能地减小焊接热输入。铁素体不锈钢碳氮含量很低，并添加了合金元素优化成分提高性能，在选择合适的焊接材料及工艺的前提下，大部分铁素体不锈钢薄板可获得较为优良的焊接接头。铁素体不锈钢焊条电弧焊时焊接材料的选用如表 4-35 所示。

表 4-35 铁素体不锈钢焊条电弧焊时焊接材料的选用

类引	钢牌号	热处理规范/°C		焊条选用	
		预热、层温	焊后热处理	型号	牌号
铁素体型	06Cr13	100~200	700~760 空冷	E410-16、E410-15、E410-15	G202 0207（耐蚀、耐热） G217
		70~100	—	E309-16、E309-15、E310-16、E310-15	A302 A307 A402（高塑、韧性） A407
	0Cr17① 0Cr17Ti① 1Cr17Ti① 1Cr17Mo2Ti①	100~200	700~760	E430-16、E430-15	G302 G307（耐蚀、耐热）
		70~100	—	E308-16、E308-15、E309-16、15 E310-16、15	A101、A102、A107 A302（高塑、韧性） A307、A402、A407
	Cr28①	70~100	—	E309-16、15 E310-16、15 E310MO-16	A302、A307、 A402、A407（耐蚀、耐热） A412

① 用非标准牌号。

4.4.3 焊接接头坡口形式和尺寸选择

根据设计或工艺需要，将工件的待焊部位加工成一定几何形状的沟槽称为坡口。

（1）坡口的作用

坡口的作用是为了保证焊缝根部焊透，使焊接电源能深入接头根部，以保证接头质量。同时，还能起到调节基体金属与填充金属比例的作用。

（2）熔焊接头的坡口类型

① 接头及坡口设计的主要形式。焊接接头的形式主要根据焊接构件的形式、受力状况、使用条件和施工情况决定。焊条电弧焊常见的接头形式有对接、角接、T形、搭接，图 4-43 为焊接坡口类型。

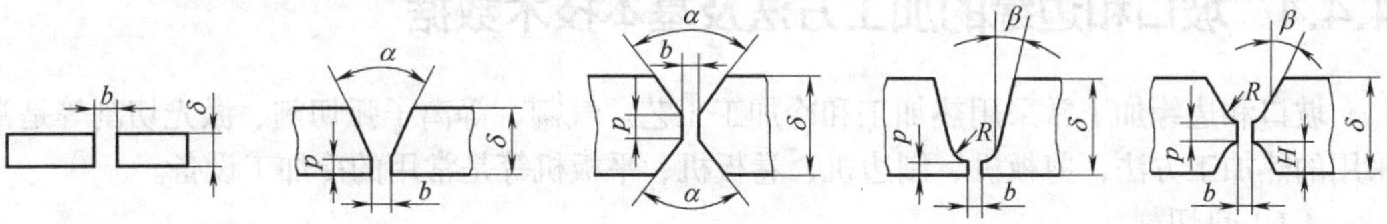

(a) 对接

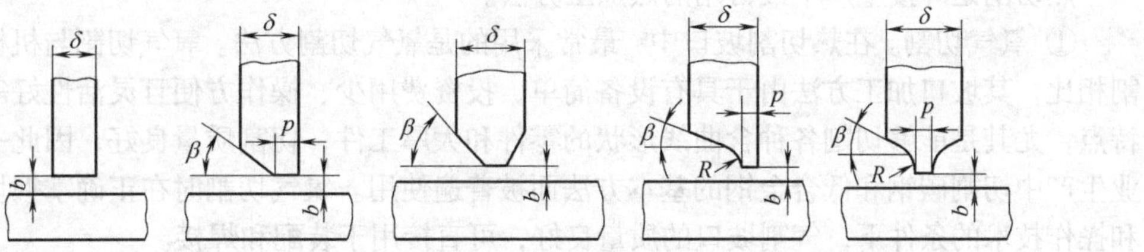

(b) T形接头

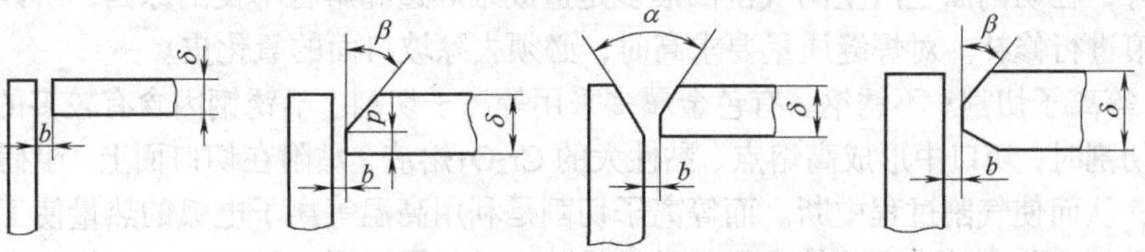

(c) 角接

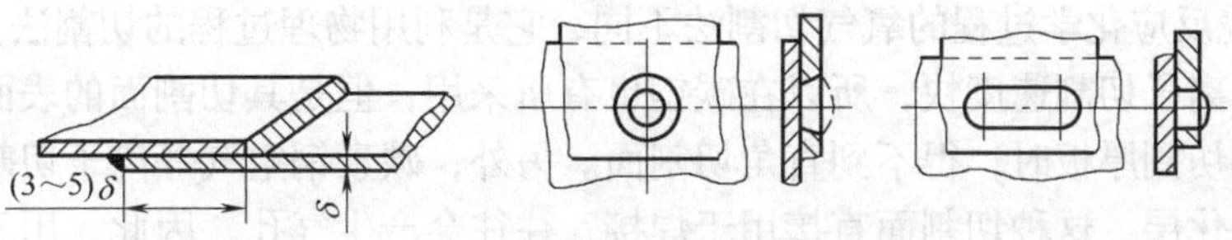

(d) 搭接

图 4-43　焊接坡口类型及尺寸符号

② 接头坡口设计原则。首先，考虑接头受载状况及板厚（焊透性要求），不承载的连续焊缝无焊透要求时，厚度即使大于 30mm 也可以采用Ⅰ形坡口。对大多数承载的对接接头，为了保证焊透，只有厚度小于 6mm 才可采用Ⅰ形坡口，否则随板厚增加应依次选用 V 形、U 形、X 形、双 U 形坡口。角接 T 形接头只在特别重要时才强调焊透的坡口设计。

其次，应考虑焊接材料的消耗量及加工条件。板厚相同的U形、X形、双U形坡口分别比 V形、U形、X形坡口节省较多的焊接材料、能耗及工时。但U形、双U形坡口一般必须用刨边机、刨床等机加工方法加工，效率较热切割低；V形、X形坡口可用气割、等离子切割方法在下料的同时完成。最后，还应考虑焊接应力及可焊达性，单面的V形或U形坡口焊接后会比X形或双U形坡口有更大的焊接应力变形。有不少难以双面焊或者翻转的焊件只能采用单面坡口。

选择哪一种坡口形式除依据 GB/T 985.1—2008《气焊、焊条电弧焊、气体保护焊和高能束焊的推荐坡口》和 GB/T 985.2—2008《埋弧焊的推荐坡口》两个国家标准外，也可按行业标准和企业标准由工件厚度确定。

4.4.4 坡口和边缘的加工方法及基本技术数据

坡口和边缘加工常采用热加工和冷加工工艺。气割、等离子弧切割、激光切割等是常采用的热加工方法，剪板机、刨边机、卷板机、平板机等是常用的冷加工设备。

（1）热切割

热切割是焊接生产中最常用的热加工方法。

① 氧气切割。在热切割坡口中，最常采用的是氧气切割方法。氧气切割与机械加工切割相比，其坡口加工方法由于具有设备简单、投资费用少、操作方便且灵活性好等一系列特点，尤其是能够切割各种含曲线形状的零件和大厚工件，切割质量良好，因此一直是工业生产中切割碳钢和低合金钢的基本方法而被普遍使用。氧气切割时在正确掌握切割参数和操作技术的条件下，气割坡口的质量良好，可直接用于装配和焊接。

此外，在切割面上产生的气割凹痕多是造成未焊透和熔合不良的原因，所以在焊前必须对凹痕进行修补。对焊缝质量要求高时，必须去除坡口面的氧化皮。

② 等离子切割。不锈钢、有色金属多采用等离子切割。不锈钢因含有较多的铬，在一般氧气切割时，切口中形成高熔点、黏性大的 Cr_2O_3 熔渣，黏附在切口面上，阻碍切割氧与铁反应，从而使气割过程中断。而等离子切割是利用高温等离子电弧的热量使工件切口处的金属局部熔化，并借高速等离子的动量排除熔融金属以形成切口的一种加工方法。与利用铁-氧燃烧反应化学过程的氧气切割法不同，它是利用物理过程的切割法。

由于等离子切割速度快，所以在碳钢也有所采用，但是其切割面的表面粗糙度不如气割。而且在切割厚板时，得不到直角切割面。另外，碳素钢空气等离子切割时，切割面上形成白色氮化层，这种切割面直接用于焊接，往往会产生气孔。因此，用于焊接的空气等离子切割面在焊前须进行打磨或再加工。

③ 碳弧气刨。采用碳弧气刨可加工坡口，但是刨削面精度不高，而且噪声大，污染严重。碳弧气刨的另一个主要用途是去除有缺陷的焊缝，用于焊缝返修。

（2）冷加工

剪切机（剪床）和锯床是冷加工的主要设备，切口附近易发生冷作硬化，金属整体易产生扭曲变形。冷作硬化区的宽度一般为 1.5~2.5mm，与钢材的力学性能、加工钢材的厚度、压紧装置的位置及力量、剪刀的锐利状态和剪刀之间的间隙等因素有关。要求两剪刀之间的间距在 0.5~0.6mm 以下，以完成纯剪切，提高剪切质量，降低剪切力。

① 切削。用切削加工坡口。尺寸精度和坡口面的表面粗糙度都很高，没有热影响区。加工坡口的方法有刨、铣两种。用切削加工坡口的缺点是：不论是刨还是铣，加工面与刃口的冷却及润滑都必须用润滑油，坡口面的润滑油如果清除不干净，焊接时往往造成气孔、裂纹、氢脆等缺陷。

② 剪切加工面。厚度在 6mm 以下的金属板材或型材可用各种剪切机来切割，龙门剪切机的刀片长度一般为 1.5~5.2m，最长的达 8.3m，专门用于切割长而直的板材；压力剪切机的刀片一般在 300~600mm 的范围内，适于剪切短直线；圆盘剪适用于剪切厚度较小，具有曲线外形的工件；冲剪多用于大批量的小型工件或冲孔。采用剪切加工的坡口面由于有喇叭口和飞边部分，所以坡口面、钝边都不易整齐，一般经剪切后需进行切削加工。

③ 磨削加工坡口。几乎都是用手提砂轮机加工。现在的磨削工具小型轻便，使用起来比较方便，但是工作效率低，不够安全，且卫生条件差。因为这种加工方法基本是凭操作者的经验和直觉，所以要保证坡口精度是困难的。但是，风动砂轮、电动砂轮总成本低，而且用途广，对于厚度小于 8mm 的部件，多采用磨削方法加工坡口，这种方法更适用于现场修磨坡口。

使用这种方法时，应注意的是砂轮的选取，特别是对于超低碳不锈钢以及有色金属，砂轮的砂粒会污染工件，从而造成脆化，所以对砂轮的选择和使用的管理必须予以充分注意。

综上所述，为了获得理想的焊接坡口质量，选择合适的坡口加工方法是很重要的。

a. 在热切割加工方法中，氧气切割多用于切割碳钢和低合金钢；等离子切割主要用于不锈钢和有色金属；而碳弧气刨则更多地用于焊缝返修中。

b. 在机械加工方法中，切削加工能保证尺寸精度和坡口表面粗糙度，但必须在焊接前进行必要的除油处理；剪切主要用在薄板加工上，一般在剪切后应进行切削加工；磨削加工成本低，用途广，适用于现场修磨坡口，但必须注意砂轮的选择和使用的管理。

不同厚度的钢板对接接头的两板厚度差($\delta-\delta_1$)不超过表 4-36 规定时，焊缝坡口的基本形式与尺寸按厚板的尺寸数据选取；否则，应在厚板上作出如图 4-44 所示的单面或双面削薄，其削薄长度 $L\geqslant3$ ($\delta-\delta_1$)。

表 4-36 不同厚度钢板对接接头允许的厚度差 单位：mm

较薄板厚度	≥2~5	5~9	9~12	12
允许厚度差（$\delta-\delta_1$）	1	2	3	4

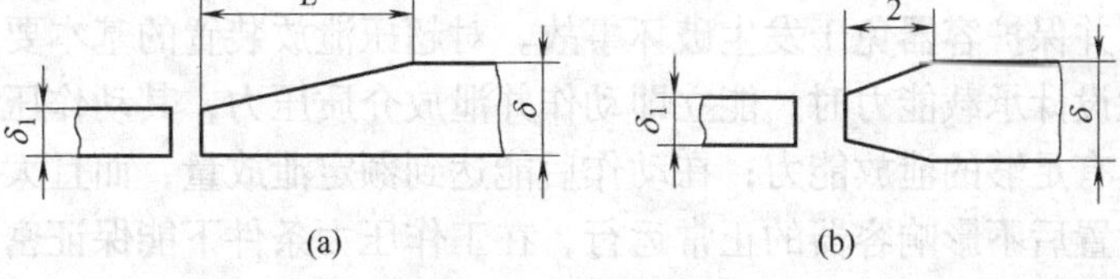

图 4-44 不同厚度钢板的接头形式与尺寸

4.5 安全阀与爆破片

为了满足压力容器安全使用要求，设计和制造压力容器时必须从技术上保证受压元件在设计条件下有足够的强度，操作过程中则要求采取措施、严格控制在不高于容器设计压力和设计温度下工作。但是，在压力容器实际运行时由于种种原因可能发生工艺过程失控或受外界因素干扰，造成超压或超温，容器会因强度不足发生破裂，甚至引起爆炸、燃烧、有毒有害物质大量泄漏的严重事故。所以在容器上应根据需要设置安全泄放装置。

压力容器和化工管道用的安全装置包括安全阀、爆破片、压力表、液面计和测温仪表。安全阀和爆破片是常用的超压泄放装置。

（1）设备超压

① 设备的超压。超压定义：一般指设备内最高工作压力超过了设备的允许压力。设备超压分为物理超压和化学超压。

物理超压：压力升高不是由介质化学反应造成的，介质只发生物理变化。

化学超压：压力升高由介质发生化学反应造成的。

② 常见物理超压种类。a.设备内物料不断积聚，又不能及时排出所造成超压；b.物料受热（火灾）膨胀引起超压；c.瞬时压力脉动引起超压，突然快速关闭阀门引起的局部压力升高，如“水锤”“汽锤”，另外蒸汽管道端部，蒸汽快速冷却，局部形成真空，导致蒸汽快速向端部流动，形成冲击，引起类似“水锤”作用的超压。

③ 常见化学超压种类。a.可燃气体（气雾）爆燃引起超压；b.各种有机、无机可燃粉尘发生燃烧爆炸引起超压；c.放热化学反应失控引起超压。

（2）超压泄放装置

① 安全泄放原理。设备超压，设备上的安全附件立即动作，将超压介质及时泄放出去，以保护容器。要求做到单位时间产生多少介质，泄放口也能在单位时间内泄放出去，做到单位时间泄压速率大于升压速率，确保设备内最大压力小于设备最大允许压力。

② 超压泄放装置。动作原理分为超压泄放和超温泄放两种。常见超压泄放装置：有泄压阀和爆破片。

（3）超压泄放装置作用。

超压泄放装置的作用是：一旦容器内介质压力超过容器最大设计承载能力时，会立即动作并自动泄放介质压力，使容器实际承受的压力被限制在安全许可范围内，从而防止压力容器过度超压并保护容器免于发生破坏事故。对超压泄放装置的基本要求是：当容器介质压力达到最大设计承载能力时，能立即动作并泄放介质压力，其动作压力在设定值及其允差范围内；具有足够的泄放能力；在动作后能达到额定泄放量，而且大于或等于容器的安全泄放量；设置后不影响容器的正常运行，在工作压力条件下能保证密封；在规定的使用期限内可靠地工作，不会失灵也不至于因腐蚀、疲劳、蠕变等原因造成在较低压力下频繁动作或提前泄放。

4.5.1 安全阀

安全阀是一种安全保护用阀，它的启闭件在外力作用下处于常闭状态，当设备或管道内的介质压力升高，超过规定值时自动开启，通过向系统外排放介质来防止管道或设备内介质压力超过规定数值。安全阀属于自动阀类，主要用于锅炉、压力容器和管道上，控制压力不超过规定值，对人身安全和设备运行起重要保护作用。

（1）安全阀分类

安全阀按照结构主要有三大类：重锤杠杆式、弹簧式和脉冲式。

① 重锤杠杆式安全阀。重锤杠杆式安全阀是利用重锤和杠杆来平衡作用在阀瓣上的力。根据杠杆原理，它可以使用质量较小的重锤通过杠杆的增大作用获得较大的作用力，并通过移动重锤的位置(或变换重锤的质量）来调整安全阀的开启压力。

重锤杠杆式安全阀结构简单，调整容易而又比较准确，所加的载荷不会因阀瓣的升高而有较大的增加，适用于温度较高的场合，过去用得比较普遍，特别是用在锅炉和温度较高的压力容器上。但重锤杠杆式安全阀结构比较笨重，加载机构容易振动，并常因振动而产生泄漏；其回座压力较低，开启后不易关闭及保持密闭。

② 弹簧微启式安全阀。弹簧微启式安全阀是利用压缩弹簧的力来平衡作用在阀瓣上的力。螺旋圈形弹簧的压缩量可以通过转动它上面的调整螺母来调节，利用这种结构就可以根据需要校正安全阀的开启(整定）压力。弹簧微启式安全阀结构轻便紧凑，灵敏度也比较高，安装位置不受限制，而且因为对振动的敏感性小，所以可用于移动式的压力容器上。这种安全阀的缺点是所加的载荷会随着阀的开启而发生变化，即随着阀瓣的升高，弹簧的压缩量增大，作用在阀瓣上的力也跟着增加。这对安全阀的迅速开启是不利的。另外，阀上的弹簧会由于长期受高温的影响而使弹力减小。用于温度较高的容器上时，常常要考虑弹簧的隔热或散热问题，从而使结构变得复杂起来。

③ 脉冲式安全阀。脉冲式安全阀由主阀和辅阀构成，通过辅阀的脉冲作用带动主阀动作，其结构复杂，通常只适用于安全泄放量很大的锅炉和压力容器。

上述三种形式的安全阀中，用得比较普遍的是弹簧式安全阀。

（2）设置安全阀的四大要点

① 容器内有气、液两相物料时安全阀应装在气相部分。

② 安全阀用于泄放可燃液体时，安全阀的出口应与事故贮罐相连。当泄放的物料是高温可燃物时，其接收容器应有相应的防护设施。

③ 一般安全阀可就地放空，放空口应高出操作人员 1m 以上且不应朝向 15m 以内的明火地点、散发火花地点及高温设备。室内设备容器的安全阀放空口应引出房顶，并高出房顶 2m 以上。

④ 当安全阀入口有隔断阀时，隔断阀应处于常开状态，并要加以铅封，以免出错。

（3）安全阀的检修和维护

安全阀使用一定时间后要进行检验，检查安全阀是否灵敏、准确、泄漏或堵塞。安全阀的检验和调整最好在专门的试验台上进行，不具备这种条件时，可在容器上做水压试验进行调整。调整压力一般为操作压力的 1.05~1.1 倍。经调整后的安全阀应加铅封，使调整后的加载装置及调节螺母不发生意外的变动。

安全阀在操作过程中，要想使它每时每刻都处于良好的状态、灵敏和准确，必须经常保持它的清洁，防止阀体弹簧沾满油污等脏物或锈蚀。室外安全阀在冬季时应经常检查是否被冻结。要经常检查铅封是否完好，杠杆安全阀要检查重锤是否有松动或位移以及另挂重物的现象。安全阀泄漏要进行更换，严禁用增大载荷的办法(如加大弹簧压缩量、加重锤）来减少泄漏。安全阀必须定期进行检验，包括清洗、研磨、试验和校正调整等。检验时间间隔和压力容器的检验时间间隔相同。

4.5.2 爆破片

爆破片（防爆片）是一种断裂型安全泄压装置。设备内达到标定爆破压力时，爆破片瞬间爆破，泄放通道完全打开。它断裂后就不能继续使用了，容器也被迫停止运行，必须更换新的爆破片才能重新运行。因此它只是在不宜装设安全阀的压力容器中使用。

4.5.2.1 爆破片结构类型

爆破片的结构类型

① 爆破片最常见的是用软金属薄板夹在夹持环上，如图 4-45 所示。压力容器内介质超压时，爆破片被爆破而泄压以保证压力容器安全。防爆片一般用薄的铝板、黄铜板或软钢板制造。

② 折断式防爆片是由脆性材料(铸铁、石墨、玻璃、硬橡胶等）制造，当介质压力超过许用压力时，防爆片被折断而泄压，其结构如图 4-46 所示。

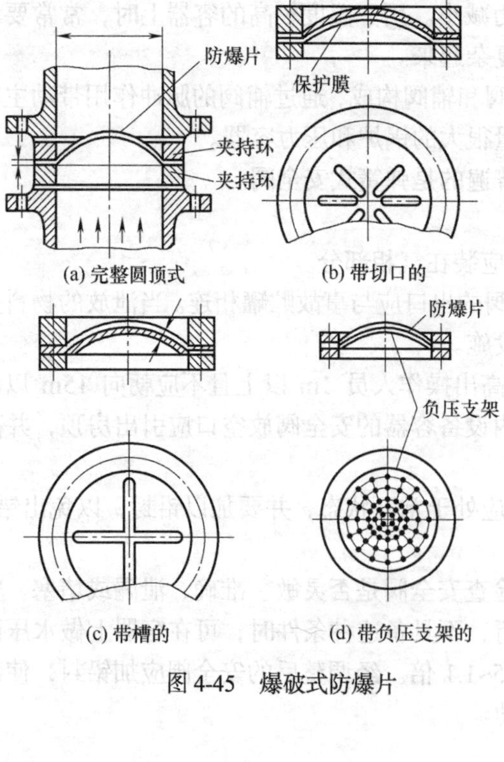

图 4-45 爆破式防爆片

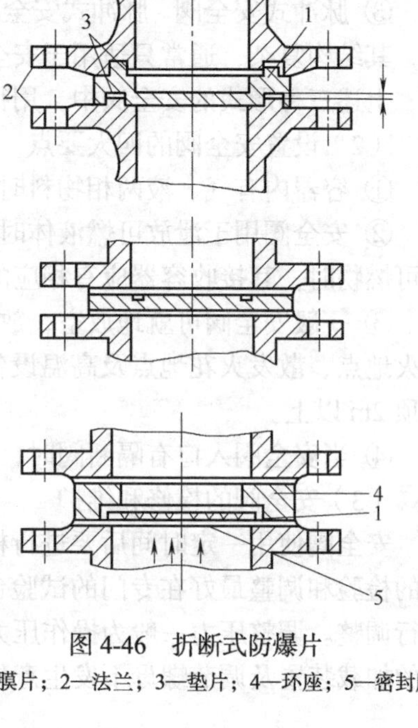

图 4-46 折断式防爆片

1—膜片；2—法兰；3—垫片；4—环座；5—密封膜

除上述两种外还有剪切式防爆片，弹出式防爆片等。

优点：①动作灵敏、准确、可靠、无泄漏。②排放面积大小不限，适应面广（如高温、高压、真空、强腐蚀等）。③结构简单、维护方便等突出特点。缺点：通道打开后不能再关闭，物料全部损失。

4.5.2.2 爆破片应用

（1）爆破片的使用范围

工作介质不清洁，使用安全阀时容易发生黏结或堵塞阀口、致使安全阀失效，可采用防爆片。爆破片的使用范围有下列几种情况。

① 压力容器内由于介质化学反应或其他原因，容易引起压力骤增，使用安全阀不能迅速降压时，采用防爆片可迅速降压。

② 工作介质有剧毒，使用安全阀难免会有微量泄漏，如果采用防爆片则可以防止剧毒介质由阀口的微量泄漏。但防爆片一旦破裂，必须有相应的防护措施，以确保人身安全。

（2）爆破片应用

GB 567.1—2012《爆破片安全装置 第1部分：基本要求》规定：爆破片安全装置中爆破片的设计爆破压力应由被保护承压设备的设计单位根据承压设备的承载能力、工作条件和相关安全技术规范的规定确定。爆破片安全装置的设计单位应根据被保护承压设备的承载能力、工作条件、结构特点、使用单位的要求、相应类似工程试验结果、相关安全技术规范的规定及与制造单位商定的制造范围和爆破压力允差等因素综合考虑，合理地确定爆破片的最小爆破压力和最大爆破压力。被保护承压设备装有爆破片安全装置时，对于每一种类型的爆破片，设备的工作压力与爆破片最小爆破压力之间的关系应参照表4-37的规定，以防止由于疲劳或蠕变而使爆破片过早失效。

表 4-37 爆破片最低标定爆破压力

爆破片形式	载荷性质	最小爆破压力/MPa
普通正拱型	静载荷	$\geqslant 1.43P_W$
开缝正拱型	静载荷	$\geqslant 1.25P_W$
正拱型	脉动载荷	$\geqslant 1.7P_W$
反拱型	静载荷、脉动载荷	$\geqslant 1.1P_W$

①设计者若有成熟的经验或可靠数据，亦可不按上表规定。②计算爆破片的设计爆破压力 p_b，p_b 等于最低标定爆破压力加上所选爆破片制造范围的下限（取绝对值）。③确定容器的设计压力 p，p 不小于 P_b 加上所选爆破片制造范围的上限。

4.5.2.3 爆破片安装

GB 150.1~GB 150.4—2011《压力容器［合订本］》附录B3.8规定：为了最大限度减少贵重介质、有毒介质或其他危害性介质通过安全阀向外泄漏，或为了防止来自泄放管线的腐蚀性气体进入安全阀内部，可以把安全阀与爆破片安全装置串联使用。

（1）爆破片安全装置串联在安全阀入口侧

① 下列几种情况爆破片安全装置应串联在安全阀入口侧：

a. 为避免因爆破片的破裂而损失大量的工艺物料或承装介质的；

b. 安全阀不能直接使用场合（如介质腐蚀、不允许泄漏等）的；

c. 移动式压力容器中装运毒性程度为极度、高度危害或强腐蚀性介质的。

② 爆破片安全装置串联在安全阀入口侧应满足下列条件：

a. 爆破片安全装置与安全阀组合装置的泄放量应不小于被保护承压设备的安全泄放量；

b. 爆破片安全装置公称直径应不小于安全阀入口侧管径，并应设置在距离安全阀入口侧 5 倍管径内，且安全阀入口管线压力损失应不超过其设定压力的 3%；

c. 爆破片爆破后的泄放面积应大于安全阀的进口截面积；

d. 爆破片在爆破时不应产生碎片、脱落或火花，以免妨碍该安全阀的正常排放功能；

e. 爆破片安全装置与安全阀之间的腔体应设置压力指示装置、排气口及合适的报警指示器。

③ 爆破片安全装置串联在安全阀入口侧使用具有独特的优点：

a. 解决安全阀的泄漏。避免物料的损失；避免对环境及大气的污染。

b. 避免安全阀与系统介质接触。防止安全阀阀瓣粘连或结焦；防止安全阀腐蚀；使用寿命长；降低安全阀维修费用；降低安全阀零部件所用材料的等级，造价低。

c. 安全阀可“在线”测试。给安全阀与爆破片之间的空腔打压，用三通上的压力表检测启跳压力。安全阀检测费用大大降低。

④ 爆破装置与安全阀入口串联使用，爆破片必须满足的要求：

a. 爆破片爆破后不产生碎片。

b. 抗疲劳能力好。

c. 爆破片爆破后不影响安全阀的使用。

d. 爆破压力精度高，压力漂移小。

e. 使用寿命长。

f. 最好是预紧埋入形式，便于拆卸与安装。

⑤ 爆破片安全装置串联在安全阀的入口侧，爆破片爆破压力的确定：

a. 爆破片爆破压力的确定应符合 GB 567.1—2012 的规定。

b. 爆破片的标定爆破压力略大于安全阀的设定压力。优点：爆破片破裂时，安全阀可以完全、连续地打开，避免开启程度较小时，阀瓣对阀座的锤击，从而延长安全阀的使用寿命。

（2）爆破片安全装置串联在安全阀的出口侧

① 下列几种情况爆破片安全装置应串联在安全阀出口侧：

a. 安全阀出口侧有可能被腐蚀；

b. 安全阀出口侧存在外来压力源的干扰。

② 爆破片安全装置串联在安全阀出口侧应满足下列条件：

a. 爆破片安全装置与安全阀组合装置的泄放量应不小于被保护承压设备的安全泄放量；

b. 爆破片安全装置与安全阀之间的腔体应设置压力指示装置、排气口及合适的报警指示器。

③ 在爆破温度下，爆破片设计爆破压力与泄放管内存在的压力之和应不超过下列任一条件：安全阀的整定压力；在爆破片安全装置与安全阀之间的任何管路的设计压力；被保护承压设备的设计压力。

④ 爆破片爆破后的泄放面积应足够大，以使流量与安全阀的额定排量相等。

⑤ 在爆破片以外的任何管道不应因爆破片爆破而被堵塞。

（3）爆破片安全装置与安全阀并联使用

① 下列几种情况爆破片安全装置与安全阀并联使用：

a. 防止在异常工况下压力迅速升高的；

b. 作为辅助安全泄放装置，考虑在有可能遇到火灾或接近不能预料的外来热源需要增加泄放面积的。

② 爆破片安全装置与安全阀并联使用应满足下列条件：

a. 安全阀及爆破片安全装置各自的泄放量均应不小于被保护承压设备的安全泄放量；

b. 爆破片的设计爆破压力应大于安全阀的整定压力。

第5章

压力容器常规设计

压力容器种类繁多，结构形式多种多样，但其结构基本上都是由容器外壳、封头和内件等组成，如图 5-1 所示。下面结合该图对压力容器的基本结构进行简单介绍。

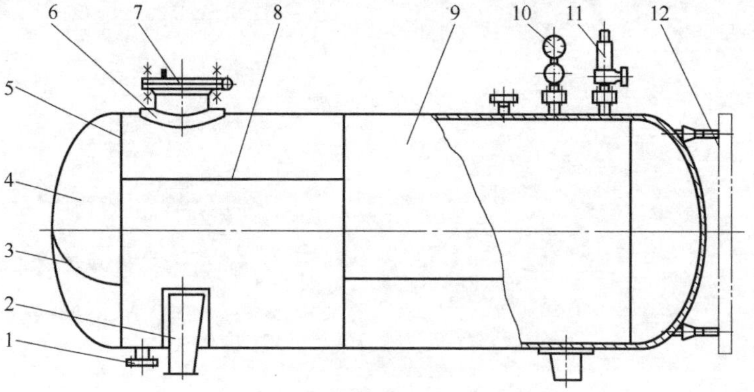

图 5-1　压力容器的基本结构

1—法兰；2—支座；3—封头拼焊焊缝；4—封头；5—环焊缝；6—补强圈；7—人孔；8—纵焊缝；9—筒体；10—压力表；11—安全阀；12—液面计

5.1 概述

目前我国压力容器常规设计（或规则设计）依据 GB 150.1~GB 150.4—2011《压力容器［合订本］》进行设计。GB 150 是我国两个压力容器设计规范之一。另一个规范是以应力分析为基础的设计标准。这一标准依靠详细的应力分析，正确地估计各种应力对容器失效的不同影响，在此基础上正确地将不同类型的应力分别按不同的强度准则进行限制。本节仅介绍常规设计法。鉴于压力容器设计必须遵照有关标准规范，本章和以后各章有关受压元件的设计内容，与 GB 150 保持一致。GB 150 采用弹性失效准则，即壳体的基本（薄膜）应力不超过材料的许用应力值，而由于总体结构不连续的附加应力，以应力增强系数和形状系数的形式引入壁厚计算式，并将这些局部应力控制在许用范围内。

实际容器不仅受内部介质压力作用，而且受包括容器及其物料和内件的重量、风载、地震、温度差、附加外载荷等作用。设计中一般以介质压力作为确定壁厚的基本载荷，然后校核在其他载荷下器壁中的应力，使容器具有足够的安全裕度。作为常规设计，一般仅考虑静载荷，不考虑循环载荷和振动的影响，且设计压力不大于 35MPa。采用的强度理论为第一强度理论，该理论认为当容器的最大应力达到屈服点即为失效。因薄膜理论不考虑垂直壳厚向的应力（相对其他两个方向的主应力较小，忽略不计），第三强度理论与第一强度理论趋于一致。

5.2 压力容器常规设计基础

5.2.1 设计压力、设计温度和设计载荷

5.2.1.1 设计压力

通常情况下，薄壁容器系指容器圆筒体外直径（D_0）与圆筒体内直径（D_i）的比值 D_0/D_i，小于 1.20 的压力容器。当 D_0/D_i 大于等于 1.20 时，则视为厚壁容器。

在本章中，除注明外，压力均为表压力。

（1）工作压力

指在正常工作情况下，容器顶部可能达到的最高压力。

① 由于最大工作压力是容器顶部的压力，所以对于塔类直立容器，直立进行水压试验的压力和卧置时不同。

② 工作压力是根据工艺条件决定的，容器顶部的压力和底部可能不同，许多塔器顶部的压力并不是其实际最高工作压力。

③ 标准中的最大工作压力，最高工作压力和工作压力概念相同。

（2）设计压力

指设定的容器顶部的最高压力，与相应的设计温度一起作为容器的基本设计载荷条件，其值不低于工作压力。

① 对最大工作压力小于 0.1MPa 的内压容器，设计压力取为 0.1MPa。

② 当容器上装有超压泄放装置时，取泄放装置超压限度的起始压力作为设计压力。

③ 对于盛装液化气体的装置，如果具有可靠的表冷措施，在规定的装量系数范围内，设计压力应根据工作条件下容器内介质可能达到的最高工作温度下的饱和蒸气压力来确定；否则按相关法规确定［详细内容，参考 GB 150，附录 B（标准的附录），超压泄放装置］。

④ 由 2 个或 2 个以上压力腔组成的容器，如夹套容器，应分别规定各压力腔的设计压

力。确定公用元件的设计压力时，应考虑相邻压力腔之间的压力差因素。

（3）计算压力

指在相应的设计温度下，用以确定元件厚度的压力，其中包括液柱静压力。当元件所承受的液柱静压力小于5%设计压力时，可忽略不计。

（4）试验压力

指在耐压试验时，容器顶部的压力（在5.2.4中详细介绍）。

5.2.1.2 设计温度

（1）设计温度

设计温度是指容器在正常工作情况下，在相应的设计压力下，设定的受压元件的金属温度。主要用于确定受压元件的材料选用、强度计算中材料的力学性能和许用应力，以及热应力计算时涉及的材料物理性能参数。

表5-1 设计温度

介质工作温度	设计温度	
	Ⅰ	Ⅱ
<-20℃	介质最低工作温度	介质工作温度减0~10℃
≥-20℃且≤15℃	介质最低工作温度	介质工作温度减5~10℃
>15℃	介质最高工作温度	介质工作温度加15~30℃

当最高（低）工作温度不明确时，按表5-1中的Ⅱ确定。

① 设计温度不得低于元件金属在工作状态可能达到的最高温度；

② 当设计温度在0℃以下时，不得高于元件金属可能达到的最低温度；

③ 当各部分容器在工作状态下有不同温度时，可分别设定每一部分的设计温度。

（2）元件的金属温度

即元件金属截面的温度平均值。元件的金属温度可由传热计算求得，或在已使用的同类容器上测定，或按内部介质温度确定（对有不同工况的容器，应按最苛刻的工况设计，并在图样或相应的技术文件中注明各工况的压力和温度值）。

（3）试验温度

指在耐压试验时，壳体的金属温度。

Q345R、Q370R、07MnMoVR制容器进行液压试验时，液体温度不得低于5℃；其他碳钢和低合金钢制容器进行液压试验时，液体温度不得低于15℃；低温容器液压试验的液体温度应不低于壳体材料和焊接接头的冲击试验温度（取其高者）加20℃。如果由于板厚等因素造成材料无塑性转变温度升高，则需相应提高试验温度。

当有试验数据支持时，可使用较低温度液体进行试验，但试验时应保证试验温度（容器器壁金属温度）比容器器壁金属无塑性转变温度至少高30℃。

5.2.1.3 设计载荷

压力容器受到介质压力、支座反力等多种载荷的作用。确定全寿命周期内压力容器所受的各种载荷，是正确设计压力容器的前提。分析载荷作用下压力容器的应力和变形，是压力容器设计的重要理论基础。

（1）主要载荷

载荷是指能在压力容器上产生应力、应变的因素，如介质压力、风载荷、地震载荷等，载荷分类见图 5-2。下面介绍压力容器全寿命周期内可能遇到的主要载荷。

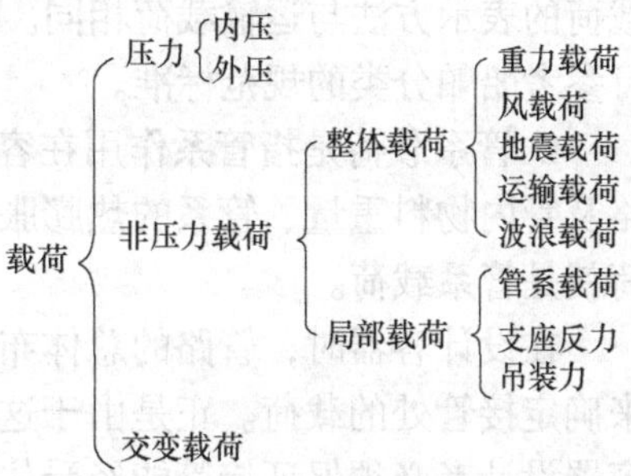

图 5-2　载荷分类

① 压力。压力是压力容器承受的基本载荷。压力可用绝对压力或表压来表示。绝对压力是以绝对真空为基准测得的压力，通常用于过程工艺计算。表压是以大气压为基准测得的压力。压力容器机械设计中，一般采用表压。

作用在容器上的压力，可能是内压、外压或两者均有。压力容器中的压力主要来源于三种情况：一是流体经泵或压缩机，通过与容器相连接的管道，输入容器内而产生压力，如氨合成塔、尿素合成塔、氢气储罐等；二是加热盛装液体的密闭容器，液体膨胀或汽化后使容器内压力升高，如人造水晶釜；三是盛装液化气体的容器，如液氨储罐、液化天然气储罐等，其压力为液体的饱和蒸气压。

装有液体的容器，液体重量将产生压力，即液体静压力。其大小与液柱高度及液体密度成正比。例如，密度为 $1000kg/m^3$ 的 10m 水柱产生的压力为 0.0981MPa（工程上常取为 0.1MPa）。

② 非压力载荷。非压力载荷可分为整体载荷和局部载荷。整体载荷是作用于整台容器上的载荷，如重力、风、地震、运输等引起的载荷。局部载荷是作用于容器局部区域上的载荷，如管系载荷、支座反力和吊装力等。

a. 重力载荷是指由容器及其附件、内件和物料的重量引起的载荷。计算重力载荷时，除容器自身的重量外，应根据不同的工况考虑隔热层、内件、物料、平台、梯子、管系和由容器支撑的附属设备等的重量。

b. 风载荷是根据作用在容器及其附件迎风面上的有效风压来计算的载荷。它是由高度湍流的空气扫过地表时形成的非稳定流动引起的。风的流动方向通常为水平的，但它通过障碍物表面时，可能有垂直分量。

风载荷作用下，除了使容器产生应力和变形外，还可能使容器产生顺风向的振动和垂直于风向的诱导振动。

c. 地震载荷是指作用在容器上的地震力，它产生于支撑容器的地面的突然振动和容器对振动的反应。地震时，作用在容器上的力十分复杂。为简化设计计算，通常采用地震影响系数，把地震力简化为当量剪力和弯矩。

地震影响系数与容器所在地的场地土类别、震区类型和地震烈度等因素有关，具体取值可参阅有关地震设计规范。

d. 运输载荷是指运输过程中由不同方向的加速度引起的力。容器经陆路或海上运送到安装地点，由于运输车辆或船舶的运动，容器将承受不同方向上的加速度。

运输载荷可用水平方向和垂直方向加速度给出，也可用加速度除以标准重力加速度所得到的系数表示。

e. 波浪载荷是指固置在船上的容器，由于波浪运动而产生的加速度引起的载荷。波浪载荷的表示方法与运输载荷相同。晃动载荷是交变的，应考虑疲劳的要求，有关设计数据，可参考船舶分类的规范标准。

f. 管系载荷是指管系作用在容器接管上的载荷。当管系与容器接管相连接时，由于管路及管内物料重量、管系的热膨胀、风载荷、地震或其他载荷的作用，在接管处产生的载荷就是管系载荷。

在设计容器时，管路的总体布置通常还没有最后确定，因此不可能进行管路应力分析来确定接管处的载荷。正是由于这个原因，往往要求压力容器设计委托方提供管系载荷。容器设计者必须保证接管能经受住这些载荷，确保不会在容器或接管处产生过大的应力。管线布置最终确定后，管路设计者要确保由接管应力分析得到的载荷不会超出指定的管系载荷。

③ 交变载荷

上述载荷中，有的是大小和/或方向随时间变化的交变载荷，有的是大小和方向基本上不随时间变化的静载荷。压力容器交变载荷的典型实例有：

a. 间歇生产的压力容器的重复加压、卸压；

b. 由往复式压缩机或泵引起的压力波动；

c. 生产过程中，因温度变化导致管系热膨胀或收缩，从而引起接管上的载荷变化；

d. 容器各零部件之间温度差的变化；

e. 装料、卸料引起的容器支座上的载荷变化；

f. 液体波动引起的载荷变化；

g. 振动（例如风诱导振动）引起的载荷变化。

交变载荷是容器设计中的一个重要控制因素，小载荷改变量大循环次数与大载荷改变量小循环次数，同样都要认真考虑。

压力容器设计时，并不是每台容器都要考虑以上载荷。设计者应根据全寿命周期内容器所受的载荷，结合规范标准的要求，确定设计载荷。

（2）载荷工况

在制造安装、正常操作、开停工和压力试验等过程中，容器处于不同的载荷工况，所承受的载荷也不相同。设计压力容器时，应根据不同的载荷工况分别计算载荷。通常需要考虑的载荷工况有以下几方面。

① 正常操作工况容器正常操作时的载荷。包括：设计压力、液体静压力、重力载荷（包括隔热材料、衬里、内件、物料、平台、梯子、管系及支承在容器上的其他设备重量）、风载荷和地震载荷及其他操作时容器所承受的载荷。

② 特殊载荷工况。包括压力试验、开停工及检修等工况。

a. 压力试验。制造完工的容器在制造厂进行压力试验时，载荷一般包括试验压力、容器自身的重量。通常，在制造厂车间内进行压力试验时，容器一般处于水平位置。对于立容器，用卧式试验替代立式试验。当考虑液柱静压力时，容器顶部承受的压力大于立式试验时所承受的压力，有可能导致原设计壁厚不足，试验前应对其做强度校核。液压试验时还应考虑试验液体静压力和试验液体的重量。在压力试验工况，一般不考虑地震载荷。

因定期检验或其他原因，容器需在安装处的现场进行压力试验，其载荷主要包括试验压力、试验液体静压力和试验时的重力载荷（一般情况下隔热材料已拆除）。

b. 开停工及检修。开停工及检修时的载荷主要包括风载荷，地震载荷，容器自身重量，以及内件、平台、梯子、管系及支承在容器上的其他设备重量。

③ 意外载荷工况。紧急状态下容器的快速启动或突然停车、容器内发生化学爆炸、容器周围的设备发生燃烧或爆炸等意外情况下，容器会受到爆炸、热冲击等意外载荷的作用。

5.2.2 许用应力与安全系数

由脆性材料制成的构件，在拉力作用下，当变形很小时就会突然断裂，脆性材料断裂时的应力即强度极限 σ_b；塑性材料制成的构件，在拉断之前已出现塑性变形，在不考虑塑性变形力学设计方法的情况下，考虑到构件不能保持原有的形状和尺寸，故认为它已不能正常工作，塑性材料到达屈服时的应力即屈服极限 σ_s。

5.2.2.1 许用应力

脆性材料的强度极限 σ_b、塑性材料屈服极限 σ_s 称为构件失效的极限应力。为保证构件具有足够的强度，构件在外力作用下的最大工作应力必须小于材料的极限应力。在强度计算中，把材料的极限应力除以一个大于 1 的系数 n（称为安全系数），作为构件工作时所允许的最大应力，称为材料的许用应力，以［σ］表示。

对于脆性材料，许用应力：
$$[\sigma]=\frac{\sigma_b}{n_b} \quad (5\text{-}1)$$

对于塑性材料，许用应力：
$$[\sigma]=\frac{\sigma_s}{n_s} \quad (5\text{-}2)$$

其中，n_b、n_s 分别为脆性材料、塑性材料对应的安全系数。

在设计温度下的许用应力的大小，直接决定容器的强度，GB 150—2011 对钢板、锻件、紧固件均规定了材料的许用应力。碳素钢和低合金钢钢板在设计温度下的许用应力见表 5-2（其中 Rm 为抗拉强度，ReL 为屈服强度）；高合金钢钢板在设计温度下的许用应力见表 5-3。

5.2.2.2 安全系数

安全系数的确定除了要考虑载荷变化，构件加工精度不同，计算差异，工作环境的变化等因素外，还要考虑材料的性能差异（塑性材料或脆性材料）及材质的均匀性，以及构件在设备中的重要性，损坏后造成后果的严重程度。

安全系数的选取，必须体现既安全又经济的设计思想，通常由国家有关部门制订，一般在静载下，对塑性材料可取 n_s=1.5~2.0；脆性材料均匀性差，且断裂突然发生，有更大的危险性，所以取 n_b=2.0~5.0，甚至取到 5~9。也可参照表 5-4 选取安全系数。

为了保证构件在外力作用下安全可靠地工作，必须使构件的最大工作应力小于材料的许用应力，即：

$$\sigma_{max}=\frac{N_{max}}{A}\leqslant[\sigma] \quad (5\text{-}3)$$

表 5-2　碳素钢和低合金钢钢板许用应力

单位：MPa

钢号	使用状态	厚度/mm	室温强度指标 Rm	室温强度指标 ReL	在下列温度下的许用应力 ≤20℃	100℃	150℃	200℃	250℃	300℃	350℃	400℃	425℃	450℃	475℃	500℃	525℃	550℃	575℃	600℃
Q245R	热轧，控轧，正火	3~16	400	245	148	147	140	131	117	108	98	91	85	61	41					
		>16~36	400	235	148	140	133	124	111	102	93	86	84	61	41					
		>36~60	400	225	148	133	127	119	107	98	89	82	80	61	41					
		>60~100	390	205	137	123	117	109	98	90	82	75	73	61	41					
		>100~150	380	185	123	112	107	100	90	80	73	70	67	61	41					
Q345R	热轧，控轧，正火	3~16	510	345	189	189	189	183	167	153	143	125	93	66	43					
		>16~36	500	325	185	185	183	170	157	143	133	125	93	66	43					
		>36~60	490	315	181	181	173	160	147	133	123	117	93	66	43					
		>60~100	490	305	181	181	167	150	137	123	117	110	93	66	43					
		>100~150	480	285	178	173	160	147	133	120	113	107	93	66	43					
		>150~200	470	265	174	163	153	143	130	117	110	103	93	66	43					
Q370R	正火	10~16	530	370	196	196	196	196	190	180	170									
		>16~36	530	360	196	196	196	193	183	173	163									
		>36~60	520	340	193	193	193	180	170	160	150									
18MnMoNbR	正火加回火	30~60	570	400	211	211	211	211	211	211	211	207	195	177	117					
		>60~100	570	390	211	211	211	211	211	211	211	203	192	177	117					
13MnNiMoR	正火加回火	>30~100	570	390	211	211	211	211	211	211	211	203								
		>100~150	570	380	211	211	211	211	211	211	211	200								
15CrMoR	正火加回火	6~60	450	295	167	167	167	160	150	140	133	126	122	119	117	88	58	37		
		>60~100	450	275	167	167	157	147	140	131	124	137	114	111	109	88	58	37		
		>100~150	440	255	163	157	147	14	133	123	117	110	107	104	102	88	58	37		
16MnDR	正火，正火加回火	6~16	490	315	181	181	180	167	153	140	130									
		>16~36	470	295	174	174	167	157	143	130	120									
		>36~60	460	285	170	170	160	150	137	123	117									
		>60~100	450	275	167	167	157	147	133	120	113									
		>100~120	440	265	163	163	153	143	130	117	110									

表 5-3　高合金钢钢板许用应力

单位：MPa

钢号	钢板标准	厚度/mm	在下列温度下的许用应力																					
			≤20℃	100℃	150℃	200℃	250℃	300℃	350℃	400℃	450℃	500℃	525℃	550℃	575℃	600℃	625℃	650℃	675℃	700℃	725℃	750℃	775℃	800℃
S11306	GB/T 24511	1.5~25	137	126	123	120	119	117	112	109														
S11348	GB/T 24511	1.5~25	113	104	101	100	99	97	95	90														
S11972	GB/T 24511	1.5~8	154	154	149	142	136	131	125															
S21953	GB/T 24511	1.5~80	233	233	223	217	210	203																
S22253	GB/T 24511	1.5~80	230	230	230	230	223	217																
S22053	GB/T 24511	1.5~80	230	230	230	230	223	217																
S30408	GB/T 24511	1.5~80	137	137	137	130	122	114	111	107	103	100	98	91	79	64	52	42	32	27				
			137	114	103	96	90	85	82	79	76	74	73	71	67	62	52	42	32	27				
S30403	GB/T 24511	1.5~80	120	120	118	110	103	98	94	91	88													
			120	98	87	81	76	73	69	67	65													
S30409	GB/T 24511	1.5~80	137	137	137	130	122	114	111	107	103	100	98	91	79	64	52	42	32	27				
			137	114	103	96	90	85	82	79	76	74	73	71	67	62	52	42	32	27				
S31008	GB/T 24511	1.5~80	137	137	137	137	134	130	125	122	119	115	113	105	84	61	43	31	23	19	15	12	10	8
			137	121	111	105	99	96	93	90	88	85	84	83	81	61	43	31	23	19	15	12	10	8
S31608	GB/T 24511	1.5~80	137	137	137	134	125	118	113	111	109	107	106	105	96	81	65	50	38	30				
			137	117	107	99	93	87	84	82	81	79	78	78	76	73	65	50	38	30				
S31603	GB/T 24511	1.5~80	120	120	117	108	100	95	90	86	84													
			120	98	87	80	74	70	67	64	62													
S31668	GB/T 24511	1.5~80	137	137	137	134	125	118	113	111	109	107												
			137	117	107	99	93	87	84	82	81	79												
S31708	GB/T 24511	1.5~80	137	137	137	134	125	118	113	111	109	107	106	105	96	81	65	50	38	30				
			137	117	107	99	93	87	84	82	81	79	78	78	76	73	65	50	38	30				
S31703	GB/T 24511	1.5~80	137	137	137	134	125	118	113	111	109													
			137	117	107	99	93	87	84	82	81													
S32168	GB/T 24511	1.5~80	137	137	137	130	122	114	111	108	105	103	101	83	58	44	33	25	18	13				
			137	114	103	96	90	85	82	80	78	76	75	74	58	44	33	25	18	13				

注：该许用应力仅适用于允许产生微量永久变形之元件，对于法兰或其他有微量永久变形就引起泄漏或故障的场合不能采用。

表 5-4　钢制压力容器中使用的钢材安全系数

钢材种类	常温下最低抗拉强度 σ_b	常温或设计温度下的屈服点 σ_s（$\sigma_{0.2}$）或 σ_s^t（$\sigma_{0.2}^t$）	设计温度下 10 万小时断裂的持久强度 σ_D^t	设计温度下 10 万小时蠕变为 1%的蠕变极限 σ_n^t
	n_b	n_s	n_D	n_n
碳素钢 低合金钢	3.0	1.6	≥1.5	≥1.0
高合金钢		≥1.5	≥1.5	≥1.0

上式就是杆件受轴向拉伸或压缩时的强度条件。根据这一强度条件，可以进行杆件如下三方面的计算。

（1）强度校核

已知杆件的尺寸、所受载荷和材料的许用应力，直接应用式（5-3），验算杆件是否满足强度条件。

（2）截面设计

已知杆件所受载荷和材料的许用应力，将公式（5-3）改成 $A \geqslant N/[\sigma]$，由强度条件确定杆件所需的横截面面积。

（3）许用载荷的确定

已知杆件的横截面尺寸和材料的许用应力，由强度条件 $N_{max} \leqslant A[\sigma]$ 确定杆件所能承受的最大轴力，最后通过静力学平衡方程算出杆件所能承担的最大许可载荷。

5.2.3　压力容器壁厚

5.2.3.1　壁厚附加量

厚度附加量 C

厚度附加量 C 包括两部分，即 $C=C_1+C_2$，mm。

① 钢板厚度负偏差 C_1。钢板厚度负偏差应按相应钢材标准的规定选取，常用钢板厚度负偏差值见表 5-5。当 C_1 不大于 0.25mm，且不超过名义厚度的 6%时，可取 $C_1=0$。

表 5-5　常用钢板厚度负偏差

钢板标准	GB 713—2014《锅炉和压力容器用钢板》					备注	
钢板厚度	全部厚度						
负偏差 C_1/mm	−0.30					B类	
	0.00					C类	
钢板标准	GB/T 3274　GB/T 3280　GB 3531　GB/T 4237　GB/T 4238						
钢板厚度/mm	3~5	>5~8	>8~15	>15~25	>25~40	>40~60	>60~100
负偏差 C_1/mm	−0.45	−0.50	−0.55	−0.65	−0.7	−0.8	−0.9

注：1. GB/T 3274—2017《碳素结构钢和低合金结构钢热轧钢板和钢带》；GB/T 3280—2015《不锈钢冷轧钢板和钢带》；GB 3531—2014《低温压力容器用钢板》；GB/T 4237—2015《不锈钢热轧钢板和钢带》；GB/T 4238—2015《耐热钢钢板和钢带》。

2. 本表数据摘自 GB/T 709—2019《热轧钢板和钢带的尺寸、外形、重量及允许偏差》。

② 腐蚀裕量 C_2，与工作介质接触的筒体、封头、接管、人（手）孔及内部附件等由于腐蚀、机械磨损而导致厚度的削弱和减薄，均应考虑腐蚀裕量，其值根据钢材在介质中的

腐蚀速率和容器的设计寿命而定，有使用经验者也可按经验选取。设计寿命除有特殊要求者外，塔、反应器等主要容器一般可按 15 年考虑；一般容器、换热器等可按 8 年考虑。介质为压缩空气、水蒸气或水的碳素钢或低合金钢制造的容器取 C_2 不小于 1mm。

a. 筒体、封头的腐蚀裕量可按表 5-6 确定。C_2 为腐蚀裕量，腐蚀裕量是为防止容器元件由于腐蚀、磨损而导致的厚度减薄量，GB 150 对腐蚀裕量作了如下具体规定，见表 5-6。

表 5-6　壳体、封头的腐蚀裕量

腐蚀程度	不腐蚀	轻微腐蚀	腐蚀	重腐蚀
腐蚀速率/（mm/a）	<0.05	0.05~0.13	0.13~0.25	>0.25
腐蚀裕量/mm	0	≥1	≥2	≥3

注：1. 表中的腐蚀速率系指均匀腐蚀。
2. 最大腐蚀裕量不应大于 6mm，否则应采取防腐措施。

b. 容器接管、人（手）孔的腐蚀裕量。一般情况下应取壳体的腐蚀裕量。

c. 容器内件与壳体材料相同时，容器内件的单面腐蚀裕量按表 5-7 选取。

表 5-7　容器内件腐蚀裕量

结构形式	受力状态	腐蚀裕量
不可拆卸或无法从人孔取出者	受力	取壳体腐蚀裕量
	不受力	取壳体腐蚀裕量的 1/2
可拆卸并可从人孔取出者	受力	取壳体腐蚀裕量的 1/4
	不受力	0

d. 壳体内侧受力焊缝应取与壳体相同的腐蚀裕量。

e. 容器各部分的介质腐蚀速率不同时，则可取不同的腐蚀裕量。

f. 两侧同时与介质接触的元件，应根据不同的操作介质选取不同的腐蚀裕量，两者叠加作为总的腐蚀裕量。

g. 容器地脚螺栓小径的腐蚀裕量可取 3mm。

h. 碳素钢裙座筒体的腐蚀裕量应不小于 2mm，当其内外侧均有保温或防火层时可不考虑腐蚀裕量。

i. 当工程设计中另有规定或有特殊要求时，可根据工程设计的具体规定确定腐蚀裕量。

受压元件成形时的钢板拉伸减薄量则由制造厂根据加工工艺条件决定，设计时可不作考虑。

对有均匀腐蚀或磨损的元件，应根据预期的容器设计使用年限和介质对金属材料的腐蚀速率（及磨蚀速率）确定腐蚀裕量；容器各元件受到的腐蚀程度不同时，可采用不同的腐蚀裕量；介质为压缩空气、蒸汽或水的碳素钢或低合金钢制容器，腐蚀裕量应不小于 1mm。根据介质对选用材料腐蚀速率和设计使用寿命共同考虑。对碳素钢和低合金钢，$C_2 \geqslant 1$mm；对于不锈钢，当介质腐蚀性能极微时，取 $C_2 = 0$。

5.2.3.2　计算壁厚

计算壁厚 δ 系指载荷为计算压力时，按公式计算得到的厚度，不包括厚度附加量。需要时，计算厚度应计入其他载荷经相关计算得到的所需要的厚度。其他载荷包括：

① 容器的自重（如内件和填料等），以及正常工作条件下或压力试验状态下内装物料的重力载荷；

② 附属设备、隔热材料、衬里、管道、扶梯、平台等的重力载荷；

③ 风载荷、地震载荷、雪载荷；

④ 支座、底座圈、支耳及其他形式支撑件的反作用力；

⑤ 连接管道及其他部件的作用力；

⑥ 温度梯度或热膨胀量不同引起的作用力；

⑦ 冲击载荷，包括压力急剧波动引起的冲击载荷、流体的冲击所引起的反力等；

⑧ 运输或吊装时的作用力。

5.2.3.3 设计壁厚

设计壁厚 δ_d 是计算壁厚 δ 与腐蚀裕量 C_2 之和，即 $\delta_d=\delta+C_2$，可以将其理解为同时满足强度、刚度和使用寿命的最小厚度。

计算壁厚是容器筒体承受压力所需的最小壁厚，它没有考虑介质对器壁的腐蚀作用。对于有均匀腐蚀的压力容器，为了保证容器的安全使用，应将容器在预计使用寿命（n 年）期内，器壁因被腐蚀而减薄的厚度预先考虑进去。

假设介质对钢板的年腐蚀率为 λ（mm/a），则容器器壁在其使用寿命 n 年内的总腐蚀量为 $C_2=n\cdot\lambda$（mm）。C_2 称为腐蚀量，由设计人员根据介质对所用容器钢板的腐蚀情况确定。将腐蚀裕量 C_2 加到计算厚度 δ 上去，得到设计厚度 δ_d。

5.2.3.4 名义厚度

名义厚度 δ_n 是指设计壁厚加上钢材厚度负偏差 C_1 后，向上圆整至钢材标准规格的厚度，即标注在图样上的厚度。

按公式算出设计壁厚的不一定正好等于钢板的规格厚度，譬如算出的 δ_d=7.5mm，但是在钢板的规格厚度中没有 7.5mm 这个档次，于是应向上圆整至钢板的规格厚度。这里需要提及的是在向上圆整时，还应考虑到钢板的负偏差 C_1。因为任何名义厚度的钢板出厂时，大都有一定的负偏差。因此 δ_n 应按下式确定

$$\delta_n=\delta_d+C_1+\Delta \tag{5-4}$$

式中 δ_n——筒体的名义厚度，mm；

C_1——钢板厚度负偏差，mm；

Δ——除去负偏差以后的圆整值，mm。

C_1 应按所用钢板的标准规定来确定，对压力容器用的低合金钢钢板（GB 713）和不锈钢（含耐热钢）钢板（GB/T 24511—2017），规定它们的钢板负偏差为 0.30mm。

钢板的常用厚度有 2、3、4（5）、6、8、10、12、14、16、18、20、22、25、28、30、32、34、36、38、40、42、46、50、55、60、65、70、75、80、85、90、95、100、105、110、115、120。

5.2.3.5 有效厚度

真正可以承受介质压强的厚度称为有效厚度，用 δ_e 表示。

在将圆筒厚度从 δ_d 往 δ_n 圆整时，由于圆整量 Δ 可帮助筒体承受介质内压，所以真正可以用来承受介质压力的有效壁厚 δ_e 指名义厚度减去腐蚀裕量和钢材厚度负偏差，如下式：

$$\delta_e=\delta+\Delta=\delta_n-C_1-C_2 \tag{5-5}$$

几种厚度关系见图 5-3。

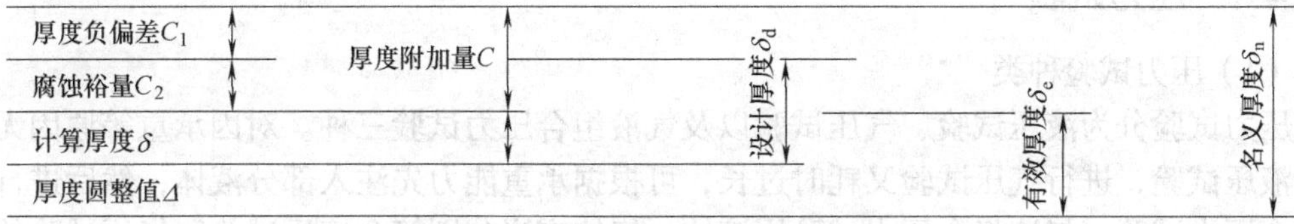

图 5-3　各种壁厚之间的关系示意图

5.2.3.6　计算例题

【例 5-1】　一台新制成的容器，图纸标注的技术特性及有关尺寸如下：圆柱形筒体与标准椭圆形封头的内径 D_i=1m，壁厚 δ_n=10mm，设计压力 p=2MPa，焊接接头系数 ϕ=1，腐蚀裕量 C_2=2mm，材料为 Q245R，设计温度 100℃时的许用应力 $[\sigma]^t=147\text{MPa}$，试计算该容器筒体的计算厚度、设计厚度、圆整值及有效厚度。

解　将所给条件分别代入有关公式，取计算压力 p_e=p。

① 计算厚度 δ

根据筒体厚度计算公式：

$$\delta=\frac{p_c D_i}{2[\sigma]^t\varphi-p}=\frac{2\times1000}{2\times147\times1-2}=6.85\text{（mm）}\approx6.9\text{（mm）}$$

若按照化简计算：

$$\delta=\frac{p_c D_i}{2[\sigma]^t\varphi}=\frac{2\times1000}{2\times147\times1}=6.80\text{（mm）}$$

误差只有 1.4%。

② 设计厚度 δ_d

$$\delta_d=\delta+C_2=6.9+2=8.9\text{（mm）}$$

③ 名义厚度 δ_n

由 GB 713 查得 C_1=0.3mm，得：

$$\delta_n=\delta_d+C_1+\Delta=8.9+0.3+\Delta=9.2+\Delta$$

根据 GB/T 3274 规定，有厚度 9.5 钢板，所以：Δ=9.5–9.3=0.2（mm）

④ 有效厚度 δ_e

$$\delta_e=\delta_n-C_1-C_2=9.5-0.3-2=7.2\text{（mm）}$$

以上的计算和结果表明，图样所标注的 10mm 壁厚可以认为是合理的。但圆整值有 0.8mm，虽然安全程度也是完全充分的，但从节能考虑选用 9.5mm 厚的钢板更合理。

5.2.4　压力试验与气密性试验

GB 150 规定，压力容器制成后，应当进行压力试验，这里的压力试验特指耐压试验。

压力试验的目的是检验容器最终的整体强度和可靠性，以高于设计压力的试验介质综合考察容器的制造质量、各受压元件的强度和刚性、焊接接头和各连接面的密封性能等。对于现场制造的大型压力容器，还有检验基础沉降的作用。

5.2.4.1 压力试验

（1）压力试验种类

压力试验分为液压试验、气压试验以及气液组合压力试验三种。对因承重等原因无法进行液压试验，进行气压试验又耗时过长，可根据承重能力先注入部分液体，然后进行气液组合压力试验。气液组合压力试验用液体、气体应当分别符合液压试验和气压试验的有关要求。试验的升降压要求、安全防护要求以及试验的合格标准按气压试验的有关规定执行。

（2）压力试验的一般要求

压力试验的种类、要求和试验压力值应在图样上注明。压力试验一般采用液压试验，试验介质通常为洁净的水。不同材料制压力容器对水中氯离子含量的限制，应按有关规定在图样上注明。液压试验合格后，应当立即将水渍去除干净。试验液体符合 GB 150.4 或相关标准的要求。

由于结构或支承原因、不能向压力容器内充满液体，以及运行条件不允许残留试验液体的压力容器，可采用气压试验。气压试验所用气体应为干燥洁净空气、氮气或其他惰性气体，通常采用空气。由于气体具有可压缩性，气压试验有一定的危险。为此气压试验要求对焊接接头做 100%无损探伤，试验单位的安全部门应当进行现场监督，而且要有安全防范措施才能进行。进行气压试验或气液组合试验的容器应满足 GB 150.4 或相关标准的要求。

具有体心立方晶体结构的钢，在低温下有脆化倾向。为防止低温低应力脆断发生，我国 TSG 21—2016《固定式压力容器安全技术监察规程》（简称《容规》）对压力容器试验温度作了限制规定：在液压或气压试验时，容器壁金属温度应较其无塑性转变温度（NDT）高 30℃，如因板厚等因素造成材料 NDT 升高，则还需相应提高试验温度。

（3）试验压力

试验压力是指压力试验时设于容器顶部压力表上的指示值。《容规》中规定，对于钢及有色金属材料，试验压力值按式（5-6）或式（5-7）计算。

① 内压容器

a. 液压试验压力

$$p_T = 1.25p\frac{[\sigma]}{[\sigma]^t} \tag{5-6}$$

对于铸铁容器，式中 1.25 应改为 2.00；对于立式容器采用卧置进行液压试验时，试验压力 p_T 应计入立置试验时的液柱静压力；工作条件下内装介质的液柱静压力大于液压试验的液柱静压力时，应适当考虑相应增加试验压力。

b. 气压试验压力和气液组合试验压力

$$p_T = 1.1p\frac{[\sigma]}{[\sigma]^t} \tag{5-7}$$

式中　p——设计压力，或在用容器铭牌上的最大允许工作压力，MPa；

$[\sigma]$——容器元件材料在试验温度下的许用应力，MPa；

$[\sigma]^t$——容器元件材料在设计温度下的许用应力，MPa。

由于压力试验通常在常温下进行，因而试验压力以 $\frac{[\sigma]}{[\sigma]^t}$ 系数进行修正，以保证容器实际温度下达到预期的应力水平。压力容器各元件（圆筒、封头、接管、法兰等）所用材料不同时，计算试验压力应当取各元件材料 $\frac{[\sigma]}{[\sigma]^t}$ 比值中的最小值。

② 外压容器

a. 液压试验压力

$$p_T = 1.25p \tag{5-8}$$

b. 气压试验压力和气液组合试验压力

$$p_T = 1.1p \tag{5-9}$$

（4）应力校核

压力试验前，应对容器进行强度校核。例如对壳体元件应校核最大总体薄膜应力 σ_T：

$$\sigma_T = \frac{p_T(D+\delta_e)}{2\delta_e} \leqslant 0.9\phi R_{eL} \text{（液压试验）} \tag{5-10}$$

$$\sigma_T = \frac{p_T(D+\delta_e)}{2\delta_e} \leqslant 0.8\phi R_{eL} \text{（气压试验）} \tag{5-11}$$

式中　R_{eL}——壳体材料在试验温度下的屈服强度（或 0.2%非比例延伸强度），MPa。

ϕ——焊接接头系数。

5.2.4.2　气密性试验

（1）泄漏试验分类

泄漏试验包括气密性试验、氨检漏试验、卤素检漏试验和氦检漏试验等。

介质毒性程度为极度、高度危害或者不允许有微量泄漏的容器，应在耐压试验合格后进行泄漏试验。设计单位应当提出容器泄漏试验的方法和技术要求。需进行泄漏试验时，试验压力、试验介质和相应的检验要求应在图样上和设计文件中注明。

气密性试验压力等于设计压力。

（2）压力容器气密性试验的要求

a. 介质毒性程度为极度、高度危害或设计上不允许有微量泄漏的压力容器，必须进行气密性试验。

b. 压力容器气密性试验应在液压试验合格后进行。对设计图样要求做气压试验的压力容器，是否需再做气密性试验，应在设计图样上规定。

c. 碳素钢和低合金钢制压力容器，其试验用气体的温度应不低于 5℃，其他材料制压力容器按设计图样规定。

d. 压力容器气密性试验所用气体，应符合压力容器安全监察规程的规定。

e. 压力容器进行气密性试验时，一般应将安全附件装配齐全。如需投用前在现场装配安全附件，应在压力容器质量证明书的气密性试验报告中注明，装配安全附件后需再次进行现场气密性试验。

f. 压力容器经检查无泄漏，保压不少于 30min 即为合格。

（3）气压试验和气液组合压力试验的合格标准

对于气压试验，容器无异常声响，经肥皂液或其他检漏液检查无漏气，无可见的变形；对于气液组合压力试验，应保持容器外壁干燥，经检查无液体泄漏后，再以肥皂液或其他检漏液检查无漏气，无异常声响，无可见的变形。

5.3 压力容器典型壳体强度计算

【例 5-2】 一锅炉汽包，D_i=1300mm，p_w=15.6MPa，装有安全阀，设计温度为 350℃材质为 18MnMoNbR，采用双面对接接头，全部无损检测，试确定汽包的壁厚，并进试验强度校核。

解 ① 确定设计参数

$p_c=1.1p_w=1.1\times15.6=17.16$（MPa）；$D_i$=1300mm，$\varphi=1.0$，取 C_2=1mm，C_1=0.3mm，350℃时，名义厚度为 30~100mm 的 18MnMoNbR 的许用应力 $[\sigma]^t$=211MPa，常温下液压实验的材料 $[\sigma]$=211MPa，屈服强度 R_{eL}=400MPa。

② 厚度计算

计算壁厚：$\delta=\dfrac{p_c D}{2[\sigma]^t\phi-p_c}=\dfrac{17.16\times1300}{2\times211\times1.0-17.16}=55.1$（mm）

名义厚度：$\delta_n=\delta+C_2+C_1+\varDelta=55.1+1.0+0.3+\varDelta=60$（mm）

复验知，计算得到的名义厚度在 30~100mm 范围内，故 $\delta_n=60$mm 符合要求。

③ 液压试验强度校核

试验压力：$p_T=1.25p\dfrac{[\sigma]}{[\sigma]^t}=1.25\times17.16\times\dfrac{211}{211}=21.45$（MPa）

有效厚度：$\delta_e=\delta-C=60-1-0.3=58.7$（mm）

$$\sigma_T=\frac{p_T(D+\delta_e)}{2\delta_e}=\frac{21.45\times(1300+58.7)}{2\times58.7}=248.2\text{（MPa）}$$

而 $0.9\varphi R_{eL}=0.9\times1.0\times400=360\text{MPa}\geqslant248.2\text{MPa}$，固有 $\sigma_T\leqslant0.9\phi R_{eL}$。

所以水压试验强度足够。

第6章

压力容器分析设计

6.1 定义

分析设计是指以应力分析为基础，对应力科学地分类并分别采用不同强度校核条件的压力容器设计方法。区别于按规则设计，分析设计是为了适应大型、高参数及高强度材料的压力容器设计而发展起来的。其基本做法是，对容器各个部位的应力通过计算或实验测试进行详细的分析，根据应力对容器失效的影响进行分类，按最大剪应力理论求取当量强度，在强度校核时分别采用了弹性失效、极限载荷分析、安定性要求、疲劳失效等设计准则。

美国机械工程师协会（ASME）锅炉与压力容器规范最早在核容器设计中应用了分析设计方法。1968年ASME规范的第Ⅷ卷“压力容器”正式分为两册：第一册为常规设计，通常称为按规则设计；第二册采用分析设计，并称“压力容器的另一规程”。分析设计是建立在更为科学且又安全基础上的设计方法，但它对应力分析、材料、制造和检验等也相应提出了更高的要求。

6.2 JB 4732—1995的适用范围

（1）适用范围

① 设计压力大于或等于0.1MPa且小于100MPa的容器。

② 真空度高于或等于0.02MPa的容器。

③ 设计温度应低于以钢材蠕变控制其许用应力强度的相应温度。

（2）不适用的容器

① 核能装置中的容器。

② 旋转或往复运动的机械设备（如泵、压缩机、涡轮机、液压缸等）中自成整体或作为部件的受压器室。

③ 经常搬运的容器。

④ 内直径（对非圆形截面，指宽度、高度或对角线）小于 150mm 的任何长度的容器。

⑤ 直接火焰加热的容器。

6.3 分析设计的基本步骤

压力容器所承受的载荷有多种类型，如机械载荷（包括压力、重力、支座反力、风载荷及地震载荷等）、热载荷等，它们可能是施加在整个容器上（如压力），也可能是施加在容器的局部部位（如支座反力），因此，载荷在容器中所产生的应力与分布以及对容器失效的影响也就各不相同。就分布范围来看，有些应力遍布于整个容器壳体，可能会造成容器整体范围内的弹性或塑性失效；而有些应力只存在于容器的局部部位，只会造成容器局部弹塑性失效或疲劳失效。从应力产生的原因来看，有些应力必须满足与外载荷的静力平衡关系，因此随外载荷的增加而增加，可直接导致容器失效；而有些应力则是在载荷作用下由于变形不协调引起的，因此具有“自限性”。

压力容器分析设计时，必须先进行详细地应力分析，即通过解析法或数值方法，将各种外载荷或变形约束产生的应力分别计算出来，然后进行应力分类，再按不同的设计准则来限制，保证容器在使用期内不发生各种形式的失效，这就是以应力分析为基础的设计方法，简称分析设计。分析设计可应用于承受各种载荷的任何结构形式的压力容器设计，克服了常规设计的不足。

分析设计中对容器重要区域的应力进行了严格而详细地计算，且在选材、制造和检验等方面也有更严格的要求，因而采取了比常规设计低的材料设计系数。JB 4732 规定的材料设计系数为 $n_s \geqslant 1.5$，$n_b \geqslant 2.6$。

对于相同的材料，分析设计中的设计应力强度大于常规设计中的许用应力，这意味着采用分析设计可以适当减薄厚度、减轻重量。

6.4 GB 150 与 JB 4732 的对比

（1）GB 150 的总体思想及主要特点

GB 150 采用的是弹性失效准则，认为容器内某最大应力点一旦进入塑性，丧失了纯弹性应力状态即为失效，只考虑单一的最大载荷工况，按一次施加的静力载荷处理，不考虑交变载荷，不涉及容器的疲劳寿命问题。不对容器各处的应力进行严格而详细的计算，但考虑到某些局部地区实际存在的高应力、材料可能存在的原始制造缺陷，以及其他可能存在的考虑不周等因素，在对各受压元件提供计算公式、许用应力及强度限制条件等的同时，又附加种种必要的规定。如规定不适用的容器种类、规定较大的安全系数、规定适当的焊接结构、规定应遵守的制造及检验规程等，在这些规定的配合下，虽然不太严密、科学性较差，但设计出来的压力容器绝大多数是安全可靠的。

随着科学技术的日益发展，应用现代计算技术进行容器的全面应力分析已经可以实现，因此按规则设计的缺点和局限性就明显地暴露出来。比如，对局部几何不连续处按精确的弹性理论或有限元法所得到的应力集中系数往往可达 3~10，若按弹性失效准则设计就显得过于保守，因为容器承载能力尚未耗尽，这对设计复杂结构的大型容器来说很不经济。此外，在实际运行的设备中出现的疲劳裂纹是反复加载条件下结构的一种破坏形式，基于一次静力加载分析的常规设计和产品水压试验都不能对此作出合理的评定与预防。由于这些缺点和局限性的存在，就很自然地提出了按规则设计的方法是否可以加以改进的问题，以及如何处理在交变载荷作用下压力容器的低循环疲劳寿命问题。因此就出现了另一种压力容器设计方法。

（2）JB 4732—1995《钢制压力容器分析设计标准》的总体思想与主要特点

在规定的载荷作用下，JB 4732 考虑了六种失效模式，采用弹性失效准则，应用极限分析和安定性分析，允许容器材料产生局部屈服，且采用第三强度理论，这对塑性金属材料而言比用第一强度理论来判别屈服和疲劳失效更合理。JB 4732 对容器各部位的各种应力（包括温差应力）进行详细计算，并根据应力在容器上的分布、产生的方式以及对容器失效所起作用的差异分为一次应力、二次应力和峰值应力，对各类应力进行分解组合形成当量应力，给予不同的限制条件。对一次应力强度的限制，是防止过度的弹性变形和延性破坏；对一次应力加二次应力强度的限制，是防止塑性变形引起的增量破坏；对峰值应力强度的限制是防止由周期性载荷引起的疲劳破坏，最终判别其设计的可行性。如果需要，对于反复受载的容器再做疲劳分析设计。

虽然在设计思想与设计方法上，按分析设计是科学的、先进的，但伴随而来的在材料、制造、检验、计算软件及设计、制造资格等方面的一系列的严格要求是必须遵守的。就是说要实现设计上的安全可靠必须以遵循相应的规范为前提，而设计的可行性最终是以综合经济性来评价的。由于按分析设计的计算复杂，选材、制造与检验等要求从严，对于一般中低压容器来说，有时综合经济性并不合理，因此只有结构复杂、操作参数较高、重量较大的大型压力容器才采用分析设计（要求进行疲劳分析的容器除外）。

6.5 压力容器分析设计实例——膨胀节强度分析

（1）摘要

波纹管膨胀节作为一种弹性补偿元件，被广泛应用在石化、核电以及航空航天等领域。

GB/T 16749—2018《压力容器波形膨胀节》标准中给出了 U 形波纹管膨胀节的典型结构，如图 6-1 所示。基于该标准的常规设计需要考虑波纹管膨胀节的环向应力以及经向应力，该标准给出了由内压与轴向位移引起的五个应力计算公式，以及组合应力计算公式与校核条件。

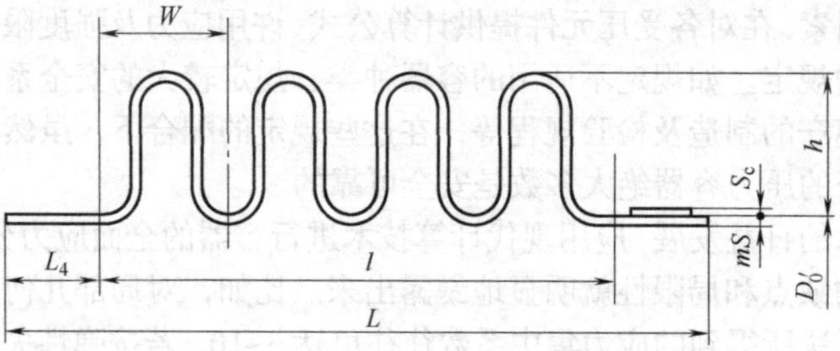

图 6-1 U 形波纹管膨胀节的典型结构

而有限元计算给波纹管膨胀节应力计算提供了另一种有效途径，通过应力分析可以准确得到环向与经向薄膜应力、弯曲应力以及各组合应力数值，以便进行强度校核。

（2）算例描述

某 U 形单层三波金属波纹管，材料为 S30408，设计压力 P=3MPa，设计温度 t=350℃，总伸缩量 e_0=30mm，单波 e_1=10mm，波纹管直边段内径 D_b=4216mm，波高 h=284mm，波距 W=488mm，名义厚度 S=42mm。

（3）技术路线

采用 ANSYS 软件进行分析，波纹管膨胀节为严格轴对称结构，考虑该特征，只建立该结构的纵向对称截面模型，采用 Plane 轴对称实体单元进行有限元应力分析，并依据 GB/T 16749—2018《压力容器波形膨胀节》标准进行强度评定，最后给出本例有限元解与该标准中应力计算公式解对比。

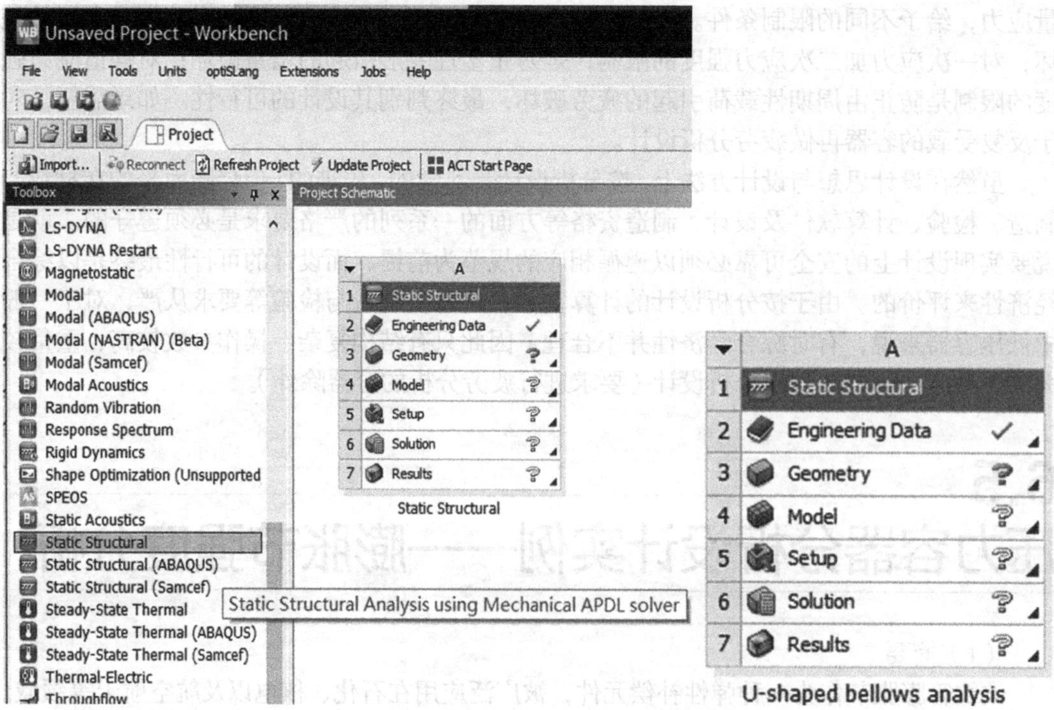

（4）操作步骤

① 新建分析项目。在项目管理界面内拖拽 Static Structural 功能，在该项目模块下将该分析项目的名字修改为 U-shaped bellows analysis。

② 设置几何模型属性。由于本例使用二维轴对称模型进行有限元分析，故首先需要设置几何模型对应属性。

鼠标右键单击 Geometry>Properties，打开几何模型属性窗口，查看 Analysis Type 分析类型，其默认选项为 3D，即三维实体分析，在此修改其后下拉菜单中分析类型为 2D，即二维平面分析。

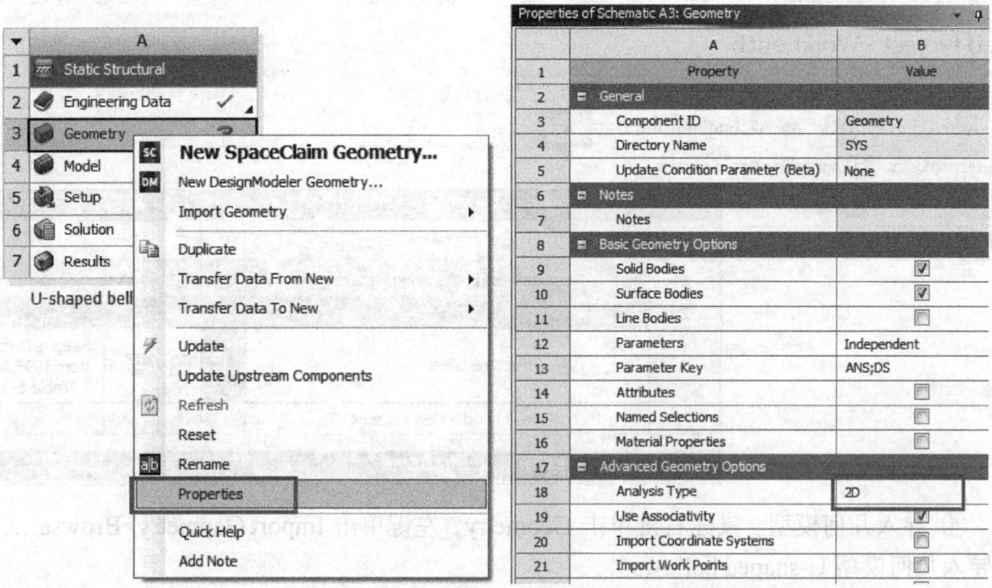

③ 修改材料参数。根据 JB 4732—1995《钢制压力容器分析设计标准》附录钢材高温性能表 G-5 钢材弹性模量，修改材料参数中对应操作温度下的弹性模量值。鼠标左键双击项目流程中的 Engineering Data，进入工程材料数据库。修改 Young’s Modulus 数值为“1.73E+11”，单位为 Pa。鼠标左键单击上方 Engineering Data 标题栏后关闭按钮，退出工程材料数据库。

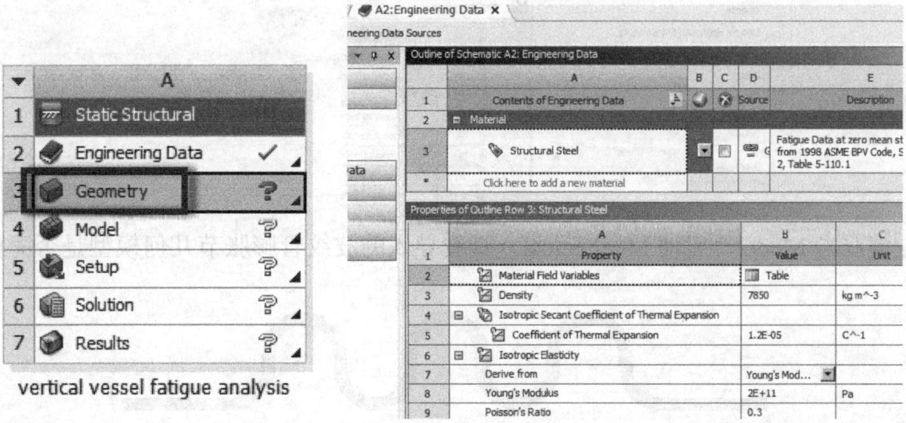

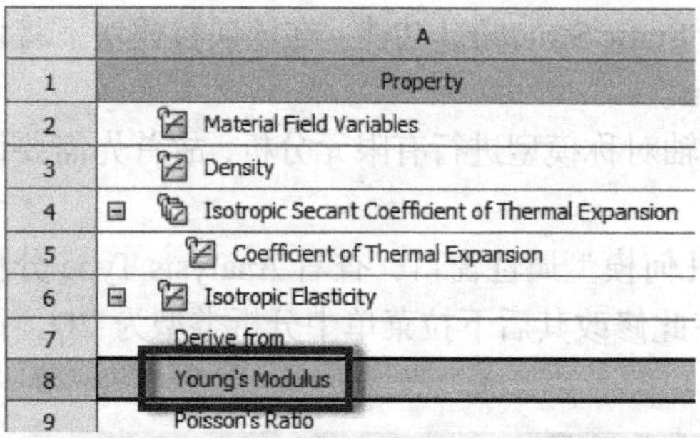

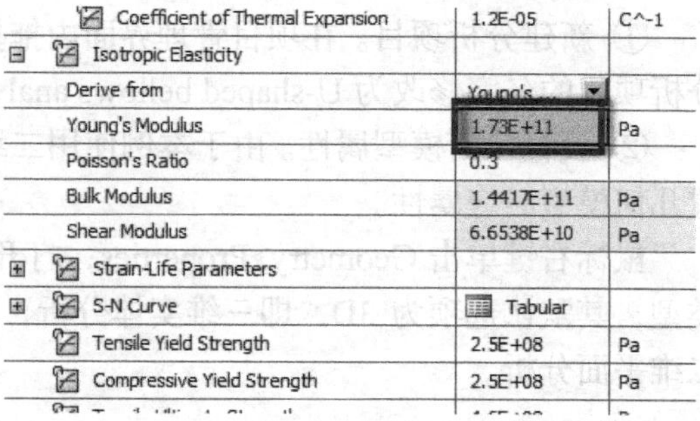

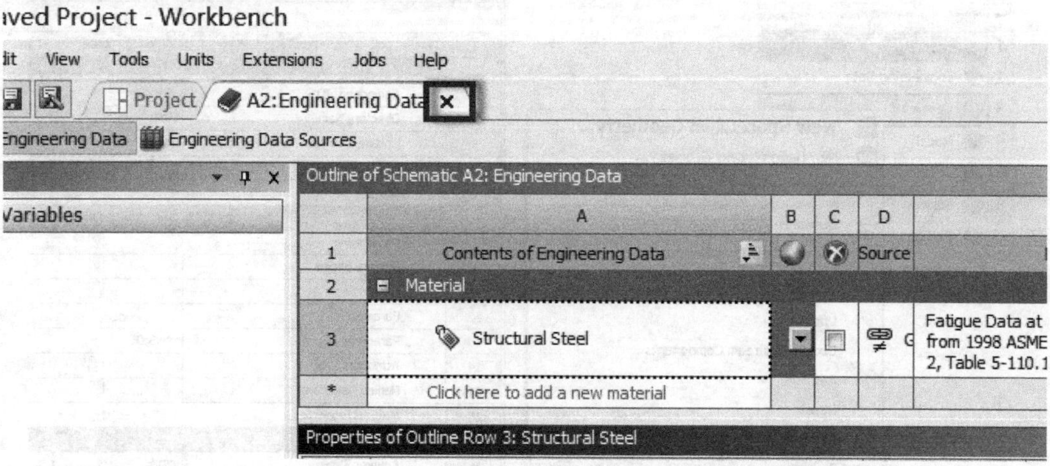

④ 导入几何模型。鼠标右键单击 Geometry，左键单击 Import Geometry>Browse…，选择导入几何模型 U-shaped bellows。

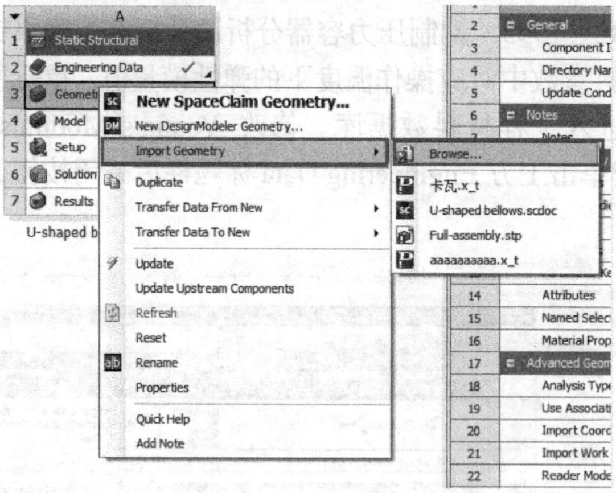

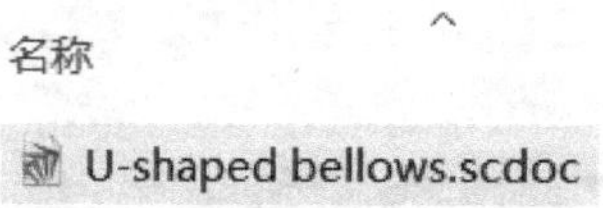

左键双击 Model，启动 Mechanical，查看导入的波纹管膨胀节几何模型是否完整。

由于本例使用了轴对称几何模型，因此在分析之前需要设置相应的二维应力状态与几何模型相对应。鼠标左键单击 Geometry，在左下角 Details 详细信息栏中找到 2D Behavior 即二维力学行为，其默认应力状态为 Plane Stress 即平面应力，单击下拉菜单修改为 Axisymmetric 即轴对称应力状态。

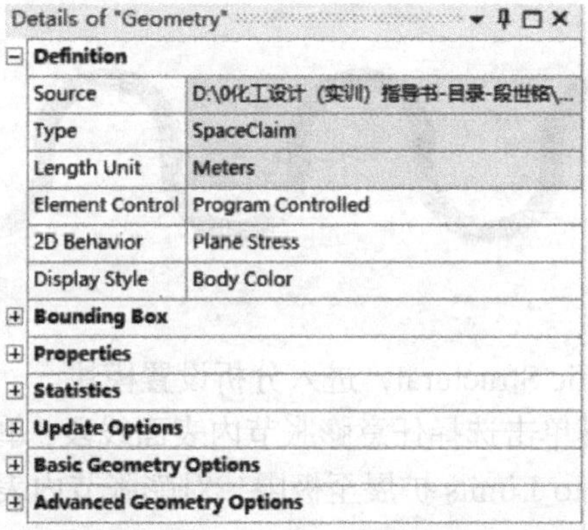

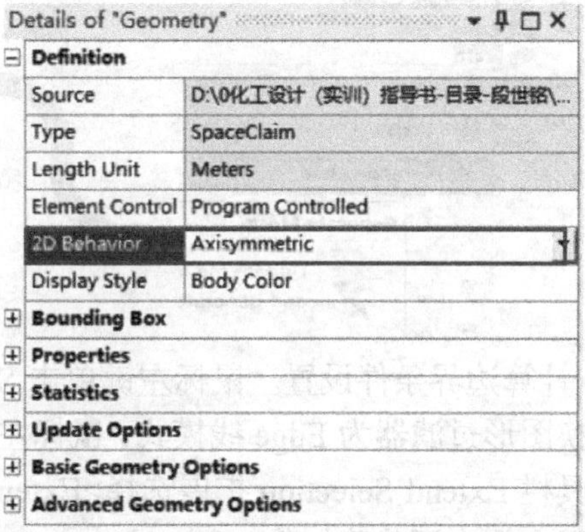

⑤ 划分网格。选择毫米单位制，单击 Units>Metric（mm，kg，N，s，mV，mA）。

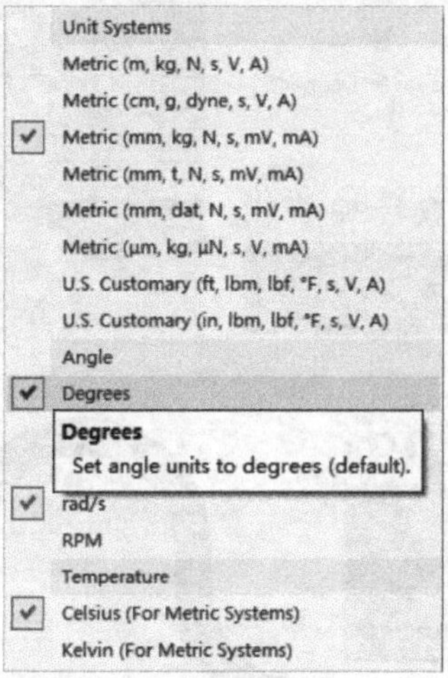

左键单击 Mesh，进入网格划分功能。在左下角 Details 详细信息栏中找到 Defaults 默认设置，鼠标左键单击 Element Size 单元尺寸栏中 Default 默认设置，输入 10mm，并按 enter

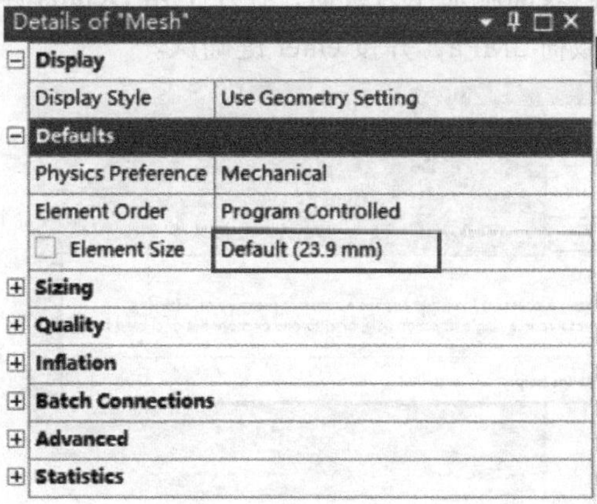

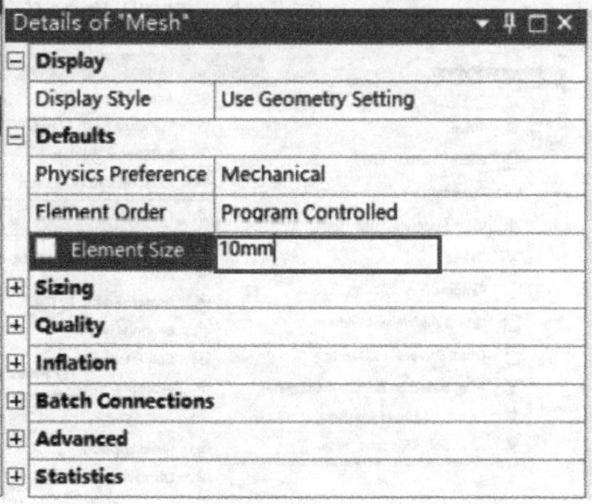

键确认。

单击鼠标右键>Generate Mesh，采用程序默认划分方法完成整体网格划分。

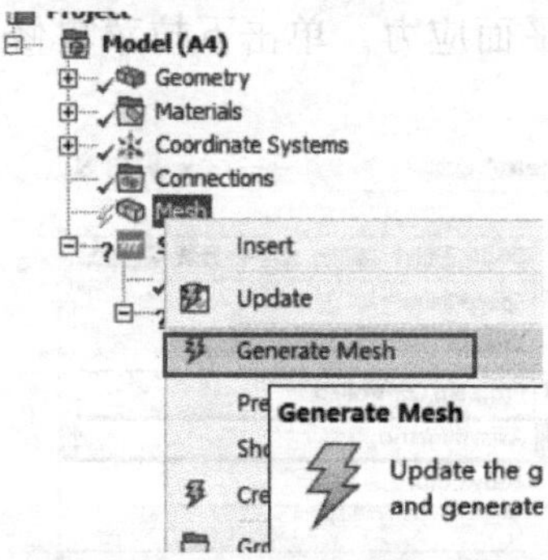

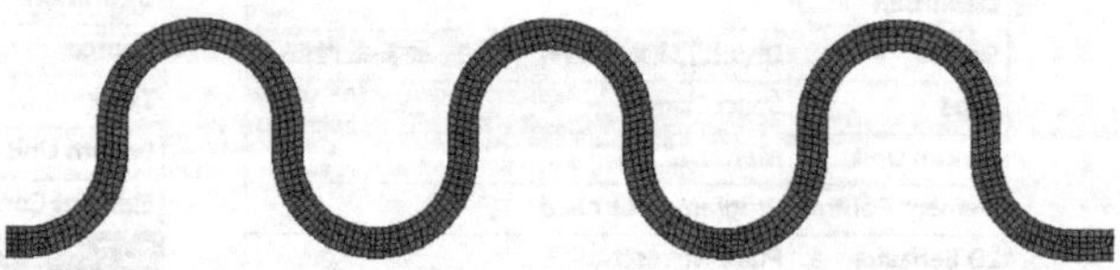

⑥ 计算边界条件设置。鼠标左键单击 Static Structural，进入分析设置模块。

切换图形过滤器为 Edge 线模式，鼠标左键单击选择任意膨胀节内表面线段，单击上方快捷工具栏 Extend Selection 扩展选择>Extend to Limits 扩展至极限，对膨胀节内表面进行全选，以方便内压载荷加载。

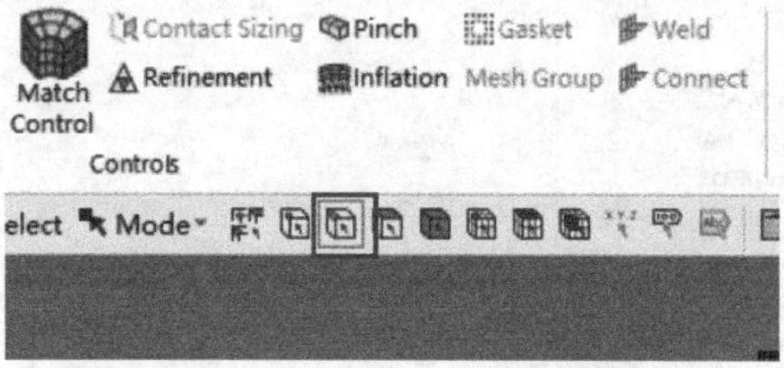

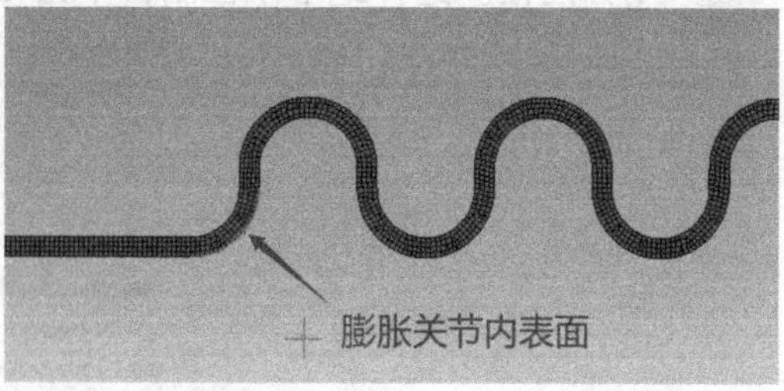

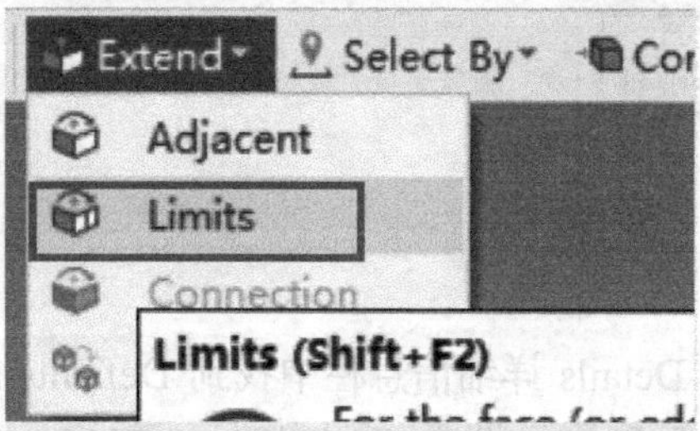

单击鼠标右键>Insert>Pressure，对所选内表面施加压力载荷，在左下角 Details 详细信息栏中 Magnitude 输入框中输入膨胀节工作载荷 3MPa，并按 enter 键确认。

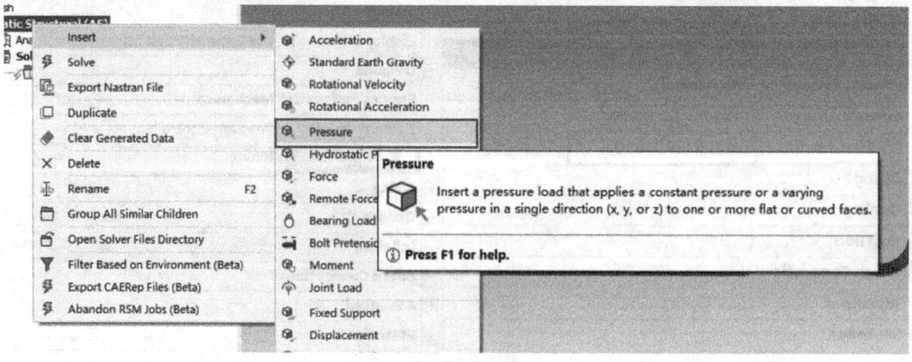

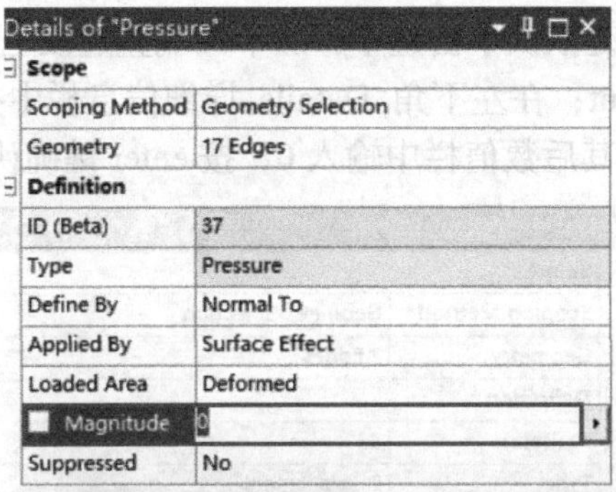

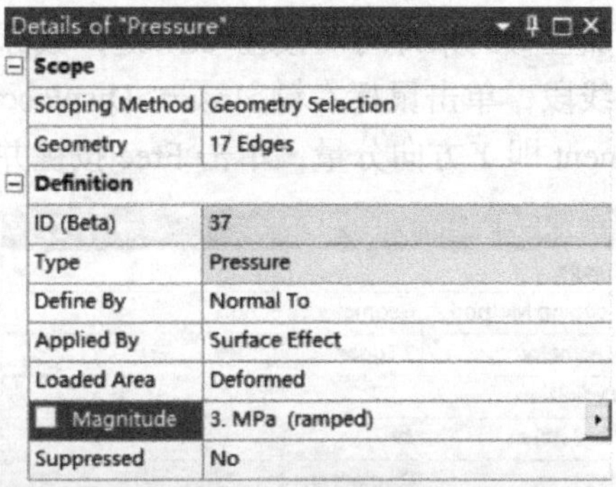

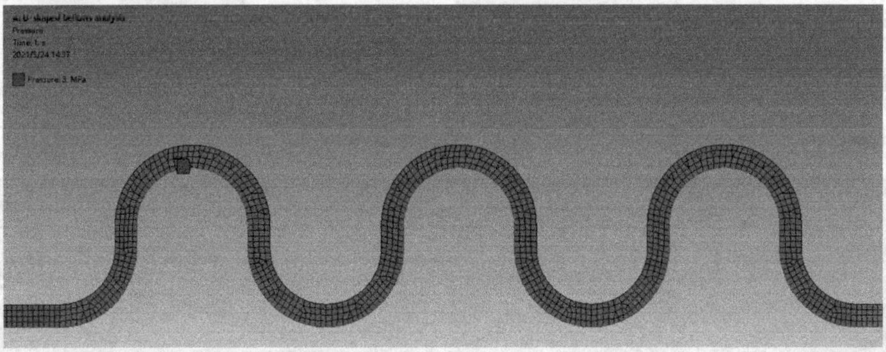

由于几何模型使用了轴对称模型，环向与径向已被约束，因此仅需要在波纹管膨胀节

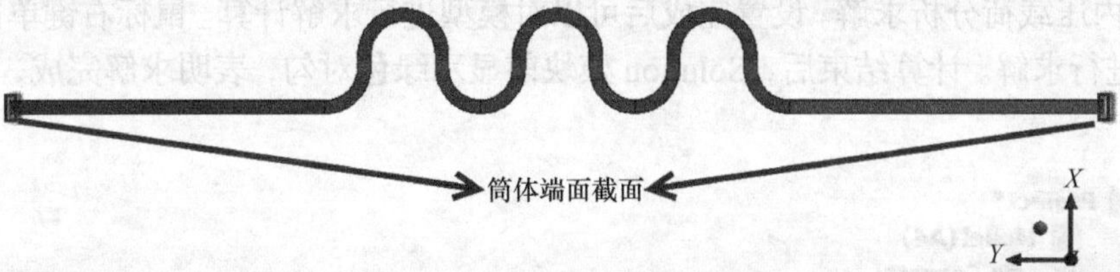

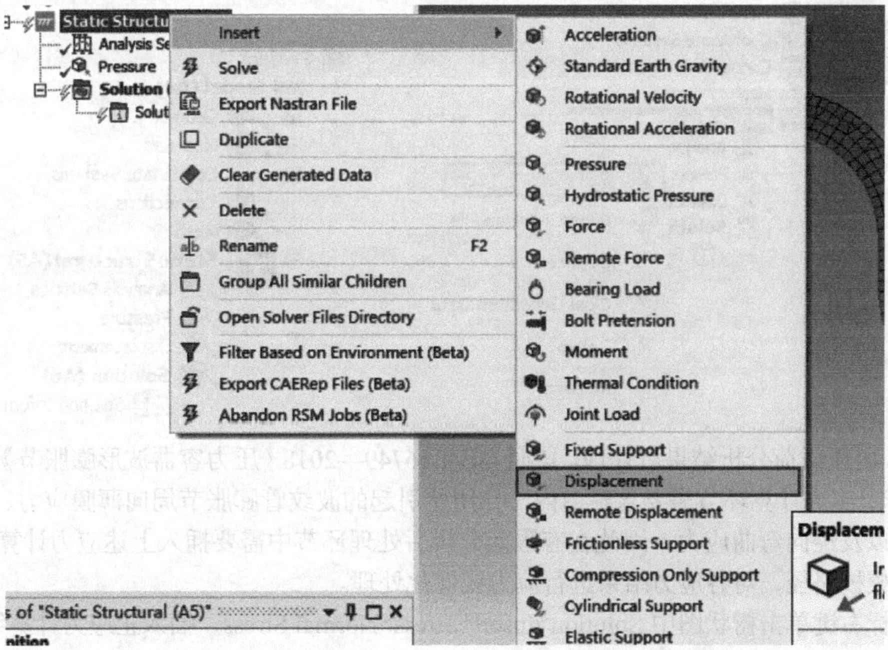

轴向施加位移约束即可。按住 ctrl 键，鼠标左键依次单击选中膨胀节两端直边段上表示其截面的线段，单击鼠标右键>Insert>Displacement；在左下角 Details 详细信息栏中找到 Y Component 即 Y 方向分量，单击 Free 按键并于其后数值栏中输入 0，按 enter 键确认。

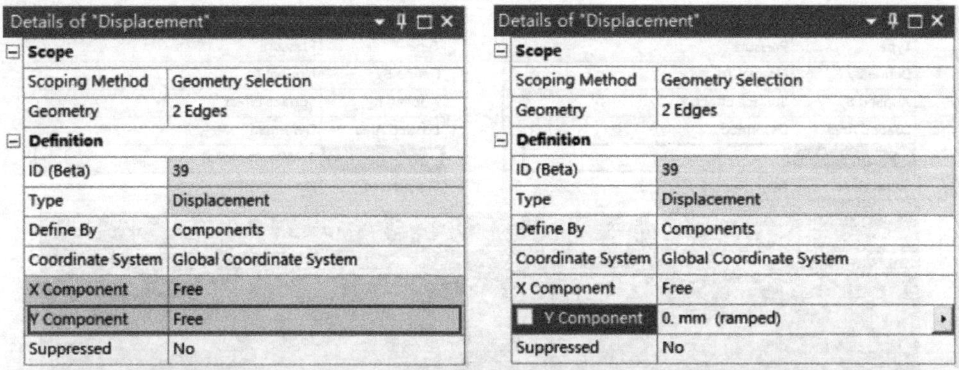

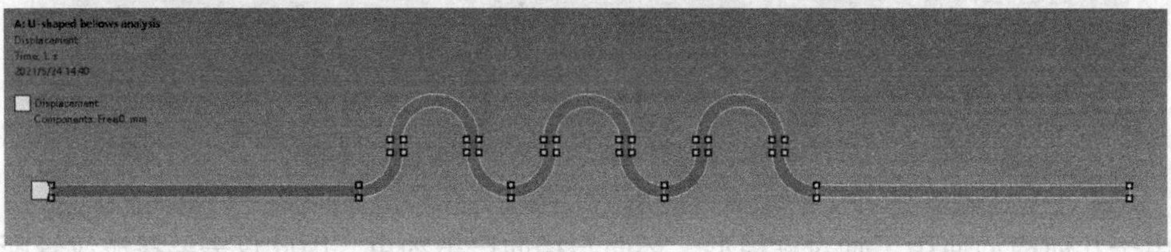

⑦ 内压载荷分析求解。设置完成后可以对模型进行求解计算。鼠标右键单击 Solution>Solve，进行求解。计算结束后，Solution 模块前显示绿色对勾，表明求解完成，可以进行后处理。

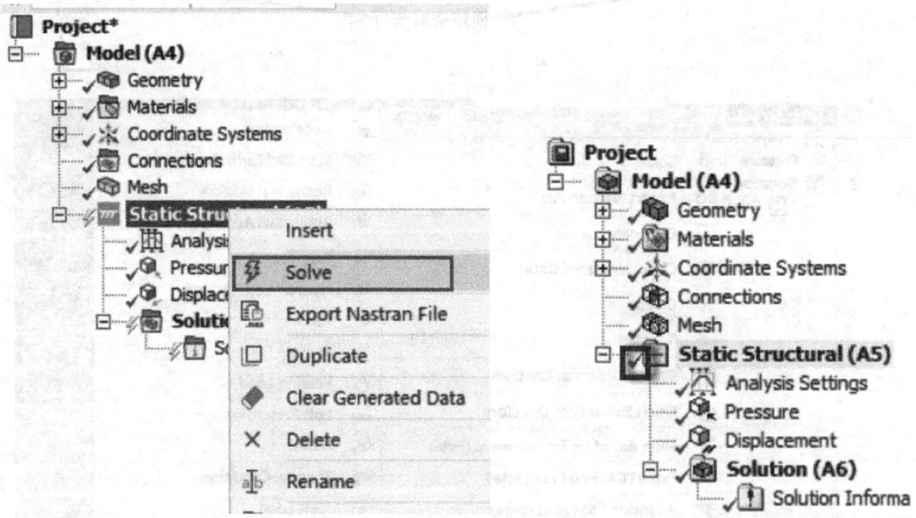

⑧ 内压载荷分析结果后处理。按照 GB/T 16749—2018《压力容器波形膨胀节》标准中 6.2 要求，应力计算环节需要求解由内压作用所引起的波纹管膨胀节周向薄膜应力、经向薄膜应力以及经向弯曲应力，因此在有限元分析后处理环节中需要插入上述应力计算结果，并设置校核路径，对各应力结果进行应力线性化处理。

鼠标右键单击树状图中 Solution>Insert>Stress>Normal Stress，插入正应力计算结果。

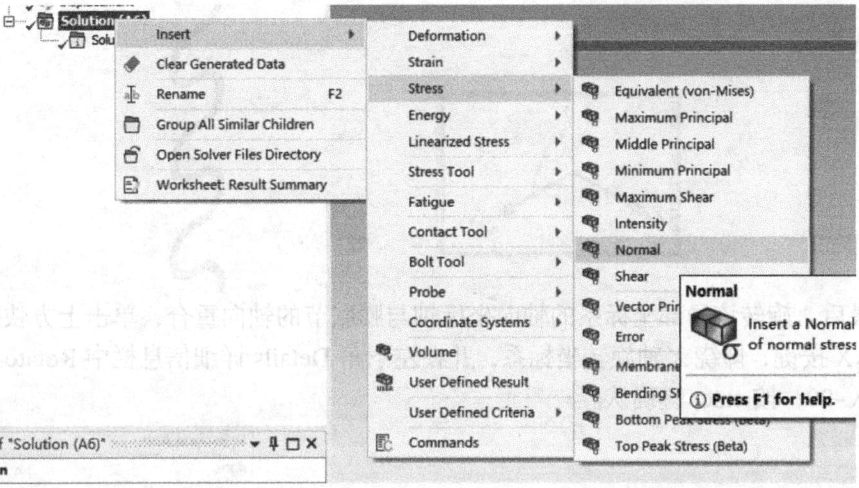

输出周向应力需要设置带有周向自由度的坐标系，在此需要添加坐标系。鼠标右键单击树状图中 Coordinate Systems>Insert>Coordinate System，插入新的局部坐标系。

在左下角 Details 详细信息栏中修改坐标系类型 Type，在其后下拉菜单中选择 Cylindrical 即圆周坐标系。继续修改坐标系起点，单击 Define By 后下拉菜单，选择 Global Coordinates，即基于全局坐标系，坐标点保持默认，X=0，Y=0。此时，可以看到在膨胀节轴线上已生成新创建的局部坐标系。

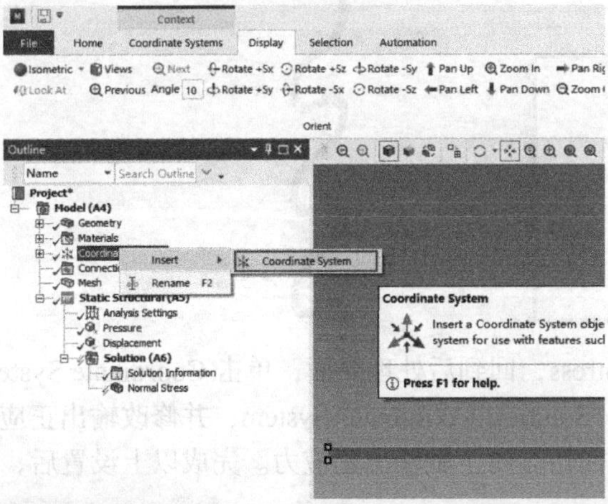

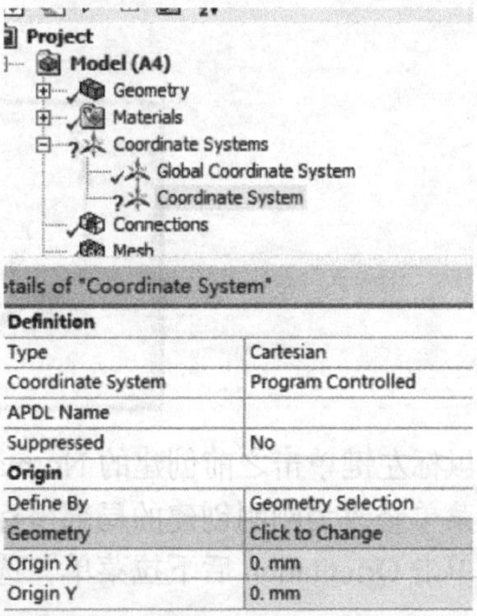

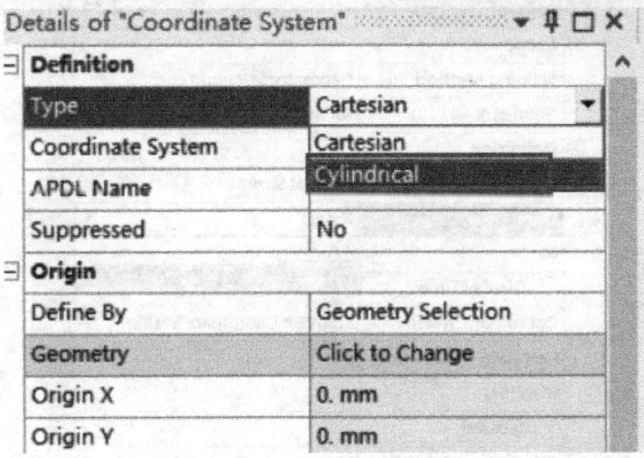

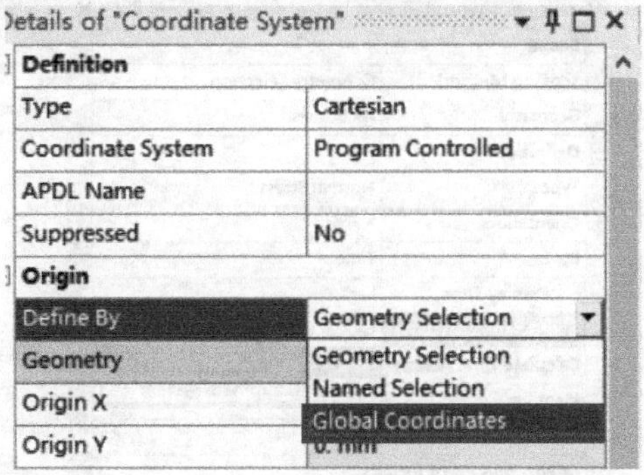

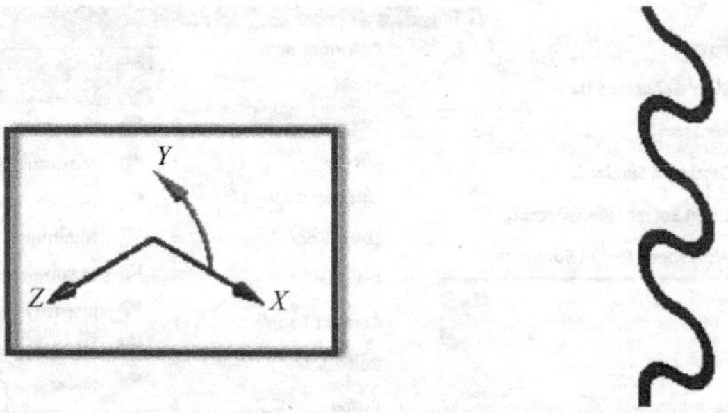

最后，旋转该局部坐标系的轴向坐标轴与膨胀节的轴向重合，单击上方快捷工具栏中 Rotate X 按键，即绕 X 轴旋转坐标系，并在左下角 Details 详细信息栏中 Rotate X 后数值栏中输入–90，按 enter 键确认。

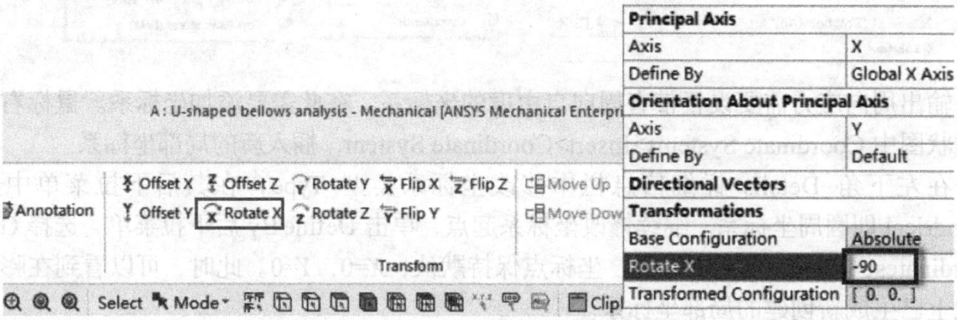

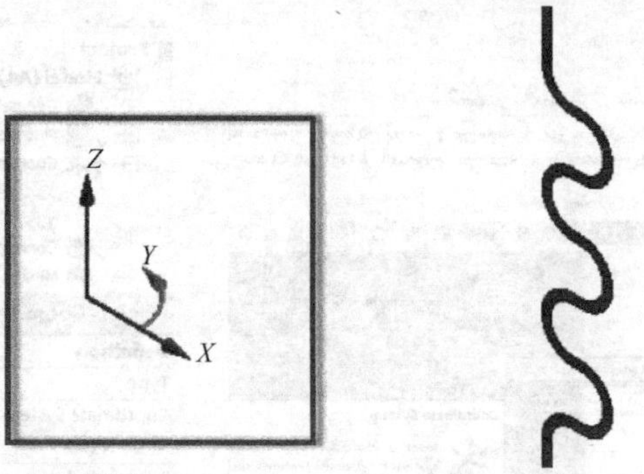

鼠标左键单击之前创建的 Normal Stress，回到后处理界面，单击 Coordinate System 后下拉菜单修改为刚刚创建的局部坐标系 Solution Coordinate System；并修改输出正应力方向，单击 Orientation 后下拉菜单，选择回转方向 Y 轴输出正应力。完成以上设置后，鼠标

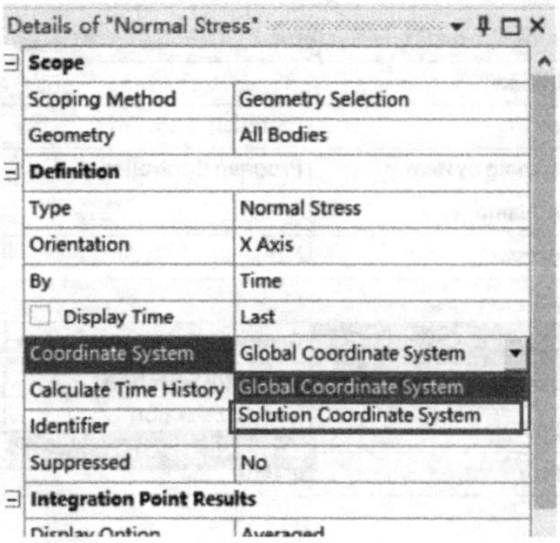

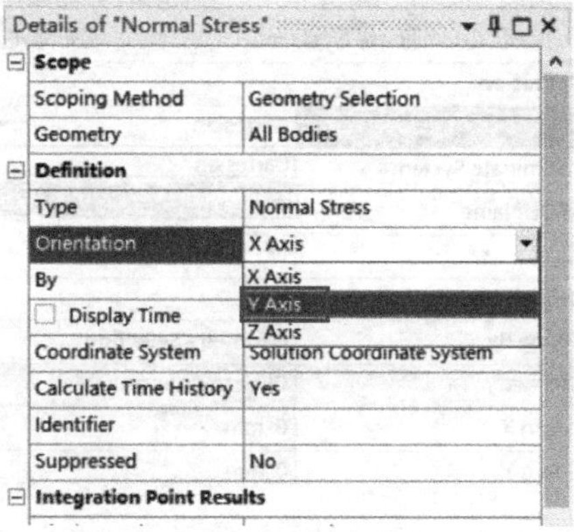

右键单击 Normal Stress>Evaluate All Results，进行结果评估。

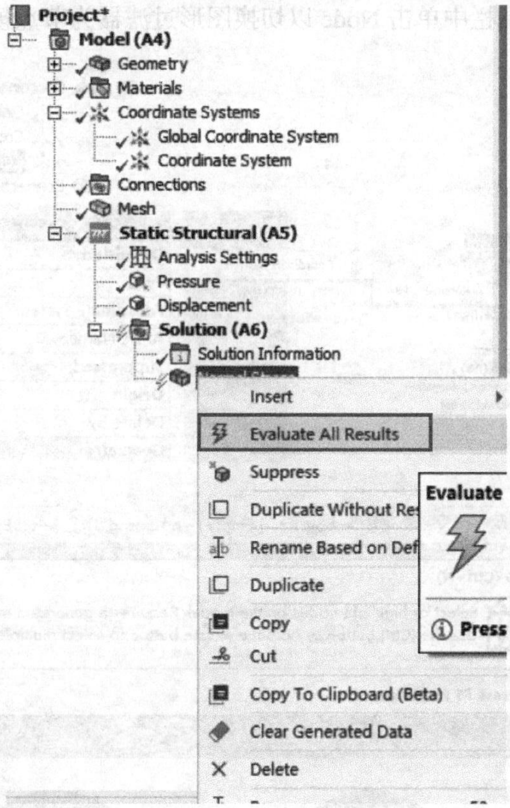

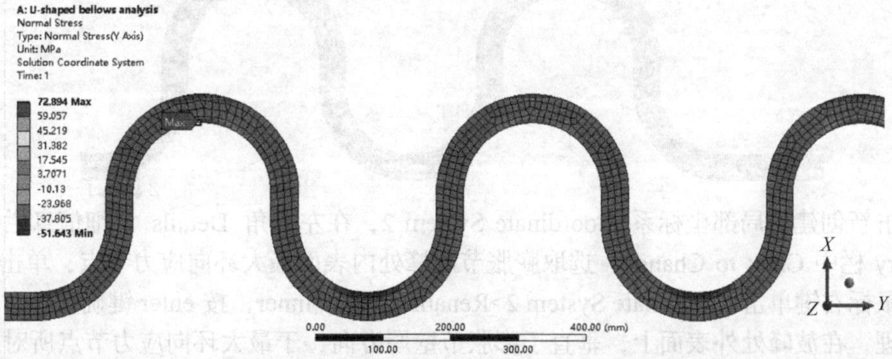

从环向应力分布图上可以发现，最大应力出现在膨胀节第一个波峰处内表面上。为了得到该位置环向薄膜应力，需要通过该最大应力节点沿着壁厚方向设置应力线性化路径，如图所示。

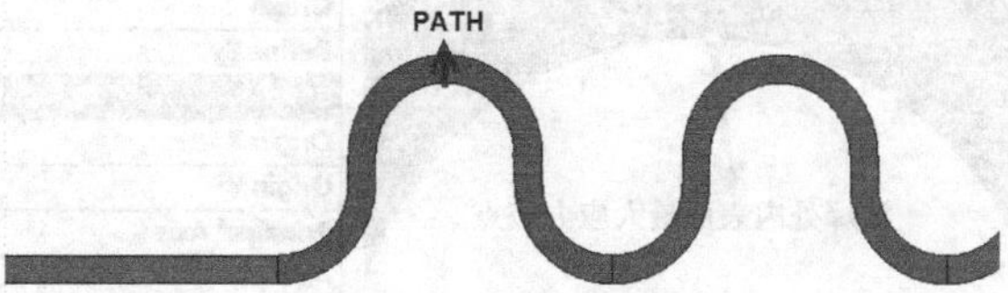

鼠标左键单击左侧树状图中 Coordinate Systems>Insert>Coordinate System，插入局部坐标系统；在上方快捷工具栏中单击 Node 以切换图形过滤器为节点模式，图形窗口中将自动显示网格模型。

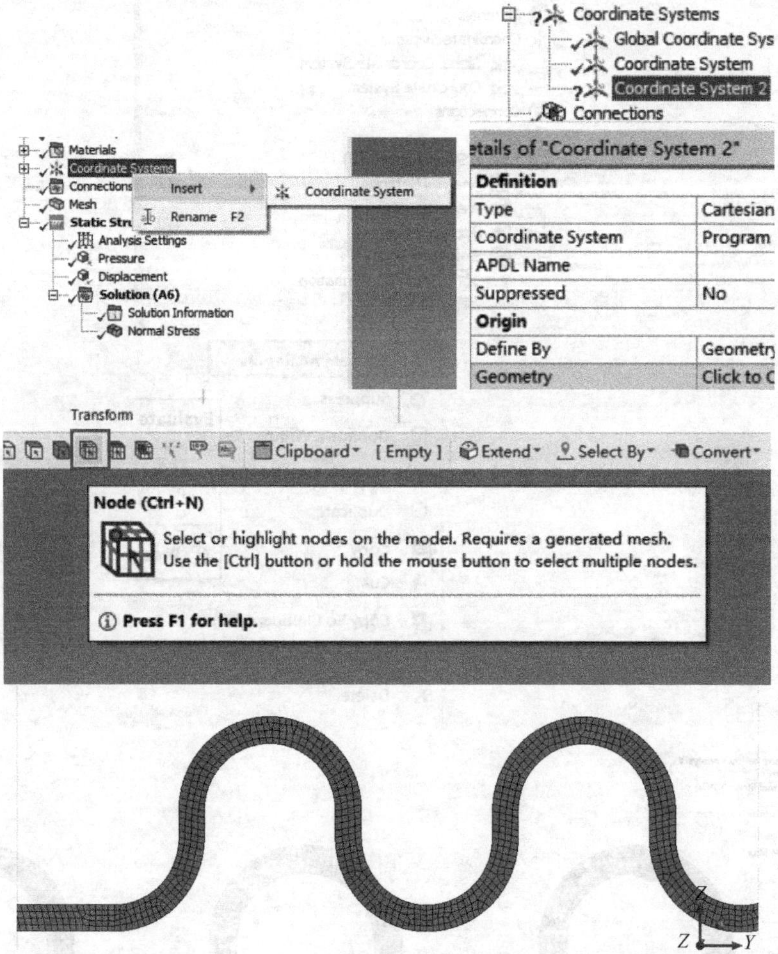

单击新创建的局部坐标系 Coordinate System 2，在左下角 Details 详细信息栏中单击 Geometry 栏中 Click to Change，选取膨胀节波峰处内表面最大环向应力节点，单击 Apply 确认。鼠标右键单击 Coordinate System 2>Rename，输入 inner，按 enter 键确认。

同理，在波峰处外表面上，垂直于膨胀节壁厚方向，于最大环向应力节点所对应的外表面节点上创建另一局部坐标系，并命名为 outer。

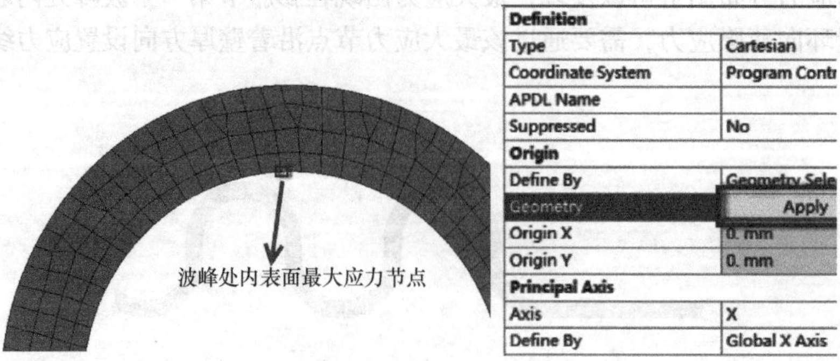

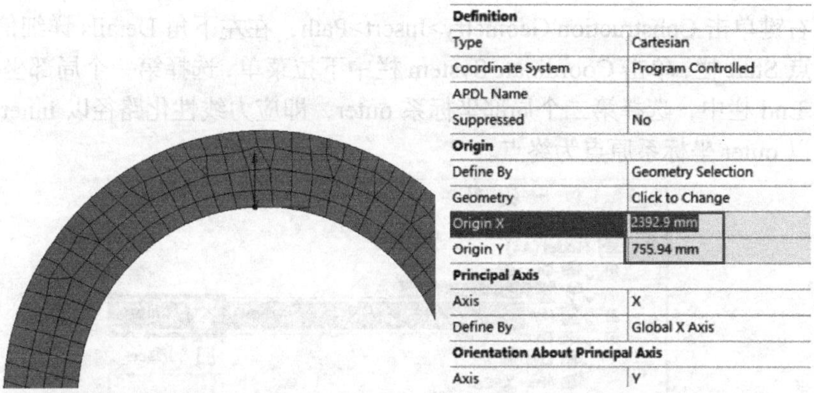
Definition
Type Cartesian
Coordinate System Program Controlled
APDL Name
Suppressed No
Origin
Define By Geometry Selection
Geometry Click to Change
Origin X 2392.9 mm
Origin Y 755.94 mm
Principal Axis
Axis X
Define By Global X Axis
Orientation About Principal Axis
Axis Y

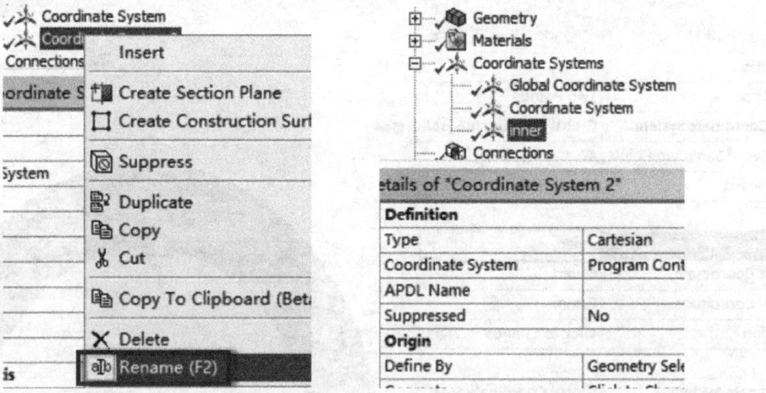

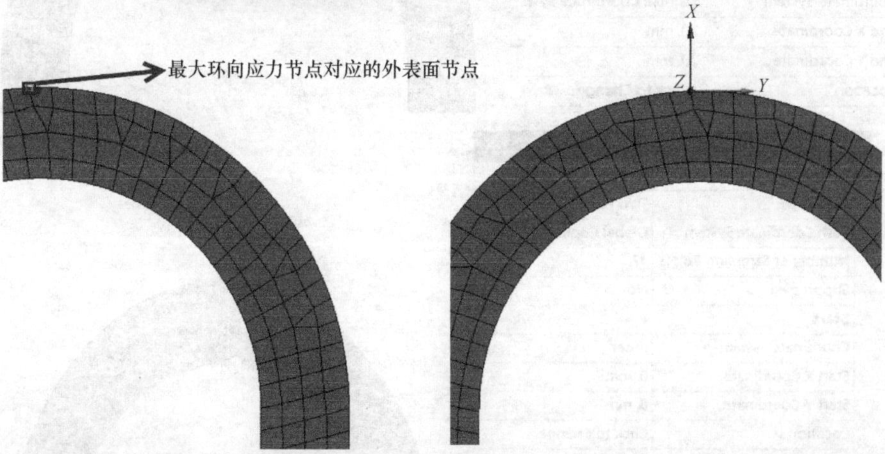
最大环向应力节点对应的外表面节点
X
Z
Y

鼠标右键单击 Model>Insert>Construction Geometry。

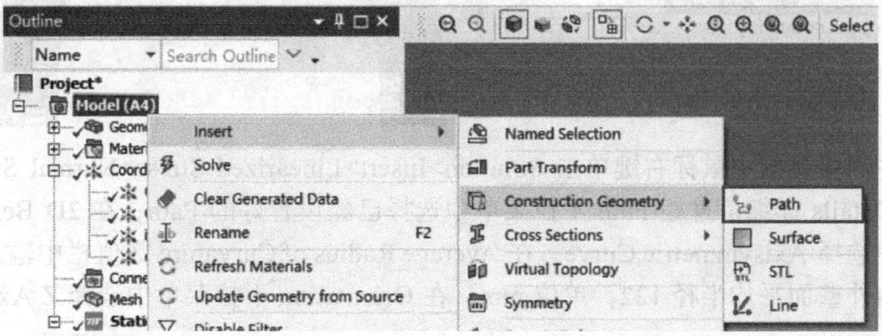

鼠标右键单击 Construction Geometry>Insert>Path，在左下角 Details 详细信息栏中找到路径起始点 Start 栏，单击 Coordinate System 栏中下拉菜单，选择第一个局部坐标系 inner；同理，在 End 栏中，选择第二个局部坐标系 outer，即应力线性化路径以 inner 坐标系原点为起点，以 outer 坐标系原点为终点。

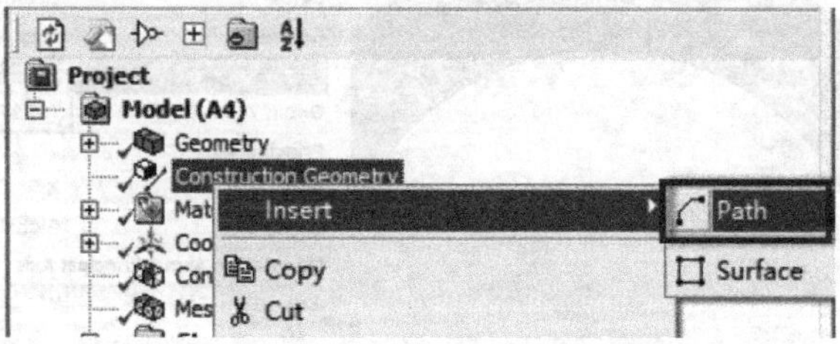

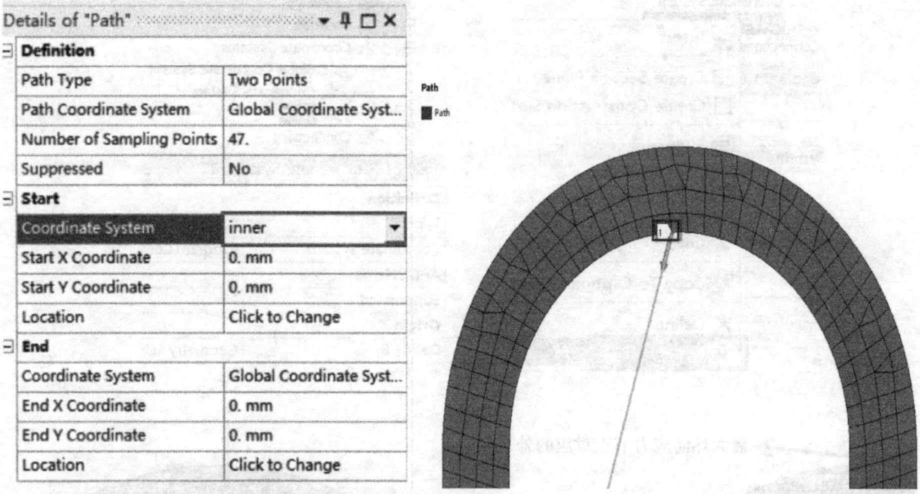

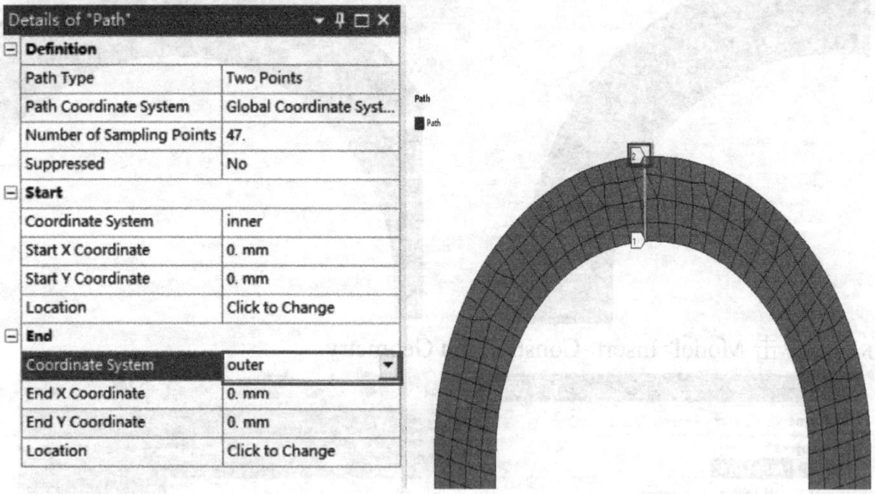

在左侧树状图中鼠标右键单击 Solution>Insert>Linearized Stress>Normal Stress，在左下角 Details 详细信息栏 Path 下拉菜单中选择已经设置好的 Path；在 2D Behavior 下拉菜单中选择 Axisymmetric Curve；在 Average Radius of Curvature 数值栏中输入波纹管波峰处内外壁面平均半径 122，单位 mm；在 Orientation 下拉菜单中选择 Z Axis，即周

向。此时，Coordinate System 栏中的设置被自动忽略，*Z* 方向即代表圆周方向。

右键单击 Linearized Normal Stress >Evaluate All Results，进行计算结果评估。

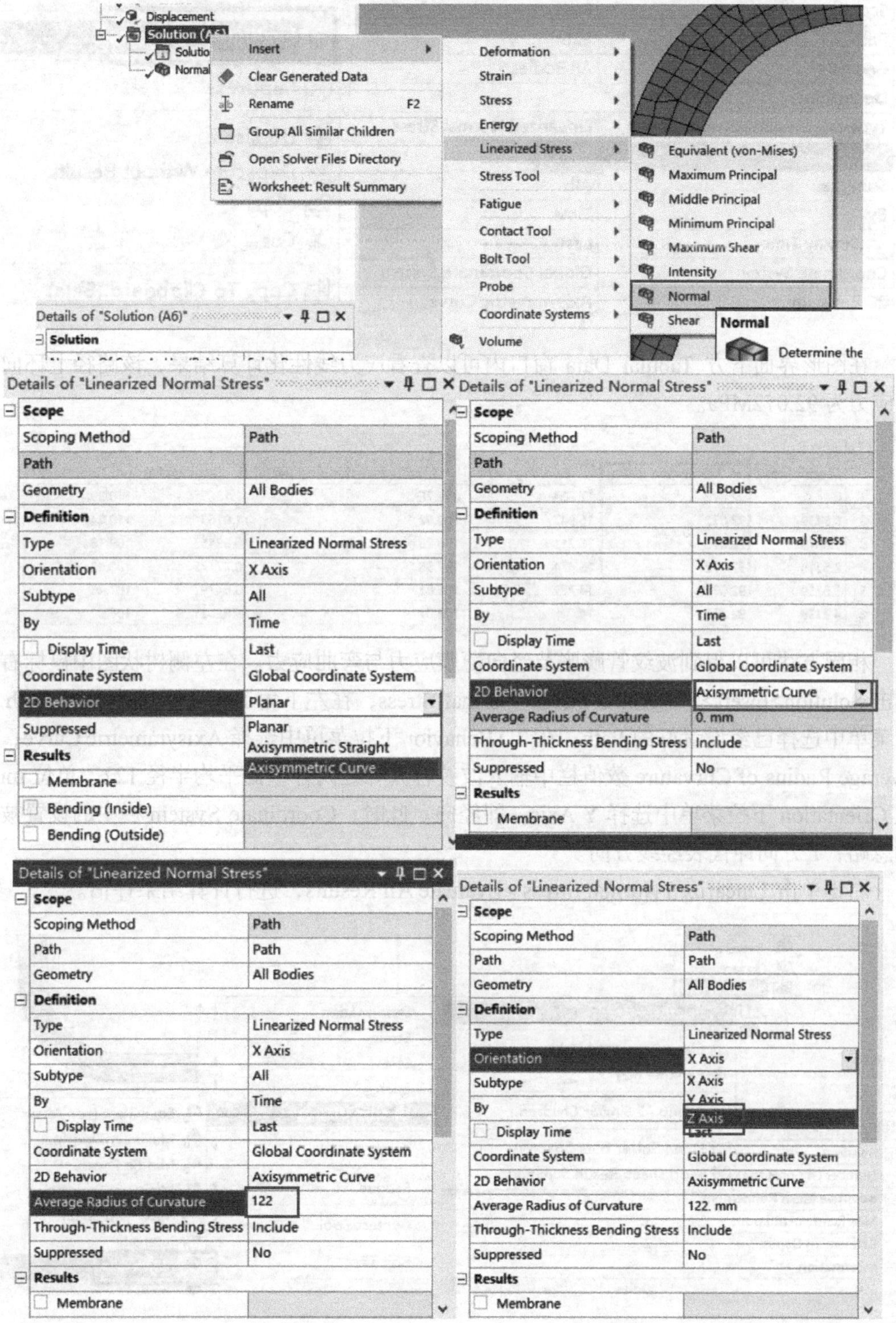

Displacement
Solution (A6)
Insert
Clear Generated Data
Rename F2
Group All Similar Children
Open Solver Files Directory
Worksheet: Result Summary
Deformation
Strain
Stress
Energy
Linearized Stress
Stress Tool
Fatigue
Contact Tool
Bolt Tool
Probe
Coordinate Systems
Volume
Equivalent (von-Mises)
Maximum Principal
Middle Principal
Minimum Principal
Maximum Shear
Intensity
Normal
Shear
Normal
Determine the
Details of "Solution (A6)"
Solution
Details of "Linearized Normal Stress"
Scope
Scoping Method Path
Path
Geometry All Bodies
Definition
Type Linearized Normal Stress
Orientation X Axis
Subtype All
By Time
Display Time Last
Coordinate System Global Coordinate System
2D Behavior Planar
Suppressed
Planar
Axisymmetric Straight
Axisymmetric Curve
Results
Membrane
Bending (Inside)
Bending (Outside)
2D Behavior Axisymmetric Curve
Average Radius of Curvature 0. mm
Through-Thickness Bending Stress Include
Suppressed No
Average Radius of Curvature 122
Orientation X Axis
X Axis
Y Axis
Z Axis
Average Radius of Curvature 122. mm

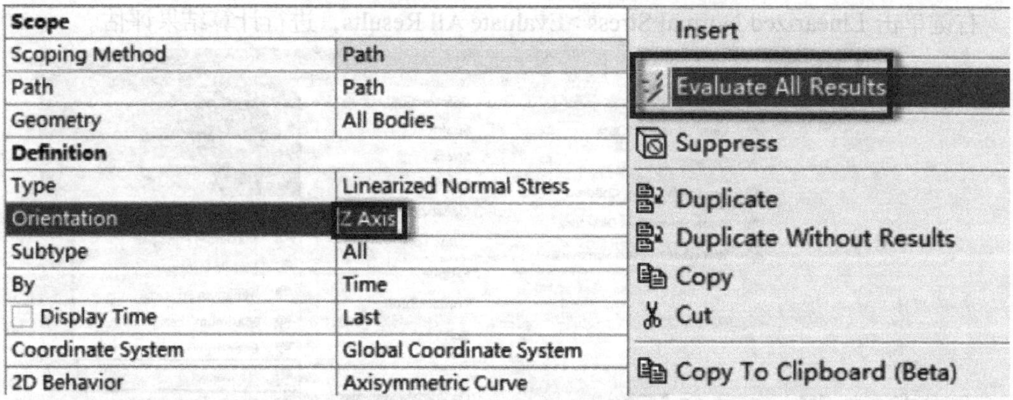

Scope		Insert
Scoping Method	Path	Evaluate All Results
Path	Path	
Geometry	All Bodies	
Definition		Suppress
Type	Linearized Normal Stress	Duplicate
Orientation	Z Axis	Duplicate Without Results
Subtype	All	
By	Time	Copy
☐ Display Time	Last	Cut
Coordinate System	Global Coordinate System	Copy To Clipboard (Beta)
2D Behavior	Axisymmetric Curve	

在图形界面下方 Tabular Data 窗口内可以查看应力线性化计算结果，该路径上环向薄膜应力为 92.072MPa。

Tabular Data

	Length [mm]	☑ Membrane [MPa]	☐ Bending [MPa]	☑ Membrane+Bending [MPa]	☐ Peak [MPa]	☑ Total [MPa]
1	0.	92.072	17.684	109.76	1.1369	110.89
2	0.84397	92.072	16.947	109.02	1.0163	110.04
3	1.6879	92.072	16.211	108.28	0.89457	109.18
4	2.5319	92.072	15.474	107.55	0.77175	108.32
5	3.3759	92.072	14.737	106.81	0.64797	107.46
6	4.2198	92.072	14.	106.07	0.52331	106.6

相同方法可以得到波纹管膨胀节经向薄膜应力与弯曲应力。在左侧树状图中鼠标右键单击 Solution>Insert>Linearized Stress>Normal Stress，在左下角 Details 详细信息栏 Path 下拉菜单中选择已经设置好的 Path；在 2D Behavior 下拉菜单中选择 Axisymmetric Curve；在 Average Radius of Curvature 数值栏中输入波纹管波峰处内外壁面平均半径 122，单位 mm；在 Orientation 下拉菜单中选择 Y Axis，即经向。此时，Coordinate System 栏中的设置被自动忽略，Y 方向即代表经线方向。

右键单击 Linearized Normal Stress >Evaluate All Results，进行计算结果评估。

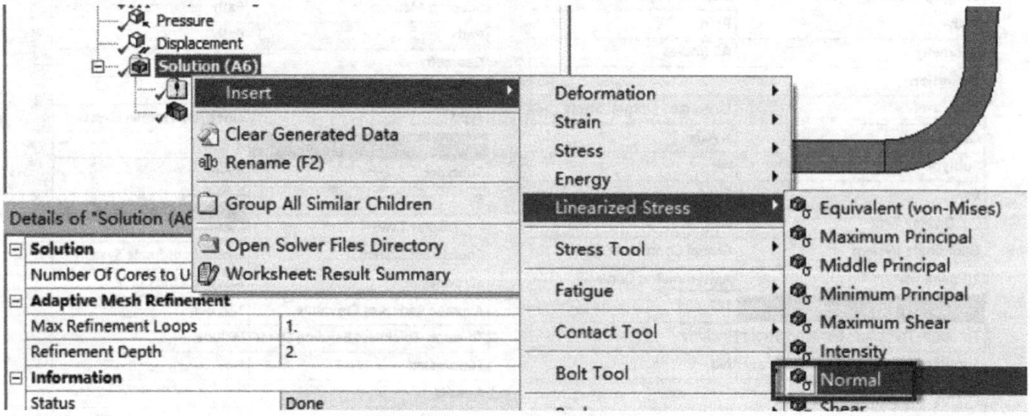

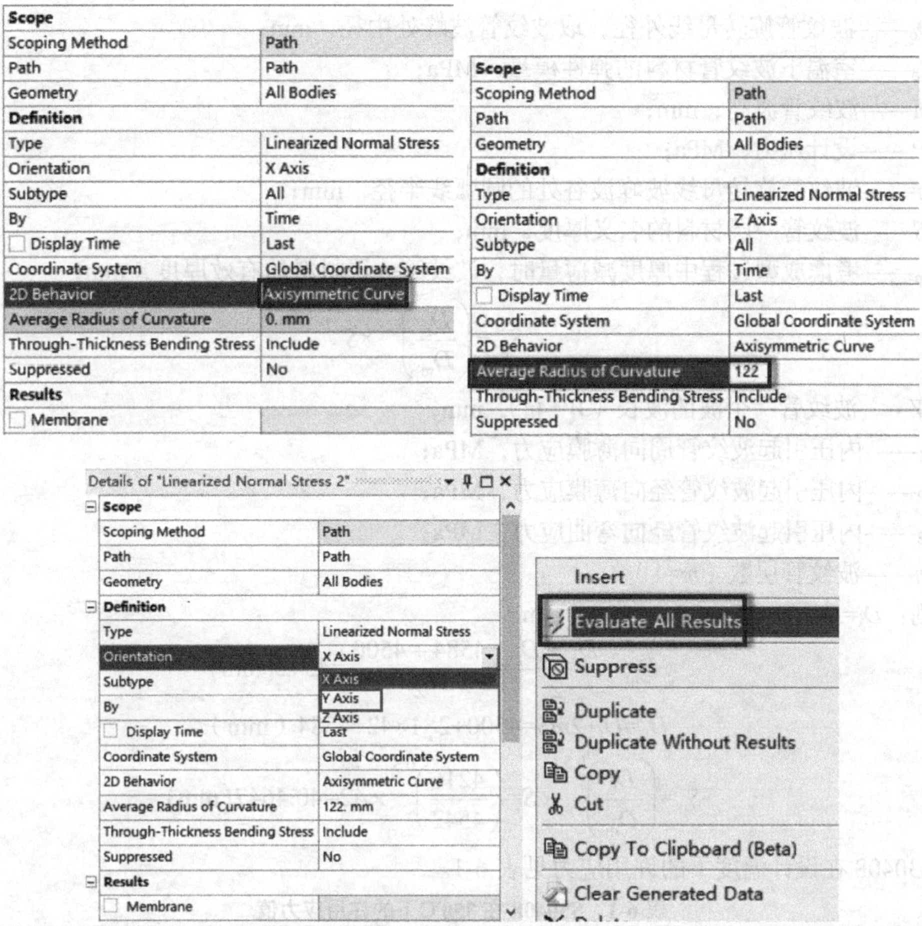

Scope	
Scoping Method	Path
Path	Path
Geometry	All Bodies
Definition	
Type	Linearized Normal Stress
Orientation	X Axis
Subtype	All
By	Time
☐ Display Time	Last
Coordinate System	Global Coordinate System
2D Behavior	Axisymmetric Curve
Average Radius of Curvature	0. mm
Through-Thickness Bending Stress	Include
Suppressed	No
Results	
☐ Membrane	

Scope	
Scoping Method	Path
Path	Path
Geometry	All Bodies
Definition	
Type	Linearized Normal Stress
Orientation	Z Axis
Subtype	All
By	Time
☐ Display Time	Last
Coordinate System	Global Coordinate System
2D Behavior	Axisymmetric Curve
Average Radius of Curvature	122
Through-Thickness Bending Stress	Include
Suppressed	No

Details of "Linearized Normal Stress 2"

Scope	
Scoping Method	Path
Path	Path
Geometry	All Bodies
Definition	
Type	Linearized Normal Stress
Orientation	X Axis
Subtype	X Axis / Y Axis / Z Axis
By	
☐ Display Time	Last
Coordinate System	Global Coordinate System
2D Behavior	Axisymmetric Curve
Average Radius of Curvature	122. mm
Through-Thickness Bending Stress	Include
Suppressed	No
Results	
☐ Membrane	

Insert
- ⚡ Evaluate All Results
- Suppress
- Duplicate
- Duplicate Without Results
- Copy
- Cut
- Copy To Clipboard (Beta)
- Clear Generated Data

在图形界面下方 Tabular Data 窗口内可以查看应力线性化计算结果，该路径上经向薄膜应力为 9.2852MPa，弯曲应力为 55.624MPa。

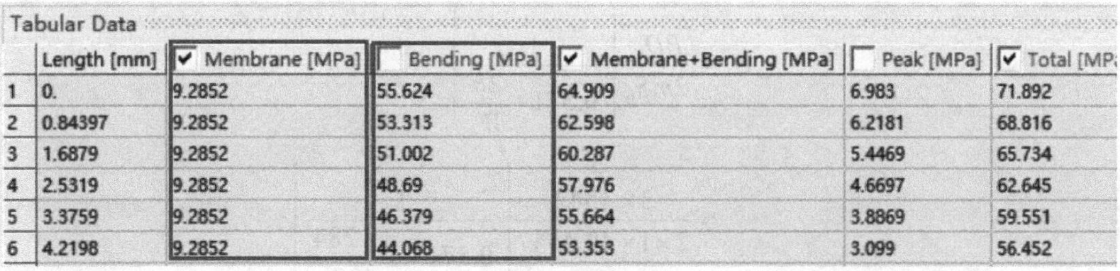

Tabular Data

	Length [mm]	☑ Membrane [MPa]	Bending [MPa]	☑ Membrane+Bending [MPa]	☐ Peak [MPa]	☑ Total [MP
1	0.	9.2852	55.624	64.909	6.983	71.892
2	0.84397	9.2852	53.313	62.598	6.2181	68.816
3	1.6879	9.2852	51.002	60.287	5.4469	65.734
4	2.5319	9.2852	48.69	57.976	4.6697	62.645
5	3.3759	9.2852	46.379	55.664	3.8869	59.551
6	4.2198	9.2852	44.068	53.353	3.099	56.452

⑨ 基于 GB/T 16749—2018《压力容器波形膨胀节》的应力计算

a. GB/T 16749—2018《压力容器波形膨胀节》中符号说明

C_p——系数，由 GB/T 16749 查得；

D_b——波纹管直边段与波纹管内径，mm；

D_i——波纹管旋转母线内径，取波纹管波谷处中径，mm；

D_m——波纹管平均直径$\left(D_m = \dfrac{D_o + D_i}{2}\right)$，mm；

D_o——波纹管旋转母线外径，取波纹管波峰处中径，mm；
E_b——室温下波纹管材料的弹性模量，MPa；
h——波纹管波高，mm；
P——设计压力，MPa；
r——波纹管旋转母线波峰波谷处的圆弧线半径，mm；
S——波纹管一层材料的名义厚度，mm；
S_p——考虑成型过程中厚度减薄量时，波纹管一层材料的有效厚度，mm；

$$S_p=\left(\frac{D_b}{D_m}\right)^{0.5}\times S$$

W——波纹管一个波的波长（W=4r），mm；
σ_1——内压引起波纹管周向薄膜应力，MPa；
σ_2——内压引起波纹管经向薄膜应力，MPa；
σ_3——内压引起波纹管经向弯曲应力，MPa；
m——波纹管层数（m=1）。

则：$D_i=D_b+h=4216+284=4500$（mm）

$$D_m=\frac{D_o+D_i}{2}=\frac{4584+4500}{2}=4542(\text{mm})$$

$$D_o=D_i+2mS=4500+2\times1\times42=4584\text{（mm）}$$

$$S_p=\left(\frac{D_b}{D_m}\right)^{0.5}\times S=\left(\frac{4216}{4542}\right)^{0.5}\times42=40.4647(\text{mm})$$

S30408在设计温度下的许用应力见表6-1。

表6-1　S30408在350℃下的许用应力值

材料牌号	许用应力$[\sigma]^t$	屈服点σ_s^t	$1.5\sigma_s^t$	$2\sigma_s^t$
S30408	111MPa	123MPa	184.5MPa	246MPa

b. 内压引起的波纹管周向薄膜应力为

$$\sigma_1=\frac{PD_m}{2mS_p}\left(\frac{1}{0.571+\frac{2h}{W}}\right)$$

$$=\frac{3\times4542}{2\times1\times40.4647}\left(\frac{1}{0.571+\frac{2\times284}{488}}\right)$$

$$=97.046(\text{MPa})$$

c. 内压引起的波纹管经向薄膜应力为

$$\sigma_2=\frac{Ph}{2mS_p}$$

$$=\frac{3\times284}{2\times1\times40.4647}$$

$$=10.528\text{（MPa）}$$

d. 内压引起的波纹管经向弯曲应力为

$$\sigma_3=\frac{P}{2m}\left(\frac{h}{S_{\mathrm{p}}}\right)^2 C_p$$

$$=\frac{3}{2\times1}\left(\frac{284}{40.4647}\right)^2\times0.58$$

$$=42.855(\mathrm{MPa})$$

⑩ 计算结果对比

在内压作用工况下，将应用 GB/T 16749—2018《压力容器波形膨胀节》标准中环向应力与经向应力计算公式所得的应力数值与之前有限元分析得到的应力数值进行对比，结果如表 6-2 所示。

表 6-2　GB/T 16749 与有限元计算应力数值

应力名称	应力分类	规范计算/MPa	有限元分析/MPa	许用值/MPa	校核结果
内压应力	σ_1	97.046	92.072（PATH）	111	满足
	σ_2	10.528	9.2852（PATH）	111	满足
	σ_3	42.855	55.624（PATH）	—	—
组合应力	σ_p	53.383	65.789	184.5	满足

对比结果显示：二者计算结果十分相近，且都通过了强度校核要求。这一结果也说明了将有限元应力分析作为波纹管膨胀节强度分析方法，其应力分析结果是有效可靠的。

第7章

压力容器的监造、检验与验收

7.1 压力容器的监造

目前，仅仅依靠第三方（劳动部门安全监察机构）监督检验（以下简称监检）制度来进行压力容器，特别是重要的石化压力容器产品质量控制，已不能实现预期的目的。这主要是由于一些制造厂质量保证体系运转不善，而监检仅仅是对规定项目进行监督检查，不是对制造全过程进行质量控制，以至于造成某些压力容器制造过程中出现质量失控。目前我国的压力容器爆炸事故率仍高于西方工业发达国家，造成事故的原因是多方面的，但压力容器的制造质量是其中一个主要因素。

在这种情况下，近年来我国一些单位借鉴国外先进做法，逐步兴起了一种“用户监督制造”的监检方式，“用户监督制造”（以下简称监造）是由用户选择本企业或国内压力容器行业技术力量实力较强的单位，对所订购的重要压力容器产品实施制造全过程的跟踪监督和总体质量把关。这种质量控制方法不仅弥补了现行质量保证制度的不足，也维护保障了用户的权益。

（1）压力容器监造特点

压力容器监造与劳动部门监检的性质和工作范畴不同。监检是劳动部门代表政府对压力容器所涉及安全质量的项目实施监督行为，本身具有强制性；监造是压力容器用户为确保压力容器的安全质量和使用质量对产品制造实施全过程监督，它具有选择性。

压力容器监造主要有以下特点：

① 监造是对监检工作的一个补充和完善，它主要倾向于在保证安全的基础上，尽量保证使用要求和提高使用寿命。

② 监造方式代表用户实施压力容器现场全过程质量控制。

③ 监造工作的重点主要在制造现场。

④ 监造能全面反映压力容器的制造质量。

⑤ 监造项目和控制环节详尽。

（2）压力容器监造依据

压力容器监造依据如下：

① 压力容器法规，如 TSG 21—2016《固定式压力容器安全技术监察规程》（容规）等。

② 压力容器现行标准，如：NB/T 47014—2011《承压设备焊接工艺评定》等。

③ 压力容器图纸及修改通知单，技术协议及制造厂与设计单位来往函件等。

④ 压力容器制造及验收技术条件及附件。

⑤ 制造厂质量保证手册，质量管理制度，工艺文件（或工艺过程卡）等。

⑥ 用户、制造厂及监造单位三方共同签署的监造纲要及合同（协议）书。

（3）压力容器监造责任

压力容器的制造质量应由制造厂负责，压力容器监造人员不可能亲手按工艺进行施工操作，监造人员只能在现场查看，而对于现场以外的许多情况，例如材料复验及焊接评定试验的数据，力学性能试验机的状况，焊接检验员对实际施焊过程数据的填写，质保体系的运转等，监造人员不可能全都涉及。

监造单位包括监造人员，对压力容器主要部件制造全过程及总体质量负有监造责任，对所监造的产品的监造质量负责，对于应该监造而没有做到的，就应当承担监造责任，这也是目前国际上的习惯做法。

（4）压力容器监造工作的实施

目前国内尚未有关于如何实施监造的统一做法，一是由于国内近些年才开展监造工作，时间较短；二是由于压力容器产品种类繁多，因而各单位大都是按照用户的要求，结合自身的经验来编制监造方案，在具体实施监造时，甚至同一单位不同监造人员的做法也不一样。因此有必要明确统一监造工作的内容和主要环节，保证压力容器产品的监造质量，从而确保压力容器总体制造质量。

实施压力容器监造的步骤：

① 监造前技术准备；

② 制造工艺文件控制；

③ 材料质量控制；

④ 焊接施工质量控制；

⑤ 无损检测质量控制；

⑥ 热处理质量控制；

⑦ 制造检验工序质量控制；

⑧ 液压性试验质量控制；

⑨ 气密性试验质量控制；

⑩ 产品出厂资料的质量控制。

制造工艺文件控制过程要求监造人员对制造过程中的工艺流程图或工艺过程卡、检验过程、焊接工艺规程、无损检验工艺规程及检验工艺卡、焊接和无损检测人员的资格、热处理工艺规程及液压（气密性）试验工艺规程等所有工艺文件进行全方位控制。

材料质量控制是压力容器制造过程中一个十分重要的环节。材料是产品质量的基础，监造人员应对该过程进行全面的跟踪和监督，以确保产品的质量。

焊接施工质量控制是压力容器制造的重要关键环节，焊缝是压力容器的薄弱环节，其质量好坏直接影响到产品的内在质量和总体质量，也关系到产品的安全使用，以及使用寿命。因此焊接这一环节是监造工作中的重中之重。

7.2 压力容器的检验与验收

压力容器检验不同于一般的工业生产，它虽不产生直接的经济效益，但是在防止恶性事故发生，保证人民生命财产安全方面的作用却是巨大的。压力容器的定期检验，是保证压力容器安全运行的重要环节。一次压力容器的爆炸事故所带来的损失，是千百次检验检测的费用所无法弥补的。因此可以说，压力容器的检验是企业经济效益的保证。

我国对压力容器的全面定期检验是从 1980 年开始的，1982 年《锅炉压力容器安全监察暂行条例》的颁布实施，标志着压力容器的检验已在全国范围内全面展开。随着压力容器检验的不断深入，压力容器的爆炸事故不断减少。据统计资料显示，我国压力容器的爆炸事故已从 1979 年的 7.9 起/万台下降到 2000 年的 0.5 起/万台。这组数据充分展示了定期检验对防止压力容器的爆炸事故带来的显著作用。

进入 21 世纪，我国的压力容器检验无论是理念上还是技术水平上已接近发达国家水平。我国已建立了一套完整的相关法规标准体系，并且在各方的努力下逐步接近完善。在检验理念上突出风险的概念和完整性的理念，基于风险的检验（RBI）已形成系统，并得到了比较广泛的应用。在 TSG 21—2016《固定式压力容器安全技术监察规程》(简称《容规》或《固容规》) 和 TSGR 7001—2013《压力容器定期检验规则》(简称《定检规》) 中规定了基于风险的检验（RBI）的内容。在定期检验中强调压力容器的失效模式和机理说明完整性的理念已深深地植入压力容器的日常检验中。具体到检测技术及检测设备方面，世界上最先进的检测设备及检测技术我们都已引进并大多进行了消化，已形成了大量的自主知识产权。

《中华人民共和国特种设备安全法》于 2013 年颁布，2014 年 1 月 1 日实施，是压力容器检验工作的一件大事，它标志着我国压力容器检验事业已从法律上予以了认定。更是体现了压力容器检验中监检和定检的法定检验地位。这将促进压力容器检验的进一步发展。

7.2.1 检验技术管理

(1) 检验技术管理的要求

① 检验管理工作由质量检验部门负责组织实施。

② 检验责任人对检验工作的质量控制负责。检查员在检验责任人的指导下开展具体业

务工作。

③ 产品质量标准以图样的技术文件要求为准。

④ 产品质量的评定以质量检验部门的检验结论为准。

⑤ 检验人员应对作业者执行工艺纪律的情况进行监督。必要时在征得检验质控责任人同意后，有权对作业者发出停工指令。

⑥ 汇总整理产品竣工资料，出具产品合格证和质量证明书。

⑦ 不合格品控制、纠正和预防按“不合格品控制程序”执行。

（2）检查员的职责

① 以施工图和工艺文件为依据，按检验工艺文件的要求，对产品制作的全流程进行检查，并做好检验记录。不合格产品不得转入下道工序。

② 督促施工者严格执行工艺纪律。

③ 核实零部件制造工艺流程卡、工序记录表的填写，确认无误后签署确认章。零部件制造工艺流程卡和工序记录表应按规定内容由各工序施工者认真填写并签字，检查员在检查核实确认无误后，随序传递。做到工艺文件、表、卡、图样和实物同步。

④ 完工检查验收时，及时将该产品实施质量控制的工艺文件、检验记录表卡进行收集和整理，交检验责任人。检查员除进行产品首件检验、巡回检验、完工检验和实物质量检查外，还应按企标 Q/LSJM.G.13—2005《压力容器标记管理制度》和企标 Q/LSJM.G.21—2005《压力容器焊记标记制度》做好检查并做好各种检验记录。

7.2.2 产品质量检验

（1）制造单位

① 压力容器制造（含现场制造、现场组焊、现场粘接[❶]）单位应当取得特种设备制造许可证，按照批准的范围进行制造，依据有关法规、安全技术规范的要求建立压力容器质量保证体系并且有效运行，单位法定代表人必须对压力容器制造质量负责；

② 制造单位应当严格执行有关法规、安全技术规范及技术标准，按照设计文件制造压力容器。

（2）型式试验

蓄能器、简单压力容器等按照标准规定需要进行型式试验的压力容器，应当经过国家质检总局核准的型式试验机构进行型式试验并且取得型式试验证书，型式试验的项目及结果应当满足有关产品标准的要求。

（3）制造监督检验

需要进行监督检验的压力容器，其制造单位应当接受特种设备检验机构对其制造过程的监督检验并且取得监督检验证书。

❶固定式压力容器的现场制造、现场组焊、现场粘接包括：经过发证机关批准在使用现场制造无法运输的超大型压力容器、分段出厂的压力容器部件或者球壳板在使用现场进行焊接、在使用现场粘接非金属压力容器。

（4）质量计划

① 制造单位在容器制造前，应当根据规程、产品标准及设计文件的要求制定完善的质量计划（检验计划），其内容至少应当包括容器或者元件的制造工艺控制点、检验项目和合格指标；

② 制造单位的检查部门在容器制造过程中和完工后，应当按照质量计划的规定对容器进行各项检验和试验，并且出具相应报告。

（5）产品出厂资料或竣工资料

① 产品竣工资料。压力容器出厂或者竣工时，制造单位应当向使用单位至少提供以下技术文件和资料：

a. 竣工图样，竣工图样上应当有设计单位许可印章（复印章无效），并且加盖竣工图章（竣工图章上标注制造单位名称、制造许可证编号、审核人的签字和“竣工图”字样）；如果制造中发生了材料代用、无损检测方法改变、加工尺寸变更等，制造单位按照设计单位书面批准文件的要求在竣工图样上作出清晰标注，标注处有修改人的签字及修改日期；

b. 压力容器产品合格证、产品质量证明文件［包括主要受压元件材质证明书、材料清单、质量计划、结构尺寸检查报告、焊接（粘接）记录、无损检测报告、热处理报告及自动记录曲线、耐压试验报告及泄漏试验报告等］和产品铭牌的拓印件或者复印件；

c. 特种设备制造监督检验证书（适用于实施监督检验的产品）；

d. 封头、锻件等压力容器受压元件的制造单位，应当向订购单位提供受压元件的质量证明文件；

e. 设计单位提供的压力容器设计文件。

② 资料的传递和形成

a. 所有压力容器制造过程的资料最终均移交质量检验部。

b. 生产流程中形成的资料如：“零部件制造工艺流程卡”“工序记录表”“热处理炉温记录表”“压力试验原始记录”“不合格品通知单”、外购件和外协件合格证、竣工图等由检查员传递收集，检查员对收集资料的完整性和内容填写的完全、正确性负责。

c. 无损检测责任人对检测资料如检测报告及记录的完整性、正确性负责。

d. 试板检验报告由理化责任人对检验报告的正确性、完整性负责。

e. 产品竣工图及技术文件、技术通知单、材料代用单，由技术部收集后交质量检验部门。生产技术部门对以上资料的正确性、完整性负责。

f. 检验人员对各部门汇集的资料进行整理、校核。检验人员对产品资料的完整性、正确性负责。并根据资料填写产品合格证及质量证明书，一式 2 份，1 份为出厂文件，1 份存档。填写要求字迹清晰、数据准确、内容齐全。

g. 产品竣工资料由检验人员校核。重点产品竣工资料由检验责任人校核，必要时总工程师或者技术责任人校核。专责档案员对产品竣工资料的正确性、完整性负全责。质保工程师不定期抽查档案的质量。

③ 公司内审核后的资料由质量检验部联络员交监检组审核并出具“监督检验证书”。

④ 监检组审查后的资料（竣工图及技术文件、产品合格证及质量证明书、监督检验证明书、产品铭牌），由联络员交检查员办理出厂手续，其余资料交专责档案员整理、分类后装订、编目，并办理归档手续。

⑤ 产品档案由技术部资料室保管。

（6）产品铭牌

制造单位必须在压力容器的明显部位装设产品铭牌。铭牌应当清晰、牢固、耐久，采用中文（必要时可以中英文对照）和国际单位。产品铭牌上的项目至少包括以下内容：

① 产品名称；
② 制造单位名称；
③ 制造单位许可证书编号和许可级别；
④ 产品标准；
⑤ 主体材料；
⑥ 介质名称；
⑦ 设计温度；
⑧ 设计压力、最高允许工作压力（必要时）；
⑨ 耐压试验压力；
⑩ 产品编号；
⑪ 设备代码；
⑫ 制造日期；
⑬ 压力容器类别；
⑭ 自重和容积（换热面积）。

（7）设计修改

制造单位对原设计文件的修改，应当取得原设计单位同意修改的书面证明文件，并且对改动部位作详细记载。

7.3 无损检测

无损检测（NDT）是指在不损害或者不影响被检验对象的使用性能和状态的前提下，利用与被测对象相关的声、光、磁、电以及热等特性，对各种工程材料、结构件、零部件等进行有效的检验和检测，借以评估它们的可靠性、安全性、连续性、完整性以及其他物理性能。特别是检测构件或者材料中是否存在缺陷以及判断缺陷的类型、性质、数量、形状、位置、结构、分布以及包含物等情况，还能检测材料组分、介质厚度、组织状态、应力分布、物理状态等信息。

7.3.1 无损检测的特点

与破坏性检测相比，无损检测有以下特点。

① 具有非破坏性，因为它在做检测时不会损害被检测对象的使用性能；

② 具有全面性，由于检测是非破坏性，因此必要时可对被检测对象进行 100%的全面

检测，这是破坏性检测办不到的；

③ 具有全程性，破坏性检测一般只适用于对原材料进行检测，如机械工程中普遍采用的拉伸、压缩、弯曲等，破坏性检验都是针对制造用原材料进行的。

7.3.2 无损检测分类

无损检测是工业发展必不可少的有效方法，在一定程度上反映了一个国家的工业发展水平，无损检测的重要性已得到公认。其主要有射线检测（RT）、超声波检测（UT）、磁粉检测（MT）、液体渗透检测（PT）和涡流检测（ECT）五种（见表 7-1）。其他无损检测方法有声发射检测（AE）、热像/红外（TIR）、泄漏试验（LT）、交流场测量技术（ACFMT）、漏磁检验（MFL）、远场测试检测方法（RFT）、超声波衍射时差法（TOFD）等。

表 7-1 五种常规无损探伤方法比较

<table>
<tr><td rowspan="4">射线</td><td>定义</td><td>射线检测的原理是利用各种射线（现在主要是利用易于穿透物质的X射线、β射线和中子射线三种）在介质中传播时其强度的衰减特性以及胶片的感光特性来探测缺陷。当射线穿过材料后，材料中的缺陷会影响射线的吸收，使得透射强度发生变化，这一变化可以通过胶片来反映，再把曝光过的胶片经过一系列处理，便可以根据胶片图像上黑度的变化来反映出缺陷的种类、数量、大小等</td></tr>
<tr><td>优点</td><td>（1）适用于几乎所有材料；
（2）探伤结果（底片）显示直观、便于分析；
（3）探伤结果可以长期保存；
（4）探伤技术和检验工作质量可以检测</td></tr>
<tr><td>缺点</td><td>（1）检验成本较高；
（2）对裂纹类缺陷有方向性限制；
（3）需考虑安全防护问题（如X，γ射线的传播）</td></tr>
<tr><td>适用范围</td><td>检测铸件及焊接件等构件内部缺陷，特别是体积型缺陷（即具有一定空间分布的缺陷）</td></tr>
<tr><td rowspan="4">磁粉</td><td>定义</td><td>磁粉检测的基本原理是，对磁化过的材料，在其不连续处（包括内部和外部缺陷等不连续处），磁力线会发生畸变，即形成了漏磁场。通过撒上磁粉，漏磁场就会使得磁粉形成与缺陷形状相近的磁粉堆积，即形成磁痕，通过磁痕特性来反映缺陷</td></tr>
<tr><td>优点</td><td>（1）直观显示缺陷的形状、位置、大小
（2）灵敏度高，可检缺陷最小宽度约为 1μm
（3）几乎不受试件大小和形状的限制
（4）检测速度快、工艺简单、费用低廉
（5）操作简便、仪器便于携带</td></tr>
<tr><td>缺点</td><td>（1）只能用于铁磁性材料
（2）只能发现表面和近表面缺陷
（3）对缺陷方向性敏感
（4）能知道缺陷的位置和表面长度，但不知道缺陷的深度</td></tr>
<tr><td>适用范围</td><td>适用范围：检测铸件、银件、焊缝和机械加工零件等铁磁性材料的表面和近表面缺陷（如裂纹）</td></tr>
<tr><td rowspan="2">渗透</td><td>定义</td><td>渗透检测的原理是：工件表面被涂上含有荧光染料或者着色剂的渗透液后，在毛细管作用下，渗透液会进入缺陷中；除去工件表面多余的渗透液后，在工件表面涂以显影剂，显影剂将吸引缺陷中的渗透液，在一定光源下，缺陷处的渗透液痕迹会被显示出来，从而探测出缺陷的状态</td></tr>
<tr><td>优点</td><td>（1）设备简单，操作简便，投资小
（2）效率高（对复杂试件也只需一次检验）
（3）适用范围广（对表面缺陷，一般不受试件材料种类及其外形轮廓限制）</td></tr>
</table>

续表

渗透	缺点	（1）只能检测开口于表面的缺陷，且不能显示缺陷深度及缺陷内部的形状和尺寸 （2）无法或难以检查多孔的材料，检测结果受试件表面粗糙度影响 （3）难于定量控制检验操作程序，多凭检验人员经验、认真程度和视力的敏锐程度
	适用范围	用于检验有色和褐色金属的铸件、焊接件以及各种陶瓷、塑料、玻璃制品的裂纹、气孔、分层、缩孔、疏松、折叠及其他开口于表面的缺陷
涡流	定义	涡流检测的原理是：将金属材料置于交变磁场作用下，根据电磁感应原理，在金属材料上将产生密闭的环状电流，即涡流；涡流的大小和分布与缺陷的性质、大小、位置等有关，并将反作用于原来的交变磁场，从而测量出缺陷的特性
	优点	（1）适于自动化检测（可直接以电信号输出） （2）非接触式检测，无须耦合剂且速度快 （3）适用范围较广（既可检测缺陷也可检测材质、形状与尺寸变化等）
	缺点	（1）只限用于导电材料 （2）对形状复杂试件及表面下较深部位的缺陷检测有困难，检测结果尚不直观，判断缺陷性质、大小及形状尚难
	适用范围	用于钢铁、有色金属等导电材料所制成的试件，不适于玻璃、石头和合成树脂等非金属材料
超声波	定义	超声波检测应用特别广泛，其原理是利用超声波良好的方向性和所具有的能量特性，利用超声波传播过程中的反射、折射、散射以及能量的传播特点来对材料内部的缺陷进行定性、定量和定位
	优点	（1）适于内部缺陷检测，探测范围大、灵敏度高、效率高、操作简单 （2）适用广泛、使用灵活、费用低廉
	缺点	（1）探伤结果显示不直观，难于对缺陷作精确定性和定量 （2）一般需用耦合剂，对试件形状和复杂性有一定限制
	适用范围	水浸（喷水）法检测钢管、锻件；单（双）探头检测焊缝；多探头检测大型管道；板材、复合材料、非金属材料检测等应用

7.3.3 无损检测方法的选择

（1）无损检测方法的选择

① 压力容器的对接接头应当采用射线检测（胶片感光或数字成像）、超声波检测，超声波检测包括衍射时差法超声波检测（TOFD）、可记录的脉冲反射法超声波检测和不可记录的脉冲反射法超声波检测。当采用不可记录的脉冲反射法超声波检测时，应当采用射线检测或者衍射时差法超声波检测作为附加局部检测；

② 有色金属制压力容器对接接头应当优先采用 X 射线检测；

③ 焊接接头的表面裂纹应当优先采用表面无损检测；

④ 铁磁性材料制压力容器焊接接头的表面检测应当优先采用磁粉检测。

（2）特殊缺陷无损检测方法选择

就缺陷类型而言，通常可分为体积型和面积型两种。对于不同类型的缺陷，必须采用相应的无损检测方法才能有效检测出来。表 7-2 为不同的体积型缺陷及其可采用的无损检测方法，表 7-3 为不同的面积型缺陷及其可采用的无损检测方法。

表 7-2　不同的体积型缺陷及其可采用的检测方法

缺陷类型	可采用的检测方法
夹杂、夹渣、夹砂、疏松	目视检测（表面）、渗透检测（表面）、磁粉检测（表面及近表面）、涡流检测（表面及近表面）
缩孔、气孔、腐蚀坑	超声波检测、射线检测、红外检测、微波检测、中子射线照相、激光全息检测

表 7-3　不同的面积性缺陷及其可采用的检测方法

缺陷类型	可采用的检测方法
分层、粘接不良、折叠	目视检测、超声波检测、磁粉检测、涡流检测
冷隔、裂纹、未熔化	微波检测、声发射检测、红外检测

根据缺陷所在位置不同，通常可分为内部缺陷和表面开口缺陷。射线检测和超声波检测主要以检测零部件的内部缺陷为主。渗透检测只能检出表面开口缺陷，而磁粉检测和涡流检测可检出表面和近表面（表层）的缺陷。渗透检测、磁粉检测和涡流检测这三种检测表面缺陷的方法的比较见表 7-4。

表 7-4　渗透检测与磁粉检测以及涡流检测的比较

比较项目	渗透检测（PT）	磁粉检测（MT）	涡流检测（ET）
检测原理	毛细现象作用	磁力作用	电磁感应作用
主要应用	缺陷检测	缺陷检测	缺陷检测、测厚、材料分选
检测范围	任何非疏孔性材料	铁磁性材料	导电材料
能检出的缺陷	表面开口缺陷	表面及近表面缺陷	表面及表层缺陷
缺陷显示方式	渗透液回渗	缺陷处产生漏磁场而有磁粉吸附	检测线圈的电压和相位变化
缺陷性质判定	基本可判定	基本可判定	难判定
缺陷的定量评价	缺陷显示的大小、色深随时间变化	不受时间影响	不受时间影响
显示器材	显像剂、渗透液	磁粉	记录仪、示波器
检测灵敏度	高	高	较低
检测速度	慢	快	很快，可实现自动化
缺陷方向对检出概率的影响	不受缺陷方向的影响	受缺陷方向影响，易检出垂直于磁力线方向的缺陷	受缺陷方向影响，易检出垂直于涡流方向的缺陷
表面粗糙度对检出概率的影响	表面越粗糙，检出概率越低	受影响，但比渗透检测小	受影响大
污染情况	高	高	低

7.3.4　无损检测比例

（1）基本比例要求

压力容器对接接头的无损检测比例一般分为全部（100%）和局部（大于或者等于 20%）两种。碳钢和低合金钢制低温容器，局部无损检测的比例应当大于或者等于 50%。

（2）全部射线检测或者超声波检测

符合下列情况之一的压力容器壳体、封头的 A、B 类对接接头（压力容器 A、B 类对接接头的划分按照 GB 150 的规定），进行全部无损检测：

① 盛装介质毒性程度为极度、高度危害的；

② 设计压力大于或者等于 1.6MPa 的第Ⅲ类压力容器；

③ 按照分析设计标准制造的压力容器；

④ 采用气压试验或者气液组合压力试验的压力容器；

⑤ 焊接接头系数取 1.0 的压力容器或者使用后需要但是无法进行内部检验的压力容器；

⑥ 标准抗拉强度下限值大于或者等于 540MPa 的低合金钢制压力容器，厚度大于 20mm 时；

⑦ 设计认为有必要进行全部无损检测的焊接接头。

（3）局部射线检测或者超声波检测

不要求进行全部无损检测的压力容器，其每条 A、B 类对接接头采用 7.3.4 中（1）的方法进行局部无损检测。

（4）表面无损检测

凡符合下列条件之一的焊接接头，需要对其表面进行磁粉或者渗透检测：

① 盛装毒性程度为极度、高度危害介质的压力容器的焊接接头；

② 采用气压或气液组合耐压试验压力容器的焊接接头；

③ 设计温度低于-40℃的低合金钢制低温压力容器上的焊接接头；

④ 标准抗拉强度下限值大于或者等于 540MPa 的低合金钢、铁素体型不锈钢、奥氏体-铁素体型不锈钢制压力容器上的焊接接头；其中标准抗拉强度下限值大于或者等于 540MPa 的低合金钢制压力容器，在耐压试验后，还应当对焊接接头进行表面无损检测；

⑤ 焊接接头厚度大于 20mm 的奥氏体型不锈钢制压力容器上的焊接接头；

⑥ 焊接接头厚度大于 16mm 的 CrMo 低合金钢制压力容器上的除 A、B 类之外的焊接接头；

⑦ 堆焊表面、复合钢板的覆层焊接接头、异种钢焊接接头、具有再热裂纹倾向或者延迟裂纹倾向的焊接接头；其中具有再热裂纹倾向的材料应当在热处理后增加一次无损检测；

⑧ 先拼板后成形凸形封头上的所有拼接接头；

⑨ 设计认为有必要进行表面无损检测的焊接接头。

7.3.5 焊缝无损检测符号

（1）无损检测符号的要素

无损检测符号只需包括说明检测要求的要素，由以下要素组成：

①基准线；②箭头；③检测方法代号；④检测尺寸、面积和抽检数目；⑤辅助符号；⑥基准线的尾部；⑦技术说明、检测规范或其他参考标准。

（2）无损检测符号要素的标准位置

无损检测符号要素的标准位置见图 7-1。

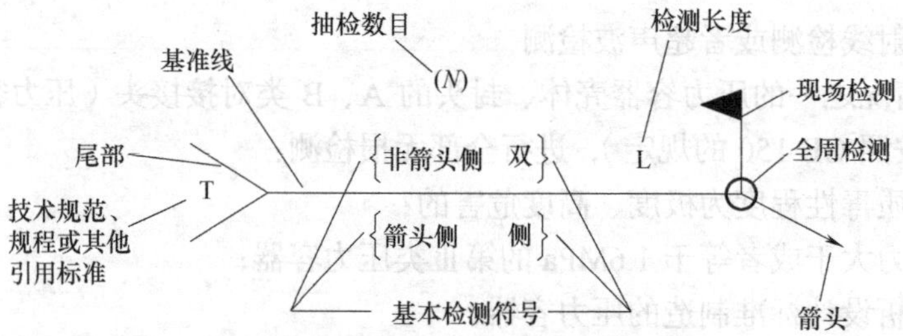

图 7-1　无损检测符号要素的标准位置

7.3.6　无损检测通用标准

GB/T 5616—2014 无损检测 应用导则

GB/T 6417.1—2005 金属熔化焊接头缺欠分类及说明

GB/T 9445—2015 无损检测 人员资格鉴定与认证

GB/T 14693—2008 无损检测 符号表示法

NB/T 47013—2015 承压设备无损检测

7.4 容器的压力试验

为了贯彻执行《固定式压力容器安全技术监察规程》及其他有关压力容器技术标准，确保试验安全，确保产品质量，特制定本守则。各种压力容器及其他非标受压设备、部件及元件，按标准图纸规定应进行压力试验或致密性试验，以检查受压产品的强度、焊缝质量及连接部位的密封性能。

压力容器的压力试验、致密性试验，应在图纸规定的无损检测、补强圈检查、热处理以及产品的装配、几何尺寸、表面质量等有关项目检查合格之后进行。

对压力容器上不在厂内装配、焊接的开孔加工，可在压力试验之后进行。

7.4.1　压力试验准备和要求

（1）压力试验前装配步骤

容器必须在内部清理干净后，方可进行试压前的装配。装配步骤如下：

① 将外壳所有待装配的合格零部件安置在清洁的场地上，对零部件上所有密封面、双头螺柱做进一步检查。对二级精度螺孔进行回攻，回攻时选用合格中径下限的丝锥，并用二硫化钼油剂润滑。

② 按图进行装配，装配时螺纹间的配合必须用二硫化钼油剂润滑，水泵用的垫片、透镜垫需保持清洁，密封面无异物嵌入，必要时透镜垫须上车床加工。

a. 螺母的旋紧用力要均匀，防止撞击。

b. 应对螺柱等分成四组，依次对角逐渐旋紧，同时不断用塞尺检查法兰盖与法兰之间的间隙大小来配合旋紧程度，最后用一定的力复旋。

c. 装上所有泵的夹具、压力表。耐压试验用压力表应符合《容规》第七章的有关规定，至少采用两个量程相同的并经过校验合格的压力表，且应安装在被试容器顶部便于操作人员观察的位置。压力表的量程在试验压力的 2 倍左右为宜，但不应低于 1.5 倍和高于 3 倍的试验压力。表盘直径不应小于 100mm，压力表精度不应低于 1.5 级。

（2）压力试验的要求

① 经压力试验确定需要补焊的或者因补焊而需要局部探伤乃至重作热处理时，都必须重作压力试验。

② 不准擅自以气压试验代替水压试验，不准进行超过规定试验压力值的压力试验。（如果容器不允许有微量残留液体或由于结构原因不能充满液体的容器，可以采用气压试验）。

③ 压力试验和致密性试验的检查情况和结论，由检验员做好记录，并经检验员和试验操作工人同时会签后存档。

④ 压力试验必须由上级质量技术监察部门监督检查和认可。

7.4.2 水压试验

水压试验应采用清洁水，对奥氏体不锈钢制设备，水压试验后，采用打开产品进行抹擦，以去除水渍，防止氯离子腐蚀。对于无法抹擦的设备，水压试验应采用净化水，水中氯离子含量不得通过 25×10^{-6}。

（1）水温规定

为防止水压试验时发生低应力脆性破裂，水压试验用水的温度规定如下：

① 碳素钢、Q345R 和 15MnNbR、正火 15MnVR 制压力容器，水温不得低于 5℃。

② 其他低合金钢制压力容器（不包括低温设备），水温不得低于 15℃。

③ 若由于材料厚度增大，引起脆性转变温度升高，而要提高试压水的温度或新钢种制压力容器，其试压水的温度按图纸和产品工艺文件的规定。在环境气温低于试压水的温度要求时，采用在试压水中通入蒸汽的办法来提高水温，以试压容器外壁的测试温度、作为试压水的温度。

（2）水压试验补充说明

试压容器应稳妥地放置。卧置时放在可制动的滚轮架上，对于试压容器由于材质或壁薄等因素造成刚性不足时，应在试压容器外部增加良好接触的厚钢板托垫，以防止容器盛水后变形。试压容器放置的方向，应考虑到有利于排气、盛水和放水。

试压容器盛水后，要确保无空气滞留在容器内，自然盛水不能达到时，对中、低压产品，可采用弯管或软管引放空气，或者在不封闭容器最高位管口的地方打泵加水排气。

试压容器在正式开泵升压之前，应将容器检查表面上的水分抹去，使之保持干燥，在试压容器外壁温度达到并保持在规定的试压水温情况下，才能正式开泵缓慢升压。

（3）中、低压容器水压试验方法

开泵缓慢升压至 0.3~0.5MPa 时，停泵保压 10min，进行初步检查。确定无漏、无异常现象后，继续缓慢升压至规定的试验压力 P_T，根据容器的容积大小，保压 10~30min，然后缓慢降压至设计压力 P，至少保压 30min。进行全面仔细检查，直至检查完毕为止。

（4）换热器水压试验方法

换热器由于结构特殊，水压试验需分多次进行，但对每一次水压试验，均应按 7.4.2 的（1）~（3）规定进行。各种换热器水压试验的先后顺序为：

① 固定管板换热器、U 形管换热器、填函式换热器

a. 壳体、管子与管板连接口检查试压；

b. 管箱试压。

② 浮头式换热器

a. 管子与固定管板、浮头管板连接口检查试压；

b. 管箱与浮头盖试压；

c. 壳体和外头盖试压。

③ 管程压力高于壳程压力的换热器，其水压试验规定如下：

a. 在管程规定的试验压力值下，壳程的一次计算薄膜应力值，不大于其材料屈服极限的 90%时，允许将壳程水压试验提高到管程试压的规定值。

b. 采用专用壳程泵水工装。

c. 由于产品结构、工装材料及经济效果等因素影响，不允许按 a.、b.方案进行时，其压力试验采用如下步骤进行：

ⅰ. 壳程水压试验，当规定试验压力低于 0.75MPa 时，则按 0.75MPa 进行水压试验，同时进行管子与管板连接口检查；

ⅱ. 壳程进行压力为 0.6MPa 的含氨体积分数 1%的氨渗透试验，检查管子与管板连接口；

ⅲ. 管程按规定试验压力进行水压试验，检查管程外裸部分合格，并且压力表指针不下降；

ⅳ. 重复ⅱ.氨渗透试验合格。

ⅰ~ⅳ全部合格，则判该换热器水压试验合格；若第ⅲ步不合格，则在补漏后须重做ⅱ、ⅲ两步骤，直至ⅰ~ⅳ全部合格。

（5）夹套容器水压试验方法

先进行内筒水压试验，合格后再按图纸、工艺装焊夹套，最后进行夹套内的水压试验。夹套容器的每步试压均按 7.4.2 中的（3）条进行。以压差设计的夹套容器除非图纸明确规定：在夹套水压试验的时候，须在内筒保持一定的压力，以维持内筒与夹套之间额定的压力差。此时夹套绝对不能进行单腔水压试验，以避免发生失稳事故。

（6）水压试验合格标准

水压试验按图纸要求，全面符合下列条件者为合格：

① 容器和各部位焊缝无渗漏；

② 容器无可见异常变形；

③ 经返修，焊补深度大于 9mm，或者小于壁厚一半的 σ_s>4MPa 的钢制容器，焊补部位按原探伤方法进行复查，无超过原定标准的缺陷；

④ 设计要求进行残余变形测定的容器，容积残余变形率不超过 10%。

（7）水压试验后处理

水压试验合格后，缓慢卸压至表压零位，放干净存水，并用压缩空气吹干。

拆卸泵水工装及设计、工艺规定的拆开部位，检查各密封面、紧固件，对出现损伤或超过技术条件规定的压痕者，均应修整，使之保持完好后再上防锈油，按规定单独报交装箱，或者与设备整体轻度装配连接报交入库。

对图纸有充氮气或惰性气体保护要求的，应按其规定充气密封。

7.4.3 气压试验

（1）气压实验补充说明

① 对要求或允许进行气压试验的容器，其焊缝必须经 100%无损探伤合格，并全面复查有关技术文件，在安全员检查同意后方可进行。

② 气压试验的介质气体应为干燥、洁净的空气、氮气或其他惰性气体。对碳素钢、低合金钢制容器、介质气体温度不低于 15℃。其他钢制容器、气压介质温度按图纸规定。

③ 容器的开孔补强圈在容器压力试验之前，通入 0.4~0.5MPa 压缩空气检查焊缝质量。

④ 气压试验时严禁锤击被试验的容器。

（2）气压试验方法

开泵缓慢升压至试验压力值的 10%，且不超过 0.05MPa，停泵保压 10min 进行初步检查，合格后再缓慢升压到试验压力的 50%（即 $P_T/2$），第二次停泵保压检查。以后按 $P_T/10$ 的压力值为级差，逐级缓慢升压；每升一级停泵保压 10min。升压至试验压力值 P_T 时，按容积大小，停泵保压 10~30min，然后缓慢降至设计压力 P，稳压至少 30min 涂肥皂水进行检查。

7.4.4 气密性试验

容器的气密试验，必须在水压试验合格后进行。致密性试验的介质气体（空气、氮气或其他惰性气体）温度不低于 5℃。开泵缓慢升压至试验压力值（即设计压力值），按容器容积大小停泵保压 10~30min 涂肥皂水检查。小型容器可以浸入水中检查。致密性试验严禁锤击。

21%氨渗透试验是指在容器中通入含氨体积分数为 1%的气体介质，介质压力以 0.6MPa 为宜。开泵前，在容器的焊缝上和密封连接处，贴上比焊缝或密封连接处宽约 20mm、用 5%硝酸亚汞或酚酞水溶液浸渍过的纸条。开泵缓慢升压至规定的氨渗透压力值时停泵保压。5min 后纸条上没有出现黑色或红色斑点为合格。

煤油渗漏试验多用于贮器检查，是将设备焊缝易检查的一面清理干净，并涂以白色粉浆，待干后，在焊缝的另一面涂以煤油，使表面足够浸润。30min 后，在涂白粉的一面无油渍浸出为合格。

盛水试验是贮器的另一种检查方法，贮器盛满水后，抹干外表面。30min 内无渗漏为合格。

7.4.5 压力试验的安全技术规定

① 压力试验是带有一定危险性的工作，因此，必须在规定的场地进行，对压力试验所

用的机泵设备及一切零部件器具、试验场地设置专人管理。保持设备、器具及防护设备完好、试验场整洁。

② 对紧固件、盲板、管塞、阀座等必须按压力级别分类、编号，按试验压力规定值正确选用，压力级别不同时，只能以高压力件用于低压力级试验，绝对不允许存在以低代高及紧固件装配不齐全的做法。

③ 压力试验必须同时装两个量程相同的压力表，其中至少一只要装在试压容器上。压力表装设位置便于观察，并避免受到直接辐射热和震动的影响。

④ 选用压力表的最大量程，取试验压力 P_T 的 1.5~3 倍，最好取为 2 倍。压力表盘直径不得小于 100mm。

⑤ 选用压力表要有精度要求，低压容器（$P<1.6$MPa）不低于 2.5 级，中压及中压以上（$P\geqslant 1.6$MPa）的容器、压力表精度不低于 1.5 级。

⑥ 压力表必须定期校验，每年至少一次。校验、维护及使用压力表都应符合国家计量部门规定，校验合格的压力表应铅封。对刻度不清，玻璃破裂，泄压后指针不回零位，未经校验合格及未铅封的压力表均不准使用。在试验过程中，如发现两个压力表均指针失灵，必须立即停泵检查。更换压力表时，必须先卸压或者关闭压力表管路上的闸阀。

⑦ 压力试验用的管路，由于经常使用变换位置造成随意地无规则变形，其使用寿命难以估计。故应对其经常检验，如发现裂痕或影响安全使用的其他现象，应及时更换。

⑧ 压力实验时，禁止与压力试验无关的人员进入场地。在升压过程中和试验压力 P_T 值保压期间，严禁敲击容器，一切人员都不得在可能出现螺栓断裂和密封垫被击穿的正前方向等不安全的地方停留。

⑨ 在压力试验过程中，如果发现泄漏、压力指针下降（注意并非都是泄漏所引起），有异常响声以及出现其他影响压力试验安全进行的现象或征兆，都必须立即停泵。

⑩ 试验期间的任何一次检查，必须在压力稳定后（一般 3~10min）进行，若需返修补焊、排除密封部位泄漏，以及试压合格的拆卸工作，都必须在完全卸掉压力、压力表指针回零位达 5min 后进行。严禁在容器带压情况下焊补或其他作业。

⑪ 压力试验和致密性试验须接受安全员的检查和监督，新产品和特殊产品的压力试验应经安技处审查后施行。

压力试验除应遵守以上安全技术规定外，还须同时遵守其他安全操作的规定。

7.5 板壳式换热器制造过程质量验收检验大纲

7.5.1 总则

（1）内容和适用范围：

① 本大纲主要规定了采购单位（或使用单位）应对板壳式换热器制造过程进行质量验收检验基本内容及要求，也可作为委托驻厂监造的依据。

② 本大纲适用于石油化工工业使用的板壳式换热器。

（2）主要编制依据：

① 板壳式换热器设计文件、采购“技术协议”；

② 相关标准等。

7.5.2 原材料

① 壳体的主要钢种为 321、316L、16MnR、2.25Cr1Mo；板片的主要钢种 321、316L、TA2、2205。

② 依据采购“技术协议”审核主体材料（含焊材）质量证明书，材料牌号及规格、锻件级别、数量及供货商等应与采购“技术协议”规定一致。

③ 主体材料应进行外观、热处理状态、材料标记检查。

④ 筒体、封头、设备法兰、人孔法兰及盖、进出口法兰及盖、法兰接管等主要承压件的化学成分、回火脆性敏感系数、常温力学性能、高温力学性能、夏比冲击试验、晶粒度及非金属夹杂物（指锻件）、硬度、回火脆化倾向评定、晶间腐蚀试验、无损检验结果及取样部位、试样数量、模拟热处理状态应与采购“技术协议”规定一致。材料复验应按“压力容器安全技术监察规程”和采购“技术协议”规定。

⑤ 板片化学成分、力学性能、晶间腐蚀试验、热处理状态应与采购“技术协议”规定一致。

⑥ 波纹管材料牌号及规格、化学成分、力学性能应与采购“技术协议”规定一致。

⑦ 主螺栓、主螺母、支座等材料检验应与采购“技术协议”规定一致。

⑧ ≥50 棒料加工的螺栓粗加工后应进行超声波检验，并按采购“技术协议”验收。

⑨ 壳体焊接材料和不锈钢堆焊材料检验应与采购“技术协议”采购规定一致。

⑩ 凡在制造过程中改变热处理状态的主体材料，应重新进行性能热处理，其力学性能结果应符合母材的相关规定。

7.5.3 焊接

① 焊工作业必须持有相应类别的有效焊接资格证书。

② 制造厂应在产品施焊前，根据施工图样、采购“技术协议”及 NB/T 47014—2011 的规定完成焊接工艺评定。

③ 焊接工艺评定至少覆盖主体材料焊接接头、堆焊接头、异种钢焊接接头、板束材料焊接接头。

④ 焊接工艺评定报告应按采购“技术协议”规定报相关单位确认。

⑤ 焊接作业应严格遵守焊接工艺纪律。

⑥ Cr-Mo 钢焊前应预热，焊后应及时消氢或消应力处理。

⑦ 焊接返修次数不得超过采购“技术协议”规定，所有的返修均应有返修工艺评定支持。

⑧ 焊缝检查：

a. Cr-Mo 钢承压焊缝熔敷金属应进行化学成分检查，取样数量及分析结果按采购“技术协议”验收。

b. 承压焊缝（含热影响区、母材）最终热处理后的硬度检测按采购“技术协议”规定。

c. 接管角焊缝应尽量在平焊位置进行焊接，并应检查焊角高度及圆滑过渡情况。

d. 焊缝外观不允许存在咬边、裂纹、气孔、弧坑、夹渣、飞溅等缺陷。

e. 板束部件中板管长边的焊接、板管组叠、镶块与板管端部的焊接、镶块与板管长边的焊接、镶块与压紧板的焊接、板管端部的焊接、上下板管与压紧板的焊接等应符合施工图样和焊接工艺规定，并应连续焊接，无烧穿、虚焊等缺陷。

f. 板管长边部位焊接方式应为电阻焊和氩弧焊，板束其余部位应为氩弧焊。

g. 堆焊层应进行化学成分分析，取样部位、数量按采购“技术协议”验收。

h. 堆焊层应进行铁素体数测定。测试方法、取样部位、数量按采购“技术协议”验收。

i. 膨胀节波纹管应整体成型，不允许存在环焊缝，且纵缝只允许有一条。

j. 法兰密封面堆焊层应进行硬度检查，按采购“技术协议”验收。

7.5.4 无损检验

① 无损检验人员应持有相应类（级）别的有效资格证书。

② 承压锻件粗加工后的超声波检查，按采购“技术协议”规定验收。

③ 承压锻件精加工后的磁粉或渗透检查，按采购“技术协议”规定验收。

④ 壳体板材应按标准要求进行超声波检查，按采购“技术协议”规定验收。

⑤ 承压焊缝的无损检验：

a. 壳体 A、B、D 类焊缝的探伤方法、探伤比例、验收级别应符合采购“技术协议”规定。

b. Cr-Mo 钢 A、B 类焊缝焊后应进行 100%射线检查，按 NB/T 47013.2—2015 Ⅱ级验收。

c. Cr-Mo 钢 A、B 类焊缝焊后、热处理后、水压试验后应进行 100%超声波检查，按 NB/T 47013.3—2015 Ⅰ级验收。

d. Cr-Mo 钢 A、B、D 类焊缝焊后、热处理后、水压试验后应进行 100%磁粉检查，按 NB/T 47013.4—2015 Ⅰ级验收。

e. 其他钢种探伤方法、探伤比例、验收级别应符合采购“技术协议”规定。其中，8~38mm 的壳体 A、B 类焊缝焊后还应进行 20%超声波检查，按 NB/T 47013.3—2015 Ⅰ级验收。

⑥ 壳体与支座的连接接头及支座筒体焊接接头，其探伤方法、探伤比例、验收级别应符合采购“技术协议”规定。

⑦ 壳体与裙座连接的堆焊段及接头、裙座上 Cr-Mo 钢接头、Cr-Mo 钢与碳钢连接接头和碳钢接头焊后、热处理后、水压试验后应进行无损检查，其检测方法、检测比例、验收级别应符合采购“技术协议”的规定。

⑧ 波纹管纵缝应进行 100%射线检查，按 GB/T 3323.1—2019 Ⅱ级验收。

⑨ 膨胀节所有焊缝应进行 100%渗透检查，按 NB/T 47013.5—2015 Ⅰ级验收。

⑩ 板束镶块与板管、镶块与侧板、压紧板与侧板所有焊缝应进行 100%渗透检查，按 NB/T 47013.5—2015 Ⅰ级验收。

⑪ 不锈钢堆焊层应进行 100%渗透检查，按 NB/T 47013.5—2015 Ⅰ级验收。

7.5.5 尺寸检查

① 筒体机加工后或校圆后应进行几何形状及尺寸检查。

② 封头冲压后应进行几何形状及尺寸检查。

③ 接管加工后应进行尺寸检查。

④ 所有堆焊层厚度应进行检查。

⑤ 整体尺寸、管口方位及伸出高度应进行检查。

⑥ 板束部件：

a. 板片压制后的波纹深度及板片尺寸应进行检查；

b. 板片压制后不应改变原材料金相组织，外观应无划痕和压痕；

c. 板束与下壳体组装应使板束滑道跨中并正对下方承重，组装方位按施工图样；

d. 旁路挡板镶块不得与板片焊接；

e. 支撑板、支持板、侧板与板束的垂直度；

f. 板束制造、检验与验收应按有关采购“技术协议”，对镶块高出板片尺寸、低于板束端缝尺寸、镶块与板管的间隙应严格控制。

⑦ 膨胀节几何形状与尺寸应进行检查。

⑧ 膨胀节与接管、壳体、板束同心度应进行检查。

⑨ 分配器的分布板及分布管尺寸应符合施工图样要求，分布孔不得有毛刺或其他堵塞物。

7.5.6 热处理及试板

① 母材热处理：

a. 筒体热成形、封头热成形后应进行性能热处理并带母材试板；

b. 波纹管成形热处理按有关标准及采购“技术协议”规定。

② Cr-Mo 钢焊后的中间热处理和消氢热处理按采购“技术协议”规定执行。

③ 最终热处理前检查：

a. 所有的焊接件和预焊件应焊接完成；

b. 应进行内、外表面外观检查，工装焊接件应全部清除干净；

c. 母材试板、焊接试板应齐全；

d. 产品最终热处理前的各项检验应已完成。

④ 最终热处理：

热电偶的数量、布置及固定、热处理温度及保温时间等应按采购“技术协议”规定，主体焊缝应逐条记录中间热处理和最终热处理的次数、保温温度、保温时间及升降温速度。

⑤ 试板：

a. 母材试板的机械性能应符合采购“技术协议”的规定；

b. 焊接试板的数量、检验项目、机械性能结果应符合采购“技术协议”和NB/T 47016—2011的规定。

7.5.7 压力试验及包装发运

① 板程、壳程水压试验压力、保压时间、水温、氯离子含量等应按施工图样和采购“技术协议”规定。

② 壳程气密试验压力、保压时间、验收按相应标准规定。

③ 壳程、单个板管、板束叠装完成后应进行氨渗漏试验，其试验压力、介质浓度、保压时间、验收按相应标准规定。

④ 板束叠装完成后应进行气密试验，其试验次数、试验压力、保压时间、验收按相应标准规定。

⑤ 膨胀节组焊前应进行水压试验，其试验压力、保压时间、水温、氯离子含量等应符合施工图样和采购“技术协议”规定。

⑥ 设备整体水压试验后应进行干燥处理。

⑦ 壳体外表面应喷砂除锈，达到GB/T 8923.1—2011中sa2.5级的规定。

⑧ 壳体外表面油漆应符合采购“技术协议”和施工图样规定。

⑨ 不锈钢壳体表面酸洗钝化应符合采购“技术协议”和施工图样规定。

⑩ 所有接管至少应用防水材料遮盖密封。

⑪ 装箱前实物检查应与清单一致。

⑫ 壳体内应充氮保护，压力按采购“技术协议”或施工图样规定。

7.5.8 其他要求

① 材料代用及图纸变更应取得业主或工程设计单位的书面同意。

② 主体承压锻件补焊应征得业主的书面同意。

第8章

化工设备控制

8.1 概述

生产过程自动化是指在石油、化工、电力、冶金、轻工、纺织、建材、医药、食品等工业中以连续性物流为主要特征的生产过程的自动控制，主要解决生产过程中的温度、压力、流量、液位（或物位）、成分（或物性）等过程参数的在线自动检测和控制问题。利用在生产设备、装置或管道上配置的自动化装置，部分或全部地替代现场工作人员的手动操作，使生产过程能在不同程度上自动地进行。这种用自动化装置来控制运转连续或间歇生产过程的综合性技术就称为生产过程自动化，简称为过程控制。生产过程自动化是一门综合性的技术科学，涉及自动控制技术、检测技术、计算机技术以及生产工艺原理等相关知识。

（1）生产工艺对控制的要求

工业生产对控制的要求是多方面的，随着工业技术的不断进步，生产工艺对控制的要求 也越来越高，在目前发展阶段，主要归纳为安全性、稳定性、经济性 3 个方面要求。

安全性：是指整个生产运行过程中，能够及时预测、监控和防止发生事故，以确保生产设备和操作人员的安全，这是最重要、最基本的要求。为此，必须采用自动检测、故障诊断、越限报警、联锁保护以及容错技术等措施加以保证。

稳定性：是指当工业生产环境发生变化或受到随机因素的干扰或影响时，生产过程仍能连续地平稳运行，并保持产品质量稳定。生产过程中采用的各类控制系统主要是针对各种干扰而设计的，它们对生产过程的平稳运行起着关键性的作用。

经济性：是指在保证生产安全和产品质量的前提下，以最小的投资、最低的能耗和成本，使生产装置在高效率运行中获取最大的经济效益。

目前，生产过程全局的最优化、环境保护，特别是资源的综合利用，随着市场经济发展 竞争的日益加剧，对过程控制提出了一些新的高标准要求。

过程控制的任务是在了解、掌握工艺流程和生产过程的各种特性的基础上，根据工艺生 产提出的要求，应用控制理论对控制系统进行分析、设计和综合，并采用相应的自动化装置 和适宜的控制手段加以实现，最终实现优质、高产、低耗的控制目标。

（2）过程控制系统的组成

过程控制系统通常是指工业生产过程中自动化系统的被控变量如温度、压力、流量、物 位、重量、尺寸、速度、成分等一些过程变量的系统，常规的过程控制系统流程示意图如图 8-1 所示。

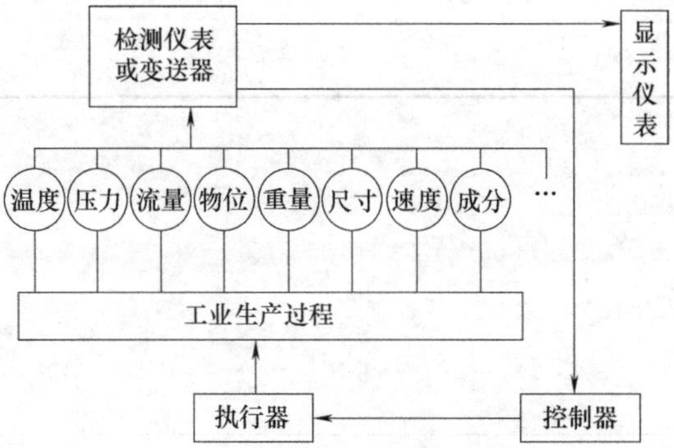

图 8-1 过程控制系统流程示意图

在个人计算机还没有与工业自动化系统紧密结合的年代里，工业流程中发生的所有问题都是由训练有素且富有经验的操作员来检查和处理的。存在的问题是生产运行效率不高。计算机技术的产生与发展不仅催生了信息技术和网络技术，还推动了自动化技术的飞速发展。目前，以网络集成化系统为基础的企业信息管理系统广泛应用于各个工业现场。典型的工业自动化系统一般由以下几部分组成：物理系统、传感器、设备驱动、数据输入/输出（I/O）、计算机主机、网络服务器和远程计算机。

（3）控制系统分类

① 按给定值的特点划分。

定值控制系统　定值控制系统的给定值是恒定不变的，因此称为“定值”，是生产过程控制中最常见的。

随动控制系统　随动控制系统的给定值是一个不断变化的信号，也就是说给定值的变化是随机的。这类系统的主要任务是使被控变量能够迅速地、准确无误地跟踪给定值的变化，因此这类系统又称为自动跟踪系统，多见于复杂控制系统中。

程序控制系统　程序控制系统的给定值是一个不断变化的信号，但这种变化是一个已知的时间函数，即给定值按一定的时间程序变化。

② 控制系统输出信号对操纵变量影响划分。

闭环控制　在闭环控制系统中，系统输出信号的改变会返回影响操纵变量，所以操纵变量不是独立的力量，它依赖于输出变量。闭环控制系统的最常见形式是负反馈控制系统。

开环控制　开环控制系统的操纵变量不受系统输出信号的影响。人工控制即为开环控制系统。

③ 按系统的复杂程度划分。

简单控制系统　一般称图 8-2 所示的控制系统为简单控制系统，简单控制系统方框图如图 8-3 所示（本章的图中符号说明：TC 为温度控制器；TT 为温度检测变送装置；FC 为流量控制器；FT 为流量检测变送装置；PC 为压力控制器；LC 为液位控制器）。这类控制系统只有一个简单的反馈回路。

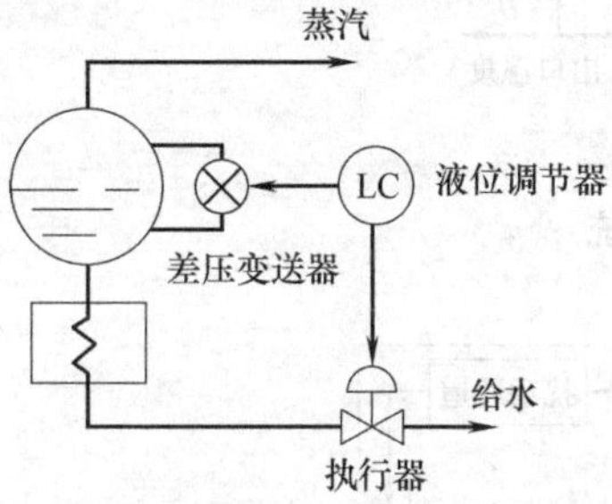

图 8-2　锅炉水位单回路控制系统

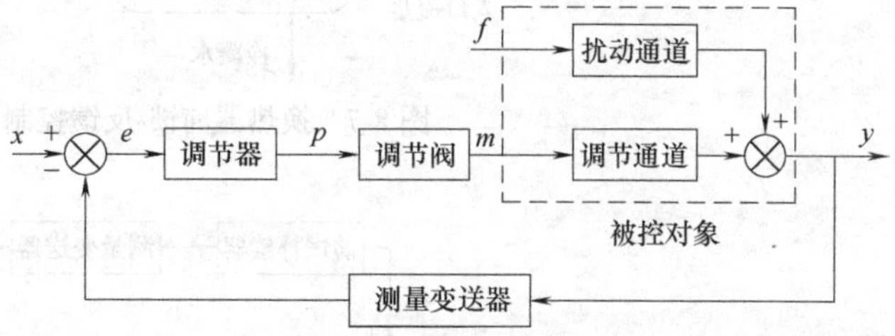

图 8-3　反馈控制系统方框图

复杂控制系统　包含多个调节器、检测变送器或执行器，从而形成系统中存在有多个回路或者在系统中存在有多个输入信号和多个输出信号。如图 8-4、图 8-5，是具有两个反馈回路的控制系统，工程上又称为串级控制系统。

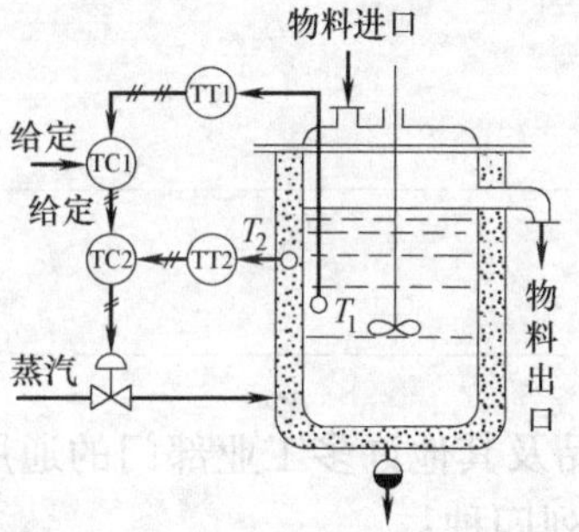

图 8-4　夹套式反应器温度控制系统

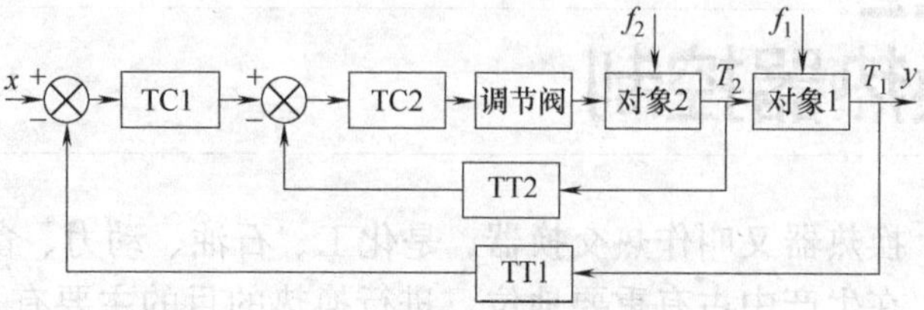

图 8-5　串级控制系统方框图

④ 按系统克服干扰的方法划分。

反馈控制系统　如图 8-3 所示，当干扰 f 使系统的被控变量发生改变时，被控变量反馈至系统输入端与给定值相比较得到偏差信号，经调节器及调节阀影响操纵变量以减弱或消除被控变量的变化。

前馈控制系统　如图 8-6 所示。当干扰 f 引起被控对象的输出 y_2 改变时，控制系统测得干扰信号的大小，并输入前馈补偿器（或称前馈控制器），由前馈补偿器的输出去控制操纵变量 m，引起被控对象输出 y_1 的改变，并且 y_1 与 y_2 的方向相反由此减弱或消除被控变量 y 受干扰影响而产生的变化。当前馈完全补偿时，有 $y=y_1+y_2=0$。

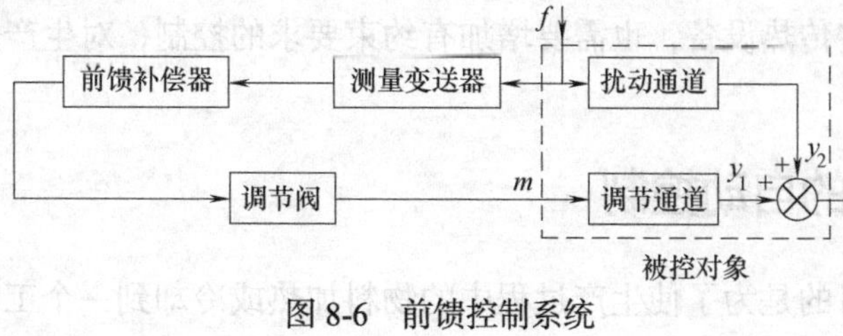

图 8-6　前馈控制系统

前馈-反馈控制系统　当以上两种控制系统复合在一起时，就构成前馈-反馈控制系统，如图 8-7 和图 8-8 所示。

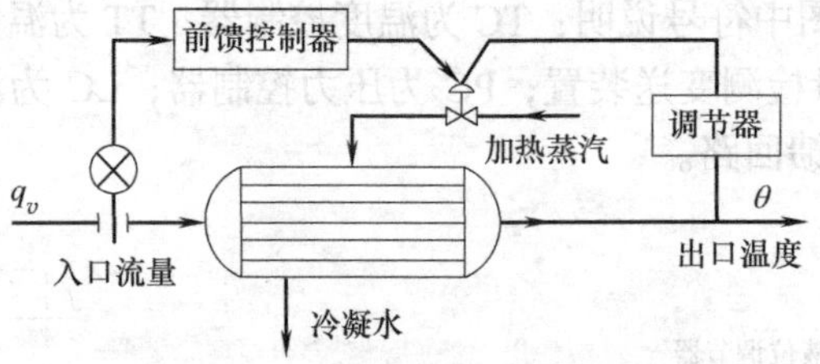

图 8-7　换热器前馈-反馈控制系统

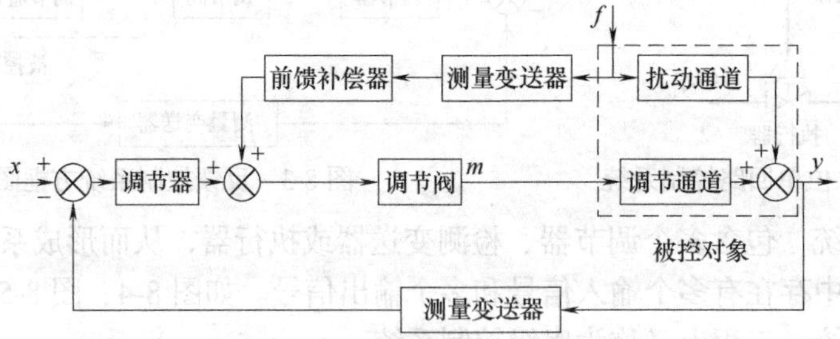

图 8-8　前馈-反馈控制系统方框图

8.2 换热器控制

换热器又叫作热交换器，是化工、石油、动力、食品及其他许多工业部门的通用设备，在生产中占有重要地位。进行换热的目的主要有下列四种：

① 使工艺介质到达规定的温度，以使化学反应或其他工艺过程很好地进行；

② 生产过程中加入吸收的热量或除去放出的热量，使工艺过程能在规定的温度范围内进行；

③ 某些工艺过程需要改变相态；

④ 回收热量。

由于换热目的的差别，其被控变量也不完全一样。在大多数情况下，被控变量是温度，为了使被加热的工艺介质到达规定的温度，常常取出口温度为被控温度、调节加热蒸汽量使工艺介质出口温度恒定。对于不同的工艺要求，被控变量也可以是流量、压力、液位等。

根据传热设备的传热目的，传热设备的控制主要是热量平衡的控制，一般取温度作为被控参数。对于某些传热设备，也需要增加有约束要求的控制，对生产过程和设备的安全起到保护作用。

8.2.1 换热器的自动控制

换热器操作的目的是为了使生产过程中的物料加热或冷却到一个工艺要求的温度，自动控制的目的就是要通过改变换热器的热负荷以保证物料在换热器出口温度在工艺要求范围内稳定在给定值上。当换热器两侧流体在传热过程中均无相变化时，一般采用下列几种控制方案。

（1）控制载热体的流量

这个控制方案的控制流程如图 8-9 所示，从传热的基本方程式和传热的速率方程式能说明这种控制方案的可行性。如果不考虑传热过程中的热量损失，则热流体失去的热量应该等于冷流体获得的热量，可写出下列热量平衡方程式

$$Q = G_1c_1(T_1 - T_2) = G_2c_2(t_1 - t_2) \tag{8-1}$$

式中 Q——单位时间内传递的热量；

G_1，G_2——分别为载热体和冷流体的流量；

c_1，c_2——分别为载热体和冷流体的比热容；

T_1，T_2——分别为载热体入口和出口温度；

t_1，t_2——分别为冷流体入口和出口温度。

同时，传热过程中的传热速率可按下列公式计算

$$Q = KF\Delta t_m \tag{8-2}$$

式中，K 为传热系数；F 为传热面积；Δt_m 为两流体间的平均温度。

由于冷、热流体间的传热既符合热量平衡方程式，又符合传热速率方程式，因此有下列关系式

$$G_2c_2(t_1 - t_2) = KF\Delta t_m \tag{8-3}$$

可改写为

$$t_2 = KF\Delta t_m / G_2c_2 + t_1 \tag{8-4}$$

从式（8-4）可以判断出，在传热面积 F、冷流体进口流量 G_2、温度 t_1 及比热容 c_2 一定的情况下，影响冷流体出口温度 t_2 的主要因素是传热系数 K 及平均温差 Δt_m。控制载热体流量实质上是改变了总热量。假设由于某种原因使 t_2 升高，控制器将会使阀门关小以减少载热体的流量 G_1，从传热速率方程可以看出 K、Δt_m 会同时减小，而使冷流体 G_2 的出口温度 t_2 也下降回到给定值的控制要求。

控制载热体流量是换热器操作中应用最为普遍的一种控制方案，多适用于载热体流量变化对温度影响较灵敏的场合。

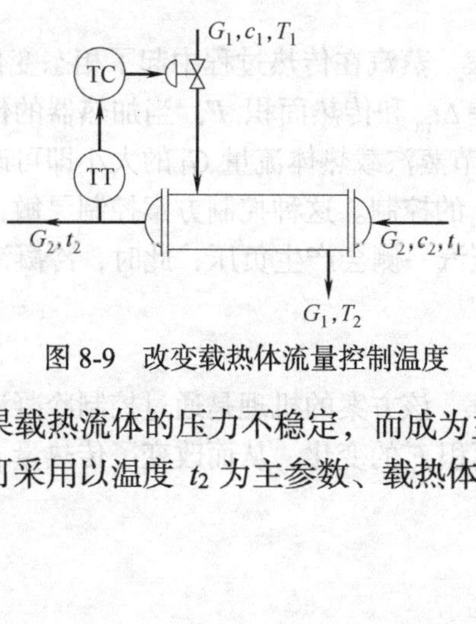

图 8-9 改变载热体流量控制温度

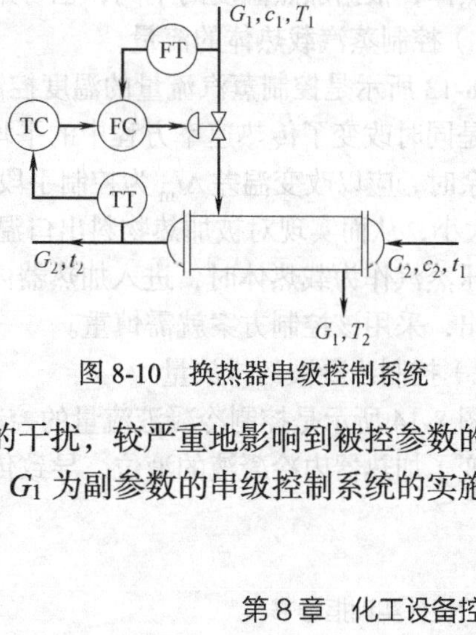

图 8-10 换热器串级控制系统

如果载热流体的压力不稳定，而成为主要的干扰，较严重地影响到被控参数的控制精度时，可采用以温度 t_2 为主参数、载热体流量 G_1 为副参数的串级控制系统的实施控制方

案，力求达到工艺操作的要求。如图 8-10 所示。

（2）控制载热流体的旁路

当载热体是工艺物料，其流量不允许节流时，可采用如图 8-11 所示的控制方案。这种方案的控制机理与前一种方案相同，也是得用改变温差 Δt_m 和 K 的手段来达到控制温度 t_2 的目的。方案中采用三通控制阀来改变进入换热器的载热体流量及其旁路流量的比例，这样既可控制进入换热器的载热体的流量，又可保证载热体总流量不受影响。这种控制方案在载热体为工艺物料时是极为常见的。

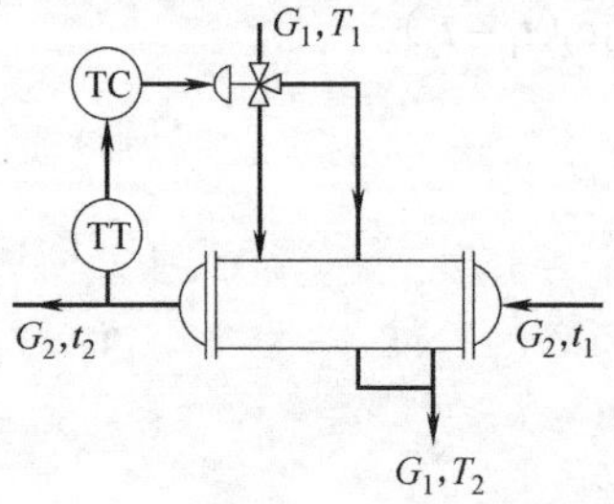

图 8-11　载热体旁路控制方案

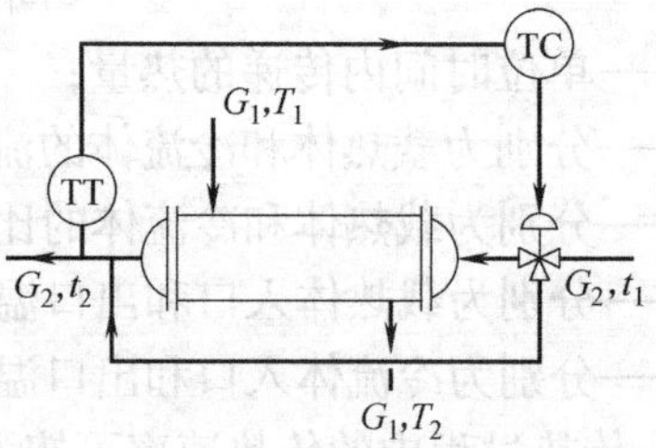

图 8-12　被加热流体旁路控制方案

（3）控制被加热流体流量的旁路

如图 8-12 所示为被加热流体流量旁路控制方案，其中一部分工艺物料经换热器，另一部分走旁路。这种方案从控制机理来看，实际上是一个混合过程，所以反应迅速及时，适用于物料停留在换热器里的时间较长的操作。但需要注意的是，换热器必须要有富余的传热面积，而且载热体流量一直处于高负荷下，该方案在采用专门的载热体时是不经济的。然而对于某些热量回收系统，载热体是工艺物料，总量本不宜控制，这时便不成为缺点了。

上述这三种控制方案都是换热器生产过程中常见的方案，在实际应用过程中一定要对工艺生产的要求和操作条件进行深入分析，从而选择出较合理的一种控制方案，满足生产过程的要求。

8.2.2　蒸汽加热器的自动控制

蒸汽加热器的载热体是蒸汽，通过蒸汽冷凝释放热量来加热物料，水蒸气是最常用的一种载热体，根据加热温度的不同，也可采用其他介质的蒸气作为载热体。

（1）控制蒸汽载热体的流量

图 8-13 所示是控制蒸汽流量的温度控制方案。蒸汽在传热过程中起了相态变化，其传热机理是同时改变了传热速率方程中的平均温差 Δt_m 和传热面积 F。当加热器的传热面积没有富余时，应以改变温差 Δt_m 为控制手段，调节蒸汽载热体流量 G_1 的大小即可改变温差 Δt_m 的大小，从而实现对被加热物料出口温度 t_2 的控制。这种控制方案控制灵敏，但是当采用低压蒸汽作为载热体时，进入加热器内的蒸汽一侧会产生负压，此时，冷凝液将不能连续排出，采用该控制方案就需慎重。

（2）控制冷凝液的排放量

如图 8-14 所示是控制冷凝液流量的控制方案。该方案的机理是通过控制冷凝液的排放量，改变了加热器内冷凝液的液位，导致传热面积 F 的变化，从而改变了传热量 Q，以达到对被加热物料出口温度的控制。这种控制方案有利于冷凝液的排放，传热变化比较平缓，可防止局部过热，有利于热敏介质的控制。此外该方案的排放阀的口径也小于蒸汽阀的，但这种改变传热面积的控制方案的动作比较迟钝。

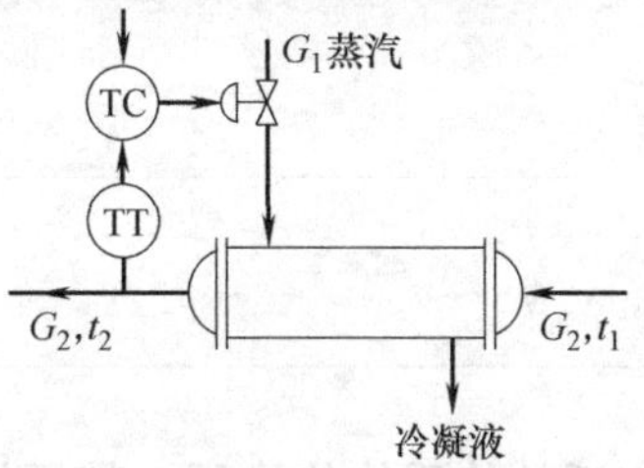

图 8-13　控制蒸汽流量的方案

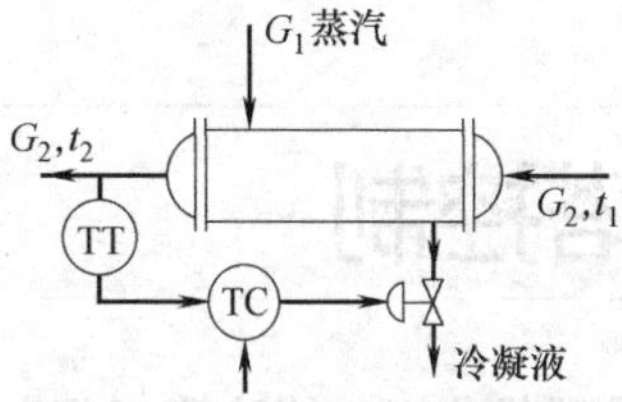

图 8-14　控制冷凝液排放的方案

8.2.3　冷却器的自动控制

冷却器的载热体是冷却剂，工业生产过程中常常采用液态氨等介质作为制冷剂，利用它们在冷却器内蒸发时吸收工艺物料的大量热量，使工艺物料的出口温度下降来达到生产工艺的要求。工业用冷却器的一般控制方案有以下几种。

（1）控制冷却剂的流量

图 8-15 所示为氨冷却器控制冷却剂流量的控制方案，其机理也是通过改变传热速率方程中的传热面积 F 来实现的。该方案控制平稳，冷量利用充分，且对压缩机入口压力无影响。但这种方案控制不够灵活，另外蒸发空间不能得到保证，易引起气氨的带液现象而损坏压缩机。为此可采用如图 8-16 所示的物料出口温度与液位的串级控制系统，或如图 8-17 所示的选择性控制系统。

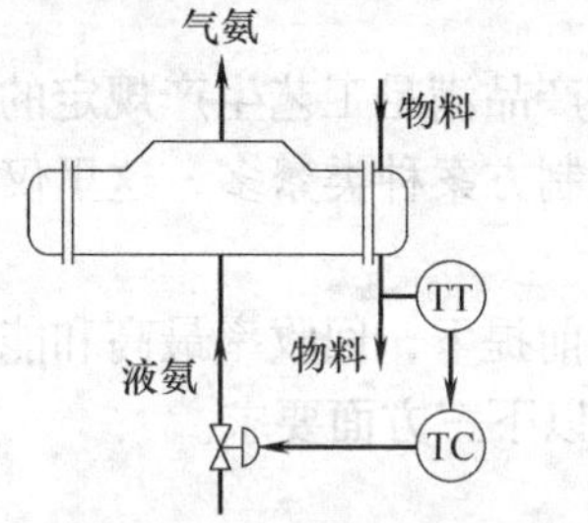

图 8-15　控制冷却剂流量的方案

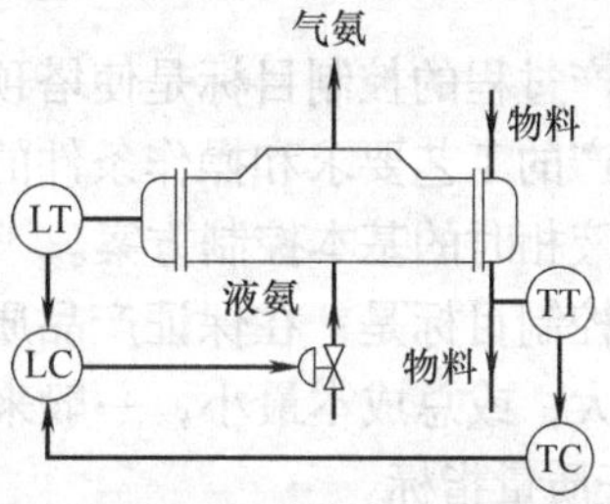

图 8-16　温度-液位串级控制方案

（2）控制气氨排量

如图 8-18 所示为氨冷却器控制气氨排量的控制方案，其机理是通过改变传热速率方程

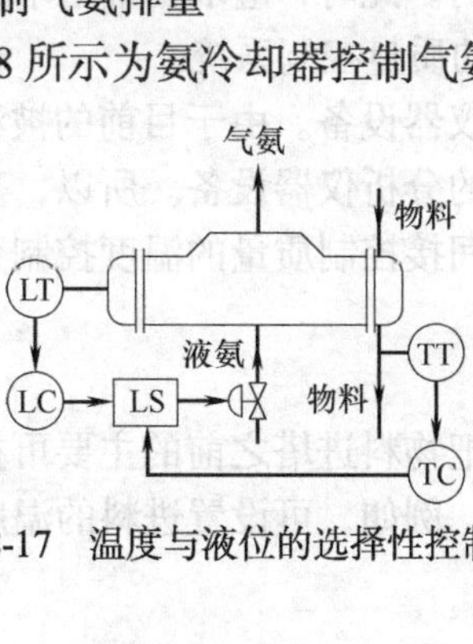

图 8-17　温度与液位的选择性控制方案

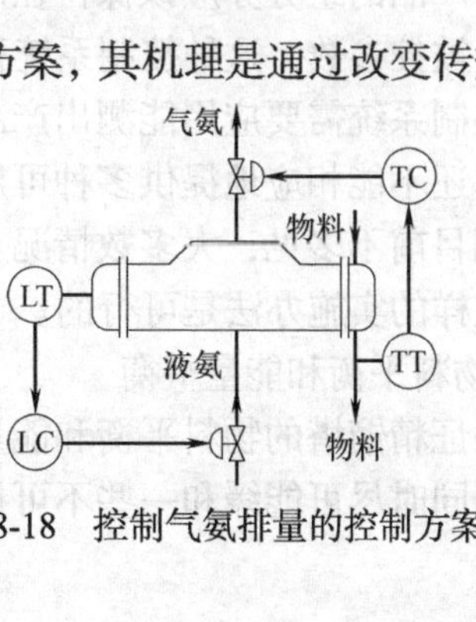

图 8-18　控制气氨排量的控制方案

中的平均温差来控制工艺物料的出口温度。采用这种方案时，控制灵敏迅速，但制冷系统必须许可压缩机入口压力的波动，另外冷量利用不充分。为确保系统的安全运行，还需要设置一个液位控制系统，防止液态氨进入气氨管路而导致压缩机损坏。

8.3 精馏塔控制

精馏是现代化工、炼油等工业生产中应用极为广泛的传质传热过程，其目的是将混合物中各组分分离，达到规定的纯度。精馏过程的实质就是利用混合物各组分具有不同的挥发度，使液相中的轻组分转移到气相中，而气相中的重组分转移到液相中，从而实现分离的目的。

一般精馏装置由精馏塔塔身、冷凝器、回流罐以及再沸器等设备组成，在实际生产过程中，精馏操作可分为间歇精馏和连续精馏两种，工业生产主要采用连续精馏。精馏塔是精馏过程的关键设备，它是一个非常复杂的对象。在精馏操作中，被控参数多，可以选择的控制参数也多，它们之间又可以有各种不同的组合，所以控制方案繁多。由于精馏塔对象的控制通道很多，反应缓慢，内在机理复杂，参数之间相互关联，加上工艺生产对控制要求又较高，因此在确定控制方案前必须深入分析工艺特性，总结实践经验，结合具体情况，才能设计出合理的控制方案。

8.3.1 精馏塔的控制目标

精馏塔生产过程的控制目标是使塔顶和塔底的产品满足工艺生产规定的质量要求。精馏塔由于其生产的工艺要求和操作条件的不同，控制方案种类繁多，这里仅讨论常见的塔顶和塔底均为液相时的基本控制方案。

精馏塔的控制目标是：在保证产品质量合格的前提下，回收率最高和能耗最低，或使塔的总收益最大，或总成本最小，一般来讲应满足以下三方面要求。

（1）保证质量指标

在精馏塔的生产过程中，一般应当使塔顶或塔底产品中的一个产品符合工艺要求的纯度，另一个产品的组分亦应该保持在规定的范围之内。此时，应取精馏塔塔顶或塔底的产品质量作为被控参数，这种控制系统称之为精馏塔的质量控制系统。

质量控制系统需要应用能测出产品组分的分析仪器设备。由于目前的被测物料种类繁多，市场上还不能相应地提供多种可用于实时测量的分析仪器设备。所以，直接的质量控制系统应用目前不多见，大多数情况下，是采用能间接控制质量的温度控制系统来代替，实践证明这样的实施办法是可行的。

（2）物料平衡和能量平衡

为了保证精馏塔的物料平衡和能量平衡，必须把物料进塔之前的主要可控干扰尽可能预先克服，同时尽可能缓和一些不可控的主要干扰。例如，可设置进料的温度控制、加热剂和冷却剂的压力控制、进料量的均匀控制系统等。为了维持塔的物料平衡，必须控制塔顶馏出液和釜底采出量，使它们之和等于进料量，而且两个采出量变化要缓慢，以保证精馏塔操作平稳。塔内的持液量应保持在规定的范围内波动，控制好塔内的压力稳定，对精馏塔的物料平衡和能量平衡是十分必要的。

（3）约束条件

为确保精馏塔的正常、安全运行，操作时必须使某些操作参数限制在约束条件之内。常用的精馏塔限制条件为液泛限、漏液限、压力限和临界温差限等。液泛限又称气相速度限，即塔内气相速度过高时，雾沫夹带现象十分严重，实际上是液相从下面塔板倒流到上面塔板，产生液泛会破坏塔的正常操作。漏液限又称为气相最小速度限，当气相速度小于某一值时，将产生塔板漏液现象，板效率下降。最好能在稍低于液泛的流速下操作。要防止液泛和漏液现象，可以通过塔压降或压差来监视气相速度。压力限是塔的操作压力的限制，一般设最大操作压力限，超限会影响塔内的气、液相平衡，严重超限甚至会影响安全生产。临界温差限主要是指再沸器两侧间的温差，当这一温差低于临界温差时，传热系数急剧下降，传热量也随之下降，就不能保证塔的正常传热的需要。

8.3.2 精馏塔的干扰因素

在精馏塔的操作过程中，如图 8-19 所示，影响其质量指标的主要干扰因素如下。

（1）进料流量 F 的波动

进料量 F 在很多情况下是不可控的，它的波动通常难以完全避免。如果一个精馏塔是位于整个工艺生产过程的起点，要使进料流量 F 恒定，可采用定值控制。然而，在多数情况下，精馏塔的处理量是由上一工序决定的。如果要使进料量恒定，势必需要设置很大的中间储存物料的容器。工艺生产上新的设计思想是尽量减小或取消中间储槽，而是在上一工序中采用液位均匀控制系统来控制出料量，以使进料流量 F 的波动不至于剧烈。

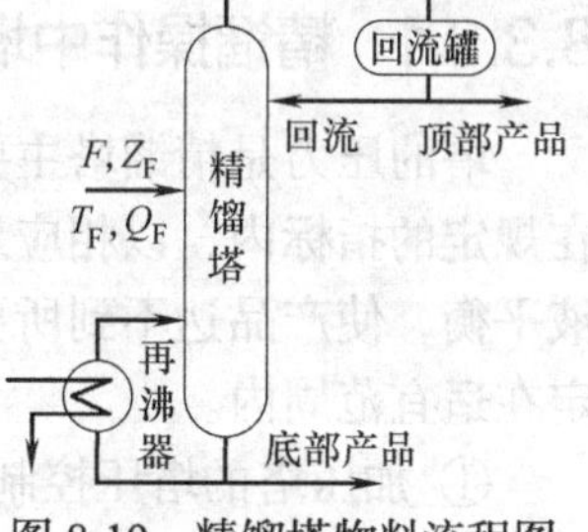

图 8-19　精馏塔物料流程图

（2）进料成分 Z_F 的变化

进料成分 Z_F 一般是不可控的，它的变化也是无法避免的，进料成分 Z_F 由上一工序或原料情况所确定。

（3）进料温度 Q_F 及进料热焓 Q_F 的变化

进料温度 Q_F 通常是比较恒定的，假如不恒定，可以先将进料进行预热，通过温度控制系统来使精馏塔的进料温度 Q_F 恒定。然而，在进料温度恒定时，只有当进料状态全部是气态或全部是液态时，进料热焓 Q_F 才能恒定。当进料量是气液混合状态时，则只有当气液两相的比例恒定时，进料热焓 Q_F 才能恒定。为了保持精馏塔进料热焓 Q_F 的恒定，必要时可通过热焓控制的方法来维持热焓 Q_F 的恒定。

（4）再沸器加入热量的变化

当加热剂是蒸汽时，加入热量的变化往往是由蒸汽压力的变化而引起的，可以通过在蒸汽总管设置压力控制系统来加以克服，或者在串级控制系统的副回路予以克服。

（5）冷凝器内热量的变化

冷却过程热量的变化会影响到回流量或回流温度，它的变化主要是由于冷却剂的压力或温度变化而引起的。一般情况冷却剂温度的变化较小，而压力的波动可采用克服加热剂压力变化的方法予以控制。

（6）环境温度的变化

一般情况下，环境温度变化的影响较小。但在采用风冷器作冷凝器时，则天气骤变与昼夜温差会对塔的操作影响较大，它会使回流量或回流温度发生改变。为此，可采用内回流控制的方法进行克服。内回流控制是指在精馏过程中，控制内回流量为恒定量或按某一规律变化的操作。

从上述的干扰分析可以得知，进料量 F 和进料成分 Z_F 的变化是精馏塔操作的主要干扰，而往往是不可控的。其余干扰一般比较小，而且往往是可控的，或者可以采用一些控制系统预先加以克服的。当然，有时并不一定，还需根据具体情况做具体分析。

8.3.3 精馏塔生产过程质量指标的选择

塔的作用是在同一个设备中进行质量和热量的交换，是石油化工装置非常重要的设备。塔的型式有板式塔（泡罩塔、浮阀塔、栅板塔等）、填料塔（高效填料、常规填料、散装填料、规整填料等）、空塔。塔由筒体和内件组成。

蒸馏塔由精馏段和提馏段组成，进料口以上是精馏段，进料口以下是提馏段。精馏塔的控制方案主要从塔压、塔釜温度、顶温、塔釜液面四个方面来说明。

8.3.3.1 精馏操作中塔压的控制调节方法

塔的压力是精馏塔主要的控制指标之一。任何一个精馏塔的操作，都应当把塔压控制在规定的指标内，以相应地调节其他参数。塔压波动过大，就会破坏全塔的物料平衡和气液平衡，使产品达不到所要求的质量。所以，许多精馏塔都有其具体的措施，确保塔压稳定在适宜范周内。

① 加压塔的塔压控制。加压塔是指操作压力大于大气压的精馏塔，其控制方案与塔顶馏出物的状态、不凝气体含量多少有密切关系，主要有以下三种调节方法：

a. 液相出料含大量不凝物。液相出料且馏出物中含有大量不凝物，控制方案如图 8-20（a）所示，检测点在回流罐上，调节阀安装在气相排出口的管线上。这种方案响应速度快，适用于塔顶气体流经冷凝器的阻力变化不大的场合，回流罐的压力可以间接代表塔顶压力，保持回流罐压力即满足塔顶压力恒定的要求。

当冷凝器阻力受到进料流量、加热蒸汽等扰动的影响发生变化时，回流罐压力不能代表塔顶压力，则可采用图 8-20（b）所示的控制方案，直接从塔顶取气相压力。

b. 液相出料含少量不凝物。液相出料馏出物中含有少量不凝物，其气相中不凝物气体含量小于塔顶气体总流量的 2%，此时控制塔压的操作变量不能单纯采用不凝物的排放量，而应采用分程控制方案，如图 8-21 所示。塔压控制器同时控制冷剂流量阀 V_1 和放空阀 V_2 两个阀门，一般情况下，通过改变传热量的方式控制塔顶压力保持恒定，即改变冷剂的流量，当传热量小于全部蒸汽冷凝所需的热量，蒸汽聚集使塔压升高时，打开放空阀 V_2，使塔

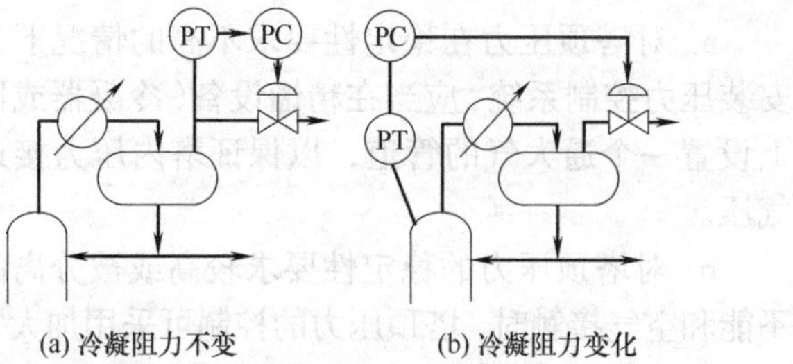

(a) 冷凝阻力不变　(b) 冷凝阻力变化

图 8-20　液相出料含大量不凝物

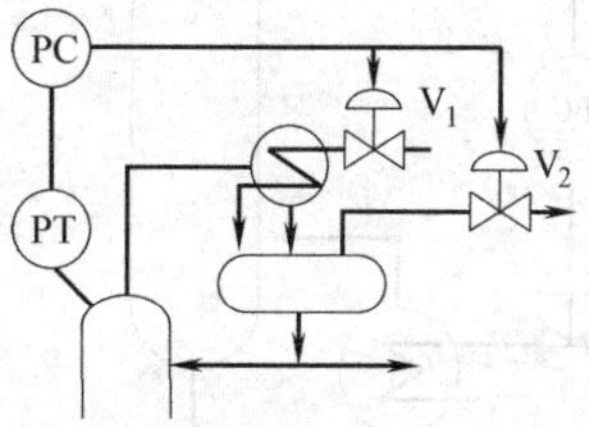

图 8-21　液相出料含少量不凝物

压恢复正常。

c. 液相出料含微量不凝物。液相出料馏出物中含有微量不凝物，或液相出料全部冷凝，此时可采用改变传热量的方式控制塔顶压力，如图 8-22 所示的三种控制方案。

图 8-22（a）所示系统通过改变冷剂流量的方式改变传热量，这种方法最节省冷却水量；图 8-22（b）所示系统按照压力改变传热面积的方式，即让冷凝液部分浸没冷凝器，动态响应差，系统迟钝；图 8-22（c）所示系统采用旁路法，实际是改变了气体进入冷凝器的推动力。当系统压力过高时，减小阀门开度，使冷凝器两端压差加大，使更多气相物料进入冷凝器冷凝，增加了传热速率，从而降低塔压。这种控制方案动态响应快，反应灵敏，在炼油厂得到广泛应用。

气相出料可按照压力控制气相采出量，以回流罐液位控制冷却水流量，从而改变传热量，保证足够的冷凝液作为回流，如图 8-23（a）所示。若气相出料要进入下一工序，则可采用图 8-23（b）所示的压力-流量均匀控制系统。

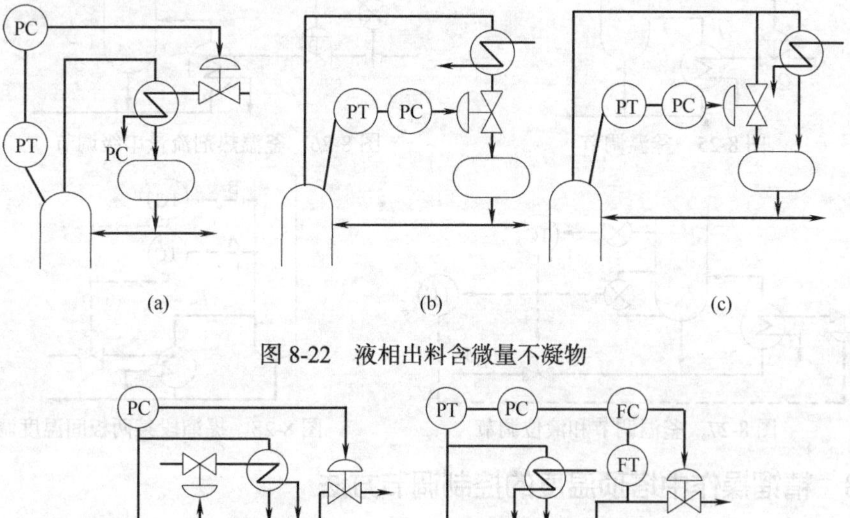

(a)　(b)　(c)

图 8-22　液相出料含微量不凝物

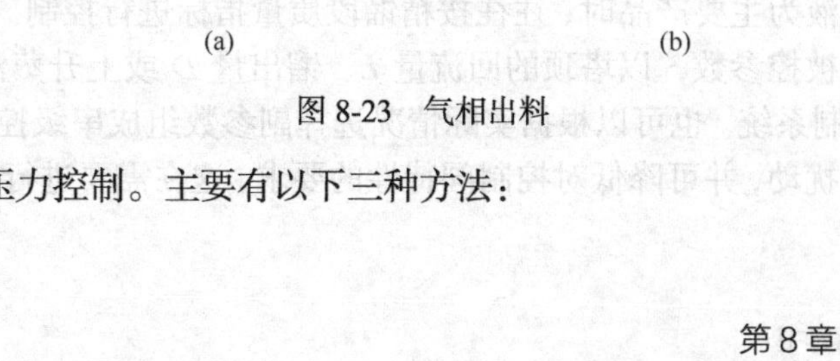

(a)　(b)

图 8-23　气相出料

② 常压塔的压力控制。主要有以下三种方法：

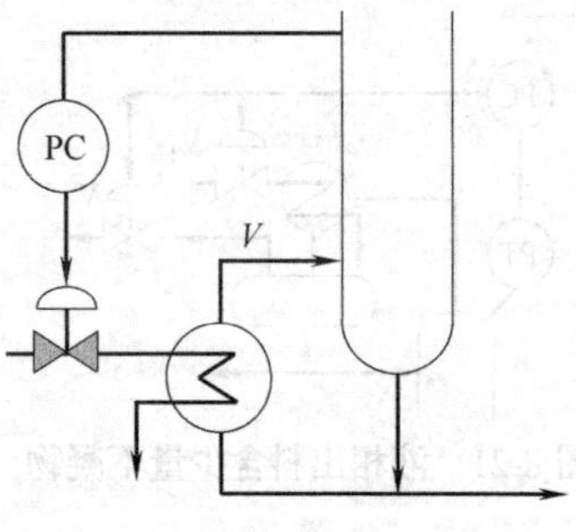

图 8-24　常压塔的塔釜控制

a. 对塔顶压力在稳定性要求不高的情况下，无需安装压力控制系统，应当在精馏设备（冷凝器或回流罐）上设置一个通大气的管道，以保证塔内压力接近于大气压。

b. 对塔顶压力的稳定性要求较高或被分离的物料不能和空气接触时，塔顶压力的控制可采用加大常压塔塔压的控制方法，如图 8-20 到图 8-23。

c. 用调节塔釜加热蒸汽量的方法来调节塔釜的气相压力，如图 8-24 所示。

8.3.3.2　精馏操作中塔釜温度的控制调节方法

塔釜温度是由釜压和物料组成决定的。精馏过程中，只有保持规定的塔釜温度，才能确保产品质量。因此塔釜温度是精馏操作中重要的控制指标之一。

当塔釜温度变化时，通常使用改变塔釜的加热蒸汽量，将塔釜温度调节至正常，见图 8-25、图 8-26。当塔釜温度低于规定值时，应加大蒸汽用量，以提高釜液的汽化量，使釜液中重组分的含量相对增加，泡点提高，塔釜温度提高。当塔釜温度高于规定值时，应减少蒸汽用量，以减少釜液的汽化量，使釜液中轻组分的含量相对增加，泡点降低，塔釜温度降低。其他的塔釜温度控制方法分别见图 8-27、图 8-28。

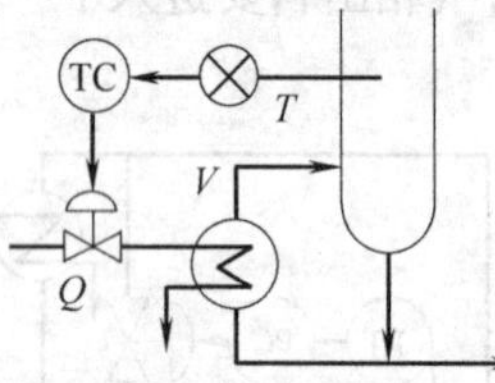

图 8-25　釜温调节

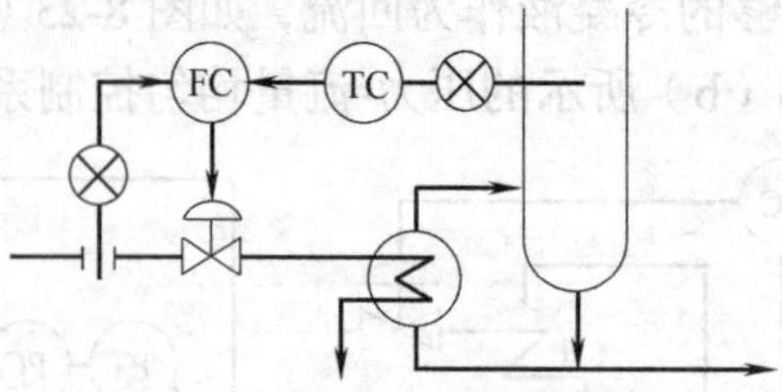

图 8-26　釜温热剂流量串级调节

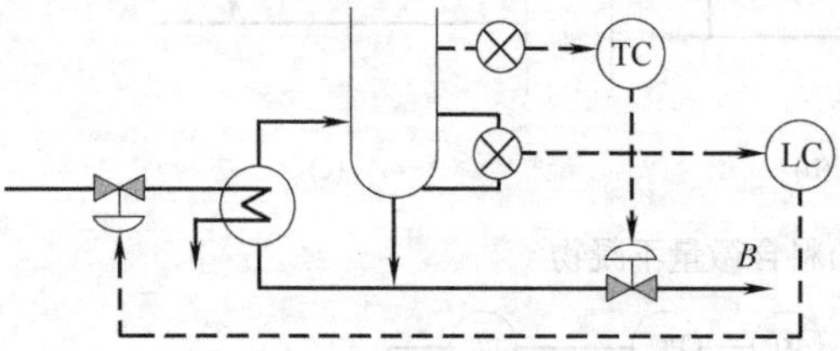

图 8-27　釜温调节和液位调节

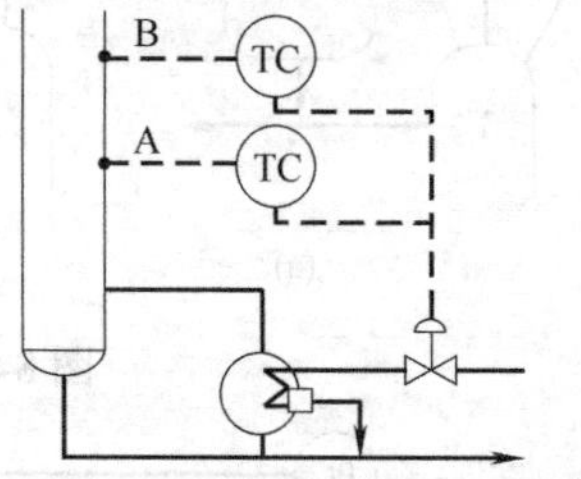

图 8-28　提馏段某两板间温度调节

8.3.3.3　精馏操作中塔顶温度的控制调节方法

塔顶温度是决定塔顶产品质量的重要因素。在塔压不变的前提下，顶温升高，塔顶产品中的重组分含量增加，质量下降。

当以塔顶馏出液为主要产品时，往往按精馏段质量指标进行控制。这时，取精馏段某点浓度或温度作为被控参数，以塔顶的回流量 L、馏出量 D 或上升蒸汽量 V 作为控制参数，组成单回路控制系统。也可以根据实际情况选择副参数组成串级控制系统，迅速有效地克服进入副环的扰动，并可降低对控制阀特性的要求，这在需要进行精密精馏的控制时常常采用。具体的调节方法如下。

① 用回流量控制顶温，见图 8-29。回流量加大，顶温降低，这种调节方法多在塔顶为全凝器时采用。

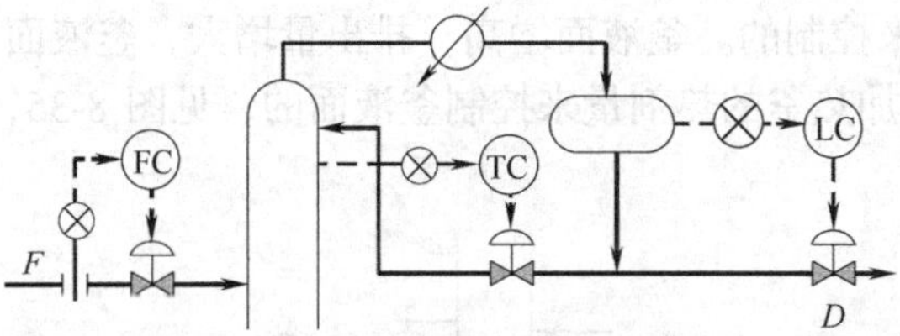

图 8-29　回流量控制塔顶温度

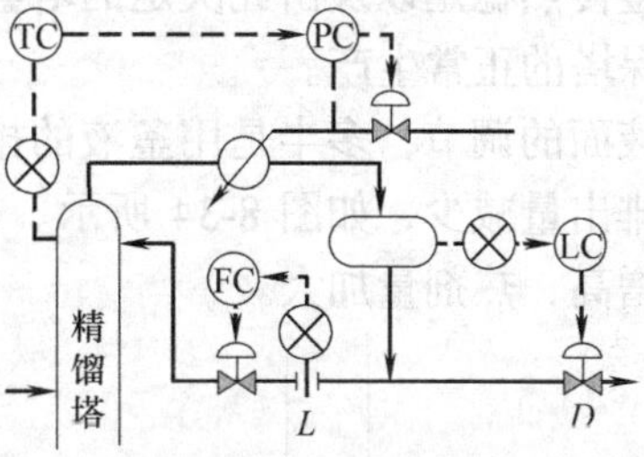

图 8-30　冷凝剂蒸发压力与温度串级控制系统

② 当塔顶使用的冷凝剂在传热过程中有相变化时，可用冷凝剂的蒸发压力与顶温串级调节来控制顶温，见图 8-30。蒸发压力降低，对应的蒸发温度也降低，引起顶温降低。这种方法在塔顶冷凝器为分凝器时可以改变回流量；在塔顶冷凝器有过冷作用时，又可以用来改变回流温度。

③ 当塔顶的冷凝剂在传热过程中无相变化时，可用冷凝剂流量与顶温串级调节来控制顶温，见图 8-31。如流量加大，顶温降低。这种方法既可改变回流量，又可改变回流温度，情况同②。

④ 用塔顶冷凝器的换热面积调节顶温，见图 8-32。提高冷凝剂液面，换热面积增大，顶温降低。这种方法既可改变回流量，又可改变回流温度，情况同②。

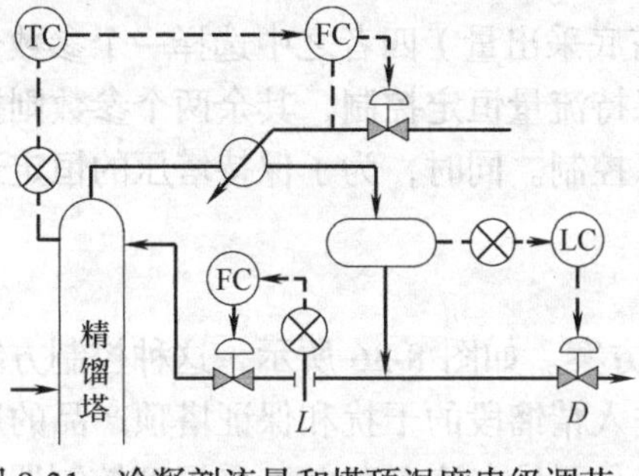

图 8-31　冷凝剂流量和塔顶温度串级调节

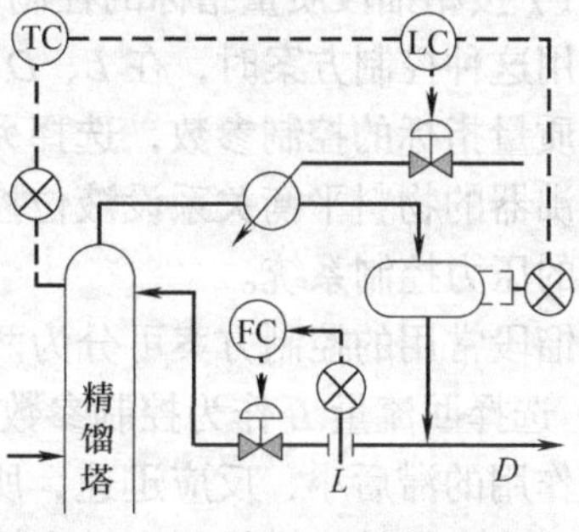

图 8-32　冷凝器液面和塔顶温度调节

⑤ 当精馏段的物料浓度比较高时，可用某两板间的温差来调节顶温，见图 8-33。温差增大，回流液量加大，顶温降低。

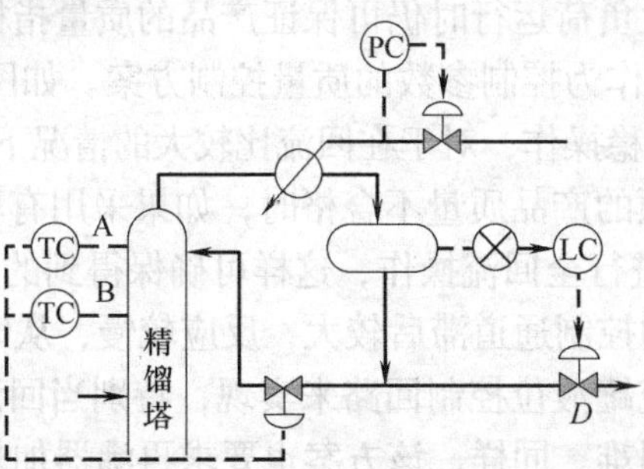

图 8-33　精馏塔某两板温差控制塔顶温度

8.3.3.4 精馏操作中釜液面的控制调节方法

塔釜液面的稳定是保证精馏塔平稳操作的重要条件之一。只有塔釜液面稳定时，才能保证塔釜传热稳定以及由此决定的塔釜温度、塔内上升蒸汽流量、塔釜液组成等的稳定，从而确保塔的正常生产。

釜液面的调节，多半是用釜液的排出量来控制的。釜液面增高，排出量增大，釜液面降低，排出量减少，如图 8-34 所示。也有用加热釜的热剂量来控制釜液面的，见图 8-35，釜液面增高，热剂量加大。

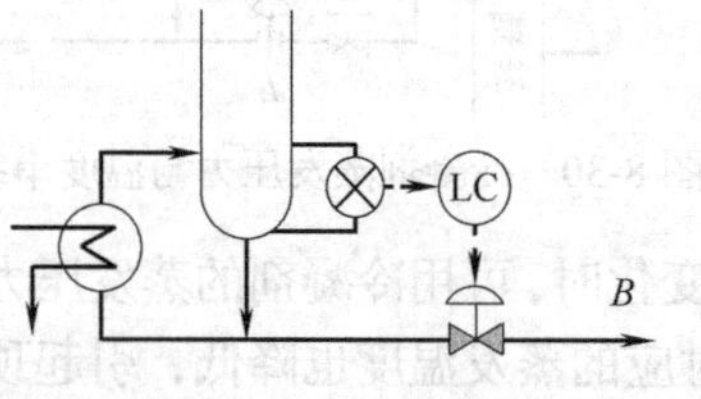

图 8-34 塔釜液面用排出量调节

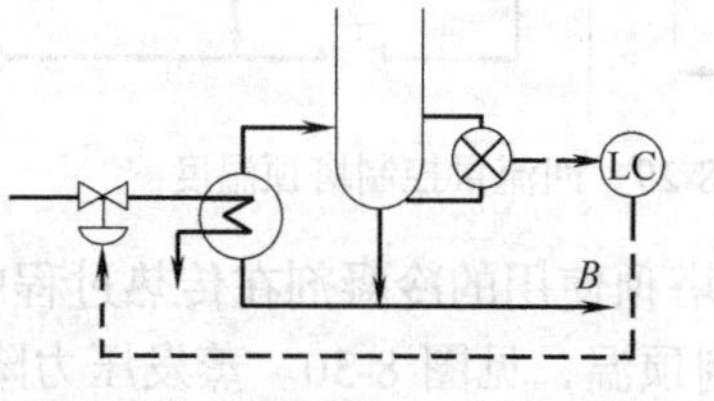

图 8-35 塔釜液面用热剂量调节

8.3.4 精馏塔生产过程的自动控制整体方案

对于有两个液相产品的精馏塔来说，质量指标控制可以根据主要产品的采出位置不同分为两种情况：一是主要产品从塔顶流出时可采用按精馏段质量指标的控制方案；二是主要产品从塔底流出的则可采用按提馏段质量指标的控制方案。

（1）按精馏段质量指标的控制方案

采用这种控制方案时，在 L、D、V 和 B（塔底采出量）四者之中选择一个参数作为控制产品质量指标的控制参数，选择另一个参数保持流量恒定控制，其余两个参数则按回流罐和再沸器的物料平衡关系设液位控制系统加以控制。同时，为了保持塔压的恒定还应设置塔顶的压力控制系统。

精馏段常用的控制方案可分为两类。

① 选择回流量 L 作为控制参数的质量控制方案。如图 8-36 所示，这种控制方案优点是控制作用的滞后小，反应迅速，所以对克服进入精馏段的干扰和保证塔顶产品的质量是有利的，这也是精馏塔控制中最常见的控制方案。可是在该方案中 L 受温度控制器控制，回流量的波动对精馏塔的平稳操作是不利的。所以在温度控制器的参数整定时，应采用比例积分控制规律（即 PI 控制），不需加微分作用。此外，再沸器加热量要维持一定而且应足够大，以便精馏塔在最大负荷运行时仍可保证产品的质量指标合格。

② 选择塔顶馏出量 D 作为控制参数的质量控制方案。如图 8-37 所示，这种控制方案的优点是有利于精馏塔的平稳操作，对于在回流比较大的情况下，控制 D 要比控制 L 灵敏。此外还有一个优点是当塔顶的产品质量不合格时，如果采用有积分作用的控制器，塔顶馏出量 D 会自动暂时中断，进行全回流操作，这样可确保得到的产品质量是合格的。

然而，这类控制方案的控制通道滞后较大，反应较慢，从馏出量 D 的改变到控制温度的变化，要间接地通过回流罐液位控制回路来实现，特别当回流罐容积较大时，控制反应就更慢，以至给控制带来困难。同样，该方案也要求再沸器加热量需要有足够的裕量，以

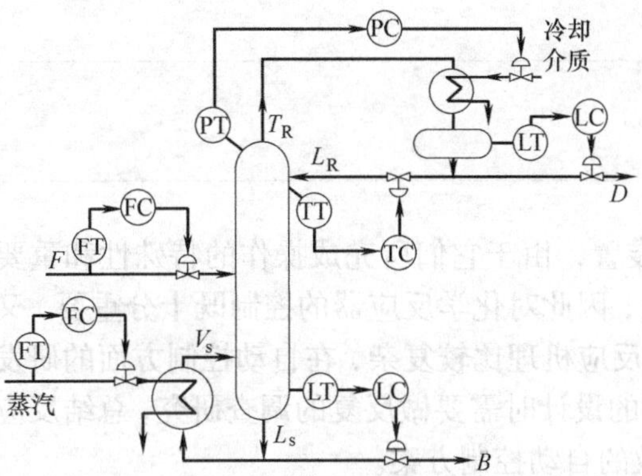

图 8-36　精馏段控制方案之一

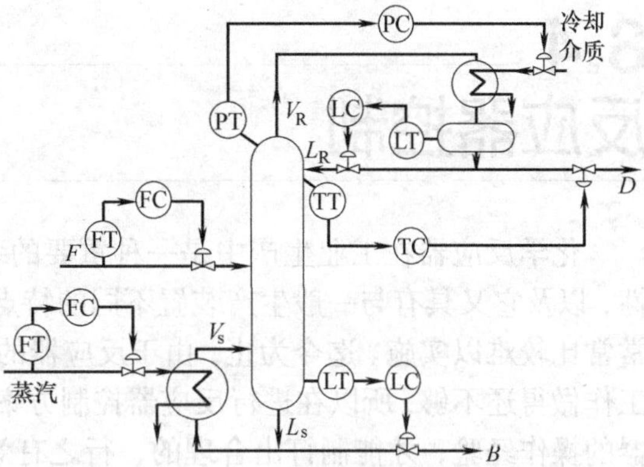

图 8-37　精馏段控制方案之二

确保在最大负荷运行时的产品质量。

（2）按提馏段质量指标的控制方案

当以塔底采出液作为主要产品时，通常就按提馏段质量指标进行控制。这时，选择提馏段某点的浓度或温度作为被控参数、组成单回路控制系统或根据需要选择副参数组成串级控制系统来控制产品的质量，同时还需设置类似于精馏段控制方案中的辅助控制系统。

提馏段常用的控制方案也可分两类。

① 选择再沸器的加热量作为控制参数的质量控制方案。如图 8-38 所示，这类方案采用塔内上升蒸汽量 V 作为控制参数，在动态响应上要比回流量 L 控制的滞后要小，反应迅速，所以对克服进入提馏段的干扰和保证塔底的产品质量有利。所以该方案是目前应用最广的精馏塔控制方案。可是在该方案中，回流量要采用定值控制，而且回流量应有足够大，以便当塔的负荷在最大运行时仍可确保产品的质量指标合格。

② 选择塔底采出量作为控制参数的质量控制方案。如图 8-39 所示，这类控制方案如前所述，类似于精馏段选择 D 作为控制参数的方案那样，有其独特的优点和一些弱点。优点是当塔底采出量 B 较小时，操作比较稳定；当采出量 B 不符合产品的质量要求时，会自行暂停出料。其缺点是滞后较大而且液位控制回路存在着反向特性。同样，也要求回流量应足够大，以确保在最大负荷运行时的产品质量合格。

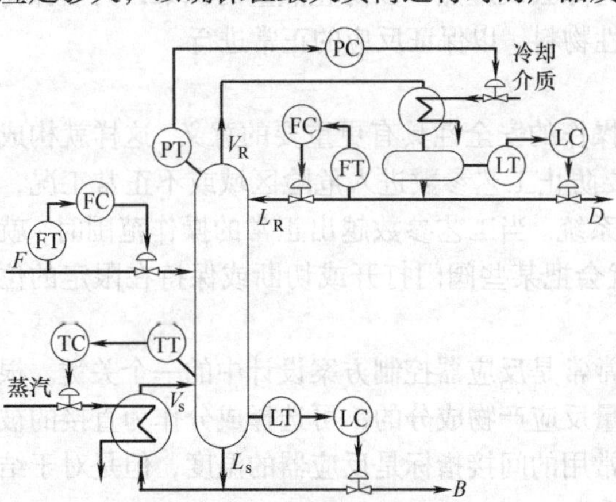

图 8-38　提馏段控制方案之一

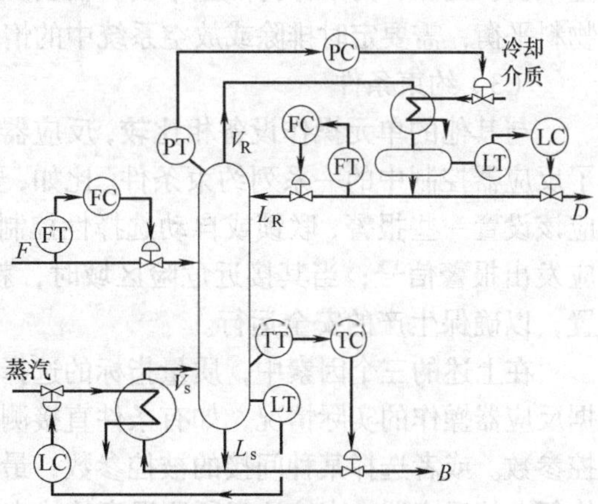

图 8-39　提馏段控制方案之二

8.4 反应器控制

化学反应器在工业生产中是一种重要的装置，由于它们所完成操作的特殊性和重要性，以及它又具有与一般生产装置不同的特点，因此对化学反应器的控制既十分重要，又常常比较难以实施。迄今为止，由于反应器的反应机理比较复杂，在自动控制方面的研发工作做得还不够，所以在进行反应器控制方案的设计时需要做反复的调查研究，总结反应器的操作经验，才能制订出合理的、行之有效的自动控制方案。

8.4.1 化学反应器的控制要求

化学反应的种类比较多，因此化学反应器的控制难易程度相差也很大。一些容易控制的反应器，控制方案非常简单，与一个换热器的控制方案完全相同。但是，当反应速度快、放热量大或由于工艺设计上的原因，使得反应器的稳定操作区域很狭窄的情况下，反应器控制方案的设计将成为一个非常复杂的问题。此外，对于一些高分子聚合反应，也会因物料的黏度大而给温度、流量和压力的准确测量带来较大的困难，以致严重影响反应器控制方案的实施。

一般情况下，确定反应器控制方案时首先要调查清楚反应器的质量指标被控参数和可能的控制参数。关于质量指标被控参数可从以下几个方面考虑。

（1）质量指标

根据化学反应器及其内在进行反应的机理不同，其质量指标被控参数可以选择反应转化率、产品的质量、产量等直接指标为被控参数，或与它们有关的间接工艺指标，如温度、压力、黏度等作为被控参数。

（2）物料平衡和能量平衡

为了使反应器的操作能够正常进行，必须使反应器系统运行过程中保持物料平衡和能量平衡。例如，为了保持热量平衡，需要及时除去反应热，以防止热量的积聚；为了保持物料平衡，需要定时排除或放空系统中的惰性物料，以保证反应的正常进行。

（3）约束条件

与其他的单元操作设备相比较，反应器操作的安全性具有更重要的意义，这样就构成了反应器控制中的一系列约束条件。比如，要防止工艺参数进入危险区域或不正常工况，应该设置一些报警、联锁或自动选择性控制系统。当工艺参数越出正常的操作范围时，就应发出报警信号；当其接近危险区域时，就会把某些阀门打开或切断或保持在限定的位置，以确保生产的安全运行。

在上述的三个因素中，质量指标的选择常常是反应器控制方案设计中的一个关键。根据反应器操作的实际情况，如有条件直接测量反应产物成分的，可选择成分作为直接的被控参数。或者选择某种间接的被控参数，最常用的间接指标是反应器的温度，但是对于结构复杂的反应器，应该注意所测温度的代表性。

8.4.2 化学反应器的自动控制

反应釜有间歇式和连续式之分。间歇反应釜通常用于液相反应，如多品种、小批量的制药、燃料等反应。连续反应釜用于均相和非均相的液相反应，如聚合反应等，反应釜的基本结构如图 8-40 所示，由搅拌反应釜和搅拌机两大部分组成。搅拌反应釜包括筒体、换热元件及内构件。搅拌器、搅拌轴及其密封装置、传动装置等统称为搅拌机。釜体为一个钢制罐形容器，可以在罐内装入物料，使物料在其内部进行化学反应。为了测量釜内的各项参数，在罐内装有钢制的套管，可将各种传感器放入其中。

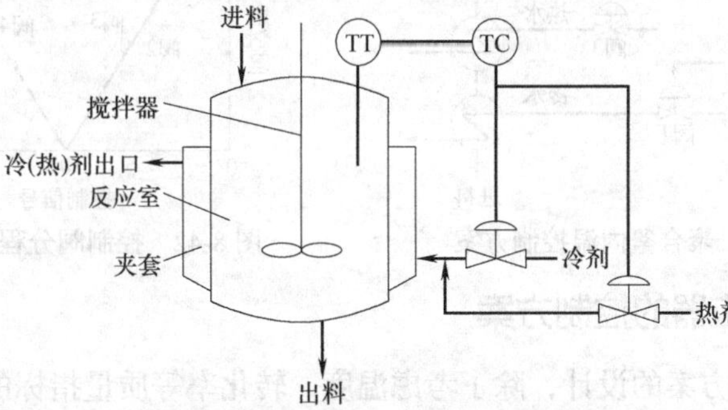

图 8-40 反应釜结构示意图

经验证明，这类反应器的开环响应大多是不稳定的，如果在运行过程中不及时有效地移去反应热，则由于反应器内部的正反馈将使反应器内的温度不断上升，以致达到无法控制的地步，最后以产生事故或事故停车而告终。从理论上说，增加反应器的传热面积或加快传热速度，使移去热量的速度大于反应热生成的速度，就能提高反应器操作的稳定性。但是，由于在设计与工艺上的困难，对于大型聚合反应釜是难以实现这些要求的，因此，只能在设计控制方案时，对控制系统的实施提出更高的要求，来满足聚合反应釜的工艺操作的质量指标和安全运行。

8.4.2.1 间歇反应器的控制方案

图 8-41 所示是聚丙烯腈反应器的内温控制方案。由丙烯腈聚合成聚丙烯腈的聚合反应要在引发剂的作用下进行，引发剂等连续加入聚合釜内，丙烯腈通过计量槽同时加入，当反应达到稳定状态时，将反应的聚合物加入到分离器中，以除去未反应的单体物料。在聚合釜中发生的聚合反应有以下三个主要特点：

① 在反应开始之前，反应物必须升温至指定的最低温度；

② 反应是放热反应过程；

③ 反应速度会随温度的升高而增加。

为了使反应能发生，必须要首先把热量供给反应物。但是，一旦反应发生后，则必须要将热量取走，以维持一个稳定的操作温度。此外，单体转化为聚合物的转化率取决于给定温度、给定时间下的反应速率，这个给定时间即为反应物在反应器中的停留时间。因此，首先需要对反应器实行定量喂料，来维持一定的停留时间。其次，为了控制反应器内的温度，可采用选择反应器内温度为主被控参数，选择夹套温度为副参数的串级控制系统。同时，这个内温控制方案采用了分程控制的方式，控制阀分程动作如图 8-42 所示。采用供热或除热的操作，分别控制进料过程和反应过程的物料温度，使其能符合工艺的要求。

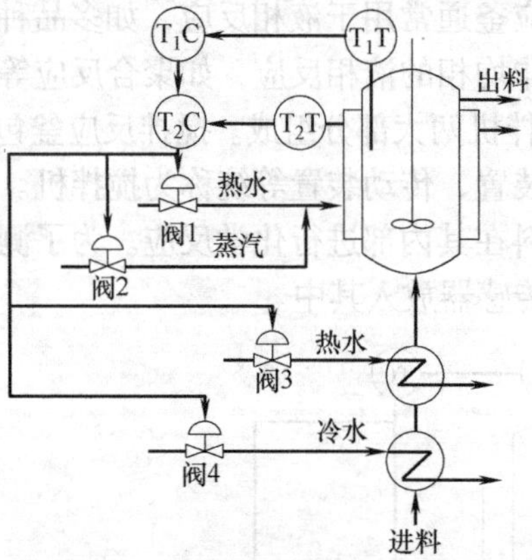

图 8-41　聚合釜内温控制方案

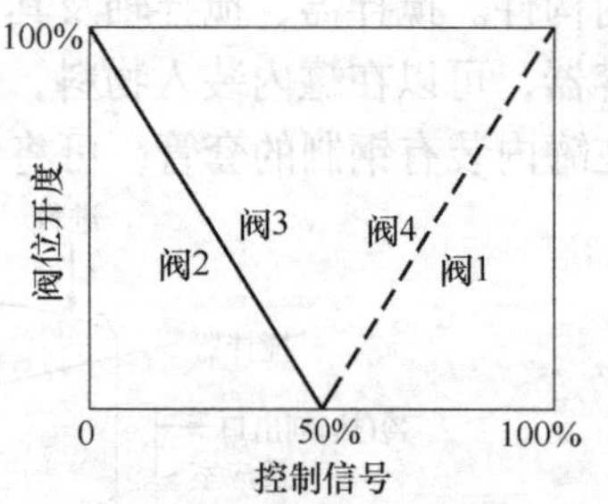

图 8-42　控制阀分程动作区间

8.4.2.2　连续反应器的控制方案

化学反应器控制方案的设计，除了考虑温度、转化率等质量指标的核心问题之外，还必须对反应器的其他问题，如安全操作、开停车等设计相应的控制系统，才能使反应器的控制方案比较完善。下面以一个连续反应器为例来说明一个反应器的全局控制方案。

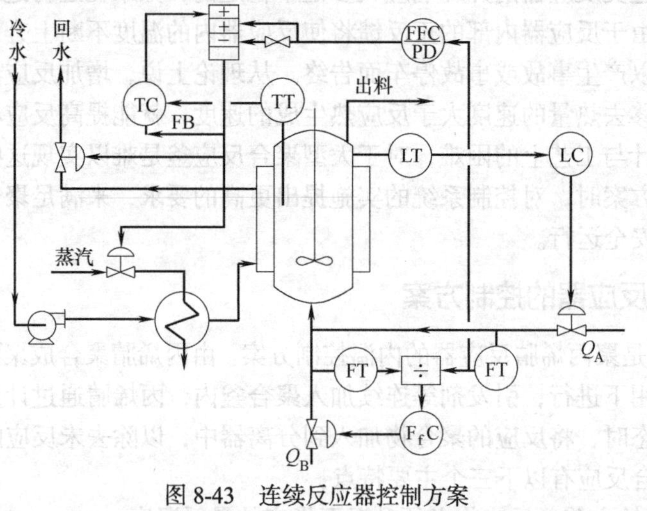

图 8-43　连续反应器控制方案

如图 8-43 所示是一个连续反应器的控制方案流程图。在反应器中物料 A 与物料 B 进行合成反应，生成的反应热从夹套中通过循环水除去，反应时放热量与反应物 B 的流量成正比。进料量 A 大于进料量 B，反应速度很快，而且反应完成的时间比停留的时间短。反应的转化率、收率及副产品的分布决定于物料 A 与 B 的流量之比，物料平衡是通过反应器的液面来改变进料量而达到的。

工艺对自动控制设计提出的要求是：

① 平稳操作，转化率、产率、产品分布均要确保恒定；

② 安全操作而且要尽可能减少硬性停车；

③ 保证较大的生产能力。

（1）反应器的温度控制系统

在反应器的工艺参数中，通常选用反应温度作为间接被控变量。常用的控制方案如下。

① 单回路控制。

a. 进料温度控制。如图 8-44（a）所示，物料经预热器（或冷却器）进入反应器。这类控制方案通过改变进入预热器 （或冷却器）的热剂量（或冷却量），来改变进入反应器的物料温度，达到维持反应器内温度恒定的目的。

b. 改变传热量。大多数反应器有传热装置，用于引入或移去反应热，所以采用改变传热量的方法可实现温度控制。例如，图 8-44（b）所示的夹套反应釜控制。当釜内温度改变时，可通过改变加热剂（或冷却剂）流量来控制釜内温度。该控制方案结构简单，仪表投资少，但因反应釜容量大，温度滞后严重，尤其在进行聚合反应时，釜内物料黏度大，热传递差，混合不易均匀，难于使温度控制达到较高精确度。

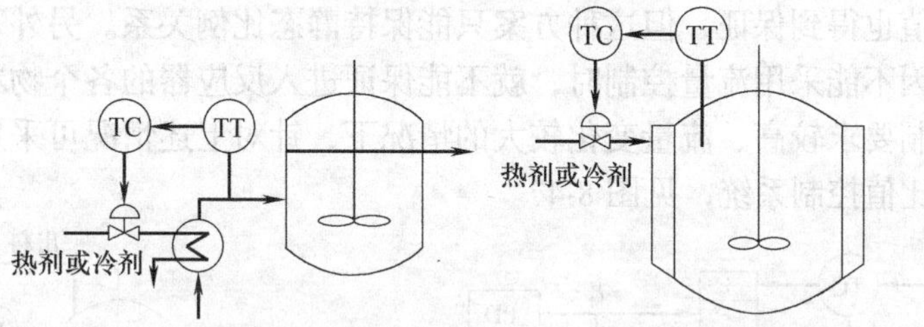

(a) 进料温度控制　　(b) 改变传热量控制

图 8-44　单回路控制

② 串级控制。在间歇式生产化学反应过程中，当反应物投入反应釜后，为了使其达到反应温度，往往在反应开始前需要给它提供一定的热量。一旦达到反应温度后，就会随着化学反应的进行不断释放出热量，这些热量如不及时移走，反应就会越来越激烈，以至会有爆炸的危险。因此，这种间歇式化学反应器既要考虑反应前的预热问题， 又要考虑反应过程中及时移走反应热的问题。

与单回路控制系统相比，串级控制系统多用了一个测量变送器与一个控制器，增加的投资并不多，但控制效果却有显著的提高。其原因是在串级控制系统中增加了一个包含二次扰动的副回路，使系统改善了被控过程的动态特性，提高了系统的工作频率；对二次干扰有很强的克服能力；提高了对一次扰动的克服能力和对回路参数变化的自适应能力。

将反应器的扰动引入到串级控制系统的副环，使扰动得以迅速克服。例如，釜温与热剂（或冷剂）流量的串级控制系统见图 8-45（a），釜温与夹套温度的串级控制系统见图 8-45

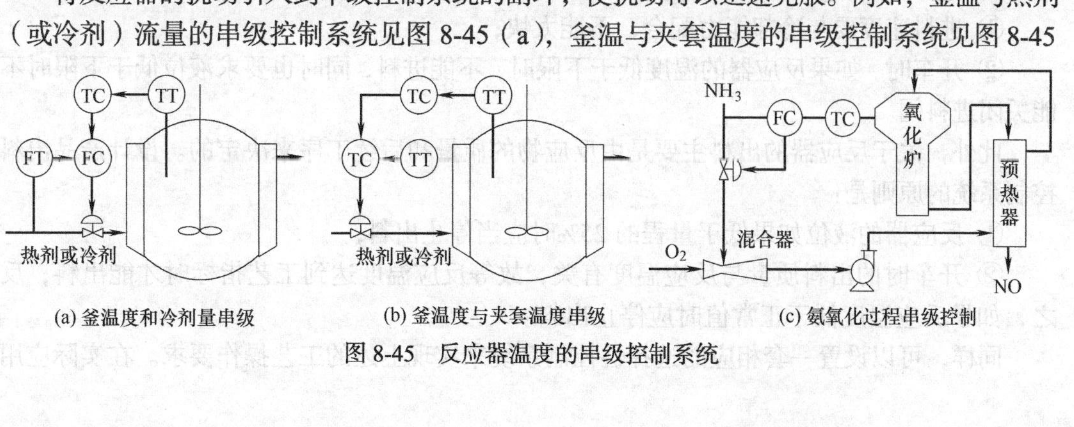

(a) 釜温度和冷剂量串级　　(b) 釜温度与夹套温度串级　　(c) 氨氧化过程串级控制

图 8-45　反应器温度的串级控制系统

（b），图 8-45（c）是氨氧化过程串级控制。

③ 前馈-反馈控制。以温度作为质量指标的被控参数，夹套冷却水作为控制参数和 A 的进料流量为前馈输入变量的前馈-反馈控制系统。在前馈控制回路中选用了 PD 控制器作为前馈的动态补偿器。进料流量变化较大时，应引入进料流量的前馈信号，组成前馈-反馈控制系统。例如，图 8-46 所示的反应器，前馈控制器的控制规律是 PD 控制。由于温度控制器采用积分外反馈防止积分饱和，因此，前馈控制器输出采用直流滤波、分量间滤波。

（2）反应器进料的比值控制系统

保证进入量的稳定，将使参加反应的物料比例和反应时间恒定，并避免由于流量变化而使反应物料带走的热量和放出的热量变化，从而引起反应温度的变化。这在转化率低反应热较小的绝热反应器或转化率高，反应放热大的反应器中显得更重要。

在上述物料流量自控的方案中，如果每一进入反应器的物料都采取流量自动控制，则物料之间的比值也得到保证，但这种方案只能保持静态比例关系。另外，当其中一个物料由于工艺等原因不能采用流量控制时，就不能保证进入反应器的各个物料之间成一定的比值关系。在控制要求较高、流量变化较大的情况下，针对上述情况可采用单闭环比值控制系统或双闭环比值控制系统，见图 8-47。

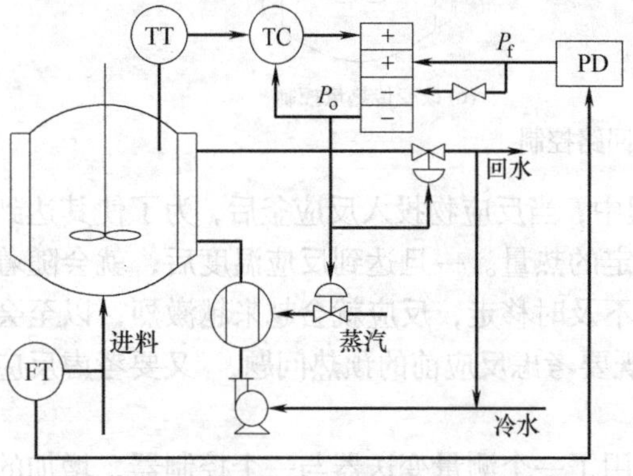

图 8-46　进料流量-塔釜温度前馈反馈控制系统

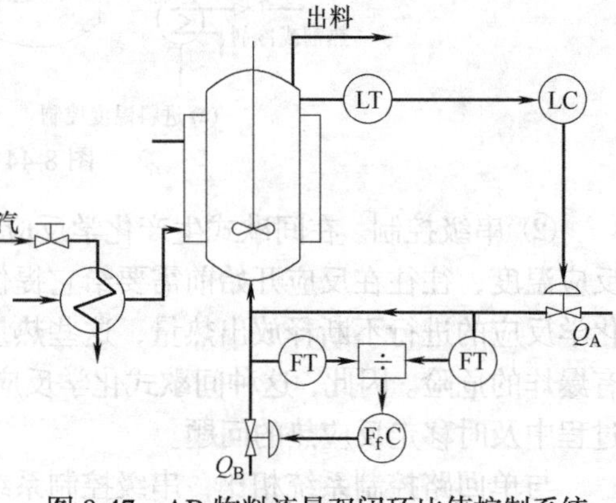

图 8-47　AB 物料流量双闭环比值控制系统

（3）反应器的液面及入料控制系统

由图 8-47 可知，反应器液位的控制参数是物料 A 的流量 Q_A，除了图示的控制系统之外，还需要考虑对 Q_A 的两个附加要求：

① 进料速度要与冷却能力配合，不能太快；

② 开车时，如果反应器的温度低于下限时，不能进料，同时也要求液位低于下限时不能关闭进料阀。

此外，关于反应器的出料主要是由反应物的质量和后续工序来决定的。设计产品出料控制系统的原则是：

① 反应器的液位如果低于量程的 25%时应当停止出料；

② 开车时的出料质量与反应温度有关，故等反应温度达到工艺指标时才能出料；反之，如果反应温度低于正常值时应停止出料。

同样，可以设置一套相应的选择性控制系统来实现上述的工艺操作要求。在实际应用时，这一个连续反应器还配置了一套比较完善的开停车程序控制系统，结合上述的一系列控制系统，达到了较高的生产过程自动化水平。

8.5 泵类控制

泵可分为离心式和容积式两大类，而容积式泵又可分为往复泵、旋转泵。由于流程工业中离心泵应用最为普遍，所以主要讨论离心泵的特性及控制方案。

8.5.1 离心泵的流量控制

离心泵是应用最广的液体输送机械。离心泵的旋转翼轮作用于液体产生离心力，转速越高，则离心力越大，流体出口的压力（压头）也越高。离心泵的翼轮与机壳之间有空隙，如果将泵的出口阀完全关闭，液体就在泵内循环，其排出量为零，压力接近最高值。此时对泵所做的功将转化为热能，使泵内液体发热升温，所以不宜在泵运转状态关闭出口阀。随着出口阀的开启，排出量就逐渐增加，当增加到一定程度后 ，压力就逐渐下降。离心泵的出口压力 H、流量 Q 及转速 n 之间的关系，称为泵的工作特性，如图 8-48 所示（$n_1>n_2>n_3>n_4$），其数学描述可由式（8-5）的经验公式来近似，

$$H=R_1n^2-R_2Q^2 \tag{8-5}$$

式中，R_1 和 R_2 是比例系数。

当离心泵装在管路系统时，实际的排出量与出口压力是多少呢？那就需要与管路特性结合起来考虑。管路特性就是管路系统中流体的流量和管路系统阻力的相互关系，图 8-49 所示。

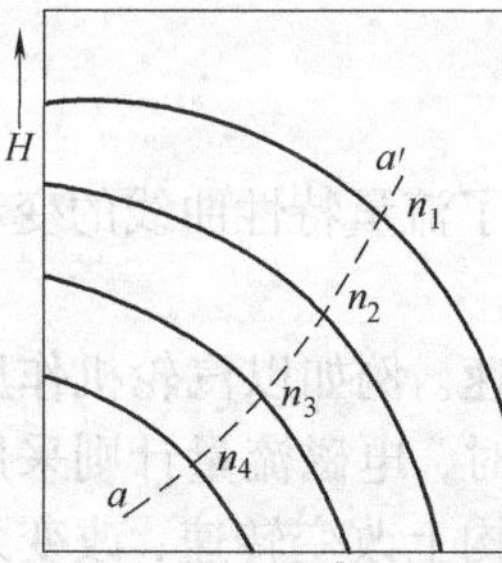

图 8-48　离心泵工作特性曲线

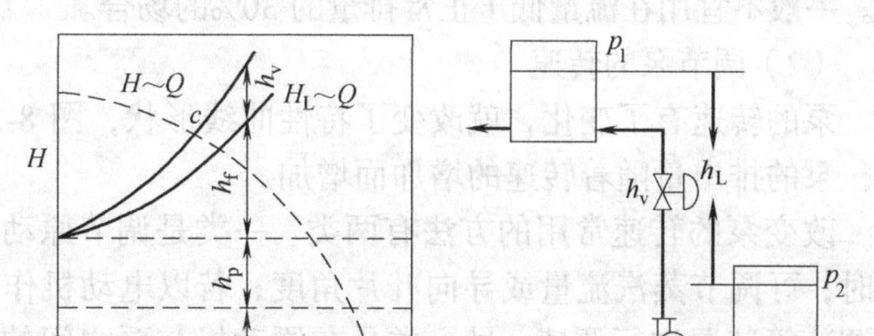

图 8-49　管路特性

管路系统包括 4 项阻力：$H_L=h_p+h_L+h_f+h_v$

式中　h_p——管路两端的静压差引起的压头；

h_L——管路两端的静压柱高度；

h_f——管路中的摩擦损失压头；

h_v——控制阀两端节流损失压头。

则 H_L 和流量 Q 的关系称为管路特性，图 8-49 所示为例。当系统达到平稳状态时，泵的压头 H 必然等于 H_L，这是建立平衡的条件。从特性曲线上看，工作点 c 必然是泵的特性曲线与管路特性曲线的交点。工作点 c 的流量应符合工艺预定的要求，可以通过改变 h_v 或其他手段来满足这一要求，这是离心泵的压力（流量）的控制方案的主要依据。工作点 c 的流量应符合预定要求，它可以通过以下方案来控制：

（1）泵出口直接节流

改变控制阀的开度改变了管路阻力特性，图 8-50（a）表明了工作点变动情况。图 8-50（b）所示即为用得较为广泛的直接节流控制方案。

采用这种控制方案时，控制阀一般是装在离心泵的出口端，而不是进口端。因为离心泵的吸入高度有限，如果进口压力过低会使液体部分汽化，气体膨胀使泵丧失排送能力，这叫气缚。而所夹带的蒸汽到出口又急剧地冷凝，气泡破裂，冲蚀很厉害，损坏翼轮和泵壳，这叫汽蚀。这两种现象都是不希望发生的。控制阀应装在检测元件（如孔板）的下游，这样有利于保证测量精度。

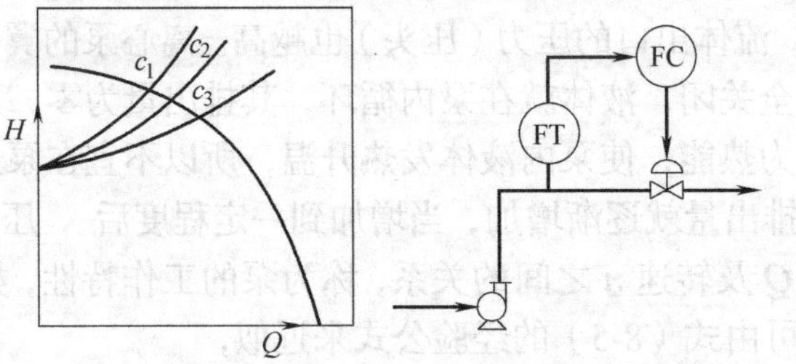

(a) 工作点变动情况　　(b) 直接节流控制方案

图 8-50　直接节流以控制流量

注意：直接节流法的控制阀应安装在泵的出口管道上，而不能装在泵的吸入管道上。否则会出现“气缚”及“气蚀”现象。控制阀一般宜装在检测元件（如孔板）的下游，这样将对保证测量精度有好处。直接节流法的优点是简单易行。但在小流量时总的机械效率较低。一般不宜用在流量低于正常排量的 30%的场合。

（2）调节泵的转速

泵的转速有了变化，就改变了特性曲线形状，图 8-51 表明了流量特性曲线的变动情况，泵的排出量随着转速的增加而增加。

改变泵的转速常用的方法有两类。一类是调节原动机的转速。例如以汽轮机作原动机时，可调节蒸汽流量或导向叶片角度；若以电动机作原动机时，电磁流量计则采用变频调速等装置进行调速。另一类是在原动机与泵之间的调速机构上改变转速，改变泵转速来控制离心泵的流量或压头，这种控制方式具有很大的优越性。主要是管路上无需安装控制阀，因此管路系统总阻力减小了。降低管路阻力的损耗，提高了泵的机械效率，从节能角度看是极为有利的。但这种控制方式实施起来，无论是电动机还是汽轮机，调速设备费用都较高。

（3）调节旁路流量

旁路阀控制方案如图 8-52 所示，可用改变旁路阀开启度的方法来调节实际排出量。

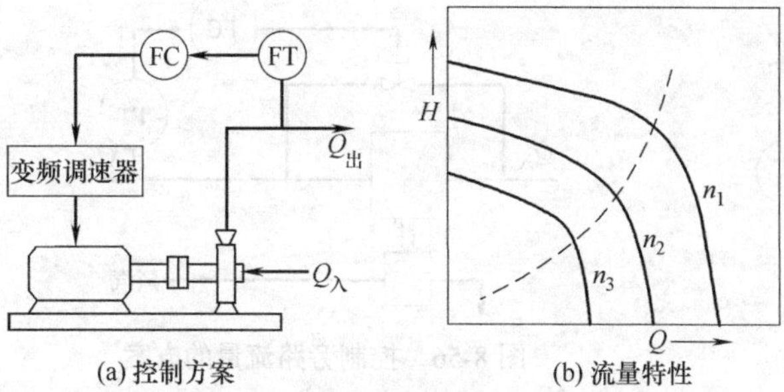

图 8-51　改变泵的转速以控制流量

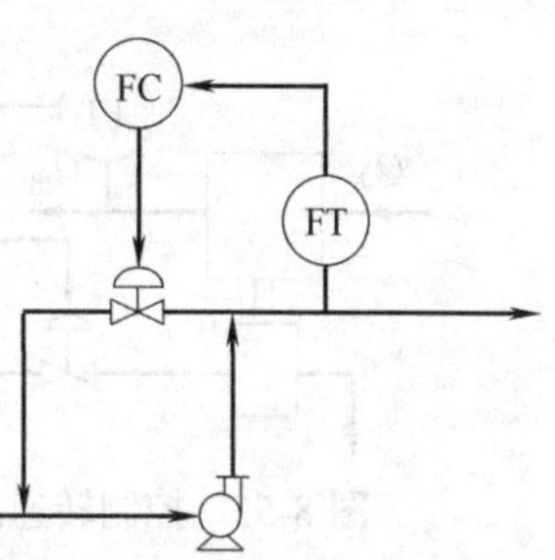

图 8-52　采用旁路以控制流量

这种方案颇简单，在泵的出口与入口之间加一旁路管道，让一部分排出重新回到泵的入口。这种控制方式实质也是通过改变旁路特性来达到控制流量的目的。当旁路控制阀开度增大时，离心泵的入口阻力下降，排量增加，但与此同时，回流量也随之加大，最终导致送往旁路系统的实际排量减少。显然，采用这种控制方式必然有一部分能量损耗在旁路通道和阀上，所以机械效率也是较低的。但它具有可采用小口径控制阀的优点，因此在实际生产过程中仍有一定的应用。

此方案用于压力控制和有分支管道控制时，其控制流程如图 8-53 和图 8-54 所示。

有时液体流量的测量比较困难，例如高黏度液体，而管路阻力又较恒定，此时可用压力作为液体流量的变量，因为调稳了压力，就等于稳定了流量。

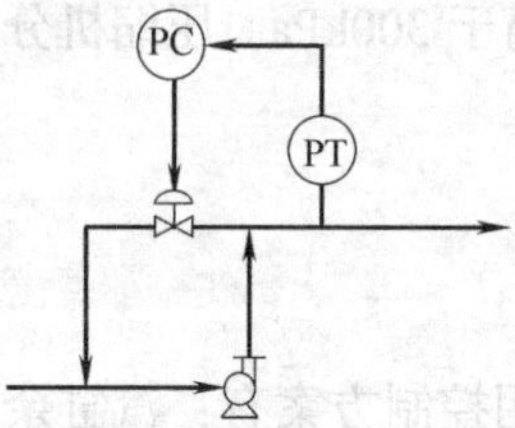

图 8-53　离心泵的压力控制

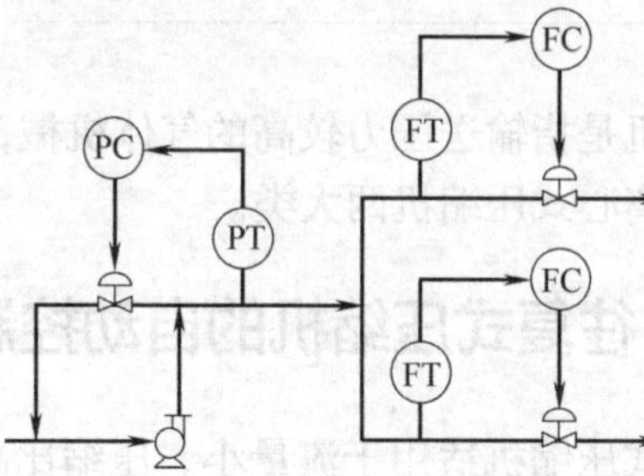

图 8-54　有分支管路离心泵的控制方案

8.5.2　往复泵运行过程的自动控制

往复泵也是常见的流体输送设备，多用于流量较小、压头要求较高的场合。它是利用活塞在气缸中做往复运动来输送流体的。

往复泵提供的理论流量 $Q_{理}$（m^3/h）可按下面公式计算

$$Q_{理}=60nFS \tag{8-6}$$

式中，n 为每分钟的往复次数；F 为气缸的截面积，m^2；S 为活塞的冲程，m。

从上述的计算公式中可清楚地得知，影响往复泵出口流量变化的仅有 n、F、S 三个参数，或者说只能通过改变 n、F、S 来控制流量。了解这一点对设计流量控制方案很有帮助。常用的往复泵流量控制方案有三种：

① 改变原动机的转速（如图 8-55 所示）；

② 控制泵的出口旁路（如图 8-56 所示）；

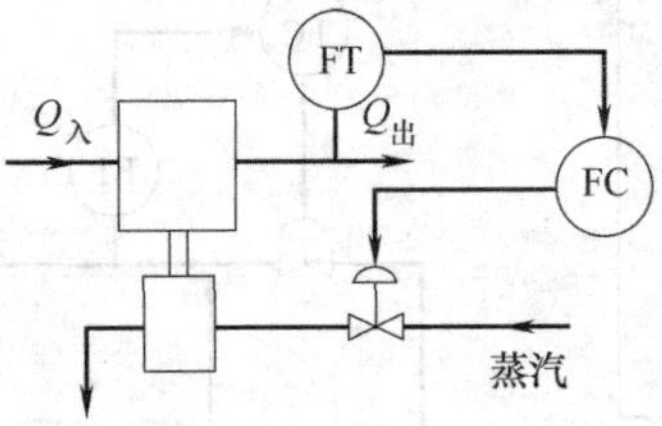

图 8-55　控制转速的方案

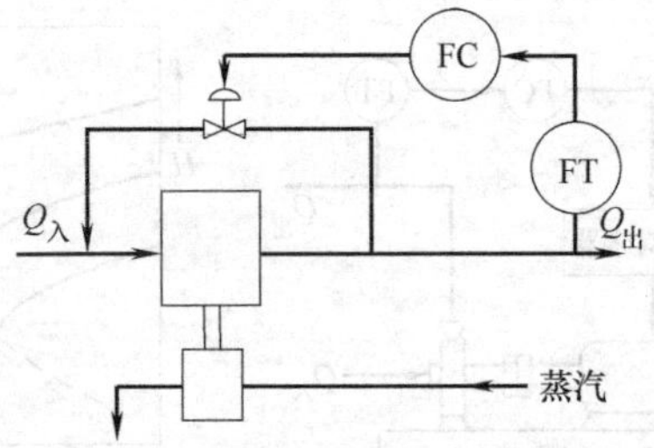

图 8-56　控制旁路流量的方案

③ 改变冲程 S。

计量泵常用改变冲程 S 来进行流量控制。由于控制冲程的机构复杂，其他用途的往复泵很少选择该方案。

由于往复泵以及其他容积式泵均有一个共同的结构特点，即是泵的运动部件与机壳之间的间隙很小，液体不能在缝隙中流动，所以绝对不能采用出口处直接安装控制阀节流的方法来控制流量，一旦出口处阀门关死，将可能造成往复泵损毁的严重后果。

8.6 压缩机控制

压缩机是指输送压力较高的气体机械，一般出口压力高于 300kPa。压缩机分为往复式压缩机和离心式压缩机两大类。

8.6.1 往复式压缩机的自动控制

往复式压缩机适用于流量小、压缩比高的场合，其常用控制方案有：汽缸余隙控制；顶开阀控制（吸入管线上的调节）；旁路回流量控制；转速控制等。这些控制方案有时是同时使用的。图 8-57 是氮压缩机汽缸余隙及旁路控制的流程图，这套控制系统允许负荷波动的范围为 60%~100%，是个分程控制系统，即当控制器输出信号在 20~60kPa 时，余隙阀 V_1 动作。当余隙阀全部打开，压力还下不来时，旁路阀动作，即输出信号在 60%~100%时，旁路阀 V_2 动作，以保持压力恒定。

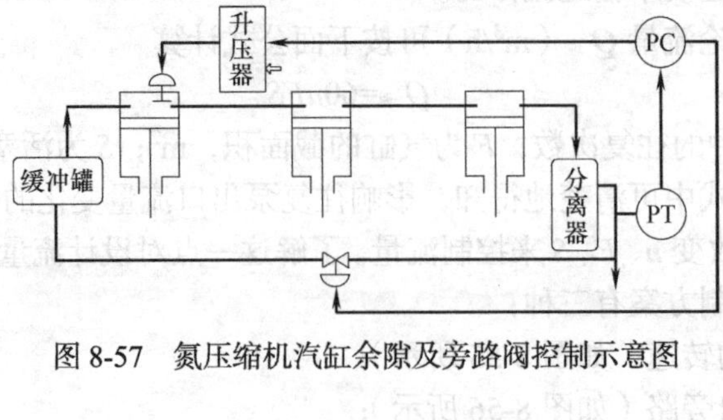

图 8-57　氮压缩机汽缸余隙及旁路阀控制示意图

8.6.2 离心式压缩机的自动控制

离心式压缩机具有体积小，流量大，重量轻，运行效率高，易损件少，维护方便，气缸内无油气污染，供气均匀，运转平稳，经济性好等特点，因此得到了很广泛的应用。

离心式压缩机虽然有很多优点，但存在一些技术问题需要很好地解决，例如离心压缩机的喘振，存在轴向推力等。微小的偏差很可能造成严重的事故，且事故的发生又十分迅猛，单靠操作人员处理，常常措手不及。因此，为保证压缩机能在工艺所需工况下安全运行，必须设置一系列的自控系统和安全联锁系统。

一台大型离心式压缩机通常有下列控制系统。

8.6.2.1 流量控制系统

常用流量控制方法有：出口节流法、调节压缩机转速法、直接控制流量。

① 出口节流法。改变进口导向叶片的角度，主要是改变进口气流的角度来改变流量，它比进口节流法节省能量，但要求压缩机设有导向叶片装置，这样机组在结构上就要复杂一些。

② 调节压缩机转速法。压缩机转速的改变能使其出口的流量和压力发生变化，控制转速就能控制压缩机的出口流量和压力。这种控制方案从能量利用效率上来说最为高效，但在设施上较复杂的大功率风机，尤其用蒸汽透平带动的大功率风机应用调速方案的较多。

③ 直接控制流量。对于低压的离心式鼓风机，一般可在其出口处直接控制流量，气体输送的管径通常都较大，执行器可采用蝶阀。其他情况下，为了防止鼓风机出口压力过高，可在入口端控制流量，因为气体的可压缩性，所以这种方案对于往复式压缩机也是适用的。在控制阀关小时，会在压缩机的入口端引起负压，这就意味着吸入同样容积的气体，其质量流量减少了。流量降低到额定值的 50%~70%以下时，负压严重而使压缩机效率大为降低。这种情况下，可采用分程控制方案，如图 8-58 所示。出口流量控制器控制着两个控制阀。吸入阀 1 只能关小到一定开度，如果需要的流量还要小，则应打开旁路阀 2，以避免入口端负压严重。

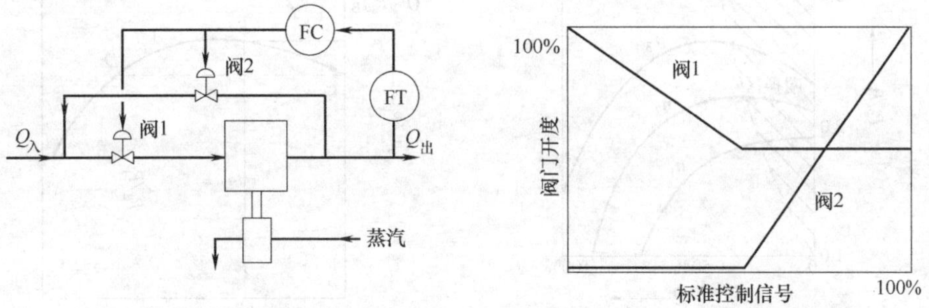

(a) 分程控制方案　　(b) 分程阀的特性

图 8-58　压缩机分程控制方案

此外，还可以在压缩机入口管线上设置调节模板，改变阻力也能实现气量控制，但这种方法过于灵敏，并且压缩机入口压力不能保持恒定，所以较少采用。

8.6.2.2 压缩机入口压力控制

压缩机的负荷控制可以用流量控制来实现，有时也可以采用压缩机出口压力控制来实现。

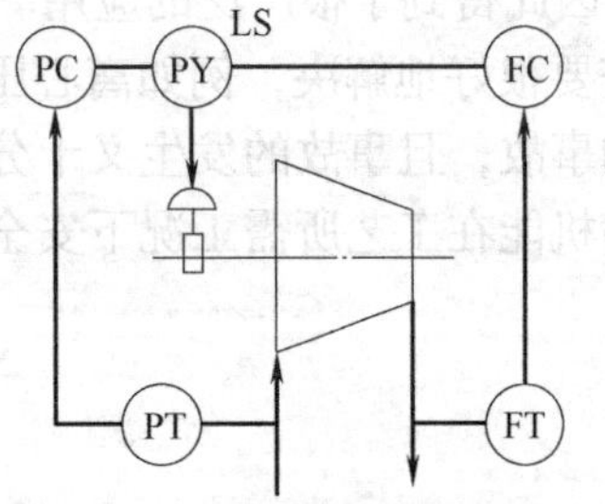

图 8-59 入口压力与出口流量的选择控制

入口压力控制方法有：采用吸入管内气体压力调节转速，压缩机转速反过来稳定入口压力；设有缓冲罐的压缩机，缓冲罐压力可以采用旁路控制。

入口压力与出口流量的选择控制，控制系统构成如图 8-59 所示。为保证前后工段生产负荷均衡，压缩机所输送的气量也不能超过前面工段的压力，可以把压缩机入口压力和流量结合在一起设计成选择性控制系统，正常生产时流量控制工作，压缩机按正常负荷输送气量。如果因前面工序负荷减低，而造成入口压力下降时，压力控制系统通过低值选择器自动切换，把气量减下来，以保证入口压力并不被抽空。

8.6.2.3 防喘振控制系统

离心式压缩机的特性曲线是指压缩机的出口与入口绝对压力之比（压缩比）与进口体积流量 Q 之间的关系曲线，如图 8-60 所示，图中 n 是离心机的转速，且有 $n_1<n_2<n_3$，由图可见，对应于不同转速 n 的每一条 P_2/P_1-Q 曲线，都有一个 P_2/P_1 最高点。此点之右降低压缩比 P_2/P_1，会使流量增大，即 $\Delta Q/\Delta(P_2/P_1)$ 负值。在这种情况下，压缩机具有自衡能力，当干扰作用使出口管网的压力下降时，压缩机能自发地增大排出量，提高压力，建立新的平衡，属于工作的稳定区；此点之左压缩机无自平衡能力，此时，若因干扰作用使出口管网压力下降时，压缩机不但不增加输出流量，反而减少排出量，致使管网压力进一步下降。因此，离心式压缩机特性曲线的最高点是压缩机能否稳定操作的分界点。在图 8-60 中，连接最高点的虚线是一条表征压缩机能否稳定操作的极限曲线，在虚线的右侧为正常运行区，在虚线的左侧，即图中的阴影部分是不稳定区，称为喘振区。

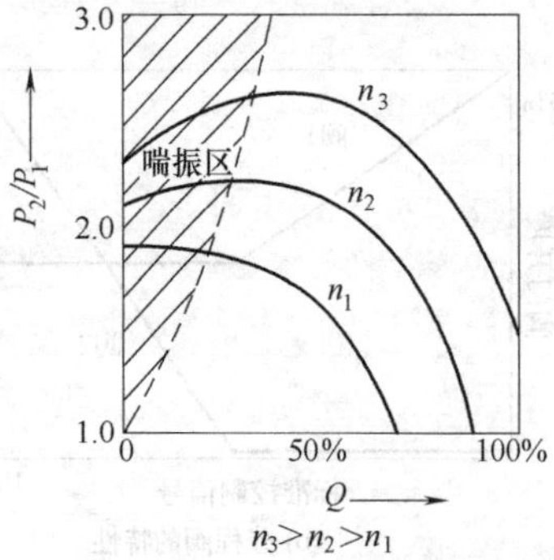

图 8-60 离心式压缩机特性曲线

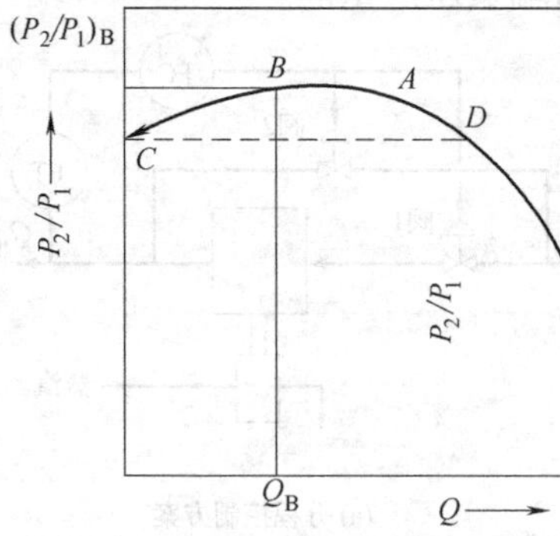

图 8-61 喘振现象示意图

离心式压缩机负荷（即流量）减少，使工作点进入不稳定区，将会出现一种危害极大的“喘振”现象，下面由图示说明：

图 8-61 所示为压缩机在某一固定转速 n 下的特性曲线。Q_B 是对应于最大压缩比

$(P_2/P_1)_B$的体积流量，它是压缩机能否正常操作的极限流量。设压缩机的工作点原处于正常运行区的 A 点，由于负荷减小，工作点将沿着曲线 ABC 方向移动，在 B 点处压缩机达到最大压缩比。若继续减小负荷，即工艺要求的流量 $Q<Q_B$，则工作点将落到不稳定区，此时出口压力减小，但与压缩机相连的管路系统在此瞬间的压力不会突变，管网压力反而高于压缩机出口压力，于是发生气体倒流现象，工作点迅速地下降到 C。由于压缩机在继续运转，当压缩机出口压力达到管路系统压力后，又开始向管路系统输送气体，于是，压缩机的工作点由 C 点突变到 D 点，但此时的流量 $Q_D>Q_B$，超过了工艺要求的负荷量，系统压力被迫升高。此时，若负荷恢复至 Q_A，则压缩机工作点可在点 A 稳定下来，否则，工作点又将沿 DAB 曲线下降到 C。只要负荷仍低于 Q_B，压缩机工作点就会不断地重复这种由 C 到 D 的反复迅速突变的过程，所以，当产生这种现象时，被称作压缩机的喘振。当出现这一现象时，由于气体由压缩机忽进忽出，使转子受到交变负荷，机身发生振动并波及相连的管线，导致流量计和压力表的指针大幅度地摆动。如果与机身相连接的管网容量小且严密，则可听到周期性的、如同哮喘病人“喘气”般的噪声；而当管网容量较大，喘振时会发生周期性间断的吼响声，并使止逆阀发生撞击声，它将使压缩机及所连接的管网系统和设备发生强烈振动，甚至使压缩机遭到破坏。

可见，负荷减小是离心式压缩机产生喘振的主要原因，此外，被输送气体的吸入状态（如温度、压力等）的变化，也是使压缩机产生喘振的因素。一般情况下，吸入气体的温度或压力越低，压缩机越容易进入喘振区。喘振是离心式压缩机所固有的特性，每一台离心式压缩机都有其一定的喘振区域。

由上可知，离心式压缩机产生喘振现象的主要原因是由于负荷降低和排气量 Q_0 小于极限值 Q_B 而引起的，只要使压缩机的吸入气量 Q_1 大于或等于在该工况下的极限排气量，即可防止喘振。工业生产上常用的控制方案有固定极限流量法和可变极限流量法两种，分别讨论如下：

① 固定极限流量法。对于工作在一定转速下的离心式压缩机，都有一个进入喘振区的极限流量 Q_B，为了安全起见，应留有余地，为此，可规定一个压缩机吸入流量的最小值 Q_T，且有 $Q_T>Q_B$。Q_T 即为对应该转速下的工作极限流量。固定极限流量法防喘振控制系统就是：当负荷变化时，压缩机的吸入流量 Q_1 始终保持大于或等于 Q_T，从而避免进入喘振区运行。为此，可采用部分气体循环返回防喘振，其控制系统如图 8-62 所示。以 Q_T 作为防喘振的设定值，它与吸入流量值的偏差经 PI 运算后去改变旁路阀（回流阀）开度。如果吸入流量测量值大于 Q_T，则旁路阀完全关闭，如果流量测量值小于 Q_T，则开大旁路阀加大回流量，保证吸入流量 $Q_1 \geqslant Q_T$，从而避免喘振发生。

本控制方案结构简单，运行安全、可靠，投资费用少，适用于固定转速场合。

② 可变极限流量法。在可变极限流量法防喘振系统中，防喘振控制器的设定值不是常数，而是按压缩机喘振曲 线规律变化，形成一个随动流量控制系统。

在不同的转速下，离心式压缩机特性曲线最高点的轨迹即喘振极限近似于一条抛物线。 如前所述，若保证吸入流量 $Q_1>Q_B$，则可避免喘振。但为了安全起见，压缩机的实际工作点还应留有余地，应位于安全操作线（或称防喘振保护曲线）右侧。安全操作线也近

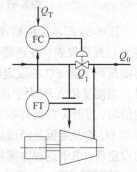

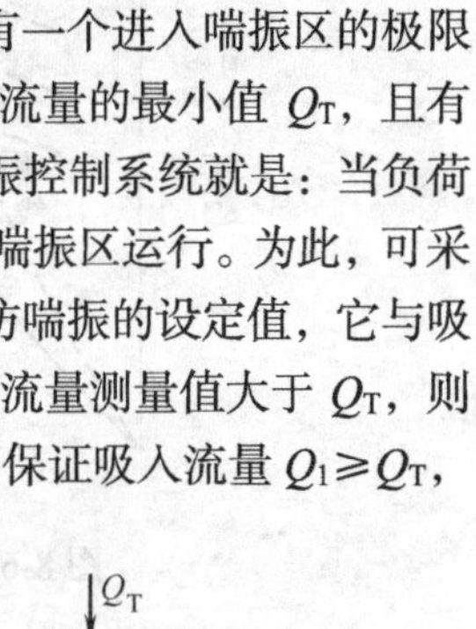

图 8-62 防喘振旁路调节

似为抛物线，如图 8-63 所示，其数学模型为：

$$P_2/P_1=a+bQ_1^2/T_1 \tag{8-7}$$

式中，T_1 为入口端绝对温度；Q_1 是入口流量；a、b 为系数，一般由压缩机制造厂提供。P_1、P_2、T_1、Q_1 可以用测试方法得到。如果压缩比 $P_2/P_1 \leqslant a+bQ^2_1/T_1$，工况是安全的；如果压缩比 $P_2/P_1>a+bQ^2_1/T_1$，则可能产生喘振。

假定在压缩机的入口端通过测量压差 ΔP_1 与 Q_1 的关系为：

$$Q_1=K\sqrt{\frac{\Delta P_1}{\rho}} \tag{8-8}$$

式中，ρ 为介质密度；K 为比例系数。

根据气体方程可知：

$$\rho=P_1M/zRT_1 \tag{8-9}$$

式中，z 为气体压缩因子；R 是气体常数；T_1、P_1 分别为入口气体的绝对温度和绝对压力；M 为气体分子量。

将 ρ 代入 Q_1 并代入防喘振保护曲线式（8-7）

$$\frac{P_2}{P_1}=a+\frac{bK^2}{r}\cdot\frac{\Delta P_1}{P_1} \tag{8-10}$$

其中，$r=M/zR$ 是一个常数，因此，为了防止喘振，应有：

$$\Delta P_1 \geqslant \frac{r}{bK^2}\left(P_2-aP_1\right) \tag{8-11}$$

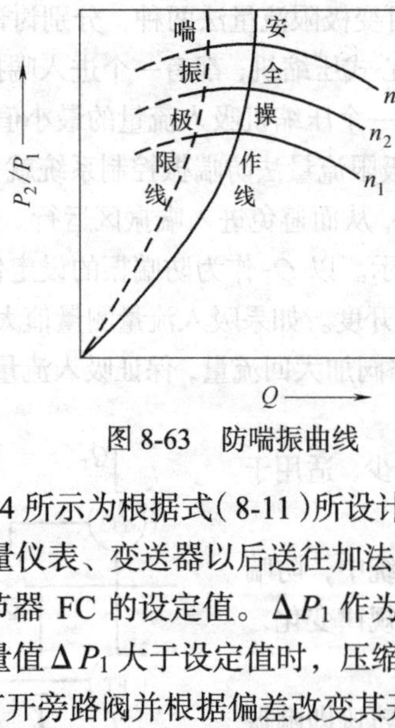

图 8-63 防喘振曲线

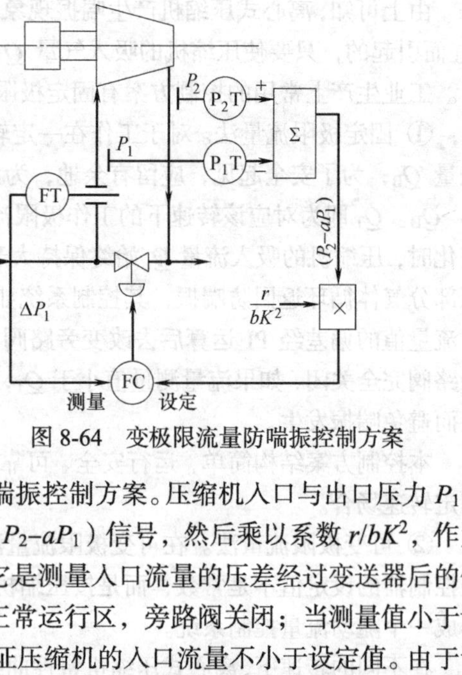

图 8-64 变极限流量防喘振控制方案

图 8-64 所示为根据式（8-11）所设计的一种防喘振控制方案。压缩机入口与出口压力 P_1、P_2 经过测量仪表、变送器以后送往加法器，得到（P_2-aP_1）信号，然后乘以系数 r/bK^2，作为防喘振调节器 FC 的设定值。ΔP_1 作为测量值，它是测量入口流量的压差经过变送器后的信号。当测量值 ΔP_1 大于设定值时，压缩机工作在正常运行区，旁路阀关闭；当测量值小于设定值时，打开旁路阀并根据偏差改变其开度，以保证压缩机的入口流量不小于设定值。由于调节器 FC 的设定值是经过运算得到的，因此，能根据压缩机负荷变化的情况随时调整入口流量的设定值。由于这种方案将运算部分放在闭合回路之外，因此，可像单回路流量控制系统那样整定控制器参数。

8.6.2.4 其他控制系统

① 压缩机各段吸入温度以及分离器的液位控制。气体经压缩后温度升高，为了保证下一段的压缩效率，压缩气体进入下一段前要把气体冷却到规定温度，为此要设置温度控制系统。

为了防止吸入压缩机的气体带液，造成叶轮受损，在各段吸入口均设置冷凝液分离罐，对分离罐液位需要设置液位控制或高液位报警。

② 压缩机密封油、润滑油、调速油的控制系统。大型压缩机组一般均附有密封油、润滑油和调速油三个系统，为此应设置油箱液位、油冷却器后油温、油压等检测控制系统。

③ 压缩机振动和轴位移检测、报警、连锁。由于压缩机是高速运动的机械，有的转速可达每分钟上万转，一旦转子振动或轴位移超量将会造成严重设备事故，因此，大型压缩机组在轴瓦内设置温度测量探头，同时还在机组不同部位设置多个测量探头对转子的振动量和轴位移进行监测，并形成完整的报警连锁系统。

第9章

化工设备安装工程预算

9.1 基础知识

9.1.1 石油化工工业设备及投资

（1）石油化工工业设备

石油（天然气）开采、石油管道输送、石油加工、石油存储、石油生产工艺中所用的抽油机、加热炉、计量分离器、输油泵、长距离输油（气）管、炼油塔、冷换器、反应器、压缩机、化工炉、储油罐等，均属于石油化工工业设备。工程预算定额（简称预算定额或定额）中的石油化工设备分两类，分别称为“机械设备”和“静置设备”。机械设备又称为：标准设备、通用设备、机动设备，俗称“动设备”。工程预算定额中的机械设备指的是：

① 按国家规定的产品标准定型生产的产品；

② 生产厂根据国家产品标准批量生产，并按照生产成本、税金和利润及其经营管理水平，制定统一的出厂价格；

③ 备有“样本”或“产品说明书”供使用单位查阅和选用。

工程预算定额中的静置设备指的是国家尚未定型，制造厂尚不批量生产，使用单位不能直接通过市场采购或工厂订货的设备。这类在生产操作过程中无需动力带动、安装后又处于静止状态的设备可称非标准设备，简称“静设备”，定额中通称“静置设备”。这些设备的价格确定分三种情况：

第一种，由企业到设备制造厂直接订制的可以依据图纸要求整体制作完成，运到施工现场进行吊装就位的设备，如小型容器、反应器、换热器等设备。其价格由双方签订的合同价格确定，由设备原价再加上运杂费计算。

第二种，直径及长度尺寸大的设备，由于运输原因，制造厂只能分片或分段分体交货。这些设备构造较复杂，制造精度要求高、技术含量大，制造厂制造可保证质量。该类设备如塔、球罐、炉等，可以分片或分段分体运到施工现场，一般均由施工企业继续制造完成。因此，组对后的整体设备价格由两部分组成，一部分为制造厂制作价格加上运杂费，另一部分为现场组对及组对后的理化检验、试压等工程费用，后一部分费用由工程造价人员根据预算定额及费用标准计算出来。

第三种，制造工艺较简单、体积庞大的设备，如气柜、各种大型储罐等。该类设备的制造均由施工企业在施工现场制作加工安装完成，这些设备的造价全部由工程造价人员根据预算定额和费用标准计算。

（2）石油化工设备投资

石油化工建设中设备购置费简称“设备费”。工程建成投产后，将全部转入固定资产，由于购置设备的费用占石油工程建设投资的比重很大，再加上设备安装工程费用及相关费用，所以在工程建设中或生产管理中都特别重视对这部分投资的管理。

① 石油化工生产装置中主要生产设备分类。

a. 井场设备。采油（气）树、抽油机、加热炉、油气计量分离器等。

b. 联合站设备。分离器、缓冲罐、油泵、加热炉、储罐等。

c. 集气站设备。多井加热炉（橇块）、计量分离器、放空分液罐、收球筒、发球筒等。

d. 天然气处理厂设备。分离器（原料气、再生气）、过滤器、换热器、储罐、分离塔、水泵、油泵、压缩机、加热炉、段塞流捕集器等。

e. 长距离输送管道设备。输送管道、清管器、收发球筒、油泵、加热炉、储罐等。

f. 常（减）压蒸馏装置生产设备。初馏塔、常压塔、常压汽提塔、常压加热炉、减压塔、减压加热炉、各种容器、冷换设备、空冷器、蒸汽发生器、油泵、风机、起重设备等（图 9-1）。

g. 催化裂化、催化裂解装置生产设备。反应（沉降）器、再生器、吸收塔、解吸塔、分馏塔、柴油（轻重）汽提塔、再吸收塔、稳定塔、冷热催化剂罐、冷换设备、空冷器、余热锅炉、烟气轮机机组、气压机组、单动滑阀、双动滑阀、塞阀、油泵、风机等。

h. 焦化及减乳装置生产设备。脱丙烷塔、脱乙烷塔、丙烯塔、脱戊烷塔、各种容器、冷换设备、压缩机、泵等。

i. 催化剂生产装置生产设备。加热炉、活化炉、干燥机、喷雾干燥器、球磨机、粉碎机、压环机、挤条机、成球机、化工泵等。

j. 丙烯、腈纶纤维装置生产设备。加热炉、中和塔、吸收塔、解吸塔、脱水塔、纺丝机、牵伸联合机、水洗上油机、干燥机、卷曲机、打包机等。

k. 甲乙酮装置生产设备。脂化塔、沉降塔、洗涤塔、蒸出塔、二元共沸塔、三元共沸塔、酮脱水塔、酮精馏塔、列管式脱氢反应器、耐腐蚀泵、通风机等。

l. 主要生产装置辅助系统设备。各种储罐、气柜、火炬、污水处理设备等。

② 石油化工工程建设费用构成。石油化工工程建设中设备购置费及安装工程费占工程费用投资和建设投资的比例如表 9-1 所示。

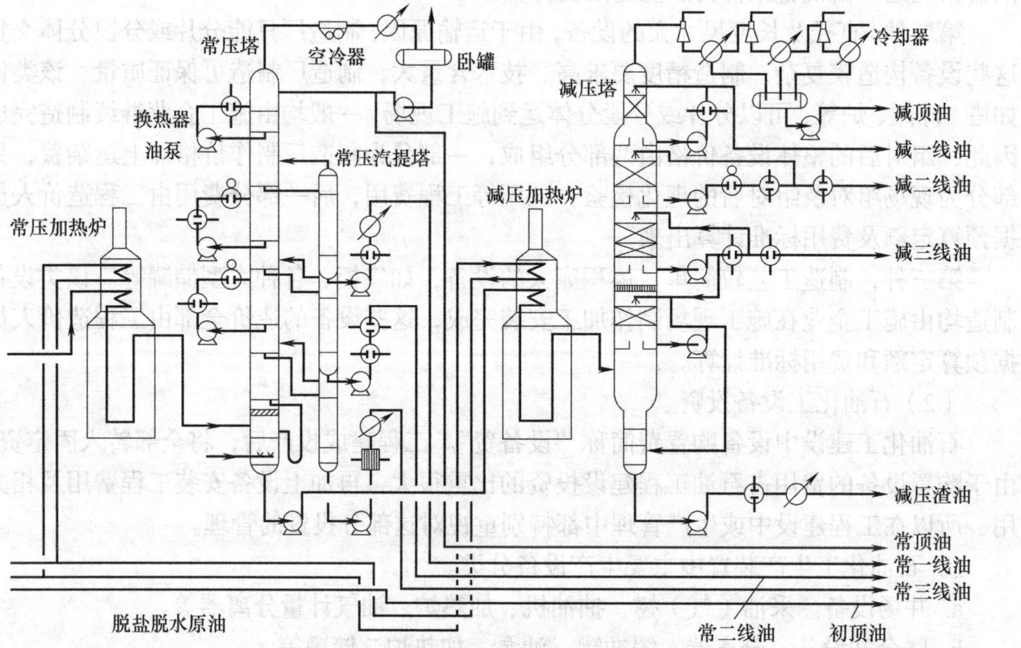

图 9-1　常（减）压蒸馏装置生产设备

表 9-1　石油化工工程建设中设备购置费及安装工程费用投资和建设投资的比例

序号	建设项目	项目	占工程费用投资比例/%	占建设投资比例/%
1	抽油机井场（4~16 型）	设备购置费	64.99~74.77	50.46~58.05
		安装工程费	14.56~29.77	11.34~23.12
2	稀油转油站	设备购置费	49.19~50.54	38.19~39.24
		安装工程费	32.69~36.21	25.38~28.11
3	撬装注水站（60~200m²/d）	设备购置费	37.53~39.39	29.4~30.58
		安装工程费	37.22~40.07	28.90~31.12
4	天然气集气站（4~10MPa）	设备购置费	14.00~34.00	11.00~26.00
		安装工程费	56.00~69.00	44.00~54.00
5	天然气长输管线	设备购置费	46~59	32~44
		安装工程费	18~23	11~12
6	原油长输管线	设备购置费	49~62	32~46
		安装工程费	16~29	13~14
7	全厂性炼油工程［（250~1000）× 10⁴t/a 炼厂］	设备购置费	36.53~52.05	26.38~39.87
		安装工程费	35.33~45.72	24.00~33.03
8	乙烯装置［（10~30）× 10⁴t/a］	设备购置费	62.57~77.47	49.28
		安装工程费	16.48~30.41	23.95

（3）石油建设工程主要项目及总投资构成

① 石油建设工程主要项目包括：

a. 油气田建设工程。主要装置：油（气）井场、油气集输、计量站、油气处理站（联合站)、污水处理、储运等。

b. 长距离输气、输油管道建设工程。主要生产项目：线路工程、穿跨越工程、站场工程等。

c. 炼油工程生产装置。主要生产装置：常（减）压蒸馏、催化裂化、催化裂解、催化重整、加氢裂化、加氢精制、产品精制、制氢、焦化及减黏、气体分馏、MTBE、溶剂脱沥青、氧化沥青、溶剂脱蜡脱油、糠醛白土精制等装置；储运工程（各种油料罐区、火炬设施、润滑油调和装置)、给排水工程（循环水场、污水处理场)、供热供风工程。

d. 石油化工生产装置。

ⅰ. 石油化工原料工程。主要生产装置：甲醇、乙二醇、丁辛醇、苯酚、丙酮、乙烯、丁二烯、裂解汽油加氢、芳烃抽提、苯乙烯装置等。

ⅱ. 树脂及共聚物工程。主要生产装置：聚丙烯、聚苯乙烯、ABS 装置。

ⅲ. 合成橡胶工程。主要生产装置：顺丁橡胶、乙丙橡胶装置。

ⅳ. 合成纤维单体及聚合物工程。主要生产装置：聚丙腈、聚酯、涤纶短纤维、涤纶长丝、丙纶细旦短纤维装置。

e. 公用及辅助生产装置。

② 建设项目总投资构成。建设项目估算总投资应包括拟建项目从立项、设计、施工到竣工验收的全部建设资金。估算的总投资由建设投资（包括固定资产、无形资产、递延资产费用和预备费)、建设期贷款利息及流动资金组成（表 9-2)。

表 9-2 建设项目总投资的构成

投资估算费用划分			建设项目概算总投资
建设项目总投资	建设投资	固定资产费用：设备购置费	第一部分 工程费用
		固定资产费用：安装工程费	第一部分 工程费用
		固定资产费用：建筑工程费	第一部分 工程费用
		固定资产费用：固定资产其他费用	第二部分 其他费用
		无形资产费用	第二部分 其他费用
		其他资产费用(递延资产)	第二部分 其他费用
		预备费：基本预备费	第三部分 预备费用
		预备费：价差预备费(按零计算)	第三部分 预备费用
	建设期贷款利息		第四部分 专项费用
	流动资金(铺底流动资金)		第四部分 专项费用
	固定资产投资方向调节税(暂停征收)		

在可行性研究阶段，根据工程项目的具体情况，投资估算也可按工程概算费用进行划分。

a. 固定资产费用。固定资产费用指项目按拟定建设规模、方案、内容进行建设的费用，包括工程费用和固定资产其他费用，工程费用指工程项目的设备购置费、安装工程费、建筑工程费。

ⅰ. 设备购置费：指需要安装的和非安装的、通用的和非标准设备的费用。是由设备价格、设备运杂费（包括成套设备订货手续费)、器具及生产家具购置费和备品备件购置费构成。

ⅱ. 安装工程费：包括主要生产、公用工程及辅助生产等项目的工艺设备、机电设备、仪器仪表设备和非标准设备的安装费用；工艺、给排水、供热及暖通、煤气等管道和阀门的安装费用；供电、通信、自控、管线（缆）等材料的安装费；工业炉、窑的砌筑、衬里等安装费。

ⅲ. 建筑工程费：指建设项目设计范围内的建筑物、构筑物、场地平整、道路、竖向布置及其他土石方工程费。

ⅳ. 其他费用。指从工程筹建起到竣工验收，除工程费用外所发生的各项费用，并按性质分别归类为：固定资产、无形资产、递延资产。包括：建设管理费、建设用地费、可行性研究费、研究试验费、勘察设计费、环境影响评价费、劳动安全卫生评价费、场地准备及临时设施费、引进技术和引进设备其他费、工程保险费、联合试运费、特殊设备安全监督检验费、市政公用设施、建设及绿化费。

b. 无形资产。指直接形成无形资产的建设投资，主要是指专利及专有技术使用费。

c. 其他资产费用（递延资产）。指建设投资中除形成固定资产和无形资产以外的部分，主要包括开办费和生产准备费。

d. 预备费。预备费包括基本预备费和涨价（价差）预备费。

ⅰ. 基本预备费指在可行性研究投资估算中难以预料的工程费用。包括在批准的可行性研究范围内初步设计、施工图设计及施工过程中所增加的工程费用；一般自然灾害造成的损失和采取预防措施所需的费用；竣工验收时鉴定质量而对隐蔽工程进行必要的挖掘和修复费用。

ⅱ. 涨价（价差）预备费指建设项目在估算年至工程建成年内由于政策、价格变动而引起工程造价变化的预备费用，包括设备、工器具、建筑、安装及其他费用价格的变动费用。

e. 应列入估算总投资的费用。包括建设期贷款利息及流动资金。

9.1.2 工程预算定额及费用定额

石油化工设备制作及安装工程造价是依据工程预算定额及配套的费用定额计算出工程费用。安装工程预算定额是计算直接费中的直接工程费的依据，工程预算定额分为由中华人民共和国住房和城乡建设部批准发布的《通用安装工程消耗量定额》（简称通用定额），由各部门颁布的各行业定额如《石油建设安装工程预算定额》（简称石油定额）和《石油化工安装工程预算定额》（简称石化定额）等。

住建部 2020 年发布《工程造价改革工作方案》，明确提出：取消最高投标限价按定额计价的规定，逐步停止发布预算定额，引导建设单位根据工程造价数据库、造价指标指数和市场价格信息等编制和确定最高投标限价，但定额还会在工程造价中过渡使用一段时期。

安装工程费用定额是计算直接费中措施费、间接费中规费、企业管理费、利润和税金的依据。建设安装工程费由直接费、间接费、利润和税金组成，计算各项费用，如表 9-3 所示。

工程预算定额一般由定额总说明（册、章说明）、分部分项工程预算定额表和有关附录组成。

① 定额总说明（册、章说明）。工程预算定额的编制依据，使用范围，定额中人工费、材料费和施工机械台班费计算的有关规定；对于定额工资等级、材料规格与调整换算原

表 9-3　建筑安装工程费的构成

一	直接费（一）+（二）	工程成本	所用定额名称
（一）	直接工程费		“安装工程预算定额”
1	人工费		
2	材料费		
3	施工机械使用费		
（二）	措施费		“安装工程预算定额”配套的“安装工程费用定额”
1	健康安全环境施工保护费		
2	临时设施费		
3	夜间施工费		
4	二次搬运费		
5	生产工具用具使用费		
6	工程定位复测、工程点交、场地清理等费用		
7	冬雨季施工增加费		
8	大型机械进场及安拆费		
9	特定条件下计取的费用		
9-1	特殊地区施工增加费用		
9-2	工程排污费		
二	间接费（一）+（二）		
（一）	规费		
1	社会保障费、住房公积金		
（二）	企业管理费		
三	利润		
四	税金		
五	合计一+二+三+四		工程造价（工程价格）

则、定额中包括和不包括的工程内容；按系数计取的有关费用以及定额使用方法等所作的说明。

② 分部分项工程预算定额表。分部分项工程预算定额表是工程预算定额的主体部分，由人工、材料、施工机械台班数量三部分组成；按工程特点和内容性质不同将一本定额划分为若干章，每章下分若干节，章节前面还有关于定额使用范围和工程内容的说明。根据不同工程内容和技术特征，将工程预算定额分成若干个分部分项，每一个分部分项又根据不同规格或型号分为若干子目。在分部分项定额表头上，以文字说明该分部分项定额的工作内容，即主要工序和施工范围及计量单位。

③ 定额附录。一般主要包括编制和应用定额所必要的基础资料，如主要材料预算价格，施工机械台班预算价格；有的还附有工程量的计算和换算表等。

9.1.3　石油化工设备制作与安装工程施工图预（结）算书的组成及编制

（1）石油化工设备制作与安装工程的主要施工内容

① 石油化工企业生产所用的机械设备和静置设备的制作及安装工程。

② 随机带来成套设备的附属设备、配件以及设备本体的安全罩、栏杆、平台、梯子等的安装工程。

③ 设备内部填充物。

④ 各种石油化工炉的结构制作与安装。

⑤ 现场就地制作、组装和安装的石油化工设备，如气柜，火炬，分片、分段到货的容器、塔等设备的制作、组对、吊装。

⑥ 工艺金属结构工程，包括设备框架、支架、联合平台、桁架结构、烟道、烟囱、漏斗、料仓等与石油化工设备有关的配套金属结构件。

（2）编制施工图预（结）算书

单位工程施工图预算书的主要编制步骤是：计算工程量，套定额计算直接工程费，再依据配套的费用定额计算各种有关费用（措施费、间接费、利润、税金）合计为工程总的费用，编写编制说明（未确定因素等有待解决的事宜）。

施工图预算书应包括本工程所用的材料的数量（含消耗量）、规格、材质、各种配件的规格、型号、数量。如果是甲供材料还应标明此材的预算价格。工程材料单是供应部门供料的依据也是材料找差价的依据。按规定材料找差的费用应计取税金。

① 计算工程量。为了统一安装工程预算工程量的计算，工程量计算依据及计算出的工程量名称、数量单位要与工程预算定额中各子目名称和计量单位一致，所以每套定额均配备一套《工程量计算规则》供工程预算人员遵照执行，一般工程量计算规则中明确地规定工程量计算依据，物理计量单位和自然计量单位的具体单位，有效数字的位数以及有关数量的计算方法。每册定额说明中也有关于工程量计算规定。

《通用安装工程消耗量定额》第一章总则中规定：

以设计图纸表示的或设计图纸能读出的尺寸为准。除另有规定外，工程量的计量单位应按下列规定计算：

a. 以体积计算的为立方米（m^3）。

b. 以面积计算的为平方米（m^2）。

c. 以长度计算的为米（m）。

d. 以质量计算的为吨（t）。

e. 以台（套或件等）计算的为台（套或件等）。

汇总工程量时，其准确度取值：m^3，m^2，m 取两位，t 以下取三位，台（套或件等）取正整数，两位或三位小数后的位数按四舍五入法取舍。

② 计算定额直接工程费。计算直接工程费的主要项目内容：制作安装设备的名称、计量单位、设备重量、设备安装高度、结构特征（是否分段、分片、有无内件）、技术特征（探伤、气密试验、脱脂、清洗及热处理等），图纸中技术要求（试压、焊接工艺评定、无损探伤等），施工手段（制造安装需用的胎具），施工方案（机械化吊装设施、施工平台等），定额说明按系数计取的费用项目所选用的定额子目条件要与工程内容完全一致。定额说明允许调整的项目按规定调整。如定额缺项可编制补充单位估价表，并经有关部门同意后执行。如石油化工设备安装工程在石油定额中还需增加：

a. 炼油厂再生器、沉降器、旋风分离器组对安装；

b. 空气分馏塔组对；

c. 聚丙烯环管反应器组对；

d. 设备空中分段组对；

e. 高压容器、反应器安装；

f. 合成氨、尿素、乙烯、芳烃专用塔安装；

g. 炼油厂烟气轮机组安装；

h. 乙烯裂解炉制作安装；

i. 炼油厂其他机械设备安装：水力除焦机、沥青成型机、套管结晶器、特殊阀门等。

③ 关于定额中未计价材料。许多主要材料的特征因素及价格，在定额子项中不能确定，故无法将其价值计入定额计价，这部分材料称为未计价材料。有些材料的品种和消耗可以确定的，但材质和价格不能确定，在定额中用括号表示定额用量（包括施工损耗量）。未计价材料的工程材料费用的材料单价，按工程所在地的材料价格计算，但需由甲方认可。

未计价材料费=工程量×材料定额用量×材料单价

④ 利用经验方法计算。对于资料不全的辅助项目编制预算时，可用经验办法估算出工程量和费用，并待工程结算时按有关资料如施工图、施工方案和实属情况如实调整过来。这些辅助工程例如：设备基础灌浆、设备组对平台、设备组对加固、安装设备胎具、吊耳等辅助工程，待工程结算时共同商量确定。

⑤ 定额直接工程费的计算顺序。所有定额项目应按工程预算定额的分部、分项顺序排列。主项在前，次项排在后，再后计取主材费、措施项目、技术特征、技术要求等项目，最后计取定额说明中按系数计费项目，还要将章说明、册说明和定额总说明中计算的系数分清，按层次计算。预算书定额编号栏内注明定额子目编号，如定额说明中允许换算或调整的子目，换算或调整后的编号右下方注明“换”或“调”字样。

9.1.4 施工图预（结）算书的审核

审核施工图预（结）算书的目的是使施工图预算费用计算准确，审查施工图预（结）算书的要点一般是：

① 编制依据是否齐全，准确；

② 工程项目和内容是否与设计要求相符，有无漏项或错误；

③ 单位工程的分部分项内容是否完全，有无漏项或重项；

④ 工程中所用专业公司制造的成品构件的安装及有关费用的计算是否准确；

⑤ 工程量计算是否符合计算规则，计算是否准确，有无漏算或重叠计算；

⑥ 采用的定额是否符合规定，套用的定额子项是否符合，各项定额调整是否准确；

⑦ 各种费率的计取标准是否与合同或协议的条款一致，计算程序是否正确；

⑧ 未经上级部门审批的估价表编制是否合理，根据是否充分；

⑨ 采用的工资单价、材料预算价格、机械台班单价以及有关调价规定是否合理有据，各栏数字的运算是否准确；

⑩ 审查结算时应有单位工程竣工验收单、竣工图、设计变更单、材料代用单、工程签证单等与工程结算有关的经过有关部门批准生效的资料。

9.2 化工机械设备安装工程施工图预（结）算书的编制

9.2.1 风机

风机是用于输送气体的机械，它是把原动机的机械能转变为气体能量的一种机械。根据排出气体压力的大小可分为通风机、鼓风机和气体压缩机三类。

① 通风机。按结构形式不同通风机可分离心式风机与轴流式风机。主要用于工业加热炉送风（助燃），排除车间内易燃、易爆或腐蚀性气体，改善车间操作环境条件。大型轴流风机常常作为循环水场凉水塔、自备电站的冷却以及空气冷却器的冷却通风之用。

② 鼓风机。按构造不同分为离心式、回转式和轴流式三种。按其叶轮片的数量多少有单级与多级之分。鼓风机工作原理是以叶轮旋转产生的离心力压缩气体，从而获得压力较高的风力。例如：炼油厂催化裂化装置中的主风机与增压机都是离心式的多级鼓风机。在“机械设备安装工程定额”中有带增速器和不带增速器之分。

（1）各类风机产品用途代号，传动方式及出入口位置

各类风机产品用途代号、传动方式及出入口位置分别如表 9-4、表 9-5 和图 9-2 所示。

表 9-4 各类风机产品用途代号

通风机名称	代号		用途	通风机类型
	汉字	缩写		
冷却通风机	冷却	L	工业冷却水通风	一般为轴流式
通用通风机	通风	T	一般通用通风换气	离心式、轴流式
防爆通风机	防爆	B	易爆气体通风换气	离心式
防腐通风机	防腐	F	腐蚀气体通风换气	离心式
锅炉通风机	锅通	G	热电站及工业锅炉输送空气	离心式、轴流式
锅炉引风机	锅引	Y	热电站及工业锅炉抽引烟气	离心式、轴流式
排尘通风机	尘	C	纤维及含有尘埃气体的输送	多采用离心式
热风通风机	热	R	吹热风	离心式、轴流式
高温通风机	温	W	高温气体输送	离心式
空调通风机	空调	KT	空气调节	离心式、轴流式
降温通风机	凉风	LF	降温凉风	轴流式
化工气体输送	化气	HQ	输送化工气体	离心式
石油炼厂气体输送	油气	YQ	输送石油炼厂气	离心式
天然气输送	天气	TQ	输送天然气	离心式

表 9-5　离心通风机传动方式

形式	A 型	B 型	C 型
结构	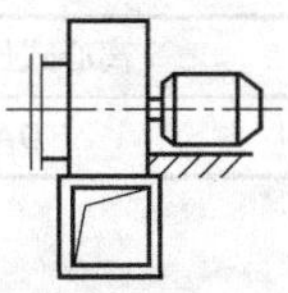	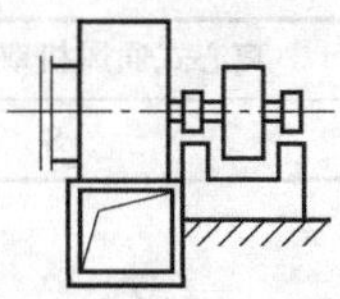	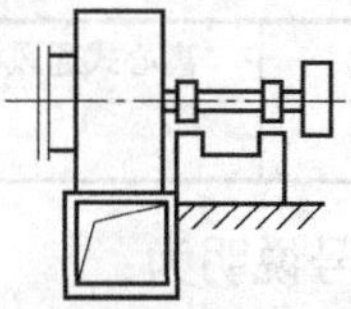
特点	叶轮装在电机轴上直联传动	叶轮悬臂，皮带轮在两轴承中间	叶轮悬臂，皮带轮悬臂
形式	D 型	E 型	F 型
结构	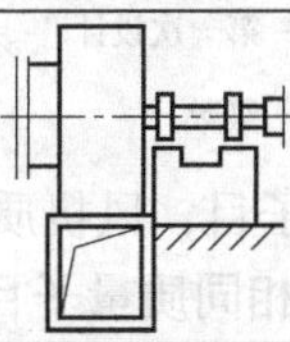	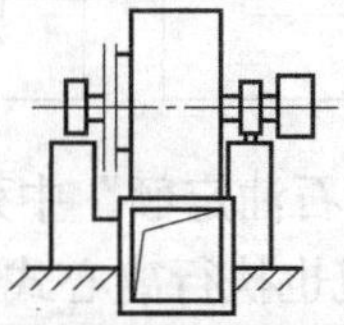	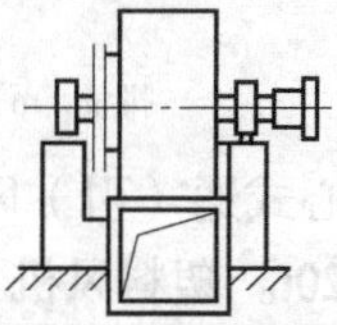
特点	叶轮悬臂，联轴器直联传动	叶轮在两轴承中间，皮带轮悬臂传动	叶轮在两轴承中间，联轴器直联传动

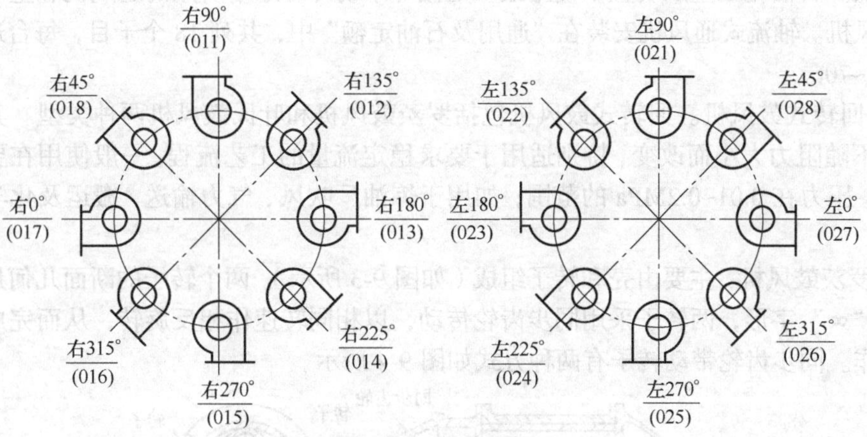

图 9-2　出风口位置图

（2）各类通风机的性能、规格

离心式风机是依靠旋转的叶轮使气体受到离心力作用而产生压力。而根据排出气体压力的大小分为通风机、鼓风机和压缩机（表 9-6）。

表 9-6　通风机、鼓风机和压缩机分类

类别	通风机	鼓风机	压缩机
排气压力	$\Delta p \leqslant 14.7$kPa	14.7kPa<$\Delta p \leqslant 350$kPa	>350kPa

① 离心式通风机。离心式通风机是利用离心力来工作的。其工作原理是：当离心式风机的叶轮在电动机带动下转动时，充满于叶片之间的气体随同叶轮一起旋转，旋转的气体因其自身的质量产生了离心力，而从叶轮中心甩出去，并将气体由叶轮出口处排出。由于离心式通风机不停地工作，将气体吸入压出，便形成了气体的连续流动，源源不断地将气体输送出去。

离心式通风机的主要部件是叶轮、外壳、进气箱、集流器、调节门、轴和轴承等。离心通风机代号见表 9-7，型号说明如下。

表 9-7　离心式通风机的代号

形式	离心式通风机单吸式叶轮	离心式通风机双吸式叶轮	离心式压缩机
代号	D	S	DA

型号说明为：

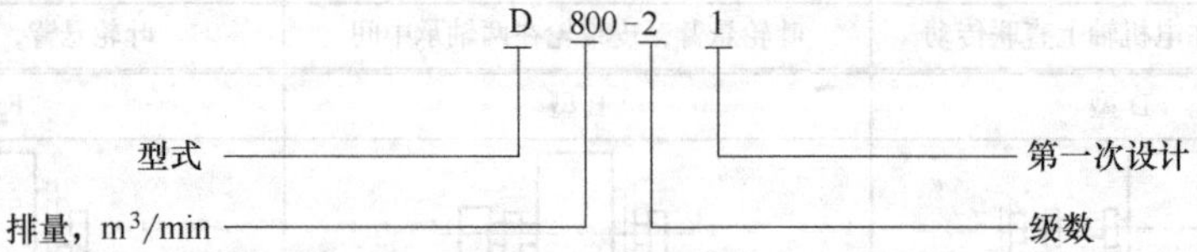

离心式通（引）风机在“通用及石油定额”中列十二个定额子目，风机质量范围为每台 0.3~20t。塑料风机、耐酸陶瓷风机也执行离心式通（引）风机相同质量子目。

② 轴流式通风机。轴流式通风机，气流的进出方向都是轴向的，它的特点是通风量大而风压低。石油化工生产装置中使用最多是循环水场冷却水塔所用的通风机和空气冷却器所用的风机。轴流式通风机安装在“通用及石油定额”中，共列 18 个子目，每台通风机质量为 0.2~70t。

③ 回转式鼓风机。回转式鼓风机包括罗茨鼓风机和叶氏鼓风机两种类型。其特点是排气量不随阻力大小而改变，特别适用于要求稳定流量的工艺流程。一般使用在要求输气量不大，压力在 0.01~0.2MPa 的范围，如用于炼油厂吹风、气力输送、搬运及化学工业等方面。

a. 罗茨鼓风机：主要由壳和转子组成（如图 9-3 所示）。两个转子的断面几何形状是渐开线的“∞”字形，两转子采用同步齿轮传动，以相同转速作相反旋转，从而完成气体的输送工作。同步齿轮带动转子有两种方式如图 9-4 所示。

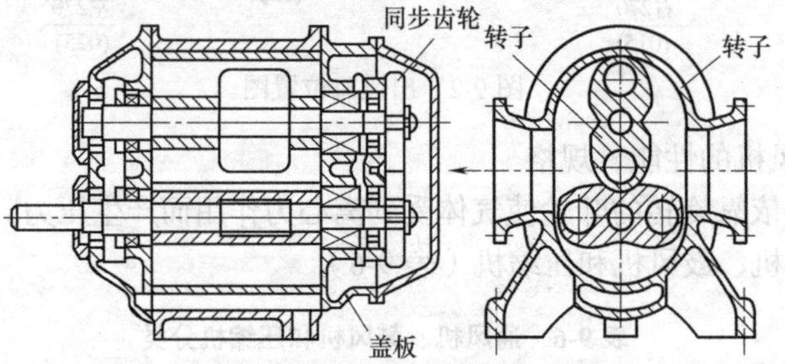

图 9-3　罗茨鼓风机

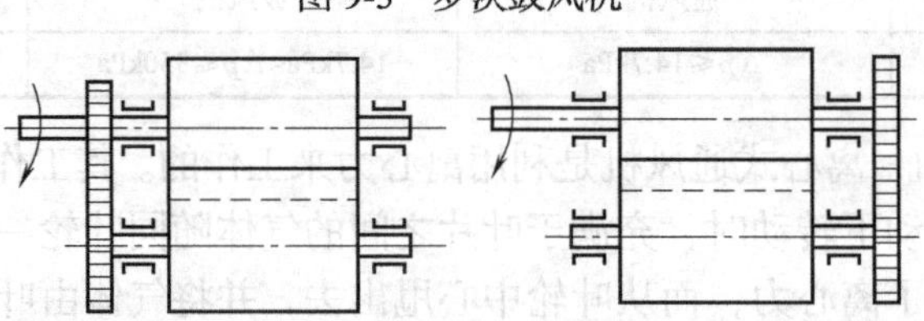

图 9-4　同步齿轮传动方式

b. 叶氏鼓风机：气体输送工作主要由机壳、鼓风翼及阻风翼之间的相对运动来完成。机壳由两个交接的空心圆筒所构成。鼓风翼是一个圆盘，轮缘上有向两侧对称伸出并与轴平行的三个空心脚，阻风翼是一个圆柱体，上有三条与轴平行的圆槽，在圆柱体中部有与轴垂直的空隙圆。鼓风翼直接由皮带轮带动，阻风翼则是被动部分，两翼之间用齿轮相连，以相同转速作相反旋转。鼓风翼的作用是送风，阻风翼的作用是防止逆流。

回转式鼓风机型号组成如下：

ⅰ. 品种表示方法：

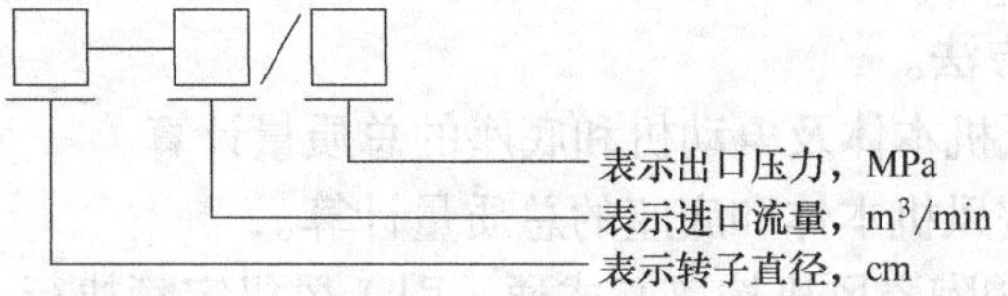

ⅱ. 形式表示方法：

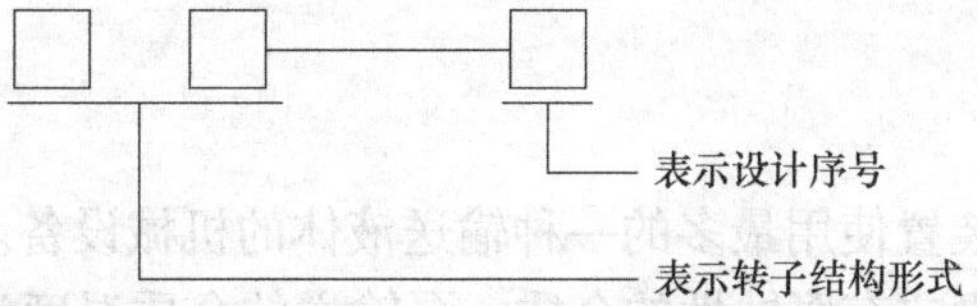

转子结构形式用汉语拼音字头表示：罗茨式，代号为 L；叶氏式，代号为 Y。

ⅲ. 如果回转式鼓风机有防腐作用，可在形式代号加注防腐代号“F”。

例如：型号 L-22-15/0.035，L 表示为罗茨式，转子直径为 220mm，进口流量为 $15m^3/min$，出口压力为 0.035MPa。如 L（F），则表示该型号产品能防腐蚀。

通用定额中共列 8 个定额子目，风机质量为 0.5~15t。

④ 离心式鼓风机。炼油厂所用的离心式鼓风机（主风机），分为两种型号：D800-32 型配 3000kW 电动机或 3000kW 汽轮机，D1200-22 型配 3000kW 电动机或汽轮机。

通用定额中所列的离心式鼓风机是带增速机的列 6 个子目，机重为 5~25t。不带增速机的列 15 个子目，机重为 0.5~120t。“石油定额”中未列离心式鼓风机安装项目。

⑤ 风机的拆装检查。风机拆装检查内容包括：机壳和转子清洗，清洗变速箱、齿轮组或蜗轮蜗杆，清洗润滑油系统，清洗水系统，调整各部间隙等工作。

（3）通用定额第一册《机械设备安装工程》的第八章风机安装

① 本章定额适用范围。

a. 离心式通（引）风机：包括中低压离心通风机、排尘离心通风机、耐腐蚀离心通风机、防爆离心通风机、高压离心通风机、锅炉离心通风机、煤粉离心通风机、矿井离心通风机、抽烟通风机、多翼式离心通风机、化铁炉风机、硫酸鼓风机、恒温冷暖风机、暖风机、低噪声离心通风机、低噪声屋顶离心通风机。

b. 轴流通风机：包括冷却塔轴流通风机、化工轴流通风机、纺织轴流通风机、隧道轴流通风机、防爆轴流通风机、可调轴流通风机、屋顶轴流通风机、一般轴流通风机和隔爆型轴流式局部通风机。

c. 离心式鼓风机、回转式鼓风机（罗茨鼓风机、HGY 型鼓风机、叶氏鼓风机）。

d. 其他风机：包括塑料风机、耐酸陶瓷风机。

② 本章定额包括下列内容。

a. 设备本体及与本体联体的附件、管道、润滑冷却装置等的清洗、刮研、组装、调试。

b. 离心式鼓风机（带增速机）的垫铁研磨。

c. 联轴器或皮带以及安全防护罩安装。

d. 设备带有的电动机及减震器安装。

③ 本章定额不包括下列内容。

a. 支架、底座及防护罩、减震器的制作、修改。

b. 联轴器及键和键槽的加工制作。

c. 电动机的抽芯检查、干燥、配线、调试。

④ 设备质量计算方法。

a. 直联式风机按风机本体及电动机和底座的总质量计算。

b. 非直联式风机按风机本体和底座的总质量计算。

⑤ 塑料风机及耐酸陶瓷风机按离心式通（引）风机定额执行。

9.2.2　泵

泵是石油化工生产装置使用最多的一种输送液体的机械设备。由于石油化工生产中输送的是易燃、易爆、有毒或有腐蚀性的介质，泵输送的介质温度为-140~500℃，压力由真空至35MPa。因此，石油化工生产装置中泵的材质、结构和安装与其他工业泵相比，都有自己的特殊性。而且随着石油化工技术的不断发展，泵类设备也趋向于大型、高速、特殊三方面发展。

9.2.2.1　泵的分类

一般工业用泵的分类如表9-8所示。

表 9-8　一般工业用泵的分类

- 一般工业用泵分类
  - 动力式（叶轮式）泵
    - 离心泵
      - 蜗壳泵、透平泵(带导轮的泵)
      - 单吸泵、双吸泵(按叶轮吸入部分)
      - 单级泵、多级泵(按级数分)
      - 悬臂泵、两端支承泵(按支承结构分)
      - 立式泵、卧式泵(按泵轴位置分)
    - 旋涡泵
      - 一般旋涡泵
      - 离心旋涡泵
    - 轴流泵
  - 容积式泵
    - 往复泵
      - 电动泵
        - 三联泵
        - 计量泵
        - 比例泵
      - 往复泵
        - 单缸
        - 双缸
    - 转子泵
      - 齿轮泵
      - 螺杆泵
  - 其他型式泵——真空泵、喷射泵等

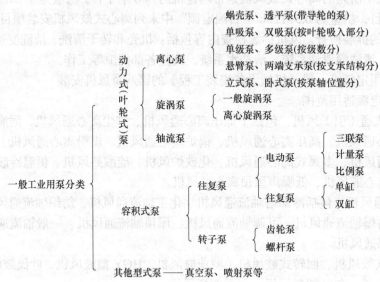

动力式泵是靠快速旋转的叶轮对液体的作用力将机械能传递给液体，使其动能和压力能增加，再通过泵缸将大部分动能转换为压力能而实现输送。动力式泵又称叶轮式泵或叶片式泵。

容积式泵是依靠工作元件在泵缸（壳）内作往复或回转运动，使工作容积交替增大和缩小，实现液体的吸入和排出。

（1）单级、双级中开式离心水泵

这类泵的性能与单级离心泵相同。它包括 S、SA、SH 和 SLA 型泵。热水设备安装工程中的循环水泵采用 SH 型。离心水泵型号技术规格如表 9-9 所示。离心泵工作原理图如图 9-5 所示。

表 9-9　离心泵型号技术规格

型号	流量/（m^3/h）	扬程/m	泵外形尺寸（长×宽×高）/mm×mm×mm	单重/kg
6SH-6	126	84	697×350×480	165
8SH-6	234	97	839×750×600	309
10SH-19	486	14	904×750×667	405
12SH-28	792	12	1000×1000×826	472
14SH-28	1260	15.1	1182×1100×889	760
20SH-28	2016	12.8	1667×1380×1285	1887
32SH-19	6696	80	2171×2448×2080	11500
48SH-22	11000	26.3	3286×2850×2915	13900

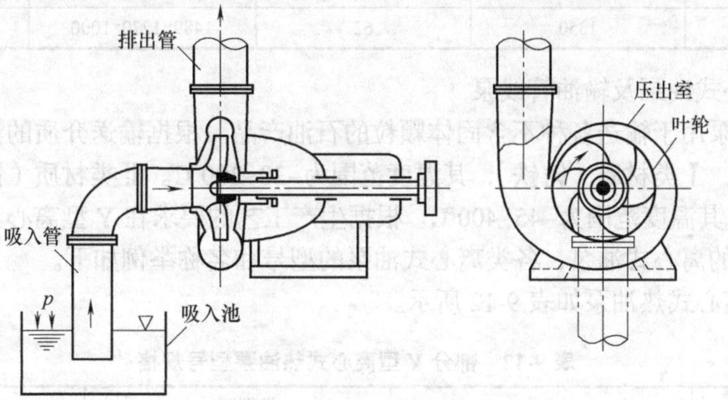

图 9-5　离心泵工作原理

（2）离心式耐腐蚀泵

泵接触液体零件的材质采用耐腐蚀材料。金属耐腐蚀泵采用 1Cr18Ni9、1Cr13 等合金钢、一号耐酸硅铸铁（HT20-49）、硬铅等。塑料耐腐蚀泵采用环氧树脂玻璃钢、增强塑料、氯化聚醚塑料、酚醛塑料等。耐腐蚀泵主要输送酸、碱、盐等溶液，其中酸类有硝酸、硫酸、磷酸、盐酸、醋酸、亚硫酸，盐类溶液有硝酸铵、硫酸铵、次氯化钙、硫化钠、氯化铁、硝酸钾。

这类泵的型号很多（如 F，AF，BF，BT，DI，DF，DB-G，JB，DB-Y，FY，YHL 和 FS 等）。单台质量由 50kg 到 2000kg 不等。

（3）离心式污水泵

适于输送带有纤维或其他悬浮物的液体以及排除污水、废水、粪便等用。型号有 PW，PWL，PH 和 HP 等，离心式污水泵型号规格如表 9-10 所示。

表 9-10　离心式污水泵型号规格

型号	流量/（m^3/h）	扬程/m	泵外形尺寸（长×宽×高）/mm×mm×mm	单重/kg
2PW	40	21.5	600×365×380	65.00
8PW	550	25.0	1525×1050×955	750.00
6PH	450	58.0	1605×840×1250	1200.00
10HP	1030	88.0	2120×1410×2040	4600.00

（4）热循环水泵

主要用于输送清水，及物理化学性质类似于水的不含固体颗粒、温度为 250℃以下的液体。适用于炼钢厂、热电厂、橡胶厂等输送高压热水。热循环水泵技术规格如表 9-11 所示。

表 9-11　热循环水泵技术规格

型号	流量/（m^3/h）	扬程/m	泵外形尺寸（长×宽×高）/mm×mm×mm	单重/kg
150R-56	190.8	56	1156×858×750	627
200R-72	2880	72	1362×930×880	1025
350R-62	1350	62	1489×1270×1000	8500

（5）离心式油泵及输油管线泵

离心式油泵用于输送各种不含固体颗粒的石油产品。根据输送介质的温度选用不同材质制造的油泵，Ⅰ类材质（铸铁），其温度范围为–20~200℃。Ⅱ类材质（铸钢）和Ⅲ类材质（合金钢），其温度范围为–45~400℃。根据生产工艺的要求在 Y 型离心油泵的基础上制造出多种形式的离心式油泵，各类离心式油泵的型号和名称举例如下。

① Y 型离心式热油泵如表 9-12 所示。

表 9-12　部分 Y 型离心式热油泵型号规格

序号	名称	举例型号	泵重/kg
1	Y 型油泵	100YⅡ120×2B	800
2	YS 型热油泵	250YSⅢ150×2C	3100
3	YT 型热油泵	65YTⅡ40×30	2400
4	AY 型热油泵	250AYⅡSA50×2C	3000

② 单级双级离心式油泵如表 9-13 所示。

表 9-13　部分单级双级离心式油泵型号规格

序号	名称	举例型号	功率/kW	泵重/kg
1	ⅠY 型单级双级离心式油泵	150ⅠYⅠ-80	70	256
2	Y 型单级双级离心式油泵	65YⅠ100×2A	37	280
3	SY 型单级双级离心式油泵	SY850-75×2	680	4076

③ 单级双吸离心式油泵如表 9-14 所示。

表 9-14　部分单级双吸离心式油泵型号规格

序号	名称	举例型号	功率/kW	泵重/kg
1	YS 型单级双吸离心式油泵	250YSⅡ15-2	800	3100
2	BY 型单级双吸离心式油泵	BYⅠ100-120	75	862
3	YT 型单级双吸离心式油泵	YTⅢ850-75×2	680	4076

④ 多级离心式油泵如表 9-15 所示。

表 9-15　部分多级离心式油泵型号规格

序号	名称	举例型号	功率/kW	泵重/kg
1	Y 型多级离心式油泵	2.5Y-50×3	30	339
2	YD 型多级离心式油泵	6YDⅠ-35×4	11	902
3	DY 型多级离心式油泵	DY16-25×12	18.5	410
4	BY 型多级离心式油泵	BY2-120×2	5.5	140

⑤ 自吸式离心油泵如表 9-16 所示。

表 9-16　部分自吸式离心式油泵型号规格

序号	名称	举例型号	功率/kW	泵重/kg
1	CYZ 型自吸式离心油泵	40CYZ-20	1.1	29
2	TC 型自吸式离心油泵	1.5TC-18	1.5	20
3	ZG 型自吸式离心油泵	2ZG-55	7.5	50

⑥ 输油管线泵（离心式）如表 9-17 所示。

表 9-17　部分输油管线泵（离心式）型号规格

序号	名称	举例型号	功率/kW	泵重/kg
1	ZSY 型输油管线泵	ZSY150-60×2	75	900
2	ZSY 型输油管线泵	ZSY500-100×4	800	5200
3	ZSY 型输油管线泵	ZSY850-112	1120	8000

⑦ 关于 AY 型离心油泵。AY 型热离心油泵系列是在老 Y 型油泵系列的基础上进行改造并重新设计的（图 9-6 和图 9-7）。它是为满足现代化建设的需要，尽快地适应以节能为中心的设备更新换代而开发的新产品。AY 型油泵在不影响互换性的情况下，对原某些零件不合理的地方进行了改进，使之更完善。故产品具有下列特点：

a. 轴承体部件将原 Y 型油泵 35，50，60（钢号）轴承体分别用 45，55，70 轴承体代替，提高了可靠性。

b. 水力过流部件采用了高效节能的水力模型，平均比老 Y 型油泵的效率高 5%~8%。

c. 为了保持继承性，AY 型油泵的结构形式、安装尺寸、性能参数范围、材料等级均保持与 Y 型油泵相同，便于老装置的更新改造。

d. 零部件通用化程度高，通标件为几个系列产品共用。

e. 选材精良，主体以Ⅱ、Ⅲ类材料为主。轴承体零件为铸铁、铸钢两种，为寒冷地区、露天使用提供了有利条件。

f. 轴承有空气冷、风扇冷、水冷三种，根据泵的不同使用温度选用。其中风扇冷尤为适用于缺水或水质差的地区。

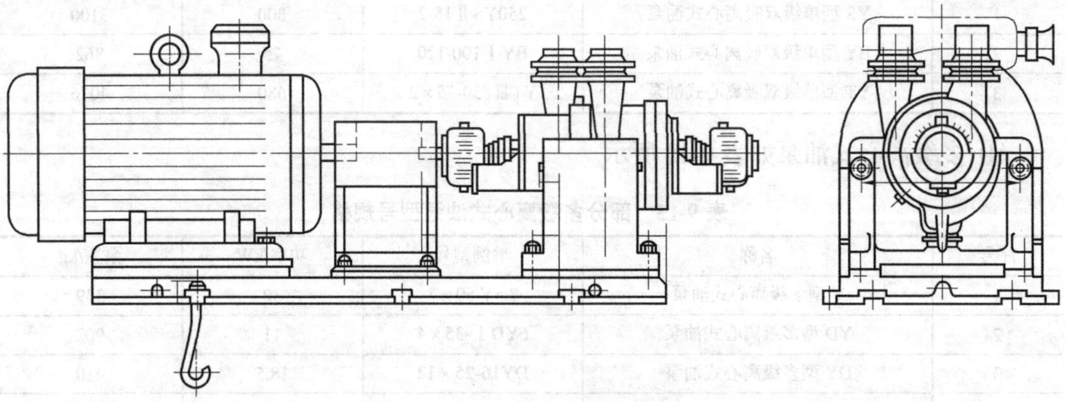

图 9-6　AY 型两端支撑式油泵图

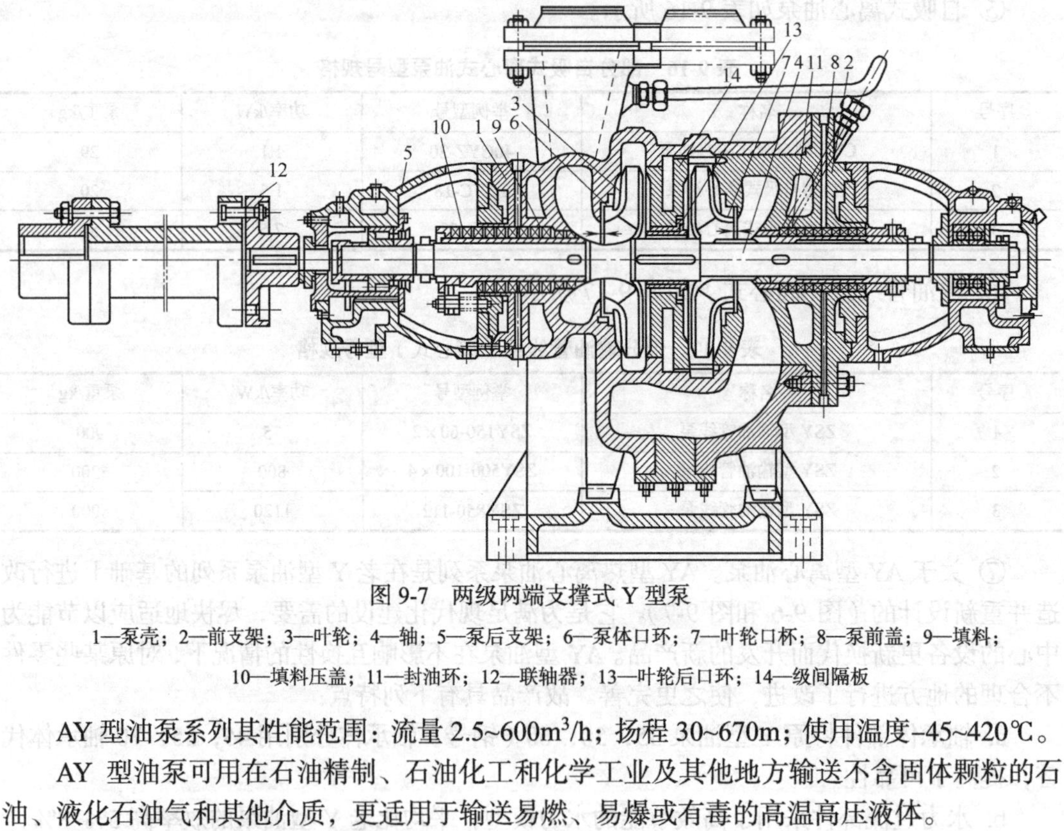

图 9-7　两级两端支撑式 Y 型泵

1—泵壳；2—前支架；3—叶轮；4—轴；5—泵后支架；6—泵体口环；7—叶轮口杯；8—泵前盖；9—填料；10—填料压盖；11—封油环；12—联轴器；13—叶轮后口环；14—级间隔板

AY 型油泵系列其性能范围：流量 2.5~600m^3/h；扬程 30~670m；使用温度-45~420℃。

AY 型油泵可用在石油精制、石油化工和化学工业及其他地方输送不含固体颗粒的石油、液化石油气和其他介质，更适用于输送易燃、易爆或有毒的高温高压液体。

AY 型离心油泵的型号说明如下：

AY 型离心油泵的型号有 80AYⅡ60 × 2B，150AYⅢ67 × 9，250AYSⅢ150C，80A-ZY60A 等。

其中，80，150，250 指吸入口直径（单位：mm）；A 表示第一次改造设计；Z 表示对 A（第一次改造）再改造；Y 表示离心油泵；S 表示第一级叶轮为双吸；Ⅰ、Ⅱ、Ⅲ分别为泵过流部件零件材料代号：Ⅰ类为 HT250，Ⅱ类为 ZG230-450，Ⅲ类为 ZG1Cr13Ni；60，67，150 表示泵单级扬程（单位：m）2，9 为泵级数；C 表示叶轮切割次数，顺序以 A，B，C……表示。

⑧ 关于 ZSY 型输油管线泵。ZSY 型系列中开输油管线泵，用于长输管线、油田、集油站等企业，其性能范围：流量 50~3000m³/h；扬程 80~800m；温度–45~200℃；结构有单吸多级，单级双吸，两级两吸和多级双吸水平中开离心泵。

（6）高硅铁离心泵

高硅铸铁离心泵是耐腐蚀泵的一种，可耐酸类有：硝酸、硫酸、磷酸、醋酸，可耐碱类（水溶液）有氢氧化钠，可耐盐类（水溶液）有：硝酸铵、氯化钙、硫酸钠、氯化钠、亚硫酸钠。高硅铁离心泵技术规格，如表 9-18 所示。

表 9-18 高硅铁离心泵技术规格

型号	流量/（m³/h）	排出压力/MPa	外形尺寸（长×宽×高）/mm×mm×mm	单重/kg
DB25G-41	3.6	41	1058×383×475	165
DB100G-23	101	22.5	1404×489×525	312
DB150G-25	190.8	34.7	3696×1000×1000	1450
DB200Y-34	360	33.5	3258×1000×1000	2110

（7）电动往复泵

电动往复泵包括 3W，3WB，3XB，3XⅤ，DS，DY，3D，2DN，2DGN，3DN 和 3ZB 等型号。

① 3W 型电动往复泵。卧式三缸高压结构往复泵的用途如下：

a. 在高温下输送无腐蚀性的乳化液、液压油等液体，也可以作为水压机、液压机的动力源。

b. 在石油化学工业中，能输送各种腐蚀性液体或高温高黏度带颗粒液体，以及其他特殊液体，如 136-67/50 型铜质泵用来输送醋酸、铜氨液或碱液。

3W 型电动往复泵技术规格如表 9-19 所示。

表 9-19 3W 型电动往复泵技术规格

型号	流量/（m³/h）	排出压力/MPa	外形尺寸（长×宽×高）/mm×mm×mm	单重/kg
3W-1B1	60	32.0	3590×2417×1145	13700
3W-4B1	9.6	40.0	2162×1697×865	3610
3W-1BL1	57	32.0	3600×2417×1040	14300

② 3WB，3XB 和 3XⅤ型电动往复泵。该泵可用于各种水质、油压机械的动力源或输送乳化剂，还是专门为移动式设备提供高位水动力装置，最适合于用作断续作业的高压水射流装置，还广泛应用于城市下水道清洗，化工厂、水泥厂、容器及管道的清洗。这种泵的技术规格如表 9-20 所示。

表 9-20 3WB 和 3XB 型电动往复泵技术规格

型号	流量/（m^3/h）	排出压力/MPa	外形尺寸（长×宽×高）/mm×mm×mm	单重/kg
3WB32/25	1.9	25.0	800×510×475	210
3XB50/40	3	40.0	930×565×410	340

③ DS 和 DY 型电动往复泵。DS 型电动往复泵分卧式、立式两种，形式有单缸、双缸、三缸三种，压力为 0.3~40MPa，流量为 0.2~40m^3/h，用于输送不含固体颗粒的海水、淡水、污水、石油及石油制品。DY 型用于输送油类液体。

DS 型电动往复泵技术规格，如表 9-21 所示。

表 9-21 DS 型电动往复泵技术规格

型号	流量/（m^3/h）	排出压力/MPa	外形尺寸（长×宽×高）/mm×mm×mm	单重/kg
2DS-2/0.3	2	0.3	850×360×490	160
2DS-160/0.8	160	0.8	2390×1160×1470	3600
3DSL-1.5/17.5	1.5	17.5	630×465×1560	700

（8）蒸汽往复泵

这种泵由蒸汽驱动活塞在汽缸内运动而工作。当活塞移动，使液缸工作容积增大，缸内压力降低，吸入缸中液体在压差的作用下，克服吸入管内水力损失和吸入阀的阻力而进入液缸内，这时排出阀关闭。当活塞向液缸推进时，液缸工作容积减小，液体被挤压，缸内压力很快升至排出压力，泵就是这样间歇循环地吸入和排出液体，连续进行工作。蒸汽往复泵有单缸与双缸两类。双缸蒸汽往复泵由汽缸、连接体、填料箱及油缸四部分组成（图 9-8）。

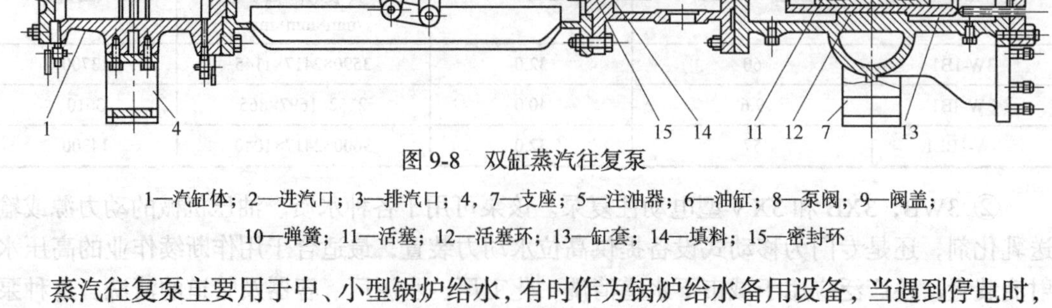

图 9-8 双缸蒸汽往复泵

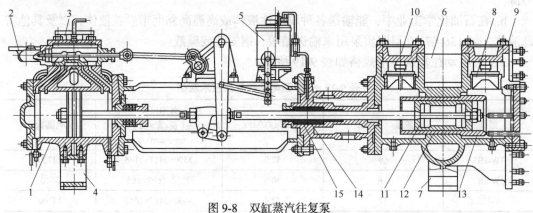

1—汽缸体；2—进汽口；3—排汽口；4，7—支座；5—注油器；6—油缸；8—泵阀；9—阀盖；10—弹簧；11—活塞；12—活塞环；13—缸套；14—填料；15—密封环

蒸汽往复泵主要用于中、小型锅炉给水，有时作为锅炉给水备用设备，当遇到停电时，该泵即可利用蒸汽驱动进行工作。蒸汽往复泵技术规格如表 9-22 所示。

表 9-22 蒸汽往复泵技术规格

型号	流量/（m^3/h）	排出压力/MPa	外形尺寸（长×宽×高）/mm×mm×mm	单重/kg
1QY-1/12	1	12.0	2460×415×995	510
1QYR40-56/2.5	28~56	2.5	3290×790×1330	2825
2QY-112/2.5	56~112	2.5	3058×1279×1200	5580

（9）计量泵

计量泵分微、小、中、大和特大五种机型，液缸结构分柱塞、隔膜两种形式。

计量泵用于输送温度为-30~120℃不含固体颗粒的腐蚀性或非腐蚀性液体。隔膜泵适用于输送易燃、易爆、剧毒及放射性的液体。按用户要求，计量泵也可以配备电控或气控的流量调节装置，可用于自动化生产线远距离操作。计量泵技术规格如表 9-23 所示。

表 9-23 计量泵技术规格

型号	流量/（m^3/h）	排出压力/MPa	外形尺寸（长×宽×高）/mm×mm×mm	单重/kg
J-W0.2/50	0.2	50	500×470×200	32
J-Z16/50	16	50	820×718×575	304
J-ZM630/1.3	630	1.3	857×718×575	260
4DBR20-0.18/6	0.18	6.0	1240×720×670	1012

（10）螺杆泵

它依靠螺杆运动输送液体。机体内的主动螺杆为凸齿的右螺纹，从动螺杆为凹齿的左螺纹，液体从左端吸入后，槽内就充满了液体，然后随着螺杆旋转，作轴向前进运动，到右端排出。螺杆不断旋转，螺纹作螺旋线运动，连续地将液体从螺杆槽排出，螺杆泵的优点是排出液体比齿轮泵均匀，压力可达 30MPa。由于螺杆凹槽较大，少量杂质颗粒也可以不妨碍运转（见图 9-9）。

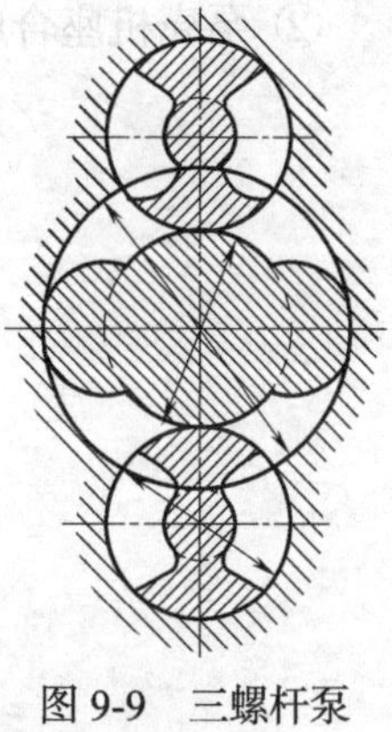
图 9-9 三螺杆泵

螺杆泵类型有单螺杆泵、双螺杆泵、三螺杆和五螺杆泵，螺杆泵有 G，CR，GCR，HYL，GF，GK，GN，GS，U，LU，SU 和 LSU 等型号。

（11）齿轮油泵

齿轮泵有内啮合、外啮合、直齿、斜齿等形式。外啮合直齿式是用得最广泛的一种。

齿轮油泵属于容积式泵，可以输送高压力的液体。直齿型齿轮泵的原理是主动齿轮由电动机带动与从动齿轮啮合运动。油由吸入口分别进入主动及从动齿轮的齿间，随着齿轮旋转被带到出口端。这时，由于两齿轮啮合形成空间缩小，油受到挤压而压力升高并被排出泵体。如此循环动作，油被均匀输送出去。

齿轮油泵用来输送腐蚀性、无固体颗粒的各种油类及有润滑性的液体，温度一般不超过 70℃，但在特殊要求时可达到 300℃左右。可适于油料输送及机器润滑系统供油。齿轮油泵包括 KCB，CY 和 Ch 型泵。

齿轮泵如图 9-10 所示。齿轮油泵技术规格如表 9-24 所示。

表 9-24　齿轮油泵技术规格

型号	流量/（m^3/h）	排出压力/MPa	外形尺寸（长×宽×高）/mm×mm×mm	单重/kg
KCB-18-3	—	1.45	640×343×343	76
KCB-960-1	29	0.28	1050×453×509	313
2CY-7.5-2.5-1	—	2.5	689×328×315	200

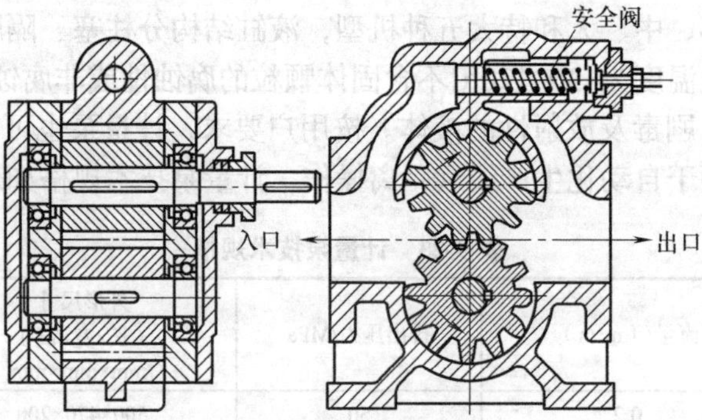

图 9-10　齿轮油泵

（12）管道泵

管道泵的特点是:

① 整个泵外形像一个电动阀门，可以直接安装在管线上，不用机座（图 9-11）。

② 泵壳机座合成一体，没有轴承箱，结构简单。

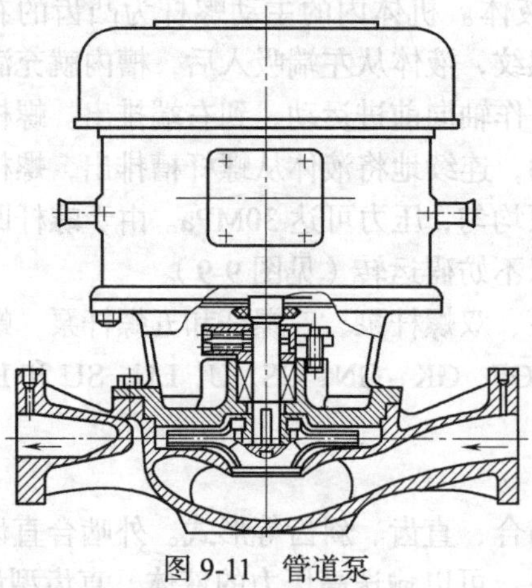
图 9-11　管道泵

（13）屏蔽泵

屏蔽泵的特点为:

① 屏蔽电机与泵联成一体，无轴封，密封性能好。

② 电机的转子定子用薄壁圆筒（称屏蔽套）与输送介质隔绝。屏蔽套要求壁厚较薄，否则电机效率低，一般 0.3~0.8mm，材料为 1C18Ni9Ti 或 Cr18Ni12Mo2Ti，用氩弧焊接。

③ 轴承由介质本身来润滑与冷却。由于不存在轴封问题，所以可以输送剧毒、易爆、

易燃以及不允许混入空气、水和润滑油等高纯度液体。具体结构见图 9-12。

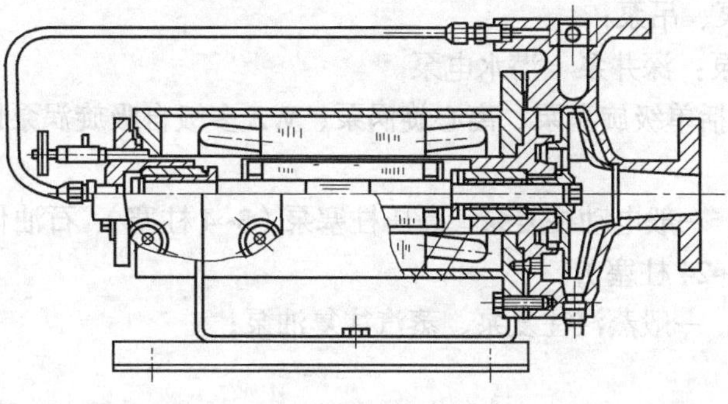

图 9-12 屏蔽泵

（14）射流泵

射流泵俗名水抽子。射流泵内没有运动构件，结构简单、工作可靠、密封好、可兼作混合反应器，各种有压能源都可直接用来作为它的工作流体（图 9-13）。

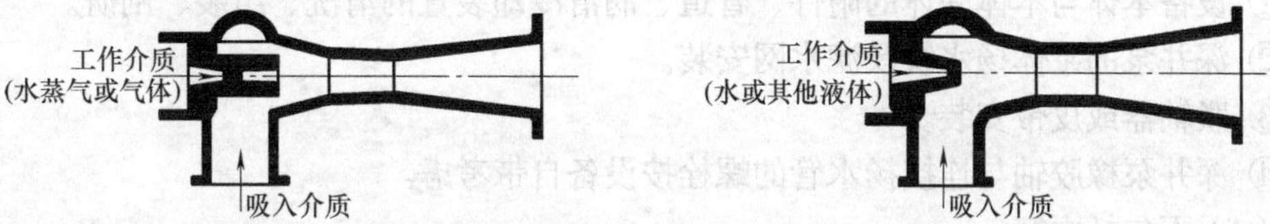

图 9-13 射流泵

9.2.2.2 泵类的拆装检查

泵类在安装之前要根据技术文件或建设单位要求进行拆装检查工作，但并不是每一台都要进行。

泵的拆装检查要按泵本身结构，采取正确的拆装顺序，一般是先拆泵的附属件（如辅助管线、循环冷却水系统等），然后再拆主机部分。拆装前应将被拆件做好标志，测量记录各部间隙，以达到拆装检查的效果。

拆装检查的内容主要包括：①检查填料或机械密封情况，如轴套、压盖、底套、减压环、封油环、口环、隔板、衬套等密封件的间隙是否合乎要求。②属于轴瓦结构的要测量间隙。③要测量泵体内各部件间隙。④轴的弯曲度检查。⑤校验压力表、阀、冷却器、过滤器及管线等。

9.2.2.3 泵安装

（1）适用范围

① 离心式泵。

a. 离心式清水泵：单级单吸悬臂式离心泵、单级双吸中开式离心泵、立式离心泵、多级离心泵、锅炉给水泵、冷凝水泵、热水循环泵；

b. 离心油泵：卧式离心油泵、高速切线泵、中开式管线输油泵、管道式离心泵、立式筒形离心油泵、离心油浆泵、汽油泵、BY 型流程离心泵；

c. 离心式耐腐蚀泵：耐磨蚀液下泵、塑料耐腐蚀泵、耐腐蚀杂质泵、其他耐腐蚀泵；

d. 离心式杂质泵：污水泵、长轴立式离心泵、砂泵、泥浆泵、灰渣泵、煤水泵、衬胶泵、胶粒泵、糖汁泵、吊泵；

e. 离心式深水泵：深井泵、潜水电泵。

② 旋涡泵。包括单级旋涡泵、离心旋涡泵、WZ 多级自吸旋涡泵以及其他旋涡泵。

③ 往复泵。

a. 电动往复泵：一般电动往复泵、高压柱塞泵（3~4 柱塞）、石油化工及其他电动往复泵、柱塞高速泵（6~24 柱塞）；

b. 蒸汽往复泵：一般蒸汽往复泵、蒸汽往复油泵；

c. 计量泵。

④ 转子泵。包括螺杆泵、齿轮油泵。

⑤ 真空泵。

⑥ 屏蔽泵包括轴流泵、螺旋泵。

（2）包括内容

① 设备本体与本体联体的附件、管道、润滑冷却装置的清洗、组装、刮研。

② 深井泵的泵体扬水管及滤水网安装。

③ 联轴器或皮带安装。

④ 深井泵橡胶轴与连接扬水管的螺栓按设备自带考虑。

（3）不包括内容

① 支架、底座、联轴器、键和键槽的加工、制作。

② 深井泵扬水管与平面的垂直度测量。

③ 电动机的检查、干燥、配线、调试等。

④ 试运转时所需排水的附加工程（如修筑水沟、接排水管等）。

（4）设备质量计算方法

① 直联式泵按泵本体、电动机以及底座的总质量计算。

② 非直联式泵按泵本体及底座的总质量计算。不包括电动机质量，但包括电动机安装。

③ 深井泵按本体、电动机、底座及设备扬水管的总质量计算。

（5）泵拆装检查

① 拆检工作的工程量。包括有设备本体以及第一个阀门以内的管道等的拆卸、清洗、检查、刮研、换油、调间隙、找平、找正、找中心、记录以及组装复原。

② 泵拆检按“台”及每台“净重”计算。

9.2.3 气体压缩机

气体压缩机是一种消耗机械功，以提高气体压力和输送气体的机械设备。在石油化工生产中处于“心脏”地位，是设计、制造、安装都不容忽视的重要设备。

（1）压缩机的分类和在石油化工生产中的应用

压缩机的种类很多，按照作用原理与转化方式不同，常用压缩机分为容积式和动力式两大类（图 9-14）。

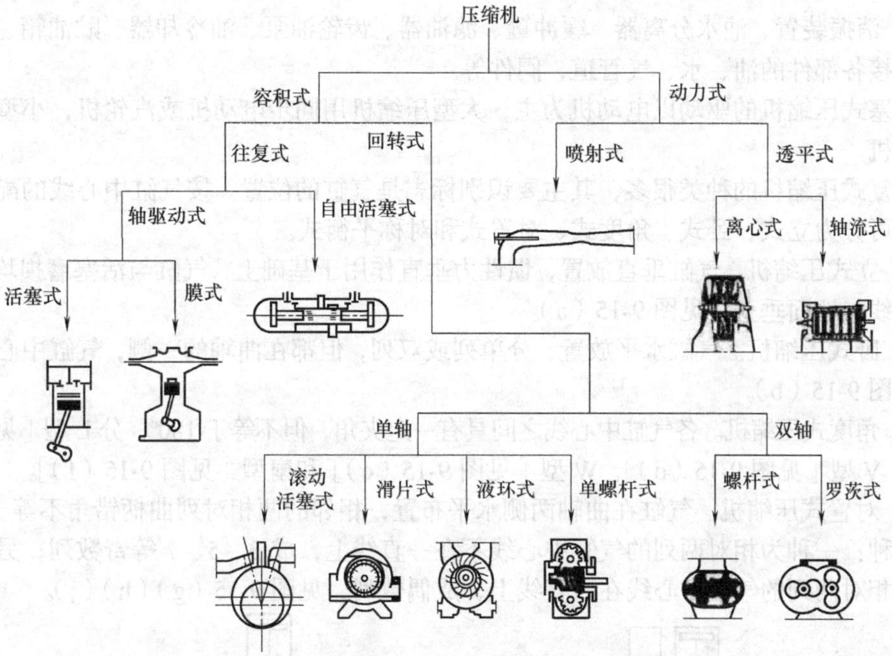

图 9-14　压缩机分类

① 容积式压缩机。容积式压缩机的工作原理是活塞在气缸内作往复运动，使气体体积压缩而达到提高压力的目的。按其运动的特点不同，又分为回转式与往复式。其中最典型的结构之一是往复式活塞压缩机。

② 动力式压缩机。动力式压缩机的工作原理与容积式截然不同，它是靠机内高速旋转叶轮的作用，来提高气体的压力和速度。分为喷射式和透平式，透平式又分离心式和轴流式，其中离心式压缩机是典型的结构形式之一。

在石油化工装置中，大型的离心式与轴流式压缩机单机最大功率可达 3×10^4~5×10^4kW，超过往复式压缩机两倍以上。离心式压缩机具有高速、高压、功率大的特点，如合成氨厂离心式压缩机压力达 32MPa；高压聚乙烯离心式压缩机排气压力达 200~240MPa；乙烯装置中的三大机组，额定转速达 4638~10419r/min，排气量达 6573~90959m^3/h。因此，在大中型石油化工装置中处理大流量的场合，几乎全部选用离心式压缩机。

由于往复式压缩机效率高、压力范围广、适用性强、除超高压外，其机组部件多为普通材料。因此，在石油化工装置中应用也较为广泛。随着现代化石油化工技术不断发展的需要，也常用轴流-离心式组合压缩机组、离心式-对称活塞组合压缩机组来处理大流量气体的压送。此外，还有其他多种形式的压缩机，石油化工企业应用不多。

（2）往复式活塞压缩机的分类及基本形式

往复式活塞压缩机与往复泵相似，由曲柄连杆机构将驱动机的回转运动变为气缸内活塞的往复运动，使气体在气缸内完成吸气、压缩和排气三个过程，从而达到输送气体的目的。

往复式压缩机组包括两个部分：一为主机，二为辅机。主机包括底座、机身、中体、曲轴、连杆、十字头、传动部件、气缸组件、活塞组件、气阀、密封组件等。辅机包括润滑系统、冷却系统以及气路系统等，主要包括冷却器（其结构形式多为管壳式、套管式或蛇管式）、消振装置、油水分离器、缓冲罐、滤油器、齿轮油泵、油冷却器、贮油箱、贮油槽以及连接各部件的油、水、气管道，阀件等。

活塞式压缩机的驱动以电动机为主，大型压缩机用同步电动机或汽轮机，小型采用异步电动机。

往复式压缩机的种类很多，其主要识别标志是气缸的位置。按气缸中心线的配置位置的不同可分为立式、卧式、角度式、对置式和对称平衡式。

① 立式压缩机。气缸垂直放置，惯性力垂直作用于基础上，气缸与活塞磨损均匀，气缸中心线与地面垂直，见图 9-15（a）。

② 卧式压缩机。气缸水平放置，分单列或双列，但都在曲轴的一侧，气缸中心线呈水平，见图 9-15（b）。

③ 角度式压缩机。各气缸中心线之间具有一定夹角，但不等于 180º，分 L 型［见图 9-15（c）］、V 型［见图 9-15（d）］、W 型［见图 9-15（e）］和扇型［见图 9-15（f）］。

④ 对置式压缩机。气缸在曲轴两侧水平布置，相邻的两相对列曲柄错角不等于 180º，并分两种：一种为相对两列的气缸中心线不在一直线上，成 3、5、7 等奇数列；另一种曲轴两侧相对两列的气缸中心线在一直线上，成偶数列，见图 9-15（g）（h）（j）。

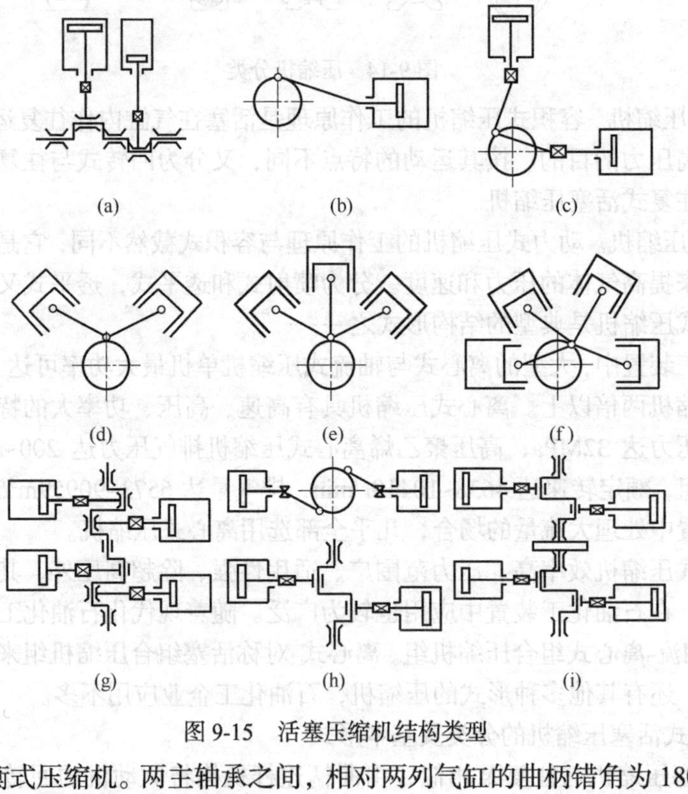

图 9-15　活塞压缩机结构类型

⑤ 对称平衡式压缩机。两主轴承之间，相对两列气缸的曲柄错角为 180º，惯性力可完全平衡，能提高转速。对称平衡型压缩机又分 M 型和 H 型，M 型压缩机的动力设备在气缸的一侧，H 型压缩机的驱动机在两个机身中间。附属设备及管道均配置于机器的下面，机器间比较宽敞，结构合理，处理量大，安装方便。因此，在国内化肥、炼油、加氢等石油化工装置中应用较多。氢气循环压缩机如图 9-16 所示。

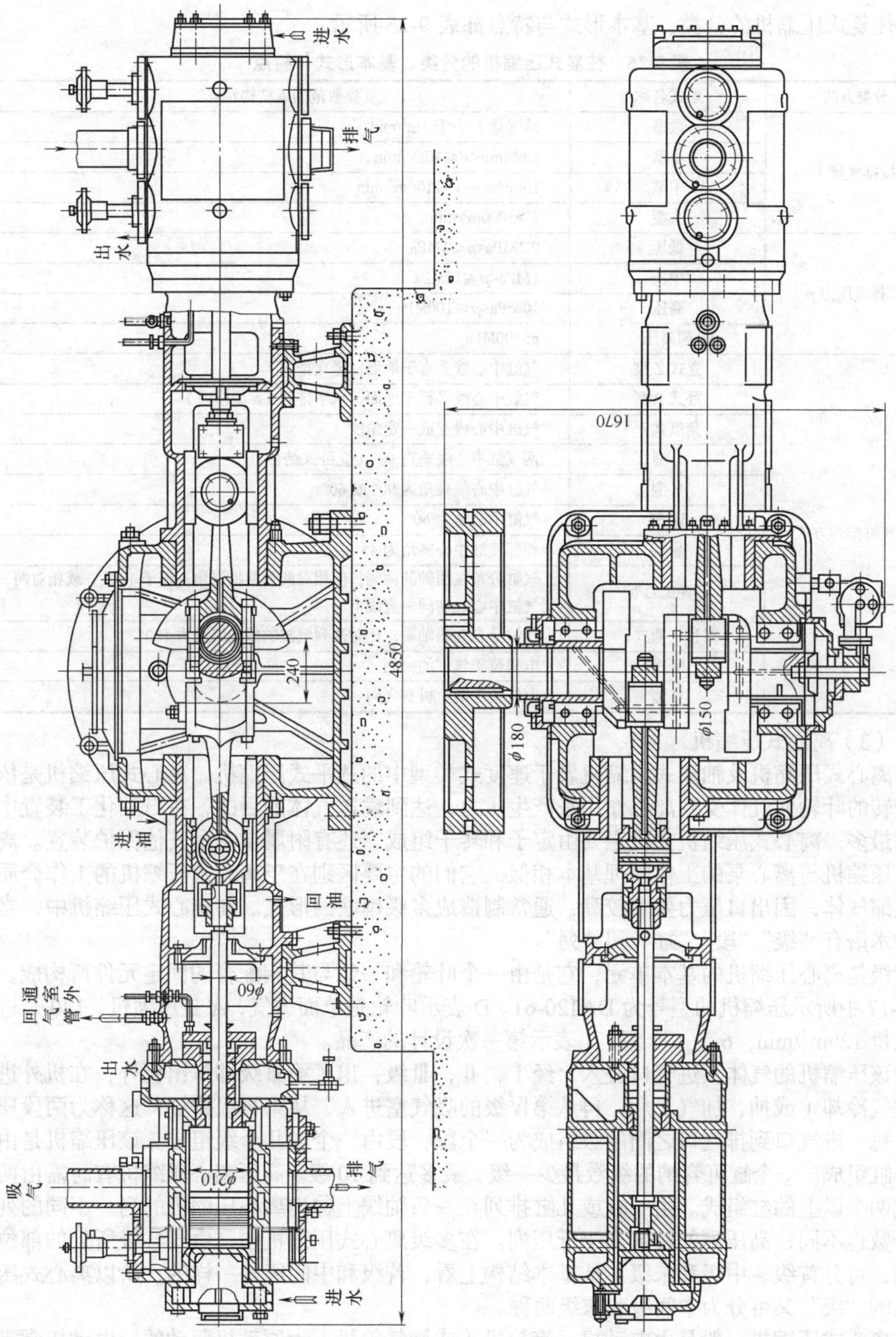

图 9-16 氢气循环压缩机

往复式压缩机的分类、基本形式与特点如表 9-25 所示。

表 9-25 往复式压缩机的分类、基本形式与特点

分类方法	形式名称	参数范围或结构特点
按排气量 V	微型	排气量 V 小于 $1m^3/min$
	小型	$1m^3/min<V\leqslant 10m^3/min$
	中型	$10m^3/min<V\leqslant 100m^3/min$
	大型	$V>1000m^3/min$
按排气压力 p	低压	$0.2MPa<p\leqslant 1MPa$
	中压	$1MPa<p\leqslant 10MPa$
	高压	$10MPa<p\leqslant 100MPa$
	超高压	$p>100MPa$
按气缸排列方式	立式 Z 型	气缸中心线垂直于地面，竖立排列
	卧式 P 型	气缸中心线平行于地面，水平排列（n 型排列）
	角度式：	气缸中心线互成一定角度
	L 型	两气缸中心线垂直 90°（立卧式结合）
	V 型	气缸中心线夹角为 90° 或 60°
	W 型	气缸中心角为 60°
	扇型	相邻气缸中心夹角为 45°
	对置式 D 型	气缸分布在曲轴的两侧，但相对两列曲柄错角不等于 180°，或相对两列气缸中心线在同一直线上
	对称平衡式：	气缸分布在曲轴端，相对两列气缸的曲柄错角为 180°
	M 型	电机位于气缸的一侧
	H 型	电机位于两个机身之间

（3）离心式压缩机

离心式压缩机及轴流式压缩机属于速度式类型中的透平式压缩机。离心式压缩机是依靠旋转的叶轮使气体受到离心作用来产生压力，达到输送气体的目的，在石油化工装置中应用最多，离心式压缩机主机主要由定子和转子组成，还有附属设备及其他保护装置。离心式压缩机与离心泵的工作原理基本相似，它们的主要区别在于离心式压缩机的工作介质是压缩气体，因出口压力要求较高，通常制造成多级串联的形式。在离心式压缩机中，常用的术语有“级”“段”“缸”和“列”。

级是离心压缩机的基本单元，它是由一个叶轮和一组与其相配合的固定元件所构成。图 9-17 中所示压缩机的型号为 DA120-61。D 表示叶轮是单面进气，A 是压缩机，120 是进气流量 $120m^3/min$，6 为 6 个级，1 表示第一次设计的产品。

该压缩机的气体从进气口进入，经Ⅰ，Ⅱ，Ⅲ级，出了第Ⅲ级即排出机外，在机外进行进气冷却（或抽、加气）后，再从第Ⅳ级的吸气室进入，从第Ⅵ级排缸，这称为两段压缩。每一进气口到排气口之间的级组成为一个段，段由一个或几个级组成。该压缩机是由一个缸组成。一个缸可容纳的级数最少一级，最多达到 10 级。高压离心压缩机有时需由两个或两个以上的缸组成。由一缸或几缸排列在一条轴线上称为离心压缩机的列。不同的列其转数也不同，高压列的转数高于低压列。在多级离心式压缩机中，由于各级所处的部位不同，可分首级、中级和末级。从基本结构上看，首级和中间级是一样的，所以离心式压缩机的“级”又可分为中间级和末级两种。

离心式压缩机一般是由电动机、汽轮机（或燃气轮机）为原动机驱动的。电动机常需齿轮增速器增速，而汽轮机（或燃气轮机）可以直接与压缩机相连（但有些机组的高压缸还需齿轮增速）。还有油箱、油泵冷却器、管道和各种仪表等辅助装置。

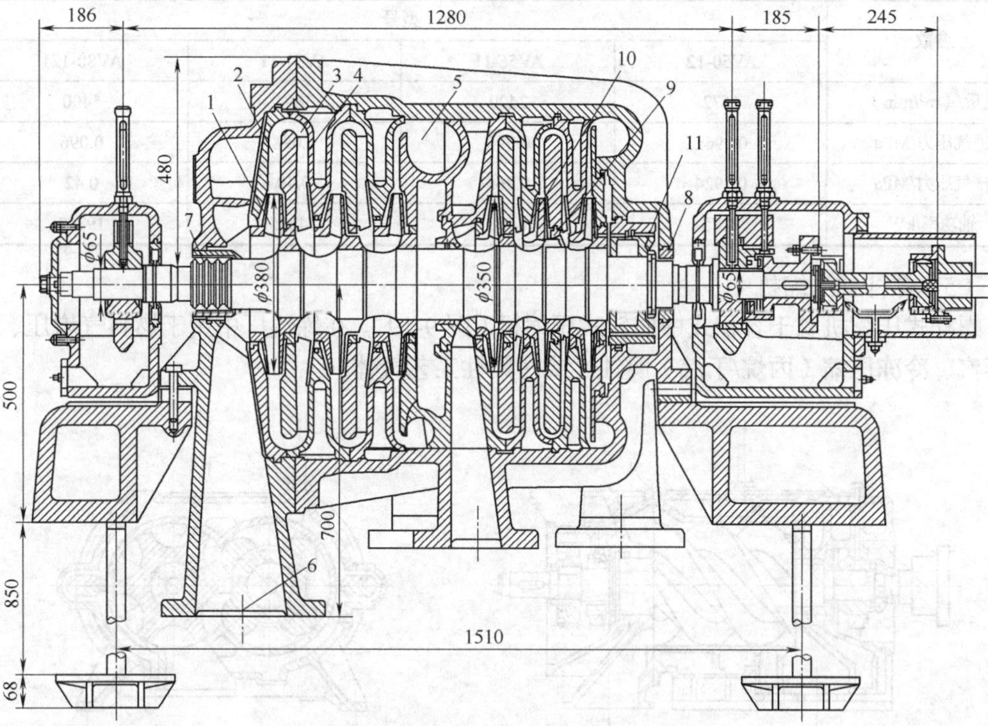

图 9-17 DA120-61 型离心式压缩机

1—叶轮；2—扩压器；3—弯道；4—回流器；5—蜗壳；6—吸气室；7，8—前、后轴封；
9—级间密封；10—叶轮进口密封；11—平衡盘

（4）轴流式压缩机

轴流式压缩机属于速度式类型中的透平式压缩机，主要由机壳、转子、静叶、调节缸等组成。炼油厂多选用作催化裂化装置的主风机，使用范围 1200~17500m³/min，单缸压比 2.7~9，流量调节范围 ± 30%，多变效率 0.88~0.9，这些性能均优于离心式压缩机。轴流式压缩机基本结构见图 9-18，技术特性见表 9-26。

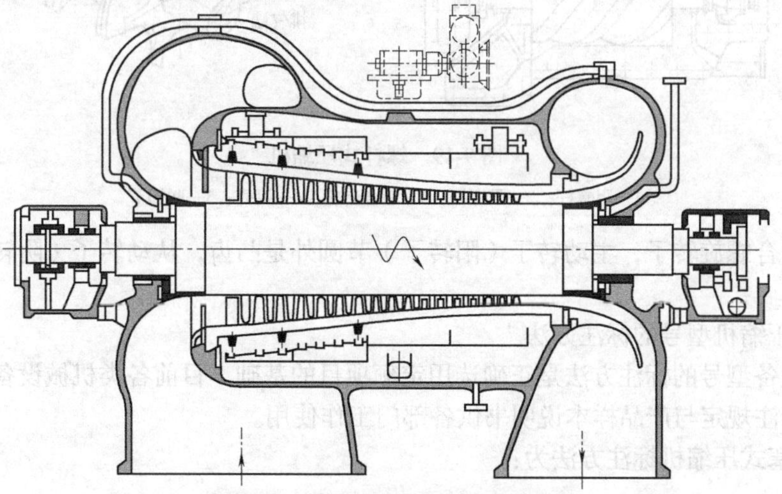

图 9-18 轴流式压缩机结构示意图

表 9-26 轴流式压缩机技术特性

参数	型号			
	AV50-12	AV56-11	AV71-11	AV80-121
流量/（m^3/min）	1672	2400	3894	5400
进气压力/MPa	0.0961	0.096	0.098	0.096
排气压力/MPa	0.3924	0.365	0.40	0.42
轴功率/kW	6285	8168	14275	19773

（5）螺杆式压缩机

螺杆式压缩机属于容积式中回转式压缩机（图 9-19）。在炼油厂中用于燃料气增压、回收蒸汽、冷冻压缩（丙烷/丁烷）腐蚀性或污染性工艺气体。

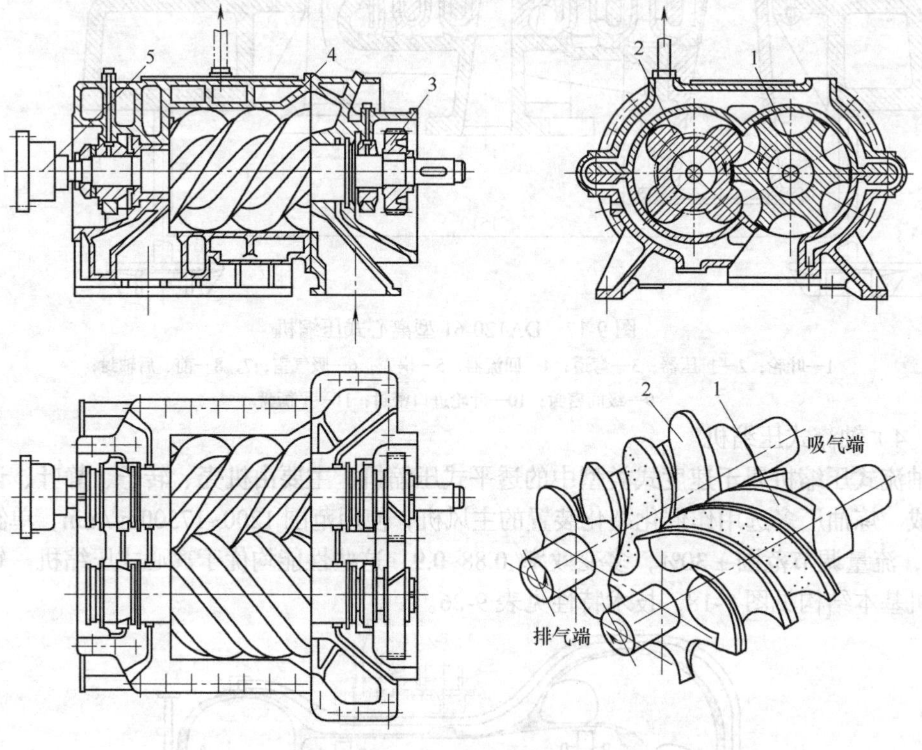

图 9-19 螺杆式压缩机

1—阴螺杆；2—阳螺杆；3—啮合齿轮；4—机壳；5—联轴节

两组啮合螺旋转子，主动转子（阳转子）节圆外是凸齿，从动转子（阴转子）节圆内是凹齿。

（6）压缩机型号的标注方法

熟悉设备型号的标注方法是正确选用定额项目的基础。目前各类机械设备均有统一产品型号、标注规定与产品样本说明书供各部门工作使用。

① 活塞式压缩机标注方法为：

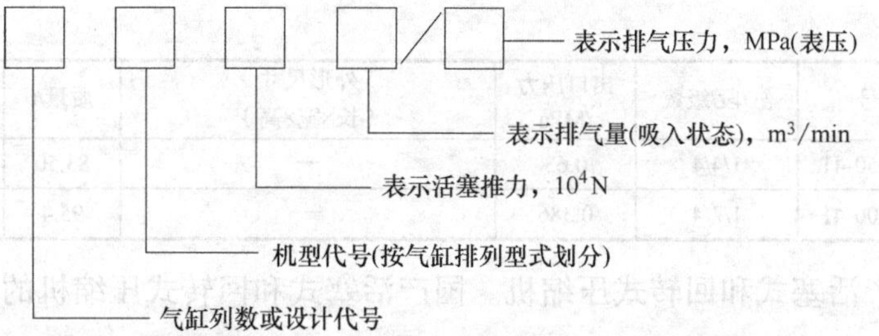

例如，4M12-45/210，表示该机为 4 列，M 型对称式，活塞推力为 12t，排气量为 $45m^3/min$，排气压力为 21MPa。H22-165/320，表示该机为 H 型对称平衡式（四列），活塞推力为 22t，排气量为 $165m^3/min$，排气压力为 32MPa。

② 离心式、轴流式压缩机标注方法。

离心式压缩机的标注方法为：

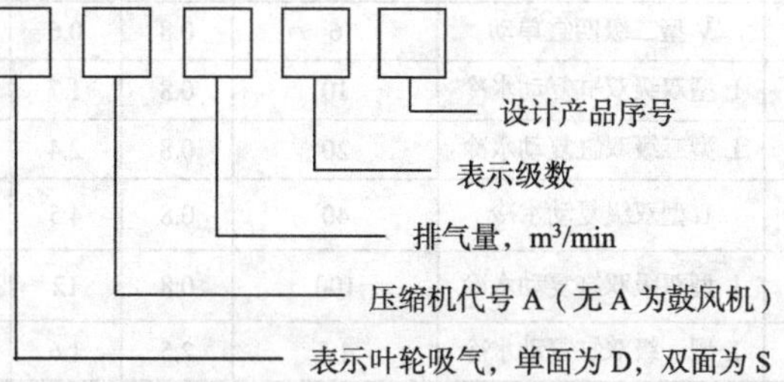

例如，DA-120-62 型，表示该机为单面吸气离心式压缩机，出口排气量为 $120m^3/min$，六级，第二次设计产品。

又如，SA-350-61 型表示该机为双面吸气出口排气量为 $350m^3/min$，六级，第一次设计产品。

轴流式压缩机标注方法为：

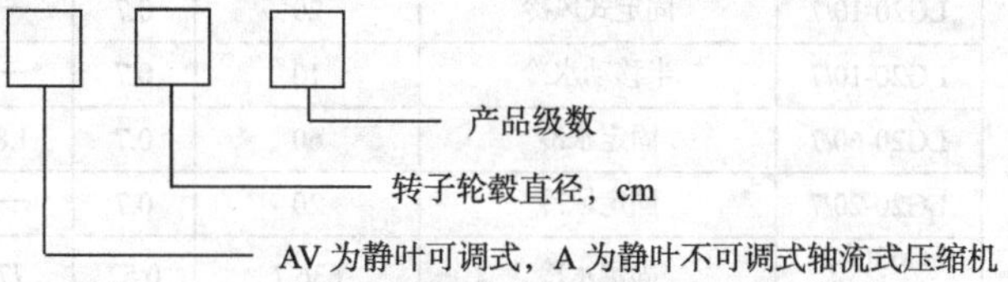

例如，AV71-9 型表示为静叶可调式轴流压缩机转子轮毂直径 71cm，九级。

又如，A-140-8 型，表示为静叶不可调式轴流压缩机，转子轮毂直径 140cm，八级。

（7）常用压缩机技术参数

① 国产离心式压缩机。国产离心式压缩机技术参数如表 9-27 所示。

表 9-27 国产离心式压缩机技术参数

序号	型号	缸/段/级数	出口压力 /MPa	外形尺寸（长×宽×高）	质量/t	动力设备型号	功率 /kW
1	DA120-21	2/4/12	2.2	4990mm × 1523mm × 1185mm	18.62	JKZ1600-2	1600
2	DA200-61	1/3/6	0.682	2140mm × 1760mm × 1365mm	7.039	JKZ1250-2	1250
3	DA250-61	1/3/6	0.9	3500mm × 1000mm × 1000mm	15.00	JK2000-2	2000
4	DA350-61	1/3/6	0.735	4200mm × 1710mm × 1545mm	22.00	TKY2500-2	2500
5	DA1000-51	1/2/5	0.43	—	36.75	汽轮机 G3-24	3500

续表

序号	型号	缸/段/级数	出口压力/MPa	外形尺寸（长×宽×高）	质量/t	动力设备型号	功率/kW
6	DA1250-41	1/4/4	0.63	—	83.50	电机	6300
7	DA3500-41	1/2/4	0.386	—	95.4	TKY12000-2	12000

② 国产活塞式和回转式压缩机。国产活塞式和回转式压缩机的技术参数如表 9-28 所示。

表 9-28　国产活塞式和回转式压缩机的技术参数

类别	压缩机		排气量/（m^3/min）	排气压力/MPa	压缩机质量/t	电动机型号	电动机功率/kW	电动机质量/t
	型号	形式						
活塞式（固定）	V-3/8-1	V 型二级双缸单动水冷	3	0.8	0.43	J02-72-6	22	0.28
	V-6/8-1	V 型二级四缸单动	6	0.8	0.6	J02-82-6	40	0.43
	3L-10/8	L 型双级双缸复动水冷	10	0.8	1.7	JR115-6	75	1.10
	4L-20/8	L 型二级双缸复动水冷	20	0.8	2.4	JR2117-8	132	1.62
	5L-40/8	L 型双级复动水冷	40	0.8	4.5	TDK116/32-14	250	2.96
	7L-100/8	L 型双级双缸复动水冷	100	0.8	12	TDK113/20-16	550	3.95
	3L-4.5/25-C	L 型一级双缸复动水冷	4.5	2.5	1.6	JR91-6	55	0.64
	1-3/200	立式两列四级	3	22	3.5	J91-4	75	—
	V1.5-0.6/350	V 型四级缸水冷级差式	0.6	35	0.5	J02-62-6	13	—
活塞式（无润滑）	WZ-1/5	立式水冷	1	0.5	0.6	J02-51-4	7.5	—
	2Z-3/8	立式风冷	3	0.8	—	J0281-8	22	1.5
	2Z-6/8	立式风冷	6	0.8	—	J0291-8	40	1.7
螺杆式	LG20-10/7	固定式风冷	20	0.7	—	J093-4	75	1.75
	LG20-10/7	半移动水冷	10	0.7	—	J093-4	75	1.9
	LG20-60/7	固定水冷	60	0.7	1.8	JR141-4	500	—
	LG20-20/7	固定风冷	20	0.7	—	JK122-2	185	3.1
	LG63C×2-63D	固定水冷	636.7	0.52	77	JKRZ4000-2	4000	19.3

③ 活塞式 D，M，H 型对称平衡压缩机。活塞式 D，M，H 型对称平衡压缩机技术参数如表 9-29 所示。

表 9-29　活塞式 D，M，H 型对称平衡压缩机技术参数

序号	产品型号	级数	缸数	主机质量/t	型号	功率/kW	总质量/t
1	4M8KⅡ-（40）33/320	6	6	25	TDK143/36-6	500	28.3
2	4M8（3）-36/320	6	6	26.5	YDK173/29/16	630	32
3	4M12-60/24-11/2-25	3	3	22	TDK215/26-18	800	39.2
4	4D12-55/20	5	5	23	TDK173/40-8	1000	44.05
5	1M12-123/32	3	4	25	TDK215/36-16	1250	47.9
6	3D22Ⅱ-14.5/14-320	3	3	65.5	TDK260/39-18	1800	85
7	H22A-260/15	3	4	97	TDK260/82-24	2000	111.3

续表

序号	产品型号	级数	缸数	主机质量/t	型号	功率/kW	总质量/t
8	H22Ⅲ-260/15	3	4	98.4	TDK260/82-24	2000	122.7
9	H22Ⅲ-165/320	6	6	110	TDK260/36-18	2500	133.4
10	H22JD-165/320	7	7	122	TDK260/60-18	2500	145

（8）空气压缩机的安装程序及步骤

① 安装程序。压缩机的部件较多，清洗、装配、刮研等工序都要有次序地进行。当施工准备完毕后，压缩机即可上位及作初平工作，在此同时可安装储气罐的后冷却器，放置垫铁，接着浇注地脚螺栓，此时可进行油泵安装及油冷却器配管、阀片清洗试漏、管路系统及各种仪表等安装工作，一直到负荷试车交工验收。

② 整体压缩机的安装步骤。

第一步：压缩机就位，可利用车间内已安装好的桥式起重机，如无桥式起重机或者起重能力不够的情况下，可采用其他起重机具，如桅杆、人字架、机械吊车等。

第二步：地脚螺栓安放工作，在吊装前预先把地脚螺栓放入孔内，当设备就位时，再将螺栓穿入设备底座螺孔中。

第三步：压缩机初平。利用临时垫铁初平。

第四步：压缩机精平。精平之前，安装正式垫铁，先将地脚螺栓浇灌混凝土到离设备底平面约 20mm 处。当混凝土达到初凝时，安放一块正式垫铁，然后在其上面放入另两块斜垫铁，用手锤轻轻打入设备下面，使上、下垫铁贴紧并达到规范规定的标准。

垫铁安放好后，即浇灌地脚螺栓，当浇灌混凝土达到规定强度 75%后即进行精平。

精平时，把地脚螺栓放松，用手锤调整垫铁，并用水平仪检查，精度达到要求后，按顺序对角紧固地脚螺栓使受力一致。

③ 附属设备安装。润滑系统（油站）、冷却系统（水站）、进排气缓冲罐、过滤器、各种管道、仪表等安装。

（9）通用定额第一册《机械设备安装工程》的第十章压缩机安装

① 适用范围如下。活塞式及 L、Z 型压缩机，活塞式 V、W、S 型压缩机，活塞式 V、W、S 型制冷压缩机，回转式螺杆压缩机，离心式压缩机，活塞式 2M（2D）、4M（4D）型电动机驱动对称平衡压缩机安装，离心式压缩机电动机驱动无垫铁安装，活塞式 H 型中间直联同步压缩机及中间同轴同步压缩机安装。

② 包括下列工作内容。

a. 除活塞式 V、W、S 型及扇型压缩机组，活塞式 Z 型三列压缩机为整体安装以外，其他各类型压缩机均为解体安装。

b. 与主机本体联体的冷却系统、润滑系统以及支架、防护罩等零件、附件的整体安装。

c. 与主机在同一底座上的电动机整体安装。

d. 整体安装的压缩机无负荷试运转后的检查、组装及调整。

③ 不包括下列内容。

a. 除与主机在同一底座上的电动机已包括安装外，其他类型的压缩机，均不包括电动机、汽轮机及其他动力机械的安装。

b. 与主机本体联体的各级出入口第一个阀门外的各种管道、空气干燥设备及净化设备、油水分离设备、废油回收设备、自控系统及仪表系统安装以及支架、沟槽、防护槽等制作、加工。

c. 介质的充灌。

d. 主机本体循环油（按设备带有考虑）。

e. 电动机拆装检查及配线、接线等电气工程。

f. 离心式压缩机的拆装检查。

④ 活塞式 V，W，S 型及扇型压缩机的安装是按单级压缩机考虑的，安装同类型双级压缩机时则按相应定额的人工乘以系数 1.40。

⑤ 活塞式 V，W，S 型及扇型压缩机及压缩机组的设备质量，按同一底座上的主机、电动机、仪表盘及附件底座等的总质量计算。立式及 L 型压缩机、螺杆式压缩机、离心式压缩机则不包括电动机等动力机械的质量。

⑥ 离心式压缩机是按单轴考虑的，如安装双轴（H）离心式压缩机时，则相应定额的人工乘以系数 1.40。

（10）通用定额工程量计算规则的第二章“机械设备安装工程”中第十节压缩机安装

第 2.10.1 条压缩机安装以“台”为计量单位，以设备质量“t”分列定额项目。在计算设备质量时，按不同型号分别计算。

第 2.10.2 条活塞式 V，W，S 型压缩机及压缩机组的设备质量，按同一底座上的主机、电动机、仪表盘及附件、底座等的总质量计算。

第 2.10.3 条活塞式 L 型及 Z 型压缩机，螺杆式压缩机，离心式压缩机，不包括电动机等动力机械的质量。电动机应另执行电动机安装定额项目。

第 2.10.4 条活塞式 D，M 和 H 型对称平衡压缩机的设备质量，按主机、电动机及随主机到货的附属设备的总质量计算，不包括附属设备的安装，附属设备的安装应按相应定额另行计算。

9.2.4 石油化工工业专用机械设备

石油、炼油化工工业建设工程需要安装的机械设备，除了应用较多的风机、泵和压缩机外，尚有众多的其他机械设备，这些设备大部分是专用专业机械设备，例如：抽油机、蒸汽轮机、烟气轮机、石蜡成型机、套管结晶器、真空转鼓过滤机、板框过滤机、各种特种阀门等机械设备。

（1）抽油机

游梁式抽油机（图 9-20），是石油矿场采油设备中应用最广泛的抽油机，分为普通式和前移式，按平衡方式又分为机械平衡和空气平衡两种。常规游梁式抽油机如图 9-21 所示。主要结构件驴头是圆弧形，抽油时保证油杆始终对准井口中心。

游梁式抽油系统的工作原理是：电动机通过皮带和减速器带动曲柄作匀速圆周运动，曲柄通过连杆带动四连杆机构的游梁以支架上中央轴承为支点，做上下摆动，带动游梁前端的驴头悬点连接抽油杆柱、油泵柱塞做上下往复直线运动，实现机械采油。

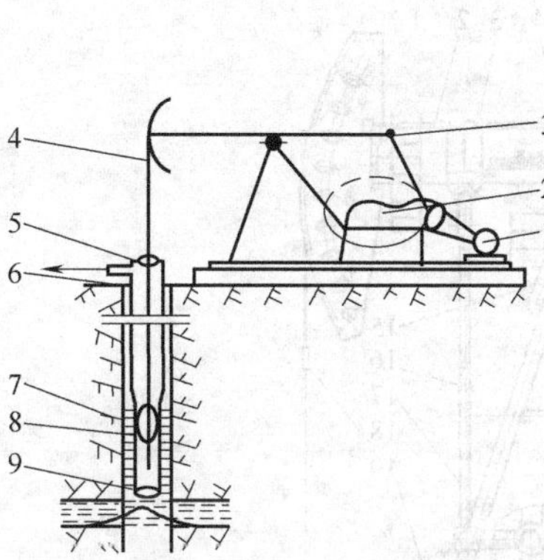

图 9-20 游梁式抽油系统

1—电动机；2—减速器；3—四连杆机构；4—抽油杆柱；5—油管；6—套管；7—抽油泵；8—游动阀；9—固定阀

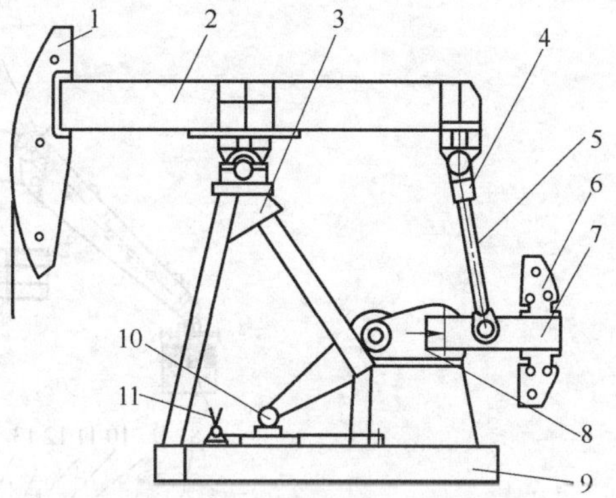

图 9-21 常规游梁式抽油机

1—驴头；2—游梁；3—支架；4—横梁；5—连杆；6—平衡重；7—曲柄；8—减速器；9—底座；10—电动机；11—刹车操纵装置

在常规游梁式抽油机基础上又派生出多种节能型游梁式抽油机。介绍几种如下：

① 下偏杠铃型游梁复合平衡抽油机（图 9-22 和图 9-23）。该机特点：小结构、长冲程、节能、承载能力高，是理想的采油设备。

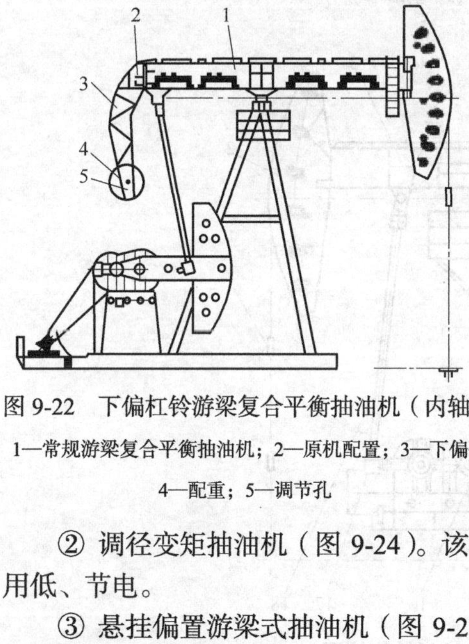

图 9-22 下偏杠铃游梁复合平衡抽油机（内轴式）

1—常规游梁复合平衡抽油机；2—原机配置；3—下偏体；4—配重；5—调节孔

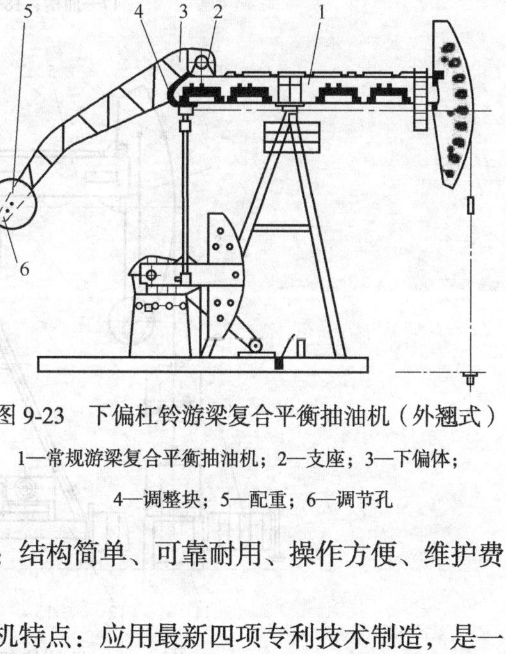

图 9-23 下偏杠铃游梁复合平衡抽油机（外翘式）

1—常规游梁复合平衡抽油机；2—支座；3—下偏体；4—调整块；5—配重；6—调节孔

② 调径变矩抽油机（图 9-24）。该机特点：结构简单、可靠耐用、操作方便、维护费用低、节电。

③ 悬挂偏置游梁式抽油机（图 9-25）。该机特点：应用最新四项专利技术制造，是一种新型节能抽油机。

④ 特形双驴头游梁式抽油机（图 9-26）。该机是第二代机型，提高了抽油机的综合效能。

石油定额第一册油（气）处理设备安装工程中列了八个抽油机安装子目，按设备质量范围以“台”为单位计算费用，“工程量计算规则”规定“设备质量计算方法，在同一底座上的机组按整体总质量计算，非同一底座的机组按主机、辅机及底座的总质量计算。”

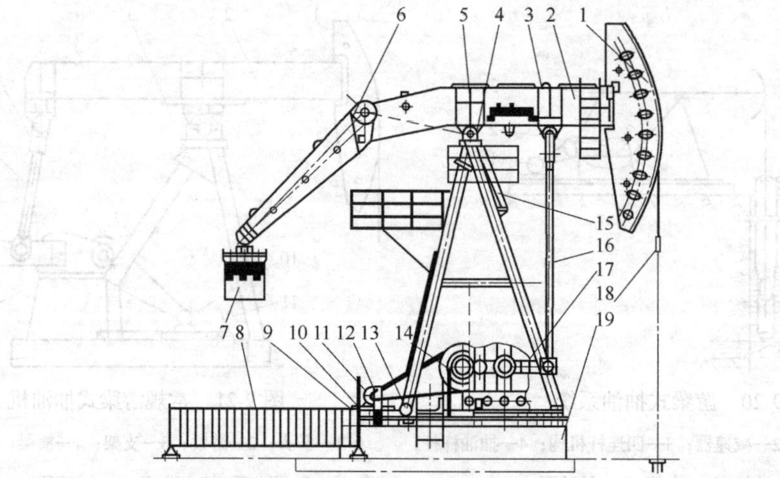

图 9-24　调径变矩抽油机结构示意图

1—驴头；2—游梁；3—横梁；4—支架；5—游梁支承；6—吊臂；7—配重箱；8—围栏；9—工作平台；10—底座；11—电动机；12—配电柜；13—刹车；14—减速器；15—支撑装置；16—连杆；17—曲柄；18—悬绳器；19—基础

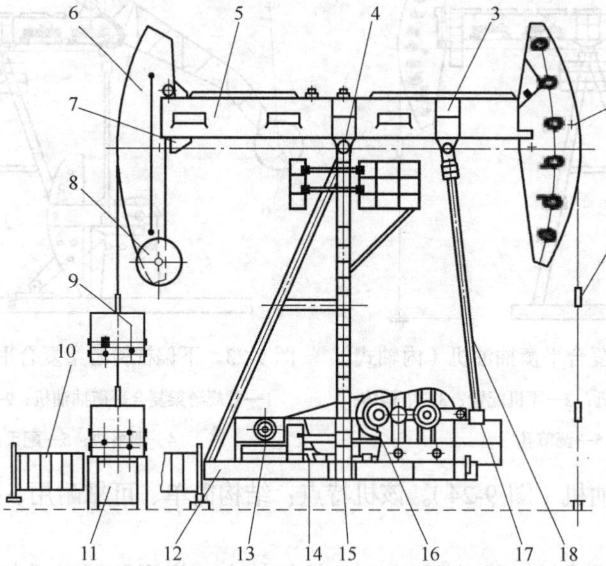

图 9-25　悬挂偏置游梁式抽油机结构简图

1—悬绳器；2—前驴头；3—横梁；4—中央轴承座；5—游梁；6—后驴头；7—抬头变矩装置；8—偏置配重；9—易调悬挂配重；10—围栏；11—配重托架；12—底座总成；13—电动机；14—刹车操纵装置；15—支架；16—减速器；17—曲柄装置；18—连杆装置

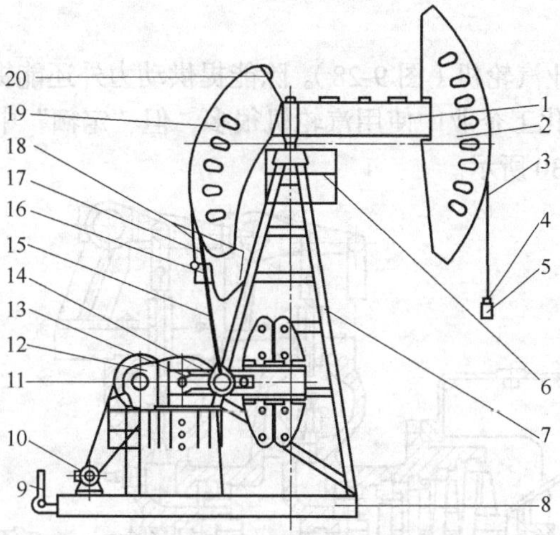

图 9-26　特形双驴头游梁式抽油机结构简图

1—游梁；2—前驴头；3—悬吊绳；4—光杆；5—悬绳器；6—平台；7—支架；8—底座；9—刹车装置；10—动力机；11—刹车保险装置；12—减速器；13—曲柄装置；14—曲柄销装置；15—连杆；16—横梁；17—驱动绳；18—保护绳；19—后驴头；20—冲程微调装置

（2）汽轮机

在石油炼厂中常用汽轮机作为驱动泵和压缩机的原动机。汽轮机是利用蒸汽来做功的一种旋转式热力原动机。它的优点是功率大、效率高、结构简单、易损件少、运行安全可靠、成本低、调速方便、振动小、噪声小、防爆等。不同的机组形式应用范围有所区别。

① 凝汽式工业汽轮机，是一种只提供动力而不供热的热机，汽轮机排出的蒸汽直接进入冷凝器，冷凝为水。

② 背压式工业汽轮机（图 9-27）。这种汽轮机能提供动力、又能供装置用蒸汽，是热

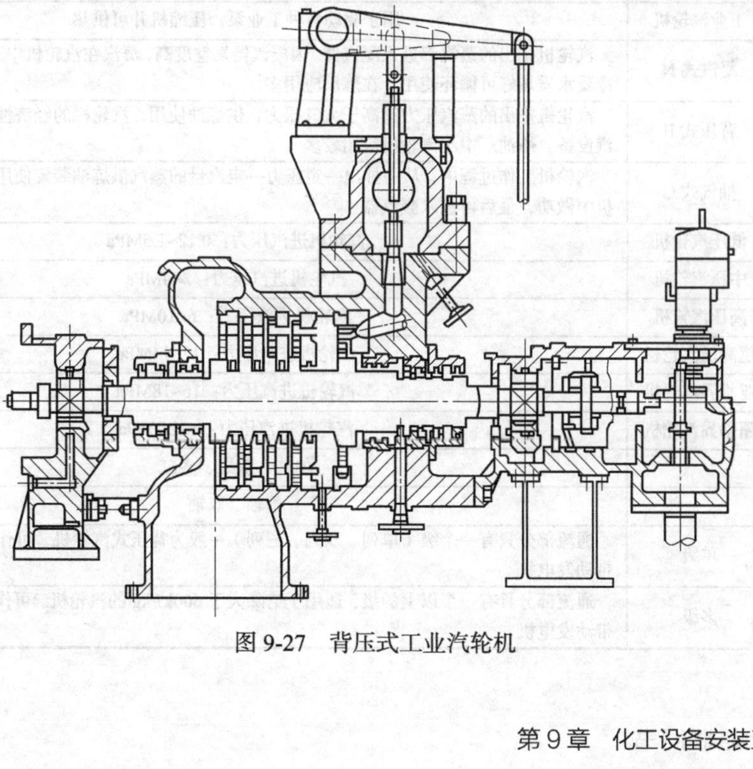

图 9-27　背压式工业汽轮机

电联产机组之一。

③ 抽气/进气式工业汽轮机（图 9-28）。除能提供动力外还能提供一种或两种不同压力等级的蒸汽。虽然石油化工企业中使用汽轮机很多，但“定额”中没有汽轮机安装项目。

汽轮机分类如表 9-30 所示。

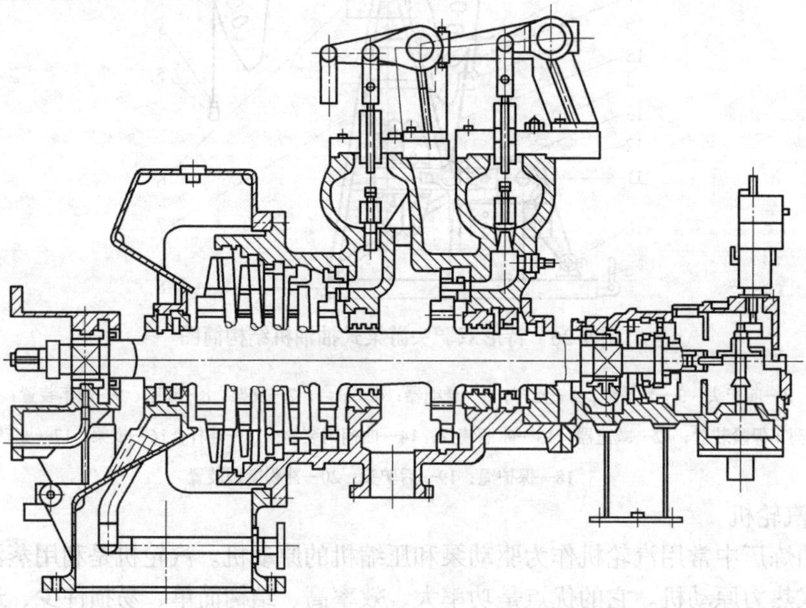

图 9-28 抽气/进气式工业汽轮机剖视图

表 9-30 汽轮机分类

分类方法	汽轮机名称	用途
按用途	电站汽轮机	用于发电
	工业汽轮机	用于驱动各种工业泵，压缩机并可供热
按热力过程	凝汽式 N	汽轮机排出的蒸汽都进入凝汽器。因凝汽器真空度高，蒸汽在汽轮机中充分膨胀多做功。冷凝水质量好可循环使用，在炼厂应用多
	背压式 B	汽轮机排出的蒸汽压力远高于大气压力，供炼油使用，汽轮机的经济性较差，但无需凝汽设备。炼油厂中小汽轮机应用较多
	抽气式 C	汽轮机工作过程中，从中抽出一定压力一定汽量的蒸汽供炼油装置使用，其余仍在汽轮机中做功，最后再进入凝汽器
按蒸汽参数	低压汽轮机	汽轮机进汽压力：0.12~1.5MPa
	中压汽轮机	汽轮机进汽压力：2~4MPa
	高压汽轮机	汽轮机进汽压力：6~10MPa
	超高压汽轮机	汽轮机进汽压力：12~14MPa
	亚临界汽轮机	汽轮机进汽压力：16~18MPa
	超临界汽轮机	汽轮机进汽压力：>22.1MPa
按汽缸数量		单缸、双缸、多缸
按排列方式		单轴、双轴
按结构	单级	通流部分只有一个级（单列、双列、三列）一般为背压式汽轮机，可作工业驱动，也可带动发电机
	多级	通流部分具有一个以上的级，适用于焓降大于 600kJ/kg 的汽轮机。可作工业驱动，也可带动发电机

汽轮机型号表示方法为：

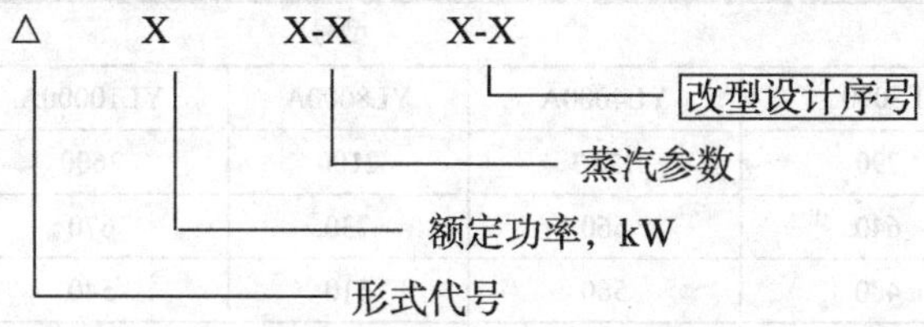

汽轮机形式代号如表 9-31 所示。

表 9-31　汽轮机型式代号

代号	形式	代号	形式	代号	形式
N	凝汽式	CC	两次调整抽汽式	Y	移动式
B	背压式	CB	抽汽背压式	HN	核电汽轮机
C	一次调整抽汽式	CY	船用		

（3）烟气轮机

炼油厂催化裂化装置动力回收系统中所用的烟气轮机也称烟机，实质上相当于燃气轮机。它是利用催化再生器烧焦所产生的高温低压废烟气（温度约为 650℃，压力约为 0.24MPa）的热能做功，因此它不需要专门的燃烧室。烟气轮机所发出的功率可供主风机功率的 70%~100%（另有蒸汽轮机供开工启动和平时补充之用），因此提高了整个装置的经济性，近年来得到迅速发展。催化裂化装置烟气轮机动力回收系统的典型工艺流程如图 9-29 所示。热烟气从再生器 1 进入三级旋风分离器 2，在其中除去烟气中绝大部分催化剂微粒后进入烟气轮机 5，烟气在烟气轮机中做功后，温度大约降低 100~150℃，排出的烟气可以进入废热锅炉或余热炉 12 回收剩余的热能后到烟囱排放。

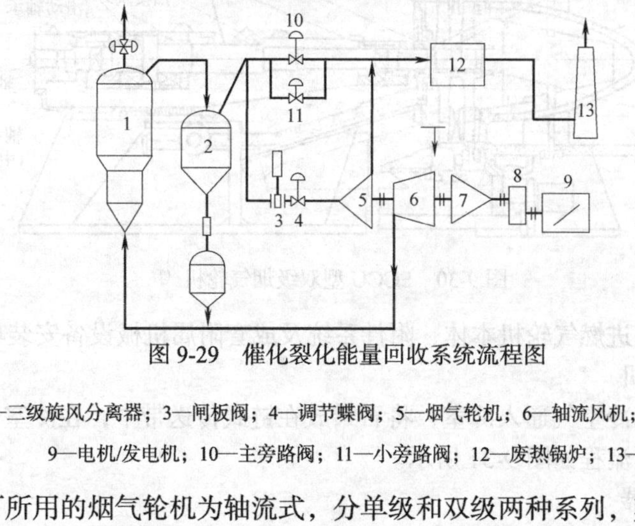

图 9-29　催化裂化能量回收系统流程图

1—再生器；2—三级旋风分离器；3—闸板阀；4—调节蝶阀；5—烟气轮机；6—轴流风机；7—汽轮机；8—变速箱；9—电机/发电机；10—主旁路阀；11—小旁路阀；12—废热锅炉；13—烟囱

目前炼油厂所用的烟气轮机为轴流式，分单级和双级两种系列，其工作原理和蒸汽轮机的工作原理相同，其结构也相似。技术特性见表 9-32 和表 9-33，FCCU 型双级烟气轮机如图 9-30 所示。

表 9-32　YL 型单级烟气轮机技术特性

参数	型号				
	YL3000Ⅰ	YL4000A	YL8000A	YL10000A	YL15000A
进口流量/（m³/min）	790	1250	2100	2600	4550
进气温度/℃	640	660	730	670	650
排气温度/℃	480	560	510	540	485
轴功率/kW	3000	3500	7300	11458	14860

注：还有型号 YL3000Ⅱ，YL4000B，YL6000A 和 YL8000B。

表 9-33　YL 型双级烟气轮机技术特性

参数	型号				
	YLⅡ3000A	YLⅡ4000A	YLⅡ8000A	YLⅡ10000A	YLⅡ15000A
进口流量/（m³/min）	750	1060	1765	2000	3536
进气温度/℃	625	625	600	670	700
排气温度/℃	510	485	480	537	500
轴功率/kW	2700	3500	7800	8700~9700	18500

注：还有型号 YLⅡ2000，YLⅡ4000B，YLⅡ5000A，YLⅡ6000A，YLⅡ7000A，YLⅡE232A 和 YLⅡE232B。

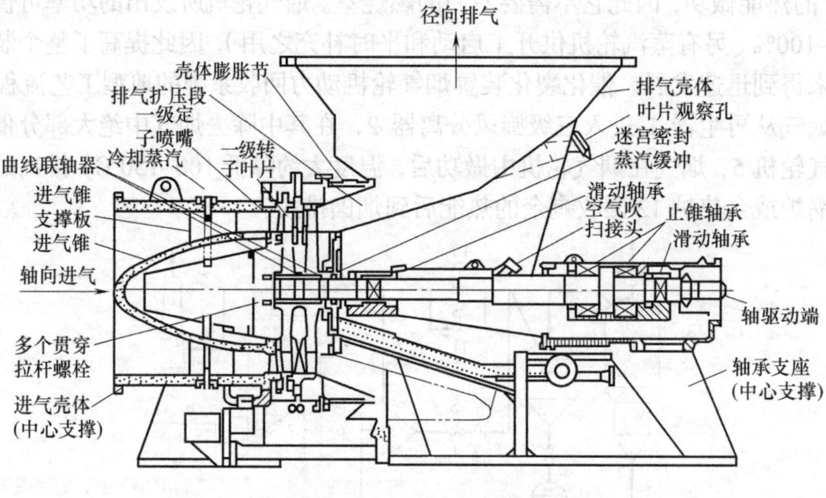

图 9-30　FCCU 型双级烟气轮机

石油定额中有引进燃气轮机本体、附件系统及成套附属机械设备安装项目。

（4）石蜡成型机

石蜡成型机是用冷空气通入冷室，将石蜡放在链式传送带中，在冷室中进行冷凝、凝固成型为蜡板、简易流程如图 9-31 所示。

（5）套管结晶器

套管结晶器是炼油厂润滑油装置脱蜡的设备。含蜡油通过结晶器被冷却，蜡受冷结晶而析出，蜡、油经分离后制得低凝固点润滑油。

按套管结晶器在流程中的作用可分成换热用和氨冷用两种，氨冷却套管结晶的冷却介质是液氨，并附有氨罐，润滑油在此深冷脱蜡得低凝固点的油品。换热套管结晶器的冷却介质是脱蜡油（即经氨冷却套管结晶器脱蜡后的润滑油），润滑油在这里预冷后再进入氨冷却套管结晶器，是一个回收冷量的设备，它设有氨罐。

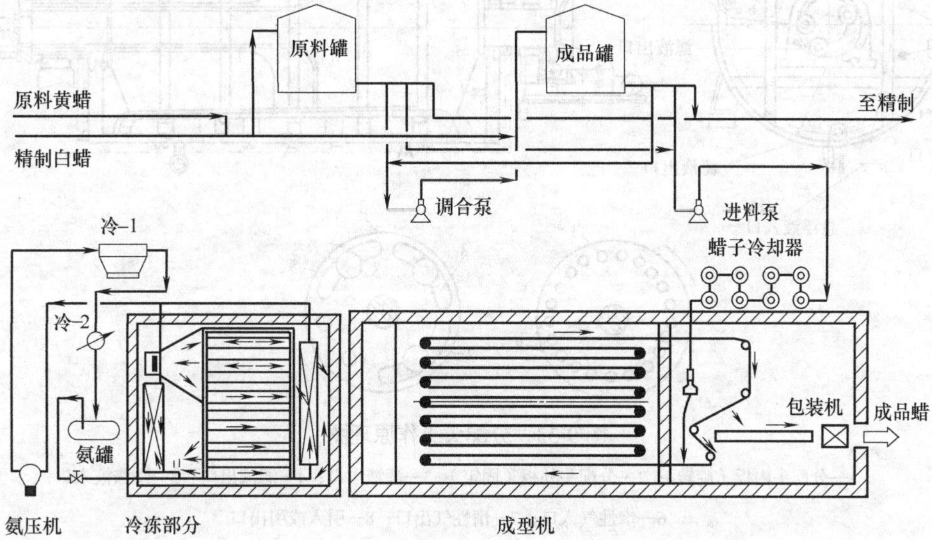

图 9-31　石蜡成型简易流程图

（6）真空转鼓过滤机

主机的构造与工作原理（图 9-32）：滤机由水平放置的回转转鼓构成，转鼓表面覆以一层金属网作为滤布支撑物，将滤布紧扎在金属网外表面。转鼓用平行于轴线的筋板分成许多室，每一室都有管道通到转鼓轴颈的端面上孔连接，滤液可由此引出。分配头（旋转时）即压在端面上以便分别引出滤液、洗涤液等（图 9-33）。

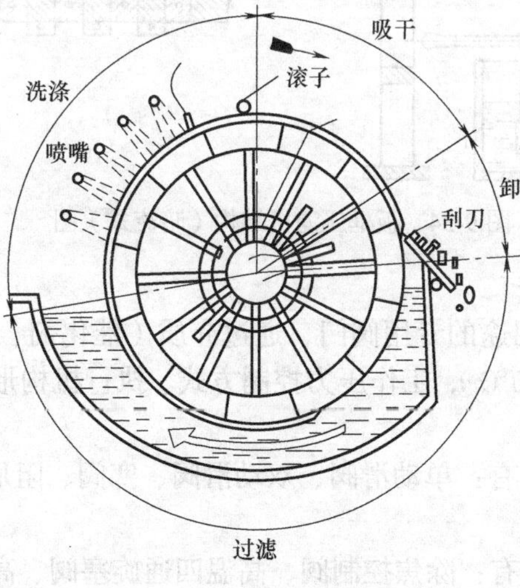

图 9-32　真空转鼓过滤机

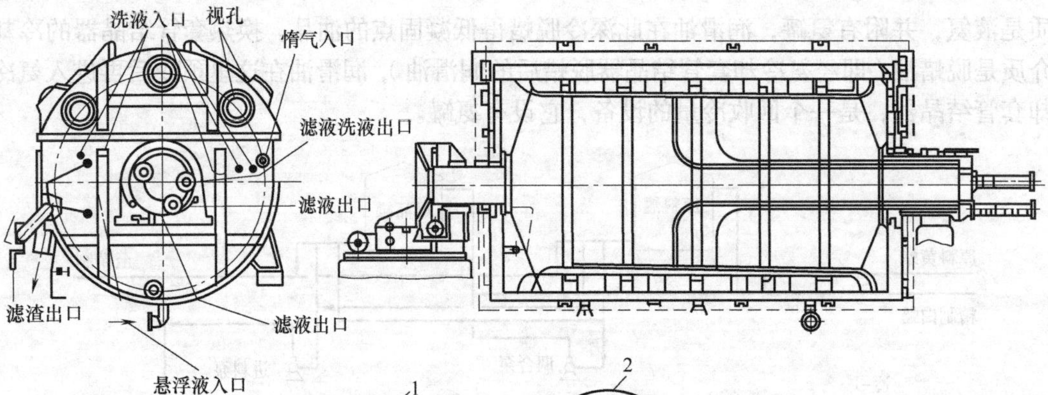

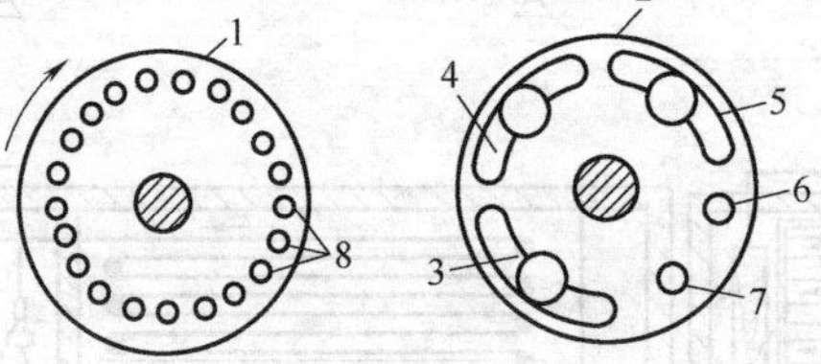

图 9-33　分配头工作原理图

1—分配头内板（旋转）；2—分配头外板（固定）；3—滤液出口；4—滤液出口；5—洗涤液入口；6—惰性气入口；7—惰性气出口；8—引入或引出口

（7）板框压滤机

板框压滤机由滤板与滤框、机架（包括主梁）、头板尾板及压紧装置组成（图 9-34）。

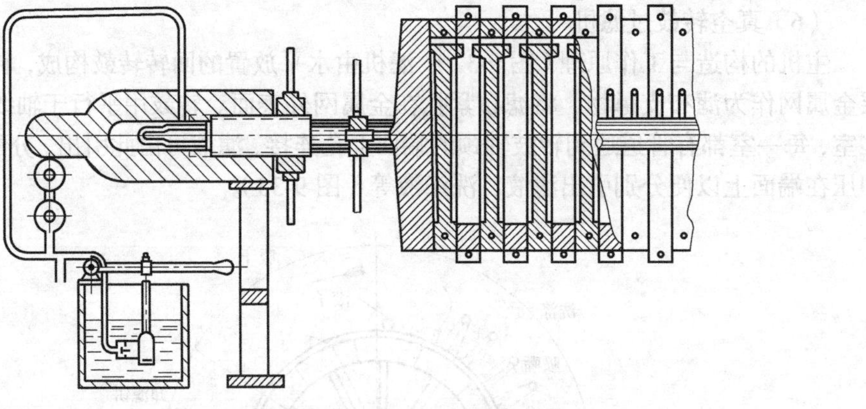

图 9-34　板框压滤机结构（暗流式）图

（8）特种专用阀门

炼油装置有好多特种用途的专用阀门，通过介质（催化剂、烟气、富气、H_2S、SO_2 等），工作温度（最高达 780℃），工作压力控制方式、执行机构形式等都与普通常见阀门有所不同。

催化裂化装置专用阀门有：单动滑阀、双动滑阀、塞阀、阻尼单向阀、高温蝶阀、高温闸阀、高温三通阀等。

延迟焦化装置专用阀门有：除焦控制阀、高温四通旋塞阀、高温四通球阀。

硫磺回收装置专用阀门有：高温掺和阀、夹套切断阀、夹套三通阀。

（9）起重设备

炼油化工生产装置中各种机房（如：泵房、压缩机房、风机房以及仓库等）内为维护和检修设备均安装起重设备（如：电动双梁桥式起重机或电动葫芦）。图 9-35 为电动葫芦示意图，“定额”中安装起重机以“台”为单位，按起重机主钩起质量“t”分列定额子目，通用定额中还规定按主钩起质量增加脚手架搭拆费。

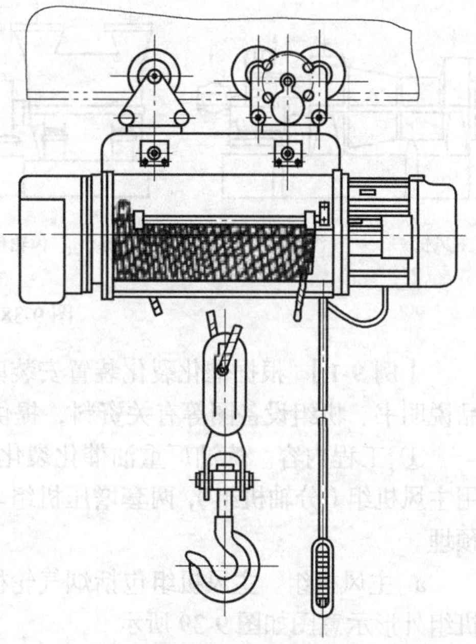

图 9-35　电动葫芦

（10）炼油厂其他专用专业机械

其他专用专业机械还有装卸油台牵引设备，装卸油台鹤管规格有 DN50mm，DN100mm 和 DN200mm，输油臂（码头用）规格有 DN150~250mm，DN300~400mm，水力除焦机、起重机械等。

（11）催化裂化动力回收机组及机组安装施工图预算书的编制

催化裂化装置动力回收系统组成中，非常重要又独特的设备是动力回收机组也称烟气轮机机组，其配置分两种形式，同轴机组和分轴机组。

① 同轴机组。机组采用同轴方式，即把烟气轮机、主风机、汽轮机、齿轮箱和电动/发电机的各轴端用联轴器串联在一起，成为一起旋转的机组，上述组成方式也称为四机组，如果辅助驱动设备配备汽轮机或电动发电机则为三机组，见图 9-36 和图 9-37。主风机根据设计采用离心式或轴流式。

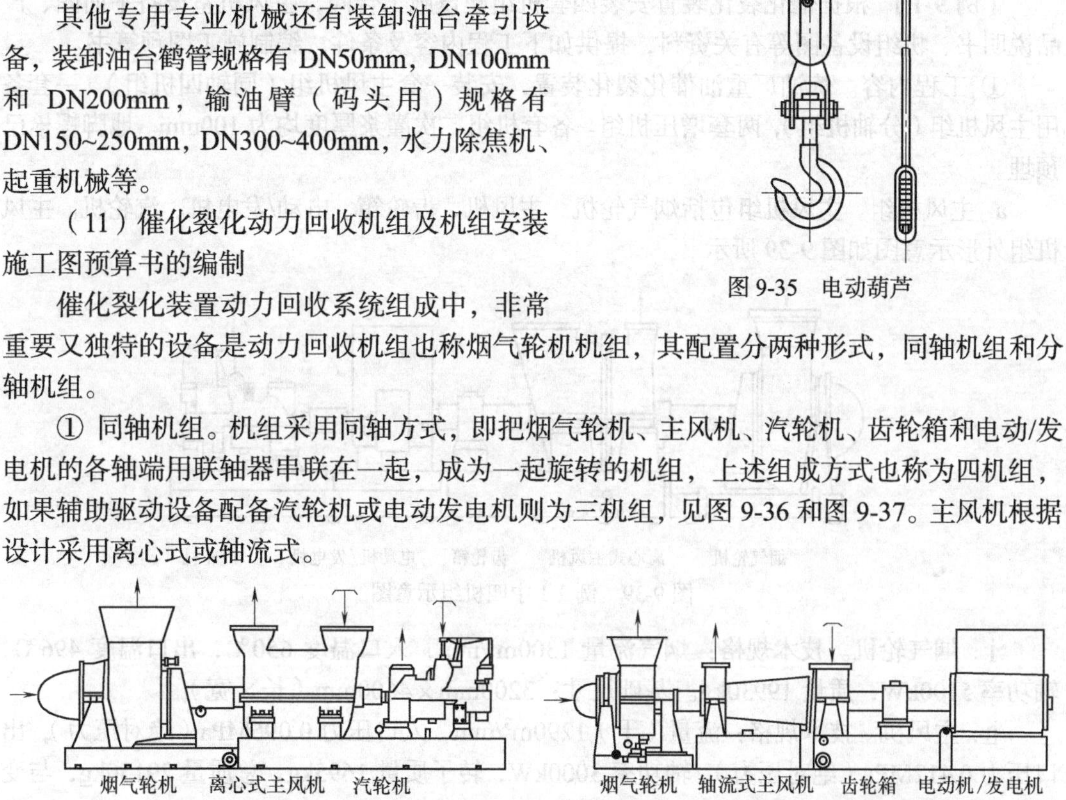

图 9-36　三机组示意图

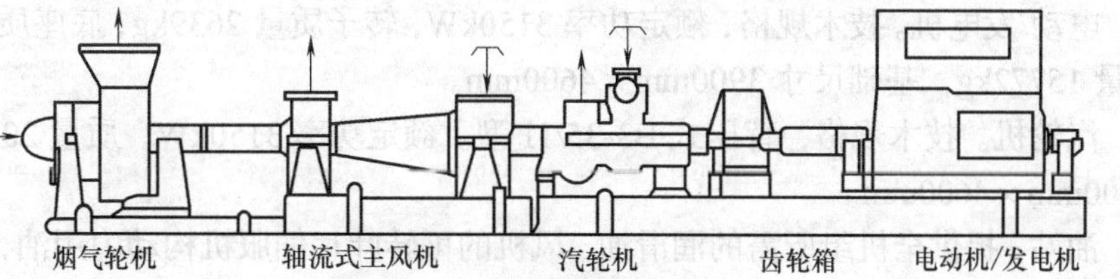

图 9-37　同轴四机组示意图

② 分轴机组。分轴机组由烟气轮机单独驱动发电机发电。主风机由汽轮机或电动驱动。分轴机组示意图如图 9-38 所示。

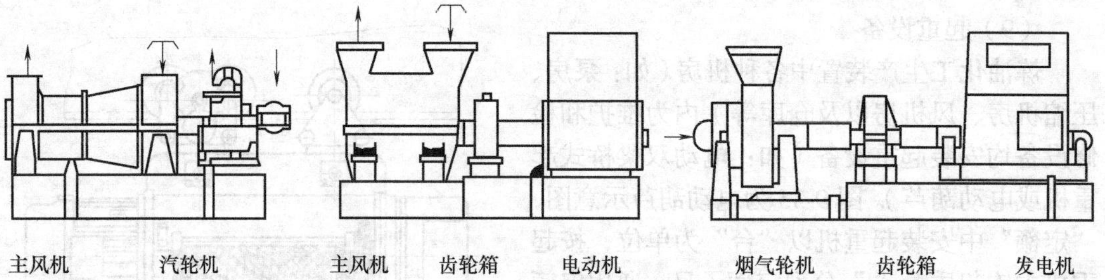

图 9-38　分轴机组示意图

【例 9-1】 根据催化裂化装置安装四套机组建设施工合同，主风机室设备平面图、产品说明书、机组设备图等有关资料，提供如下工程内容及条件，编制施工图预算书。

① 工程内容。炼油厂重油催化裂化装置，安装一套主风机组（同轴四机组），一套备用主风机组（分轴机组），两套增压机组。各套机组二次灌浆厚度均为 100mm。地脚螺栓已预埋。

a. 主风机组。主风机组包括烟气轮机、主风机、齿轮箱、电动/发电机、汽轮机。主风机组外形示意图如图 9-39 所示。

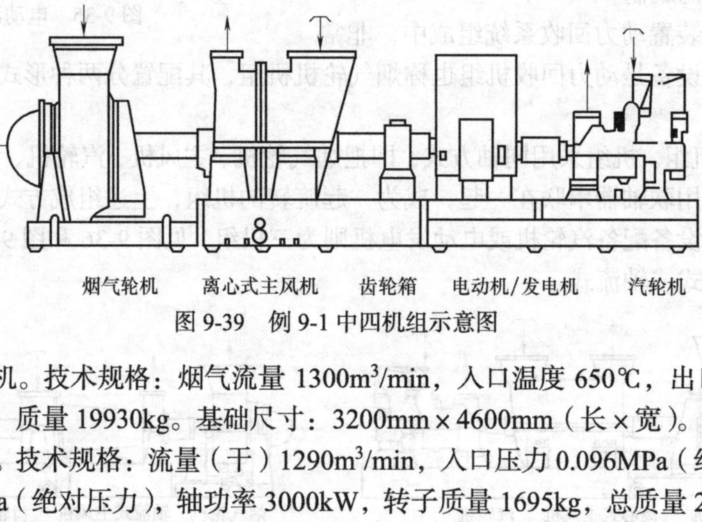

图 9-39　例 9-1 中四机组示意图

ⅰ. 烟气轮机。技术规格：烟气流量 1300m^3/min，入口温度 650℃，出口温度 496℃，轴功率 5100kW，质量 19930kg。基础尺寸：3200mm × 4600mm（长 × 宽）。

ⅱ. 主风机。技术规格：流量（干）1290m^3/min，入口压力 0.096MPa（绝对压力），出口压力 0.412MPa（绝对压力），轴功率 3000kW，转子质量 1695kg，总质量 29150kg，与变速机同一底座，基础尺寸 5100mm × 4600mm。

ⅲ. 齿轮箱（变速机）。质量：3430kg。

ⅳ. 电动/发电机。技术规格，额定功率 3150kW，转子质量 2639kg，底座质量 3942kg，整机质量 15772kg，基础尺寸 3900mm × 4600mm。

ⅴ. 汽轮机。技术规格，背压式 B3-35/11 型。额定功率 3150kW，质量 20517kg，基础尺寸 5600mm × 4600mm。

ⅵ. 油站：提供全机组所需的润滑油、风机的可转叶片伺服机构动力用油，并提供汽轮机调节用油。其主要设备有：电动防爆螺杆泵 2 台，配 2 台 45kW 电动机；冷油器 2 台，冷却面积 80m^2；滤油器（润滑油）2 台，120m^3/h；滤油器（动力油）2 台，63L/min；高位油箱 1 台，5.5m^3；油箱通风机 1 台，0.22kW。

b. 备用主风机组。备用主风机组是由离心式压缩机、齿轮箱及电动机组成的分轴机组。机组组成有：

ⅰ. 离心式压缩机质量 25878kg。

ⅱ. 齿轮箱质量 6805kg。

ⅲ. 电动机额定功率 4500kW，质量 22940kg。

ⅳ. 润滑油站，螺杆泵（2 台）5kW，高位油箱高 2m 重 674kg，滤油器（1 套）650kg，油冷却器（1 套）3325kg。

c. 离心式增压机组（两套）。由主风机组送来的风，通过该机组进行增压。机组由压缩机、齿轮箱、电动机以及润滑油站组成。增压机单台质量 4994kg。增压机组外形示意图如图 9-40 所示。

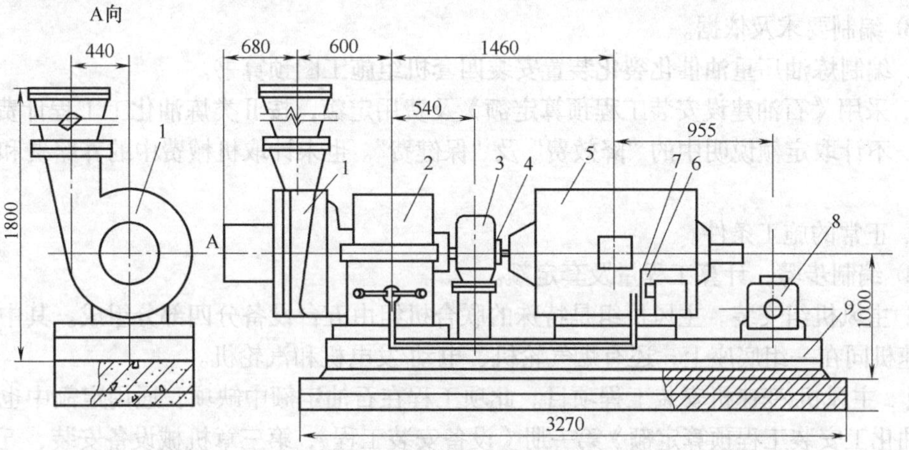

图 9-40　增压机组外形示意图

1—增压机（1 台，1965kg）；2—两台齿轮箱（1 台，548kg）；3—电动油泵（1 台，75kg）；4—联轴器（1 台，60kg）；5—电动机（1 台，2000kg）；6—油过滤器（1 台，18kg）；7—油管组（1 台，44kg）；8—油冷器（1 台，90kg）；9—机组底座（1 台，184kg）

② 主风机同轴机组安装施工方法。

a. 主风机/变速机安装。主风机与变速机同一公共底座上，所以作为一个单元体安装。

ⅰ. 主风机和变速机就位。两设备就位并使其纵横中心与基础对应标志准确对正，调整底座顶丝使机座符合设计值并使变速机中分面呈水平状态，调整过程中应使各顶丝均匀受力。

ⅱ. 公共底座二次灌浆。首先支模板，然后将基础表面充分润湿，再采用无收缩混凝土对公共底座进行二次灌浆。操作时，应使混凝土充分填实底座空间。灌浆后应按规定进行养护，养护期满后，松退各顶丝，对称均匀地循环加力，拧紧底座各地脚螺栓。

ⅲ. 变速机/主风机对中调整。以变速机齿轮轴为基准，进行主风机对中调整。

b. 烟气轮机安装。

ⅰ. 烟气轮机就位初步调整。将烟气轮机就位，利用底座顶丝装置调整机体标高、纵横向水平，并使纵横向中心与基础对应标志重合，同时保证烟气轮机与主风机轴间距符合图纸标定值。调整过程中应使各顶丝受力均匀。

ⅱ. 主风机/烟气轮机对中。以主风机为基准，进行烟气轮机对中，利用二点法或二表法进行对中测量。根据机组文件提供的对中预设位置，通过调节烟机底座各顶丝，进行对中调节。

ⅲ. 二次灌浆，经复查确认对中调整符合要求后，采用无收缩混凝土进行烟气轮机底座二次灌浆。养护期满后，对称均匀循环加力拧紧各地脚螺栓。

c. 电动/发电机安装。电动/发电机就位初步调整。先用几组临时垫铁调整电动机标高并初调底座纵横向水平；在转子轴项中心与轴瓦中心重合的前提下，使电动机与齿轮箱轴间距符合图纸标定值，塞入各组垫铁并使紧力均匀一致。

d. 汽轮机安装。汽轮机就位调整。调整标高、纵、横方位符合施工图（未列出）图示值，使汽轮机底座呈水平状态；调整各组垫铁紧力，使其均匀一致。调整前、后座架各螺栓与对应轴承座孔眼的相对位置，使符合规范，同时使纵向导向键槽中心线平行重合，并检查配合间隙应符合规定值。上述各项检查经确认后，拧紧座架与底座的连接螺栓。

③ 编制要求及依据。

a. 编制炼油厂重油催化裂化装置安装四套机组施工图预算书。

b. 采用《石油建设安装工程预算定额》及费用定额，按Ⅱ类炼油化工工程计费。

c. 不计取定额说明中的“降效费”及“保健费”。也未计取机械费中的养路费和车船使用税。

d. 正常的施工条件。

④ 编制步骤，计算工程量及套定额。

a. 主风机组安装。主风机组是特殊的联合机组由五台设备分四部分组成。其中主风机与变速机同在一组底座上，还有烟气轮机、电动/发电机和汽轮机。

ⅰ. 主风机/变速机安装工程项目。此项工程在石油定额中缺项，通用定额中也未列，《石油化工安装工程预算定额》第一册《设备安装工程》，第三章机械设备安装，五风机安装，（六）炼油厂主风机安装中有近似的主风机配汽轮机子目，按此子目中的人工、材料和机械的含量，用石油定额所执行的价格进行计算主风机安装的基价（即编制单位估价表）。

ⅱ. 电动/发电机。石油定额第一册、第一章、第五节、2.电动机及电动发电机组，因为本装置所用电动/发电机组整机重 15.77t，所以套用石油定额 212 页 1-679 子目。

ⅲ. 烟气轮机。石油定额中没有安装烟气轮机定额子目，但有燃气轮机项目，第一册、第十章、第一节，燃气轮机本体安装第 1118 页 1-3511 安装子目。但在第十章说明第一条中说本章定额均按引进机组综合考虑取定，因而在具体实际工作中双方具体商定是否再调整。

ⅳ. 关于二次灌浆，按每台设备基础具体尺寸计算出浇灌量。

ⅴ. 油站属于润滑油系统本次计算采用石油定额第一册、第十章、六润滑油系统安装，第 147 页 1-3604 子目（按主机本体质量选择子目），如油站是橇块按橇块子目计算工程造价。

b. 备用主风机组安装。

ⅰ. 离心式压缩机安装，套用石油定额第一册、第一章、第二节、五离心式压缩机（电动机驱动）整体安装，因压缩机与齿轮箱同一底座，因此采用定额第 69 页 1-211 子目。

ⅱ. 电动机安装，套用石油定额第一册、第一章、第五节、二、2 电动机及电动发电机组定额 1-680 子目。

ⅲ. 润滑油站：石油定额中没有与压缩机配套的润滑油站。因此，参照燃气轮机成套附属机械设备安装项目，在定额第一册、第十章、第三节，六润滑油系统安装，第 1145

页 1-3601 子目。按主机本体质量选择子目。

ⅳ. 计算二次灌浆工程量。

c. 增压机。因为增压机是离心式多级鼓风机，所以需采用离心式鼓风机项目。石油定额中缺项，而通用定额中列项按通用定额中人工、材料、机械含量，用石油定额中的价格调整过来。选择通用定额第一册、第八章、五离心式鼓风机第 288 页 1-721 子目进行换算、套用、计价。因通用定额中含安装设备的灌浆，预算书中没有计取这笔费用。

d. 石油定额总说明中规定按系数计取的费用，脚手架搭拆费。

e. 编制说明。催化裂化供风及动力回收系统，同轴机组及分轴机组，安装及配套设施安装费用计算没有合适的定额子目可套用，通用定额及专业定额中都缺项，特别是烟气轮机、蒸汽轮机的安装，石油定额只有引进燃气轮机安装定额项目。如在工作中遇到此类预算工作要慎重对待，在没有补充定额前还是应该编制估价表计算。所有这些不确定事宜在计费前双方协商解决。

9.3 化工静置设备制作及安装工程施工图预（结）算书的编制

9.3.1 容器

一般容器是指可以加工处理或贮存物质的设备。实际上反应器、换热器、分离器、塔器、球罐等也都是容器，只不过这些容器构造复杂，使用温度、压力较高或很高，是制造精度要求高的一些专业专用容器。由于石油化工生产装置的生产工艺条件十分复杂，在不同工艺条件下对材料有不同的要求，一般采用碳钢、合金钢、不锈钢或非金属材料等材料制造。

容器一般是由筒体（又称壳体）、封头（又称端盖）及其附件（法兰、支座、接管、人孔、视镜、液面计）所组成。容器结构见图 9-41。

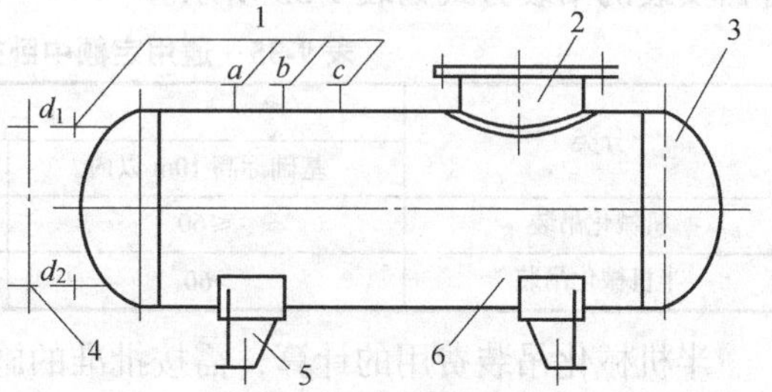

图 9-41　容器的结构图

1—接管；2—人孔；3—封头；4—液面计；5—支座；6—筒身

容器可根据不同的用途、选用材质、制造方法、形状、承压要求、装配方式、安装位置、容器壁厚度而有各种不同的分类方法。若根据形状，容器主要有圆筒形、球形、矩形等，见图 9-42。

矩形容器由平板焊接而成，制造简便但承压能力差，只用作小型常压储槽。圆筒形容器是由圆柱形筒体和各种成形封头所组成，作为容器主体的圆筒制造容易、安装内件方便，而且承压能力较好，因此这类容器被广泛应用。圆筒形容器是用钢板卷制成筒体（也可采用无缝钢管做筒体，然后分别与平盖、锥形盖、椭圆形封头组成平底平盖、平底锥盖、椭圆形封头等立式、卧式容器。一般容器的形式类别见表 9-34。

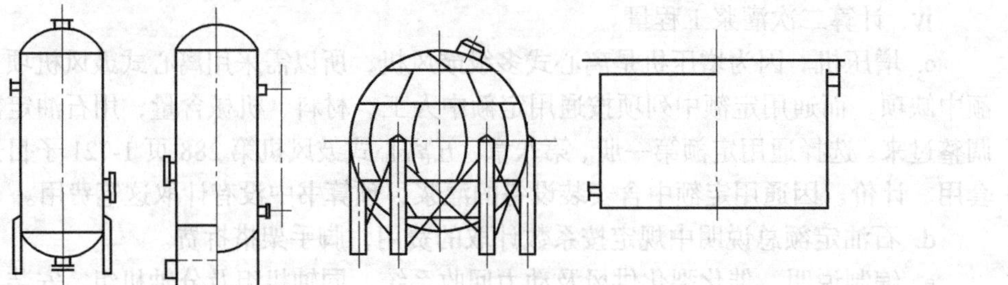

图 9-42 容器形状示意图

表 9-34 一般容器的形式类别

类型	立式容器			
封头形式	平底平盖	平底锥盖	90° 无折边锥形底平盖	无折边球形封头
示意图	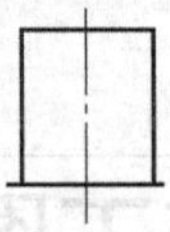	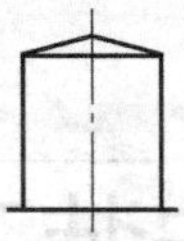	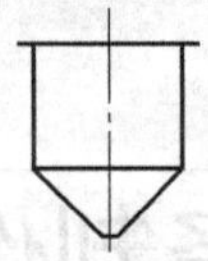	
类型	立式容器		卧式容器	
封头形式	90° 折边锥形底椭圆形盖	椭圆形封头	无折边球形封头	椭圆形封头
示意图	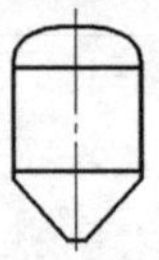	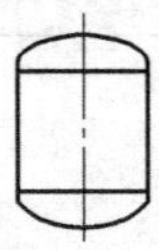	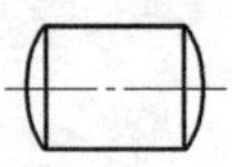	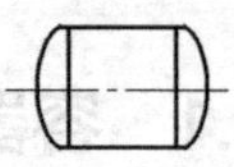

通用定额第五册中共列 164 组子目制作Ⅰ、Ⅱ类金属容器，分为整体制作、分段制作和分片制作，又分不同形式和材质的制作项目，最大容积为 300m^3。相应地也列了这些容器的分段组装、分片组装和整体安装项目，以及相关的制作和检验项目，通用定额中卧式容器安装的吊装方式如表 9-35 所示。

表 9-35 通用定额中卧式容器安装的吊装方式

分类	设备质量/t		
	基础标高 10m 以内	10<基础标高≤20m	基础标高 20m 以上
机械化吊装	≤60	≤50	≤30
半机械化吊装	>60	>50	>30

半机械化吊装费用的计算，需按批准的施工组织设计中的吊装方案使用的吊车等机具及有关规定计算其费用。

9.3.2 分离器

分离器是油气田生产、炼油化工生产过程中完成油、气、水等物质分离不可缺少的设备，尤其是上游生产装置的井、场、站及油气处理厂中分离器是最重要的设备，如天然气处理生产装置中分离设备及作用：

① 原料气分离器：除去天然气中游离液滴及灰尘。

② 原料气高效过滤器：除去天然气中油、水、细雾。如图 9-43 所示。

③ 分子筛脱水塔：塔内装填 4A 型分子筛进一步除去天然气中含水，使天然气中含水降到 10×10^{-6} 以下。

④ 粉尘过滤器：除去天然气中夹带的粉尘。分离设备的功能在逐渐扩大，例如增加了计量、缓冲、沉降、加热等功能，所以有三合一分离器或二合一分离器，按分离介质又分为二相分离器或三相分离器，按结构分为立式或卧式分离器，按设计压力分为真空、低压、中压和高压分离器。

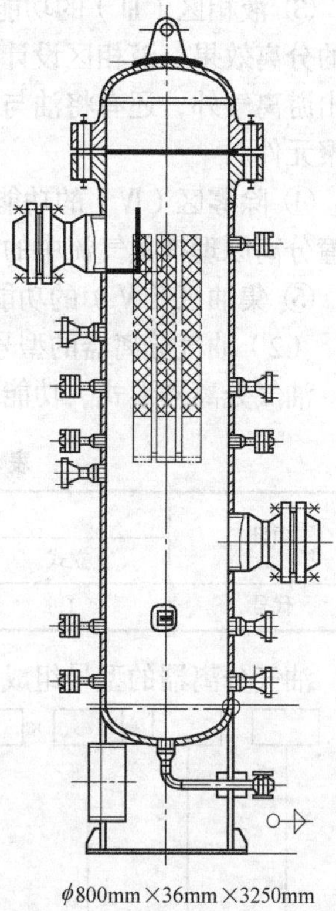

图 9-43　原料气高效过滤器

分离器内部结构对分离效率影响很大，现在均采用高效的分离元件，利用重力、离心力作用提高分离效率，代替逐渐淘汰的空筒结构分离器。

石油定额中列了三种分离器子目：（1）卧式气液分离器，设备质量 1~10t 以内；（2）立式重力分离器，设备质量 1~10t 以内；（3）干气天然气过滤器，设备质量 1~15t 以内。

（1）油气分离器的结构

油气分离器，一般由初分离区（Ⅰ）、气相区（Ⅱ）、液相区（Ⅲ）、除雾区（Ⅳ）、集油区（Ⅴ）组成（图 9-44）。

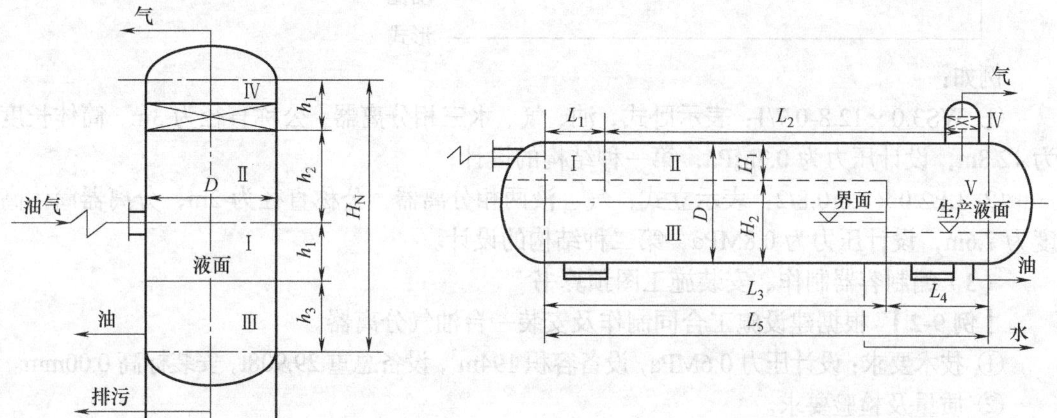

(a) 立式两相分离器　　(b) 卧式两相分离器

图 9-44　油气分离器的结构

① 初分离区（Ⅰ）的功能是将气液混合物分开，得到液相流和气相流，该区通常设置入口导向元件和缓冲元件，以降低油气流速，减少油气携带，为下一个区段分离创造条件。

② 气相区（Ⅱ）的功能是对气相流中携带比较大的液滴进行重力沉降分离，为提高液滴分离效果，通常在气相区设置整流元件。

③ 液相区（Ⅲ）的功能，在两相分离器中主要分离液相流中携带的游离气，为得到较好的分离效果，液相区设计须保证液体有足够的停留时间。在三相分离器中，液相区除分离出游离气外，还有将油与游离水分开的功能。为提高油水分离效果，通常在液相区安装凝聚元件。

④ 除雾区（Ⅳ）的功能是进一步分离气相流中携带的液滴，该区装有除雾元件，利用碰撞分离原理捕集气流中的液滴。

⑤ 集油区（Ⅴ）的功能是储存一部分油，维持稳定的生产液面。

（2）油气分离器的型号

油气分离器形式、功能的分类及代号见表 9-36。

表 9-36　油气分离器形式、功能的分类及代号

项目	形式			功能	
	立式	卧式	球形	两相分离	三相分离
代号	L	W	Q	E	S

油气分离器的型号组成为：

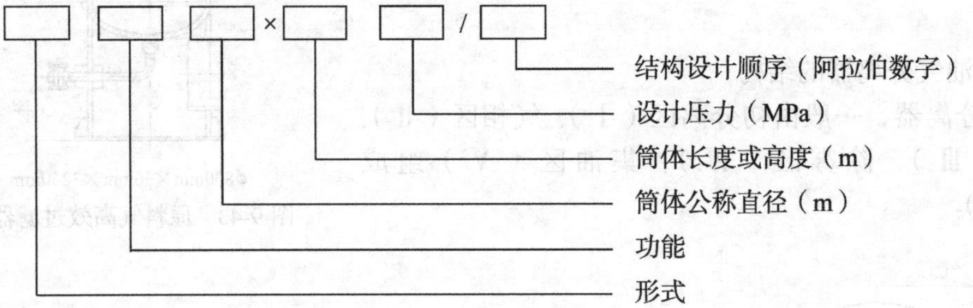

例如：

① WS3.0×12.8-0.7/1：表示卧式，油、气、水三相分离器，公称直径为 3m，筒体长度为 12.8m，设计压力为 0.7MPa，第一种结构的设计；

② LE2.0×7.6-0.8/2：表示立式，气、液两相分离器，公称直径为 2m，分离器筒体高度为 7.6m，设计压力为 0.8MPa，第二种结构的设计。

（3）编制容器制作、安装施工图预算书

【例 9-2】 根据建设施工合同制作及安装一台油气分离器。

① 技术要求：设计压力 0.6MPa，设备容积 194m^3，设备总重 29.908t，安装标高 0.00mm。

② 质量及检验要求。

a. 设备按 GB 150 进行试验和验收。

b. 焊接材料、对接接头形式及尺寸按 NB/T 47015《压力容器焊接规程》规定选用。

c. 壳体焊缝进行无损探伤，射线探伤长度：纵缝 100%，环缝 100%。

③ 容器结构。该设备为碳钢（Q245）制成，筒体钢板厚 14mm，封头为碟形封头（DN4000mm×16mm），筒体内有筛板折流板、加热盘管等。容器结构如图 9-45 所示；A-A 剖视；B-B 剖视。

④ 建设施工合同中对油气分离器制作及安装的要求。依据通用定额计算出分离器的定额直接费。

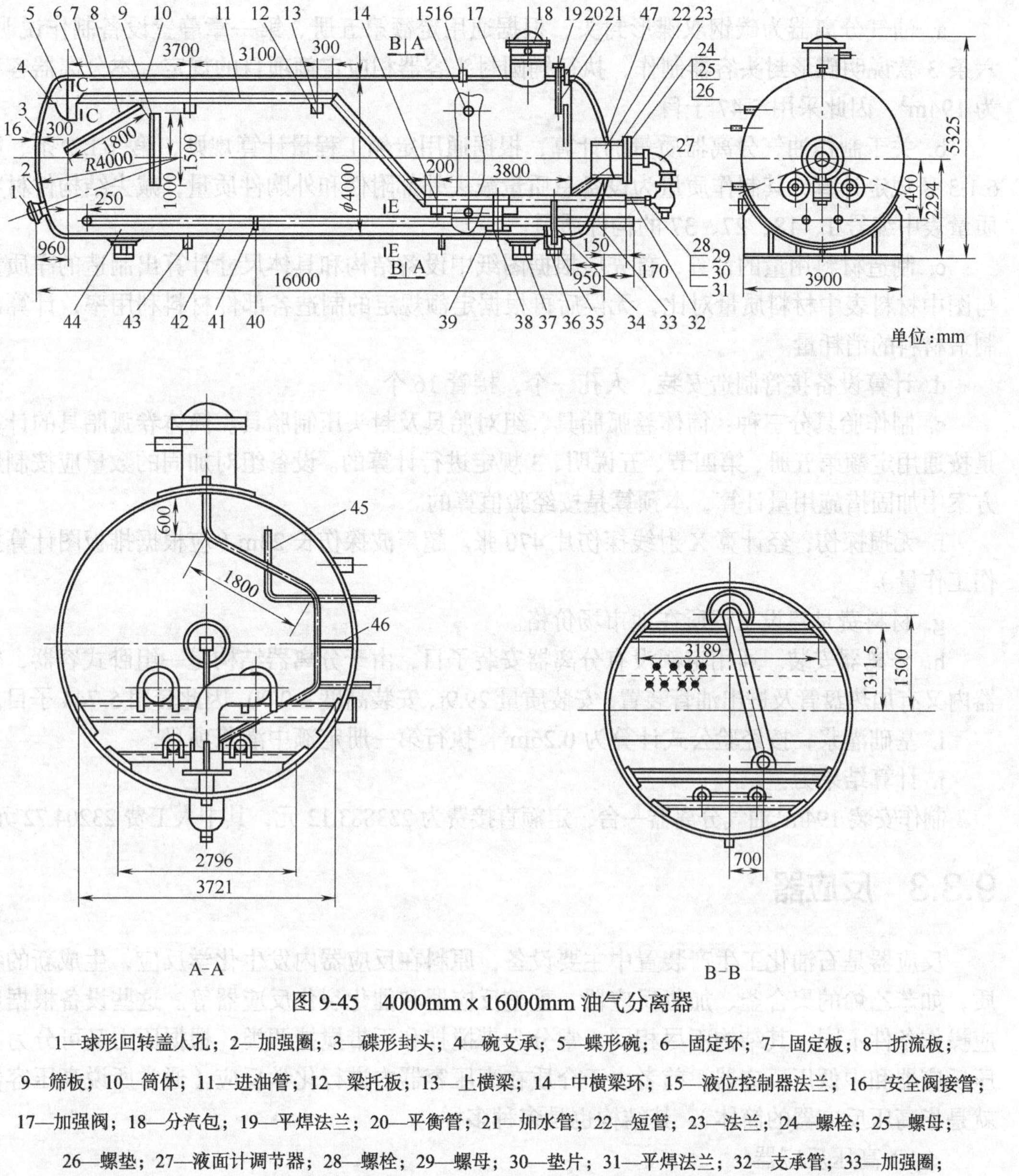

图 9-45　4000mm×16000mm 油气分离器

1—球形回转盖人孔；2—加强圈；3—碟形封头；4—碗支承；5—蝶形碗；6—固定环；7—固定板；8—折流板；9—筛板；10—筒体；11—进油管；12—梁托板；13—上横梁；14—中横梁环；15—液位控制器法兰；16—安全阀接管；17—加强阀；18—分汽包；19—平焊法兰；20—平衡管；21—加水管；22—短管；23—法兰；24—螺栓；25—螺母；26—螺垫；27—液面计调节器；28—螺栓；29—螺母；30—垫片；31—平焊法兰；32—支承管；33—加强圈；34—液面计下接管；35—盐水包；36—排污管；37—鞍座；38—支承管；39—出油管；40—下支承；41—固定环；42—加热盘管；43—排污管；44—衬托板；45—液面计上接管；46—支承；47—补强圈

a. 分离器的主材及外购件价格及采购，由制作、安装单位提供和负责。

b. 费用中不计取设备用材的采保费和由制造厂到施工现场的运输费。

c. 属于容器第一个法兰外的部件有：回转盖人孔、分汽包组件、液面调节器组件，共重 572kg，不计取与主体的装配费用。

d. 地脚螺栓已预埋完。

⑤ 制作及安装分离器工程量计算及套用定额项目。

a. 油气分离器为碳钢双碟形封头，根据通用定额第五册、第一章静置设备制作说明、六条 3 款说明碟形封头容器制作，执行椭圆封头容器相应定额项目的规定，本分离器容积为 194m^3，因此采用 5-47 子目。

b. 关于制作油气分离器质量的计算，根据通用定额工程量计算规则，第 6.1.2 条、第 6.1.3 条规定计算，其制作质量为设备总质量减去外部附件和外购件质量，减去结构件材料质量表中编号 1、18、27、37 的构件质量。

c. 制造材料用量的计算，首先应根据图纸中设备结构和具体尺寸计算出制造的净质量与图中材料表中材料质量对比，无误后再根据定额规定的制造各部件材料利用率，计算出制造材料的消耗量。

d. 计算设备接管制造安装，人孔一个，接管 16 个。

e. 制作胎具分三种：筒体卷弧胎具、组对胎具及封头压制胎具。筒体卷弧胎具的计算是按通用定额第五册、第四节、五说明、3 规定进行计算的。设备组对加固的数量应按制造方案中加固措施用量计算，本预算是按经验值算的。

f. 无损探伤，经计算 X 射线探伤片 470 张。超声波探伤长 23m（应根据排板图计算探伤工作量）。

g. 材料费是建设工程所在地市场价格。

h. 分离器安装。通用定额没有分离器安装子目，由于分离器结构是一组卧式容器，容器内又有加热盘管及进出油管装置，安装质量 29.9t，安装高度 ± 0.00，因此套用 5-744 子目。

i. 基础灌浆，按经验公式计算为 0.26m^3，执行第一册定额中灌浆项目。

j. 计算结果为：

制作安装 194m^3 油气分离器一台，定额直接费为 233883.12 元，其中人工费 23204.72 元。

9.3.3 反应器

反应器是石油化工生产装置中主要设备，原料在反应器内发生化学反应，生成新的物质，如苯乙烯的聚合釜、加氢反应器、重整反应器和催化裂化反应器等。这些设备根据反应操作条件不同，其结构不尽相同，常分为带搅拌和不带搅拌两类；根据压力又可分为高压反应器和中低压反应器，前者由于介质在高压容器内进行化学反应（通常所说高压容器就是指高压反应器的筒体），其结构也是多种多样。

（1）高压反应器

操作压力大于 10MPa 的反应器（压力大于 100MPa 为超高压反应器），如合成氨装置中的操作压力 15~32MPa 氨合成塔、操作压力 20MPa 的尿素合成塔、30MPa 的甲醇合成塔，超高压聚乙烯装置中的 150~200MPa 的聚乙烯反应釜等。这些反应器通过高压操作强化介质的化学反应和化工操作的物理过程生成新的物质。

由于操作压力较高，所以高压反应器壳体筒壁很厚，质量大。例如：内径 3.2m 的氨合成塔，壁厚为 200mm，质量约为 600t。内径 3.8m 壁厚 260mm 的高压反应器，重达 1000t，材质为新的 Cr-Mo 钢。固定床加氢反应器如图 9-46 所示。

高压容器的筒体，按结构不同常分为两大类：

① 整体式高压筒体，分为铸钢筒体、单层厚板焊接筒体（单层卷板式、单层瓦片式）、

无缝钢管筒体和铸造筒体。

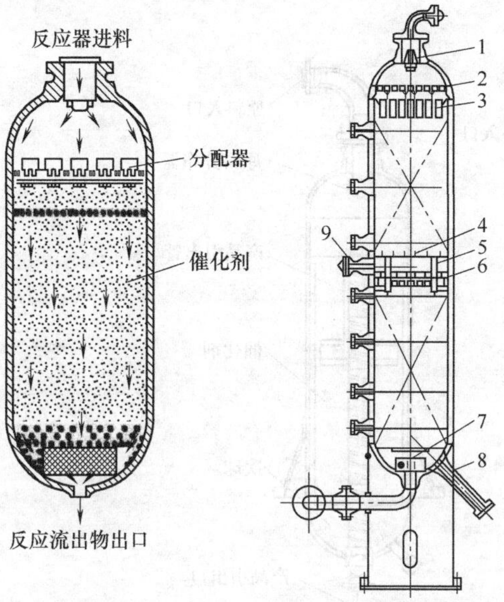

(a) 固定床加氢反应器　　(b) 热壁加氢反应器

图 9-46　加氢反应器

1—扩散器；2—气液分配盘；3—去垢篮筐；4—催化剂支持盘；5—催化剂连通管；6—急冷氢箱及再分配器；7—出口收集器；8—卸催化剂口；9—急冷氢管

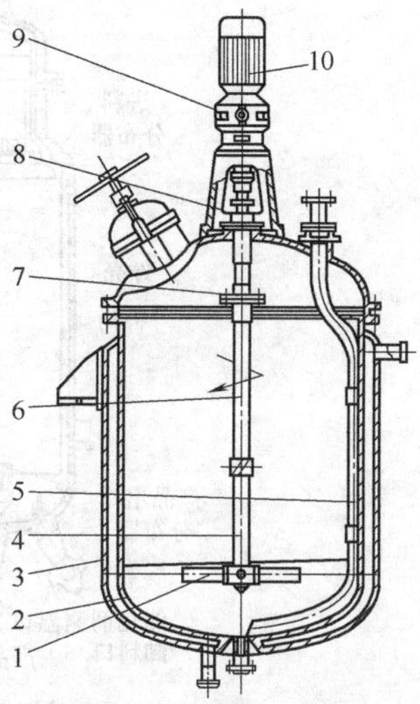

图 9-47　搅拌反应器结构图

1—搅拌器；2—罐体；3—夹套；4—搅拌轴；5—压出管；6—搅拌轴；7—联轴器；8—轴承装置；9—减速器；10—电动机

② 组合式高压筒体，分为层板包扎筒体、绕板式筒体、多层卷板式筒体、热套式筒体等。这些结构繁多的高压筒体，制造工艺复杂，由制造厂完成设备制造后，整体运至现场安装。

（2）带搅拌装置的反应器

在一定容积的容器中和一定压力与温度下，借助于搅拌器向介质传递必要的能量进行化学反应的反应器称搅拌反应器，习惯上称为反应釜，又称搅拌罐。

搅拌反应器广泛用于化工生产中。这种设备能完成搅拌过程与搅拌下的化学反应，把多种液体物料相混合，把固体物料溶解在液体中，将几种互不相溶的液体制作成乳浊液，将固体颗粒混在液体中发生磺化、硝化、缩合聚合等化学反应。

搅拌反应器的典型结构主要包括容器、搅拌器、搅拌轴与密封、传动装置等。由于化学反应过程一般都有热效应，即反应过程放出热量或吸收热量，因此，在容器的外部或内部常设置供加热或冷却的换热装置。如在容器外部设置夹套，在容器内部设置蛇管换热器等。其主要形式如图 9-47 所示。

（3）炼油装置反应器

炼油装置中用以完成介质分馏化学反应工艺，生成新物质（中间产品或成品）过程的反应器类设备，其形式多样，结构各异。图 9-48 是催化重整装置两种反应器简图。

催化裂化装置的关键设备是反应（沉降）器和再生器，也是炼油产品二次加工工艺过程中反应再生系统的主要设备。下面简要介绍一下反应（沉降）器和再生器结构和技术规格。

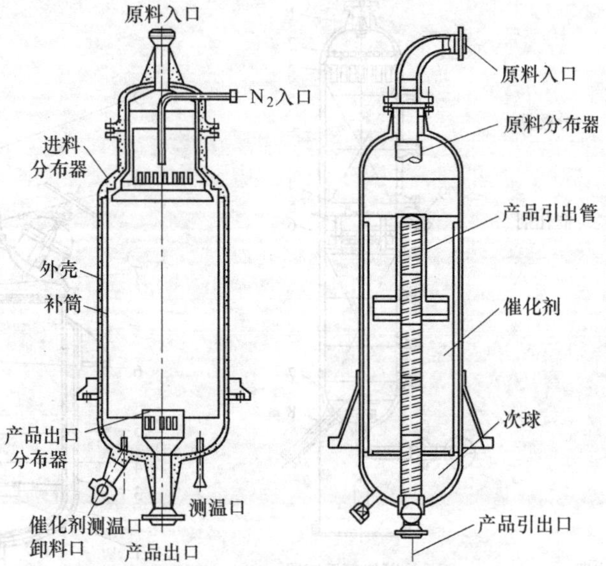

(a) 筒型下流反应器　(b) 径向反应器

图 9-48　催化重整装置两种反应器简图

① 反应（沉降）器。反应器的结构包括壳体、内部安装旋风分离器、进料弯管与分布板、集气室与防焦板、汽提段等部件组成。反应器结构如图 9-49 所示。

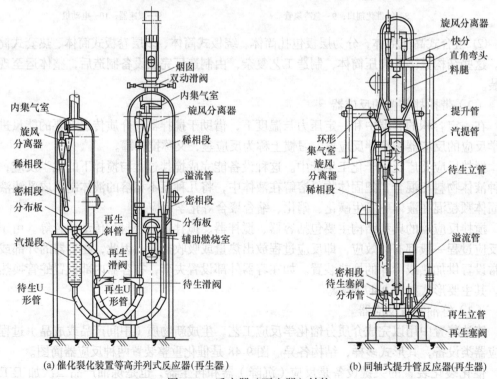

(a) 催化裂化装置等高并列式反应器(再生器)　(b) 同轴式提升管反应器(再生器)

图 9-49　反应器（再生器）结构

a. 反应器壳体。壳体由钢板冷煨并焊接成的圆筒形容器，分为密相段、稀相段和汽提段三部分，是供油气和催化剂完成反应和分离的空间。

b. 进料弯管与分布板。进料弯管的作用是使再生催化剂及原料通过进入反应器之内。为避免物质与管壁的磨损，弯管内衬以 20mm 厚的不锈钢龟甲网耐磨衬里。分布板主要作用是催化剂的气体进入反应器之前起均匀分布作用，一般用碳素锅炉钢板制造。

c. 集气室与防焦板。集气室位于反应器顶部，主要由集气室筒节和顶盖组成。其作用是对壳体上安装的旋风分离器（二级）出口的气体均集中于集气室里排出。防焦板是由许多扇形板组成，用螺栓连接或焊成一整块圆平板，其作用是防止反应器顶部结焦。

d. 汽提段。位于反应器下部，内装有 15~20 排钢板焊成的人字挡板，焊在汽提段的壳体上。

② 再生器。再生器的作用是通过燃烧使反应过程中由于积炭而失去活性的催化剂恢复活性，在烧掉催化剂表面积炭恢复其活性的同时，放出大量热量为催化剂所吸收，带入反应器作为原料油反应所需热量。其构造有壳体、分布板、分布管、溢流管、待催化剂提升管、集气室、波形膨胀节、辅助燃烧室等部件组成。内部还装有多组旋风分离器。再生器结构如图 9-49 所示。其中辅助燃烧室为夹套式燃烧炉，安装在再生器的分布板下面，并和再生器连成一个整体，使设备非常紧凑。它的作用是燃烧从外部供给的燃料，用来提供再生器升温所需热量；在出现反应部分生焦量少、热量不足时，可向再生器喷燃烧油，也可点燃辅助燃烧室补足热量。在正常操作过程中并不燃烧燃料，由此通入再生用主风。此外，再生器内壁均衬有 100mm 厚的衬里，其中 74mm 为隔热层，26mm 为耐热耐磨水泥层龟甲网，钉头与端板是固定龟甲网的结构。

③ 催化裂化反应器和再生器的规格和质量如表 9-37 所示。

表 9-37　催化裂化反应器和再生器的规格和质量

设备名称	装置生产规模×10^{-4}/（t/a）	设备规格	总质量/t	金属质量/t	合金钢质量/t
反应器	12	ϕ3200mm/ϕ2600mm/ϕ1200mm×21655mm	66.2	17	0.145
	60	ϕ5400mm/ϕ3860mm/ϕ2060mm×26288mm	137.4	105	0.44
	120	ϕ7200mm/ϕ600mm/ϕ3400mm×33016mm	215.6	190	0.82
再生器	12	ϕ4000mm×18630mm	97	64	7.74
	60	ϕ6200mm×ϕ5200mm×19725mm	170	118	12.8
	120	ϕ9600mm×ϕ8200mm×21859mm	293	208	23.6

除上述生产规模外，还有 180×10^4t/a，200×10^4t/a，350×10^4t/a 生产规模的反应器和再生器。

同轴式催化裂化装置就是把两器叠置在一条轴线上。我国的同轴式催化裂化装置都是把沉降器放在上面，而且都采用了提升管反应器，处理量有（30~1000）$\times10^3$t/a 不等，其反应和再生器见图 9-49（b）。其特点有：

a. 提升管采用折叠式，这样既满足了油料和催化剂的接触时间，又降低了装置的总高度，比采用直提升管要低得多。

b. 提升管和立管中的催化剂流量都是由塞阀控制，而不用滑阀，控制催化剂流量的锥形阀直接伸入再生器底部。由于阀的阀头和催化剂均匀地接触，阀头磨蚀轻。

c. 按同轴的方式布置反应器和再生器，可以省掉反应器的框架，布置紧凑，占地面积小。

（4）反应器类设备安装工程施工图预算书的编制

通用定额中反应器类设备安装共设 72 个子目，分两类：

① 内有填料反应器。

② 内有复杂装置反应器。

反应器内件（包括可拆件）占设备质量 5%以上的反应器。反应设备质量不大于 60t，安装高度 10m 以内；反应设备质量不大于 40t，基础标高在 10~20m（含）之间时定额中采用机械化吊装方式安装。当反应设备质量大于 60t，安装高度在 1m 以内；反应器质量大于 40t，基础标高在 1~20m（含）之间定额中按半机械化吊装方式考虑的，在施工中需编制施工方案，再根据施工方案计算安装费用。

通用定额中反应器类设备安装项目适用于中低压反应器安装工程，高压反应器安装属于缺项。石化定额有高压反应器安装 4 个子目，重量分级按吨计价。

【例 9-3】 编制催化裂化装置安装同轴式沉降再生器工程施工图预算书。

① 催化裂化装置安装同轴式沉降-再生器工程建设合同，施工图纸（略），提供设备安装工程及内容。

a. 安装一台同轴式沉降-再生器，该设备分片进厂，内部结构包括：提升管、再生斜管、再生器旋风分离系统、沉降器旋风分离系统、两段套筒、再生套筒等设备总质量 183.2t。

b. 地脚螺栓埋完，二次灌浆由丙方承担。

c. 设备组对后进行气密。

d. 设备工作压力 0.32MPa，设备容积 760m^3。

e. 施工图预算书的编制要求：使用石油建设安装工程预算定额及费用定额，属于Ⅱ类炼油化工，工程不计算分片组装设备应计算的主材费。

② 经批准的施工组织设计提供如下条件：

a. 设备分片组装搭设平台 100m^2。

b. 设备组对加固 6t。

c. 设备吊装加固 8t。

d. 整体吊装使用双金属桅杆 200t/55m。

e. 制作吊耳 6 个，每个荷载 50t。

f. 拖拉坑设置 24 个，每个承受能力 40t。

g. 施工条件正常。

③ 计算工作量及安装费用。

a. 催化裂化装置的同轴式沉降-再生器分片组对安装项目通用定额、石油定额均为缺项。石化定额中有此项，按石油定额价格进行换算后使用。石化定额编号：1-107。

b. 石化定额第一册《设备安装工程》，第一章现场分段分片设备组对安装（摘录）：

“二、本章定额包括以下工作内容（摘录）

（四）炼油厂再生器、沉降器：器体分片组对、拼装，焊缝着色探伤，焊缝超声波探伤复检，吊耳制作，气密试验，设备吊装，组装平台铺设与拆除，金属抱杆安装、拆除、水平移位，吊装加固措施件的制作、安装、拆除；

三、本章定额不包括以下工作内容（摘录）

（二）炼油厂再生器、沉降器组对安装中的金属抱杆台次使用费；”

c. 石化定额编制说明及工程量计算规则，第一册《设备安装工程》六金属抱杆（摘录）：

‘（二）本册定额设备选用金属抱杆吊装项目如下（摘录）：

第一章“现场分段、分片设备组对安装”，炼油厂再生器、沉降器组对安装；’

d. 从 b.和 c.中可知石化定额关于催化裂化装置沉降器-再生器分片组对安装中所含的工作内容和不包括的工作内容。这就是不同版本定额都有它不同的特点，所以施工组织设计中的有些项目就不能再重复计费了，如平台、组对加固、吊装加固、吊耳等项目，需要计取的项目是抱杆台次费。

e. 双抱杆台次费每台按 0.95 计取。

9.3.4 热交换器

热交换器是用来完成介质热量交换的容器，定额中将热交换器习惯称呼为换热器，它是化工、石油和其他许多工业部门广泛应用的一种通用工艺设备。

（1）换热设备分类

换热器依据不同的传递机理设计，其类型随着工业发展而扩大。在工业生产中，由于用途、工作条件、载热体的特性等不同，对换热器提出了不同的要求，出现了各种不同形式和结构的换热器。换热器的分类方法如下。

① 按作用原理或传热方式分类。

a. 混合式换热器。混合式换热器（或称直接式换热器）是通过换热体的直接接触与混合的作用来进行热量交换的。

b. 蓄热式换热器。蓄热式换热器是让两种不同的流体先后通过同一固体填料的表面，热载体先通过，把热量蓄积在填料中，冷流体通过时将热量带走，从而实现冷、热两种流体之间的热量传递。蓄热式换热器大多是用耐火砖垒砌而成的。其内部用耐火砖垒砌成的火格子或者用成形填料填充。如干燥室中的蓄热的多孔格子砖、空分蓄冷器中的卵石等。

c. 间壁式换热器。它是利用固体壁面将进行热交换的两种流体隔开，使它们通过壁面进行传热，这种形式的换热器使用最广泛。

② 按换热器所用材料分类。一般分成金属材料和非金属材料换热器。

③ 按换热器传热面的形状和结构分类。

（2）几种换热器

常用的换热器有夹套式、蛇管式、套管式、列管式、螺旋板式、板式和板翅式等。

① 夹套式换热器。夹套式换热器构造简单，换热器的夹套安装在容器的外部，夹套与器壁之间形成密封的空间，为载热体（加热介质）或载冷体（冷却介质）的通路。夹套通常用钢或铸铁制成，可焊在器壁上或者用螺钉固定在容器的法兰或器盖上。

夹套式换热器主要用于反应过程的加热或冷却。有用蒸汽进行加热时蒸汽从上部接管进入夹套，冷凝水由下部接管流出。作为冷却器时，冷却介质（如冷却水）由夹套下部的接管进入，而由上部接管流出。

该种换热器的传热系数较小，传热面又受窗口容器的限制，因此适用于热量不太大的场合。为了提高其传热性能，可在容器内安装搅拌器，使器内液体作强制对流，为了弥补传热面的不足，还可在器内安装蛇管等。

② 蛇管式换热器。其传热面是由弯曲成圆柱形或平板形的蛇形管子组成。蛇管的材料有钢管、铜管或其他有色金属管、陶质管和石墨管等。蛇管式换热器又可分沉浸式和喷淋式两种，见图 9-50。

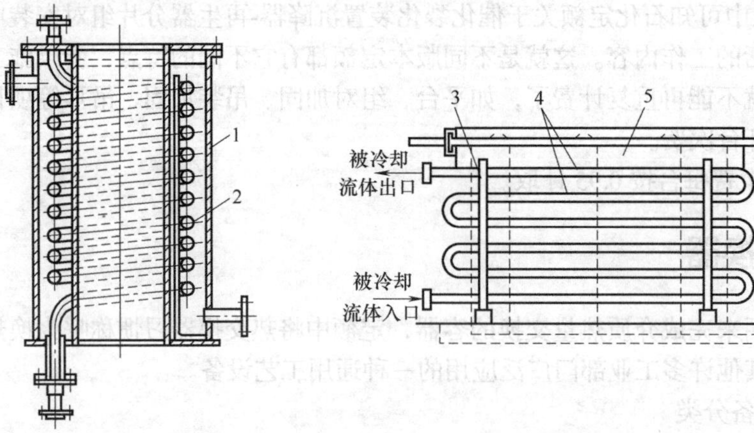

(a) 沉浸式蛇管换热器　　(b) 喷淋式蛇管换热器

图 9-50　蛇管式换热器分类

1—壳体；2—蛇管；3—支架；4—换热管；5—淋水板；6—喷淋管

③ 套管式换热器。套管式换热器系用管件将两种尺寸不同的标准管连接成为同心圆的套管，然后用 180° 的回弯管将多段套管串联而成。每一段套管称为一程，程数可根据传热要求而增减。每程的有效长度为 4~6m，若管子太长，管中间会向下弯曲，使环形中的流体分布不均匀。

套管换热器的优点是：构造简单；能耐高压；传热可根据需要而增减；适当地选择管子内径、外径可使流体的流速较大，且双方的流体作严格的逆流，有利于传热。缺点是：管间接头较多，易发生泄漏；单位换热器长度具有的传热面积较小。故在需要传热面积不太大而要求压强较高或传热效果好时，宜采用套管式换热器。

④ 列管式换热器。列管式换热器是目前石油化工生产装置中应用最广泛的传热设备，与前述的各种换热器相比，其主要优点是单位体积所具有的传热面积大以及传热效果好。此外，其制造材料范围较广、操作弹性也较大。因此，在高温、高压和大型装置上多采用列管式换热器。

⑤ 板片式换热器。板片式换热器的传热面是由冷压成形或焊接的金属板材构成，属于这类的换热器有螺旋式、板式、板翅式换热器。其中板翅换热器结构紧凑轻巧，传热效率高，单位体积传热面积大，一般可达 1300~1600m^2/m^3，由平隔板、翅片、封条三部分组成。

⑥ 非金属换热器。在化工生产中有不少具有强腐蚀性的物料，这时用普通材料制成的换热设备不能满足需要。随着化学工业的发展，出现和发展了许多耐腐蚀的新型材料（如陶瓷玻璃、聚四氟乙烯、石墨等）的换热器。

（3）空气冷却器

炼油厂及石油化工厂的冷换设备中用空气冷却器代替水冷却器，进行介质的冷凝、冷却可节约用水，特别是在缺水地区得到广泛采用，空气冷却器是利用空气作为冷却介质，通过翅片管束进行热交换将管束内高温介质冷却、冷凝，如将塔顶油气冷凝为汽油、柴油等。空气冷却器（简称“空冷器”）还具有维护费用低，运行安全可靠等优点，因而应用非常广泛。

定额子目中综合取定了空冷器的安装高度（管束 20m，风机 15m，构架 12m），因此在计算空冷器安装费时，不再另计高度费用。

① 空冷器的结构形式。空冷器一般由管束、管箱、风机、百叶窗和构架等主要部分组成。介质自管束中流过，管箱在管束两端与其胀接或焊接。风机供冷却风，风量大小由百叶窗调节。当温度较高的介质流经管束时，管束下部（或上部）的风机向其供给大量的流动空气，使管内介质达到冷却目的，构架支撑空冷器由立柱、横梁等组成。空气冷却器基本结构见图 9-51。

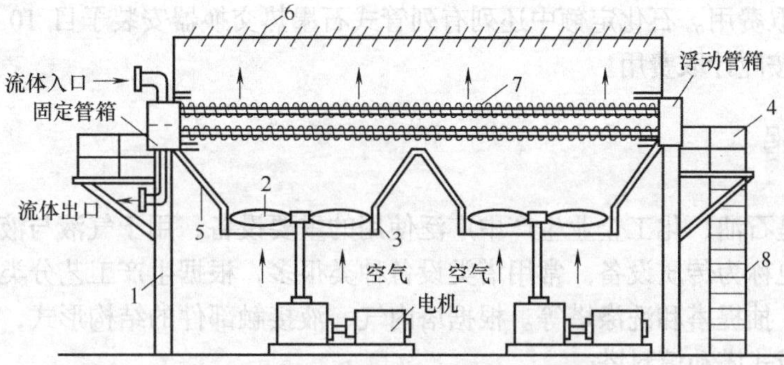

图 9-51　空气冷却器基本结构示意图

1—构架；2—风机；3—风筒；4—平台；5—风箱；6—百叶窗；7—管束；8—梯子

空冷器因其结构、安装形式、冷却和通风方式不同，可分为以下不同形式：

a. 按管束布置和安装形式不同分为水平式、直立式空冷器或斜顶式空冷器。前者适用于冷却，后者适用于冷凝、冷却。

b. 按冷却方式不同分为干式空冷器和湿式空冷器。前者冷却依靠风机连续送风；后者则是借助于水的喷淋或雾化强化换热。后者较前者冷却效率高，但由于易造成管束的腐蚀影响空冷器的使用寿命，因而应用不多。

c. 按通风方式不同分为强制通风（送风）空冷器和诱导通风空冷器。前者风机装在管束下部，用轴流通风机向管束送风；后者风机装在管束的上部，空气自上而下流动。后者较前者耗电多，造价高，应用不如前者普遍，还有自然通风式。

② 空冷器安装费组成。空气冷却器安装，定额中分管束（翅片）安装按质量以“片”为单位，空冷器构架按“吨”为质量单位，风机安装按质量以“台”为单位，计算空冷器的安装费。

（4）热交换器安装工程施工图预算书编制

通用定额中热交换器安装分七种类型：

① 固定管板式热交换器，定额有 26 个子目。

② 蛇管式热交换器，定额有 18 个子目。

③ 浮头式热交换器，定额有 26 个子目。

④ U 形管式热交换器，定额有 22 个子目。

⑤ 套管式热交换器，定额有 24 个子目。

⑥ 螺旋板式热交换器，定额有 9 个子目。

⑦ 排管式热交换器，定额有 18 个子目。

热交换器安装定额项目中按设备质量和安装高度，分为机械化安装的范围有：质量不大于 60t，基础标高 10m 以内；质量不大于 50t，基础标高在 10m 和 20m（含）之间；质量不大于 30t，基础标高 20m 以上。超过此范围的热交换设备安装采用机械化或半机械化方法施工需编制施工方案，经批准生效后，再根据方案的规定计算有关费用。

石油定额中热交换器安装中没有安装高度的分类。定额中有热交换器类设备地面抽芯检查子目，按设备质量以“台”为单位计取费用，设备质量 2~60t，分 8 个子目。

石化定额中列有，碳钢、不锈钢高压热交换器安装，共列 22 个子目，设备质量范围 2~80t，按吨计取费用。石化定额中还列有列管式石墨热交换器安装子目 10 个，设备质量范围 0.5~15t，按吨计取费用。

9.3.5 塔器

塔类设备是石油、化工企业生产中广泛使用的重要设备，用于气液与液液相间传热传质，所以塔器也称为传质设备。常用塔类设备种类很多，根据生产工艺分类有分馏塔、吸收塔、解吸塔、抽提塔和洗涤塔等。根据塔内气、液接触部件的结构形式，可将塔类设备分为两大类：板式塔和填料塔。

预算定额中也按板式塔和填料塔分列定额项目计取费用。

塔类设备结构，除了种类繁多的各种形式的内部结构外，其余结构大致相同。塔体、除沫器、人孔、手孔、吊柱、塔体支座等。

9.3.5.1 按用途分类

（1）分馏塔

将液体混合物分离成各种组分，例如常减压装置中的常压塔、减压塔可将原油分离成汽油、煤油、柴油及润滑油等，铂重整装置内的各种精馏塔，可以分得苯、甲苯、二甲苯等。

（2）吸收塔、解吸塔

在塔内通过吸收液来分离气体，就是吸收塔；将吸收液体通过加热等方法使溶解于其中的气体再放出来，就是解吸塔。

（3）洗涤塔

用水来除去气体中无用的成分或固定尘粒，称为水洗塔，同时还有一定冷却作用。

（4）抽提塔

通过某种液体溶剂将液体混合物中有关产品分离出来，例如丙烷脱沥青装置中的抽提塔等。

9.3.5.2 按结构形式分类

（1）板式塔

板式塔是分级接触型气（汽）液传质设备。在塔内按照一定距离装有一定数量的塔盘，气体以鼓泡或喷射的形式穿过塔盘上的液层，两相密切接触进行传质和传热（图 9-52）。

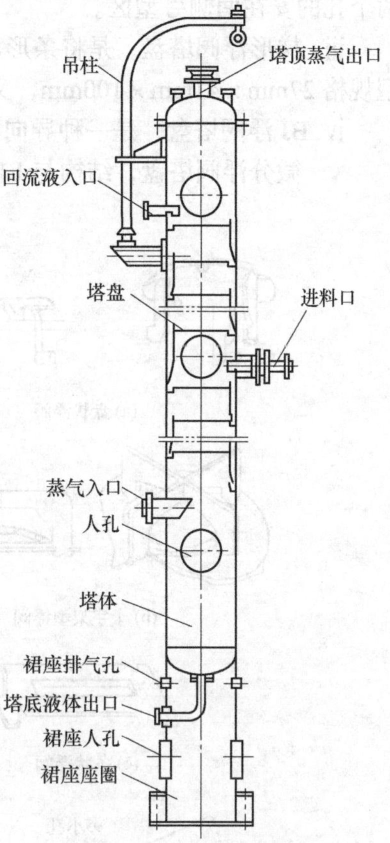

图 9-52　板式塔总体结构

常用板式塔类型有：泡罩塔、浮阀塔、舌形喷射塔以及最近发展起来的一些新型和复合型塔（如浮动喷射塔、浮舌塔、压延金属网板塔和多降液管筛板塔等）。

① 塔盘类型。板式塔的塔盘按塔盘位置、塔盘的结构形式不同可分为以下几类。

a. 筛板塔盘。这种塔盘是在钢板上钻了许多三角形排列的直径为 2.8mm 的孔。气流从孔中穿出吹入液体内鼓泡，液体则横流过塔板，从降液管中流下，这种结构属简单型。

b. 浮阀塔盘。这种塔盘有盘状浮阀、十字架型浮阀、条状浮阀和船形浮阀。

ⅰ. 盘状浮阀。浮阀为圆盘片，塔板上开孔是圆孔，F1 型浮阀是用三条腿固定浮阀升高位置，还有用十字架固定浮阀升高位置的结构［图 9-53（a），（b）］。

ⅱ. 条状浮阀。这种浮阀在塔板上开长条孔，浮阀是带支腿的长条片。长条片面上有的还开有长条孔或凹槽等［图 9-53（c）］。

ⅲ. 船型浮阀。其阀体似船形，两端有腿卡在塔板的矩形孔中［图 9-53（d）］。

c. 泡罩塔盘。这种塔盘可由铸铁制成，也可以用钢板冲压制成，泡罩在塔板上呈三角形排列，可以单独固定在升气管上，也可成排地固定在支架上［图 9-53（e）］。圆泡罩有 Φ80mm，Φ100mm，Φ150mm 等几种规格。

d. 舌形塔盘。这种塔盘是由钢板上冲出按一定角度、朝一个方向斜翘起的舌片所构成。常用的舌片翘起角度 20°［图 9-53（f）］，舌片尺寸为 50mm×50mm，在塔板上呈三角形排列。

e. 浮动喷射塔盘。这种塔盘的塔板由支架及可在支架三角槽内自由转动的条状浮动板所组成。浮动板的张开角度最大可到 25°［图 9-53（g）］。

f. 其他新型塔盘。炼油装置发展要大型化，塔器也要向大直径发展，新型塔盘的研究开发使新产品不断出现。

ⅰ. 顺排条阀塔盘，条型结构 L1 型规格 34mm×125mm，L2 型规格 34mm×100mm，又分轻阀和重阀。

ⅱ. 导向浮阀塔盘，条型结构，在阀片上开一个或两个导向孔，一个孔的安在塔盘中间，两个孔的安在两侧弓型区。

ⅲ. 梯形浮阀塔盘，是将条形浮阀改变成梯形，T_1 型规格 27mm×41mm×125mm，T_2 型规格 27mm×41mm×100mm，又分为轻阀和重阀，用 0Cr18Ni9 制造。

ⅳ. BJ 浮阀塔盘，是一种导向浮阀。

ⅴ. 微分浮阀塔盘，结构与 F1 型浮阀类似，是在阀盖上开三个小孔。

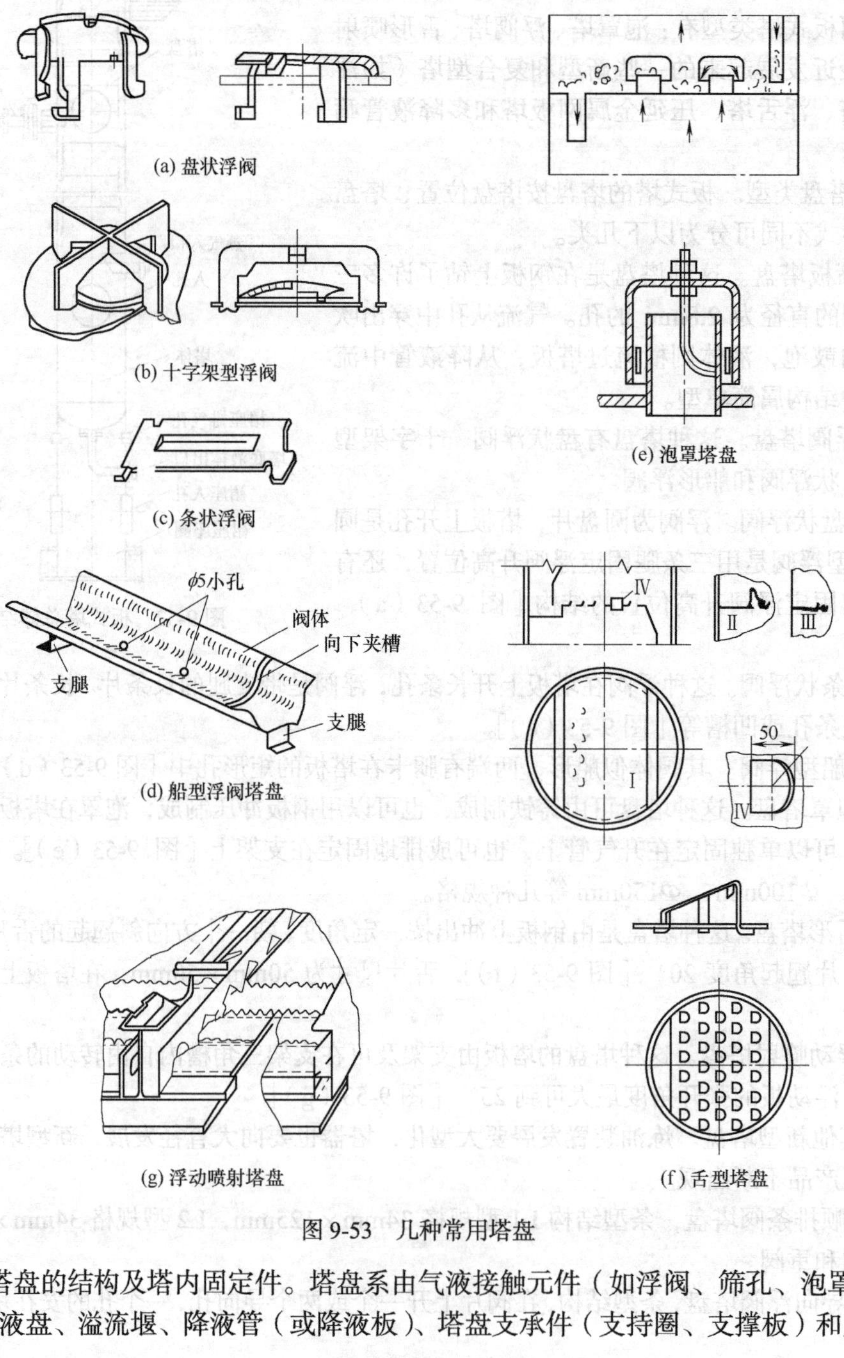

图 9-53 几种常用塔盘

② 塔盘的结构及塔内固定件。塔盘系由气液接触元件（如浮阀、筛孔、泡罩等）、塔盘板、受液盘、溢流堰、降液管（或降液板）、塔盘支承件（支持圈、支撑板）和紧固件部

分组成。塔盘按其结构特点可分为整块式和分块式两种。一般塔径为 300~900mm 时，采用整块式塔盘；当塔径不小于 800mm 时，能在塔内进行装拆，可用分块式塔盘：

a. 整块式塔盘分为定距管式塔盘、重叠式塔盘和支撑圈式塔盘。

b. 分块式塔盘分为单流塔盘、双流塔盘、多流塔盘和 U 形塔盘。

③ 塔盘的安装。塔盘安装前应清点零件的数量，清除其表面上的油污、铁锈等，并标注序号。

浮阀式塔盘和圆泡罩塔盘安装前，在塔外应将浮阀、圆泡罩分别安装在塔盘板上，浮阀在塔盘孔内应灵活自由，没有卡涩现象；圆泡罩安装时，应调节泡罩高度，泡罩与升气管保持同心。

塔内固定件（图 9-54）：通常指板式塔内固定件，是焊接在塔壳上的元件，主要包括塔盘支持圈、受液盘、降液板及其支持板、主梁、支梁等部件。编制预算时要注意：分段到货的塔一般均在制造厂安装固定件；当分片到货时首先将片组对成段，然后再安装固定件，定额中按层计算费用。

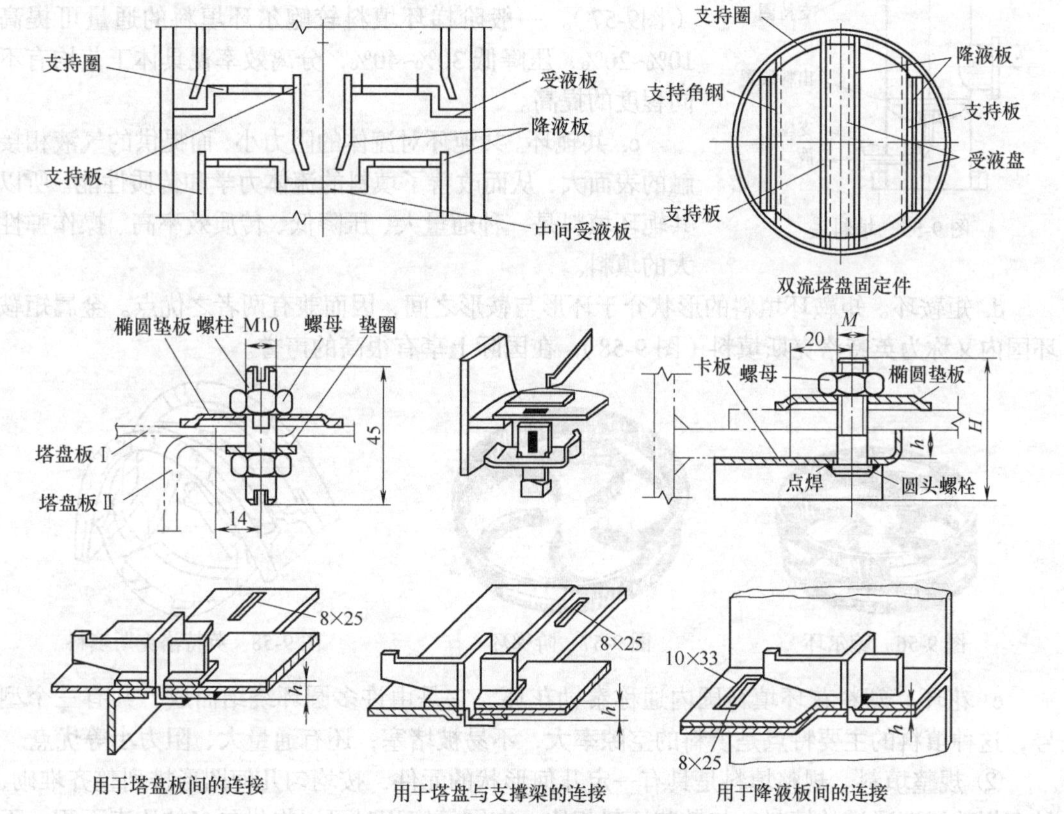

图 9-54　塔内固定件安装示意图

（2）填料塔

在塔设备内装入填料即为填料塔。填料塔主要由塔体、喷淋装置、填料、填料支承装置及液体分配装置、气液出口等部件组成（图 9-55）。液体自塔顶的分布装置淋下，沿着填料表面成膜状流下，气体自塔底部进入，沿着填料间的空隙上升，互成逆流接触，促进传质过程的进行。

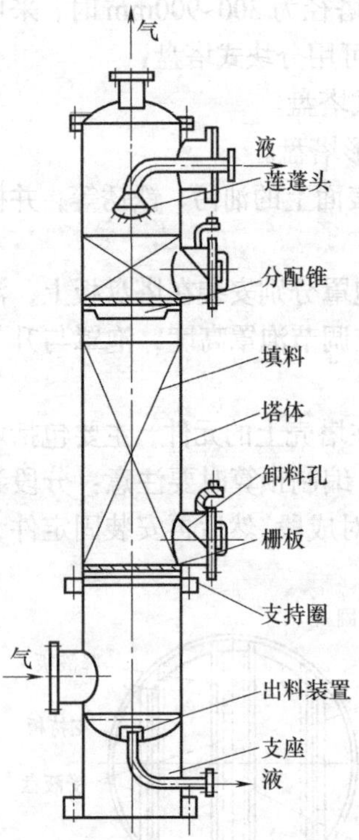

图 9-55　填料塔

① 散装填料。散装填料在填料塔中以乱填为主，它是具有一定外形结构的颗粒体，石化装置中常用的有鲍尔环、阶梯环、共轭环、矩鞍环、花环等品种。

a. 鲍尔环。金属鲍尔环填料采用金属薄板冲制而成，在环壁上开出了两排带有内伸舌叶的窗孔，每排窗孔有五个舌叶，每个舌叶弯向环内，指向环心，上下两层窗孔的位置相互错开（图 9-56）。塔内的气体和液体能够从窗口自由通过，所以填料层内的气、液体分布情况有较大的改善，其分离性能有了明显提高，因此工业应用广泛，人们对鲍尔环填料的研究也比较充分，故目前鲍尔环填料仍是被采用的主要环形填料之一。

b. 阶梯环。阶梯环（CMR）的高约为直径的一半，环的一边有锥形翻边，环壁上开有窗孔，并有弯曲叶片伸向环心（图9-57）。一般阶梯环填料较鲍尔环填料的通量可提高10%~20%，压降低 30%~40%，分离效率视具体工艺均有不同程度的提高。

c. 共轭环。共轭环对流体的阻力小，而提供的气液相接触的表面大，从而改善了填料的流体力学和传质性能。所以共轭环填料是一种通量大、压降低、传质效率高、操作弹性大的填料。

d. 矩鞍环。矩鞍环填料的形状介于环形与鞍形之间，因而兼有两者之优点。金属矩鞍环国内又称为英特洛克斯填料（图 9-58），在国际上享有很高的声誉。

图 9-56　鲍尔环

图 9-57　阶梯环

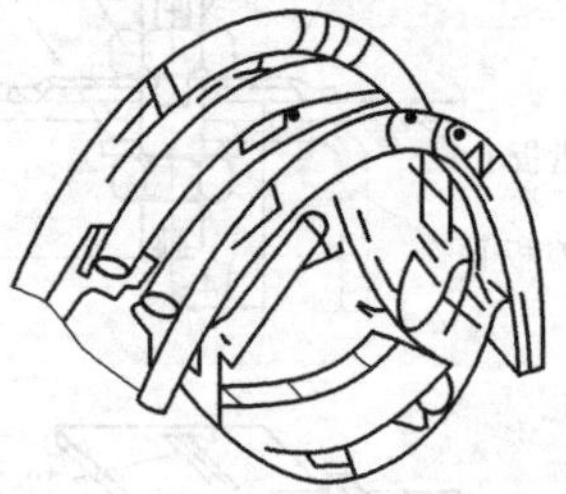
图 9-58　英特洛克斯填料

e. 花环。塑料花环填料国内通称泰勒花环。它是由许多圆环绕结而成，共有三个型号，这种填料的主要特点是填料的空隙率大，不易被堵塞，还有通量大、阻力小等优点。

② 规整填料。规整填料是具有一定几何形状的元件，按均匀几何图形排列整齐堆砌，具有规整气液通道的填料。与散装填料相比，在同等容积时可以提供更多的比表面积；而在相同比表面积时填料的空隙率更大，故规整填料具有更大的通量、更小的压降、更高的传质、传热效率。规整填料根据组成的元件的形状结构和尺寸，可分不同的类型和规格。常用的有格栅填料、金属板波纹填料、金属丝网波纹填料和陶瓷波纹填料。

a. 格栅填料。格栅填料的单元构件是由 2mm 厚的条形钢板冲成许多定向舌片，上下两舌片翻转方向相反。两组舌片之间冲有连接爪。单元构件高 60mm，宽 57mm，两单元构件间用连接爪点焊在一起，组成所需要的宽度。规格为：60mm×57mm×2mm，堆积密度为272.2kg/m³。

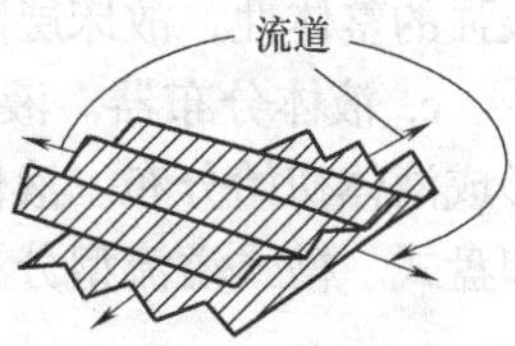

图 9-59　波纹片形状

b. 金属板波纹填料。金属板波纹填料是由金属薄板冲制成波纹片（图 9-59），波纹片上冲有 Φ4mm 小孔，开孔率约占12.6%，波纹顶角 α 约 90°，波纹形成的通道与垂直方向成45°（称作 Y 型）或 30°（称作 X 型）角度。将波纹片平行排列，两相邻波纹片通道成 90°。

c. 金属丝网波纹填料。金属丝网波纹填料是由金属丝网制成的规整填料。丝网为40~80 目（0.177~0.42mm），不锈钢丝直径为 0.1~0.25mm。波形丝网的波齿形为等腰三角形，推荐齿形角为 75°~90°。波纹倾角为 30°（称作 X 型）和 45°（称作 Y 型）两种。

d. 陶瓷波纹填料。陶瓷波纹填料是用陶瓷烧结成波纹形规整填料，类似于金属板波纹填料。由于陶瓷表面粗糙多孔，使填料的有效比表面积有很大的提高，它还具有较好的毛细作用，能有效地润湿填料表面，故陶瓷波纹填料的传质效率较高。此外，它还具有良好的抗腐蚀性，在化工行业中应用较多。

③ 填料塔内构件。填料塔除了主体传质元件填料外，尚有填料支承板、床层限位器、液体分配器、液体收集及再分配装置等辅助内件，它们与填料共同构成一个完整的填料塔。

a. 填料支承板。对于填料支承板除了要有足够的强度外，还要求具有足够大的自由面积；安装拆卸方便。支承板分三种形式。

ⅰ. 栅板型支承板，由垂直的板条组成的填料支承栅板（图 9-60）。

ⅱ. 喷射式支承板。喷射式支承板是目前最好的散装填料支承装置，采用喷射式结构（图 9-61）。

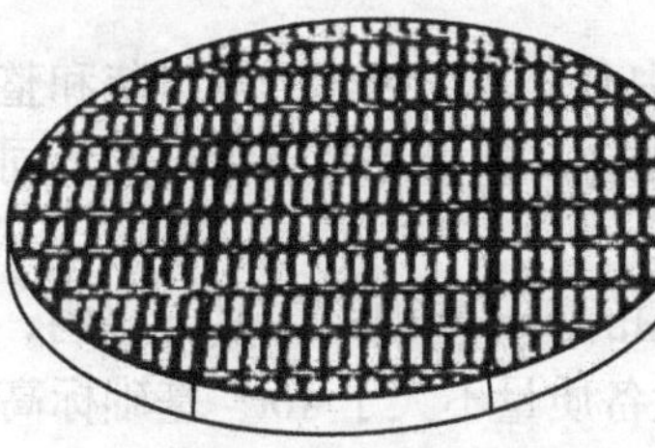
图 9-60　栅板型支承板

图 9-61　喷射式支承板

ⅲ. 梁式支承、规整填料（如格栅填料及金属板波纹填料），因其中由单片组装后本身具有很好的刚度，故不需要特殊的支承板，仅采用与塔壁四周固定的扁钢圈，中间为支承梁即可，一般长度 1000mm 左右设一个支承梁。

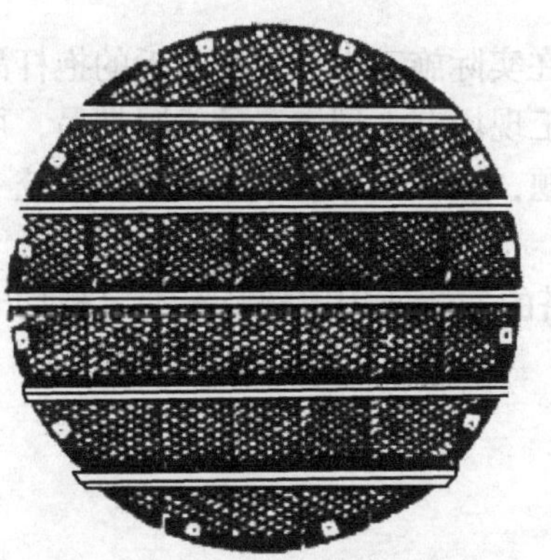
图 9-62　填料床层限位器

b. 床层限位器。为了保证填料塔的正常稳定操作，防止在高气速或负荷突然波动时，填料层发生松动、甚至破坏、流失，在填料层上端必须安装床层限位器（图 9-62）。

第一种散装填料床层限位器：散装填料床层限位器由格架及焊于其下部的丝网组成。

第二种规整填料床层限位器：规整填料本身就具有

很强的整体性，故床层限位器只需要简单的形式，用栅条间距为 100~150mm 的栅板即可。

c. 液体分布器。液体分布器置于填料床层的上方，将液体均匀地分布到填料表面上，形成液体初始分布。液体分布器按结构形式可分为：管式、盘式、板式孔流型液体分布器和盘式、槽式溢流型分布器，结构形状见图 9-63。

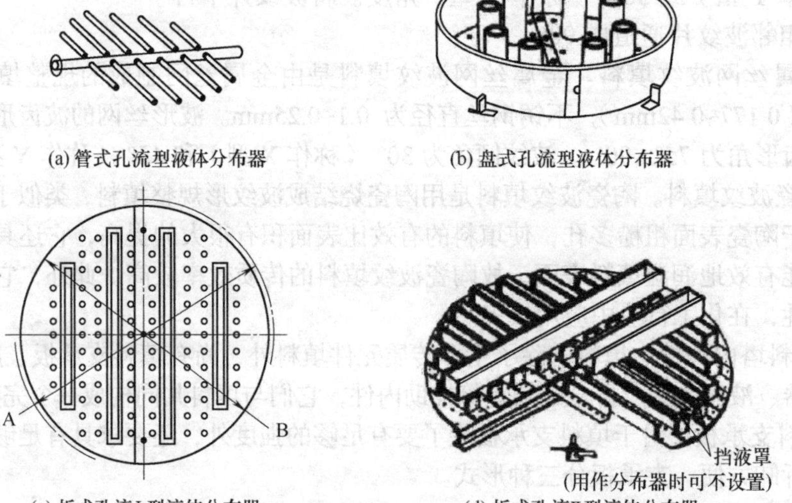

(a) 管式孔流型液体分布器　(b) 盘式孔流型液体分布器

(c) 板式孔流Ⅰ型液体分布器　(d) 板式孔流Ⅱ型液体分布器

图 9-63　孔流型液体分布器

9.3.5.3　塔类设备安装

通用定额、石油定额中塔类设备安装工程列项定额中有分片组装、分段组装和整体塔类设备安装三部分内容。碳钢、不锈钢塔（立式容器）按台、重量和基础标高的不同共列六种塔盘 58 个子目，设备填充 11 个子目。

塔类和立式容器设备的安装方法属于机械化安装范围的有：基础标高 10m 以内，设备质量不大于 60t；基础标高在 10m 和 20m（含）之间，设备质量不大于 40t；基础标高大于 20m，设备质量不大于 20t。超过上述范围的塔及立式容器安装均按半机械化方式安装，工程费用按批准的施工方案规定计算安装费用。

编制塔类设备施工图预算书应注意的问题：

① 定额中规定的机械化方式吊装的设备，施工企业在实际施工中可利用附近的抱杆吊装就位。定额中规定的用半机械化安装的设备，由于施工现场有大型汽车吊或履带吊，可以完成吊装任务。碰到这类与“定额”规定不一致的问题，应在施工前甲乙双方研究统一计费方式。

② 专用塔器如合成氨塔、尿素塔、乙烯塔、芳烃塔的安装通用定额及石油定额均未列项。

9.3.6　橇块

橇块也称工艺单元，是将生产装置和设施在制造厂中整体预制成单元，组合成单元整体的橇装式结构（就是把所有设备、管道、电气、仪表、全都安装在橇上），运到施工现场用连接器连接在一起成为一套生产装置。橇装化装置和设施逐步向整体超大型化发展，最大的橇块已达到3000t，例如一个橇块就是一个气井。橇块技术在油（气）田建设中应用很广泛，因为橇装结构具有工艺流程合理、安装紧凑安装方便、占地少、现场施工周期短等特点，有利于实现标准化、系列化、通用化、商品化、节省投资。

集气装置实现橇装化，一套集气装置由井口缓蚀剂橇块、水套加热炉橇块、分离计量橇块和自耗气计量橇块组成，比原来就地安装施工可节省占地 30%~51%，缩短建设周期50%~65%，节省投资25%左右。炼油化工生产装置中，橇装式结构也逐渐增多。

石油定额中第一册油（气）处理设备安装工程，第三章油气处理设备安装，第七节橇块安装中列了四种橇块安装项目：仪表供风、泵类、设备类和应急发电机组。根据橇块整体质量和橇块底座投影面积按台为计量单位计算费用。橇块的安装质量包括橇块本体和连接器钢结构的质量，橇块上的设备、管道、阀门、管件、法兰、螺栓、垫片、仪表、电气部件以及梯子、平台等总质量。石油定额编制说明中第一部分油（气）田建设工程，第三章橇块安装工程，（四）有关说明如下：

① 如施工现场的橇块安装采用金属桅杆吊装就位时，可按规定计算桅杆费用，定额中的吊装机械台班费应予扣除。

② 由于橇块形体特殊，受施工现场环境影响，必需另行租赁吊装机械时，可按实际计算，但应扣减定额的吊装机械台班费。

③ 国外引进的橇块，部分辅助材料如随橇块供货（例如垫铁、焊接材料、X光软胶片等材料），执行本定额时，应扣减定额内的这部分材料费。

④ 橇块上的设备、部件连接安装工程量是按照不同的橇块类别综合测算取定的，如与实际不符时，定额不得调整。

⑤ 橇块上的设备、部件的材质如无特殊规定，主要取定为碳钢、低合金钢，也考虑了不锈钢材质的因素，套用定额时不得调整。

⑥ 橇块上部件的焊接形式主要为电弧焊，也考虑了需要氩电联焊的因素，套用定额时不得调整。

⑦ 橇块吊装需采用加固时，根据审批后的施工方案，按规定另列加固措施项目。

⑧ 橇块上的设备安装考虑为整体设备，定额不包括设备分段组对或设备分片组装的工作内容。

定额中的工作内容：橇块整体安装、设置垫铁、找正就位、橇上电气、仪表连接件的组装紧固检修与调试。

除定额内注明的工作和内容外，均包括施工准备、开箱检查、清点验收、基础验收、铲麻面、场内运输、施工手段措施及工具回收，清理现场等工作内容。

定额中不包括的工作内容：橇上设备、部件、配管等的安装就位；橇上的房屋搭设；二次灌浆；无损探伤；防腐、保温、电伴热等。

第10章 车间布置设计

10.1 概述

（1）化工车间的组成

一个较大的化工车间（装置）通常包括以下组成部分。

① 生产设施。包括生产工段、原料和产品仓库、控制室、露天堆场或储罐区等。

② 生产辅助设施。包括除尘通风室、变电配电室、机修维修室、消防应急设施、化验室和储藏室等。

③ 生活行政福利设施。包括车间办公室、工人休息、更衣室、浴室、厕所等。

④ 其他特殊用室。如劳动保护室、保健室等。

车间平面布置就是将上述车间（装置）组成在平面上进行规范的组合布置。

（2）装置（车间）平面布置方案

装置（车间）的平面形式主要有长方形、L形、T形和Ⅱ形，其中长方形厂房具有结构简单、施工方便、设备布置灵活、采光和通风效果好等优点，是最常用的厂房平面布置形式，尤其适用于中小型车间。当厂房较长或受工艺、地形等条件限制，厂房的平面形式也可采用L形、T形和Ⅱ形等特殊形式，此时应充分考虑采光、通风、交通通道、进出口等问题。

一般的石油化工装置采用直通管廊长条布置或组合型布置，而小型的化工车间多采用室内布置。

① 直通管廊长条布置。直通管廊长条布置方案（见图10-1）是在厂区中间设置管廊，在管廊两侧布置工艺设备和储罐，它比单侧布置占地面积小，管廊长度短，而且流程顺畅。

将控制室和配电室相邻布置在装置的中心位置，操作控制方便，而且节省建筑费用。在设备区外设置通道，便于安装维修及观察操作。这种布置形式是露天布置的基本方案。

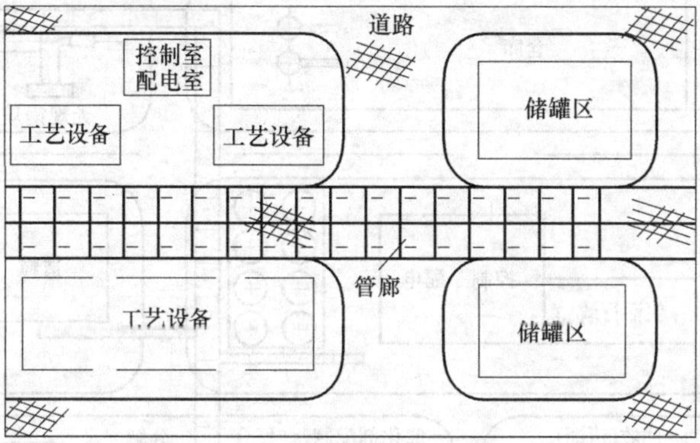

图 10-1　直通管廊长条布置方案

② 组合型布置。有些装置（车间）组成比较复杂，其平面布置也比较复杂。例如，图 10-2 是一个大型聚丙烯装置的平面布置示意，其车间组成比较复杂，有储罐、回收（精馏）、催化剂配制、聚合、分解、干燥、造粒、控制、配电、泵房、仓库及无规锅炉等部分，根据各部分的特点，分别采用露天布置、敞开式框架布置及室内布置三种方式。其车间平面布置实际上是直线形、T 形和 L 形的组合。

将回收（精馏）、聚合、分解、干燥、无规锅炉等主要生产装置布置在露天或敞开式框架上；将控制、配电与生活行政设施等合并布置在一幢建筑物中，并布置在工艺区的中心位置；有特殊要求的催化剂配制、造粒及仓库等布置在封闭厂房中。

③ 室内布置和露天布置。小型化工装置、间歇操作或操作频繁的设备宜布置在室内，而且大都将大部分生产设备、辅助生产设备及生活行政设施布置在一幢或几幢厂房中。室内布置受气候影响小，劳动条件好，但建筑造价较高。

化工厂的设备布置一般应优先考虑露天布置，但是，在气温较低的地区或有特殊要求者，可将设备布置在室内；一般情况可采用室内与露天联合布置。在条件许可情况下，应采取有效措施，最大限度地实现化工厂的联合露天化布置。

设备露天布置有下列优点：可以节约建筑面积，节省基建投资；可节约土地，减少土建施工工程量，加快基建进度；有火灾爆炸危险性的设备，露天布置可降低厂房耐火等级，降低厂房造价；有利于化工生产的防火、防爆和防毒（对毒性较大或剧毒的化工生产除外）；对厂房的扩建、改建具有较大的灵活性。缺点是受气候影响大，操作环境差，自控要求高。

目前大多数石油化工装置都采用露天或半露天布置。其具体方案是：生产中一般不需要经常操作的或可用自动化仪表控制的设备都可布置在室外，如塔、换热器、液体原料储罐、成品储罐、气柜等大部分设备及需要大气调节温湿度的设备，如凉水塔、空气冷却器等都露天布置或半露天布置在露天或敞开式的框架上；不允许有显著温度变化，不能受大气影响的一些设备，如反应罐、各种机械传动的设备、装有精密度极高仪表的设备及其他应该布置在室内的设备，如泵、压缩机、造粒及包装等部分设备布置在室内或有顶棚的框架上，生活、行政、控制、化验室等集中在一幢建筑物内，并布置在生产设施附近。

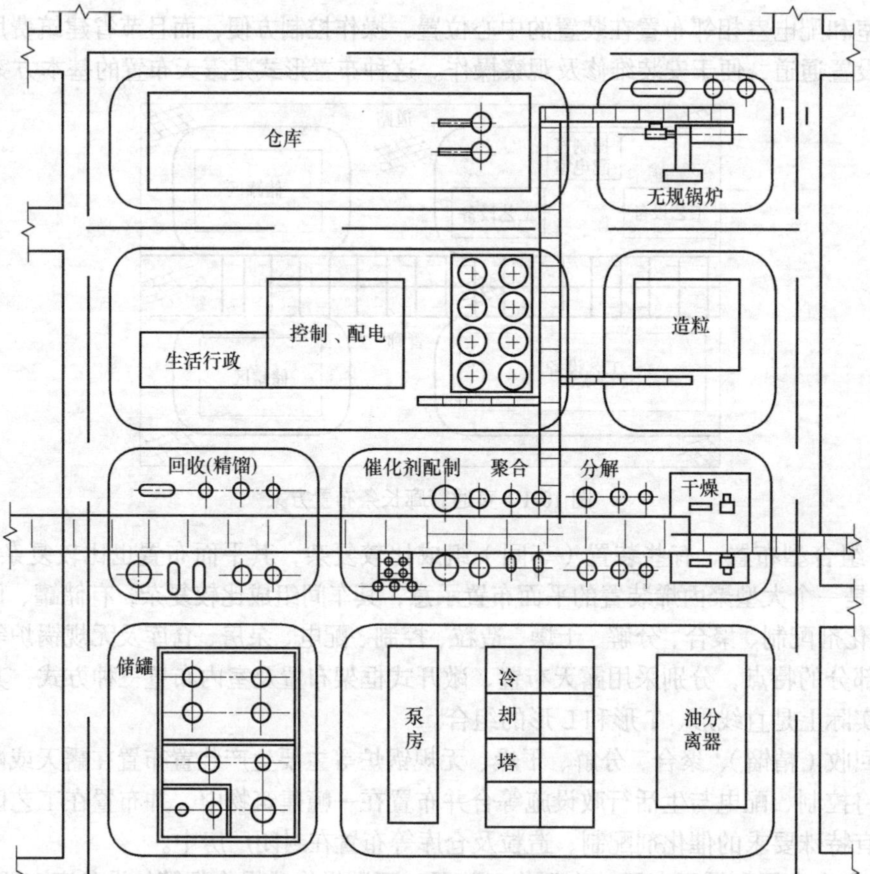

图 10-2　聚丙烯装置平面布置示意

（3）建筑物

厂区内的建筑物包括在室内操作的厂房，控制室、变电房、化验室、维修间和仓库等辅助生产厂房，办公室、值班室、更衣室、浴室、厕所等非生产厂房。

① 建筑物模数。建筑物的跨度、柱距和层高等均应符合建筑物模数的要求。

a. 跨度：6.0m，7.5m，9.0m，10.5m，12.0m，15.0m，18.0m。

b. 柱距：4.0m，6.0m，9.0m，12.0m。钢筋混凝土结构厂房柱距多用 6m。

c. 开间：3.0m，3.3m，3.6m，4.0m。

d. 进深：4.2m，4.8m，5.4m，6.0m，6.6m，7.2m。

e. 层高：（2.4+0.3）m 的倍数。

f. 走廊宽度：单面 1.2m，1.5m；双面 2.4m，3.0m。

g. 吊车轨顶：600mm 的倍数（±200mm）。

h. 吊车跨度：电动梁式和桥式吊车的跨度为 1.5m；手动吊车的跨度为 1m。

② 敞开构筑物的结构尺寸。

a. 框架。设备的框架可以与管廊结合一起布置，也可以独立布置。如果管廊下布置机泵，则管道上方的第一层框架布置高位容器，第二层布置冷却器和换热器，最上一层布置空冷器或冷凝冷却器。也可以根据各类设备的要求设置独立的框架，如塔框架、反应器框架、冷换设备和容器框架等。

框架的结构尺寸取决于设备的要求，在管廊附近的框架，其柱距一般应与管廊柱距对齐，柱距常为 6m。框架跨度随架空设备要求而不同，框架的高度应满足设备安装检修、工艺操作及管道敷设的要求，框架的层高应按最大设备的要求而定，布置时应尽可能将尺寸相近的设备安排在同一层框架上，以节省建筑费用。

b. 平台。当设备因工艺布置需要支撑在高位时，应为操作和检修设置平台。对高位设备，凡操作中需要维修、检查、调节和观察的位置，如人孔、手孔、塔、容器管嘴法兰、调节阀、取样点、流量孔板、液面计、工艺盲板、经常操作的阀门和需要用机械清理的管道转弯处都应设置平台。平台的主要结构尺寸应满足下列要求。

ⅰ. 平台的宽度一般不应小于 0.8m，平台上净空不应小于 2.2m。

ⅱ. 相邻塔器的平台标高应尽量一样，并尽可能布置成联合平台。

ⅲ. 为人孔、手孔设置的平台，与人孔底部的距离宜为 0.6~1.2m，不宜大于 1.5m。

ⅳ. 为设备加料口设置的平台，距加料口顶高度不宜大于 1.0m。

ⅴ. 直接装设在设备上的平台，不应妨碍设备的检修，否则应做成可拆卸式的平台。

ⅵ. 平台的防护栏杆高度为 1.0m，标高 20m 以上的平台的防护栏杆高度应为 1.2m。

c. 梯子的主要尺寸。

ⅰ. 斜梯的角度一般为 45° 由于条件限制也可采用 55°，每段斜梯的高度不宜大于 5m，超过 5m 时应设梯间平台，分段设梯子。

ⅱ. 斜梯的宽度不宜小于 0.7m，也不宜大于 1.0m。

ⅲ. 直梯的宽度宜为 0.4~0.6m。

ⅳ. 设备上的直梯宜从侧面通向平台，每段直梯的高度不应大于 8m，超过 8m 时必须设梯间平台，分段设梯子，超过 2m 的直梯应设安全护笼。

ⅴ. 甲、乙、丙类防火的塔区联合平台及其他工艺设备和大型容器或容器组的平台，均应设置不少于两个通往地面的梯子作为安全出口，各安全出口的距离不得大于 25m。但平台长度不大于 8m 的甲类防火平台和不大于 15m 的乙、丙类平台，可只设一个梯子。

10.2 车间设备布置设计

10.2.1 化工车间布置的依据

（1）应遵守的设计规范和规定

在进行车间布置设计时，设计人员应遵守有关的设计规范和规定，如《化工装置设备布置设计规定》《建筑设计防火规范（2018 年版）》《石油化工企业设计防火标准（2018 年版）》《化工企业安全卫生设计规范》《工业企业厂界环境噪声排放标准》《爆炸危险环境电力装置设计规范》《石油化工工艺装置布置设计规范》《工业企业设计卫生标准》等。

（2）基础资料

① 对初步设计需要带控制点工艺流程图，对施工图设计需要管道仪表流程图。

② 物料衡算数据及物料性质（包括原料、中间体、副产品、成品的数量及性质，“三废”的数据及处理方法）。

③ 设备一览表（包括设备外形尺寸、重量、支撑形式及保温情况）。

④ 公用系统耗用量，供排水、供电、供热、冷冻、压缩空气、外管资料。

⑤ 车间定员表（除技术人员、管理人员、车间化验人员、岗位操作人员外，还包括最大班人数和男女比例的资料）。

⑥ 厂区总平面布置图（包括本车间同其他生产车间、辅助车间、生活设施的相互联系，厂内人流物流的情况与数量）。

⑦ 厂区地形和气象资料等。

10.2.2 车间布置的原则

① 从经济观点和压降这一实际工况出发，设备布置应顺从工艺流程，但若与安全、维修和施工有矛盾时，允许有所调整。

② 根据地形、主导风向等条件进行设备布置，有效地利用车间建筑面积（包括空间）和土地（尽量采用露天布置及构筑物能合并者尽量合并）。

③ 明火设备必须布置在处理可燃液体或气体设备的主导风向的上风地带，并集中布置在装置车间的边缘。

④ 控制室和配电室应布置在生产区域的中心部位，并在危险区之外，控制室还应远离振动设备。

⑤ 充分考虑本车间和其他部门在总平面布置图上的位置，力求紧凑、联系方便、缩短输送管道，节省管材费用及运行费用。

⑥ 留有发展余地。设计中留有余地，以便将来扩建或补救设计中可能出现的不足，如当生产规模不够时，有增加设备的空间。

⑦ 所采取的劳动保护、防火要求、防腐蚀措施要符合有关标准、规范的要求。

⑧ 有毒、有腐蚀性介质的设备应分别集中布置，并设置围堰，以便集中处理。围堰内容积可满足最大单罐容积。

⑨ 设置安全通道，人流、物流方向应错开。

⑩ 设备布置应整齐，尽量使主管架布置与管道走向一致。

⑪ 综合考虑工艺管道、公用工程总管、仪表、电气电缆桥架、消防水管、排液管、污水管、管沟、阴井等设置位置及其要求。

⑫ 工艺设计不要求架高的设备，尤其是重型设备，应落地布置。

⑬ 由泵抽吸的塔和容器，以及真空、重力流、固体卸料等设备，应按工艺流程的要求，布置在合适的高层位置。

⑭ 当装置的面积受限制或经济上更为合算时，可将设备布置在构架上。

10.2.3 车间布置设计的内容

车间布置设计的内容主要包括车间厂房的整体布置设计和车间设备的布置设计两部分内容。

（1）车间厂房的整体布置设计

在进行车间厂房的整体布置设计时，首先要确定车间设施的基本组成，车间组成包括生产、辅助、生活三部分，设计时应根据生产流程、原料、中间体、产品的物化性质，以及它们之间的关系，确定应该设几个生产工段，需要哪些辅助、生活部门。

生产、辅助、生活三部分常见的划分如下。

① 生产部门：包括原料工段、生产工段、成品工段、回收工段（包括“三废”处理）、控制室等。

② 辅助部门：压缩空气，真空泵房，水处理系统，变电配电室，通风空调室，机修、仪修、电修室，车间化验室，仓库等。

③ 生活部门：包括车间办公室、更衣室、浴室、休息室、厕所等。

（2）车间设备的布置设计

车间设备的布置设计就是确定各个设备在车间范围内平面与车间立面上的准确的、具体的位置，同时确定场地与建、构筑物的尺寸；安排工艺管道、电气仪表管线、采暖通风管线的位置。

10.2.4 车间布置设计的程序

① 工艺设计人员根据生产流程、生产性质、各专业要求、有关标准规范的规定及车间在总平面图上的位置，初步划分生产、辅助生产和生活区的分隔及位置，确定厂房的柱距和宽度。

② 车间布置图常用比例为 1∶100、也可用 1∶200 或 1∶50，视设备布置密集程度而定。

③ 绘制厂房建筑平、立面轮廓草图。

④ 根据工艺流程划分工段，把同一工段的设备尽量布置在同一幢厂房中。

⑤ 将设备按一定比例布置在厂房建筑平、立面图上，制成车间平、立面草图。

⑥ 辅助及生活设施在设备布置时应该统筹考虑，一般将这些房间集中布置在规定的区域，不能在车间内任意放置，防止厂房凌乱不堪，影响厂房通风条件。

⑦ 车间平、立面草图布置完成后，要广泛征求有关专业的意见，一般至少考虑两个方案，从各方面比较其优缺点，经集思广益后，选择一个较为理想的方案，根据讨论意见做必要的调整，修正后提交建筑设计人员设计建筑图。

⑧ 工艺设计人员在取得建筑设计图后，根据布置的草图绘制正式的车间平、立面图。

10.3 典型设备的布置方案

10.3.1 反应器的布置

反应器形式很多，可以根据结构形式按类似的设备布置。塔式反应器可按塔的方式布置；固定床催化反应器与容器相类似；火焰加热的反应器则近似于工业炉；搅拌釜式反应器实质上是设有搅拌器和传热夹套的立式容器。

（1）布置原则

① 大型反应器维修侧应留有运输和装卸催化剂的场地。

② 反应器支座或支耳与钢筋混凝土构件和基础接触的温度不得超过 100℃、结构上不宜超过 150℃，否则应做隔热处理。

③ 反应器与提供反应热的加热炉的净距应尽量缩短，但不宜小于 4.5m，并应满足管道应力计算的要求。

④ 成组的反应器，中心线应对齐成排布置在同一构架内。

⑤ 除采用移动吊车外，构架顶部应设置装催化剂和检修用的平台和吊装机具。

⑥ 对于布置在厂房内的反应器，应设置吊车并在楼板上设置吊装孔，吊装孔应靠近厂房大门和运输通道。

⑦ 对于内部装有搅拌或输送机械的反应器，应在顶部或侧面留出搅拌或输送机械的轴和电机的拆卸、起吊等检修所需的空间和场地。

⑧ 操作压力超过 3.5MPa 的反应器，集中布置在装置的一端或一侧，高压、超高压有爆炸危险的反应设备，宜布置在防爆构筑物内。

⑨ 流程上该容器位于泵前时，其安装高度应符合泵的 NPSH 的要求。

⑩ 布置在地坑内的容器，应妥善处理坑内积水和防止有毒、易燃易爆、可燃介质的积累。地坑尺寸应满足操作和检修要求。

（2）一般要求

① 立式容器和反应器距建筑物或障碍物的净距和操作通道、平台的宽度见表 10-1 和表 10-2。

表 10-1 设备之间或设备与建筑物（或障碍物）之间的净距

区域	内容	最小间距/mm
生产控制区	控制室、配电室至加热炉	15000
管廊下或两侧	两塔之间（考虑设置平台，未考虑基础大小）	2500
	塔类设备的外壁至管廊［或建（构）筑物］的柱子	3000
	容器壁或换热器端部至管廊［或建（构）筑物］的柱子	2000
	两排泵之间的维修通道	3000
	相邻两排泵之间（考虑基础及管道）	800
建筑物内部	两排泵之间或单排泵至墙的维修通道	2000
	泵的端面或基础至墙或柱子	1000
任意区	操作、维修及逃生通道	800
	两个卧式换热器之间维修净距	600
	两个卧式换热器之间有操作时净距（考虑阀门、管道）	750
	卧式换热器外壳（侧面）至墙或柱（通行时）	1000
	卧式换热器外壳（侧面）至墙或柱（维修时）	600
	卧式换热器封头前面（轴向）的净距	1000
	卧式换热器法兰边周围的净距	450
	换热器管束抽出净距（*L*：管束长）	*L*+1000
	两个卧式容器（平行、无操作）	750
	两个容器之间	1500
	立式容器基础至墙	1000
	立式容器人孔至平台边（三侧面）距离	750

续表

区域	内容	最小间距/mm
任意区	立式换热器法兰至平台边（维修净距） 立式压缩机周围（维修及操作） 压缩机 反应器与提供反应热的加热炉	600 2000 2400 4500

表 10-2 道路、铁路、通道和操作平台上方的净空高度或垂直距离

项目		说明	尺寸/mm
道路		厂内主干道 装置内道路，（消防通道）	5000 4500
铁路		铁路轨顶算起 终端或侧线	6000 5200
道路、走道和检修所需净空高度		操作通道、平台 管廊下泵区检修通道 两层管廊之间 管廊下检修通道 斜梯：一个梯段之间休息平台的垂直间距 直梯：一个梯段之间休息平台的垂直间距 重叠布置的换热器或其他设备法兰之间需要的维修空间 管墩 卧式换热器下方操作通道 反应器卸料口下方至地面（运输车进出） 反应器卸料口下方至地面（人工卸料）	2200 3500 1500（最小） 3000（最小） 5100（最大） 9000（最大） 450（最小） 300 2200 3000 1200
炉子		炉子下面用于维修的净空	750
平台	立式、卧式容器 立式、卧式换热器 塔类	人孔中心线与下面平台之间的距离 人孔法兰面与下面平台之间的距离 法兰边缘至平台之间的距离 设备或盖的顶法兰面与下面平台之间的距离	600~1000 180~1200 450 1500（最大）

② 楼面或平台的高度。

a. 决定楼面（平台）标高时，应注意检查穿楼板安装的容器和反应器的液面计和液位控制器、压力表、温度计、人孔、手孔、设备法兰、视镜和接管管口等的标高，不得位于楼板或梁处。

b. 决定楼面标高时，应符合表 10-2 中人孔中心线距楼面高度范围的要求。如不需考虑其他协调因素时，人孔距平台最适宜的高度为 750mm。

c. 在容器和反应器顶部人工加料的操作点处应有楼面或平台，加料点不应高出楼面 1m。否则，需增设踏步或加料平台。

d. 容器顶部有阀门时，应加局部平台或直梯。

③ 在管廊侧两台以上的容器或反应器，一般按中心线对齐成行布置。

④ 触媒的装卸要求。大型釜式反应器底部有固体触媒卸料时，反应器底部需留有不小于 3m 的净空，以便车辆进入。为便于检修和装填催化剂，反应器顶部可设单轨吊车或吊柱。

⑤ 立式容器为了防止黏稠物料的凝固或固体物料的沉降，其内部带有大负荷的搅拌器时，为了避免振动影响，宜从地面设置支撑，以减少设备的振动和楼面的荷载。

⑥ 带有搅拌装置的容器和反应器，应有足够的空间确保搅拌轴顺利取出。

⑦ 容器内带加热或冷却管束时，在抽出管束的一侧应留有管束长度加 0.5m 的净距，并与配管专业协商管束抽出的方位。

⑧ 一般设备基础高度应符合相关规定的要求。当设备底部需设隔冷层时，基础面至少应高于地面 100mm，并按此核算设备支撑点标高。

10.3.2 塔的布置

塔的布置形式很多，常在室外集中布置，在满足工艺流程的前提下，可把高度相近的塔相邻布置。

（1）布置原则

① 布置塔时，应以塔为中心把与塔有关的设备如中间槽、冷凝器、回流泵、进料泵等就近布置，尽量做到流程顺、管线短、占地少、操作维修方便。

② 根据生产需要，塔有配管侧和维修侧，配管侧应靠近管廊，而维修侧则布置在有人孔并应靠近通道和吊装空地；爬梯宜位于两者之间，常与仪表协调布置。

（2）一般要求

① 大直径塔宜用裙座式落地安装，用法兰连接的多节组合塔以及直径小于或等于 600mm 的塔一般安装在框架内。

② 塔和管廊之间应留有宽度不小于 1.8m 的安装检修通道（净距）。

③ 管廊柱中心与塔设备外壁的距离不应小于 3m。塔基础与管廊柱基础间的净距离不应小于 300mm。

④ 塔的冷凝器、冷却器、中间槽、回流罐等一般可在框架上与塔在一起联合布置，也可隔一管廊和塔分开布置。

⑤ 大直径高塔邻近有框架时，应根据框架和塔的既定间距考虑两者的施工顺序。不需要因考虑塔的吊装而加大间距。

⑥ 成组布置的塔，一般以塔的外壁或中心线成一直线排成行，也可根据地理环境成双排或三角形布置，并设置联合平台，各塔平台的连接走道的结构应能满足各塔不同伸缩量及基础沉降不同的要求。

⑦ 塔平台和梯子的位置。

a. 塔平台应设置在便于检修、操作、监测仪表和出入人孔部位。塔顶装有吊柱、放空阀、安全阀、控制阀时，应设置塔顶平台。

b. 对于梯子和平台的具体要求参考《化工装置设备布置设计规定》第 2 部分第 4 章的规定。

c. 塔和框架联合布置时，框架和塔平台之间应尽量设置联系通道。

⑧ 塔底标高由以下因素确定。

a. 利用塔的压力和重力卸料时，应满足物料重力流的要求，综合考虑容器高度、物料密度、管线阻力等进行必要的水力计算。

b. 采用卸料泵卸料时，应满足净正吸入压头和管道压力降的要求。

c. 再沸器的结构形式和操作要求。

d. 配管后需要通行的最小净空高度。

e. 塔基础高出地面的高度。

⑨ 在框架上安装的分节塔，应在塔顶框架上设置吊装用吊梁。

⑩ 再沸器应尽量靠近塔布置，通常安装在单独的支架或框架上，若需生根在塔体上时，应与设备专业协商。有关设备、管道热膨胀及支架结构问题应经应力分析后选择最佳布置方案。

⑪ 成排布置的塔，各塔人孔方位宜一致并位于检修侧，单塔有多个人孔时，尽量使人孔方位一致。

10.3.3 容器的布置

容器的布置的形式多，这里主要介绍卧式容器的布置，立式容器可参考塔和反应器。

（1）布置原则

① 卧式容器宜成组布置。成组布置卧式容器宜按支座基础中心线对齐或按封头顶端对齐。地面上的容器以封头顶端对齐的方式布置为宜。

② 卧式容器的安装高度应根据下列情况之一来决定：

a. 流程上该容器位于泵前时，应满足泵的净正吸入压头的要求。

b. 底部带集液包的卧式容器，其安装高度应保证操作和检测仪表所需的足够空间，以及底部排液管线最低点与地面或平台的距离不小于 150mm。

（2）一般要求

① 卧式容器支撑高度在 2.5m 以下时，可直接将支座（鞍座）放在基础上；支撑高度大于 2.5m 时，宜放在支架、框架或楼板上。

② 卧式容器的间距和通道宽度要求见表 10-1 和表 10-2 的规定。

③ 为使容器接近仪表和阀门，可将其布置在框架内。如容器的顶部需设置操作平台时，应满足操作平台上配管后的合理净空以及阀门操作的要求。

④ 容器内带加热或冷却管束时，在抽出管束的一侧应留有管束长度加 0.5m 的净空。

⑤ 集中布置的卧式容器设置联合平台时，为便于安装与检修，设备管口法兰宜高出平台面 150mm。

⑥ 当容器支座（鞍座）用地脚螺栓直接连接到基础上，其操作温度低于冻结温度时，应在支座（鞍座）与基础之间垫 150~200mm 的隔冷层。

⑦ 卧式容器支座（鞍座）的滑动侧和固定侧应按有利于容器上所连接的主要管线的柔性计算来决定。

⑧ 单独支撑容器的框架，柱间中心距应比容器的直径至少大 0.8m。

⑨ 卧式容器下方需设操作通道时，容器底部及配管与地面净空不应小于 2.2m。

第11章

管道布置设计

管道（管路）是化工生产中不可缺少的组成部分，像人体中的血管一样，起着输送各种流体的作用。管路布置设计又称配管设计，是施工图设计阶段的主要任务。据有关资料介绍，管路设计的工作量占总设计工作量的 40%，管路安装工作量占工程安装总工作量的 35%，管路费用约占工程总投资的 20%，因此，正确合理进行管路布置设计对减少工程投资、节约钢材、便于安装、操作和维修，确保安全生产以及车间布置整齐美观都起着十分重要的作用。

11.1 概述

11.1.1 化工车间管道布置设计的内容

管路布置设计依据工艺设计提供的带控制点工艺流程图、设备布置图、物料衡算与热量衡算、工厂地质情况、地区气候情况、水、电、汽等动力来源、有关配管施工、验收规范标准等为基础资料。管路布置设计主要完成如下工作。

① 画出管道布置图，管路布置图 （工艺配管图） 表示车间内管路空间位置的连接，阀件、管件及控制仪表安装情况的图样，作为管道安装的依据。

② 蒸汽伴管系统布置图表示车间内蒸汽分配管与冷凝液收集管系统平、立面布置的图样。对于较简单的系统也可与管路布置图画在一起。

③ 画出管段图，确定车间中各个设备的管口方位与之相连接的管段的接口位置，管道的安装连接和铺设、支撑方式，各管段（包括管道、管件、阀门及控制仪表）在空间的位置。管段图表示一个设备至另一个设备 （或另一管路） 间的一段管路及其管件、阀门、

控制点具体配置情况的立体图样。

④ 管架图表示管架的零部件图样。

⑤ 管件图表示管件的零部件图样。

⑥ 编制管道综合材料表，材料表包括管路安装材料表（含管道、管件、阀门等的材质、规格和数量）、管架材料表及综合表、设备支架材料表、保温防腐材料表。

⑦ 施工说明书包括管路、管件图例和施工安装要求。

11.1.2 化工车间管道布置设计的要求

由于化工产品种类繁多，生产操作条件不一，输送介质性质复杂。因此，管路布置与安装应根据工艺流程的要求、操作条件、输送物料的性质、管径大小等，并结合设备布置、建筑物及构筑物的情况进行综合考虑，使管路能充分满足生产要求，保证安全生产，便于操作维修，节约材料与投资，而且还要整齐美观。

化工装置的管道布置设计应符合《化工装置管道布置设计规定》和《石油化工金属管道布置设计规范》的规定，下面仅扼要介绍一些原则性要求。

① 符合生产工艺流程的要求，并能满足生产的要求。

② 便于操作管理，并能保证安全生产。

③ 便于管道的安装和维护。

④ 要求整齐美观，并尽量节约材料和投资。

⑤ 管道布置设计应符合管道及仪表流程图的要求。

化工车间管道布置除了符合上述原则性要求外，还应仔细考虑下列问题。

（1）物料因素

① 输送易燃易爆、有毒及有腐蚀性的物料管道不得铺设在生活间、楼梯、走廊和门等处，这些管道上还应设置安全阀、防爆膜、阻火器和水封等防火防爆装置，并应将放空管引至指定地点或高过屋面 2m 以上。

② 布置腐蚀性介质、有毒介质和高压管道时，应避免由于法兰、螺纹和填料密封等泄漏而造成对人身和设备的危害。易泄漏部位应避免位于人行通道或机泵上方，否则应设安全防护，不得铺设在通道上空和并列管线的上方或内侧。

③ 全厂性管道敷设应有坡度，并宜与地面坡度一致。管道的最小坡度宜为 2%。管道变坡点宜设在转弯处或固定点附近。

④ 真空管线应尽量短，尽量减少弯头和阀门，以降低阻力，达到更高的真空度。

（2）考虑施工、操作及维修

① 永久性的工艺、热力管道不得穿越工厂的发展用地。

② 厂区内的全厂性管道的敷设，应与厂区内的装置（单元）、道路、建筑物、构筑物等协调，避免管道包围装置（单元），减少管道与铁路、道路的交叉。

③ 全厂性管架或管墩上（包括穿越涵洞）应留有 10%~30%的空位，并考虑其荷重。装置主管廊管架宜留有 10%~20%的空位，并考虑其荷重。

④ 管道布置应使管道系统具有必要的柔性。在保证管道柔性及管道对设备、机泵管口作用力和力矩不超过允许值的情况下，应使管道最短，组成件最少。

⑤ 管道应尽量集中布置在公用管架上，管道应平行走直线，少拐弯，少交叉，不妨碍门窗开启和设备、阀门及管件的安装和维修，并列管道上的阀门应尽量错开排列。

⑥ 支管多的管道应布置在并列管线的外侧，引出支管时气体管道应从上方引出，液体管道应从下方引出。管道布置宜做到“步步高”或“步步低”，减少气袋或液袋。否则应根据操作、检修要求设置放空、放净管线。管道应尽量避免出现“气袋”“口袋”和“盲肠”。

⑦ 管道应尽量沿墙面铺设，或布置固定墙上的管架上，管道与墙面之间的距离以能容纳管件、阀门及方便安装维修为原则。

⑧ 各种弯管的最小弯曲半径应符合表 11-1 的规定。

表 11-1 弯管的最小弯曲半径

管道设计压力/MPa	弯管制作方式	最小弯曲半径
<10.0	热弯	3.5DN
	冷弯	4.0DN
≥10.0	冷弯、热弯	5.0DN

⑨ 管道布置时管道焊缝的设置，应符合下列要求。

a. 管道对接焊缝的中心与弯管起弯点的距离不应小于管子外径，且不小于 100mm。

b. 管道上两相邻对接焊缝的中心间距要求如下。

ⅰ. 对于公称直径小于 150mm 的管道，不应小于外径，且不得小于 50mm。

ⅱ. 对于公称直径等于或大于 150mm 的管道，不应小于 150mm。

⑩ 管道除与阀门、仪表、设备等需要用法兰或螺纹连接者外，应采用焊接连接。下列情况应考虑法兰、螺纹或其他可拆卸连接。

a. 因检修、清洗、吹扫需拆卸的场合。

b. 衬里管道或夹套管道。

c. 管道由两段异种材料组成且不宜用焊接连接者。

d. 焊缝现场热处理有困难的管道连接点。

e. 公称直径小于或等于 100mm 的镀锌管道。

f. 设置盲板或“8”字盲板的位置。

⑪ 管道穿过建筑物的楼板、屋顶或墙面时，应加套管，套管与管道间的空隙应密封。套管的直径应大于管道隔热层的外径，并不得影响管道的热位移。管道上的焊缝不应在套管内，并距离套管端部不应小于 150mm。套管应高出楼板、屋顶面 50mm。管道穿过屋顶时应设防雨罩。管道不应穿过防火墙或防爆墙。

⑫ 为了安装和操作方便，管道上的阀门和仪表的布置高度可参考以下数据。阀门（包括球阀，截止阀，闸阀）1.2~1.6mm；安全阀 2.2m；温度计、压力计 1.4~1.6mm。

⑬ 为了方便管道的安装，检修及防止变形后碰撞，管道间应保持一定的间距。阀门、法兰应尽量错开排列，以减少间距。

（3）安全生产

① 直接埋地或管沟中铺设的管道通过公路时应加套管等加以保护。

② 为了防止介质在管内流动产生静电聚集而发生危险，易燃易爆介质的管道应采取接地措施，以保证安全生产。

③ 长距离输送蒸汽或其他热物料的管道，应考虑热补偿问题，如在两个固定支架之间设置补偿器和滑动支架。有隔热层的管道，在管墩、管架处应设管托。无隔热层的管道，如无要求，可不设管托。当隔热层厚度小于或等于 80mm 时，选用高 100mm 的管托；隔热层厚度大于 80mm 时，选用高 150mm 的管托；隔热层厚度大于 130mm 时，选用高 200mm 的管托。保冷管道应选用保冷管托。

④ 对于跨越、穿越厂区内铁路和道路的管道，在其跨越段或穿越段上不得装设阀门、金属波纹管补偿器、法兰和螺纹接头等管道组成件。

⑤ 有热位移的埋地管道，在管道强度允许的条件下可设置挡墩，否则应采取热补偿措施。

⑥ 玻璃管等脆性材料管道的外面最好用塑料薄膜包裹，避免管道破裂时溅出液体，发生意外。

⑦ 为了避免发生电化学腐蚀，不锈钢管道不宜与碳钢管道直接接触，要采用胶垫隔离等措施。

（4）其他因素

① 管道和阀门一般不宜直接支撑在设备上。

② 距离较近的两设备间的连接管道，不应直连，应用 45° 或 90° 弯接。

③ 管道布置时应兼顾电缆、照明、仪表及采暖通风等其他非工艺管道的布置。

11.2 管架和管道的安装布置

管架是用来支撑，固定和约束管道的。管架可分为室外管架和室内管架两类。室外管架一般由独立的支柱或带有桁架形成的管廊或管桥。而室内管架不一定另设支柱，经常利用厂房的柱子、墙面、楼板或设备的操作平台进行支撑和吊挂。任何管道都不是直接铺设在管架梁上，而是用支架支撑或固定在支架梁上。管架已有标准设计，按《管架标准图》《H 型钢钢结构管架通用图集》选用。管道支架按其作用分为以下四种。

（1）固定支架

用在管道上不允许有任何位移的地方。它除支撑管道的重量外，还承受管道的水平作用力。如在热力管线的各个补偿器之间设置固定支架，可以分配各补偿器分担的补偿量，并且两个固定支架之间必须安装补偿器，否则这段管子将会因热胀冷缩而损坏。在设备管口附近设置固定支架，可减少设备管口的受力。

（2）滑动支架

滑动支架只起支撑作用，允许管道在平面上有一定的位移。

（3）导向支架

用于允许轴向位移而不允许横向位移的地方，如Ⅱ型补偿器的两端和铸铁阀的两侧。

（4）弹簧吊架

当管道有垂直位移时，例如热力管线的水平管段或垂直管到顶部弯管以及沿楼板下面铺设的管道，均可采用弹簧吊架。弹簧有弹性，当管道垂直位移时仍然可以提供必要的支吊力。

11.2.1 管道在管架上的平面布置原则

（1）较重的管道（大直径，液体管道等）应布置在靠近支柱处，这样梁和柱所受弯矩小，节约管架材料。公用工程管道布置在管架当中，支管向上，左侧的布置在左侧，反之置于右侧。Ⅰ形补偿器应组合布置，将补偿器升高一定高度后水平地置于管道的上方，并将最热和直径大的管道放在最外边。

（2）连接管廊同侧设备的管道布置在设备同侧的外边，连接管架两侧的设备的管道布置在公用工程管线的左、右两边。进出车间的原料和产品管道可根据其转向布置在右侧或左侧。

（3）当采取双层管架时，一般将公用工程管道置于上层，工艺管道置于下层。有腐蚀性介质的管道应布置在下层和外侧，防止泄漏到下面管道上，也便于发现问题和方便检修。小直径管道可支撑在大直径管道上，节约管架宽度，节省材料。

（4）管架上支管上的切断阀应布置成一排，其位置应能从操作台或者管廊上的人行道上进行操作和维修。

（5）高温或者低温的管道要用管托，将管道从管架上升高 0.1m，以便于保温。

（6）管道支架间距要适当（见表 11-2），固定支架距离太大时，可能引起因热膨胀而产生弯曲变形，活动支架距离大时两支架之间的管道因管道自重而产生下垂。

表 11-2 管道支架间距

公称通径/mm	固定支架最大间距/m			活动支架最大间距/m	
	Ⅱ形补偿器	L 形补偿器		保温	不保温
		长边	短边		
20	—	—	—	4.0	2.0
25	30	—	—	4.5	2.0
32	35	—	—	5.5	3.0
40	45	15	2.0	6.0	3.0
50	50	18	2.5	6.5	4.0
80	60	20	3.0	6.5	6.0
100	65	24	3.5	11.0	6.5
125	70	30	5.0	12.0	7.5
150	80	30	5.0	13.0	9.0
200	90	30	6.0	15.0	12.0
250	100	30	6.0	17.0	14.0
300	115	—	—	19.0	16.0
350	135	—	—	21.0	18.0
400	145	—	—	21.0	19.0

11.2.2 管道和管架的立面布置原则

（1）当管架下方为通道时，管底距车行道路路面的距离要大于 4.5m；道路为主要干道时，距路面高度要大于 6m；遇人行道时距路面高度要大于 2.2m；管廊下有泵时要大于 4m。

（2）通常使同方向的两层管道的标高相差 1.0~1.6m，从总管上引出的支管比总管高或低 0.5~0.8m。在管道改变方向时要同时改变标高。大口径管道需要在水平面上转向时，要将它布置在管架最外侧。

（3）管架下布置机泵时，其标高应符合机泵布置时的净空要求。若操作平台下面的管道进入管道上层，则上层管道标高可根据操作平台标高来确定。

（4）装有孔板的管道宜布置在管架外侧，并尽量靠近柱子。自动调节阀可靠近柱子布置，并固定在柱子上。若管廊上层设有局部平台或人行道时，需经常操作或维修的阀门和仪表宜布置在管架上层。

11.3 典型设备的管道布置

典型设备的管道布置方案与要求详见《化工装置管道布置设计规定》，下面仅作简要介绍。

11.3.1 容器的管道布置

11.3.1.1 立式容器（包括反应器）

① 管口方位，立式容器的管口方位取决于管道布置的需要。一般划分为操作区和配管区两部分（见图 11-1）。加料口、温度计和视镜等经常操作及观察的管口布置在操作区，排出管布置在容器底部。

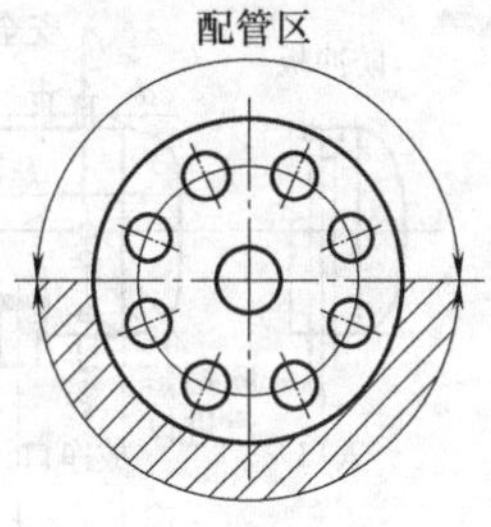

图 11-1　立式容器的管口方位

② 管道布置，立式容器（包括反应器）一般成排布置，因此把操作相同的管道一起布置在容器的相应位置，可避免错误操作，比较安全。例如，两个容器成排布置时，可将管口对称布置。三个以上容器成排布置时，可将各管口布置在设备的相同位置。有搅拌装置的容器，管道不得妨碍搅拌器的拆卸和维修。图 11-2 为立式容器的管道布置简图：其中（a）表示距离较近的两设备间的管道不能直连，而应采取 45° 或 90° 弯接；（b）进料管置于设备的前面，便于站在地（楼）面上进行操作；（c）出料管沿墙铺设时，设备间的距离大一些，人可进入设备间操作，离墙的距离就可小一些；（d）出料从前部引出，经过阀门后立即引入地下（走地沟或埋地铺设），设备之间的距离及设备与墙之间的距离均可小一些；（e）容器直径不大和底部离地（楼）面较高时，出料管从底部中心引出，这样布置，其管道短，占地面积小；（f）两个设备的进料管对称布置，便于人站在操作台上进行操作。

11.3.1.2 卧式容器

① 管口方位见图 11-3。

a. 液体和气体的进口一般布置在容器一端的顶部，液体出口一般在另一端的底部，蒸汽出口则在液体出口的顶部。进口也能从底部伸入，在对着管口的地方设防冲板，这种布

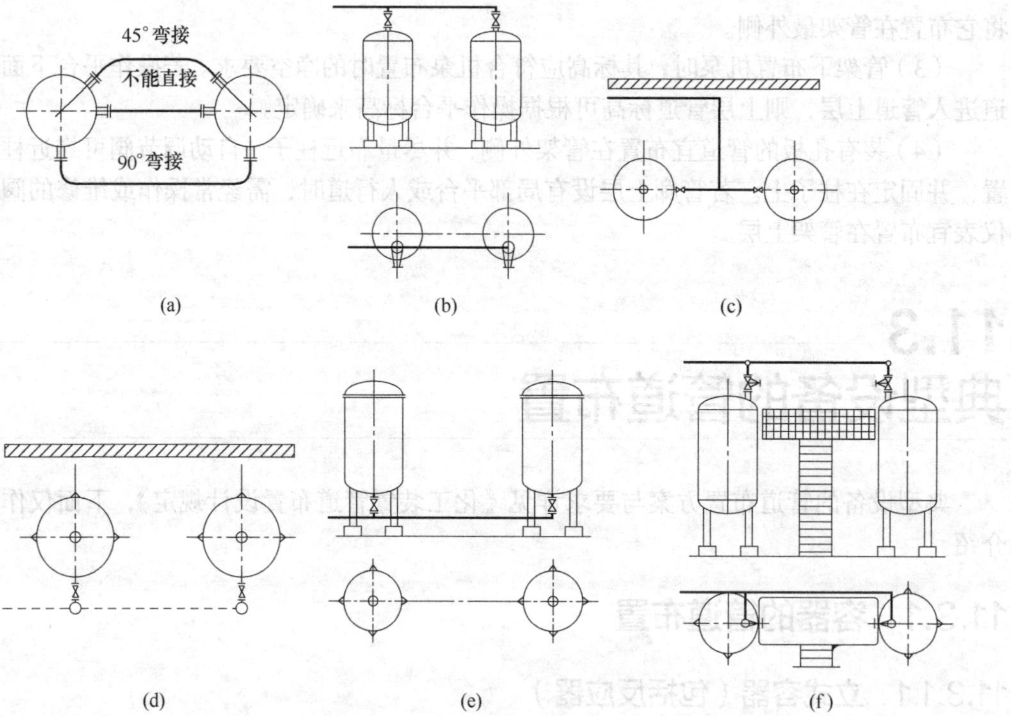

图 11-2　立式容器的管道布置

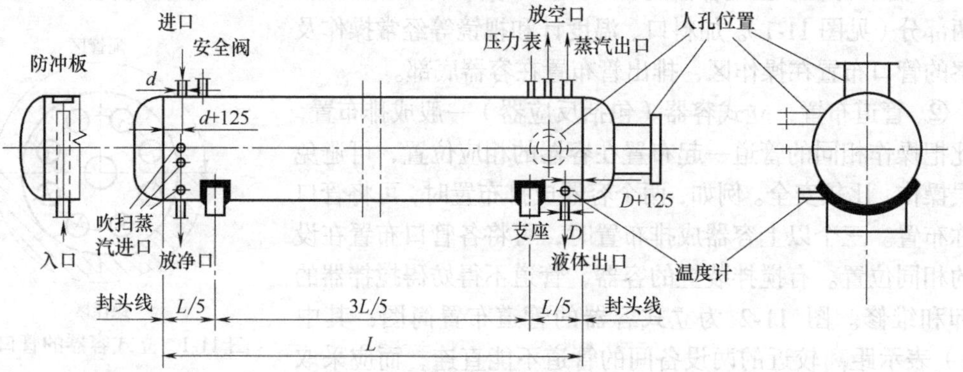

图 11-3　卧式容器的管口方位

置适合于大口径管道，有时能节约管子和管件。

b. 放空管在容器一端的顶部，放净口在另一端的底部，同时使容器向放净口一边倾斜。若容器水平安装，则放净口可安装在易于操作的任何位置或出料管上。如果人孔设在顶部，放空口则设在人孔盖上。

c. 安全阀可设在顶部任何地方，最好放在有阀的管道附近，这可与阀共用平台和通道。

d. 吹扫蒸汽进口在排气口另一侧的侧面，可以切线方向进入，使蒸汽在罐内回转前进。

e. 进出口分布在容器的两端，若进出料引起的液面波动不大，则液面计的位置不受限制，否则应放在容器的中部。压力表则装在顶部气相部位，在地面上或操作台上看得见的地方。温度计装在近底部的液相部位，从侧面水平进入，通常与出口在同一断面上，对着通道或平台。

f. 人孔可布置在顶部、侧面或封头中心，以侧面较为方便，但在框架上支撑时占用面积较大，故以布置在顶部为宜。人孔中心高出地面 3.6m 以上应设操作平台。支座以布置在离封头 *L*/5 为宜，可依实际情况而定。

g. 接口要靠近相连的设备，如排出口应靠近泵入口。工艺、公用工程和安全阀接管尽可能组合起来并对着管架。

h. 液位计接口应布置在操作人员便于观察和方便维修的位置。有时为减少设备上的接管口，可将液位计、液位控制器、液位报警等测量装置安装在联箱上。液位计管口的方位，应与液位调节阀组布置在同一侧。

② 管道布置。卧式容器的管道布置见图 11-4。它的管口一般布置在一条直线上，各种阀门也直接安装在管口上。若容器底部离操作台面较高，则可将出料管阀门布置在台面上，在台面上操作；否则应将出料管阀门布置在台面下，并将阀杆接长，伸到台面上进行操作。

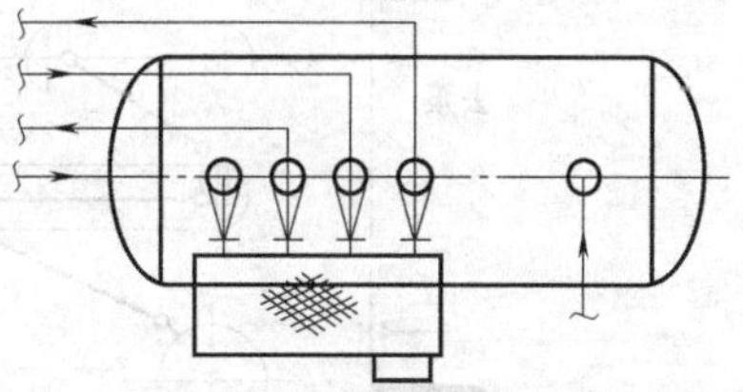

图 11-4　卧式容器的管道布置

卧式容器的液体出口与泵吸入口连接的管道，如在通道上架空配管时，最小净空高度为 2200mm，在通道处还应加跨越桥。与卧式容器底部管口连接的管道，其低点排液口距地面最小净空为 150mm。

11.3.2　换热器的管道布置

（1）管口布置与流体流动方向

合适的流动方向和管口布置能简化和改善换热器管道布置的质量，节约管件，便于安装。例如图 11-5（a）、（c）、（e）是习惯的流向布置，实际上是不合理的；而（b）、（d）、（f）则是改变了流动方向的合理布置。图 11-5（a）改成（b）后简化了塔到冷凝器的大口径管道，而且节约了两个弯头和相应管道；（c）改成（d）后，消除了泵吸入管道上的气袋，而且节约了四个弯头、一个排液阀和一个放空阀，缩短了管道，还改善了泵的吸入条件；（e）改成（f）后缩短了管道，流体的流动方向更为合理。

（2）换热器的管道布置

① 平面配管。换热器的平面配管见图 11-6。平面布置时换热器的管箱正对道路，便于抽出管箱，顶盖对着管廊。配管前先确定换热器两端和法兰周围的安装和维修空间（如图 11-6 中的扳手空间，摇开封头空间等），在这个空间内不能有任何障碍物。

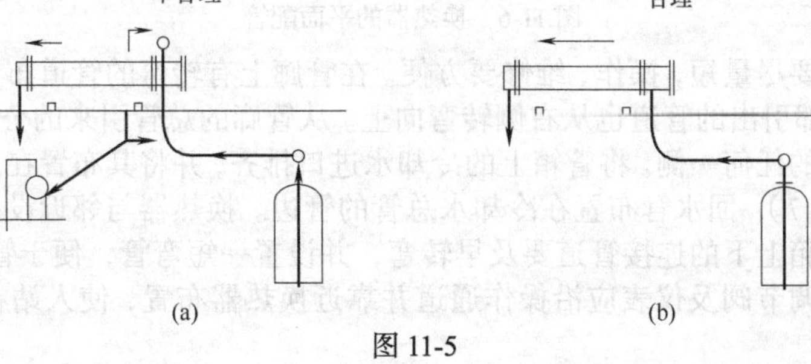

图 11-5

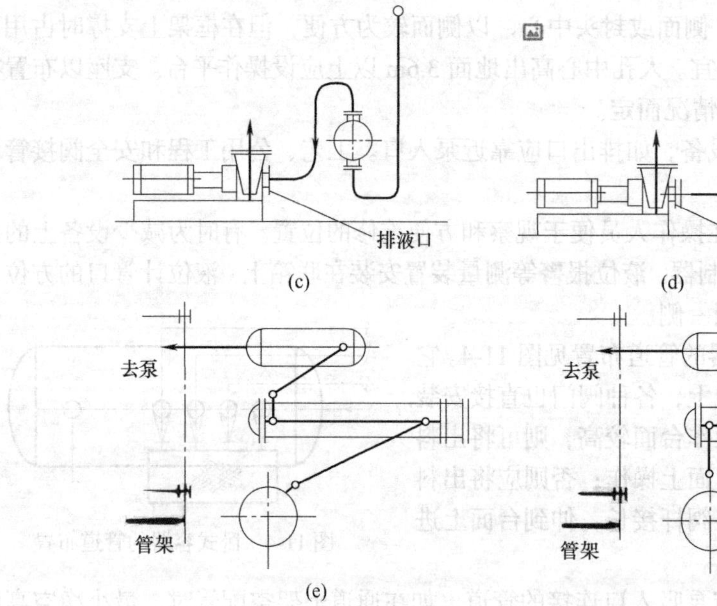

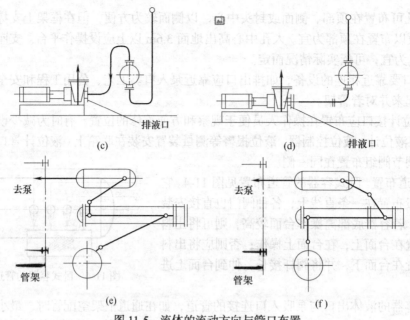

图 11-5 流体的流动方向与管口布置

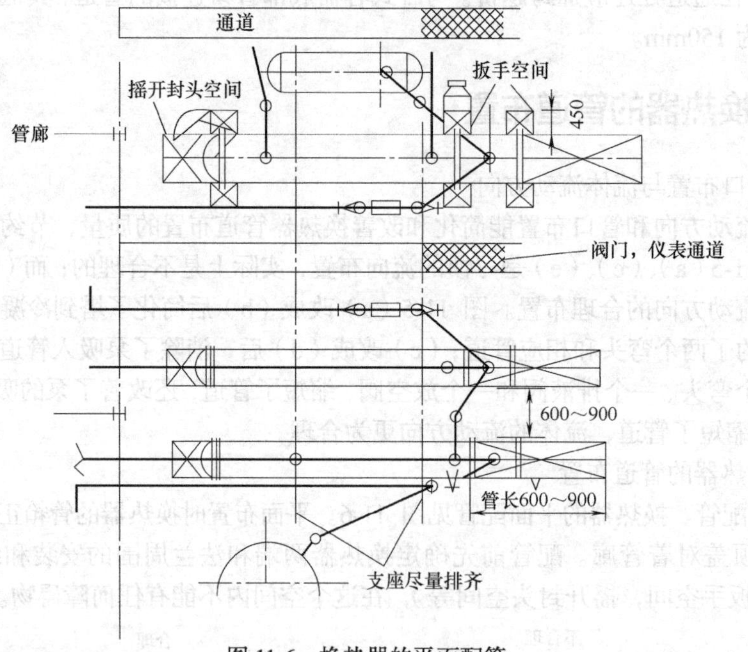

图 11-6 换热器的平面配管

配管时管道要尽量短，操作、维修要方便。在管廊上有转弯的管道布置在换热器的右侧，从换热器底部引出的管道也从右侧转弯向上。从管廊的总管引来的公用工程管道，可以布置在换热器的任何一侧。将管箱上的冷却水进口排齐，并将其布置在地下冷却水总管的上方（见图 11-7)，回水管布置在冷却水总管的管边。换热器与邻近设备间可用管道直接架空连接。管箱上下的连接管道要及早转弯，并设置一短弯管，便于管箱的拆卸。

阀门、自动调节阀及仪表应沿操作通道并靠近换热器布置，使人站在通道上可以进行操作。

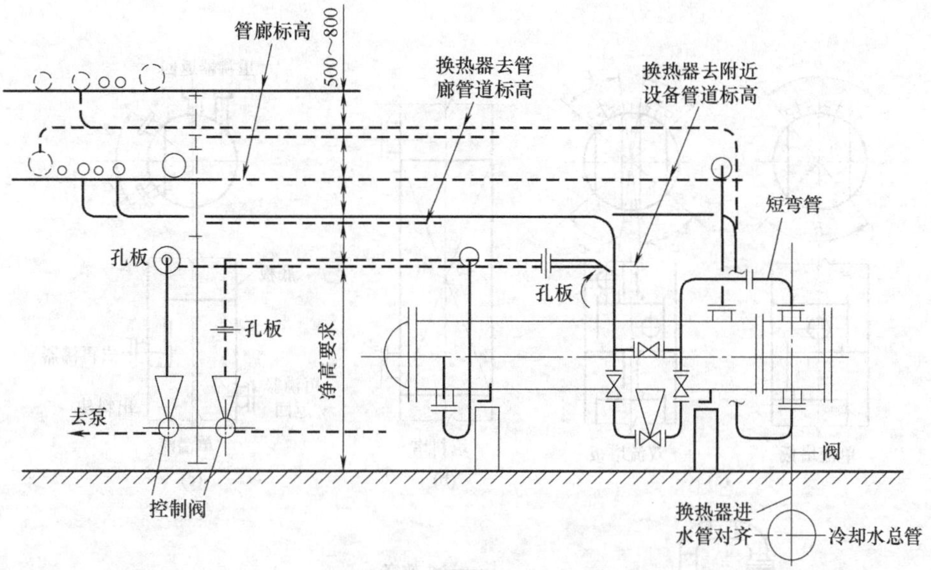

图 11-7　换热器的立面配管

② 立面配管。换热器的立面配管见图 11-7。与管廊连接的管道、管廊下泵的出口管、高度比管廊低的设备和换热器的接管的标高，均应比管廊低 0.5~0.8m。若一层排不下，可置于再下一层时，两层之间相隔 0.5~0.8m。蒸汽支管应从总管上方引出，以防止凝液进入。换热器应有合适的支架，避免管道重量都压在换热器的接口上。仪表应布置在便于观测和维修的地方。

11.3.3　塔的管道布置

（1）塔的管口方位

塔的布置常分成操作区和配管区两部分。为运转操作和维修而设置的登塔的梯子、人孔、操作阀门、仪表、安全阀及塔顶上的吊柱和操作平台均布置在操作区内，操作区与道路直连。塔与管廊、泵等设备连接的管道均铺设在配管区内。塔的管口布置见图 11-8。

① 人孔。人孔应布置在操作区，并将同一塔上的几个人孔布置在同一条直线上，正对着道路。人孔不能设在塔盘的降液管或密封盘处，只能按照图 11-8（a）所示设在角度为 b 或 c 的扇形区域内，人孔中心离操作平台 0.5~1.5m。填料塔每段填料上应设有人（手）孔［见图 11-8（b）］。对于有塔板的塔，人孔宜布置在与塔板溢流堰平行的塔直径上，条件不允许时可以不平行，但人孔与溢流堰在水平方向的净距离应大于 50mm。人孔吊柱的方位，与梯子的设置应统一布置；在事故时，人孔盖顺利关闭的方向与人疏散的方向应一致，使之不受阻挡。

② 再沸器连接管口。塔的出液口可布置在角度为 2α 的扇形区内［见图 11-8（c）］，再沸器返回管或塔底蒸汽进口气流不能对着液封板，最好与它平行。

③ 回流液管口。回流管上不需切断阀，故可以布置在配管区内任何地方。

④ 进料管口。塔上往往有几个进料管口，在进料的支管上设有切断阀，因此进料阀宜布置在操作区的边缘。

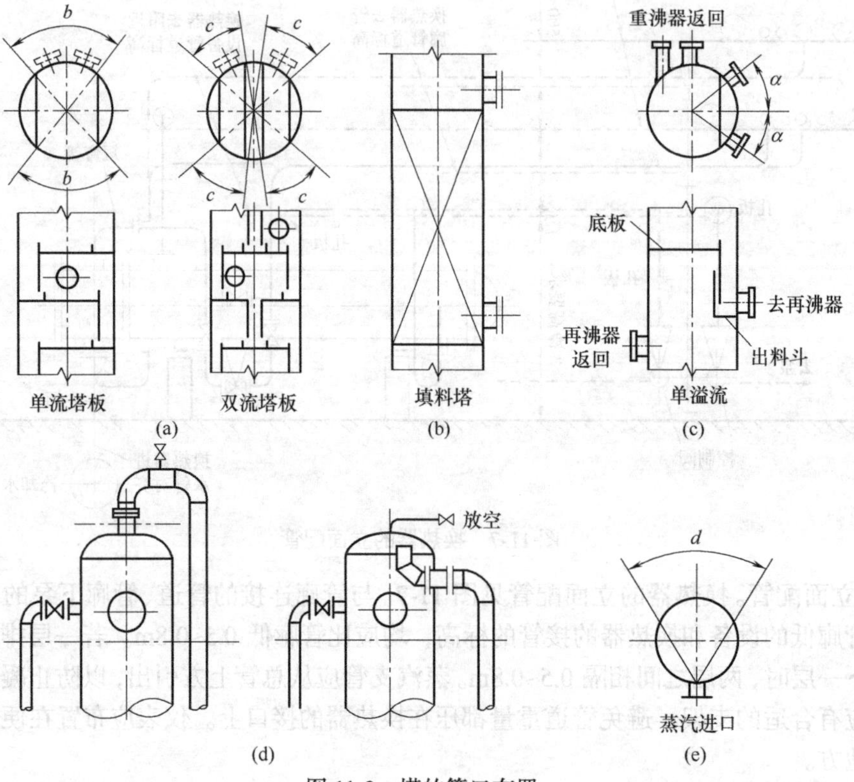

图 11-8 塔的管口布置

⑤ 塔顶蒸汽出口。塔的上升蒸汽可以从塔的顶部向上引出，也可采用内部弯管从塔顶中心引向侧面［见图 11-8（d）］，使塔顶出口蒸汽管口靠近塔顶操作平台。

⑥ 仪表。液面计、温度计及压力计等要常观测的仪表应布置在操作区的平台上方，便于观测，塔釜液面计不能布置在正对蒸汽进口的位置［见图 11-8（e）中角度 d 的扇形区］，液面计的下侧管口应从塔身上引出，不能从出料管上引出。

（2）塔的配管

塔的配管比较复杂，在配管前应对流程图作一个总的规划，要考虑主要管道的走向及布置要求、仪表和调节阀的位置、平台的设置及设备的布置要求等（见图 11-9）。

① 塔的平面配管。塔的管道、管口、人孔、操作平台、支架和梯子在平台的布置可参考图 11-10（a）的方案。先要确定人孔方向，正对主要通道，人孔布置区内不能有任何管道占据，直梯的方位应使人面向塔壁，每段不得超过 10m，各段应左右交替布置；直梯下端与平台连接方式应能补偿塔体的轴向热膨胀量，梯子布置在 90° 与 270° 两个扇形区内，也不能安排管道。没有仪表和阀门的管道布置在 180° 处扇形区内。在管廊上左转弯的管道布置在塔的左边，右转弯的管道布置在右边，与地面上的设备相连的管道布置在梯子与人孔的两侧。

先将大口径的塔顶蒸汽管布置好，即在塔顶转弯后沿塔壁垂直下降，然后再布置其他管道。

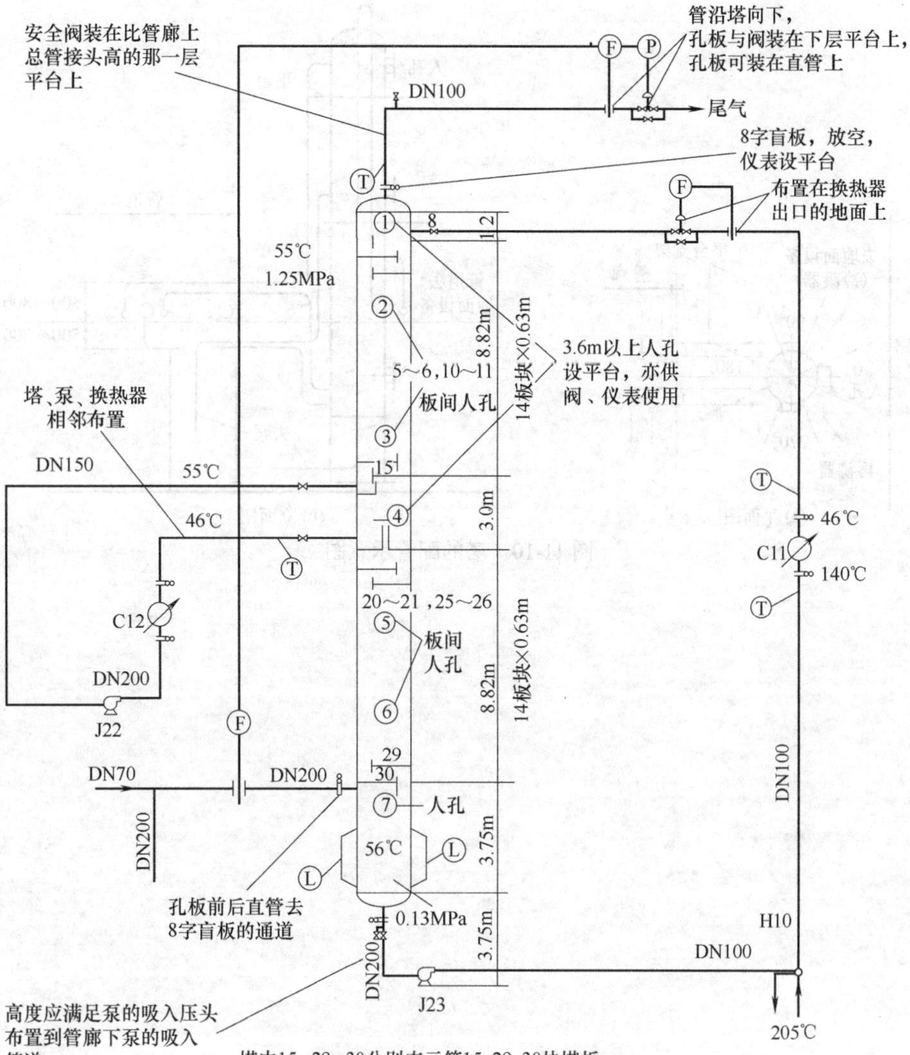

塔内15、29、30分别表示第15、29、30块塔板

图 11-9　流程图上规划塔的配管

② 塔的立面配管。塔的立面配管可参考图 11-10（b）。塔上管口的标高由工艺确定，人孔中心在平台之上的距离，一般在 750~1250mm 范围内，最佳高度为 900mm。为了便于安装支架，塔的连接管道在离开管口后应立即向上或向下转弯，其垂直部分应尽量接近塔身。垂直管道在什么位置转成水平，取决于管廊的高度。塔至管廊的管道的标高可高于或低于管廊标高 0.5~0.8m。再沸器的管道标高取决于塔底的出料口和蒸汽进口位置。再沸器的管道和塔顶蒸汽管道要尽量直，以减少流体阻力。塔至泵或低于管廊的设备的管道的标高，应低于管廊标高 0.5~0.8m。

③ 管道固定与热补偿。塔的管道直管长，热变形大，配管时应处理好热膨胀问题。塔顶气相出口管和回流管是热变形较大的长直管，且重量较大，为防止管口受力过大，在靠近管口的地方设固定支架，在固定支架以下每隔 4.5~11m（DN25~300）设导向支架，由较长的水平管吸收热变形。

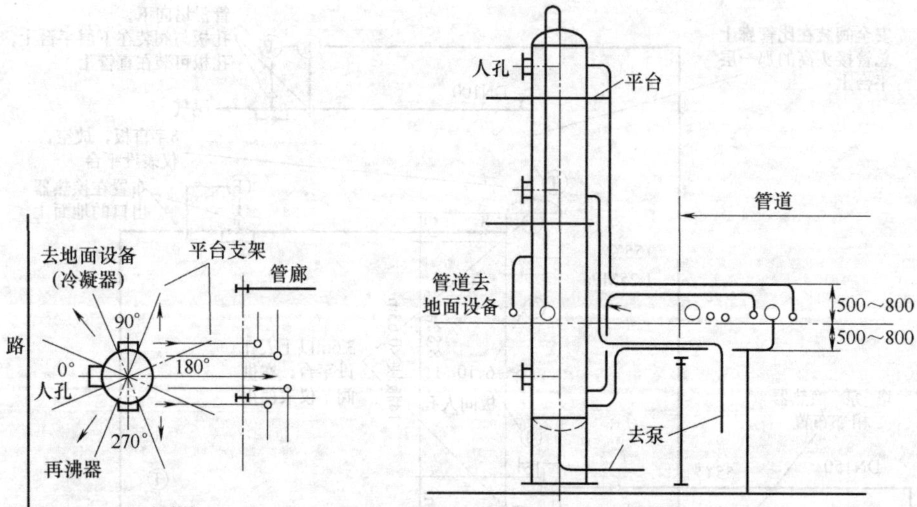

(a) 平面图　　(b) 立面图

图 11-10　塔的配管示意图

第12章

化工设计的辅助要求

12.1 公用工程

公用工程涉及给排水、供电、供热与冷冻、采暖通风、土建及自动化控制等专业。从设计成果形式分为设计说明书与图纸表格两种；从设计内容讲，说明书主要包括：所接收的工艺专业对本专业提出的设计条件、界定本专业的设计范围、采用的主要设计标准与规范、经论证与比较选择所确定的本专业技术方案、经分析计算以及选型所得出的有关设备、材料的规格型号、尺寸、数量等结果。在说明书编制过程中及编制结束后，按照工作顺序先后，完成制作相应表格与图纸。

12.1.1 给排水

化工企业的给水排水应依照《石油化工给水排水系统设计规范》《建筑给水排水设计规范》和《化工企业给水排水详细工程设计内容深度规范》的规定进行设计，工艺人员应依照上述规定提供给排水设计条件。

（1）给水

① 给水系统的划分。工厂给水系统一般可划分为下列五个系统。

a. 生产给水（新鲜水）系统负责向软水站、脱盐水站、化学药剂设施、循环冷却水设施以及其他单元供给生产用水。生产用水应少用新鲜水，多用循环冷却水，并宜串联使用、重复使用。

b. 生活饮用水系统应向食堂、浴室、化验室、生产单元、生活间、办公室等供给生活及劳保用水。

c. 消防给水系统根据全厂或装置消防要求不同，可分为低压与稳高压消防给水系统，其设置方式应符合现行《石油化工企业设计防火标准（2018 年版）》的规定。

d. 循环冷却水系统。循环冷却水系统应向压缩机、冷凝器、冷却器、机泵以及需要直接冷却的物料供给冷却用水。工厂生产用水中，极大部分是作为物料和设备的冷却用水，如果将所有冷却水都采用循环冷却水，不仅可以节省水资源，而且有利于环境保护；经过水质处理过的循环冷却水，对设备的腐蚀及结垢速度都比新鲜水小，从而可以降低设备的维修费用，提高换热效率，降低成本。如果采用海水做冷却水、消防水时，应有防止海水对设备和管道的腐蚀、水生生物在设备和管道内繁殖以及排水对海洋污染等的措施。

e. 回用水系统包括绿化用水，冲洗用水，循环冷却水系统或消防水系统的补充水，直流冷却水。回用水系统应根据实际情况，在技术经济比较的基础上决定回用水的用途。

② 给水系统的设计要求。给水系统的水质应符合下列要求：

a. 生产用水的水质应符合《石油化工给水排水水质标准》的规定，对于化学水处理设计，要根据《化工企业化学水处理设计技术规定》标准进行；

b. 生活饮用水的水质应符合现行《生活饮用水卫生标准》的规定；

c. 循环冷却水的水质应符合现行《石油化工给水排水水质标准》的规定，必须按照《工业循环冷却水处理设计规范》对其进行水质稳定处理；

d. 特殊用途的给水系统的水质应符合有关生产工艺的要求。

③ 给水系统的供水压力应符合下列要求。

a. 生产给水系统的压力应根据工艺需要确定。当采用生产消防给水系统时，还应按灭火时的流量与压力进行校核；

b. 生活饮用水系统应按最高时用水量及最不利点所需要的压力进行计算；

c. 消防给水系统的压力应满足：稳高压消防给水系统的压力应保证在最大水量时、最不利点的压力仍能满足灭火要求；系统压力应由稳压设施维持。当工作压力大于 1.0MPa 时，消防水泵的出水管道应设防止系统超压的安全设施；低压消防给水系统的压力应满足在设计最大水量时，最不利点消火栓的水压不低于 0.15MPa（自地面算起）；

d. 循环冷却水系统的压力应根据生产装置的需要和回水方式确定；

e. 特殊给水系统的压力应根据生产装置要求确定。

（2）排水

工厂排水应清污分流，按质分类。清污分流可以减少污水处理量，节省污水处理设施的投资，提高污水处理效率。因此，清污分流应作为排水系统设计的原则。在清污分流的基础上，把生产污水进一步按质分类，有利于对各种污水进行针对性处理。污水的局部预处理应与全厂最终处理相结合；污水及其中有用物质的回收利用应与处理排放相结合。污水宜在科学试验、生产实践及经济技术比较的基础上，经过净化处理合格回收利用。

① 排水系统的划分。工厂排水系统的划分应根据各种排水的水质、水量，结合要求处理的程度及方法综合确定。工厂排水系统一般可划分为下列四个系统：a.生产污水系统；b.清净废水系统；c.生活排水系统；d.雨水系统。根据不同的排水水质和不同的处理要求，可适当合并或增设其他排水系统。

在工艺生产过程中，生产系统产生的污水中含有化学物质比较多，有时又叫化学污水。

在工艺设计中，生产装置区、罐区、装卸油区都采用围堰或边沟将这些区域与其他地区加以区分，这些区域的初期雨水都含有化工物料或油品，应排入生产污水系统中或首先排入含油污水系统进行除油处理。工厂中未受到油品及化工物料污染地区的雨水、融化的雪水以及锅炉排污水、脱盐水站的酸碱中和水、清水池的放空和溢流水可认为是清净废水。将其排入雨水系统或排入清净废水系统，不需要进行处理即可排放。循环冷却水系统正常运行时的排污直接排入清净废水系统；当事故时或确定有污染时，应排入生产污水系统；当生产废水被用于生产污水的处理时，生产废水系统可与生产污水系统合并；为便于对生活排水进行生化处理，食堂、厕所的排水应排入生活排水系统；生活排水亦不宜与生产污水合并排放，但极个别的地方，如远离生活排水系统的门卫、油库等地方的厕所，使用人数不多，生活排水量很少，若排入生活排水系统很不经济，且附近有清净废水系统或生产污水系统，可经化粪池截留后排入就近的排水系统。在排入生产污水系统之前应设水封井。低洼地区及受潮汐影响地区的工厂雨水也可设置独立的雨水系统。

② 排水系统的设计要求。各排水系统的水质应按工艺装置正常生产时的排水水质设计，同时应符合《石油化工给水排水水质标准》的规定。各排水系统不得互相连通。如有个别少量生活污水需排入生产污水系统时，必须有防止生产污水中的有害气体串入生活设施的措施。排放含有易燃、易爆、易挥发物质的污水系统应有相应的防爆通风措施，并应符合《石油化工企业设计防火标准（2018 年版）》上的有关规定。在工艺装置内进行预处理或局部处理的污水应按《石油化工污水处理设计规范》的规定执行。酸（碱）性污水应首先利用厂内废碱（酸）液进行中和处理。循环冷却水排污宜在循环水场内进行，排污管上应设置计量仪表。工厂排水排入城镇排水系统时，应符合现行《室外排水设计标准》的规定。

在设计工厂的排水系统和处理单元时，应把污水的回收利用以及污水中有用物质的回收利用与污水的处理排放结合起来进行考虑，经过处理后的生产污水和生活排水，可以回用的应尽量回收利用。在设计中，回用处理后的生产污水时，应当有这方面的试验数据或生产实践资料作依据。

12.1.2 供电

化工企业的供电应按照《化工企业供电设计技术规定（附条文说明）》《石油化工企业供电系统设计规范》《化工企业腐蚀环境电力设计规程（附条文说明）》和《化工企业电力设计施工图内容深度统一规定（图）》进行设计，工艺人员应依照上述规定提供供电设计条件。

（1）工厂电力负荷的划分

化工生产中常使用易燃、易爆物料，多数为连续化生产，中途不允许突然停电。为此，根据化工生产工艺特点及物料危险程度的不同，对供电的可靠性有不同的要求。按照电力设计规范，将电力负荷分成三级，按照用电要求从高到低分为一级、二级、三级。有特殊供电要求的负荷量应划入装置或企业的最高负荷等级。

① 一级负荷。一级负荷指当企业正常工作电源突然中断时，企业的连续生产被打乱，使重大设备损坏，恢复供电后需长时间才能恢复生产，使重大产品报废，重要原料生产的产品大量报废，使重点企业造成重大经济损失的负荷。一级负荷要求最高，一级负荷应由

两个电源供电；采用架空线路时，不宜共杆敷设。

② 二级负荷。二级负荷是指当企业正常工作电源突然中断时，企业的连续生产过程被打乱，使主要设备损坏，恢复供电后需较长时间才能恢复生产，产品大量报废、大量减产，使重点企业造成较大经济损失的负荷。

通常大中型化工企业就是这种二级负荷的重点企业。二级负荷宜由双回电源线路供电，当负荷较小且获得双回电源困难很大时，也可采用单回电源线路供电。有条件时，宜再从外部引入一回小容量电源。

③ 三级负荷。三级负荷是指所有不属于一级和二级负荷的其他负荷。三级负荷可由单回电源线路供电。

④ 有特殊供电要求的负荷。当企业正常工作电源因故障突然中断或因火灾而人为切断正常工作电源时，为保证安全停产，避免发生爆炸及火灾蔓延、中毒及人身伤亡等事故，或一旦发生这类事故时，能及时处理事故，防止事故扩大，为抢救及撤离人员，而必须保证供电的负荷。

有特殊供电要求的负荷必须由应急电源系统供电。有特殊供电要求的直流负荷均由蓄电池装置供电。有特殊供电要求的交流负荷凡用快速启动的柴油发电机组能满足要求者，均以其供电；当其在时间上不能满足某些有特殊供电要求的负荷要求时，则需增设静止型交流不中断电源装置。严禁应急电源与正常工作电源并列运行。为此需设置有效的联锁；严禁将没有特殊供电要求的负荷接入应急电源系统。

化工工艺流程中，凡需要采取应急措施者，均应首先考虑在工艺和设备设计中采取非电气应急措施，仅当这些措施不能满足要求时，才由主导专业提条件列为有特殊供电要求的负荷。其负荷量应严格控制到最低限度。特别是用电设备为 6~10kV 电压，或多台大容量用电设备时，应由有关主导专业采取非电气方法处理。对多台大容量 6~10kV 电压的消防水泵，当应急电源供电困难时，宜将其中一部分改为柴油泵，余下的电泵由正常工作电源供电。由消防中心发出启动指令，启动顺序为先电泵后柴油泵。

大型化工企业一般均在各生产装置的变（配）电所内或附近设置应急电源系统。企业自备电站的有特殊供电要求的负荷，应单独设置应急电源。而生产装置内的自备发电机组的特殊供电要求的负荷，一般均由该装置的应急电源系统供电。如确有必要也可单独设置应急电源。在正常工作电源中断供电时，应急电源必须在工艺允许停电的时间内迅速向有特殊供电要求的负荷供电。当化工流程有缓冲设备时，其前后的生产装置，宜由不同的变（配）电所分别供电。当化工工艺流程有多条生产流水线时，宜按流水线设置变（配）电接线方案。

（2）供电方案的基本要求

① 供电主接线力求简单可靠，运行安全，操作灵活和维修方便；

② 经济合理，节约电能，力求减少投资，降低运行费用，节约用地；

③ 满足近期（5~10 年）发展规划的要求；

④ 合理选用技术先进、运行可靠的电工产品；

⑤ 满足企业建设进度要求。

一般宜提出两个供电方案，进行技术经济比较，择优推荐选择。

（3）供电方案设计阶段的主要工作内容

供电方案应根据企业的性质、规模，企业对供电可靠性的要求，企业供电电压等级、当地电力网的情况，当地的自然条件以及企业的总图布置，企业近期的发展规划等因素综合考虑确定。

① 参加厂址选择；

② 调查地区电力网情况及其向本企业供电的条件；

③ 全厂负荷分级及其计算；

④ 当企业有富余热能可供综合利用时，需会同有关专业研究是否设置自备电站及其具体方案。包括发电规模、机组选型、电气主接线等；

⑤ 与当地电力部门磋商电源供电方案，在争取上级电力主管部门的批文后，协助业主与当地电力部门签订供电协议或意向书；包括供电回路数、供电电压等级及供电质量、与电力系统的通信方案、企业继电保护装置与电力系统的衔接以及计费设备的设置地点；

⑥ 确定全厂的供电主接线方案、总变电所及自备电站位置和企业供电配电的进出线走廊；

⑦ 绘制几个可供选择的供电方案单线图；

⑧ 对供电方案进行技术经济比较；

⑨ 编制设计文件。

（4）工艺对电气专业提供设计条件

① 动力。包括：a.设备布置平面图，图上注明电机位置及进线方向，就地安装的控制按钮位置；b.用电设备表（表 12-1）；c.电加热表（温度、控制精度、热量、工作时间）；d.环境特性。

② 照明。提出设备平面布置图，标出需照明位置。提出照明四周环境特性（介质、温度、相对湿度、对防爆防雷要求）。

③ 弱电。指电讯设备、仪表仪器用电位置以及生产联系的讯号。

表 12-1 用电设备

序号	设备位号	设备名称	介质名称	环境介质	负荷等级	数量/台		正反转要求	控制联锁	防护要求	计算轴功率/kW	电动设备							操作		备注
						常用	备用					型号	防爆标志	容量/kW	相	电压	成套或单机	立卧式	年工作时	连续间断	
1	2	3	4	5	6	7	8	9	10	11	12	13	14	15	16	17	18	19	20	21	22

12.1.3 供热及冷冻工程

（1）供热

化工生产中的热源供热作为公用工程在化工生产中普遍应用，比如对吸热化学反应，为加快反应速度和进行蒸发、蒸馏、预热、干燥等各种工序，供热都是必不可少的。化工设计中必须正确选用热源和充分利用热源。作为化工热源可分为直接热源和间接热源。前者包括烟道气及电加热。烟道气加热的优点是温度高，可达 1000℃，使用方便，经济简单，缺点是温度不易控制、加热不均匀和带有明火及烟尘。电加热的优点是加热均匀、温度高、易于调节控制、清洁卫生，缺点是成本高。后者包括高温载热体及水蒸气。高温载热体加热温度范围可达 160~500℃，例如可用于加热温度在 160~370℃的常用联苯与联苯醚的混合物，加热温度在 350~500℃的常用熔盐混合物 HTS（即 $NaNO_2$40%、$KNO_3$53%、$NaNO_3$7%），熔点 142℃。水蒸气是化工生产中使用最广的热源，其优点是使用方便、加热均匀、速度快及易控制，但温度高时压力过大，不安全，所以多用于 200℃以下的场合。下面以蒸汽加热（用燃煤产生蒸汽）为例，说明工艺专业应提供的设计条件。

① 供热系统与用热设备及设备布置设计按表 12-2 形式，以工艺专业为主填写“蒸汽、冷凝水条件表”。

② 列出全厂热负荷平衡表（表 12-3），必要时绘制各种工况下热负荷曲线。

表 12-2　蒸汽、冷凝水条件

工程名称					工程代号									审核		设计阶段		
项目（或工段）名称							蒸汽、冷凝水条件							校核		提交日期		
														编制		编号		
序号	用汽设备名称	蒸汽用途	使用班次	用汽等级①	车间入口处		蒸汽用量/（t/h）						冷凝水回收					备注
							Ⅰ期				Ⅱ期							
							冬季		夏季									
					蒸汽压力（绝压）/MPa	蒸汽温度②/℃	平均	最大	平均	最大	平均	最大	回收量③/（t/h）	温度/℃	送出水压（绝压）/MPa	送出方式④	水质⑤	
1	2	3	4	5	6	7	8	9	10	11	12	13	14	15	16	17	18	19

① Ⅰ级不允许间断供气，Ⅱ级允许短时间断供汽。

② 如系饱和蒸汽，可不填写温度，注明饱和蒸汽。

③ 只考虑除工艺加热过程可能损失的汽量。

④ 填写连续间断回收，间断时间，自流或加压回收。

⑤ 填明清净回收（指无任何物料污染，可直接回锅炉）和有污染回水，有污染回水水质应在备注栏中注明。

表 12-3　全厂热负荷平衡

序号	用途	热介质参数		用汽量/（t/h）						凝结水回水量②/（t/h）				备注
				Ⅰ期				Ⅰ+Ⅱ期		Ⅰ期		Ⅰ+Ⅱ期		
				夏季③		冬季③		夏季	冬季	夏季	冬季	夏季	冬季	
		压力（表压）/MPa	温度/℃	正常	最大	正常	最大	正常	最大	正常	最大	正常	最大	
1	生产①													注出间断、连续用汽
2	采暖通风													
3	生活													
4	小计													

续表

序号	用途	热介质参数		用汽量/（t/h）						凝结水回收量[2]/（t/h）				备注
				Ⅰ期				Ⅰ+Ⅱ期		Ⅰ期		Ⅰ+Ⅱ期		
				夏季[3]		冬季[3]		夏季	冬季	夏季	冬季	夏季	冬季	
		压力（表压）/MPa	温度/℃	正常	最大	正常	最大	正常	最大	正常	最大	正常	最大	
5	副产蒸汽量													
6	合计													
7	管道损失													量及不同时使用系数
8	对外供汽量													
9	自用蒸汽量													
10	实际供汽量													

① 生产热负荷按车间或工段列出细目。

② 在备注中说明回收和处理方案。

③ 冬季指采暖；夏季指非采暖。

③ 节能技术设计尽量采用高压蒸汽系统，因为高压蒸汽的能量利用率高，如条件具备应尽量将锅炉与废热锅炉均设计为高压，蒸汽使用过程可设计成逐级利用如表 12-4 所示。其次是回收余热，包括回收蒸汽冷凝水余热，回收工艺物料流中余热，回收化工生产废料（通过焚烧）的热量。在设计中要减少热量消耗和提高传热效率，采用节能高效设备等是节能的重要手段。

表 12-4 蒸汽能量的逐级利用

系统	蒸汽（表压）/MPa	排出	用途
高压	10	1.0 MPa	背压汽轮机发电或带动机泵
中压	4	0.17 MPa	
低压	1.0	冷凝水	动力、工艺加热、服务用
废气	0.178		暖气服务用
冷凝水	0.035~0.07		回锅炉房

④ 蒸汽的消耗量。

间接蒸汽消耗量 D，kg

$$D=\frac{Q}{\left[H-C\left(T_{\mathrm{K}}-273\right)\right]\eta}$$

式中，Q 为加热量，kJ；H 为水蒸气热焓，kJ/kg；T_{K} 为冷凝水的温度，K；C 为冷凝水的比热容，可取 C=4.18kJ/（kg · K）；η 为热利用率，保温设备为 0.97~0.98，不保温设备为 0.93~0.95。

⑤ 加热电能的消耗量 E，kW · h

$$E=\frac{Q}{3600\eta_K}$$

式中，η_K 为电热装置的效率，取 0.85~0.95；Q 为供热量，kJ。

⑥ 燃料的消耗量 B，kg

$$B=\frac{Q}{q\eta_T}$$

式中，Q 为供热量，kJ；q 为燃料的热值，煤为 16000~25000kJ/kg，液体燃料约为 40000kJ/kg，天然气约为 33000kJ/kg；η_T 为炉灶的热效率，取 0.3~0.5。

（2）冷冻系统

化工生产中的物料温度若需维持在周围环境（比如大气、水等）温度以下，则需要由冷冻系统提供低温冷却介质（称载冷体），也可直接将制冷剂（如液氨、液态乙烯）送入工艺设备，利用其蒸发吸热获取冷量。通过采用制冷剂蒸发来冷却载冷剂，然后由载冷剂提供生产所需冷量，这种冷冻系统的优点是能集中供应，远距离输送，使用方便，易于管理，比较经济。选用载冷剂的温度不宜过低，以避免动力消耗过多。选用载冷剂，其冰点要低于制冷剂的蒸发温度，而使用温度通常比冰点高 2~10℃，常用的载冷剂有水、盐水及有机物。当冷却物温度大于等于 5℃时选用水，当冷却温度在−45~0℃范围内，可选用盐水，NaCl 水溶液适用于−150℃，$CaCl_2$ 水溶液适用于−45~0℃，盐浓度越高，冰点越低。当冷却温度更低时，则选用乙醇、乙二醇、丙醇及 F-11 等。

整个工程各部分（即车间、工段、设备）用冷量、用冷方式、用冷温度等级（或范围）以及全年用冷量变化情况（冬季、夏季、过渡季、最大、最小、平均）按表 12-5 形式填写。

表 12-5　工程用冷负荷及参数设计

<table>
<tr><td>工程名称</td><td></td><td>工程代号</td><td rowspan="3">工程用冷负荷及参数设计条件</td><td>审核</td><td>设计阶段</td></tr>
<tr><td rowspan="2">项目（或工段）名称</td><td rowspan="2"></td><td rowspan="2"></td><td>校核</td><td>提交日期</td></tr>
<tr><td>编制</td><td>编号</td></tr>
</table>

<table>
<tr><td rowspan="3">序号</td><td rowspan="3">设备位号及名称</td><td colspan="7">冷冻量/（MJ/h）</td><td colspan="4">用冷情况</td><td colspan="5">冷冻介质</td><td rowspan="3">最大流量/（t/h）或（m³/h）</td><td rowspan="3">备注</td></tr>
<tr><td colspan="2" rowspan="2">产品耗冷</td><td colspan="3">Ⅰ期</td><td colspan="2">Ⅱ期</td><td rowspan="2">连续</td><td colspan="2">间断</td><td rowspan="2">操作时数/（h/年）</td><td rowspan="2">名称</td><td colspan="2">温度/℃</td><td colspan="2">压力/MPa</td></tr>
<tr><td>最大</td><td>平均</td><td>最小</td><td>平均</td><td>最大</td><td>操作周期</td><td>持续时间</td><td>进入</td><td>返回</td><td>进入</td><td>返回</td></tr>
<tr><td>1</td><td>2</td><td>3</td><td>4</td><td>5</td><td>6</td><td>7</td><td>8</td><td>9</td><td>10</td><td>11</td><td>12</td><td>13</td><td>14</td><td>15</td><td>16</td><td>17</td><td>18</td><td>19</td><td>20</td></tr>
<tr><td></td><td></td><td></td><td></td><td></td><td></td><td></td><td></td><td></td><td></td><td></td><td></td><td></td><td></td><td></td><td></td><td></td><td></td><td></td><td></td></tr>
</table>

说明：冷冻介质名称栏，若采用制冷剂直接节流蒸发制冷，可把采用的制冷剂名称列入。

冷冻盐水的用量 S，kg 可按下式计算：

$$S=\frac{Q}{C\left(T_K-T_H\right)}$$

式中，Q 为换热量，kJ；C 为冷却剂的比热容，kJ/（kg · K）；T_H，T_K 为冷却剂的进口和出口温度，K。

12.1.4 采暖通风及空气调节

在采暖通风及空气调节设计中，须按相关部门关于《化工企业安全卫生设计规范》和《化工采暖通风与空气调节设计规范》的规范进行设计，工艺人员应提供采暖通风及空气调节设计条件。

（1）采暖

采暖是指在冬季调节生产车间及生活场所的室内温度，从而达到生产工艺及人体生理的要求，实现化工生产的正常进行。

① 温度。生产及辅助建筑采暖室内温度，应根据建筑物性质、生产特点及要求、劳动强度等因素确定。

② 热介质。采暖的热介质选择应根据厂区供热条件及安全、卫生要求，经综合技术经济比较确定。宜首先采用热水、蒸汽或其他热介质。条件允许时热介质的制备，可考虑利用余热。工业上采暖系统按蒸汽压力分为低压和高压两种，界线是 0.07MPa，通常采用 0.05~0.07MPa 的低压蒸汽采暖系统。

③ 采暖方式。

a. 散热器采暖。散热器采暖的热介质温度应根据建筑物性质、生产特点及安全卫生要求等因素确定。

b. 辐射采暖。适宜于生产厂房局部工作地点的采暖。工厂辐射采暖的热介质一般蒸汽压力宜不低于 0.2MPa；热水平均温度宜高于 110℃；辐射板不应布置在热敏感的设备附近。

c. 热风采暖。是将空气加热至一定的温度（70℃）送入车间，它除采暖外还兼有通风作用。当散热器采暖不能满足安全、卫生要求时，生产车间需要设计机械排风。冬季需补风时，利用循环空气采暖；技术经济合理时，可采用热风采暖。

d. 采暖管道。热水和蒸汽采暖管道，一般采用明装。有燃烧和爆炸危险的生产车间，采暖管道不应设在地沟内，如必须设置在地沟内，地沟应填砂。采暖管道不得与输送可燃气体、腐蚀性气体或闪点低于或等于 120℃的可燃液体管道在同一管沟内敷设。采暖管道不应穿过放散与之接触能引起燃烧或爆炸危险物质的房间。如必须穿过，采暖管道应采用不燃烧材料保温。采暖管道的伸缩，应尽量利用系统的弯曲管段补偿，当不能满足要求时，应设置伸缩器。

（2）通风

车间为排除余热、余湿、有害气体及粉尘，需要通风。通风方式主要包括以下几种。

① 自然通风。利用室内外空气温差引起的相对密度差和风压进行的自然换气。设计中指的是可以调节和管理的自然通风。放散余热的生产车间，宜采用自然通风。夏季自然通风应有利于降低室内温度，冬季自然通风应尽量利用室内产生的余热提高车间的温度。根据有害气体在空气中的相对密度效应，利用上部排风可将有害物质稀释到容许浓度时，应首先考虑采用自然通风。自然进风应不使脏空气吹向较清洁的地区，并应不影响空气的自然流动和排出。

② 机械通风。自然通风不能满足工艺生产要求时，宜设计机械通风。设有集中采暖且有排风的生产厂房，应首先考虑自然补风，当自然补风不能满足要求或在技术经济上不合

理时，宜设置机械送风。依靠机械通风排除有害气体时，应合理组织送、排风气流。

③ 局部通风。化工生产车间在下列部位应设计局部排风：

a. 输送有毒液体的泵及压缩机的填函附近；

b. 不连续的化工生产过程的设备进料、卸料及包装口；

c. 放散热、湿及有害气体的工艺设备上；

d. 固体物料加工运输设备的不严密处。

在可能散出有害气体、蒸气或粉尘的工艺设备上，宜设计与工艺设备连在一起的密闭式排风罩；由于操作原因不许可设置时，可考虑设计其他形式的排气罩。当放散有害物质敞露于生产过程，无法设计密闭罩或局部排风排除有害物质时，应设置可供给室外空气的局部送风。

④ 防爆通风。对于具有放散爆炸和火灾危险物质，并有防火、防爆要求的场所，要求通风良好时，通风量应能使放散的爆炸危险物质很快稀释到爆炸下限四分之一以下。敞开式或半敞开式厂房宜首先设计有组织的自然通风；对非敞开式厂房，自然通风不能满足要求时，应设计机械通风。属于爆炸和火灾危险的场所，其机械通风量不应低于每小时 6 次换气。对生产连续或周期释放易燃易爆气体和蒸气的工艺设备的局部地区，宜设计局部排风。凡空气中含有易燃或有爆炸危险物质的场所，应设置独立的通风系统。

⑤ 事故通风。可能突然大量放散有害气体或爆炸危险气体的生产车间应设计事故通风。事故通风系统的吸风口应设在有害气体或爆炸性物质散发量最大的或聚集最多的地点。事故排风量应按工艺提供的设计资料通过计算确定。当工艺不能提供有关设计资料时，风量可按由正常通风系统和事故通风系统共同保证每小时换气次数不低于 8 次计算。事故通风的排风口，不应布置在人员经常停留或通行的地点，并距机械送风进风口 20m 以上，当水平距离不足 20m 时，必须高出进风口 6m。如排放的空气中含有可燃气体和蒸气时，事故通风系统的排风口应距离火源 20m 以外。

⑥ 除尘与净化。放散粉尘的工艺设备应尽量采取密闭措施。其密闭形式应结合实际情况，分别采用局部密闭、整体密闭或大容积密闭。密闭罩吸风口风速不宜过大，以免将物料带走。粉尘净化系统宜优先选用干法除尘。如必须选用湿法除尘，含尘污水的排放应符合环保标准的规定。除尘净化设备应根据排除有害物性质、含尘浓度、粉尘的相对密度、颗粒度、温湿度、粉尘的特性（黏性、纤维性、腐蚀性、吸水性等）以及回收价值来选定。除尘系统应根据粉尘的性质及温、湿度等特性，采取保温和排水等防止结块、堵塞管道的措施，并在管道的适当位置设置清扫口。

（3）空气调节

对于生产及辅助建筑物，当采用一般采暖通风技术措施达不到室内温度、湿度及洁净度要求时，应设计空气调节。

空气调节用冷源应根据工厂具体条件，经技术经济比较确定。空调冷负荷较大，且用户比较集中的可设计集中制冷站供冷；空调冷负荷不大，且工艺生产装置中具有适合空调要求的冷介质时，可由工艺制冷系统供冷；空调冷负荷不大，且用户分散或使用时间和要求不同时，宜采用整体式空调机组。

产生有害物质的房间，应设单独的系统；室内温、湿度允许波动范围小的，空气洁净度要求高的房间，宜设单独的系统；对不允许采用循环风的空调系统，应尽量减少通风量，经技术经济比较合理时，可采用能量回收装置，回收排风中的能量。

根据具体情况填写采暖通风与空调、局部通风设计条件如表 12-6 所示。

表 12-6　采暖通风与空调，局部通风设计条件

工程名称		工程代号		审核	设计阶段
项目（或工段）名称			采暖通风与空调、局部通风设计条件	校核	提交日期
				编制	编号

采暖通风与空调															局部通风											
序号	房间名称	防爆等级	生产类别	室温/℃		湿度		有害气体或灰尘		事故排风设备位号	其他要求		备注		序号	设备位号及名称	有害物及粉尘		密闭设备		敞开设备		要求通风方式		特殊要求(风量、风压、温度、湿度等)	备注
				冬季	夏季	冬季	夏季	名称	数量/(mg/m³)		正、负压/Pa	洁净级别				名称	数量	操作面积/m²	排气温度/℃	有害物源	温度/℃	通风或排风	间断或连续		

（4）项目的能量消耗

① 风机的单位风量耗功率（W_s）应按下式计算：

$$W_s=P/(3600\eta_t)$$

式中，W_s 为单位风量耗功率，W/（m³/h）；P 为风机全风压值，Pa；η_t 为包含风机、电机及传动效率在内的总效率，%。

② 空气调节冷热水系统的输送能效比（ER）应按下式计算：

$$ER=0.00468H/(\Delta T\cdot\eta)$$

式中，H 为水泵设计扬程，m；ΔT 为供水、回水温差，℃；η 为水泵在设计工作点的效率，%。

12.1.5　土建设计

土建设计包括全厂所有的建筑物、构筑物（框架、平台、设备基础、爬梯等）设计。在化工厂的土建设计中，结构功能比式样重要得多，建筑形式与需要的结构功能相比应是次要的。结构功能要适用于工艺要求，如设备安装要求，扩建要求和安全要求等。建筑物结构应按承载能力极限状态和正常使用极限状态进行设计。应根据工作条件分别满足防振、防火、防爆、防腐等要求。建筑物结构布置、选型和构造处理等应考虑工艺生产和安装、检修的要求。结构方案应具有受力明确、传力简捷及较好的整体性。结构设计宜按统一模数进行设计，在同一工程中选用构件力求统一，减少类型。对行之有效的新技术、新结构、新材料，应积极推广采用，并合理利用地方材料和工业废料。目前，构件预制化、施工机械化和工业建筑模数制已为设计标准化提供必要的条件。

（1）土建设计的确定因素

建筑物选型应根据下列条件综合分析确定。

① 生产特点，如易燃、易爆、腐蚀、毒害、振动、高温、低温、粉尘、潮湿、管线穿墙多等；

② 工程地质条件、气象条件、抗震设防烈度；

③ 房屋的跨度、高度、柱距、有无吊车及吊车吨位；

④ 确定各生产厂房楼面、办公室、走道、平台、皮带栈桥、栏杆的荷载标准值，荷载的分类及楼面、屋面荷载均应符合现行国家标准《建筑结构荷载规范》的规定。地震作用尚应符合现行国家标准《建筑抗震设计规范（附条文说明）（2016 年版）》的规定。设置于楼面上的动力设备（如离心机、破碎机、振动筛、挤压机、反应器、蒸发器、纺丝机、大型通风机等）宜采取隔振措施。各类动力设备的动力荷载参数可由制造厂提供；

⑤ 施工技术条件、材料供应情况；

⑥ 技术经济指标。

（2）土建设计的设计要求

① 主要生产厂房（如生产装置的压缩机、过滤机、成型机等厂房，全厂系统的动力站、锅炉房、空压站、空分站等，包装及成品仓库）中的乙类建筑及腐蚀性严重的厂房宜优先采用钢筋混凝土结构。

② 对高大的和有特殊要求的建筑物，当采用钢筋混凝土结构不合理或不经济时，可采用钢结构。

③ 有高温的厂房，可采用钢结构或钢筋混凝土结构。当采用钢结构时，如果构件表面长期受辐射热达 100℃以上或在短时间内可能受到火焰作用时，则必须采取有效的隔热、降温措施。

④ 当采用钢筋混凝土结构时，如果构件表面温度超过 60℃，必须考虑其受热影响，采取隔热措施；

⑤ 对无防爆要求，跨度不大于 12m、柱距不大于 4m、柱高不大于 7m 的封闭式单层厂房，可采用砖混结构。

⑥ 多层建筑物符合下列条件之一时宜选用砖棍结构：

a. 除顶层以外，各层主梁跨度不大于 6.6m，开间不大于 4.0m，楼面荷载不大于 $4kN/m^2$，承重横墙较密的五层和五层以下或承重横墙较疏的四层以下的试验楼、办公楼、生产辅助建筑等；

b. 除顶层以外，各层主梁跨度不大于 9.0m，开间不大于 4.0m，楼面荷载不大于 $4kN/m^2$，承重横墙较密的四层和四层以下的试验楼、办公楼、生活辅助建筑等；

c. 除顶层以外，各层主梁跨度不大于 7.5m，楼面荷载不大于 $10kN/m^2$，楼层总高度不大于 15m 的四层和四层以下的厂房和试验楼；

d. 侵蚀性不严重的非主要厂房。

建筑物承重结构的选型，应符合现行《建筑抗震设计规范》中的有关规定。

（3）向土建设计提供的条件

在车间设计过程中，化工工艺专业人员向土建专业设计人员提供设计所必需的条件，一般分两次集中提出。第一次在管道及仪表流程图和设备布置图基本完成和各专业布局布置方案基本落实后提出。第二次是在土建专业设计人员提供建筑及结构设计基本完成，化工工艺专业人员据此绘出管道布置图后提交。

① 一次条件。一次条件中必须向土建介绍工艺生产过程、物料特性、物料运入、输出和管路关系情况，防火、防爆、防腐、防毒等要求，设备布置，厂房与工艺的关系和要求，

厂房内设备吊装要求等。具体书面条件包括以下几项。

a. 提供工艺流程图及简述；

b. 提供设备布置平面、剖面布置图，并在图中加入对土建有要求的各项说明及附图，包括：车间或工段的区域划分，防火、防爆、防腐和卫生等级；门和楼梯的位置，安装孔、防爆孔的位置、尺寸；操作台的位置、尺寸及其上面的设备位号、位置；吊装梁、吊车梁、吊钩的位置，梁底标高及起重能力；各层楼板上各个区域的安装荷重，堆料位置及荷重，主要设备的安装方式及安装路线（楼板安装荷重：一般生活室为 250kg/cm^2，生产厂房为 400kg/cm^2、600kg/cm^2、800kg/cm^2、1000kg/cm^2）；设备位号、位置及其他建筑物的关系尺寸和设备的支承方式；有毒、有腐蚀性等物料的放空管路与建筑物的关系尺寸、标高等；楼板上所有设备基础的位置、尺寸和支承点；悬挂或放在楼板上超过 1t 的管道及阀门的重量及位置；悬挂在楼板上或穿过楼板的设备和楼板的开孔尺寸，楼板上孔径大于等于 500mm 的穿孔位置及尺寸；对影响建筑物结构的强振动设备应提出必要的设计条件；

c. 人员表。列出车间中各类人员的设计定员、各班人数、工作特点、生活福利要求、男女比例等，以此配置相应的生活行政设施；

d. 设备重量表。列出设备位号、规格、总量和分项重量（自重、物料重、保温层重、充水重）。

② 二次条件。二次条件包括预埋件、开孔条件、设备基础、地脚螺栓条件图、全部管架基础和管沟等。

a. 提出所有设备（包括室外设备）的基础位置尺寸，基础螺栓孔位置和大小、预埋螺栓和预埋钢板的规格、位置及伸出地面长度等要求；

b. 在梁、柱和墙上的管架支承方式、荷重及所有预埋件的规格和位置；

c. 所有的管沟位置、尺寸、深度、坡度、预埋支架及对沟盖材料、下水等要求；

d. 管架、管沟及基础条件；

e. 各层楼板及地坪上的上下水的位置、尺寸；

f. 在楼板上管径<500mm 的穿孔位置及尺寸；

g. 在墙上管径>200mm 和长方孔大于 200mm × 100mm 的穿管预留孔位置及尺寸。

12.1.6 自动控制

（1）自动控制设计的内容

我国新建的化工厂，采用计算机集中自动控制已比较普遍，可以方便实现对工艺变量的指示、记录和调节。设计中首先要确定达到何种自动控制水平，这要根据工厂规模、重要性、投资情况等各方面因素决定，以便制定具体的控制方案。化工厂的自动控制设计大致包括以下方面。

① 自动检测系统设计。设计自动检测系统以实现对生产各参数（温度、压力、流量、液位等）的自动、连续测量，并将结果自动地指示或记录下来。

② 自动信号联锁保护系统设计。对化工生产过程的某些关键参数设计信号自动联锁装置，即在事故即将发生前，信号系统就能自动发出声、光信号（例如合成氨厂的半水煤气气柜压力低于某值就发出声、光报警），当工况已接近危险状态时联锁系统立即采取紧急措

施，打开安全阀或切断某些通路，必要时紧急停车以防事故的发生和扩大。

③ 自动操纵系统设计。自动操纵系统是根据预先规定的步骤，自动地对生产设备进行某种周期性操作。例如合成氨厂的煤气发生炉的周期性操作就是由自动操纵系统来完成的。

④ 自动调节系统设计。化工生产中采用自动调节装置对某些重要参数进行自动调节，当偏离正常操作状态时，能自动地恢复到规定的数值范围内。

对化工生产来说，常常同时包括上述各个方面，即对某一设备，往往既有测量，也有警报信号，还有自动调节装置。

（2）自动控制设计条件

化工厂连续化、自动化水平较高，生产中采用自动控制技术较多。因此，设计现代化的化工厂，工艺设计更需与自控专业密切配合。为使自控专业了解工艺设计的意图，以便开展工作，化工工艺设计人员应向仪表及自控专业人员提供如下设计条件。

① 提出拟建项目的自控水平。

② 提出各工段或操作岗位的控制点及温度、压力、数量等控制指标，控制方式（就地或集中控制）以及自控调节系统的种类（指示、记录、累积、报警），控制点数量与控制范围，作为自控专业选择仪表及确定控制室面积的依据。

③ 提出调节阀计算数据表，包括受控介质的名称、化学成分、流量控制范围、有关物理性质和化学性质及所连接的管材、管径等。

④ 提供设备布置图及需自控仪表控制的具体位置和现场控制箱设置的位置。

⑤ 提供管道及仪表流程图，并作必要解释和说明，最后由自控专业根据工艺要求补充完善控制点，共同完成管道及仪表流程图。

⑥ 提出开、停车时对自控仪表的特殊要求。

⑦ 提供车间公用工程总耗量的计量条件，以便自控专业在进入车间的蒸汽、水、压缩空气、氮气等主管上考虑设置一定数量指示和累积控制仪表，便于车间投产后进行独立的经济核算。

⑧ 提供环境特性表。

12.2 安全与环境保护

12.2.1 燃烧爆炸及防火防爆

（1）化工生产中安全防火设计的重要性

任何生产活动中由于设计、施工建设、生产组织管理、生产操作忽视了安全防火都必然造成火灾、爆炸引发的安全事故，目前这方面的案例和教训是很多的。明确规定任何一种违背安全原则的设计方案都不能采用，无论其技术是多么先进、经济效益是多么诱人。火灾与爆炸所造成的损失不仅是事故工厂本身财产的损失和人员的伤亡损失，而且会引发带来原料供应工厂和产品加工企业的损失。我国一贯执行“生产必须安全、安全为了生产”的方针，对于设计人员应该清楚地认识各种可能引发火灾与爆炸危险的来源和后果。在设计的全过程中必须严格遵守各级政府与主管部门制订的法规、标准及规范，并在各个方面积极采取预防和减少损失的措施。

（2）燃烧与爆炸的起因及其危险程度

① 燃烧。物质的燃烧必须具备三个条件，即物质本身具有可燃性、环境中气体含有助燃物（如氧气等）、明火（或火花）。而物质的可燃性，即燃烧危险性取决于其闪点、自燃点、爆炸（燃烧）极限及燃烧热四个因素。

闪点是液体是否容易着火的标志，它是物质在明火中能点燃的最低温度，液体的闪点如果等于或低于环境温度的则称为易燃液体。

自燃点是指物质在没有外界引燃的条件下，在空气中能自燃的温度，它标志该物质在空气中能加热的极限温度。

爆炸极限是指在常温常压的条件下，该物质在空气中能燃烧的最低至最高浓度范围，即在该浓度范围内，火焰能在空气混合物中传播。

燃烧热是可燃物质在氧气（或空气）中完全燃烧时所释放的全部热量。

在火灾危险环境中能引起火灾危险的可燃物质为下列四种：

可燃液体　如柴油、润滑油、变压器油等。

可燃粉尘　如铝粉、焦炭粉、煤矿粉、面粉、合成树脂粉等。

固体状可燃物质　如煤、焦炭、木等。

可燃纤维　如棉花纤维、麻纤维、丝纤维、毛纤维、木质纤维、合成纤维等。

② 爆炸。爆炸是指由于巨大能量在瞬间的突然释放造成的一种冲击波。一般爆炸是和燃烧紧密相连的，当燃烧非常剧烈时燃烧物释放出大量能量，使周围介质体积剧烈膨胀而引起爆炸；而由于其他原因引起爆炸时，因为逸出的可燃性气体遇到火种就会燃烧。因此要减少爆炸和燃烧危险就应消除引起爆炸燃烧的直接原因与间接原因，比如：明火、静电导致的火花、转动电气设备可能造成的火花、设备管道的操作压力超过允许值等都是引起爆炸燃烧的直接原因，而由于反应器加热器的温度上升失去控制使设备遭到破坏，或者由于放热反应速度急剧增加导致爆炸则是其间接原因。

③ 燃烧与爆炸的危险程度。燃烧和爆炸的危险性可划分第一次危险和第二次危险两种，前者是指系统或设备内潜在的有发生火灾爆炸可能的危险，在正常状态下不会危及安全，但当误操作或外部偶然直接、间接原因会引起燃烧和爆炸。后者是指由第一次危险所引起后果，直接危害人身、设备以及建（构）筑物的危险。例如由第一次危险引起的火灾、爆炸、毒物泄漏以及由此造成人员的跌倒、坠落和碰撞等。美国 DOW 化学工业公司曾经提出一个计算燃烧及爆炸危险程度的指数，以下简称 FE 指数，用以研究一个生产过程的潜在危险程度，这个指数由物性和生产过程的性质计算得到的。根据 FE 指数可以估计生产的危险性。在化工设计中，评价工艺流程方案时，可以指出哪一个方案的危险程度较小，在设备布置图和管道及仪表流程图完成后，用以指导决定安全措施。

FE 指数等于物料因子乘以物料危险性因子，再乘以过程共性危险因子和过程特性危险因子。影响 FE 指数的基本因素是主要工艺物料的燃烧热，也就是物料因子占重要位置。

（3）安全防火防爆设计

化工设计中，须严格按照《石油化工企业设计防火标准（2018 年版）》和《建筑设计防火规范（2018年版）》及《石油化工静电接地设计规范》之规定进行设计。

① 火灾和爆炸危险区域划分。火灾危险环境应根据火灾事故发生的可能性和后果，以及危险程度及物质状态的不同，按下列规定进行分区。具有闪点高于环境温度的可燃液体，在数量和配置上能引起火灾的环境定为21区；具有悬浮状、堆积状的可燃粉尘或可燃纤维，虽不可能形成爆炸混合物，但在数量和配置上能引起火灾危险的环境定为22区；具有固定状可燃物质，在数量和配置上能引起火灾危险的环境定为23区。

爆炸危险区域的划分是根据爆炸性气体混合物出现的频繁程度与持续时间进行分区。对于连续出现或长时期出现爆炸性气体混合物的环境定为0区；对于在正常运行时可能出现爆炸性气体混合物的环境定为1区，对于在正常运行时不可能出现爆炸性气体混合物的环境，或即使出现也仅是短时存在的情况定为2区。爆炸性粉尘环境应根据爆炸性粉尘混合物出现的频繁程度和持续时间进行分区：连续出现或长期出现爆炸性粉尘环境定为10区；有时会将积留下的粉尘扬起而偶然出现爆炸性粉尘混合物的环境定为11区。

② 工艺设计中的防火防爆。在工艺设计中，考虑安全防火的因素较多，诸如在选择工艺操作条件时，对物料配比要避免可燃气体或蒸气同空气的混合物处于爆炸极限范围内；需要使用溶剂时，在工艺生产允许的前提下，设计上尽量选用火灾危险性小的溶剂；使用的热油、尽量不用明火（可采用蒸汽或熔盐加热）；在易燃易爆车间设置氮气贮罐，用氮气作为事故发生时的安全用气；在工艺的设备管道布置和车间厂房布置设计中，严格遵守安全距离要求等。

③ 供电中的防火。

a. 火灾危险环境电力设计的条件确定。对于生产、加工、处理、转运和贮存过程中出现或可能出现下列火灾危险物质之一时，应进行火灾危险环境的电力设计。

ⅰ. 闪点高于环境温度的可燃液体；在物料操作温度高于可燃液体闪点的情况下，有可能泄漏但不能形成爆炸性气体混合物的可燃液体。

ⅱ. 不可能形成爆炸性粉尘混合物的悬浮状、堆积状可燃粉尘或可燃纤维以及其他固体状可燃物质。

b. 火灾危险环境对电气装置的要求。在火灾危险环境的电气设备和线路，应符合周围环境化学的、机械的、温度的、霉菌及风沙等环境条件对电气设备的要求。

在火灾危险环境内，可采用非铠装电缆或钢管配线明敷设。在火灾危险环境21区或23区内，可采用硬塑料管配线。在火灾危险环境23区内，当远离可燃物质时，可采用绝缘导线在针式或鼓形瓷绝缘子上敷设。沿着没抹灰的木质吊顶和木质墙壁敷设的以及木质闷顶内的电气线路应穿钢管明设。在火灾危险环境内，电力、照明线路的绝缘导线和电缆的额定电压，不应低于线路的额定电压，且不低于500V。在火灾危险环境内，当采用铝芯绝缘导线和电缆时，应有可靠的连接和封端。在火灾危险环境21区或22区内，电动起重机不应采用滑触线供电；在火灾危险环境23区内，电动起重机可采用滑触线供电，但在滑触线下方不应堆置可燃物质。移动式和携带式电气设备的线路，应采用移动电缆或橡套软线。10kV及以下架空线路严禁跨越火灾危险区域。在火灾危险环境内的电气设备的金属外壳应可靠接地，接地干线应不少于两处与接地体连接。

在火灾危险环境内，当需采用裸铝、裸铜母线时，应符合下列要求：

ⅰ. 不需拆卸检修的母线连接处，应采用熔焊或钎焊；

ⅱ. 母线与电气设备的螺栓连接应可靠，并应防止自动松脱；

ⅲ. 在火灾危险 21 区和 23 区内，母线宜装设保护罩，当采用金属网保护罩时，应采用 IP2X 结构；在火灾危险环境 22 区内母线应有 IP5X 结构的外罩；

ⅳ. 当露天安装时，应有防雨、雪措施。

正常运行时有火花和外壳表面温度较高的电气设备，应远离可燃物质；在火灾危险环境内，不宜使用电热器，当生产要求必须使用电热器时，应将其安装在非燃材料的底板上；具体的电气设备防护结构的选型见表 12-7。

表 12-7　不同火灾危险区域电气设备防护结构的选型

<table>
<tr><th colspan="2" rowspan="2">电气设备</th><th colspan="3">防护结构</th></tr>
<tr><th>火灾危险 21 区</th><th>火灾危险 22 区</th><th>火灾危险 23 区</th></tr>
<tr><td rowspan="2">电机</td><td>固定安装</td><td>IP44</td><td rowspan="2">IP54</td><td>IP21</td></tr>
<tr><td>移动式、携带式</td><td>IP54</td><td>IP54</td></tr>
<tr><td rowspan="2">电器和仪表</td><td>固定安装</td><td>充油型、IP54、IP44</td><td rowspan="2">IP54</td><td>IP44</td></tr>
<tr><td>移动式、携带式</td><td>IP54</td><td>IP44</td></tr>
<tr><td rowspan="2">照明灯具</td><td>固定安装</td><td rowspan="2">IP2X</td><td rowspan="4">IP5X</td><td rowspan="4">IP2X</td></tr>
<tr><td>移动式、携带式</td></tr>
<tr><td colspan="2">配电装置</td><td rowspan="2">IP5X</td></tr>
<tr><td colspan="2">接线盒</td></tr>
</table>

注：1. 在火灾危险环境 21 区内固定安装的正常运行时有滑环等火花部件的电机，不宜采用 IP44 结构。

2. 在火灾危险环境 23 区内固定安装的正常运行有滑环等火花部件的电机，不应采用 IP21 型结构，而应采用 IP44 型。

3. 在火灾危险环境 21 区内固定安装的正常运行时有火花部件的电器和仪表，不宜采用 IP44 型。

4. 移动式和携带式照明灯具的玻璃罩，应有金属网保护。

5. 表中防护等级的标志应符合现行国家标准《外壳防护等级（IP 代码）》规定。

从化工生产用电电压等级而言，一般最高为 6000V，中小型电机通常为 380V，而输电网中都是高压电（有 10~330kV 范围内七个高压等级），所以从输电网引入电源必须经变压后方能使用。由工厂变电所供电时，小型或用电量小的车间，可直接引入低压线；用电量较大的车间，为减少输电损耗和节约电线，通常用较高的电压将电流送到车间变电室，经降压后再使用。一般车间高压电为 6000V 或 3000V，低压电为 380V。当高压为 6000V 时，对于 150kW 以上电机选用 6000V；对于 150kW 以下电机选用 380V。高压为 3000V 时，100kW 以上电机选用 3000V，100kW 以下电机选用 380V。电压为 10kV 及以下的变电所、配电所，不宜设在有火灾危险区域的正上面或正下面。若与火灾危险区域的建筑物毗连时，应符合下列要求：电压为 110kV 配电所可通过走廊或套间与火灾危险环境的建筑物相通，通向走廊或套间的门应为难燃烧体的；变电所与火灾危险环境建筑物共用的隔墙应是密实的非燃烧体，管道和沟道穿过墙和楼板处，应采用非燃烧性材料严密堵塞；变压器室的门窗应通向非火灾危险环境。

在易沉积可燃粉尘或可燃纤维的露天环境，设置变压器或配电装置时应采用密闭型的。露天安装的变压器或配电装置的外廓距火灾危险环境建筑物的外墙在 10m 以内时，应符合下列要求：火灾危险环境靠变压器或配电装置一侧的墙应为非燃烧体；在变压器或配电装置高度加 3m 的水平线上，其宽度为变压器或配电装置外廓两侧各加 3m 的墙上，可安装非燃烧体的装有铁丝玻璃的固定窗。

④ 供电中的防爆。按照《爆炸危险环境电力装置设计规范》，对区域爆炸危险等级确定以后，根据不同情况选择相应防爆电器。属于 0 区和 1 区场所都应选用防爆电器，线路应按防爆要求敷设。电气设备的防爆标志是由类型、级别和组别构成。类型是指防爆电器的防爆结构，共分 6 类：防爆安全型（标志 A）、隔爆型（标志 B）、防爆充油型（标志 C）、防爆通风（或充气）型（标志 F）、防爆安全火花型（标志 H）、防爆特殊型（标志 T）。级别和组别是指爆炸及火灾危险物质的分类，按传爆能力分为四级，以 1、2、3、4 表示；按自然温度分为五组，以 a，b，c，d，e 表示。

工程上常用的防爆电机有 AJ02 和 BJ02 防爆隔爆电机，它们在中小功率范围内应用较广，是 J02 电机的派生系列，其功率及安装尺寸与 J02 基本系列完全相同，可以互换。

AJ02 系列为防爆安全型，适用于在正常情况下没有爆炸性混合物的场所。BJ02 系列为隔爆型，适用于正常情况下能周期形成或短期形成爆炸性混合物场所。

在设计中如遇下列情况则危险区域等级要作相应变动，离开危险介质设备在 7.5m 之内的立体空间，对于通风良好的敞开式、半敞开式厂房或露天装置区可降低一级；封闭式厂房中爆炸和火灾危险场所范围由以上条件按建筑空间分隔划分，与其相邻的隔一道有门墙的场所，可降低一级；如果通过走廊或套间隔开两道有门的墙，则可作为无爆炸及火灾危险区。而对坑、地沟因通风不良极易积聚可燃介质区要比所在场所提高一级。

⑤ 建筑的防火防爆。化工生产有易燃、易爆、腐蚀性等特点，因此对化工建筑有某些特殊要求，可参照《建筑设计防火规范》。生产中火灾危险分成甲、乙、丙、丁、戊五类。其中甲、乙两类是有燃烧与爆炸危险的，甲类是生产和使用闪点<28℃的易燃液体或爆炸下限<10%的可燃性气体的生产；乙类是生产和使用闪点在 28~60℃的易燃可燃液体或爆炸下限 10%的可燃气体的生产。一般石油化工厂都属于甲、乙类生产，建筑设计应考虑相应的耐燃与防爆的措施。

建筑物的耐火等级分为一、二、三、四等 4 个等级。耐火等级是根据建筑物的重要性和在使用中火灾危险性确定的。各个建筑构件的耐火极限按其在建筑中的重要性有不同的要求，具体划分以楼板为基准，如钢筋混凝土楼板的耐火极限为 1.5h，称此 1.5h 为该类楼板的一级耐火极限，依次定义，二级为 1.0h，三级为 0.5h，四级为 0.25h。然后再配备楼板以外的构件，并按构件在安全上的重要性分级规定耐火极限，梁比楼板重要，定为 2.0h，柱比梁还重要，定为 2~3h，防火墙则需 4h。

甲、乙类生产采用一、二级的耐火建筑，它们由钢筋混凝土楼盖、屋盖和砌体墙等组成。为了减小火灾时的损失，厂房的层数、防火墙内的占地面积都有限制，依厂房的耐火等级和生产的火灾危险类别而不同。

为了减小爆炸事故对建筑物的破坏作用，建筑设计中的基本措施就是采用泄压和抗爆结构。

12.2.2 防雷设计

按《建筑物防雷设计规范》，工业建筑的防雷等级根据其重要性、使用性质、发生雷电事故的可能性及后果分为三类，针对不同情况采取相应的防雷措施。

第一类防雷等级：凡制造、使用或贮存火炸药及其制品的危险建筑物，因电火花而引起爆炸、爆轰，会造成巨大破坏和人身伤亡者；具有 0 区或 20 区爆炸危险场所的建筑物；具有 1 区或 21 区爆炸危险场所的建筑物，因电火花而引起爆炸，会造成巨大破坏和人身伤亡者。

第二类防雷等级：制造、使用或贮存火炸药及其制品的危险建筑物，且电火花不易引起爆炸或不致造成巨大破坏和人身伤亡者；具有 1 区或 21 区爆炸危险场所的建筑物，且电火花不易引起爆炸或不致造成巨大破坏和人身伤亡者；具有 2 区或 22 区爆炸危险场所的建筑物；有爆炸危险的露天钢质封闭气罐；预计雷击次数大于 0.25 次/a 的住宅、办公楼等一般性民用建筑物或一般性工业建筑物；预计雷击次数大于 0.05 次/a 的其他重要或人员密集的公共建筑物以及火灾危险场所；大型城市的重要给水泵房等特别重要的建筑物；其他国家级重要建筑物。

第三类防雷等级：预计雷击次数大于或等于 0.05 次/a 且小于或等于 0.25 次/a 的住宅、办公楼等一般性民用建筑物或一般性工业建筑物；预计雷击次数大于或等于 0.01 次/a 且小于或等于 0.05 次/a 的人员密集的公共建筑物以及火灾危险场所；在平均雷暴日大于 15d/a 的地区，高度在 15m 及以上的烟囱、水塔等孤立的高耸建筑物；在平均雷暴日小于或等于 15d/a 的地区，高度在 20m 及以上的烟囱、水塔等孤立的高耸建筑物；需加保护的木材加工场所和省级重要建筑物。

12.2.3 环境污染及其治理

化工设计必须依照《化工建设项目环境保护工程设计标准》《石油化工污水处理设计规范》《石油化工噪声控制设计规范》进行设计，使其排放物达到《污水综合排放标准》和《大气污染物综合排放标准》的规定要求。

众所周知，化学工业所涉及的原料、材料、中间产品及最终产品大多数是易燃易爆有毒，有臭味有酸碱性的物质，在它们的贮存运输、使用及生产过程中如不采用得当的防护措施都会造成环境污染。

一个化工生产装置从设计开始，就要在设计中同时考虑如何尽可能减少和控制生产过程所产生的污染物，并且设计对这些污染物加以工程治理的手段，使之减少或完全消除，则是完全必要的。因此，在设计过程应该注意以下几个方面：

① 厂址选择必须全面考虑建设地区的自然环境和社会环境，对其地理位置、地形地貌、地质、水文气象、城乡规划、工农业布局、资源分布、自然保护区及其发展规划等进行调查研究；并在收集建设地区的大气、水体、土壤等环境要素背景资料的基础上，结合拟建项目的性质、规模和排污特征，根据地区环境容量充分进行综合分析论证，优选对环境影响最小的厂址方案。

② 根据“以防为主，防治结合”的原则，污染应尽量消灭在源头。在设计时，就要考虑合理地选择转化率高、技术先进的工艺流程和设备，尽量做到少排或不排废物，把废渣污染物消灭在生产过程中是最理想的处理效果。

③ 化工建设项目的设计必须按国家规定的设计程序进行，严格执行环境影响报告书编审制度和建设项目需要配套建设的环境保护设施与主体工程同时设计、同时施工、同时投

产使用的“三同时”制度。

④ 对老厂进行新建、扩建、改建或技术改造的化工建设项目，应贯彻执行“以新带老”的原则，在严格控制新污染的同时，必须采取措施治理与该项目有关的原有环境污染和生态破坏。

⑤ 化工建设项目的方案设计必须符合经济效益、社会效益和环境效益相统一的原则。对项目进行经济评价、方案比较等可行性研究时，要对环境效益进行充分论证。

⑥ 化工建设项目应当采用能耗物耗小、污染物产生量小的清洁生产工艺，在设计中做到：

a. 采用无毒无害、低毒低害的原料和能源；

b. 采用能够使资源最大限度地转化为产品，污染物排放量最少的新技术、新工艺；

c. 采用无污染或少污染、低噪声、节能降耗的新型设备；

d. 产品结构合理，发展对环境无污染、少污染的新产品；

e. 采用技术先进适用、效率高、经济合理的资源和能源回收利用及“三废”处理设施。

设计人员应按照项目建议书、可行性研究报告、结合工艺专业提出“三废”排放条件，根据环境影响报告书（表）及其批文编写环保设计的编制依据；按照国家（部门）环保设计标准规范，根据建设项目具体情况及厂址区域位置决定“三废”排放应达到的等级、决定经过治理后当地（工厂边界或车间工作场所）应达到的环境质量等级；阐明本工程主要污染源及排放污染物详细情况，并根据这些条件采取相应的环保措施。

第13章

化工设备管理

设备管理是以设备为研究对象，追求设备综合效率，应用一系列理论、方法，通过一系列技术、经济、组织措施，对设备的物质运动和价值运动进行全过程（从规划、设计、选型、购置、安装、验收、使用、保养、维修、改造、更新直至报废）的科学型管理。

对生产设备进行综合管理，做到全面规划、合理配置、择优选择、正确使用、精心维护、科学检修、适时改造和更新，使设备经常处于良好技术状态，达到设备寿命周期费用最经济，综合效能高和适应生产发展需要的目的。

设备全过程管理是指设备一生全过程管理，包括设备引进阶段的前期管理、试生产阶段的初期管理，生产现场的使用管理、维护管理（包括润滑管理）、故障管理、精度管理、维修管理（包括备件管理）、资产管理（包括台账、档案、资料管理）、技术改造管理等内容。

企业生产的主要手段之一是依赖其设备。生产过程有赖于具有技能的人员利用机械设备将原材料转化为市场需要的产品。因此设备是生产经营的要素。尤其是在现代化的生产中，设备日趋复杂化、大型化、自动化、连续化、柔性化、智能化，使得设备成为企业资产的主要成分。如何使企业设备正常运转，降低机械故障，减少事故停车，合理维修等，已成为企业提高生产效率、控制成本、加强市场竞争力的重要课题。

企业设备管理的职责如下：

① 负责企业的设备资产管理，使其保持安全、稳定、正常、高效的运转，以保证生产的需要。

② 负责企业的动力等公用工程系统的运转，保证生产的电力、热力、能源等的需要。

③ 制定设备检修和改造更新计划，制订本企业的设备技术及管理的制度、规程。

④ 负责企业生产设备的维护、检查、监测、分析、维修，合理控制维修费用，保持设备的可靠性，发挥技术效能，产生经济效益。

⑤ 负责企业设备的技术管理。设备是技术的综合实体，需要机械、电气、仪表、自动控制、热工等专业技术的管理与维修。同时还要执行国家部门制定的有关特种设备的安全、

卫生、环保等监察规程、制度。

⑥ 负责企业的固定资产管理，参加对设备的选型、采购、安装、投产、维护、检修、改造、更新的全过程管理。做出经济技术分析评价。

⑦ 管理设备的各类信息，包括设备的图样、资料、故障及检修档案，各类规范和制度，并根据设备的动态变化修改其内容。

13.1 设备管理的基本内容

企业设备管理组织应在以下方面有效地履行自己的职能。

（1）设备的目标管理

作为企业生产经营中的一个重要环节，设备管理工作应根据企业的经营目标来制定本部门的工作目标。企业需要提高生产能力时，设备管理部门就应该通过技术改造、更新、增加设备或强化维修、加班加点等方式满足生产能力提高的需要。对于维修工作来说，其目标就是制定适合企业生产经营目标的设备有效度（或者说设备可利用率）指标，而根据具体的有效度指标又应制定具体的可靠度和维修度指标以保证企业目标的实现。

（2）设备资产的经营管理

设备资产的经营管理包括：对企业所有在册设备进行编号、登记、设卡、建账，做到新增有交接，调用有手续，借出、借（租）入有合同，盈亏有原因，报废有鉴定；对闲置设备通过市场及时进行调剂，一时难以调剂的要封存、保养，减少对资金的占用；做好有关设备资产的各种统计报表；对设备资产要进行定期和不定期的清查核对，保证有账、有卡、有物，账面与实际相符。对设备资产实行有偿使用的企业在搞好资产经营的同时，还要确保设备资产的保值增值。

（3）设备的前期管理

设备的前期管理又称设备规划工程，是指从制定设备规划方案起到设备投产止这一阶段全部活动的管理工作，包括设备的规划决策、外购设备的选型采购和自制设备的设计制造，设备的安装调试和设备使用的初期管理四个环节。其主要内容包括：设备规划方案的调研、制定、论证和决策；设备货源调查及市场情报的搜集、整理与分析；设备投资计划及费用预算的编制与实施程序的确定；自制设备的设计方案的选择和制造；外购设备的选型、订货及合同管理；设备的开箱检查、安装、调试运转、验收与投产使用，设备初期使用的分析、评价和信息反馈等。做好设备的前期管理工作，为进行设备投产后的使用、维修、更新改造等管理工作奠定了基础，创造了条件。

（4）设备的状态管理

设备的状态是指其技术状态，包括性能、精度、运行参数、安全、环保、能耗等所处的状态及其变化情况。设备状态管理的目标就是保证设备的正常运转，包括设备的使用、检查、维护、检修、润滑等方面的管理工作。严格执行日常保养和定期保养制度，确保设备经常保持整齐、清洁、润滑良好、安全经济运行。对所有使用的仪器、仪表和控制装置必须按规定周期进行校验，保证灵敏、准确、可靠。积极推行故障诊断和状态监测技术，按设备状态合理确定检修时间和检验制度。

（5）设备的润滑管理

润滑工作在设备管理中占有重要的地位，是日常维护工作的主要内容。企业应设置专人（大型企业应设置专门机构）对润滑工作进行专责管理。

润滑管理的主要内容是建立各项润滑工作制度，严格执行定人、定质、定量、定点、定期的“五定”制度；编制各种润滑图表及各种润滑材料申请计划，做好换油记录；对主要设备建立润滑卡片，根据油质状态监测换油，逐步实行设备润滑的动态管理；组织好润滑油料保管、废油回收利用等工作。

（6）设备的计划管理

设备的计划管理包括各种维护、修理计划的编制和实施，主要有以下几方面的内容：根据企业生产经营目标和发展规划，编制各种修理计划和更新改造规划并组织实施；制定设备管理工作中的各项流程，明确各级人员在流程实施中的责任；制定有关设备管理的各种定额和指标及相应的统计、考核方法；建立和健全有关设备管理的规章、制度、规程及细则并组织贯彻执行。

（7）设备的备件管理

备件管理工作的主要内容涉及组织好维修用备品、配件的购置、生产、供应。做好备品配件的库存保管，编制备件储备定额，保证备件的经济合理储备。采用新技术、新工艺对旧备件进行修复翻新工作。

（8）设备的财务管理

设备的财务管理主要涉及设备的折旧资金、维修费用、备件资金、更新改造资金等与设备有关的资金的管理。从综合管理的观点来看，设备的财务管理应包括设备全过程的管理，即设备寿命周期费用的管理。

（9）设备的信息管理

设备的信息管理是设备现代化管理的重要内容之一。设备信息管理的目标是在最恰当的时机，以可接受的准确度和合理的费用为设备管理机构提供信息，使企业设备管理的决策和控制及时、正确，使设备系统资源（人员、设备、物资、资金、技术方法等）得以充分利用，保证企业生产经营目标的实现。设备信息管理包括各种数据、定额标准、制度条例、文件资料、图纸档案、技术情报等，大致可分为以下几类：

设备投资规划信息。例如设备更新、改造方案的经济分析，设备投资规划的编制，设备更新改造实施计划的管理，设备订货合同的管理，设备库管理等。

资产和备件信息。例如设备清单，设备资产统计报表，设备折旧计算，设备固定资产创净产值率，备件库存率等。

设备技术状态信息。例如设备有效度，故障停机率，设备事故率，设备完好率等。

修理计划信息。例如大修理计划完成率，大修理质量返修率，万元产值维修费用，单位产品维修费用，维修费用强度，外委维修费用比等。

人员管理信息。例如人均设备固定资产价值，维修人员构成比，维修人员比例，各类设备管理人员名册及各类统计报表等。

（10）设备的节能环保管理

近年来，随着国家对能源及环保问题的重视，企业大都设置了专门的节能及环保机构对节能和环保工作进行综合管理。设备管理部门在对生产及动力设备进行“安全、可靠、经济、合理、环保”管理的同时，还应配合其他职能部门共同做好节能和环保工作，其范围包括：贯彻国家制定的能源及环保方针、政策、法令和法规，积极开展节能及环保工作；制定、整顿、完善本企业的能源消耗及环保排放定额、标准；制定各项能源及环保管理办法及管理制度；推广节能及环保技术，及时对本企业高能耗及高排放的设备进行更新和技术改造。

13.2 设备管理标准化

设备管理标准化工作把设备管理纷繁复杂的内容、工作程序和方法用简练的语言进行了概括和浓缩，用制度把它固定下来，作为设备管理的行动准则。设备管理标准化使企业设备管理工作更加条理化、规范化、标准化，使设备管理工作目标更加明确，重点突出，促进设备管理水平不断提高。

（1）设备管理网络化

所谓“设备管理网络”包含双重意义，一是指“人员网络”，二是指“设备网络”。企业应建立设备管理网络，并统一制作人员网络图和设备网络图，分发到各个作业区，放置在操作和管理的显著位置，时刻提醒相关人员应尽职责。

“人员网络”即在公司范围内建立起设备管理三级网络，由公司总经理等领导负责的公司级网络，由事业部设备副部长或分厂设备首席工程师负责的分厂二级网络，由作业长负责的班组三级网络。

“设备网络”是把公司所有设备按网络人员分管范围进行了分解，包机到人，责任到位，管理到边，设备管理形成了从公司、事业部、分厂的各级设备管理人员，到具体操作维修人员都参与的责任明确的全员性管理。

（2）设备作业流程标准化

对设备点检和检修流程进行分析总结和优化，固化下来使之标准化，并制作成可视化看板置于现场，用于指导和规范员工的过程行为。

设备作业流程标准化主要是分两部分，一是点检流程标准化，二是检修流程标准化。分别对点检的流程进行规范，对检修的流程进行规范。

做法及标准：流程标准化看板，列表分解整个流程每一步的操作内容、操作标准、主要的关注点以及每一步所需要工具准备，并配有每一步标准操作的照片（或图片）。

（3）设备管理标示统一化

① 设备工艺编号管理标示方法

目的：让人一眼就能识别该设备，提高工作效率。

对象：区域内大、中型设备、槽、罐。

标准：在设备、槽、罐显眼的地方标示，用打好的文字（字母）挖空做模喷涂或挂牌，不能手写。

② 仪表显示状态管理标示方法

目的：任何人看见仪表的指针或读数，都能立即判断设备状态正常与否，有利于发现异常及时处理。

对象：各种带指针或读数的仪表。

标准：在仪表指针外的表盘上标红、黄、绿三色，分别为异常、报警、正常三种状态；在仪表读数的旁边标上正常、报警、异常的三种范围，让人一看就能明白。

③ 设备开停机状态管理标示方法

目的：明确设备当前状态（运行/检修），预防安全事故。

对象：常见设备的控制面板，其他需要注意安全的地方。

标准：根据实际制作标识牌，如运行、检修、备用、已接地等；按照设备操作规程的要求，在显眼的地方（如在设备控制面板上），插入或悬挂和设备对应的标识牌；操作室与现场操作台之间切换提醒。

（4）现场设备色标管理

① 能源介质管道色标及管理标示方法

目的：对能源介质管线进行目视化管理，清楚管线内流体性质，预知危险性，预防事故的发生，提高管道维护的效率。

对象：区域内能源介质管道，包括气体和液体管道。

② 设备管网、罐体色标及管理标示方法

目的：对设备管网、罐体进行目视化管理，清楚管网、罐体内流体的性质、预知危险性、预防事故的发生，提高管网、罐体维护的效率。

对象：区域内设备管网、罐体。

③ 设备本体及其他构件色标及管理标示方法

目的：对设备本体进行目视化管理，通过色标对不同设备类别进行区分，对传动部位进行警示，预知危险性，预防事故的发生，并提高设备管理的效率。

对象：区域内设备本体及其他构件。

（5）设备检查鉴定分类化

设备检查是设备管理工作中的一项重要内容。检查效果直接影响着设备运行效果。要做好设备检查工作，必须从内容、形式和力度等方面下功夫。为了把设备运行状况了解清楚，掌握准确，按照设备用途不同将在用生产设备分为十三大类，分别为工业窑炉类、给排水类、炼铁设备类、特种设备类、炼钢设备类、轧钢设备类、电气设备类、动力设备类、高压电气设备类、仪表计量类、土建设施类、计算机设备类、液压设备类。

由装备部各主管工程师对每一类设备制定完好检查鉴定标准，以“设备完好检查情况鉴定表”的形式发放到企业的操作、维修等具体设备责任人手中，让他们对照具体内容及标准定期逐台逐项进行检查或互查，并填好检查记录。

（6）设备巡检岗位化

由企业按照本单位工艺流程制定操作岗位巡检路线图，并确定出巡检点、巡检内容、巡检频次和巡检时间，各单位统一格式上墙在各个操作岗位上。

各岗位操作人员和值班工程师按巡检路线图，定时、定点进行巡检，做好各个巡检点的签到记录，发现问题及时记录反映。这样既能通过巡检发现并解决问题，又有利于对操作人员和值班工程师的工作进行监督，消除安全隐患。

（7）设备操作安全规范化

为提高操作人员的操作技能和规范操作工的操作行为，企业应每年修订和完善“设备操作规程”。同时为规范设备操作，确保操作安全，应每年修订和完善“设备安全操作规程”，修订以上两项规程，统一标准，完善内容。为正确操作设备和安全操作设备提供可靠依据。

企业应每年定期组织操作人员对本岗位所相关的设备操作规程和设备安全操作规程进行培训和考评，以不断提高操作人员的操作技能掌握程度。

（8）设备日修、定修、年修、抢修的责任化

① 设备检修管理是设备全过程管理中的一项重要内容，检修质量好坏直接影响到装置能否正常生产的问题。

② 在设备的日修、定修、年修的项目计划表或工程委托单中明确检修内容和验收标准。对每项检修实行项目负责人责任制，要求做到每项检修项目实施后的施工质量可追溯性。

③ 要求设备 4h 以上的检修要有详细施工方案。设备年修要有详细的年修计划书，规范检修记录，明确各责任人应负的责任，实现设备日修、定修、年修、抢修责任化的目标。

④ 每次定修、抢修、年修结束以后，分厂应组织相关人员召开检修总结会，总结本次检修中得与失，找出存在的问题，追究相关责任人的责任，采取相应的措施，不断地改进和优化。

（9）设备应急预案准确化

设备应急预案是设备在未发生事故前，预先制定的防范应急救助措施。企业都应从可能影响安全、质量或设备重大事故等方面制订相应的设备应急预案。

企业应成立设备应急预案管理小组，定期组织设备应急预案的演练，提高相关人员的应急技能和提升事故处理的能力，并做好相应的演练记录。

企业应每年对设备应急预案进行分析总结和修订，确保实用和准确。

（10）设备管理检查考核规范化

设备考核管理是设备基础管理的一项重要组成部分。企业应在公司制度及装备部的设备管理制度下细化分厂的设备管理制度，并形成汇编。

各厂的设备管理制度经装备部审核后下发到各作业区，组织所有相关人员进行常态化学习，并定期进行设备管理制度的考评，做好相应记录。

分厂设备管理室应定期对分厂的设备管理制度进行检查和梳理，确保制度的执行情况良好，并具有可操作性和必要性。

装备部各工程师每月应对企业进行专业检查和制度检查，对照设备管理制度进行严格考核，从而使各种检查和考核更加规范，有制度可依。

（11）设备事故分析细致化

凡正式投产的设备，在生产过程中造成设备的零件、构件损坏使生产突然中断者，或由于本企业设备原因直接造成能源供应中断，使生产突然停顿者称为设备事故。在生产过程中，设备的零件、构件损坏，或并未损坏，但设备动作不正常，控制失灵需停机检查、

调整，未构成设备事故者为设备故障。设备事故按其设备损坏及影响生产程度分为特大、重大、较大、一般事故和小事故五级。

设备事故和故障发生后，要迅速组织抢修，尽快恢复生产。参加抢修事故的单位和个人都要服从统一指挥，不得互相推诿、扯皮。事故处理要坚持“三不放过”的原则，即事故原因不明，责任不清不放过；事故责任者和有关人员没有真正受到教育不放过；防范措施不落实不放过。要认真总结经验教训，防止事故的重复发生。

小事故由事故所在分厂组织事故分析和处理，一般设备事故由事故所在分厂组织事故分析处理，装备部专业工程师参加；较大设备事故由装备部部长和事故所在分厂一把手主持事故分析会，写出调查报告，提出处理意见；重大或特大事故由公司领导主持调查分析，写出调查报告，提出处理意见，报总经理批准执行。

（12）备件管理标准化

备件计划的申购由点检人员根据设备维修需要、消耗定额指标、库存情况提出维修备件请购计划初稿，再由分厂技术主管按维修备件采购资金指标进行平衡调整、分类汇总后，经分厂厂长审核确认后，提出分厂备件请购计划报审稿，送物管部核对库存后，然后由装备部对计划的必要性、合理性及可执行性进行审核，审核同意后，经主管领导签字，报总经理批准，财务部落实资金后安排订购。

标准件的质量检验一般均以国家或行业标准的检验结果及合格证为准，非标准件的质量检验按分厂和商务部所订合同的技术要求为准。必要时，应在合同条款中明确由制造单位提供检验记录、材质分析、探伤、金相检验报告等，并根据实际需要，分厂和商务部参与过程检验。备件入库的检验以数量及外观为主。对所提供的备件有异议时，进行备件材质等检验。

检验不合格的备件或分厂提出的备件质量异议，由分厂和商务部联合提供检验记录或组织有关人员进行分析，提出分析报告，供订购部门进行商务处理，根据合同双方责任大小，承担各自的责任。备件的质量异议单及处理意见，企业应登记存档，作为对供应商的考评依据。

（13）工程技改（年修）标准化

工程技改项目开工前必须制订详细的施工方案和技术协议，具体由所在分厂、装备部及施工单位共同商讨后签订，作为设备制造、安装、验收的主要技术标准。

按技术协议中的设备制造的质量标准和要求，装备部和分厂相关人员定期到卖方对主要零部件制造中的检查：材质证明、热处理工艺、加工工艺过程及形位公差的控制等相关技术标准的抽查。

关键设备制造出厂前，由装备部和分厂相关技术人员去制造厂进行A检，并出具A检报告，检验合格后方可发货。对水、电、气、液压及润滑安装，分厂各相关工程技术人员，必须严格做到工程安装要求进行全过程控制。装备部工程技术人员定期到现场抽查和指导。

工程结束时、由施工单位向分厂提供书面资料。包括：工程开工报告、主材清单（提供合格证）、竣工图、单位工程质量竣工验收记录、安装过程中的隐蔽工程甲乙双方检查确认单、工程竣工报告等相关文件。

工程项目结束，设备通过试运行一个月（特殊情况除外）分厂和装备部组织相关工程技术人员一起，进行现场检查，按技术协议中的验收标准进行详细验收。

（14）设备状态评价领导责任化

在设备管理中，设备的状态完好评价是一个重要的管理指标。保持设备状态完好，是企业设备管理的第一项主要任务，应当列入厂长任期责任目标。设备状态评价每月进行一次。企业组织专职点检员对设备状态进行评价。由分厂主管工程师审核，设备厂长签字后报装备部。 装备部主管工程师，对各自分管的设备进行状态评价，此评价作为公司设备状态确认的依据。

设备状态评价分为一级（优）、二级（合格）、三级（不合格）三类，其中一级、二级设备为正常设备，三级为不正常设备。凡评价为不正常的设备，装备部主管工程师要及时与相关分厂商讨制定整改计划和措施，消除设备不正常状态，使设备尽快恢复正常。

企业一把手是本单位设备管理的第一责任人，设备状态完好率不达标的单位将对一把手进行考核，促使企业领导都重视本单位设备的完好状况。

13.3 我国的设备管理制度

① 国务院《特种设备安全监察条例　第 549 号》（2003）

② 国家质量监督检验检疫总局《移动式压力容器安全技术监察规程》（2011）

③ 国家质量监督检验检疫总局《固定式压力容器安全技术监察规程》（2016）

④ 国家质量监督检验检疫总局《特种设备行政许可工作程序（试行）》（2008）

⑤ 国家质量监督检验检疫总局《特种设备行政许可实施办法（试行）》（2003）

⑥ 国家质量监督检验检疫总局《特种设备行政许可分级实施范围》（2003）

⑦ 国家质量监督检验检疫总局《锅炉压力容器制造监督管理办法》（2002）

⑧ 国家质量监督检验检疫总局《锅炉压力容器制造许可工作程序》（2003）

⑨ 国家质量监督检验检疫总局《锅炉压力容器制造许可条件》（2003）

⑩ 国家质量监督检验检疫总局《锅炉压力容器产品安全性能监督检验规则》（2003）

⑪ 国家质量监督检验检疫总局《压力容器压力管道设计单位资格许可与管理规则》（2002）

⑫ 国家质量监督检验检疫总局《特种设备生产和充装单位许可规则》（2019）

（1）通用标准

① TSG 21 压力容器安全技术监察规程

② GB/T 20801 压力管道规范　工业管道

③ GB 150.1~GB 150.4 压力容器

④ GB/T 151 热交换器

⑤ HG/T 20580 钢制化工容器设计基础规范

⑥ HG/T 20581 钢制化工容器材料选用规范

⑦ HG/T 20582 钢制化工容器强度计算规范

⑧ HG/T 20583 钢制化工容器结构设计规范
⑨ HG/T 20584 钢制化工容器制造技术规范
⑩ HG/T 20585 钢制低温压力容器技术规范
⑪ NB/T 10558 压力容器涂敷与运输包装
⑫ GB/T 16749 压力容器波形膨胀节
⑬ GB/T 9019 压力容器公称直径
⑭ JB 4732 钢制压力容器分析设计标准
⑮ NB/T 47011 锆制压力容器
⑯ GB 12337 钢制球形储罐
⑰ JB/T 4734 铝制焊接容器
⑱ JB/T 4745 钛制焊接容器
⑲ JB/T 4755 铜制压力容器
⑳ JB/T 4756 镍及镍合金制压力容器
㉑ GB 567 爆破片安全装置
㉒ GB/T 12241 安全阀　一般要求
㉓ GB/T 38599 安全阀与爆破片安全装置的组合
㉔ NB/T 47042《卧式容器》标准释义与算例
（2）塔标准
① NB/T 47041《塔式容器》标准释义与算例
② HG 20652 塔器设计技术规定
③ HG/T 21618 丝网除沫器
④ HG/T 21514~21535 钢制人孔和手孔
⑤ HG/T 21514 钢制人孔和手孔的类型与技术条件
⑥ HG/T 21639 塔顶吊柱（附条文说明）
⑦ NB/T 47017 压力容器视镜
⑧ NB/T 10557 板式塔内件技术规范
（3）压力容器法兰、垫片、紧固件
NB/T 47020~47027 压力容器法兰、垫片、紧固件
（4）钢制管法兰、垫片和紧固件标准
HG/T 20592~20635 钢制管法兰、垫片、紧固件
（5）容器支座标准
① NB/T 47065.1 容器支座　第 1 部分：鞍式支座
② NB/T 47065.2 容器支座　第 2 部分：腿式支座
③ NB/T 47065.3 容器支座　第 3 部分：耳式支座
④ NB/T 47065.4 容器支座　第 4 部分：支承式支座
⑤ NB/T 47065.5 容器支座　第 5 部分：刚性环支座
（6） 压力容器用钢标准
① GB/T 699 优质碳素结构钢
② GB 713 锅炉和压力容器用钢板

③ GB/T 3077 合金结构钢
④ GB/T 20878 不锈钢和耐热钢　牌号及化学成分
⑤ GB 19189 压力容器用调质高强度钢板
⑥ GB/T 24511 承压设备用不锈钢和耐热钢钢板和钢带
⑦ NB/T 47008 承压设备用碳素钢和合金钢锻件
⑧ NB/T 47009 低温承压设备用合金钢锻件
⑨ NB/T 47010 承压设备用不锈钢和耐热钢锻件
⑩ NB/T 47002.1 压力容器用复合板　第 1 部分：不锈钢-钢复合板
⑪ NB/T 47002.2 压力容器用复合板　第 2 部分：镍-钢复合板
⑫ NB/T 47002.3 压力容器用复合板　第 3 部分：钛-钢复合板
⑬ NB/T 47002.4 压力容器用复合板　第 4 部分：铜-钢复合板

（7）接管标准

① GB/T 8163 输送流体用无缝钢管
② GB/T 5310 高压锅炉用无缝钢管
③ GB 9948 石油裂化用无缝钢管
④ GB 6479 高压化肥设备用无缝钢管
⑤ GB 13296 锅炉、热交换器用不锈钢无缝钢管
⑥ GB/T 24593 锅炉和热交换器用奥氏体不锈钢焊接钢管
⑦ GB/T 14976 流体输送用不锈钢无缝钢管
⑧ GB/T 12771 流体输送用不锈钢焊接钢管
⑨ GB/T 21832.1~.2 奥氏体-铁素体型双相不锈钢焊接钢管
⑩ GB/T 21833.1~.2 奥氏体-铁素体型双相不锈钢无缝钢管
⑪ GB 17395 无缝钢管尺寸、外形、重量及允许偏差

（8）补强圈和封头标准

① GB/T 25198 压力容器封头
② JB/T 4736　JB/T 4746 补强圈　钢制压力容器用封头
③ HG/T 21630 补强管

（9）焊接标准

① NB/T 47003.1 钢制焊接常压容器
② NB/T 47014 承压设备焊接工艺评定
③ NB/T 47015 压力容器焊接规程
④ NB/T 47016 承压设备产品焊接试件的力学性能检验

附录

附录 1 物料衡算计算举例

【例 1】 甲醇制造甲醛的反应过程为：

$$CH_3OH + \frac{1}{2}O_2 = HCHO + H_2O$$

反应物及生成物均为气态，若使用 50%的过量空气，且甲醇的转化率为 75%，试计算反应后气体混合物的摩尔组成。

解 画出流程示意图（略）。

基准：1mol CH_3OH 根据反应方程式，

n［O_2（需要）］=0.5mol

n［O_2（输入）］=1.5×0.5=0.75（mol）

n［N_2（输入）］=n［N_2（输出）］=0.75×（79/21）=2.82（mol）

CH_3OH 为限制反应物

反应的 CH_3OH=0.75×1=0.75（mol）

因此

n［HCHO（输出）］=0.75mol

n［CH_3OH（输出）］=1−0.75=0.25（mol）

n［O_2（输出）］=0.75−0.75×0.5=0.375（mol）

n［H_2O（输出）］=0.75mol

计算结果如附表 1-1 所示。

附表 1-1　反应后气体混合物的组成

组分	CH_3OH	HCHO	H_2O	O_2	N_2	总计
物质的量/mol	0.250	0.750	0.750	0.375	2.820	4.945
摩尔分数/%	5.0	15.2	15.2	7.6	57.0	100.0

【例 2】 乙烯直接水合制乙醇过程的物料衡算。

解 （1）流程示意图（附图 1-1）。

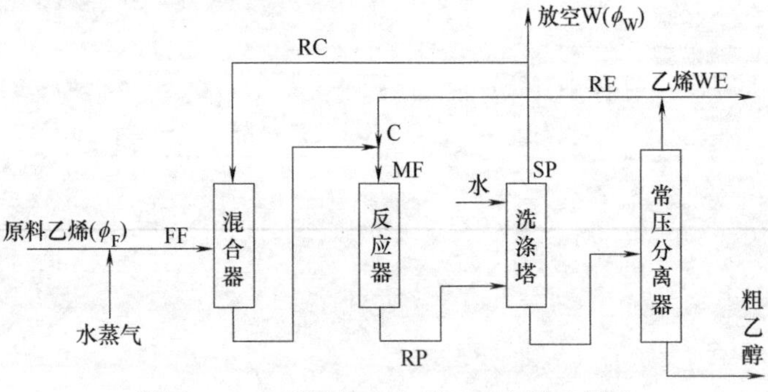

附图 1-1　乙烯直接水合制乙醇流程示意图

（2）乙烯直接水合制乙醇的反应方程式

主反应：

$$C_2H_4+H_2O \longrightarrow C_2H_4OH$$

副反应：

$$2CH_2{=\!=}CH_2+H_2O \longrightarrow (C_2H_5)_2O$$

$$n\,CH_2{=\!=}CH_2 \longrightarrow \text{聚合物}$$

$$CH_2{=\!=}CH_2+H_2O \longrightarrow CH_3CHO+H_2$$

（3）确定计算任务

通过对该系统进行物料衡算，求出循环物流组成、循环量、放空气体量、C_2H_4 总转化率和乙醇的总收率，生成 1t 乙醇的乙烯消耗定额（乙醇水溶液蒸馏时损失乙醇 2%）。

（4）基础数据

原料乙烯组成（体积分数）：乙烯 96%，惰性物 4%。

进入反应器的混合气组成（干基，体积分数）：$C_2H_4$85%，惰性物 13.98%，$H_2$1.02%。

原料乙烯与水蒸气的摩尔比为 1∶0.6。

乙烯单程转化率（摩尔分数）：5%（其中生成乙醇占 95%，生成乙醚、聚合物各占 2%，生成乙醛占 1%）。

洗涤过程中产物气中 C_2H_4 溶解 5%。

常压分离出的乙烯 5%进入循环气体中，95%作别用。

（5）确定计算基准

以 100mol 干燥混合气为计算基准。

（6）展开计算

条件中已经给出进入反应器的混合气体的组成及转化率，所以以反应器为衡算体系，由前向后推算。

① 反应器入口处混合气各组分

C_2H_4 85mol；惰性物 13.98mol；$H_2$1.02mol

② 反应器出口各组分

经过反应器转化的乙烯为 85×5%=4.25（mol）

其中生成乙醇 4.25×95%=4.04（mol）

生成乙醚　　4.25×2%×0.5=0.04（mol）

生成聚合物　4.25×2%=0.085（mol）

生成乙醛　　4.25×1%=0.04（mol）

生成氢气　　4.25×1%=0.04（mol）

出口氢气总量 1.02+0.04=1.06（mol）

未反应的乙烯 85×（1–5%）=80.75（mol）

惰性组分量　13.98mol

③ 洗涤塔出口处（SP）气体各组分量

未溶解的乙烯量　　80.75×95%=76.71（mol）

SP 处气体各组分量　76.71+13.98+1.06=91.75（mol）

SP 处气体组成（摩尔分数）C_2H_4 83.6%；惰性物 15.24%；H_2 1.16%

④ RE 处循环的纯乙烯量（即溶解乙烯的 5%）

溶解乙烯量　　80.75×5%=4.04（mol）

纯乙烯循环量　4.04×5%=0.20（mol）

⑤ WE 处乙烯量 4.04–0.20=3.84（mol）

⑥ RC 处循环气体各组分量

设洗涤塔出口放空气体量为 ϕ_w（mol），新样原料气加入量为 ϕ_F（mol）。则 RC 处循环气体各组分

乙烯　　　$76.71-\phi_w\times83.6\%$

惰性组分　$13.98-\phi_w\times15.24\%$

氢气　　　$1.06-\phi_w\times1.16\%$

结点 C 处平衡　RC+RE+FF=MF

乙烯平衡　$76.71-\phi_w\times83.6\%+0.20+\phi_F\times96\%=85$

惰性组分　$13.98-\phi_w\times15.24\%+\phi_F\times4\%=13.98$

联立解以上两式得 ϕ_w=2.87mol，ϕ_F=10.93mol

W 处放空气体各组分分量　乙烯 2.4mol；惰性组分：0.44mol；氢气：0.03mol

RC 处循环气体各组分量　乙烯 73.41mol；惰性组分：13.54mol；氢气：1.03mol

RC 处循环气体总和为：88.88mol

⑦ 总循环量（RE+RC）88.88+0.20=89.08（mol）

⑧ 加入水蒸气量　　0.6×10.93=6.56（mol）

⑨ 乙烯转化率

原料气中乙烯量　10.93×96%=10.49（mol）

放空乙烯+溶解乙烯的 95%　2.4+3.84=6.24（mol）

乙烯转化率　[（10.49–6.24）/10.49]×100%=40.5%

⑩ 乙醇的总收率　40.5%×95%=38.5%

消耗定额：生产每吨乙醇消耗乙烯量（标准状态）为

［1000/（1–2%）］×（1/46）×（1/38.5%）×（1/96%）×22.4=1344（m^3）

附录 2 热量衡算计算举例

【例 3】某化工厂计划利用废气的废热，进入废热锅炉的废气温度为 450℃，出口废气的温度为 260℃，进入锅炉的水温为 25℃，产生的饱和水蒸气温度为 233.7℃、3.0MPa（绝压），废气的平均摩尔热容为 32.5kJ/（kmol·℃），试计算每 100mol 的废气可产生的水蒸气量?（已知 25℃水的焓为 104.6kJ/kg，233.7℃水蒸气的焓为 2798.9kJ/kg）

解 流程示意图（略）。

计算基准：100mol 的废气。

锅炉的能量平衡为：

废气的热量损失=将水加热以产生水蒸气所获得的热量

即

$$(mC_{P,\mathrm{M}}\Delta t)_{废气}=W(h_g-h_1)$$

其中，W 为所产生的蒸汽的质量，m 为摩尔质量，$C_{P,\mathrm{M}}$ 为废气的平均摩尔热容，t 为温度，h 为焓值。因此

$$100\times32.5\times(450-260)=W(2798.9-104.6)$$

$$W=229\mathrm{kg}$$

100mol 废气所产生的水蒸气质量为 229kg。

【例 4】甲烷气与 20%过量空气混合，在 25℃、0.1MPa 下进入燃烧炉中，若燃烧完全，其产物所能达到的最高温度为多少?

解 流程示意图（略）。

反应方程式为：

$$CH_4+2O_2 \longrightarrow CO_2(g)+2H_2O(g)$$

（1）物料衡算

取 1mol CH_4 为基准，则进料中 O_2 量为：1×2×（1+0.2）=2.4（mol）

进料 N_2 量：2.4×0.79/0.21 = 9.03（mol）

出料中 CO_2 量：1mol

出料中 H_2O 量：2mol

出料中 O_2 量：2.4–2=0.4（mol）

出料中 N_2 量：9.03mol

（2）能量衡算

为计算出口气体的最高温度，设在绝热条件下进行燃烧反应。设基准温度为 25℃，因进料甲烷与空气的温度也为 25℃，所以进料气带入的热量为 0。燃烧反应的反应热，由手册查得生成热如下：

CO_2——393.51kJ/mol；H_2O——241.83kJ/mol；CH_4——74.85kJ/mol

$$\Delta H_r=-393.51+2\times(-241.83)-(-74.85)=-802.32\ (\mathrm{kJ/mol})$$

$$Q_r=-\Delta H_r=802.32\text{kJ}$$

燃烧后气体带走的热量为：

$$Q_2=\sum(n_jC_{P,\ j})\ \Delta T=(C_{P,CO_2}+2C_{P,\ H_2O}+0.4C_{P,\ O_2}+9.03C_{P,\ N_2})\ (T-298)$$

由手册查得 CO_2、H_2O（g）、O_2、N_2 的比热容，并代入上式，得到：

$$Q_2=(343.04+0.13T-27.174\times10^{-8}T^2)(T-298)$$

即 $$(343.04+0.13T-27.174\times10^{-8}T^2)(T-298)=802320$$

用试差法求得最高温度为：

$$T=1900+[(802320-788090)/(841373-788090)]\times100=1927\ (\text{K})$$

附录 3 压力容器常规设计举例

浮头式换热器结构设计与强度计算

设计任务和设计条件

设计浮头式换热器。

筒体公称直径 600mm，壳程设计压力 2.5MPa，壳程设计温度 400℃，管程设计压力 2.5MPa，换热管规格 Φ25mm×2.5mm，换热管长度 6m，管程为 4 程，管程设计温度 100℃，壳程为 1 程，计算传热面积 86.9m^2。

在确定换热器的换热面积后，应进行换热器主体结构以及零部件的设计和强度计算，主要包括壳体和封头的厚度计算、材料的选择、管板厚度的计算、浮头盖和浮头法兰厚度的计算、开孔补强计算，还有主要构件的设计（如管箱、壳体、折流板、拉杆等）和主要连接（包括管板与管箱的连接、管子与管板的连接、壳体与管板的连接等），具体计算如下。

1 壳体与管箱厚度的确定

根据给定的流体的进出口温度，选择设计温度为 400℃；设计压力为 2.5MPa。

1.1 壳体和管箱材料的选择

由于所设计的换热器属于常规容器，并且在工厂中多采用低碳低合金钢制造，故在此综合成本、使用条件等的考虑，选择 16MnR 为壳体与管箱的材料。

16MnR 是低碳低合金钢，具有优良的综合力学性能和制造工艺性能，其强度、韧性、耐腐蚀性、低温和高温性能均优于相同含碳量的碳素钢，同时采用低合金钢可以减少容器的厚度，减轻重量，节约钢材。

1.2 圆筒壳体厚度的计算

焊接方式：选为双面焊对接接头，100%无损探伤，故焊接系数 Φ=1；根据 GB 713—2014《锅炉和压力容器用钢板》和 GB 3531《低温压力容器用钢板》规定可知对 16MnR 钢

板其 C_1=0；C_2=2mm。

假设材料的许用应力 [σ]^t=125MPa（厚度为 6~16mm 时），壳体计算厚度按下式计算为：

$$\delta = \frac{P_c D_i}{2[\sigma]^t \Phi - P_c} = \frac{2.5\times600}{2\times125\times1-2.5} = 6.1(\text{mm})$$

设计厚度 $\delta_d = \delta + C_2 = 6.1 + 2 = 8.1(\text{mm})$；

名义厚度 $\delta_n = \delta_d + C_1 + \Delta = 8.1 + 0 + \Delta = 10(\text{mm})$（其中 Δ 为向上圆整量）；

查其最小厚度为 8mm，则此时厚度满足要求，且经检查，[σ]^{t}没有变化，故合适。

1.3 管箱厚度计算

管箱由两部分组成：短节与封头；且由于前端管箱与后端管箱的形式不同，故此时将前端管箱和后端管箱的厚度分开计算。

1.3.1 前端管箱厚度计算

前端管箱为椭圆形管箱，这是因为椭圆形封头的应力分布比较均匀，且其深度较半球形封头小得多，易于冲压成形。

此时选用标准椭圆形封头，故 K=1，且同上 C_1=0；C_2=2mm，则封头计算厚度为：

$$\delta_h = \frac{KP_c D_i}{2[\sigma]^t \Phi - 0.5P_c} = \frac{1\times2.5\times600}{2\times125\times1-0.5\times2.5} = 6.03\text{（mm）}$$

设计厚度 $\delta_{dh} = \delta_h + C_2 = 6.03 + 2 = 8.03$（mm）；

名义厚度 $\delta_{nh} = \delta_{dh} + C_1 + \Delta = 8.03 + 0 + \Delta = 10$（mm）（$\Delta$ 为向上圆整量）；

经检查，$[\sigma]^t$ 没有变化，故合适。查 GB/T 25198—2010《压力容器封头》可得封头的型号参数见附表 3-1。

附表 3-1　DN600 标准椭圆形封头参数

DN/mm	总深度 H/mm	内表面积 A/m^2	容积/m^3	封头质量/kg
600	175	0.4374	0.0353	34.6

短节部分的厚度同封头处厚度，为 10mm。

1.3.2 后端管箱厚度计算

由于是浮头式换热器设计，因此其后端管箱是浮头管箱，又可称外头盖。外头盖的内直径为 700mm，这可在后面“11.1 浮头盖的设计计算”部分看到。

选用标准椭圆形封头，故 K=1，且同上 C_1=0；C_2=2mm，则计算厚度为：

$$\delta_h' = \frac{KP_c D_i}{2[\sigma]^t \Phi - 0.5P_c} = \frac{1\times2.5\times700}{2\times125\times1-0.5\times2.5} = 7.04\text{（mm）}$$

设计厚度 $\delta_{dh}' = \delta_h + C_2 = 7.04 + 2 = 9.04$（mm）；

名义厚度 $\delta_{nh}' = \delta_{dh}' + C_1 + \Delta = 9.04 + 0 + \Delta = 10$（mm）（$\Delta$ 为向上圆整量）；

经检查，[σ]^{t}没有变化，故合适。查 GB/T 25198—2010《压力容器封头》可得封头的型号参数见附表 3-2。

附表 3-2　DN700 标准椭圆形封头参数

DN/mm	总深度 H/mm	内表面积 A/m^2	容积/m^3	封头质量/kg
700	200	0.5861	0.0545	41.3

短节部分的厚度同封头处厚度，为 10mm。

2　开孔补强计算

在该台浮头式换热器上，壳程流体的进出管口在壳体上，管程流体则从前端管箱进入，而后端管箱上则有排污口和排气口，因此不可避免地要在换热器上开孔。开孔之后，除削弱器壁的强度外，在壳体和接管的连接处，因结构的连接性被破坏，会产生很高的局部应力，会给换热器的安全操作带来隐患。因此应进行开孔补强的计算。

由于管程与壳程出入口公称直径均为 150mm，按照厚度系列，可选接管的规格为 Φ159mm×8mm，接管的材料选为 20 号钢。

2.1　壳体上开孔补强计算

2.1.1　补强及补强方法判别

① 补强判别：根据 GB 150 表 8-1，允许不另行补强的最大接管外径是 Φ89mm，本开孔外径为 159mm，因此需要另行考虑其补强。

② 开孔直径 $d = d_i + 2C_2 = 150 + 2\times2 = 154$（mm）$< \dfrac{D_i}{2} = 300$（mm），满足等面积法开孔补强计算的适用条件，故可用等面积法进行开孔补强计算。

2.1.2　开孔所需补强面积计算

设计温度下接管材料的许用应力 $[\sigma]_t^t$ =86MPa；

强度削弱系数 $f_r = \dfrac{[\sigma]_t^t}{[\sigma]^t} = \dfrac{86}{125} = 0.688$；

可选接管的规格为 ϕ159mm×8mm，δ_{nt} 为接管名义厚度，mm；

接管有效厚度 $\delta_{et} = \delta_{nt} - C = 8 - 2 = 6$（mm）；

开孔所需补强面积按下式计算：

$$A = d\delta + 2\delta\delta_{et}(1 - f_r)$$
$$= 154\times6.1 + 2\times6.1\times6\times（1–0.688）= 962.2\left(mm^2\right)$$

2.1.3　有效补强范围

① 有效宽度 B

$$B = \max\begin{Bmatrix} 2d = 2\times154 = 308(mm) \\ d + 2\delta_n + 2\delta_{nt} = 154 + 2\times10 + 2\times8 = 190(mm) \end{Bmatrix} = 308（mm）$$

② 有效高度

a. 外侧有效高度 h_1 为：$h_1=\min\begin{cases}\sqrt{d\delta_{nt}}=\sqrt{154\times8}=35.1(\text{mm})\\ \text{实际外伸长度}=200\text{mm}\end{cases}=35.1$（mm）；

b. 内侧有效高度 h_2 为：$h_2=\min\begin{cases}\sqrt{d\delta_{nt}}=\sqrt{154\times8}=35.1(\text{mm})\\ \text{实际内伸长度}=0\text{mm}\end{cases}=0$（mm）。

2.1.4 有效补强面积

① 壳体多余金属面积

壳体有效厚度：$\delta_e=\delta_n-C_2=10-2=8$（mm）；

则多余的金属面积 A_1 为：

$$A_1=(B-d)(\delta_e-\delta)-2\delta_{et}(\delta_e-\delta)(1-f_r)$$

$$=(308-154)\times(8-6.1)-2\times6\times(8-6.1)\times(1-0.688)=285.5\text{（mm）}$$

② 接管多余金属面积

接管计算厚度：$\delta_{nt}=\dfrac{P_c d_i}{2[\sigma]_t^t\Phi-P_c}=\dfrac{2.5\times150}{2\times86\times1-2.5}=2.2$（mm）；

接管多余金属面积 A_2：

$$A_2=A_{2h}=2h_1(\delta_{et}-\delta)f_r+2h_2(\delta_{et}-C_2)f_r=2\times35.1\times(6-2.2)\times0.688+0=183.53\text{（mm}^2\text{）}$$

③ 接管区焊缝面积（焊脚取为 6mm）：$A_3=2\times\dfrac{1}{2}\times6\times6=36$（mm）；

④ 有效补强面积：$A_e=A_1+A_2+A_3=285.5+183.53+36=505.03$（mm）。

2.1.5 另需补强面积

$$A_4=A-(A_1+A_2+A_3)=962.2-505.03=457.17\text{（mm}^2\text{）}$$

拟采用补强圈补强。根据接管公称直径 DN150，参照 JB/T 4736—2002 补强圈标准选取补强圈的外径 D_2=300mm，内径 D_1=164mm（选用 E 型坡口）。因为 B=308>D_2，则补强圈在有效补强范围内。

补强圈的厚度为：

$$\delta'=\frac{A_4}{D_2-D_1}=\frac{457.17}{300-164}=3.29\text{（mm）}$$

考虑钢板负偏差并经圆整，取壳体和管箱上补强圈的名义厚度为 6mm，即 $\delta_n'=6$mm 。

2.2 前端管箱开孔补强计算

前端管箱开孔补强计算与壳体上开孔补强计算过程相同，因此再次省略。

结论：考虑钢板负偏差并经圆整，取壳体和管箱上补强圈的名义厚度为 6mm，即 $\delta_{hn}'=6$mm 。

2.3 外头盖开孔补强计算

外头盖上的排污口与排气口接管材料也为 20 号钢，选用规格为 Φ32mm × 8mm，主要是通过采用厚壁接管进行补强。可以达到补强目的。过程略。

3 水压试验

设试验温度为常温，在试验温度下筒体材料的许用应力$[\sigma]$=170MPa，则有

$$P_{\mathrm{T}}=1.25P\frac{[\sigma]}{[\sigma]^{t}}=1.25\times2.5\times\frac{170}{125}=4.25\text{（MPa）}$$

则校核水压试验时圆筒的薄膜压力σ_{T}：

$$\sigma_{\mathrm{T}}=\frac{P_{\mathrm{T}}(D_{\mathrm{i}}+\delta_{\mathrm{e}})}{2\delta_{\mathrm{e}}}=\frac{4.25\times(600+8)}{8\times2}=161.5<0.9\phi\sigma_{\mathrm{s}}=0.9\times1\times345=310.5$$

壳体材料在试验温度下的屈服强度$\sigma_{\mathrm{s}}=345\mathrm{MPa}$。

4 换热管

换热管的规格为$\Phi25\mathrm{mm}\times2.5\mathrm{mm}$，材料选为 20 号钢，故设计温度下换热管材料的许用应力$[\sigma]_{\mathrm{t}}^{t}$=86MPa，设计温度下换热管材料的屈服强度$\sigma_{\mathrm{s}}^{t}=245\mathrm{MPa}$。

4.1 换热管的排列方式

换热管在管板上的排列有正三角形排列、正方形排列和正方形错列三种排列方式。各种排列方式都有其各自的特点（附图 3-1）：（a）正三角形排列：排列紧凑，管外流体湍流程度高；（b）正方形排列：易清洗，但给热效果较差；（c）正方形错列：可以提高给热系数。

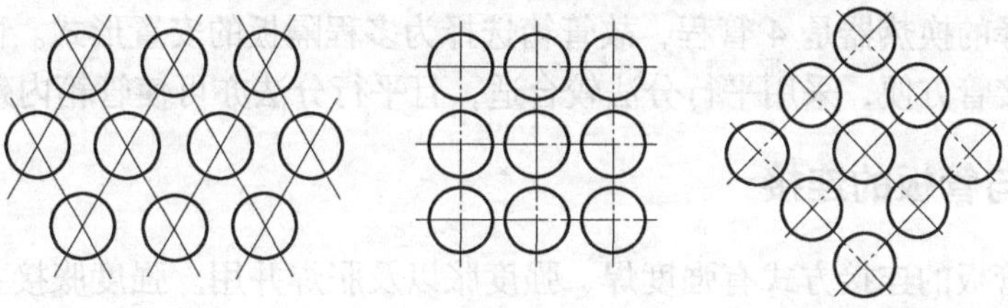

(a) 正三角形排列　　(b) 正方形排列　　(c) 正方形错列

附图 3-1　换热管排列

在此，选择正方形排列，主要是考虑这种排列便于进行机械清洗。

查 GB/T 151—2014 可知，换热管的中心距 S=32mm，分程隔板槽两侧相邻管的中心距为 44mm；同时，由于换热管管间需要进行机械清洗，故相邻两管间的净空距离（S–d）不宜小于 6mm。

4.2 布管限定圆 D_{L}

布管限定圆 D_{L} 为管束最外层换热管中心圆直径，其由下式确定：

$$D_{\mathrm{L}}=D_{\mathrm{i}}-(b_1+b_2+b)$$

查 GB/T 151—2014 可知，b=5，b_1=3，b_n=12，故 b_2=b_n+1.5=13.5，则

$$D_{\mathrm{L}}=600-(3+5+13.5)=578.5\text{（mm）}$$

4.3 排管

排管时须注意：拉杆应尽量均匀布置在管束的外边缘，在靠近折流板缺边位置处布置拉杆，其间距小于或等于 700mm。拉杆中心至折流板缺边的距离应尽量控制在换热管中心距的 $0.5\sqrt{3}$~$1.5\sqrt{3}$ 范围内。

多管程换热器其各程管数应尽量相等，其相对误差应控制在 10%以内，最大不能超过 20%。

相对误差计算：$\Delta N = \dfrac{N_{cp} - N_{\min(\max)}}{N_{cp}} \times 100\%$；

其中：N_{cp} 为各程的平均管数；$N_{\min(\max)}$ 为各程中最小或最大的管数。

实际排管如下所示：

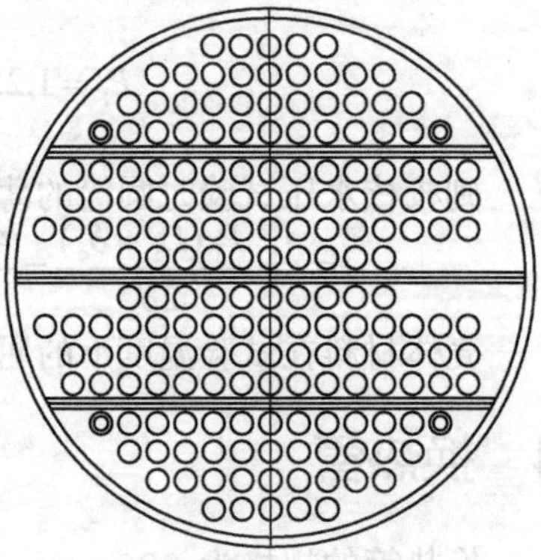

附图 3-2 布管图

由附图 3-2 可知，经过实际排管后发现，每个管程的布管数目分别是 38，56，56，38，而各管程的平均管数为 47，因此可知各程管数的相对误差是：

$$\Delta N = \frac{N_{cp} - N_{\min(\max)}}{N_{cp}} \times 100\% = \frac{47-38}{47} \times 100\% = \frac{56-47}{47} \times 100\% = 19\% < 20\%$$

4.4 换热管束的分程

在这里首先要提到管箱。管箱作用是把从管道输送来的流体均匀地分布到换热管和把管内流体汇集在一起送出换热器，在多管程换热器中管箱还起改变流体流向的作用。

由于所选择的换热器是 4 管程，故管箱选择为多程隔板的安置形式。而对于换热管束的分程，为了接管方便，采用平行分法较合适，且平行分法亦可使管箱内残液放尽。

4.5 换热管与管板的连接

换热管与管板的连接方式有强度焊、强度胀以及胀焊并用。强度胀接主要适用于设计压力小≤4.0MPa；设计温度≤300℃；操作中无剧烈振动、无过大的温度波动及无明显应力腐蚀等场合。除了有较大振动及有缝隙腐蚀的场合，强度焊接只要材料可焊性好，它可用于其他任何场合。胀焊并用主要用于密封性能要求较高；承受振动和疲劳载荷；有缝隙腐蚀；需采用复合管板等的场合。在此，根据设计压力、设计温度及操作状况选择换热管与管板的连接方式为强度焊。这是因为强度焊加工简单、焊接结构强度高、抗拉脱力强，在高温高压下也能保证连接处的密封性能和抗拉脱能力。

5 管板设计

管板是管壳式换热器最重要的零部件之一，用来排布换热管，将管程和壳程的流体分隔开来，避免冷、热流体混合，并同时受管程、壳程压力和温度的作用。由于流体只具有轻微的腐蚀性，故采用工程上常用的 16MnR 整体管板。

5.1 管板与壳体的连接

由于浮头式换热器要求管束能够方便地从壳体中抽出进行清洗和维修，因而换热器固定端的管板采用可拆式连接方式，即把管板利用垫片夹持在壳体法兰与管箱法兰之间。

5.2 管板计算

5.2.1 管板名义厚度计算

管板分程处的面积：

$$A_d = 2A_d' + A_d'' = 2\times13\times32\times（44-32）+10\times13\times32\times（44-32）-59904（mm^2）$$

管板布管区的面积：$A_t = 188\times32^2 + 59904 = 252416（mm^2）$

布管区内开孔后面积：$A_1 = 252416 - 188\times\dfrac{3.14\times25^2}{4} = 160178.5（mm^2）$

1 根换热管管壁金属的横截面积：

$$a = \frac{\pi}{4}\left(d_o^2 - d_i^2\right) = \frac{3.14}{4}\times\left(25^2 - 20^2\right) = 176.625（mm^2）$$

$$na = 188\times176.625 = 33205.5（mm^2）$$

$$\beta = \frac{33205.5}{160178.5} = 0.207$$

管板布管区当量直径：$D_t = \sqrt{\dfrac{4\times252416}{3.14}} = 567.05（mm）$

$$\rho_t = \frac{D_t}{D_G}\frac{567.05}{649} = 0.87；\quad \frac{1}{\rho_t} = 1.15$$

D_G为法兰垫片压紧力作用中心圆直径，其值为 649mm。

查 GB 150 可知 $E_t = 1.62\times10^5 MPa$，$E_p = 1.58\times10^5 MPa$

则管束模数：$K_t = \dfrac{E_t na}{LD_t} = \dfrac{1.62\times10^5\times33205.5}{5897\times567.05} = 1608.69（MPa）$

$$L=L_0-2\delta_n-2\times（管端伸出长度）=6000-2\times50-2\times1.5=5897（mm）$$

式中，L 为换热管的有效长度；L_0 为换热管总长度，取 6m；由于管板厚度尚未计算出，暂估管板厚度为 δ_n=50mm 进行试算，待管板厚度算出再用有效长度核算，管端伸出长度取 1.5mm。

管束无量纲刚度：$\tilde{K}_t = \dfrac{K_t}{\eta E_p} = \dfrac{1608.97}{0.4\times1.58\times10^5}$=0.02546；$\tilde{K}_t^{1/3}$=0.3

η 为管板刚度削弱系数，除非另有所指，一般取 0.4。

换热管稳定许用应力 $[\sigma]_{cr}^t$ 的计算如下：

系数：$C_r=\pi\sqrt{\dfrac{2E_t}{\sigma_s^t}}=3.14\times\sqrt{\dfrac{2\times1.62\times10^5}{245}} = 114.2$

换热管回转半径：$i = 0.25\sqrt{d^2 + (d-2\delta_{nt})^2} = 0.25\times\sqrt{25^2 + (25-2\times2.5)^2} = 8.0$（mm）

δ_{nt} 为换热管壁厚。

取折流板间距 l_b=300mm，则换热管受压失稳当量长度 $l_{cr}=2l_b$=600mm，查 GB/T 151—2014 可知

$$l_{cr}/i=600/8=75<C_r, [\sigma]_{cr}^t=\frac{\sigma_s^t}{2}\left(1-\frac{l_{cr}/i}{2C_r}\right)=\frac{245}{2}\times\left(1-\frac{75}{2\times114.2}\right)=82.3\text{MPa}<[\sigma]_t^t=86\text{MPa}$$

由于此时不能保证 p_s 与 p_t 在任何时候都同时作用，则取管板计算压力 p_d=2.5MPa，故

无量纲压力：$\tilde{P}_a=\dfrac{p_d}{1.5\mu[\sigma]_t^t}=\dfrac{2.5}{1.5\times0.4\times86}=0.048$，故 $\tilde{P}_a^{1/2}=0.22$；

根据 $\tilde{K}^{1/3}/\tilde{P}_a^{1/2}=0.3/0.22=1.36$，和 $1/\rho_t=1.15$

查 GB/T 151—2014 可知 C=0.48，G_{we}=2.06，则管板计算厚度为：

$$\delta=CD_t\sqrt{\tilde{P}_a}=0.48\times567.05\times\sqrt{0.048}=59.6\text{（mm）}$$

管板的名义厚度应不小于下列三部分之和，即

$$\begin{aligned}\delta_n&=\left[\max(\delta,\delta_{\min})+\max(C_s,h_1)+\max(C_t,h_2)\right]\text{圆整}\\&=\left[\max(61.8,25)+\max(2,0)+\max(2,4)\right]\text{圆整}\\&=\left[59.6+2+4\right]\text{圆整}=66(\text{mm})\end{aligned}$$

式中，管板最小厚度 $\delta_{\min}$=25mm；C_s 为壳程的腐蚀裕量，取 2mm；C_t 为管程的腐蚀裕量，其值 2mm；而 h_1 是指壳程侧管板结构槽深，为 0；h_2 是指管程隔板槽深，为 4mm。

此时应根据得到的管板名义厚度，重复以上步骤，使得管子有效长度对应于管板厚度。

$L=L_0-2\delta_n-2\times$（管端伸出长度）=6000−2×66−2×1.5=5865（mm）

$$K_t=\frac{E_t na}{LD_t}=\frac{1.62\times10^5\times33205.5}{5865\times567.05}=1617.47\text{（MPa）}$$

$$\tilde{K}_t=\frac{K_t}{\eta E_p}=\frac{1617.47}{0.4\times1.58\times10^5}=0.0316$$

故 $\tilde{K}^{1/3}/\tilde{P}_a^{1/2}=0.0316^{1/3}/0.048^{1/2}=1.44$，$1/\rho_t=1.15$

查图可知 C=0.46，G_{we}=2.41，则

$$\delta=CD_t\sqrt{\tilde{P}_a}=0.46\times567.05\times\sqrt{0.048}=57.15(\text{mm})$$

$$\delta_n=\left[57.15+2+4\right]\text{圆整}=64(\text{mm})$$

最后取管板厚度为 64mm。

5.2.2 换热管的轴向应力

在一般情况下，应按下列三种工况分别计算：

① 壳程设计压力 p_s=2.5MPa，管程设计压力 p_t=0：

$$p_c=p_s-p_t(1+\beta)=p_s=2.5\text{MPa}$$

$$\begin{aligned}\sigma_t&=\frac{1}{\beta}\left[p_c-(p_s-p_t)\frac{A_t}{A_1}G_{we}\right]\\&=\frac{1}{0.207}\left(2.5-2.5\times\frac{252416}{160178.5}\times2.41\right)\\&=-33.79(\text{MPa})\end{aligned}$$

明显地，$|\sigma_t|<|\sigma|_{cr}$；

② 管程设计压力 p_t=2.5MPa，壳程设计压力 p_s=0：

$$p_c = p_s - p_t(1+\beta) = 0 - 2.5\times(1+0.207) = -3.02\ (\text{MPa})$$

$$\sigma_t = \frac{1}{\beta}\left[p_c - (p_s - p_t)\frac{A_t}{A_l}G_{we}\right]$$

$$= \frac{1}{0.207}\left(-3.02 + 2.5\times\frac{252416}{160178.5}\times 2.41\right)$$

$$= 31.28(\text{MPa})$$

明显地，$\sigma_t<[\sigma]_t^t=86\text{MPa}$；

③ 壳程设计压力 p_s 与管程设计压力 p_t 同时作用：

$$p_c = p_s - p_t(1+\beta) = 2.5 - 2.5\times(1+0.207) = -0.52\ (\text{MPa})$$

$$\sigma_t = \frac{1}{\beta}\left[p_c - (p_s - p_t)\frac{A_t}{A_l}G_{we}\right]$$

$$= \frac{1}{0.207}\times(-0.52)$$

$$= -2.51(\text{MPa})$$

明显地，$|\sigma_t|<|\sigma|_{cr}$。

由以上三种情况可知，换热管的轴向应力符合要求。

5.2.3 换热管与管板连接拉脱力

$$q = \left|\frac{\sigma_t a}{\pi d l}\right| = \left|\frac{33.79\times 176.625}{3.14\times 25\times 3.5}\right| = 21.72(\text{MPa})$$

式中，$l=l_1+l_3$=1.5+2=3.5（mm）；l_1 为换热管最小伸出长度，查 GB/T 151—2014 可知 l_1=1.5mm；l_3 为最小坡口深度，l_3=2mm。

许用拉脱力 $[q]=0.5[\sigma]_t^t=0.5\times 86=43(\text{MPa})$；明显地，$q<[q]$，合格。

5.3 管板重量计算

管板有固定管板以及活动管板，两者的重量计算分别如下所示。

5.3.1 固定管板重量计算

固定管板尺寸如附图 3-3。

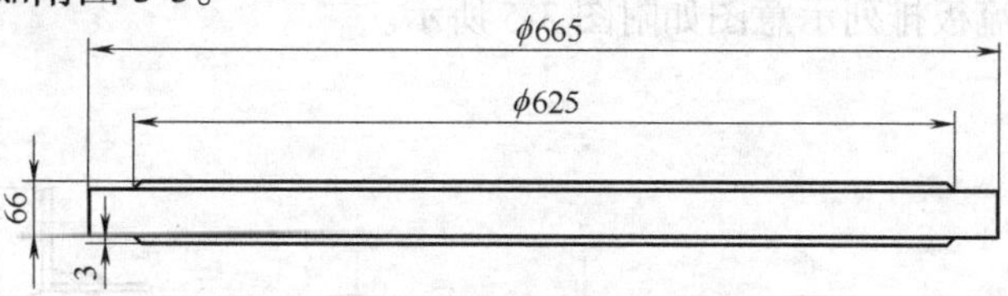

附图 3-3 固定管板尺寸图

$$Q_1 = \frac{\pi}{4}\times\left[625^2\times 3\times 2 + 665^2\times(66-3\times 2)\right]\times 7850\times 10^{-9}$$

$$= \frac{3.14}{4}\times 2.89\times 10^7\times 7850\times 10^{-9} = 178(\text{kg})$$

5.3.2 活动管板重量计算

活动管板尺寸如附图 3-4。

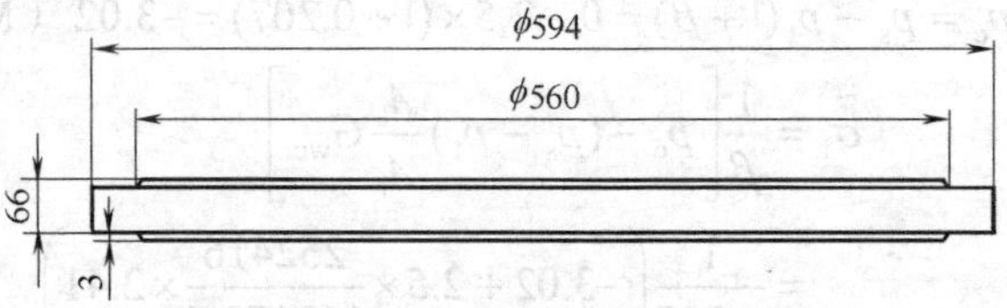

附图 3-4 活动管板尺寸图

$$Q_2=\frac{\pi}{4}\times\left[560^2\times3\times2+594^2\times(66-3\times2)\right]\times7850\times10^{-9}$$

$$=\frac{3.14}{4}\times2.31\times10^7\times7850\times10^{-9}=142(\mathrm{kg})$$

6 折流板

设置折流板的目的是为了提高壳程流体的流速，增加湍动程度，并使管程流体垂直冲刷管束，以改善传热，增大壳程流体的传热系数，同时减少结垢，而且在卧式换热器中还起支撑管束的作用。常见的折流板形式为弓形和圆盘-圆环形两种，其中弓形折流板有单弓形、双弓形和三弓形三种，但是工程上使用较多的是单弓形折流板。

在浮头式换热器中，其浮头端宜设置加厚环板的支持板。

6.1 折流板的形式和尺寸

此时两端选用环形折流板，中间选用单弓形折流板，上下方向排列，这样可造成液体的剧烈扰动，增大传热系数。

为方便选材，可选折流板的材料为 16MnR，由前可知，弓形缺口高度为 h_a=150mm，折流板间距为 300mm，数量为 19 块，查 GB/T 151—2014 可知折流板的最小厚度为 5mm，故此时可选其厚度为 6mm。同时查 GB/T 151—2014 可知折流板名义外直径为 DN−4.5=600−4.5=595.5（mm）。

6.2 折流板排列

该台换热器折流板排列示意图如附图 3-5 所示。

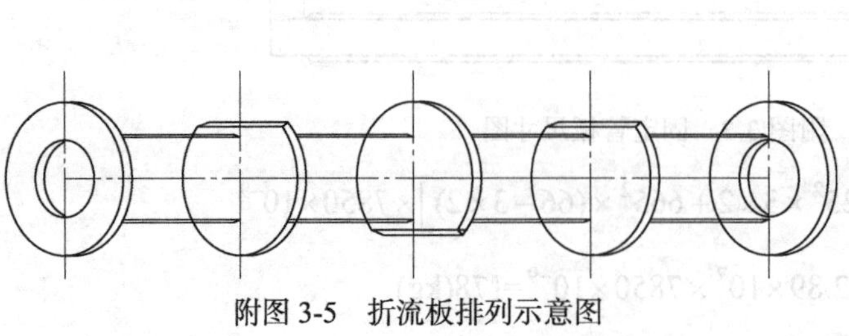

附图 3-5 折流板排列示意图

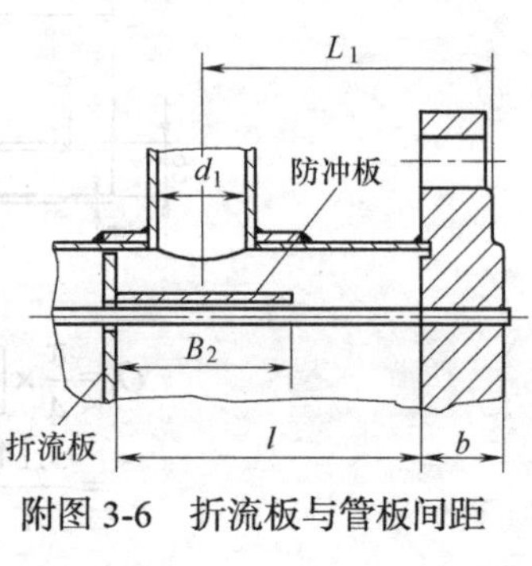

附图 3-6 折流板与管板间距

6.3 折流板的布置

一般应使管束两端的折流板尽可能靠近壳程进、出口管，其余折流板按等距离布置。靠近管板的折流板与管板间的距离 l 应按下式计算（附图 3-6）：

$$l=\left(L_1+\frac{B_2}{2}\right)-(b-4)=\left(283+\frac{159-2\times8}{2}\right)-(66-4)=292.5\ (\text{mm})$$

其中，L_1 壳程接管位置的最小尺寸，取 283mm，计算过程见 14；b 管板的名义厚度，为 66mm；B_2 为防冲板长度，若无防冲板时，B_2 应为接管的内径，mm。壳程入口接管取 ϕ159mm×8mm。

6.4 折流板重量计算

计算过程如下：

$h_a/D_a=150/595.5=0.252$，折流板弓形缺口高度为 h_a=150mm，查得 C=0.15528；

$$A_f=D_a^2C=595.5^2\times0.15528=55065.4(\text{mm}^2)$$

$$Q=\left[\left(\frac{\pi}{4}D_a^2-A_f\right)-\left(\frac{\pi}{4}d_1^2n_1+\frac{\pi}{4}d_2^2n_2\right)\right]\delta\gamma$$

$$=\left[\left(\frac{3.14}{4}\times595.5^2-55065.4\right)-\left(\frac{3.14}{4}\times25^2\times188+\frac{3.14}{4}\times16^2\times4\right)\right]\times6\times7850\times10^{-9}=6.14\ (\text{kg})$$

7 拉杆与定距管

7.1 拉杆的结构形式

常用拉杆的形式有两种：

① 拉杆定距管结构，适用于换热管外径大于或等于 19mm 的管束，$l_2>L_a$（L_a 按 GB/T 151—2014 表 45 规定）。

② 拉杆与折流板点焊结构，适用于换热管外径小于或等于 14mm 的管束，$l_1\geqslant d$。

当管板比较薄时，也可采用其他的连接结构。由于此时换热管的外径为 25mm，因此选用拉杆定距管结构。

7.2 拉杆的直径、数量及布置

其具体尺寸如附图 3-7、附表 3-3 所示。

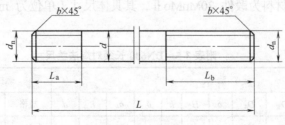

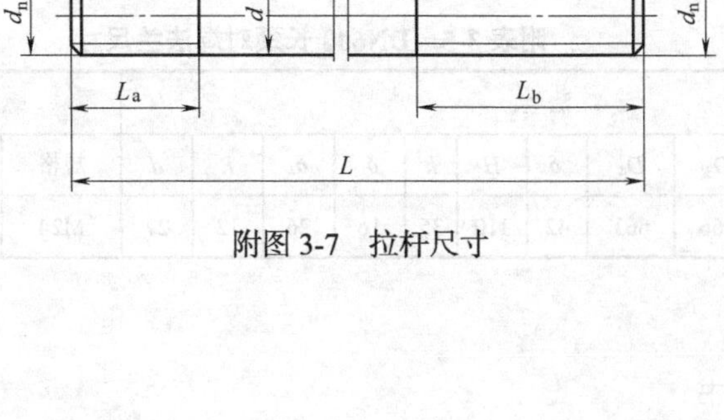

附图 3-7 拉杆尺寸

附表 3-3　拉杆的参数

拉杆的直径 d/mm	拉杆螺纹公称直径 d_n/mm	L_a/mm	L_b/mm	b/mm	拉杆的数量
16	16	20	≥60	2	4

其中拉杆的长度 L 按需要确定。

拉杆应尽量均匀布置在管束的外边缘。若对于大直径的换热器，在布管区内或靠近折流板缺口处应布置适当数量的拉杆，任何折流板应不少于 3 个支承点。

7.3　定距管

定距管规格同换热管，其长度按实际需要确定。

8　防冲板

由于壳程流体的 $\rho v^2=918\times0.178^2=29.1\left[\text{kg}/(\text{m}\cdot\text{s}^2)\right]<740\text{kg}/(\text{m}\cdot\text{s}^2)$，管程换热管流体的流速<3m/s，因此在本台换热器的壳程与管程都不需要设置防冲板。

9　保温层

根据设计温度选保温层材料为脲甲醛泡沫塑料，其物性参数如附表 3-4 所示。

附表 3-4　保温层物性参数

密度/（kg/m^3）	热导率/［kcal/（m·h·℃）］	吸水率	抗压强度/（kg/m^3）	适用温度/℃
13 ~ 20	0.0119 ~ 0.026	12%	0.25 ~ 0.5	−190~500

注：1cal=4.1868J。

10　法兰与垫片

换热器中的法兰包括管箱法兰、壳体法兰、外头盖法兰、外头盖侧法兰、浮头盖法兰以及接管法兰，另浮头盖法兰将在下节进行计算，在此不作讨论。

垫片则包括了管箱垫片和外头盖垫片。

10.1　固定端的壳体法兰、管箱法兰与管箱垫片

① 查 NB/T 47020—2012 压力容器法兰可选固定端的壳体法兰和管箱法兰为长颈对焊法兰，凹凸密封面，材料为锻件 20MnMoⅡ，其具体尺寸（单位为 mm）如附图 3-8 和附表 3-5 所示。

附表 3-5　DN600 长颈对焊法兰尺寸　　单位：mm

DN	法兰												螺柱		对接筒体最小厚度 δ_0
	D	D_1	D_2	D_3	D_4	δ	H	h	δ_1	δ_2	R	d	规格	数量	
600	760	715	676	666	663	42	110	35	16	26	12	27	M24	24	10

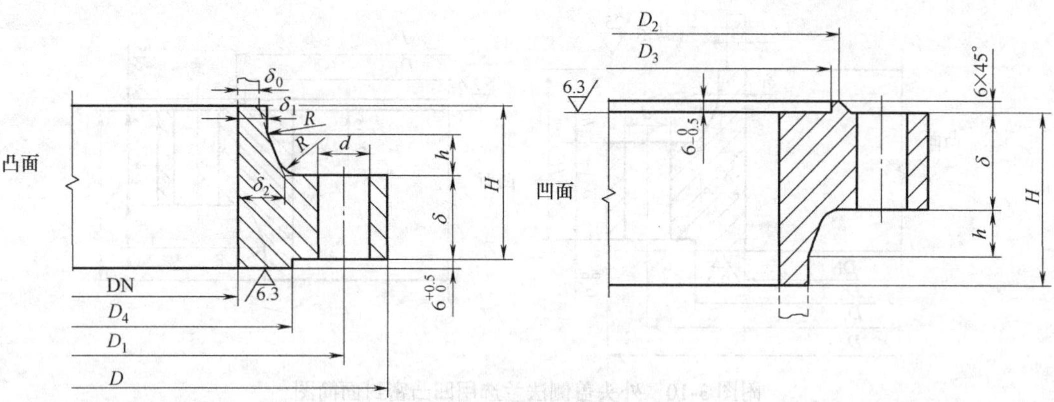

附图 3-8　长颈对焊法兰简图

② 查 NB/T 47020—2012 压力容器法兰，根据设计温度可选择垫片形式为金属包垫片，材料为 0Cr18Ni9，其尺寸如附图 3-9 和附表 3-6 所示。

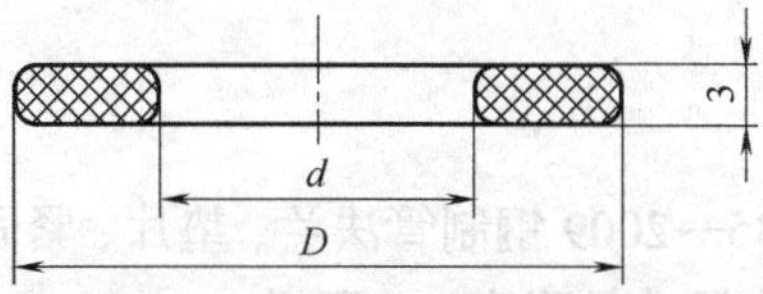

附图 3-9　金属包垫片简图

10.2　外头盖法兰、外头盖侧法兰与外头盖垫片、浮头垫片

① 外头盖法兰的形式与尺寸、材料均同上壳体法兰，凹密封面，查 NB/T 47020—2012 压力容器法兰可知其具体尺寸（单位为 mm）如附表 3-7 所示。

附表 3-6　管箱垫片尺寸

PN/MPa	DN/mm	外径 D/mm	内径 d/mm	垫片厚度/mm	反包厚度 L/mm
2.5	600	665	625	3	4

附表 3-7　外头盖法兰尺寸　单位：mm

DN	法兰												螺柱		对接筒体最小厚度 δ_0
	D	D_1	D_2	D_3	D_4	δ	H	h	δ_1	δ_2	R	d	规格	数量	
700	860	815	776	766	763	50	120	35	16	26	12	27	M24	28	10

② 外头盖侧法兰选用凸密封面，材料为锻件 20MnMoⅡ，查 NB/T 47021—2012 可知其具体尺寸（单位：mm）如附图 3-10 和附表 3-8 所示。

附表 3-8　外头盖侧法兰尺寸　单位：mm

DN	法兰												螺柱		对接筒体最小厚度 δ_0
	D	D_1	D_2	D_3	D_4	δ	H	h	δ_1	δ_2	R	d	规格	数量	
600	860	815	776	766	763	48	150	72	16	40	12	27	M24	28	10

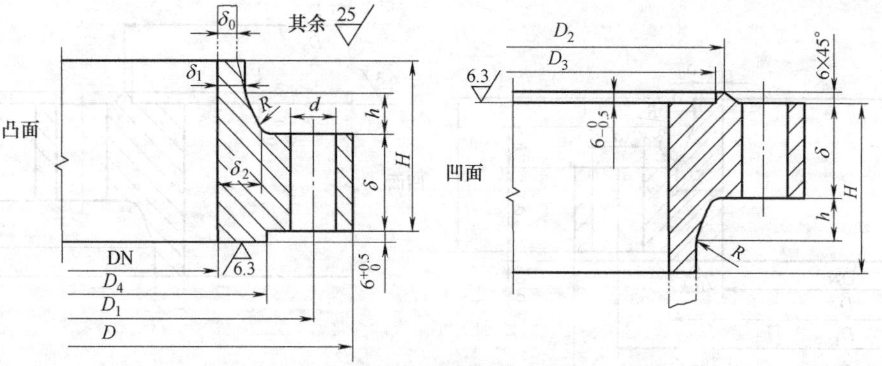

附图 3-10　外头盖侧法兰选用凹凸密封面简图

③ 查 NB/T 47026—2012 选外头盖垫片的形式为金属包垫片，其外径 D 为 765mm，内径 d 为 725mm，且查 NB/T 47026—2012 也选浮头垫片的形式为金属包垫片，则其外径 D 为 592mm，内径 d 为 568mm，两者材料均为 0Cr18Ni9。

10.3　接管法兰形式与尺寸

根据接管的公称直径，公称压力可查 HG 20592~20635—2009 钢制管法兰、垫片、紧固件，选择带颈对焊钢制管法兰，选用凹凸密封面，其具体尺寸如附表 3-9 所示。

附表 3-9　带颈对焊钢制管法兰　　单位：mm

公称直径 DN	钢管外径（法兰焊端外径）A_1		连接尺寸					法兰厚度 C	法兰内径 B_1		法兰颈			法兰高度 H	法兰理论质量/kg
			法兰外径 D	螺栓孔中心圆直径 K	螺栓孔直径 L	螺栓孔数量 n	螺纹 T_h				N		R		
	A	B							A	B	A	B			
25	33.7	32	115	85	14	4	M12	16	34.5	33	46	46	4	40	1.26
150	168.3	159	300	250	26	8	M24	28	170.5	161	190	190	8	75	12.7

11　钩圈式浮头

本台浮头式换热器浮头端采用 B 型钩圈式浮头，浮头盖采用了球冠形封头。

11.1　浮头盖的设计计算

球冠形封头、浮头法兰应分别按管程压力 p_t 作用下和壳程压力 p_s 作用下进行内压和外压的设计计算，取其大者为计算厚度。

根据上述内压与外压的计算可知浮头法兰的计算厚度应为 δ_f=62.9mm，则圆整后其名义厚度为 δ_{fn}=62.9mm。（具体计算过程略）

11.2　钩圈

钩圈的型式查 GB/T 151 可知选为 B 型钩圈，而其设计厚度可按下式计算：

$$\delta=\delta_n+16$$

其中，δ 为钩圈设计厚度，mm；δ_n 是浮动管板厚度，66mm；则 δ=66+16=82mm。

12 分程隔板

由于是多管程换热器，故此处需要用到分程隔板。

查 GB/T 151—2014 可知：分程隔板槽槽深≥4mm，槽宽为 12mm，且分程隔板的最小厚度为 8mm。

13 鞍座

根据支反力查 NB/T 47065.1~.5—2018《容器支座》选择鞍座的型号为：DN600、120°包角重型带垫板鞍式支座（见附表 3-10）。

附表 3-10 鞍座尺寸 单位：mm

公称直径 DN	允许载荷 Q/kN	鞍座高度 h	底板			腹板	筋板			垫板				螺栓间距 l_2	鞍座质量/kg	增加 100mm 高度增加的质量/kg
			l_1	b_1	δ_1	δ_2	l_3	b_3	δ_3	弧长	b_4	δ_4	e			
600	165	200	550	150	10	8	300	120	8	710	200	6	36	400	24	5

14 接管的最小位置

在换热器设计中，为了使传热面积得以充分利用，壳程流体进、出口接管应尽量接近两端管板，而管箱进、出口接管尽量靠近管箱法兰，可缩短管箱、壳体长度，减轻设备重量。然而，为了保证设备的制造安装，管口距地的距离也不能靠得太近，它受到最小位置的限制。

接管带补强圈，故应按下式计算：

$$L_1 \geqslant \frac{B}{2} + (b-4) + C$$

式中 L_1——壳程接管位置最小尺寸，mm；

C——补强圈外边缘至管板与壳体连接焊缝之间的距离，计算中，取 $C \geqslant 4S$（S 为壳体厚度，10mm），且≥30mm；

B——补强圈有效宽度（计算过程见 2.1.3），mm；

b——管板厚度，mm。

$$L_1 \geqslant \frac{1}{2} \times 308 + (66-4) + 60 = 276(\text{mm})\text{。}$$

到此，换热器结构设计及强度计算已经基本结束。可以说，换热器的主要设计计算已经完成，其计算结果将通过装配图、部件图以及零件图表现出来。

15 焊接工艺评定

主要叙述各主要部件的焊接工艺以及当中应注意的问题。

15.1 壳体焊接工艺

15.1.1 壳体焊接顺序

焊接壳体时，应先焊筒节纵缝，焊好后校圆，再组装焊接环缝。要注意的是必须先焊纵缝后焊环缝，因为若先将环缝焊好再焊纵缝时筒体的膨胀和收缩都要受到环缝的限制，其结果会引起过大的应力，甚至产生裂纹。

每条焊缝的焊接次序是先焊筒体里面，焊完后从外面用碳弧气刨清理焊根，将容易产生裂纹和气孔的第一层焊缝基本刨掉，经磁粉或着色探伤确信没有缺陷存在后再焊外侧。

15.1.2 壳体的纵环焊缝

壳体的材料为16MnR，其可焊性较好。焊前不需要进行预热，采用埋弧自动焊，开V形坡口，采用H08Mn2焊丝和HJ431焊剂，焊完后需将其加热到600～650℃，要进行焊后热处理，以消除残余应力，而且也可软化淬硬部位，提高韧性。

15.2 换热管与管板的焊接

15.2.1 焊接工艺

换热管与管板的焊接一般采用手工电弧焊，也广泛采用惰性气体保护焊，在此选择其焊接方式为手工电弧焊。管子的材料为20号钢，而管板的材料为锻件16MnⅡ，两者的焊接性能都较好，由于管板厚度较大，此时应进行焊前预热，预热温度为100～200℃，选用焊条J506，焊后热处理温度为600~650℃，以消除残余应力。

15.2.2 焊接缺陷

管子与管板焊接最主要的问题是焊接缺陷，缺陷一般为气孔或裂纹。它们直接关系到工程的质量。产生气孔主要是附在管子和管板孔上的油脂、铁锈、空气和堆焊管板时复层中夹有的焊渣在受热时分解而造成。因此在焊接前，要特别注意焊接部位的脱脂和除锈。另一个可能产生的缺陷是裂纹，如果接头的化学成分控制不当，热影响区过度硬化，结点处有油污及管子与管板孔配合间隙过大等，都易在焊缝处引起裂纹。

15.3 法兰与筒体的焊接

法兰与筒体的焊接属于C类接头。法兰的材料为锻件20MnMoⅡ，筒体的材料为16MnR，两者都具有良好的综合力学性能和焊接性能，此时可以采用埋弧自动焊，焊丝为H10MnSiA，焊剂为HJ250，焊后需要进行消除应力热处理，需要将热处理温度控制在550~650℃。

附录4 压力容器分析设计举例

立式储罐强度分析

储罐在流程工业中有着广泛而重要的应用，储罐的设计更是过程设备设计中的基础业务。储罐筒体本身设计并不复杂，但由于工艺需求，储罐筒体与封头上难免要设置多处开孔接管，这使得该区域应力分布复杂，对该区域的强度校核难度较大。本案例将以化工流程工业中常用的立式储气罐为设计对象，重点介绍储罐类设备的设计方法。

1 算例描述

针对大型储气罐，罐体上沿着高度方向设置多根接管，罐体下部安装有支撑式支座，内部承受均布气压，对其进行强度校核。

2 技术路线

建立储气罐的整体模型后进行静强度分析，之后选取开孔接管区域设置合理的校核路径，依照标准对该区域进行强度校核。

3 操作步骤

3.1 导入几何模型

在项目管理界面内拖拽 Static Structure 功能，右键单击 Geometry，左键单击 Import Geometry>Browse…，选择导入几何模型 tank。

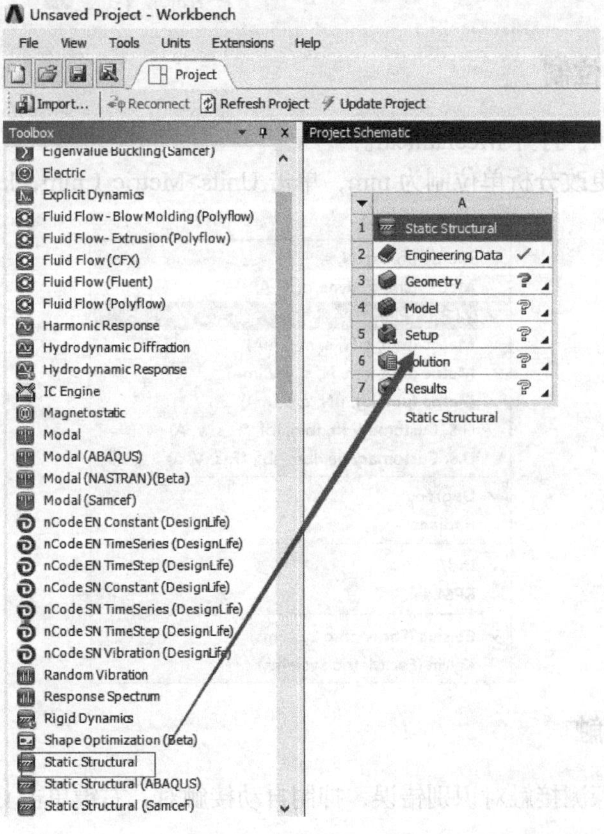

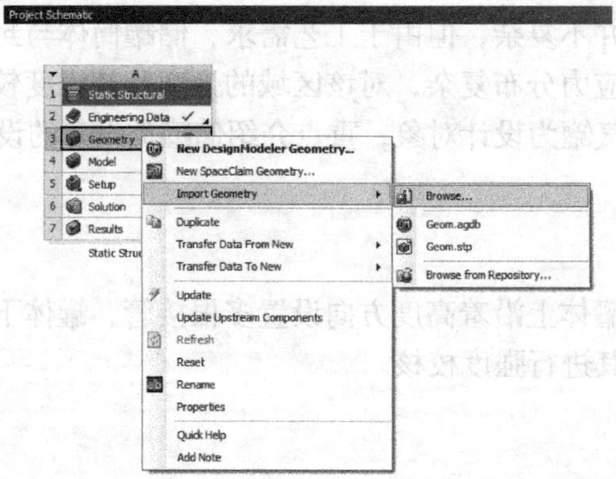

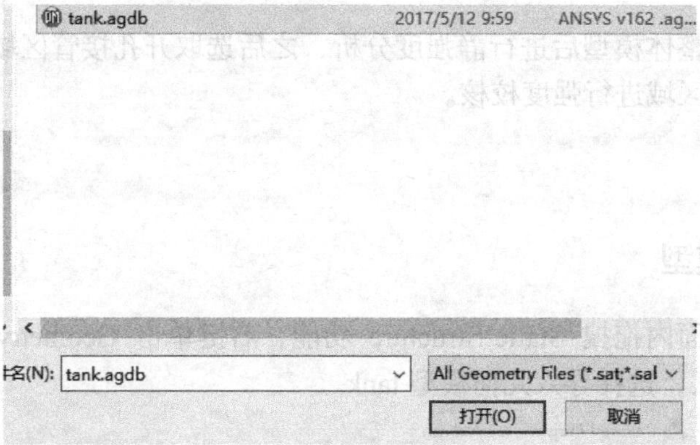

3.2 设置分析单位制

左键双击 Model，打开 Mechanical。

进入后，首先更改分析单位制为 mm，单击 Units>Metric（mm，kg，…）。

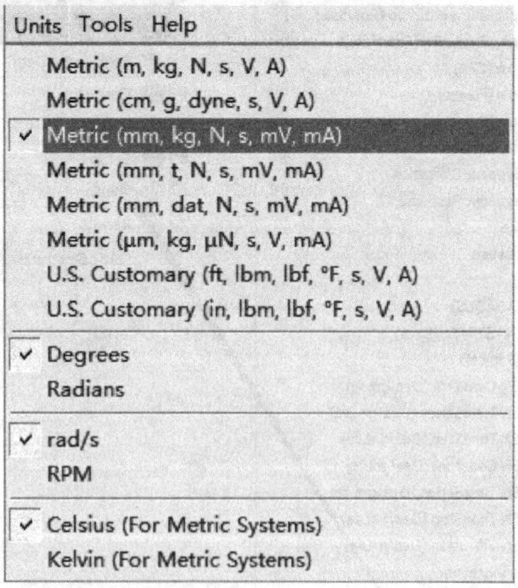

3.3 手动设置接触

为了避免自动探测接触对识别错误，抑制自动接触对，右键单击 Contacts>Suppress。

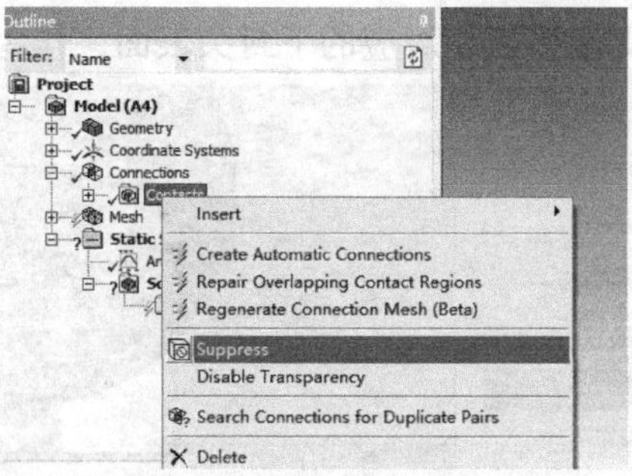

手动添加接触对，右键单击 Connections>Insert>Connections Group，之后，右键单击 Connections>Insert>Manual Contact Region。

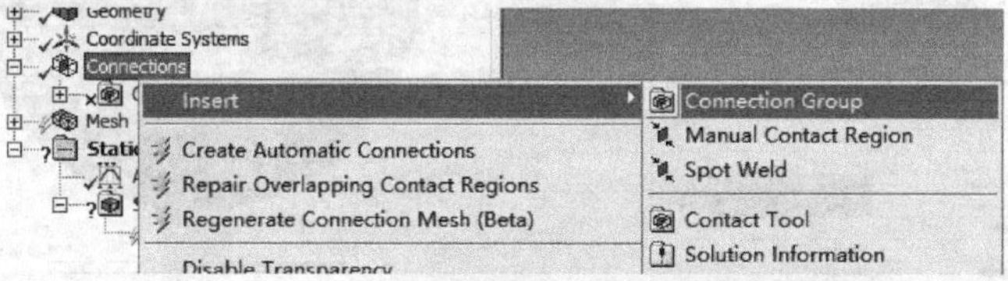

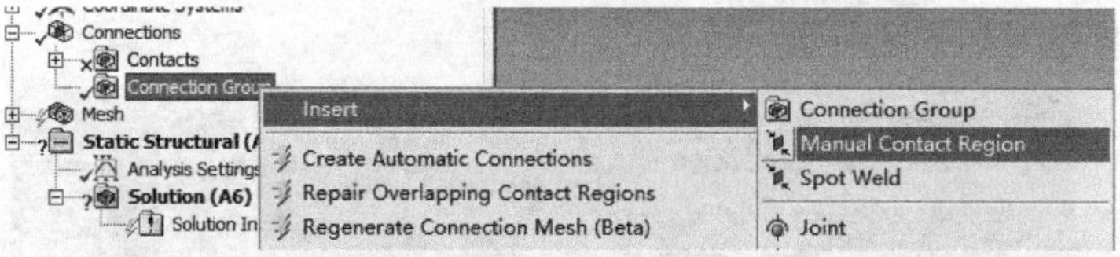

单击 Bonded-No Selection>Target Bodies No Selection，之后选择一个支座垫板的上表面。为了方便画出六面体网格，垫板体被分割，垫板上表面也相应被分割，选择时可以选择垫板上表面任意一部分，之后 Extend Selection>Extend to Limits，实现对垫板上表面的全选。之后，单击单击 Apply，确定接触目标面。

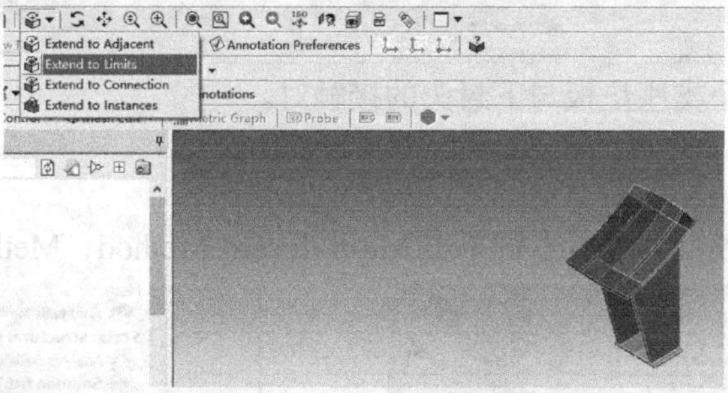

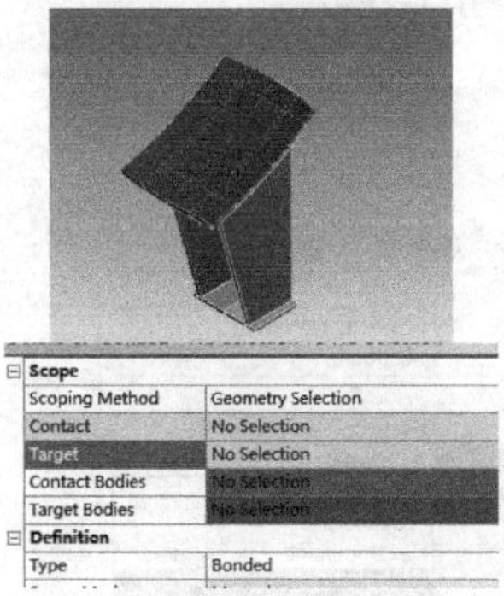

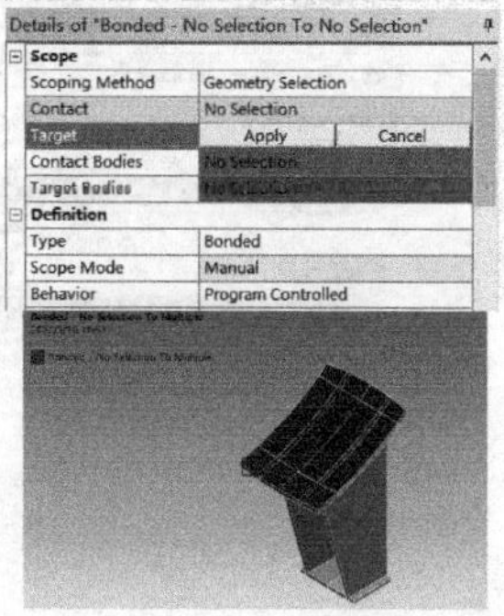

同样的方法，选择与支座垫板相对应的下封头表面，作为接触对的接触面。

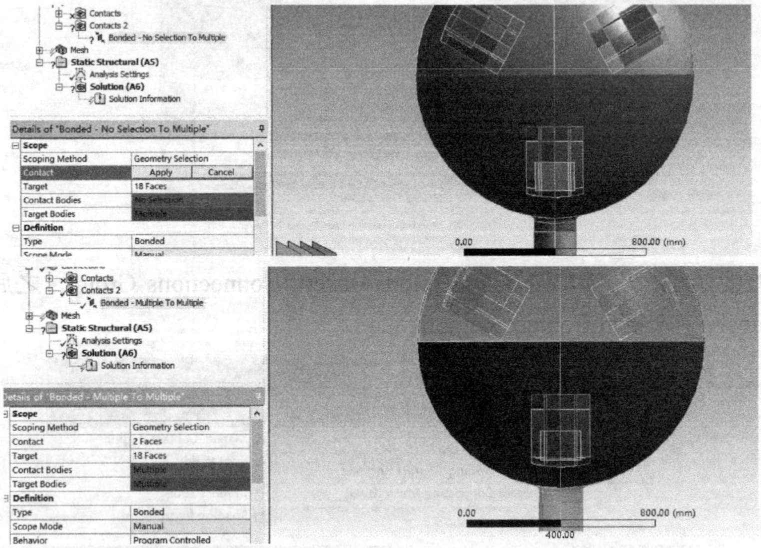

设置好的接触对如下图所示。

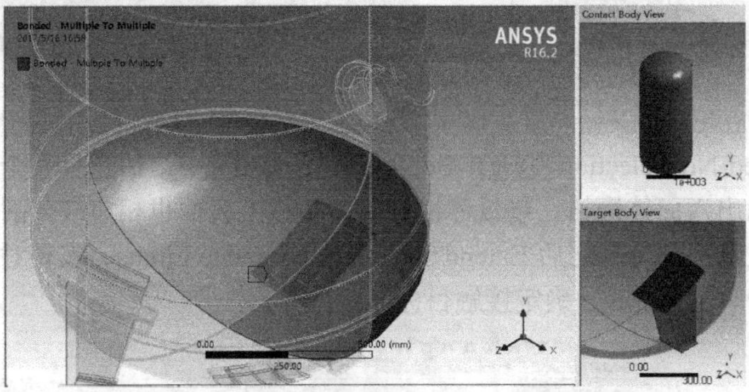

同理设置另外两个支座垫板与下封头的接触对。

3.4 划分网格

单击右键，全选模型，之后右键单击 Mesh>Insert>Method，Method>Sweep。

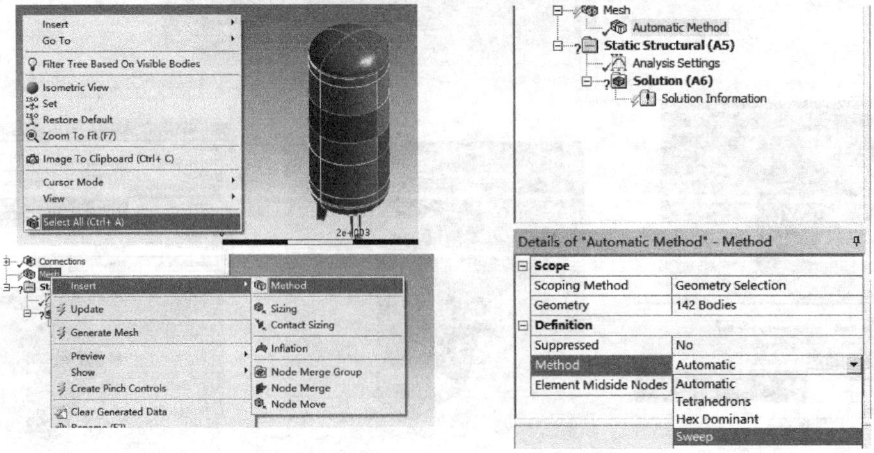

设置 Named Selection，以便于对壁厚线段划分份数。右键单击 Model>Insert>Named Selection，Scoping Method 下拉菜单选择 Worksheet，右键单击空白处，单击 Add Row，依次添加 Edge>Size>Equal>mm>8>Generate。

至此，已将所有壁厚线段全部选择在一起，为后面设定网格份数做准备。

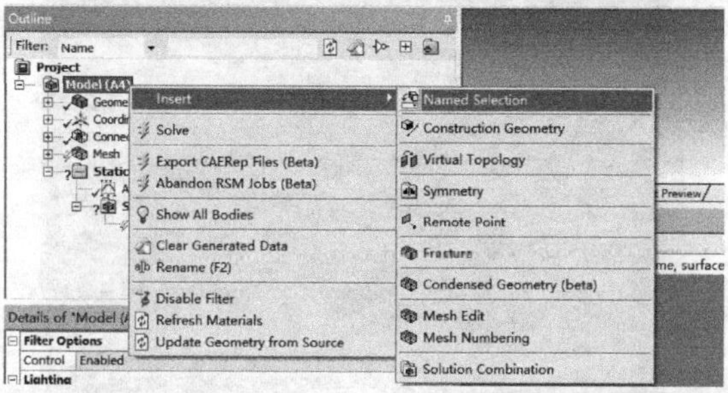

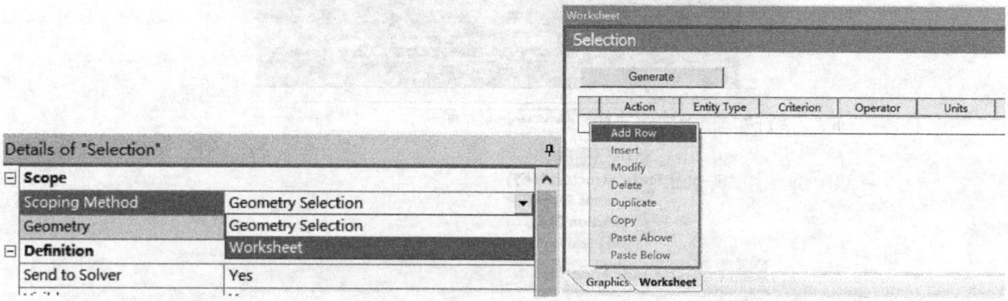

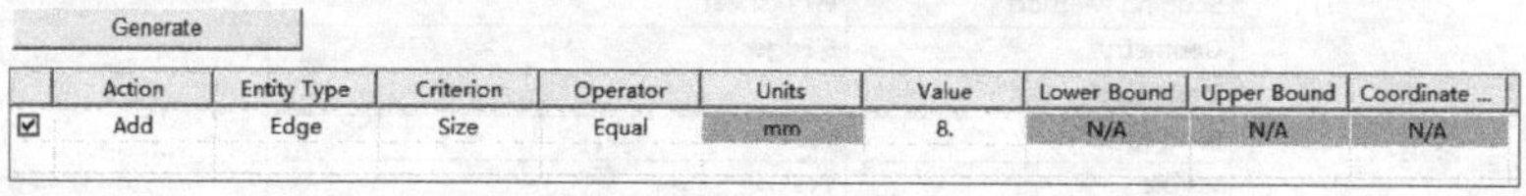

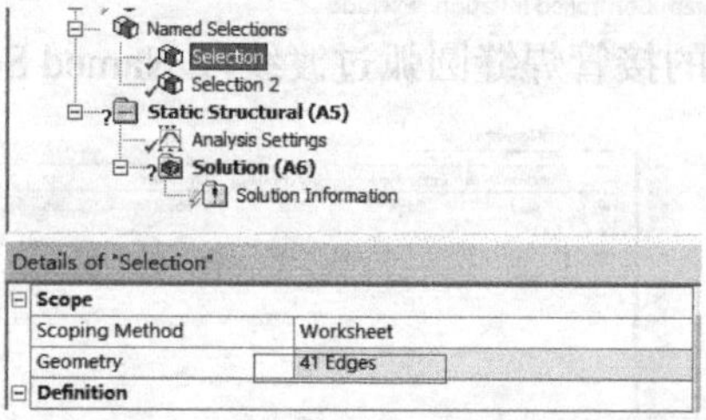

同理，将接管壁厚线段也建立在一个 Named Selection 内，接管壁厚线段长度 12mm。

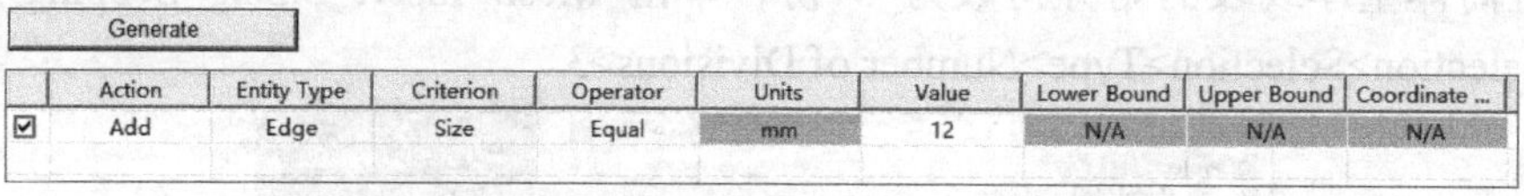

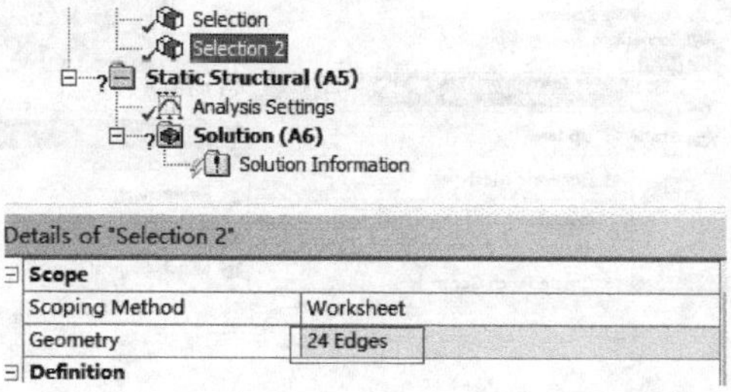

设置接管焊缝圆弧过渡线段的 Named Selection。左键单击竖直方向上的接管焊缝圆弧过渡线段，并查看该圆弧线段的长度参数，之后按照建立壁厚线段 Named Selection 的流程建立焊缝圆弧过渡线段的 Named Selection。

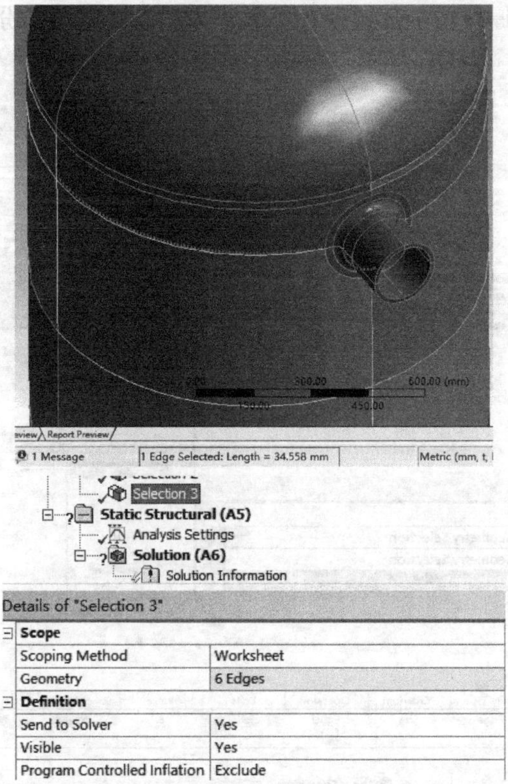

同理，设置水平方向上的接管焊缝圆弧过渡线段 Named Selection。

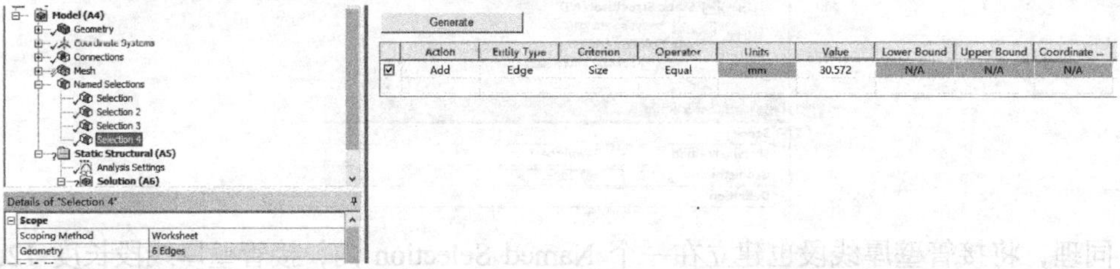

设置筒体壁厚线段的划分份数为 3 份，单击 Mesh>Insert>Sizing>Scoping Method>Named Selection>Selection>Type>Number of Divisions>3。

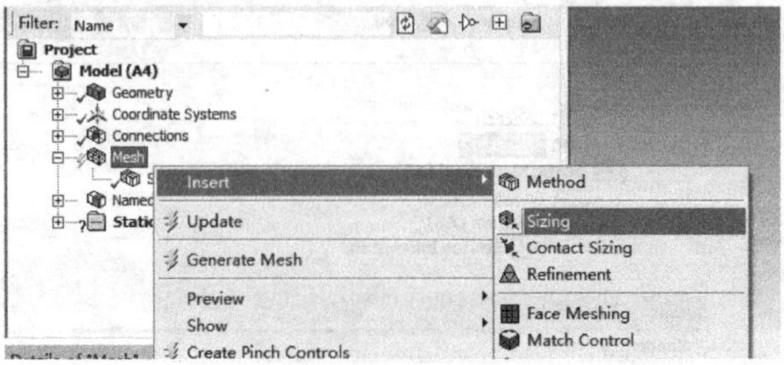

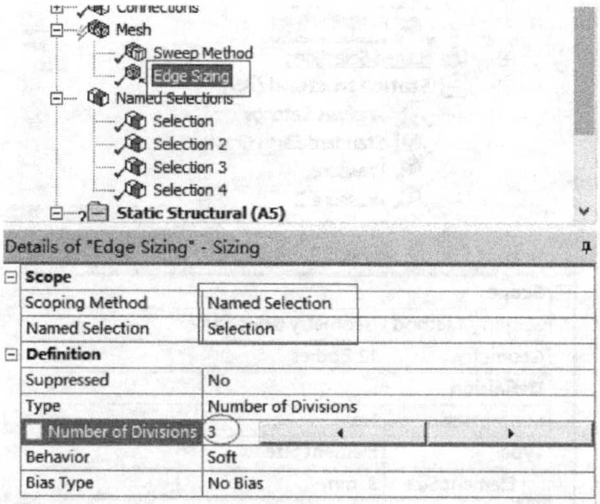

同理，设置接管壁厚线段划分份数为 3 份，Mesh>Insert>Sizing>Scoping Method> Named Selection> Selection 2>Type>Number of Divisions>3；为了保证焊缝圆弧形上有足够的网格密度，设置接管焊缝圆弧过渡线段划分份数为 8 份。

右键单击 Select All，全部选择所有体，设置总体尺寸为 30mm，Insert>Sizing> Type>Element Size>24mm。

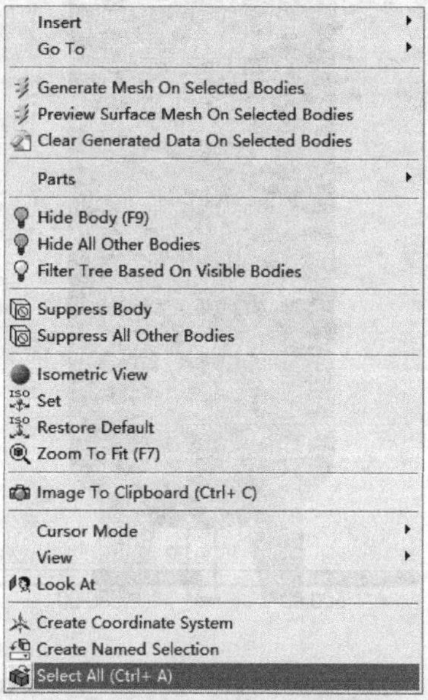

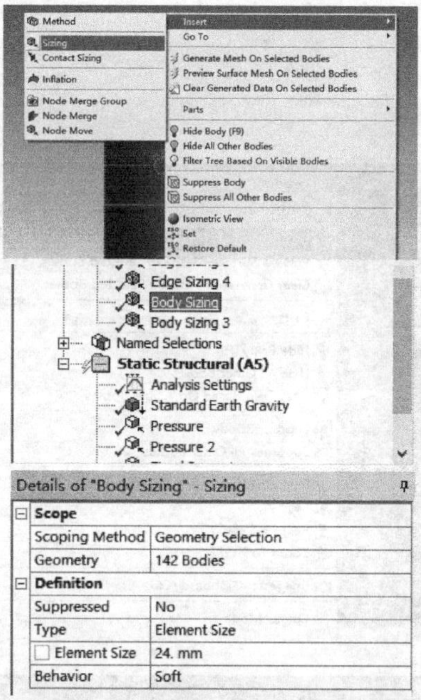

同理，为了保证焊缝区域有足够的网格密度，选中所有焊缝体，设置区域的网格尺寸为 3mm，Insert>Sizing> Type>Element Size>3mm。

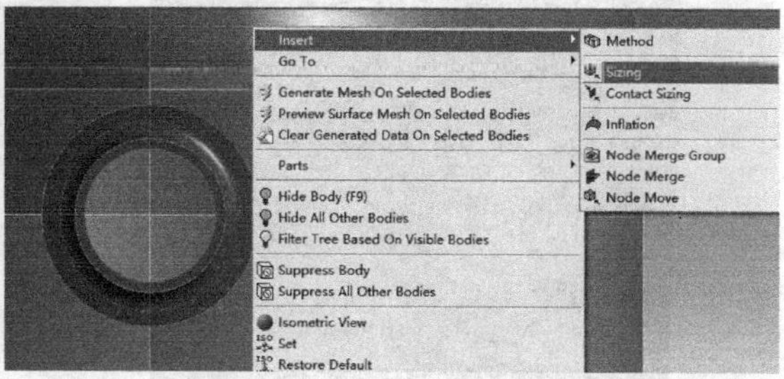

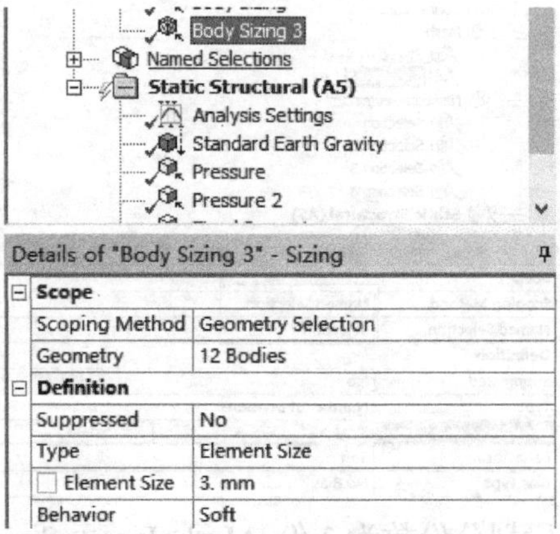

依次选择筒体部分，右键单击选中的部分，单击 Generate Mesh On Selected Bodies，完成全部罐体以及支座体的网格划分。

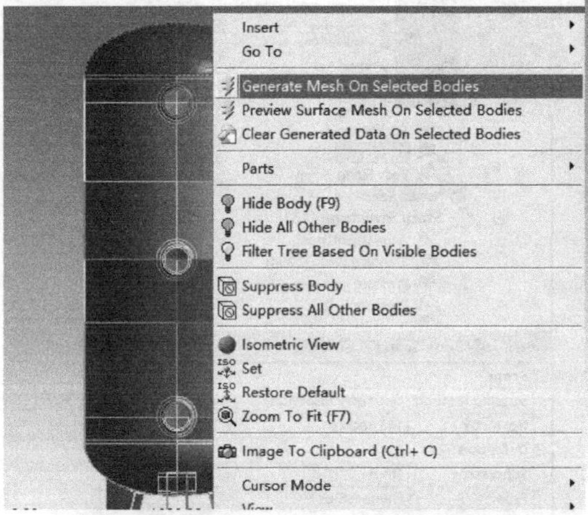

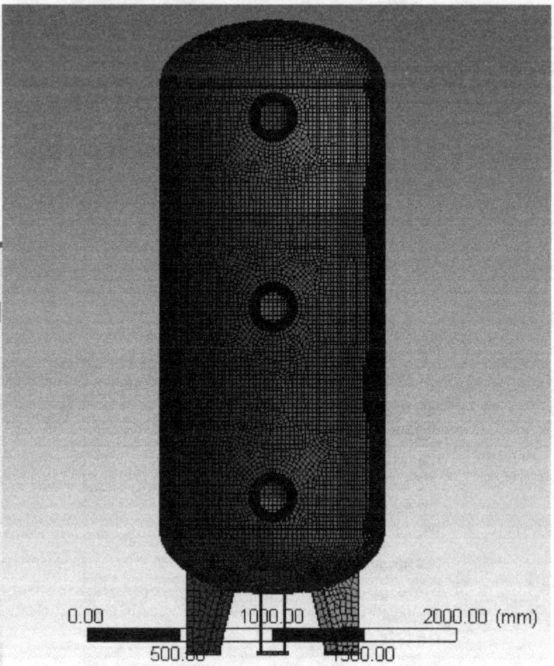

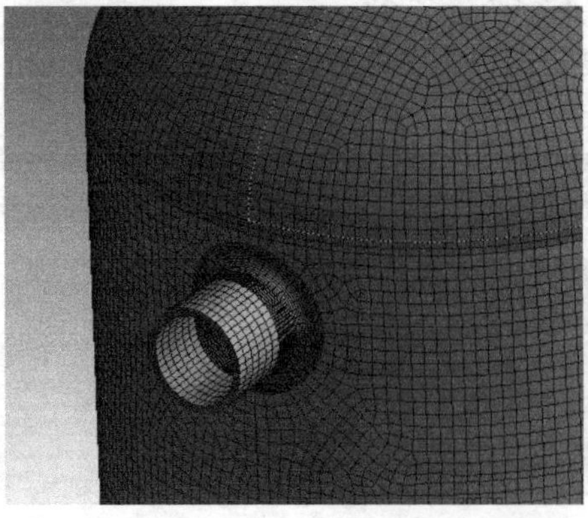

划分网格完成后，在 Details of “Mesh”中，左键单击 statistics，在 Mesh Metric 中选择需要查看的单元数量。

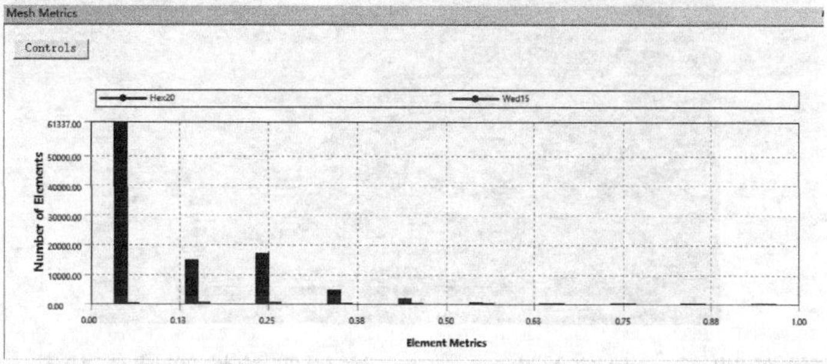

3.5 边界条件设置

左键单击 Static structure，之后选择储罐几何模型的任意内壁面，单击 Extend Selection>Extend to Limits，全选罐体内表面。

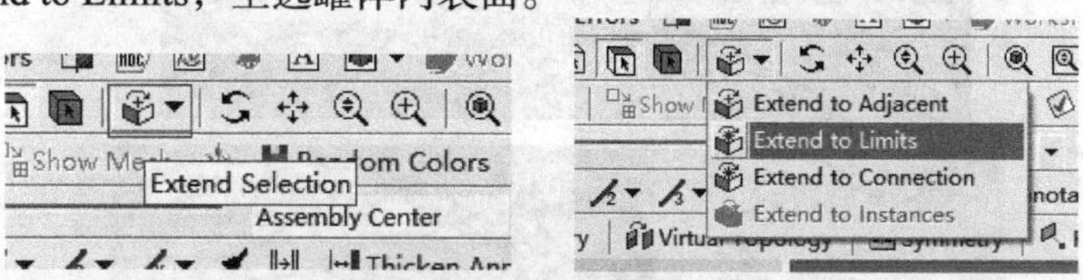

全选罐体后，按住 ctrl 按键，单击第一根接管任意内壁面，再次执行 Extend Selection>Extend to Limits，全选接管内壁面，同理全选所有接管的内壁面。

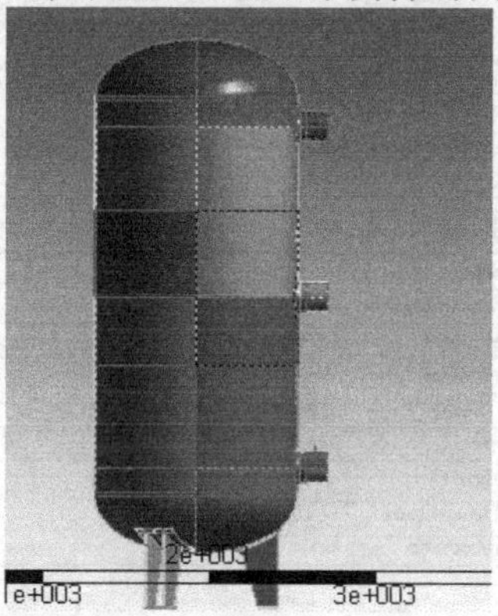

右键单击>Insert，施加内压载荷，并在 Details of “Pressure”中输入内压值 1.6MPa。

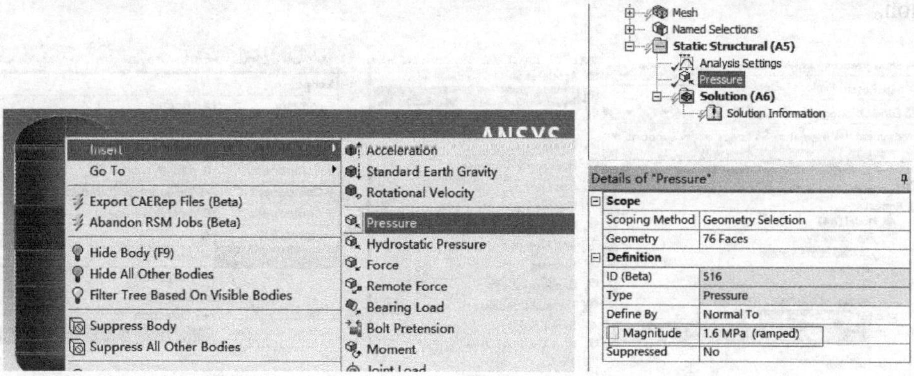

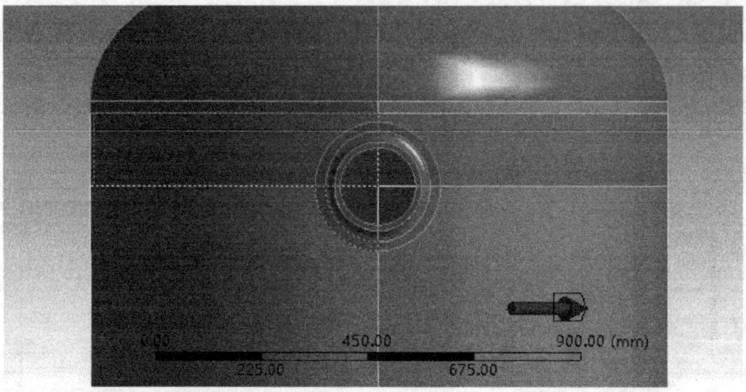

选中所有接管的端面，右键单击>Insert，施加等效接管端面载荷，并在 Details of “Pressure 2” 中输入内压值 4.13MPa。

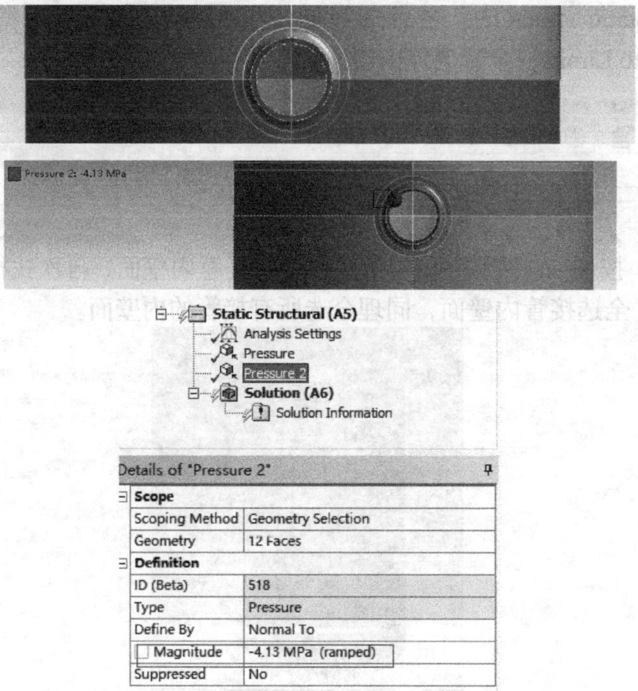

施加标准重力载荷，右键单击 Static Structural>Insert>Standard Earth Gravity>Direction>-Y Direction。

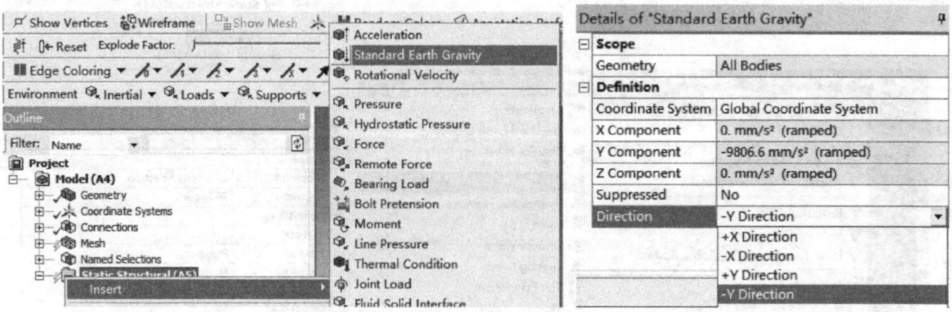

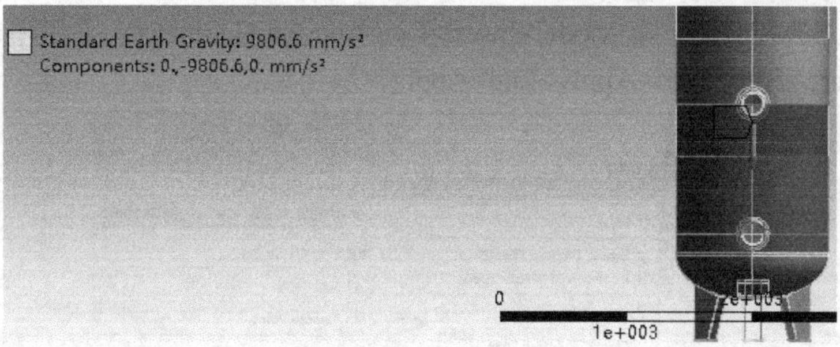

施加位移约束边界条件，全选三个支座的底部下表面，右键单击>Insert>Fixed Support。

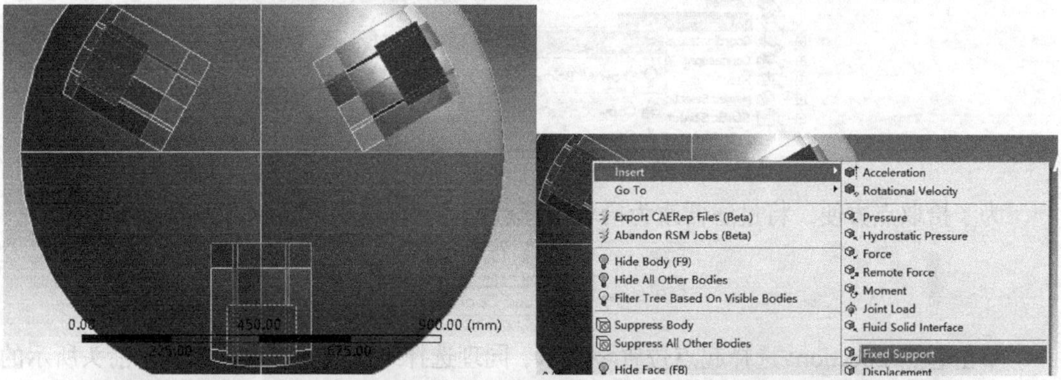

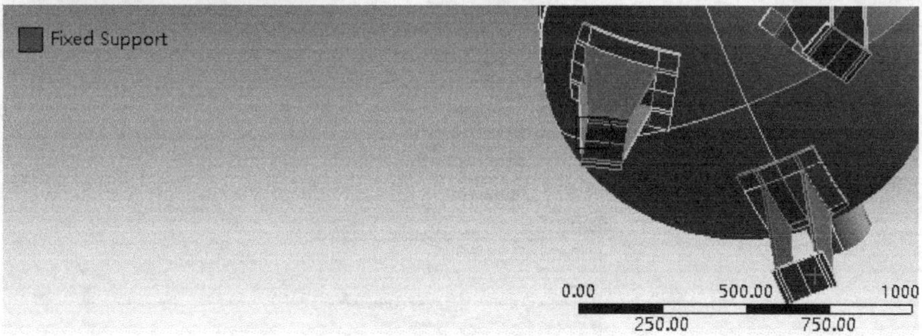

3.6 求解计算

右键单击 Solution，左键单击 Solve，进行求解计算。

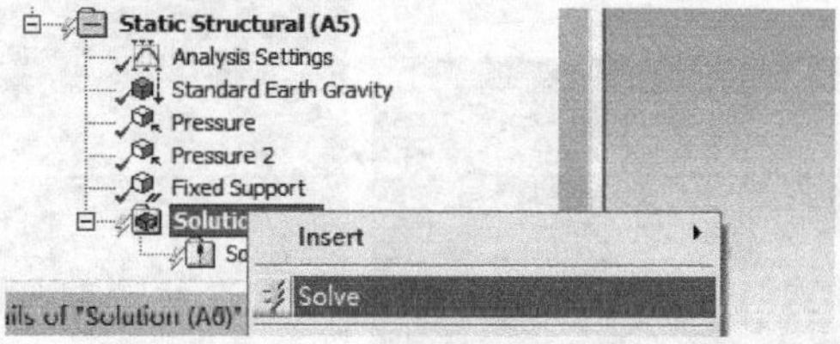

3.7 后处理

依照 JB 4732 标准对该结果进行强度校核，需要在开孔接管区域设置路径，进行应力线性化。由于需要校核的位置很多，受篇幅限制，在此仅对上封头附近的开孔接管区域进行路径设置与强度校核。

设置路径方法：右键单击 Model>Insert>Construction Geometry，右键单击 Construction Geometry >Insert >Path>Start>Apply>End>Apply。

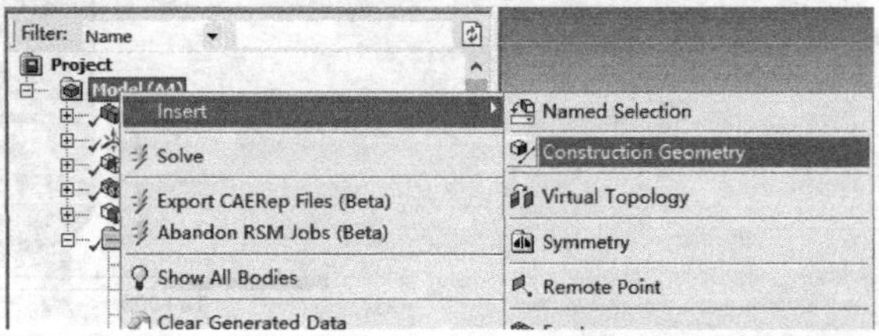

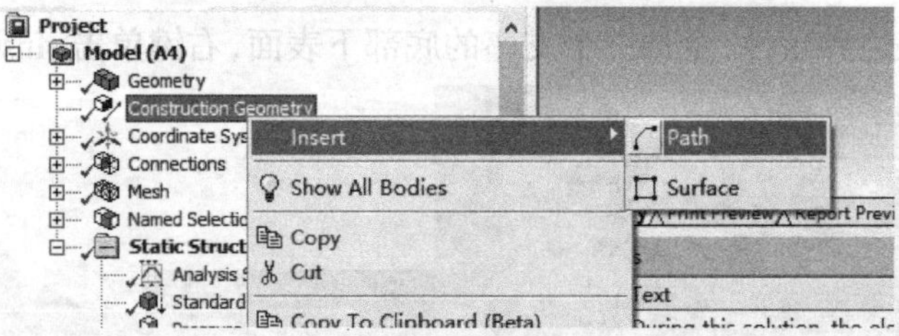

为了拾取点方便，将过滤器改为拾取坐标点模式，单击 Hit Point Coordinate。

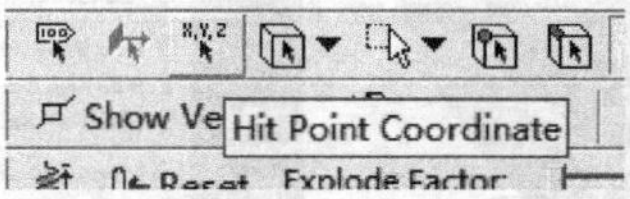

单击起点 Location>选择起点位置>Apply，同理选择终点位置，设置如图中箭头所示的路径线。

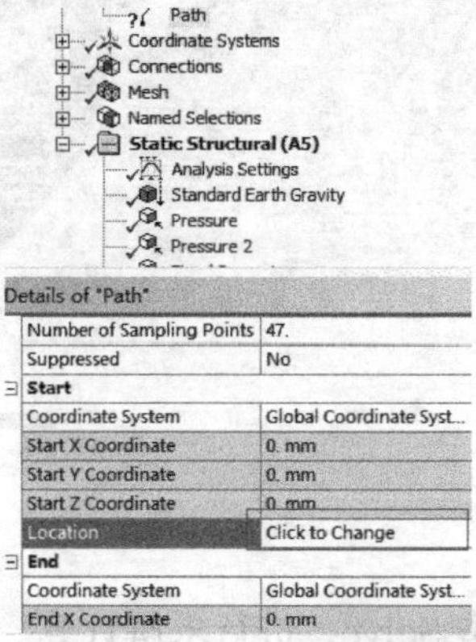

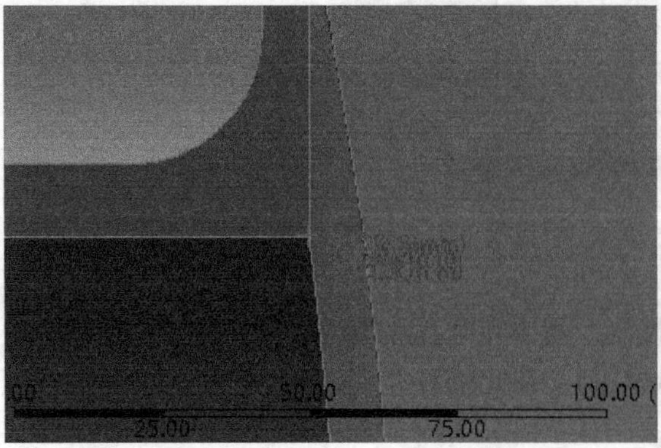

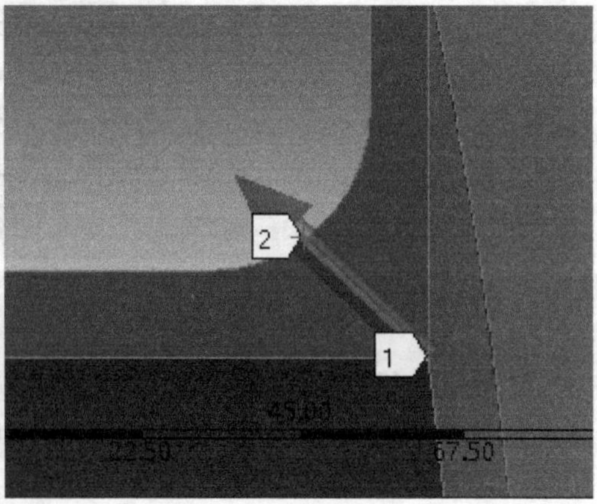

右键单击设置好的 Path>Snap to mesh nodes，将路径线映射到已生成的节点上。同理，设置如下图所示的另外两条路径线，分别位于接管上与筒体上。

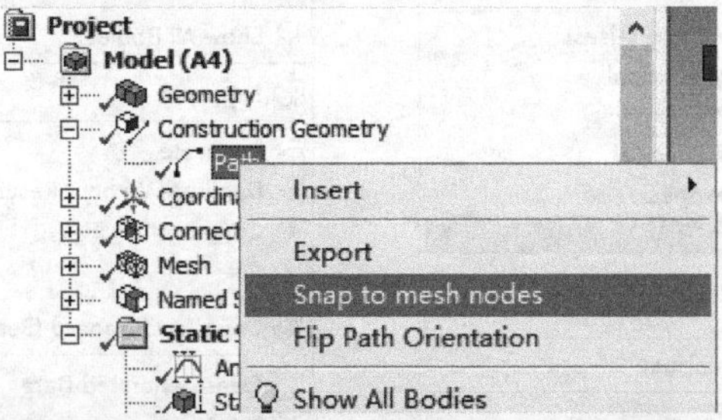

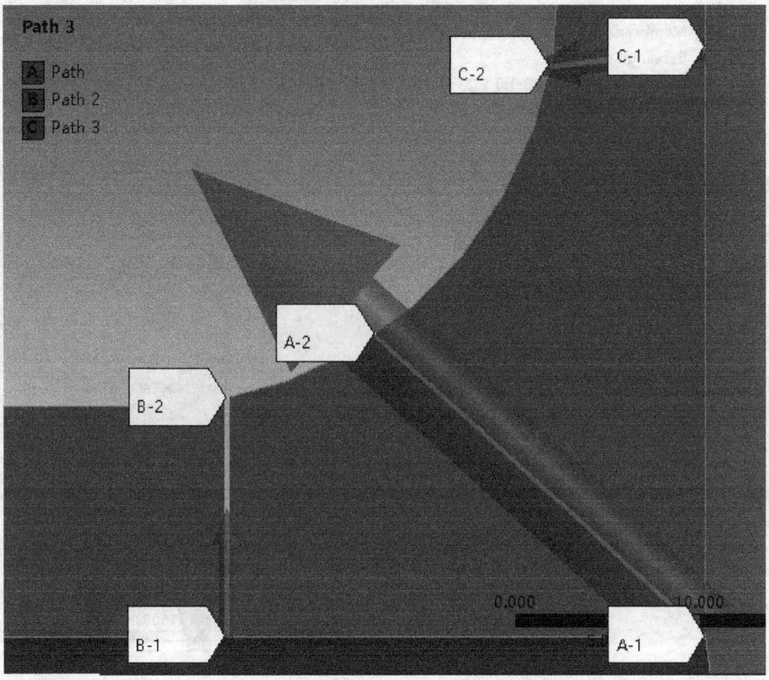

右键单击 Solution>Insert>Stress>Intensity，右键单击 Intensity>Evaluate All Results。

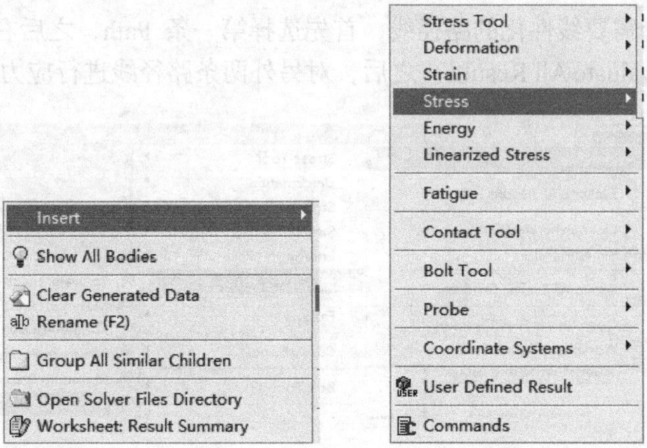

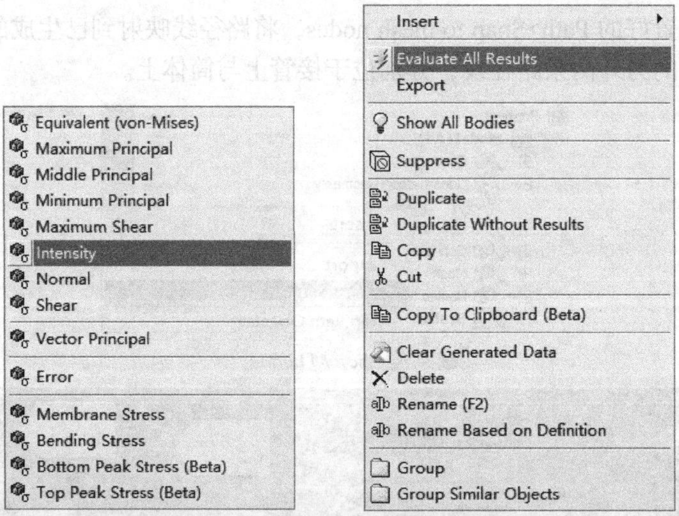

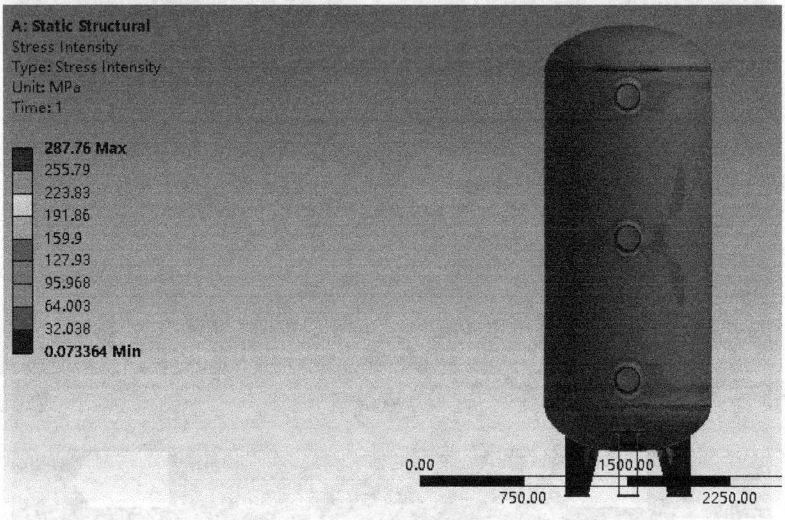

同理，插入应力线性化结果。右键单击 Solution>Insert>Linearized Stress>Intensity，左键单击 Path，选择需要线性化的路径线，首先选择第一条 Path，之后右键单击 Linearized Stress>Intensity>Evaluate All Results。之后，对另外两条路径线进行应力线性化。

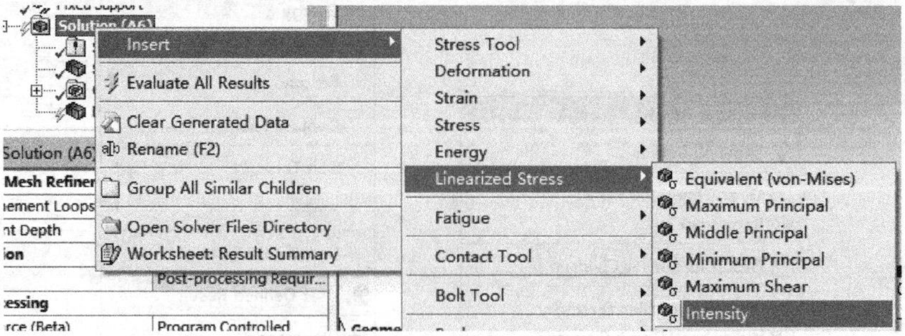

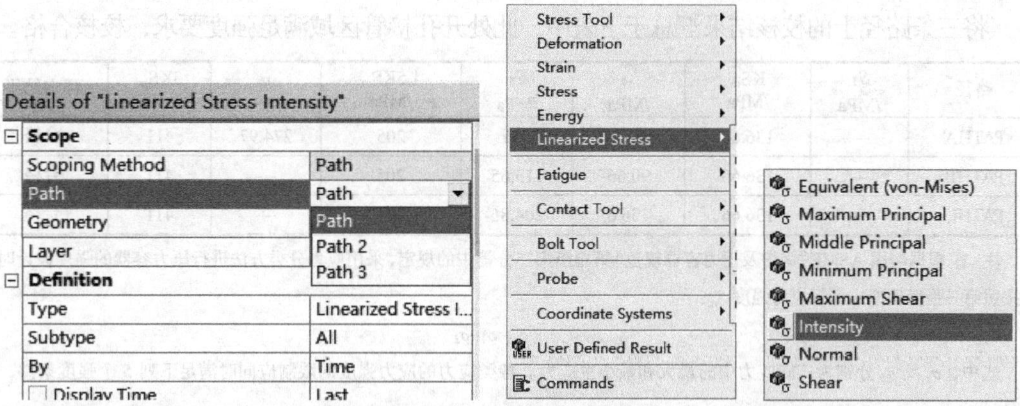

应力线性化之后，可以查看曲线结果，了解各种应力沿着壁厚的分布情况，单击Worksheet，显示表格结果。另外两条路径线的结果提取方法大致相同。

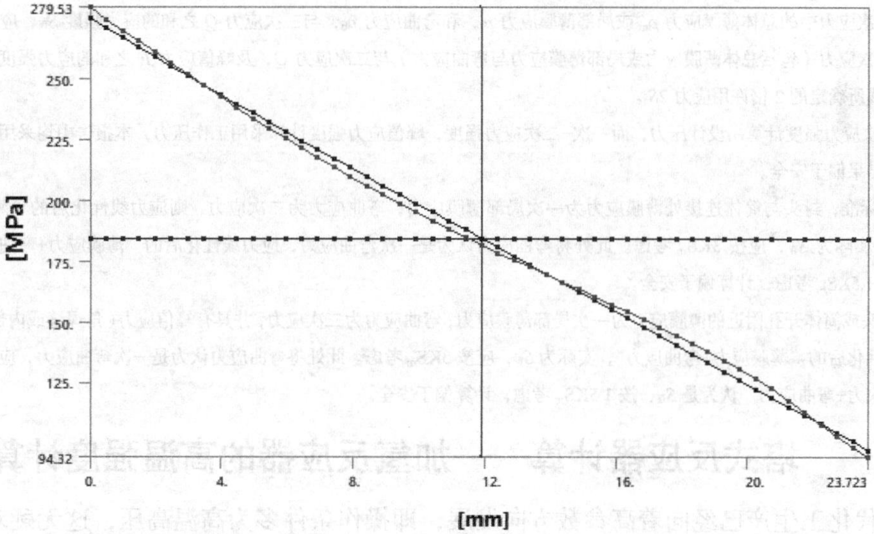

Stress Units: MPa

Subtype	SX	SY	SZ	SXY	SYZ	SXZ	S1	S2	S3	SINT	SEQV
Membrane	183.13	16.567	1.8041	-1.6989e-002	6.9493	2.4237e-003	183.13	19.324	-0.95234	184.09	174.83
Bending (Inside)	89.452	-11.573	-3.3873	-0.12254	-9.3785	8.6775e-003	89.453	2.7525	-17.713	107.17	98.54
Bending (Outside)	-89.452	11.573	3.3873	0.12254	9.3785	-8.6775e-003	17.713	-2.7525	-89.453	107.17	98.54
Membrane+Bending (Inside)	272.59	4.9946	-1.5832	-0.13953	-2.4292	1.1101e-002	272.59	5.7944	-2.3831	274.97	270.97
Membrane+Bending (Center)	183.13	16.567	1.8041	-1.6989e-002	6.9493	2.4237e-003	183.13	19.324	-0.95234	184.09	174.83
Membrane+Bending (Outside)	93.681	28.14	5.1915	0.10555	16.328	-6.2538e-003	93.681	36.622	-3.2906	96.972	84.416
Peak (Inside)	4.8588	-7.0542	-4.2511e-002	-0.46758	2.5323	1.6993e-002	4.8786	0.77246	-7.889	12.768	11.289
Peak (Center)	-1.9482	5.3749	-0.32111	5.2264e-002	-0.59652	-8.6083e-003	5.4371	-0.3829	-1.9485	7.3856	6.7406
Peak (Outside)	0.43578	-23.023	6.7038	-8.7451e-002	-8.3046	2.2624e-002	8.8667	0.43579	-25.186	34.053	30.718
Total (Inside)	277.44	-2.0596	-1.6257	-0.6071	0.10312	2.8094e-002	277.45	-1.6025	-2.0841	279.53	279.29
Total (Center)	181.19	21.942	1.483	3.5274e-002	6.3528	-6.1846e-003	181.19	23.754	-0.32906	181.51	170.75
Total (Outside)	94.117	5.1165	11.895	1.8097e-002	8.0232	1.637e-002	94.117	17.216	-0.20382	94.32	86.93

将三条路径上的校核结果汇总于下表中，此处开孔接管区域满足强度要求，校核合格。

路径	S_{I} /MPa	KS_m /MPa	S_{II} /MPa	S_{III} /MPa	$1.5KS_m$ /MPa	S_{IV} /MPa	$3KS_m$ /MPa	评定结果
PATHA	—	136.66	184.09	236	205	274.97	411	合格
PATHB	—	136.66	90.66	113.65	205	—	411	合格
PATHC	—	136.66	156.6	204.86	205	—	411	合格

注：1. 根据美国 ASME“锅炉及压力容器规范”第Ⅷ篇第二分篇中的规定，采用应力分类方法进行压力容器的强度设计时，应按照第三强度理论来计算应力强度 S_m：

$$S_m=\sigma_1-\sigma_3$$

式中，σ_1 及 σ_3 分别为三向应力中的最大和最小主应力。各类应力的应力强度的限制应同时满足下列 5 个强度条件，这就是：

① 一次应力中的总体薄膜应力 p_m 的应力强度 S_{I} 应小于许用应力 KS_m；

② 一次应力中的局部薄膜应力 p_l 的应力强度 S_{II} 应小于 $1.5KS_m$；

③ 一次薄膜（p_m 或 p_l）和弯曲应力 p_b 之和的应力强度 S_{III} 应小于 $1.5KS_m$；

④ 一次应力中的总体薄膜应力 p_m 或局部薄膜应力 p_l，和弯曲应力 p_b，与二次应力 Q 之和的应力强度 S_{IV}，应小于 $3KS_m$；

⑤ 一次应力（包括总体薄膜应力或局部薄膜应力与弯曲应力）与二次应力 Q，及峰值应力 F 之和的应力强度，不能超过由疲劳曲线所确定的 2 倍许用应力 $2S_a$。

2. 一次应力强度计算用设计压力，而一次+二次应力强度，峰值应力强度计算采用工作压力，本报告中均采用设计压力来计算，其结果偏于安全。

3. 按标准，封头与筒体连接处薄膜应力为一次局部薄膜应力，弯曲应力为二次应力，则应力线性化后的“薄膜应力+弯曲应力”，实际为 S_{IV}，应按 $3KS_m$ 考虑。此处将弯曲应力认为是一次弯曲应力，应力线性化后的“薄膜应力+弯曲应力”认为是 S_{III}，按 $1.5KS_m$ 考虑，计算偏于安全。

4. 封头或筒体开孔附近的薄膜应力为一次局部薄膜应力，弯曲应力为二次应力，并具有峰值应力（角焊缝或内部转角处），则应力线性化后的“薄膜应力+弯曲应力”，实际为 S_{IV}，应按 $3KS_m$ 考虑。此处将弯曲应力认为是一次弯曲应力，应力线性化后的“薄膜应力+弯曲应力”认为是 S_{III}，按 $1.5KS_m$ 考虑，计算偏于安全。

塔式反应器计算——加氢反应器的高温强度计算

现代化工生产已经向着高参数方向发展，即操作条件多为高温高压，这无疑对设备结构的强度提出了严峻的挑战。例如炼油工艺中的大型加氢反应器，该设备尺寸大，器壁较厚，操作过程中经历高温高压，这样的设备在设计过程中除了要考虑压力载荷对设备结构强度的影响，同时还应该考虑由于温度分布不均造成的热应力对结构强度的影响。

本例将要重点介绍如何计算设备热应力，以及应用工况组合功能实现热-结构耦合。

1 算例描述

针对某加氢反应器，设计温度与设计压力均较高，此时除了需要考虑压力载荷对于结构强度的影响，还要考虑热应力对于结构强度的影响。在此，选择加氢反应器上较为危险的上封头开孔接管位置进行热-结构耦合分析。

2 技术路线

建立加氢反应器的上封头开孔接管局部模型后进行如下分析过程：

A. 应用结构分析功能对结构进行内压载荷下的强度计算，得到与一次应力相关的应力强度；

B. 应用稳态热分析功能对结构进行稳态温度场分析，得到结构的稳态温度场；

C. 应用结构分析功能，输入稳态温度场结果，对结构进行热应力计算，得到二次应力相关的应力强度；

D. 应用工况组合功能，实现计算结果的热-结构耦合功能，得到与二次应力相关的应力强度值。

3 操作步骤

3.1 导入几何模型

在项目管理界面内拖拽 Static Structural 功能，右键单击 Geometry，左键单击 Import Geometry>Browse...，选择导入的几何模型。

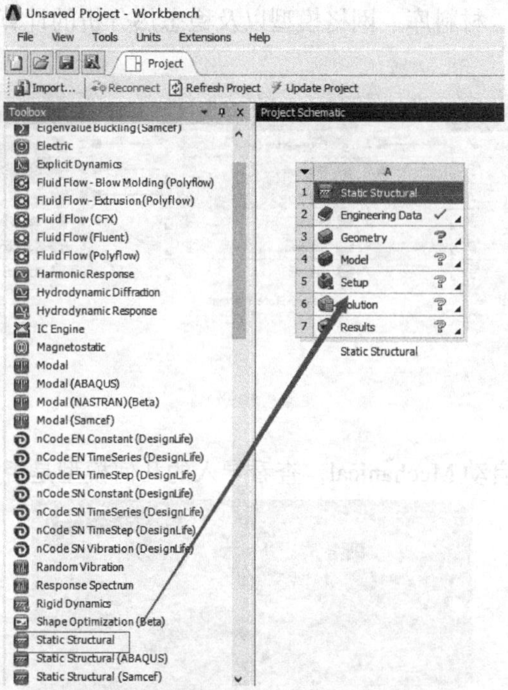

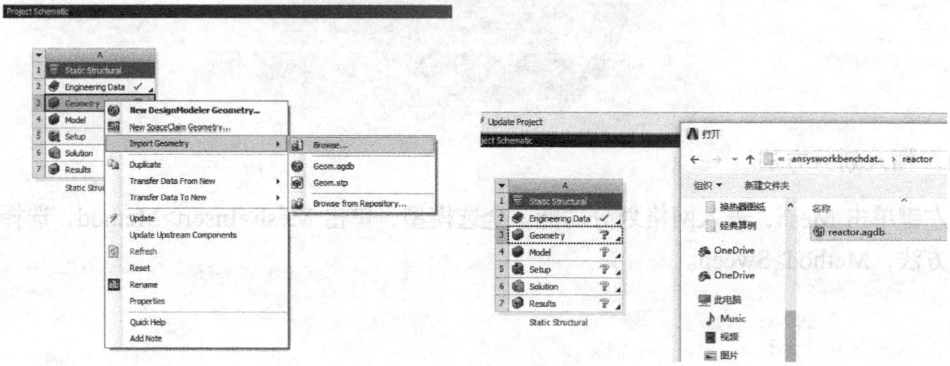

3.2 构建项目计划

从工具栏中拖拽 Steady-State Thermal 功能于之前 Static Structural 功能的 Model 上释放，共享几何模型、材料库与网格模型。

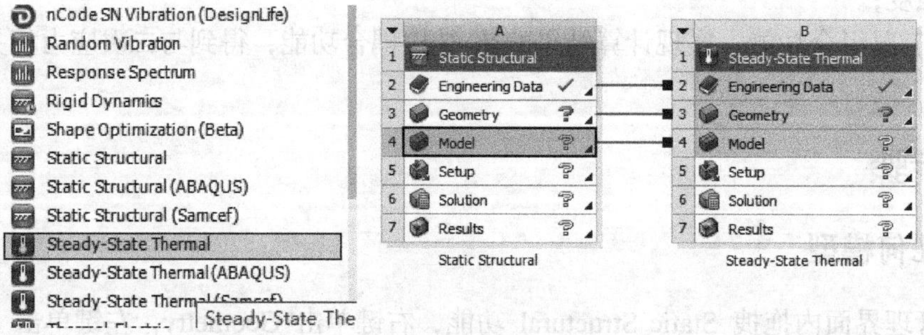

再次从工具栏中拖拽 Static Structural 功能于之前 Steady-State Thermal 功能的 Solution 上释放，共享几何模型、材料库、网格模型以及稳态热分析的计算结果。

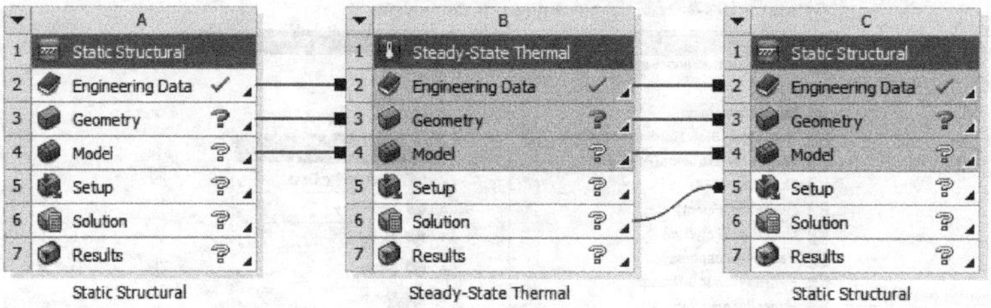

3.3 划分网格

左键双击 Model，启动 Mechanical，查看导入的几何模型是否完整。

3.3.1 插入划分方法

左键单击 Mesh，进入网格划分功能。全选模型，单击 Mesh>Insert>Method，选择扫略划分方法，Method>Sweep。

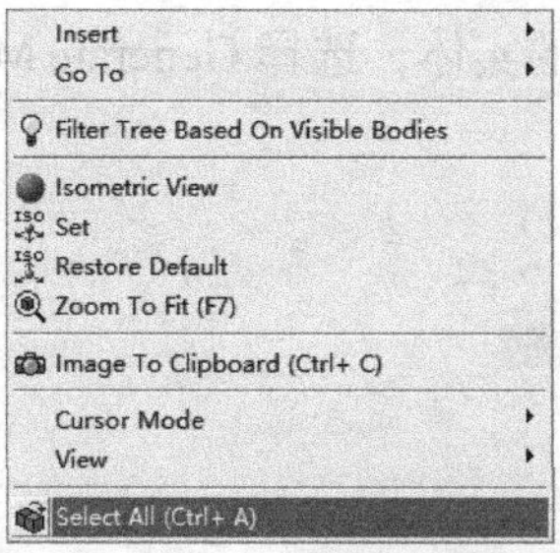

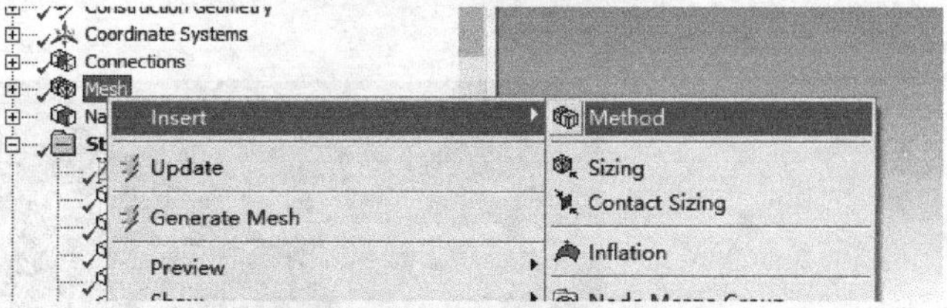

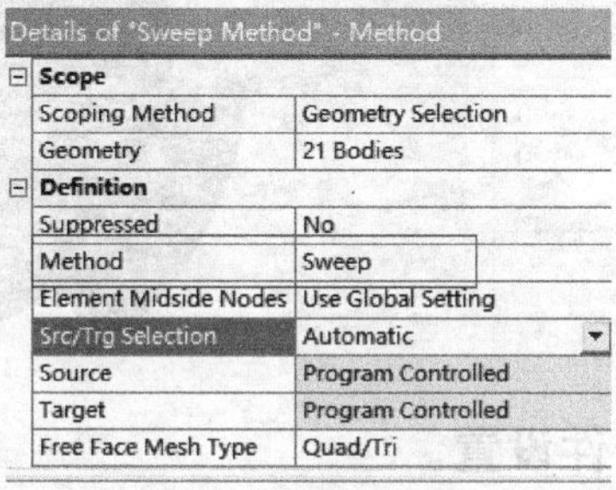

3.3.2 设置网格尺寸

选择毫米单位制，单击 Units>Metric(mm，dat，N…)。

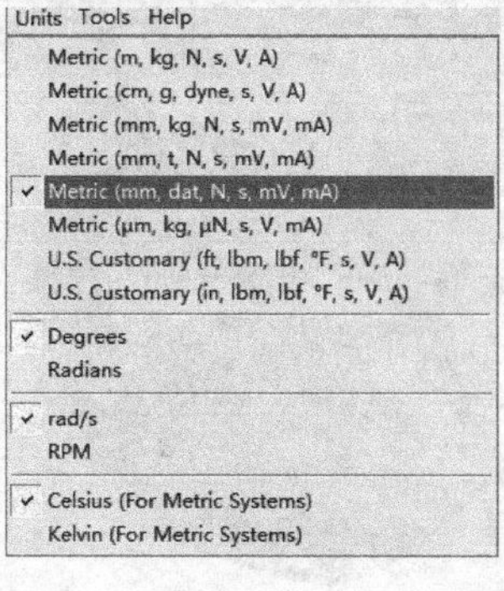

选择需要控制尺寸的几何边界，单击右键插入 Sizing，选择 Type 为 Number of Divisions，输入需要的划分份数。

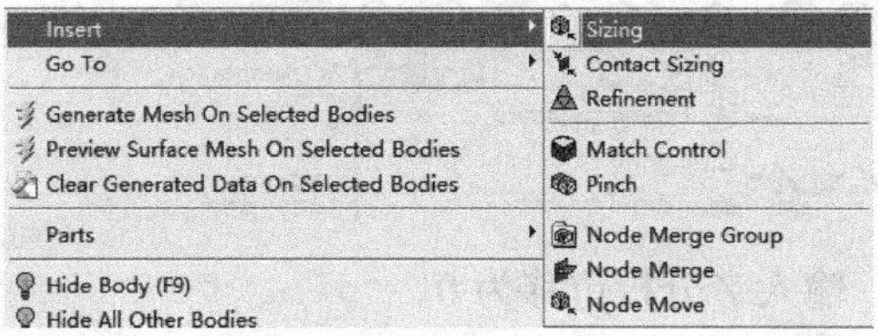

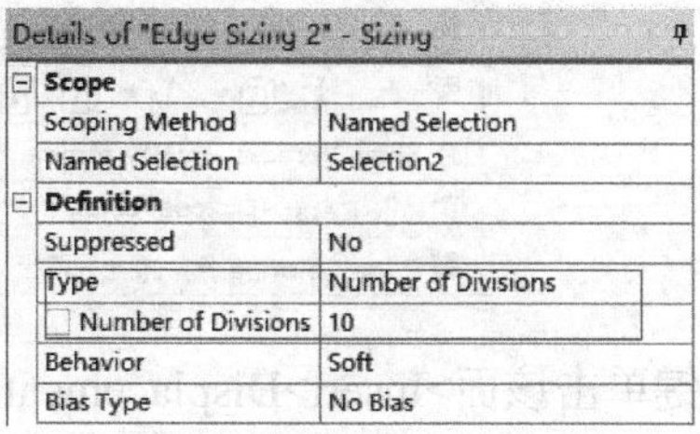

依次右键单击需要划分网格的实体，选择 Generate Mesh on Selected Bodies，生成网格模型。

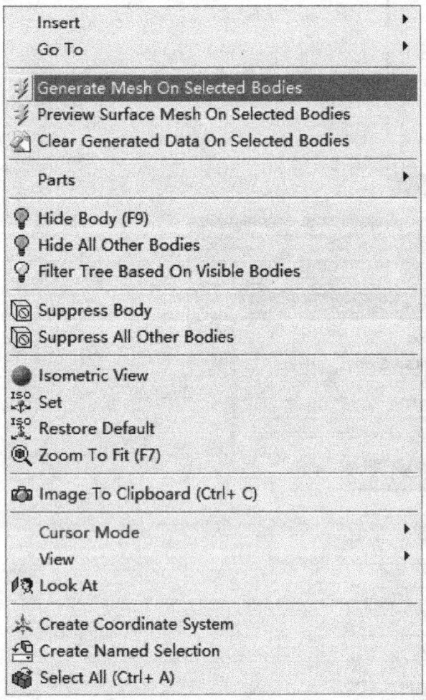

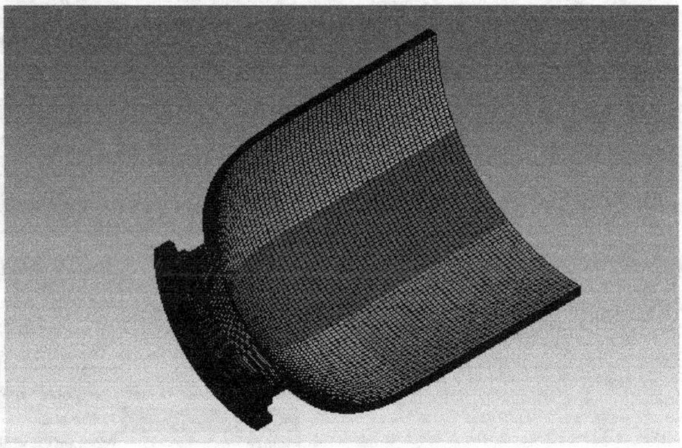

3.4 内压载荷计算边界条件设置

选择任意一个筒体底面，单击 Extend Selection>Extend to Limits，得到全部筒体底面截面。

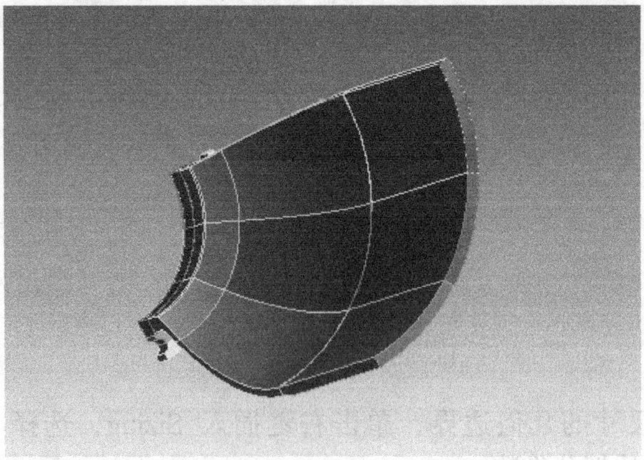

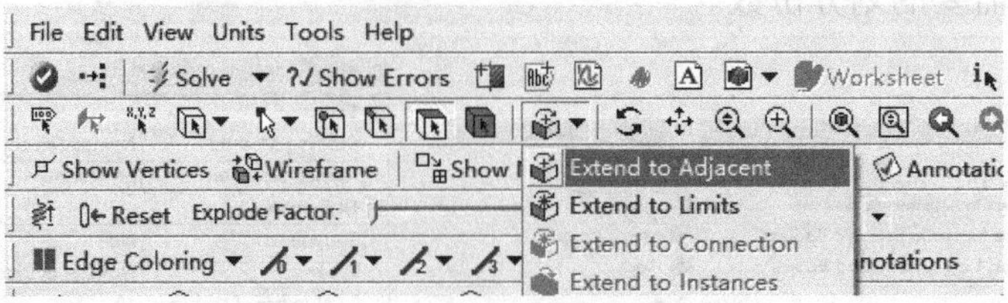

右键单击该面>Insert>Displacement，输入 Z 分析位移为 0。

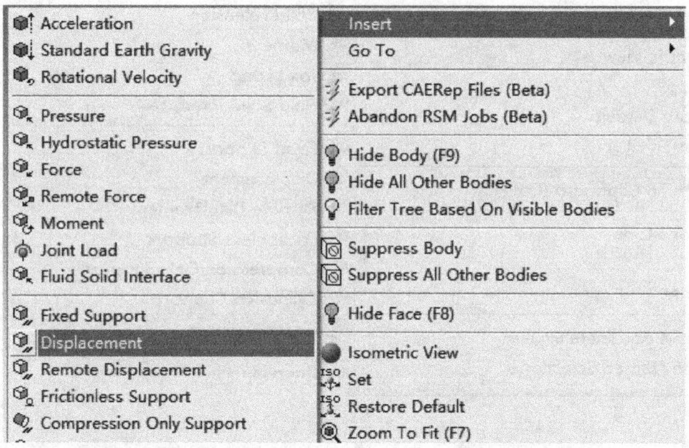

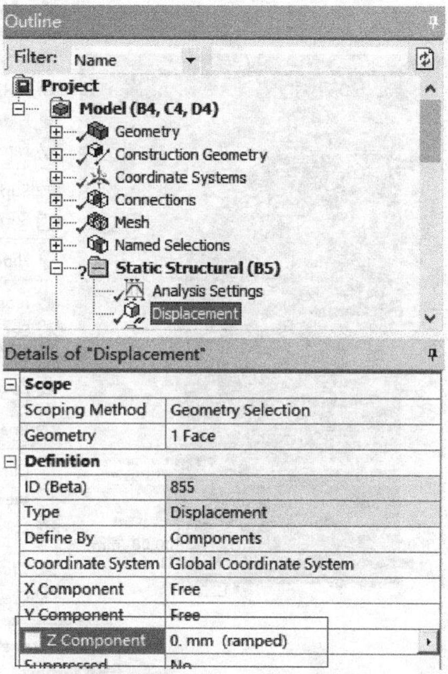

同理选择两侧的侧壁面，插入无摩擦约束。

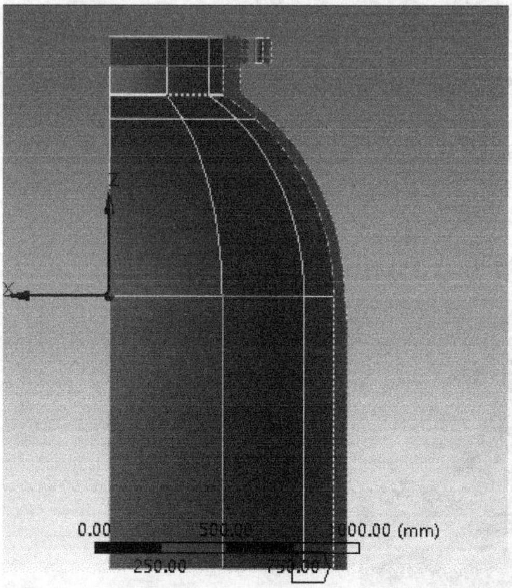

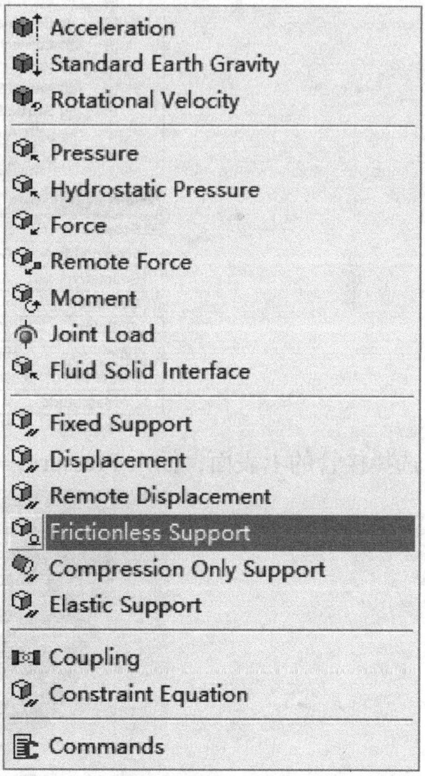

选择筒体的内壁面，插入 Pressure，数值为 7MPa，施加内压载荷。

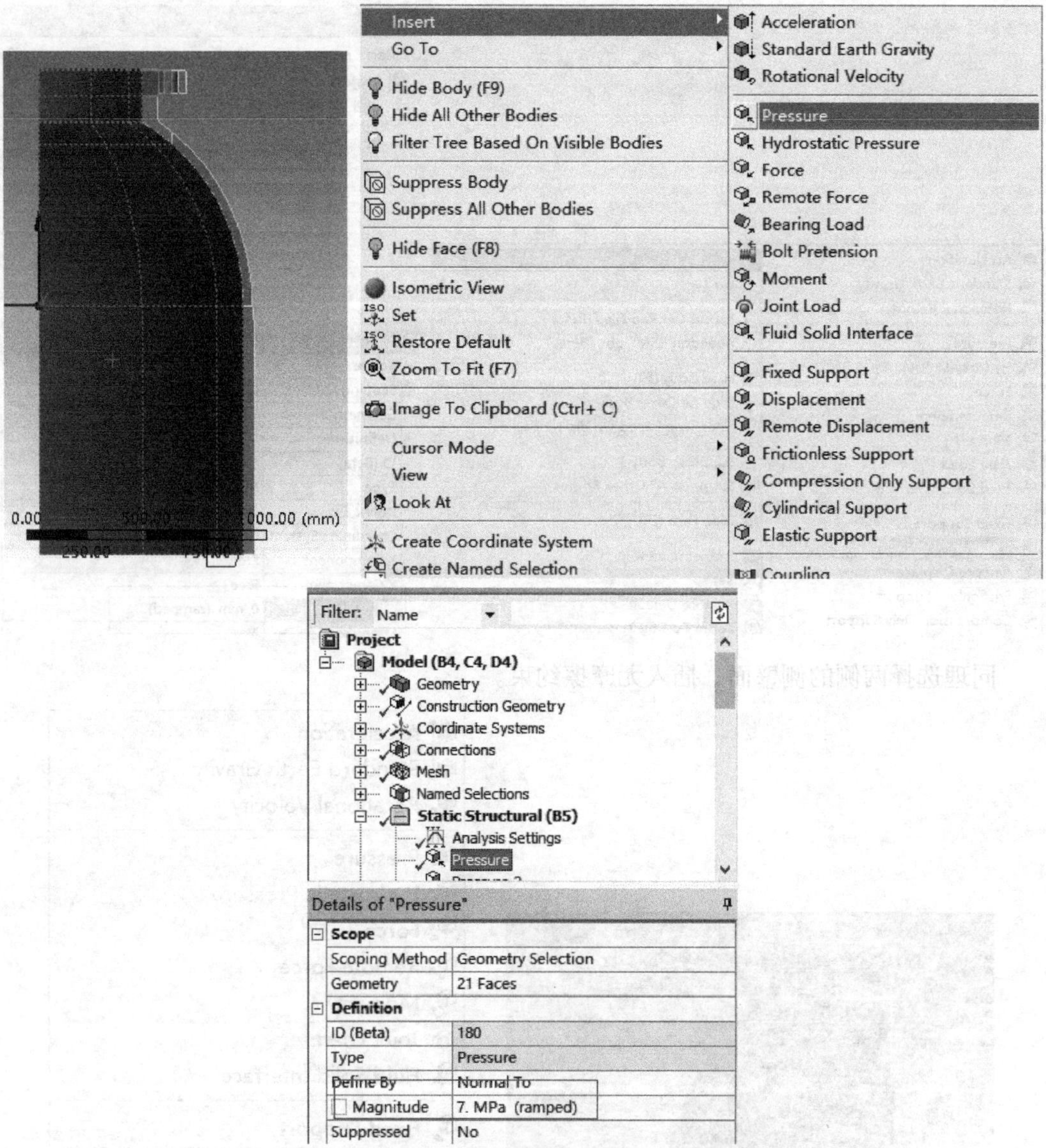

选择接管的上表面，插入 Pressure，数值为−3.35MPa，施加等效接管载荷。

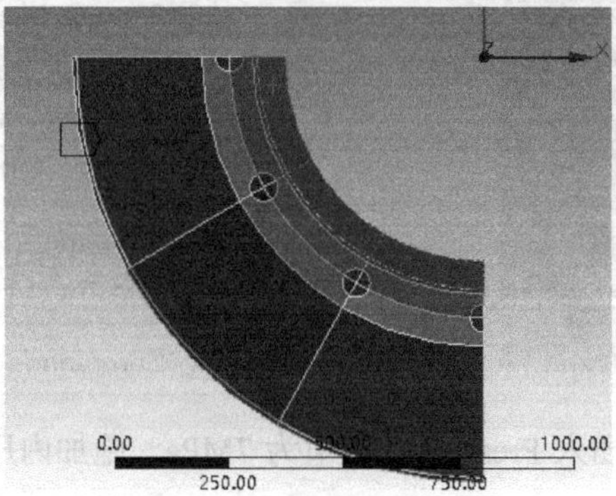

最终得到全部边界条件。

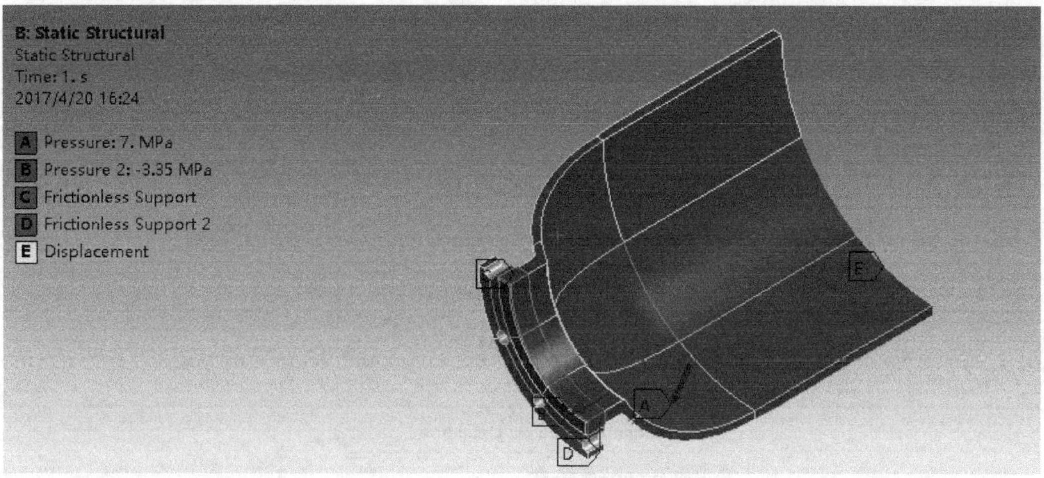

3.5 内压载荷求解计算

右键单击 Solution，左键单击 Solve，进行求解计算。

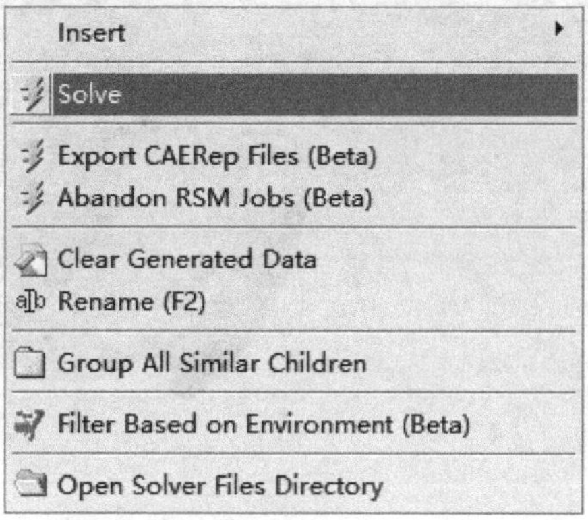

3.6 内压载荷计算结果后处理

插入等效应力强度云图，单击 Solution>Insert>Stress>Intensity。

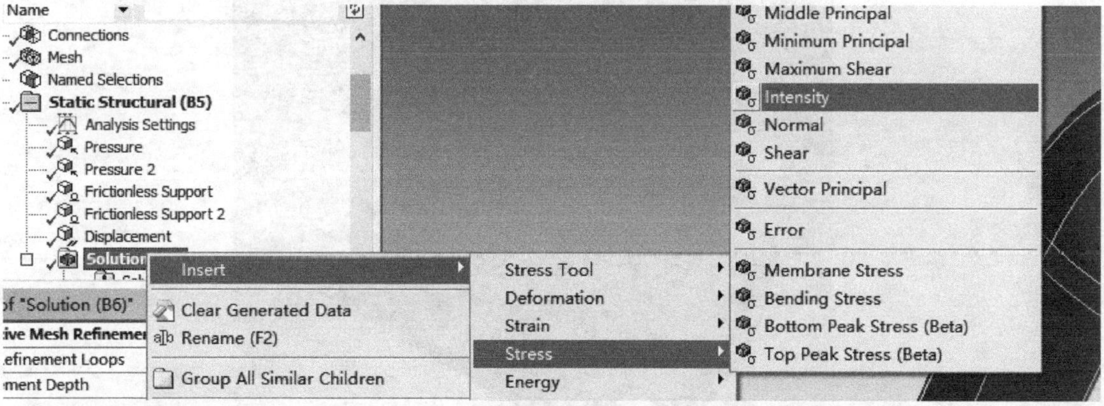

右键单击 Intensity>Evaluate All Results。在此，得到仅由内压载荷引起的与一次应力相关的应力强度结果。

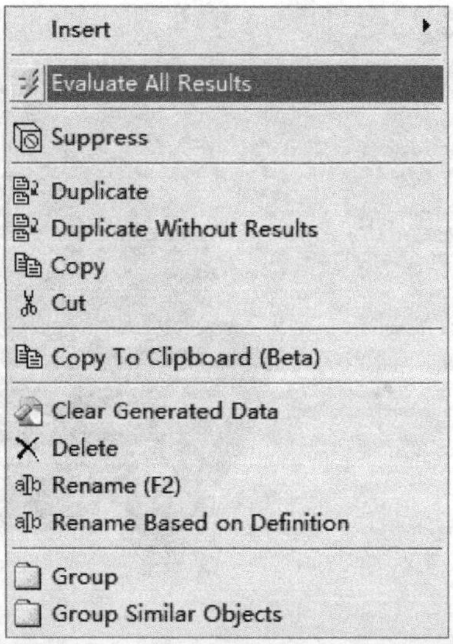

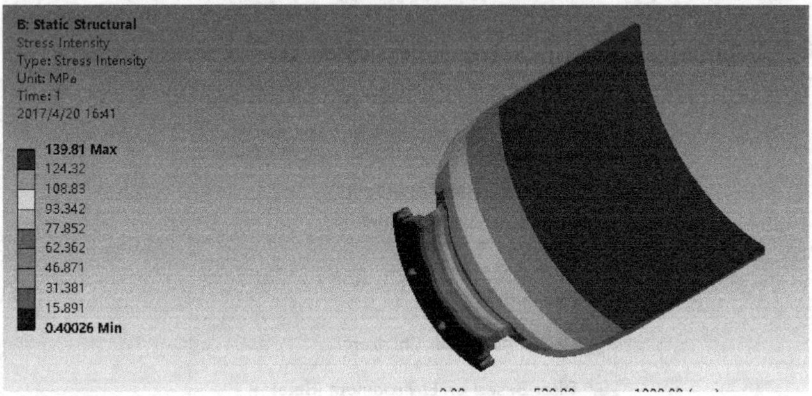

3.7 稳态热分析计算

在左侧分析树状图中单击 Steady-State Thermal 功能。选择全部容器内壁面，右键单击插入内壁面温度值，在 Details 中输入数值为 400℃。

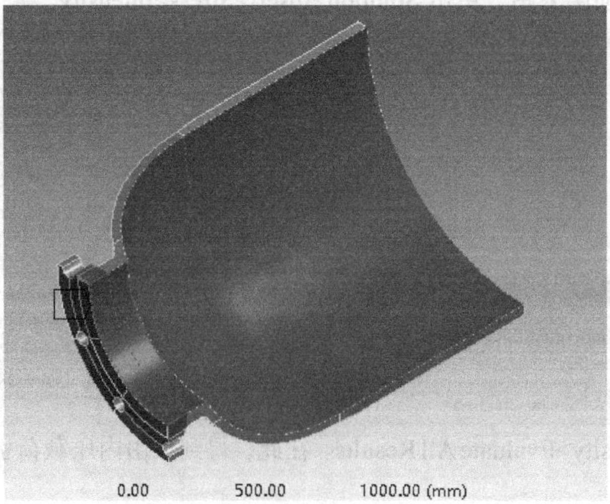

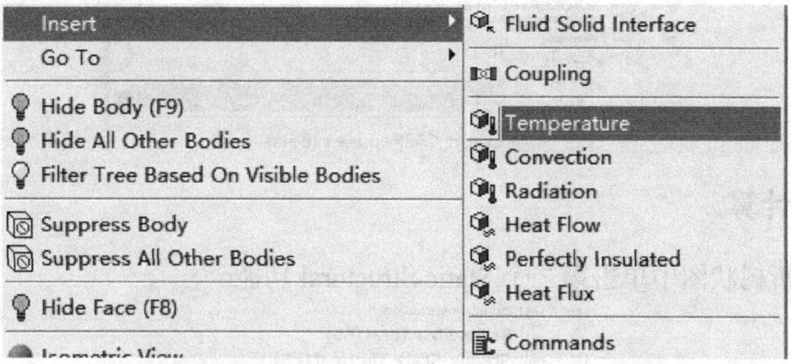

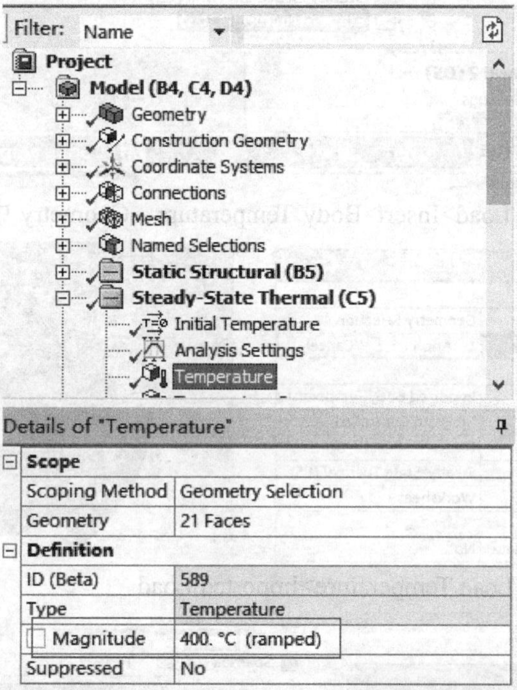

同理，插入容器外表面温度为 22℃。此时，其他面默认为绝热边界条件。

设置好边界条件之后，右键单击 Steady-State Thermal 功能>Solve，进行求解计算。

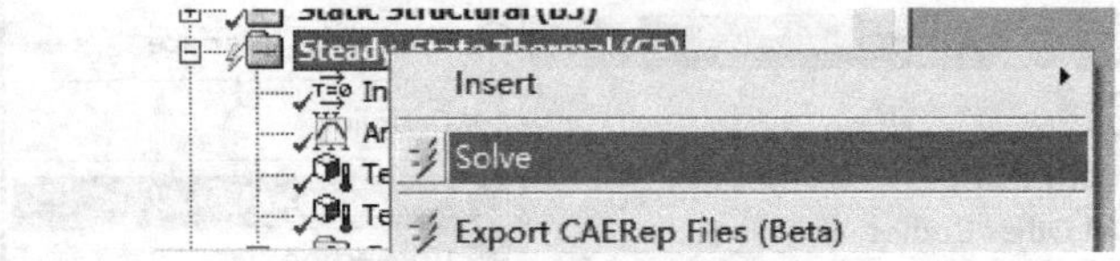

3.8 热应力计算

在左侧分析树状图中单击第二个 Static Structural 功能。

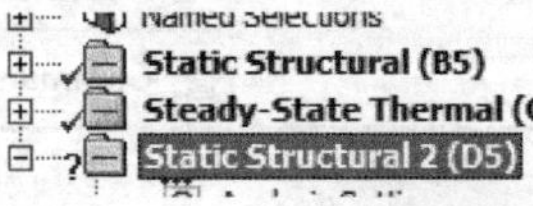

右键单击 Imported Load>Insert>Body Temperature，Geometry 中选择所有实体>Apply。

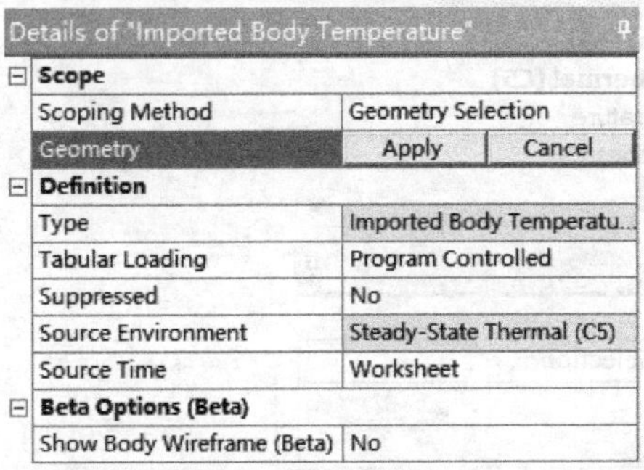

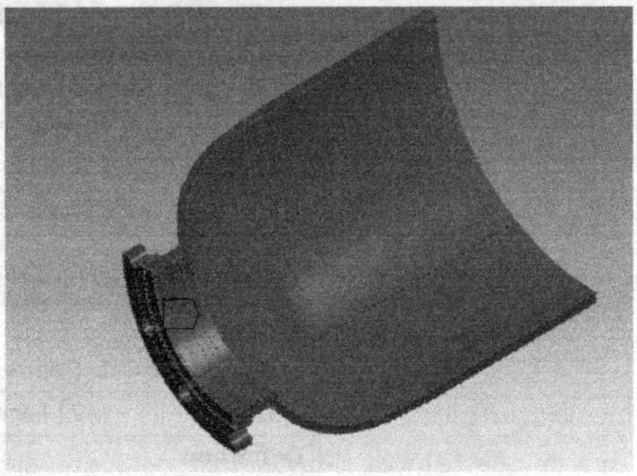

右键单击 Imported Load Temperature>Imported Load。

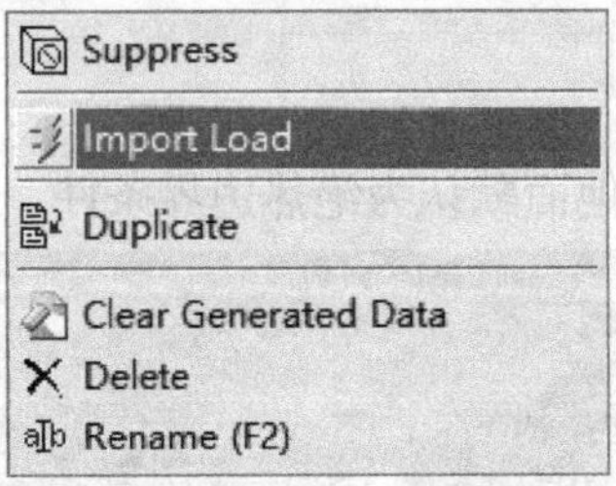

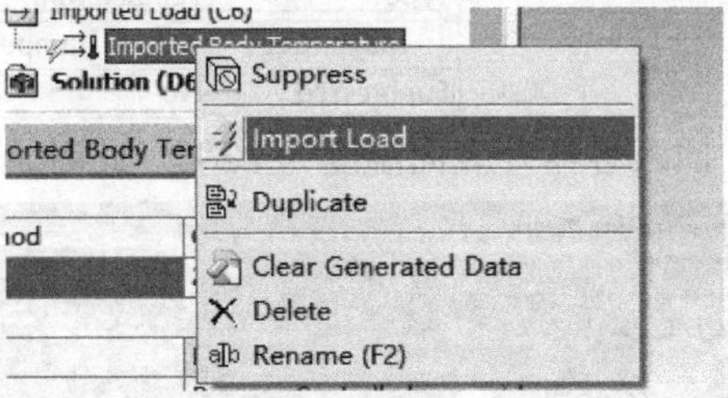

设置好边界条件之后，右键单击 Static Structural 功能>Solve，进行求解计算。

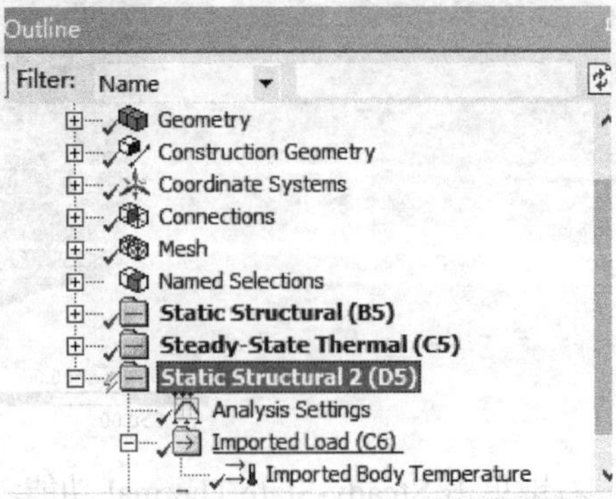

3.9 工况组合——耦合热-结构计算结果

在工具栏中拖拽工况组合功能 Design Assessment 功能，于结构热应力计算功能的结果 Solution 之上释放。

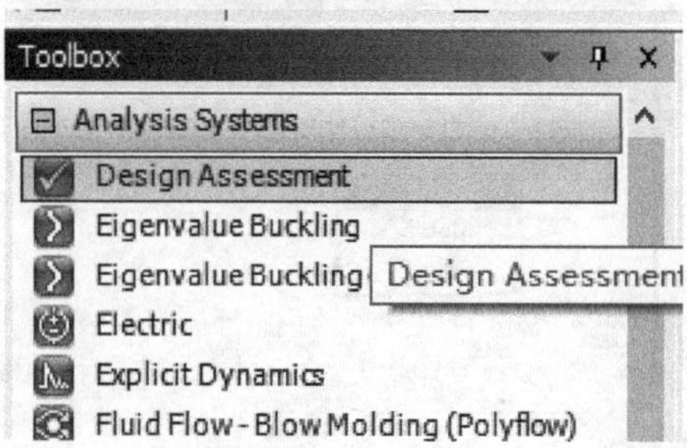

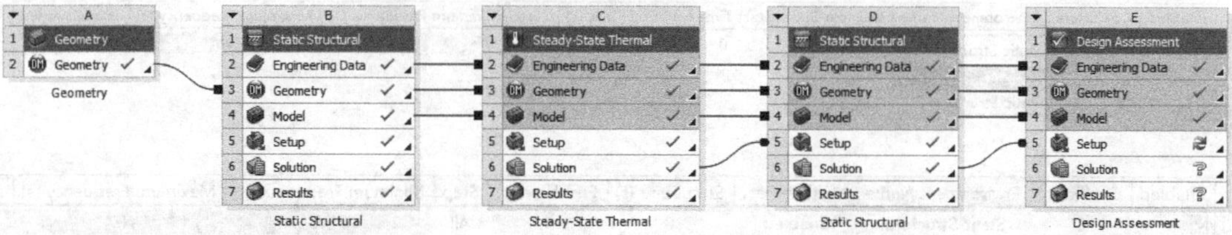

双击 Design Assessment 功能中的 Setup，打开该功能。左键单击 Solution Selection，在右侧得到该窗口。

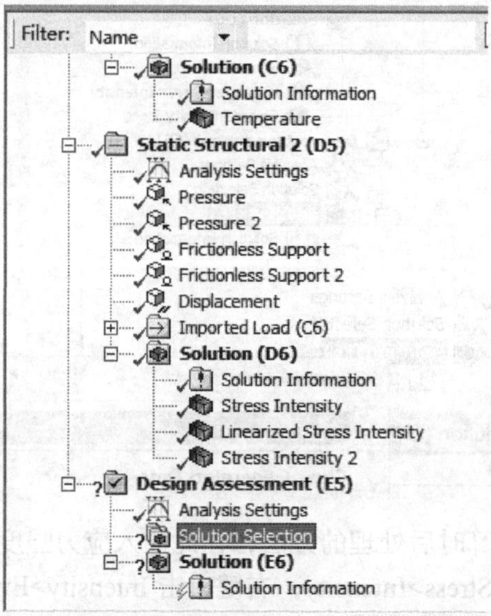

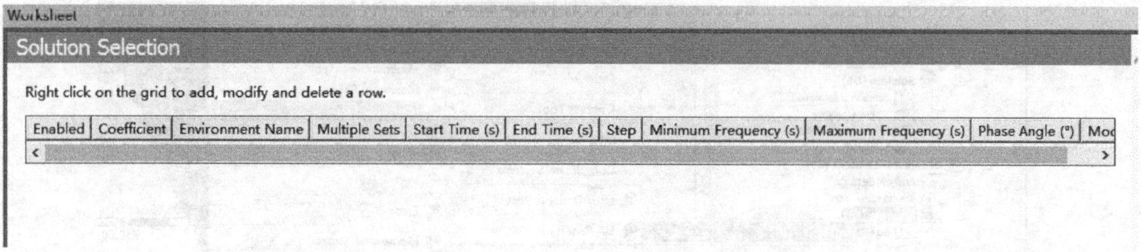

右键单击表头>Add>Structure Name>Static Structural。之后同样方法继续在表格中添加 Static Structural 2。

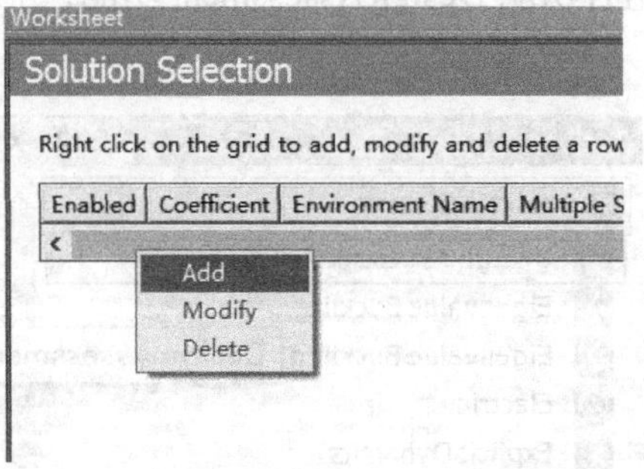

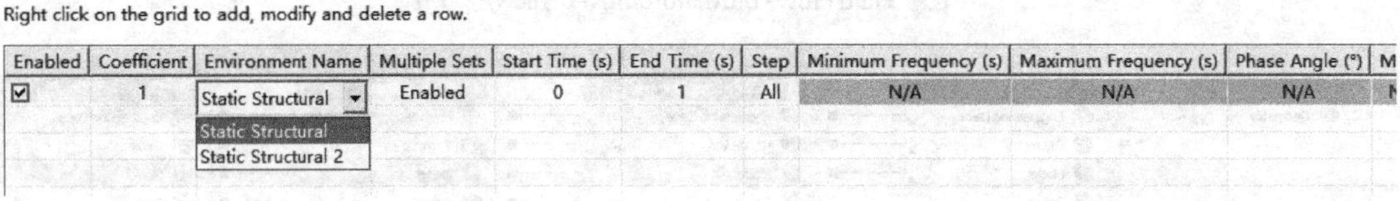

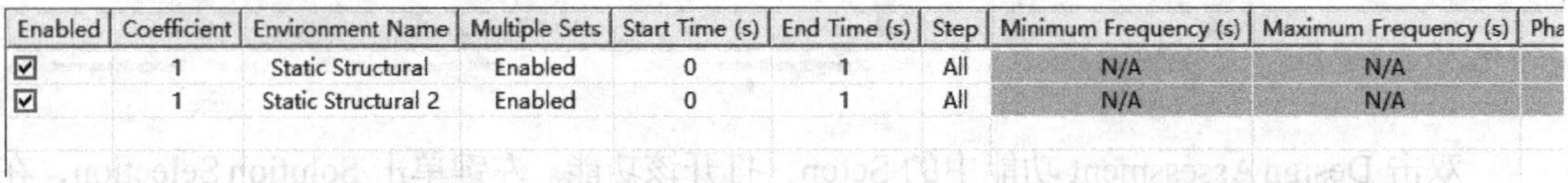

右键单击 Design Assessment 功能>单击 Solution>Solve，进行工况组合计算。

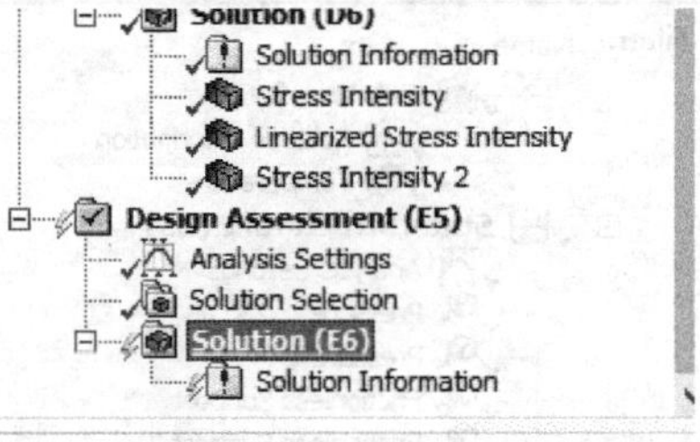

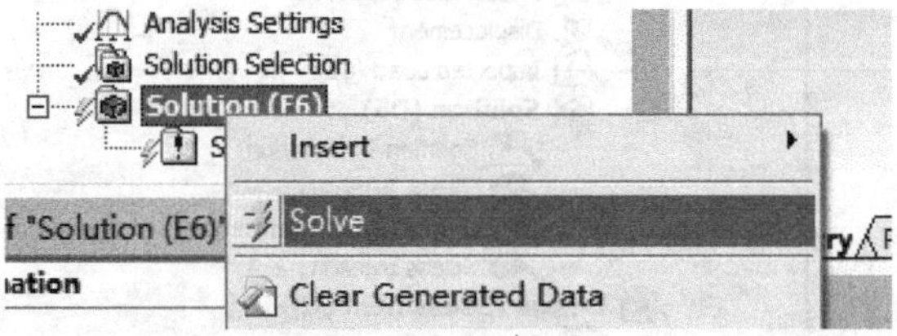

按照之前内压载荷计算时后处理的方法，在此插入应力强度结果，并进行评估计算。单击 Solution>Insert>Stress>Intensity，右键单击 Intensity>Evaluate All Results。

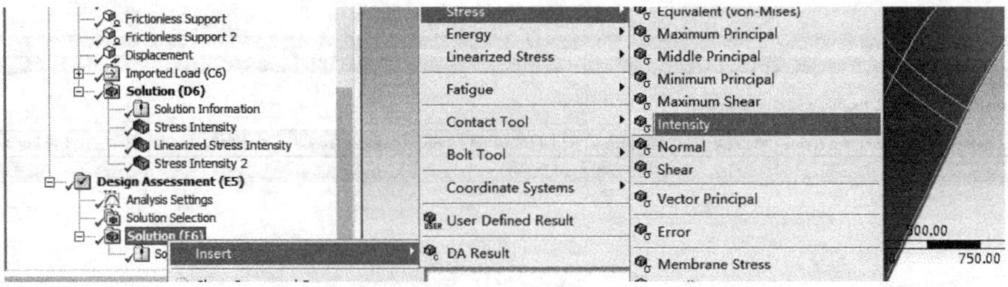

至此，得到所有与一次加二次应力相关的应力强度数值，即机械载荷与温度载荷叠加后的强度计算结果。

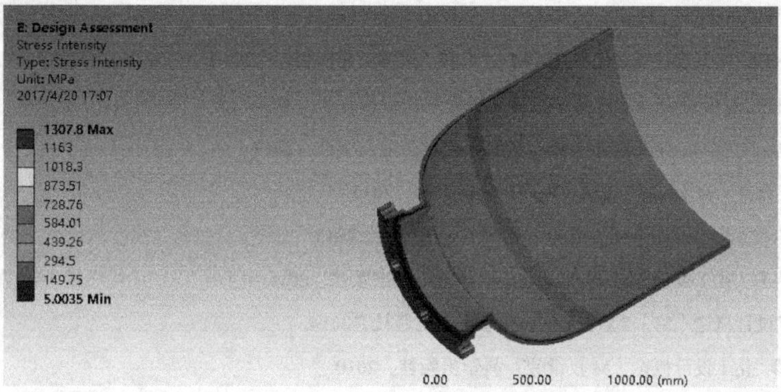

参 考 文 献

[1] 李国庭，胡永琪. 化工设计及案例分析［M］. 北京：化学工业出版社，2016.
[2] 王子宗. 石油化工设计手册（第二卷）标准·规范［M］. 修订版. 北京：化学工业出版社，2015.
[3] 陈砺，王红林，严宗诚. 化工设计［M］. 北京：化学工业出版社，2017.
[4] 刘荣杰. 化工设计［M］. 2 版. 北京：中国石化出版社，2015.
[5] 王存文，吴广文. 化工设计［M］. 北京：化学工业出版社，2015.
[6] 梁志武，陈声宗. 化工设计［M］. 4 版. 北京：化学工业出版社，2015.
[7] 李国庭. 化工设计概论［M］. 2 版. 北京：化学工业出版社，2014.
[8] 吴卫，陈瑞珍. 化工设计概论［M］. 北京：科学出版社，2010.
[9] 齐济. 化工设计［M］. 大连：大连理工大学出版社，2012.
[10] 尹先清. 化工设计［M］. 北京：石油工业出版社，2006.
[11] 李国庭，陈焕章，黄文焕，等. 化工设计概论［M］. 北京：化学工业出版社，2008.
[12] 詹世平，陈淑花. 化工设备机械基础［M］. 北京：化学工业出版社，2012.
[13] 喻健良. 化工设备机械基础［M］. 大连：大连理工大学出版社，2014.
[14] 潘永亮，吉华. 化工设备机械基础［M］. 北京：科学出版社，2017.
[15] 高安全，刘明海. 化工设备机械基础［M］. 北京：化学工业出版社，2019.
[16] 杨启明，饶霁阳. 石油化工过程设备设计［M］. 北京：石油工业出版社，2012.
[17] 涂伟萍，陈佩珍，程达芳. 化工过程及设备设计［M］. 北京：化学工业出版社，2004.
[18] 吴俊飞，付平，李庆领. 化学过程及设备［M］. 北京：化学工业出版社，2013.
[19] 朱玉琴，刘菊荣. 常用石油化工单元设计［M］. 北京：中国石油出版社，2012.
[20] 郑津洋，董其伍，桑芝富. 过程设备设计［M］. 北京：化学工业出版社，2010.
[21] 王学生，惠虎. 化工设备设计［M］. 上海：华东理工大学出版社，2011.
[22] 朱财. 化工设备设计与制造［M］. 北京：化学工业出版社，2013.
[23] 张洪流，张茂润. 化工单元操作设备设计［M］. 上海：华东理工大学出版社，2011.
[24] 王瑶，张晓冬. 化工单元过程及设备课程设计［M］. 北京：化学工业出版社，2013.
[25] 邵泽波，宋树波. 化工机械及设备［M］. 北京：化学工业出版社，2012.
[26] 匡照忠. 化工设备［M］. 北京：化学工业出版社，2010.
[27] 董大勤，高炳军，董俊华. 化工设备机械基础［M］. 北京：化学工业出版社，2012.
[28] 郭建章，马迪. 化工设备机械基础［M］. 北京：化学工业出版社，2013.
[29] 喻健良，刁玉玮，王立业. 化工设备机械基础［M］. 大连：大连理工大学出版社，2013.
[30] 汤善甫，朱思明. 化工设备机械基础［M］. 上海：华东理工大学出版社，2015.
[31] 胡忆沩. 化工设备与机器［M］. 北京：化学工业出版社，2010.
[32] 王志斌，高朝祥. 化工设备基础［M］. 北京：高等教育出版社，2011.
[33] 方书起，魏新利. 化工设备设计基础［M］. 北京：化学工业出版社，2015.
[34] 刘仁桓，徐书根，蒋文春. 化工设备设计基础［M］. 北京：中国石油出版社，2015.
[35] 薛安克，孔亚广. 过程控制［M］. 北京：高等教育出版社，2013.
[36] 梁昭峰，李兵，裴旭东. 过程控制工程［M］. 北京：北京理工大学出版社，2010.

[37] 袁德成. 过程控制工程 [M]. 北京：机械工业出版社，2013.
[38] 俞金寿，顾幸生. 过程控制工程 [M]. 北京：高等教育出版社，2012.
[39] 王爱广，黎洪坤. 过程控制技术 [M]. 北京：化学工业出版社，2012.
[40] 丁宝苍，张寿明. 过程控制系统与装置 [M]. 重庆：重庆大学出版社，2012.
[41] 崔克清. 安全工程大辞典 [M]. 北京：化学工业出版社，1995.
[42] JB 4732-1995. 钢制压力容器分析设计标准 [S]. 1995.
[43] 盛水平. 压力容器设计理论与应用——基本知识、标准要求、案例分析 [M].北京： 化学工业出版社，2017.
[44]. 李勤. GB 150—1998 与 JB 4732—95 的对比分析 [J]. 化工设备设计，1999 (05)：52-55.
[45] 王凌卉，冷同相，王连科，等. 石油化工设备安装工程预算 [M]. 北京：石油工业出版社，2017.
[46] 梁志武，陈声宗. 化工设计 [M]. 4 版. 北京：化学工业出版社，2015.
[47] 侯文顺. 化工设计概论 [M]. 北京：化学工业出版社，2011.